KB121885

민다현 저

예신Books

책을 내면서…

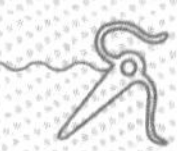

이 책을 보면 누구나 패션디자이너가 될 수 있다!!

패션에 관심이 많은 사람들 중에는 원하는 디자인으로 옷을 만들고 싶은데 무엇을, 어떻게, 어디서부터 시작해야 할지 몰라 답답해 하는 분들이 많다.

기본 원형에 원하는 패턴을 넣어 나의 체형에 맞는 디자인, 내가 좋아하는 스타일로 옷을 만들면 그 옷은 이 세상에서 하나뿐인 나만의 맞춤형 스타일이 되며, 바로 내가 패션 리더가 될 수 있다.

이 책은 옷을 좋아하는 일반인이나 패션을 전공하는 학생들이 기초 작업부터 완성 작품까지 한눈에 이해하기 쉽도록 만드는 과정을 사진으로 설명하였으며, 복잡해 보일 수 있는 기본 원형은 누구든지 따라할 수 있도록 과정을 하나하나 분리하여 체계적으로 설명하였다.

또한 의류패션산업 현장에서 사용되는 다양한 현장 용어는 대부분 일본어나 외래어가 많기 때문에 생소해 보일 수 있지만 순화해서 사용할 수 있도록 봉제 순화 용어를 수록하였다.

책을 준비하면서 몇 번을 반복하여 검토했음에도 미처 다루지 못한 부분이나 오류에 대해서는 지속적으로 수정, 보완해 나갈 것을 약속드린다.

끝으로 저를 믿고 책을 출판할 수 있도록 도와주신 남상호 상무님, 저에게 늘 조언과 사랑을 아끼지 않으시는 김남선 선생님, 바쁜 와중에도 시간을 내어 도와준 착한 민영, 좋은 책이 나올 수 있도록 꼼꼼하게 편집을 도와주신 도서출판 예신 편집부 직원들, 옆에 있는 것만으로도 든든한 사랑하는 가족, 한결같은 마음으로 지켜봐주는 덕진, 그리고 저를 항상 걱정하며 챙겨주시는 이 세상에서 가장 아름다운 엄마!! 가장 미안하고 고맙고 사랑합니다.

민옥인 씀

차례 CONTENTS

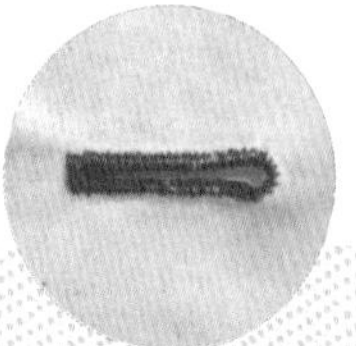

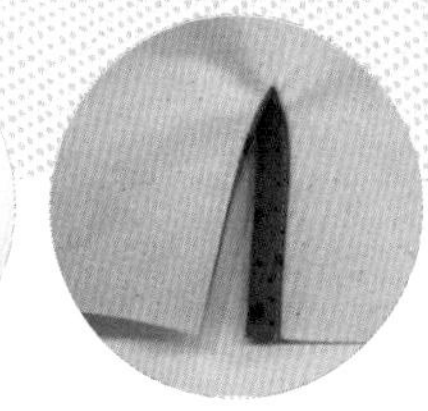

소매

트임

커프스

칼라

차례 CONTENTS

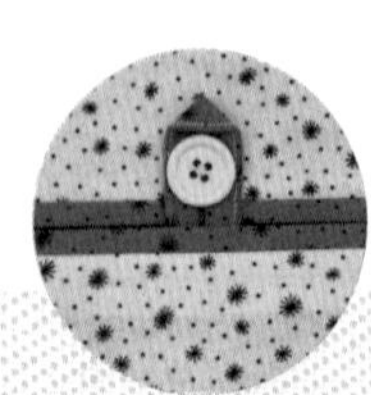

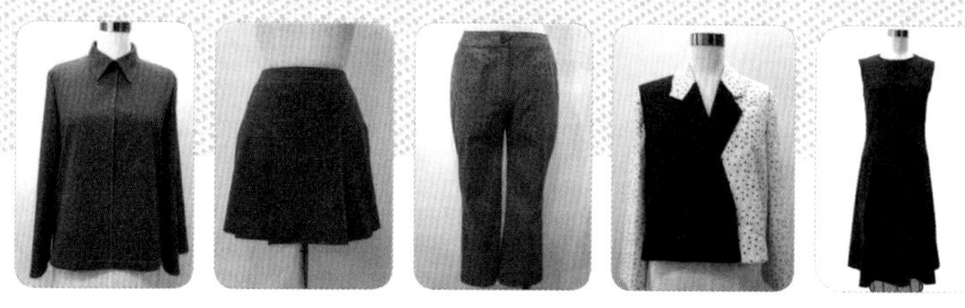

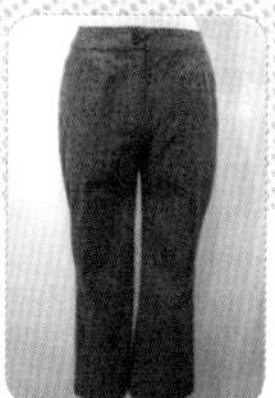

옷 만들기

- 작업지시서 작성
- 원단 및 부자재 준비
- 패턴(옷본)뜨기
- 재단하기
- 봉제하기
- 마감하기

1 작업지시서 작성

가장 첫 번째 작업 단계로, 디자이너가 담당하는 부분이다. 옷을 만들 수 있도록 그림 등의 형태로 스케치하며 옷의 소재, 원·부자재 소요량, 봉제 시 유의사항 등의 내용을 구체적으로 작성한다.

★ 지금 이 책을 보고 있는 여러분 모두 디자이너이다.

작 업 지 시 서	결재	디자이너	팀 장	실 장	대 표
ITEM : 재킷	작성일자 : 20 년 월 일				

256쪽 겹여밈 재킷 참고
104쪽 두 장 소매 참고
132쪽 테일러드 칼라 참고

봉재 시 유의사항

- 겉감, 안감 식서 방향에 주의하시오.
- 심지는 밀리지 않도록 다림질에 유의하시오.
- 소매는 두 장 소매로 트임 없이 하시오.
- 안감 밑단은 접어박기하시오.
- size 절대 준수

원·부자재 소요량

자재명	규격	단위	소요량
겉감	110cm	cm	210
안감	110cm	cm	210
심지	110cm	cm	100
재봉실	60s/3합	com	1
다대 테이프	10mm	cm	150
암홀전용테이프	10mm	cm	100
단추	20mm	EA	1

2 원단 및 부자재 준비

디자인한 옷을 만들 수 있도록 작업에 필요한 원단, 지퍼, 단추 등을 준비한다. 동대문종합시장은 각종 원단부터 다양한 부자재 등을 구입할 수 있는 곳이므로 이용 정보를 알아두면 도움이 된다.

★ **동대문종합시장**

홈페이지 http://www.ddm-mall.com, 대중교통: 4호선(동대문역), 1호선(동대문역)

주소: 서울특별시 종로구 종로 266, 전화번호: 02-2262-0114, 이용시간: 08:00~18:00(일요일 휴무)

3 패턴(옷본)뜨기

디자인한 옷의 패턴을 그린다. 집을 지을 때 건축설계도가 필요하듯이 옷을 만들 때도 패턴이 필요하다. 옷 만들기에서 패턴이란 종이에 디자인한 옷의 옷본을 만드는 것으로, 옷의 설계도라고 생각하면 될 것 같다.

★ 치수, 디테일 등을 꼼꼼하고 섬세하게 그려야 한다.

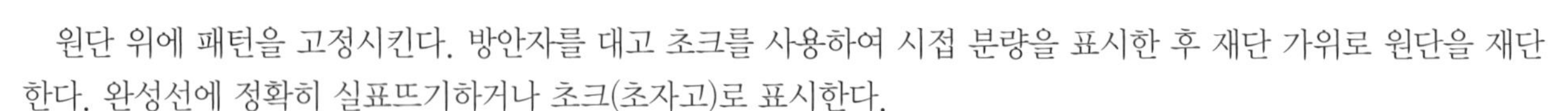

4 재단하기

원단 위에 패턴을 고정시킨다. 방안자를 대고 초크를 사용하여 시접 분량을 표시한 후 재단 가위로 원단을 재단한다. 완성선에 정확히 실표뜨기하거나 초크(초자고)로 표시한다.

★ 가위 끝을 사용하여 세밀하게 재단한다.

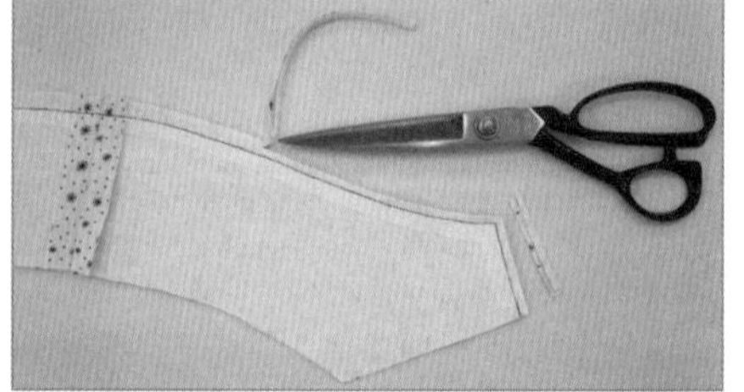

5 봉제하기

봉제 작업을 하기 위해서는 원단과 동일한 색상의 재봉실을 준비한다. 완성선을 따라 재봉틀(본봉)로 재단한 원단을 박음질한다.

★ 디자인에 따라 옷감과 다른 색상의 재봉실을 사용하는 경우도 있다.

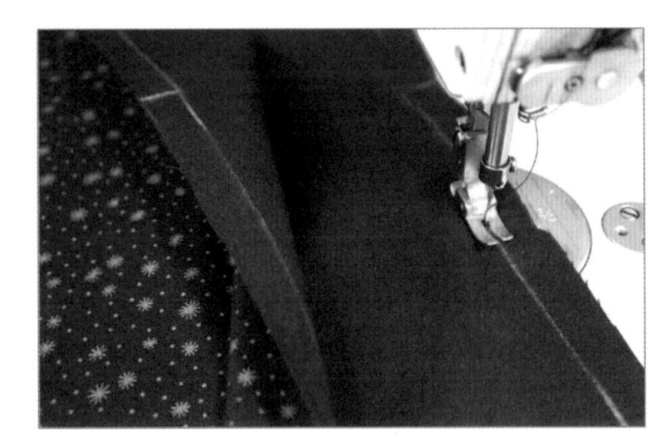

6 마감하기

봉제 작업이 끝난 옷에 단추 달기, 실밥 정리, 다림질 등을 하는 최종 마무리 단계이다.

★ 실밥 정리는 족집게를 사용하면 편리하다.

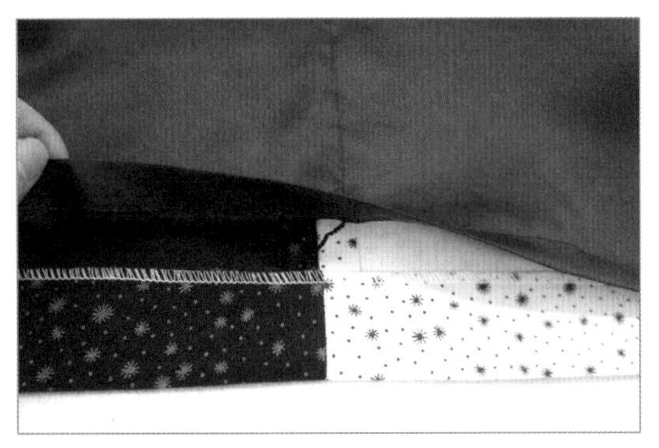

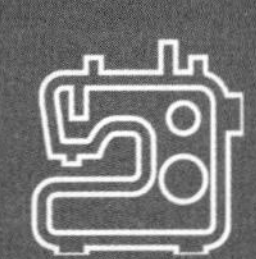

봉제 준비 및 가이드

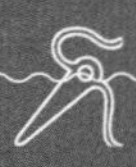

- 재봉틀 구조 및 사용
- 기본 준비 도구 및 용구
- 박음질 연습
- 시접
- 모서리 시접 자르기
- 실표뜨기
- 손바느질
- 실매듭
- 단추와 단춧구멍
- 바이어스테이프 만들기
- 솔기 처리
- 단 처리
- 패턴(제도) 표시 기호
- 인체 계측 항목 및 계측 방법
- 아동복 참고 치수
- 원단

1 재봉틀 구조 및 사용

1 재봉틀 구조

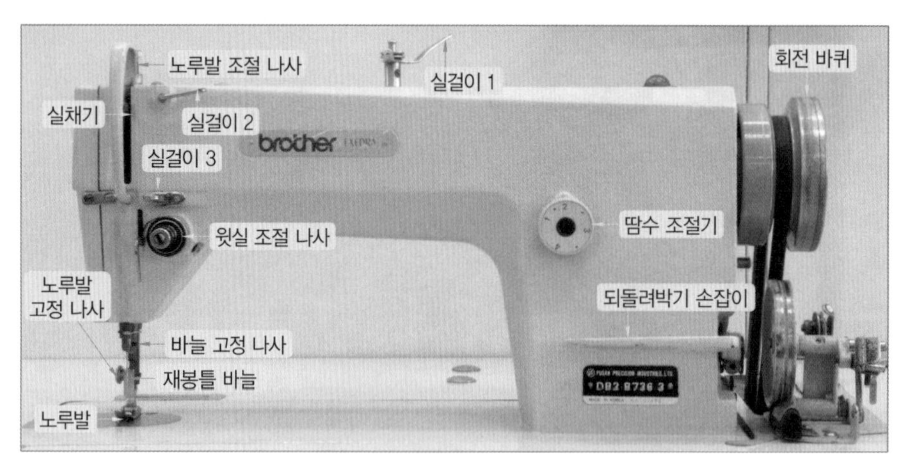

재봉틀 구조

2 재봉틀 구성요소 및 역할

구성요소 및 기능

구성요소	기능
실걸이 1, 2, 3	실의 흔들림을 방지하고 실을 안내한다.
윗실 조절 나사	윗실의 장력을 조절한다(오른쪽으로 돌리면 윗실의 장력이 증가하고 왼쪽으로 돌리면 감소한다).
실채기	한 땀의 양만큼 윗실을 당겨주는 역할을 한다.
노루발	옷감을 눌러 고정해 주는 역할을 한다.
노루발 조절 나사	노루발의 압력을 조절하는 나사이다.
회전 바퀴	벨트가 걸리는 부분으로 모터의 동력을 전달하는 역할을 한다.
땀수 조절기	땀수를 조절하는 역할을 한다(번호가 클수록 땀의 길이가 길어지고 작을수록 길이가 짧아진다).
되돌려박기 손잡이	되돌려박기를 하는 손잡이이다.
노루발 고정 나사	노루발을 교체한 후 고정해 주는 역할을 한다.
바늘 고정 나사	바늘을 교체한 후 고정해 주는 역할을 한다.

3 밑실 감기

1 실가이드 구멍에 뒤에서 앞으로 실을 끼운다.

2 실가이드 구멍에 오른쪽에서 왼쪽으로 실을 끼운다.

3 장력 조절 나사 사이로 실을 뒤에서 앞으로 돌린다.
★ 나사 사이에 실을 꽉 끼운다.

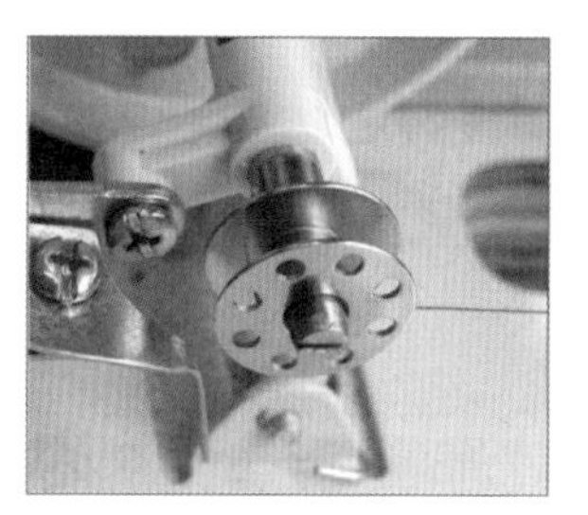

4 밑실 감는 축에 북알을 꽉 끼운 후 북알에 실을 시계 방향으로 4~5번 돌려 감는다.

5 북 누름대를 손으로 누른다.

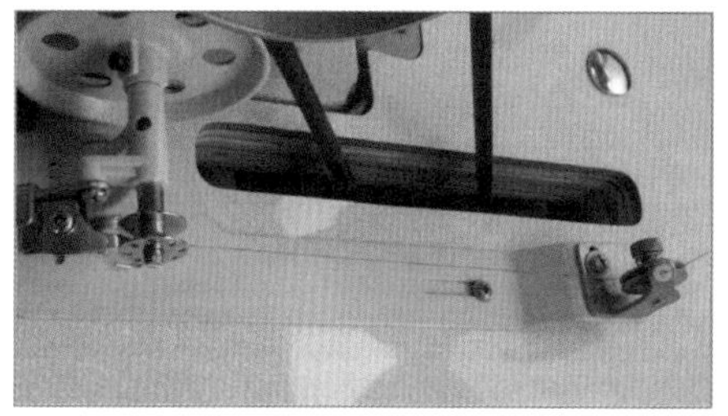

6 밑실 감기가 완료된 모습이다.

4 밑실 끼우기 ★ 북알에 실은 80% 정도 감긴 상태가 가장 알맞다.

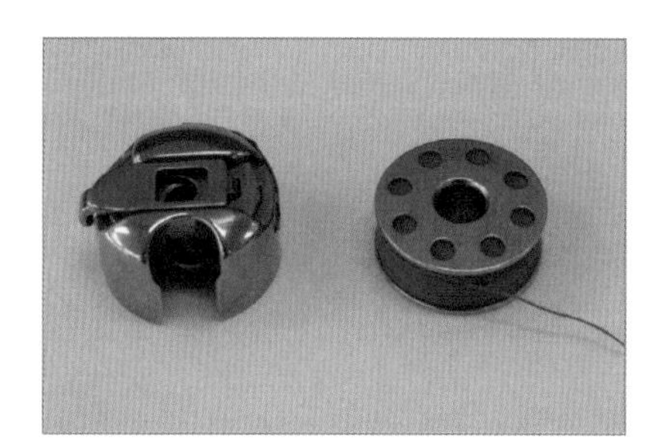

1 북집과 실이 감겨 있는 북알을 준비한다.

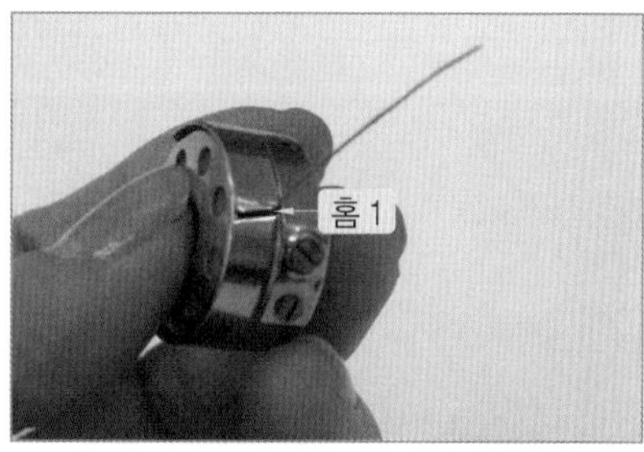

2 북알의 실을 홈 1에 끼운다.

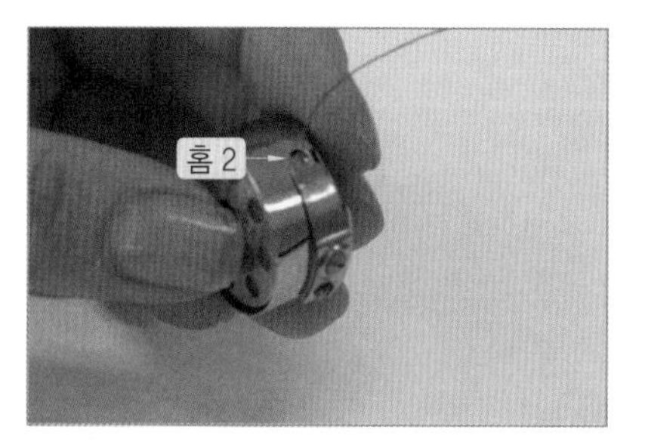

3 홈 1의 실을 홈 2에 끼운다.

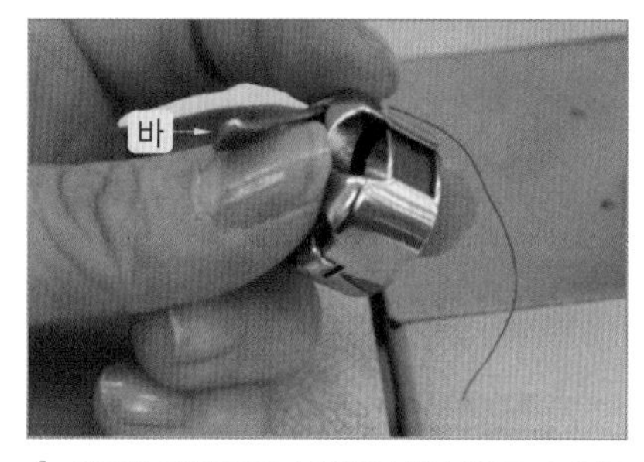

4 엄지손가락으로 북집의 바를 열고 손으로 그대로 잡아준다.

5 재봉틀의 바늘판 뚜껑을 열고 북집을 끼워야 할 위치를 확인한다.

6 북집의 바가 가로로 되도록 끼운다.

5 윗실 끼우기

1 실가이드 구멍에 뒤에서 앞으로 실을 끼운다.

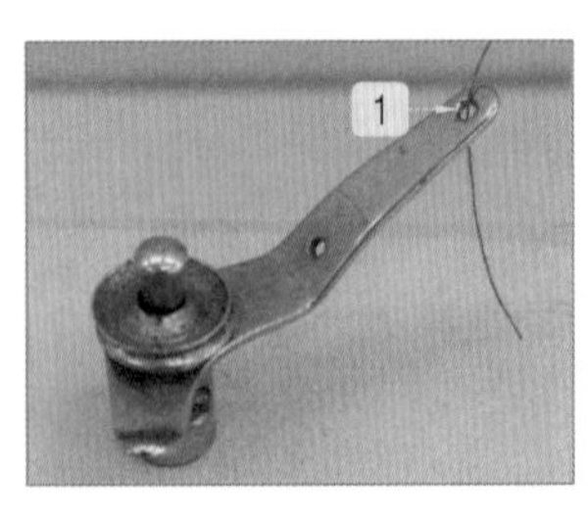

2 실걸이 1 첫 번째 구멍에 위에서 아래로 실을 통과시킨다.

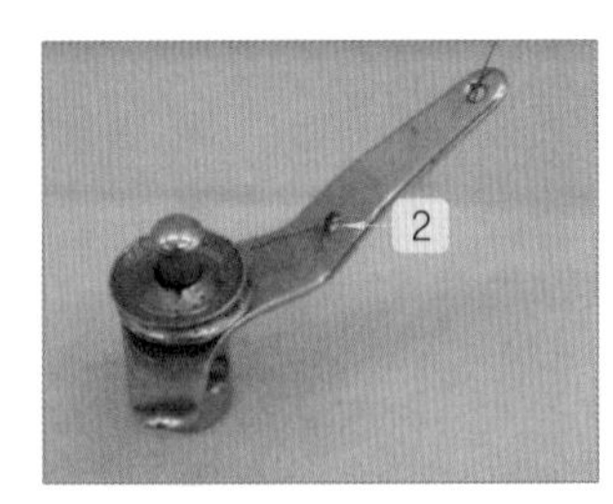

3 두 번째 구멍에 아래에서 위로 실을 통과시킨다.

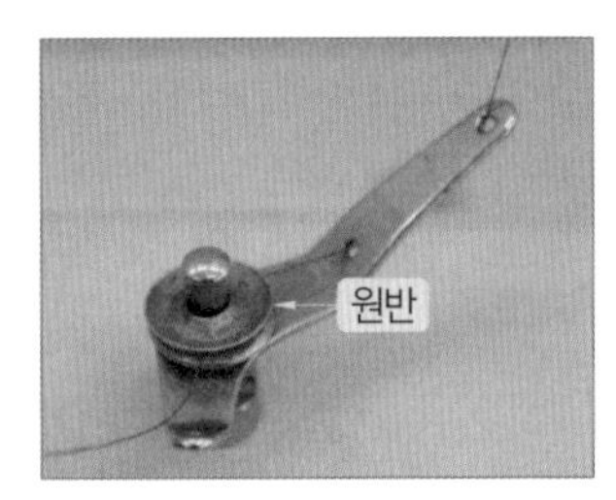

4 원반 사이에 실을 돌려 끼운다.

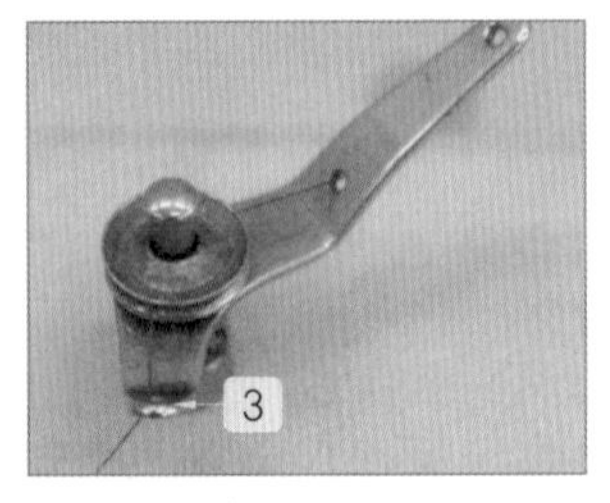

5 세 번째 구멍에 위에서 아래로 실을 통과시킨다.

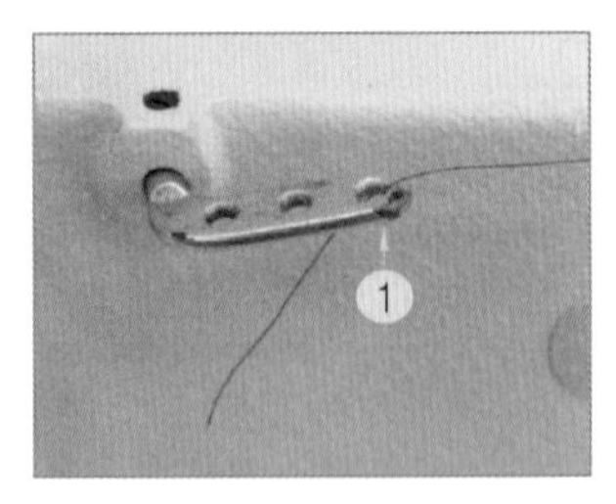

6 실걸이 2 첫 번째 구멍에 위에서 아래로 실을 통과시킨다.

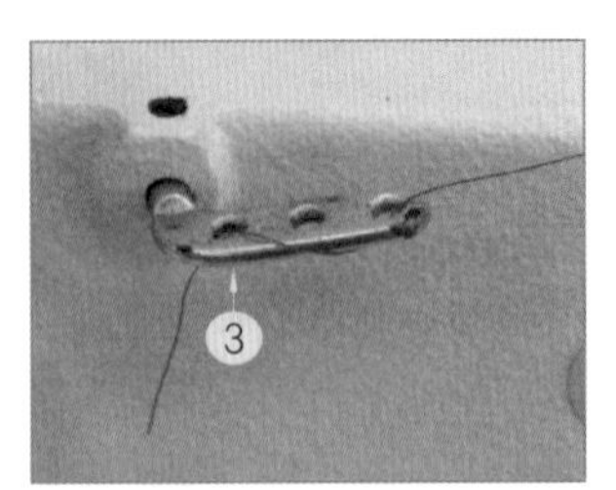

7 실걸이 2 세 번째 구멍에 위에서 아래로 실을 통과시킨다.

8 원반에 오른쪽에서 왼쪽으로 실을 통과시킨다.

9 철사 고리에 실을 걸어준다.

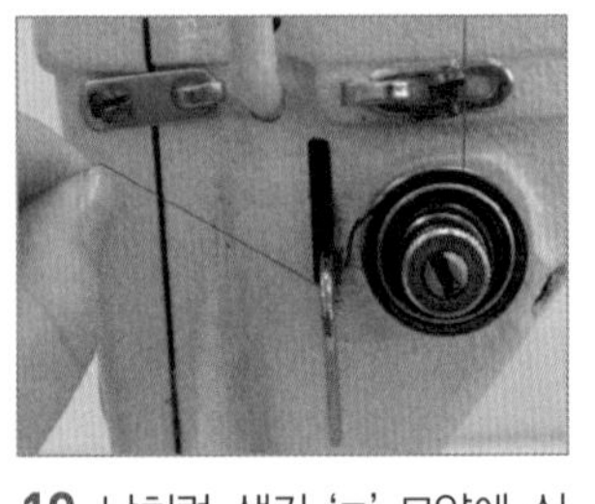

10 낫처럼 생긴 'ㄱ' 모양에 실을 걸어준다.

11 실걸이 3에 실을 통과시킨다.

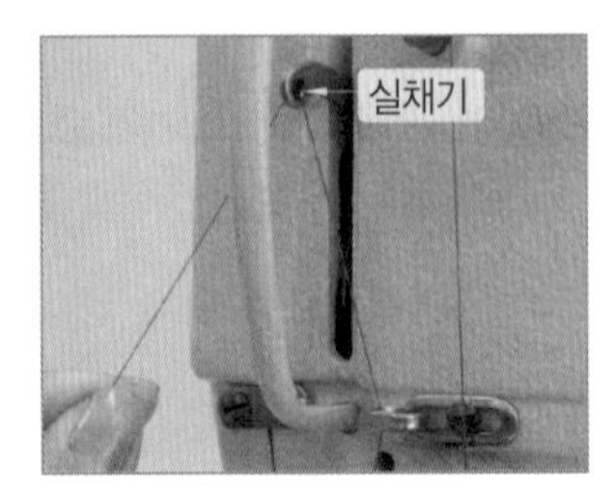

12 실채기에 오른쪽에서 왼쪽으로 실을 통과시킨다.

13 갈고리에 실을 통과시킨다.

14 실가이드 고리에 실을 통과시킨다.

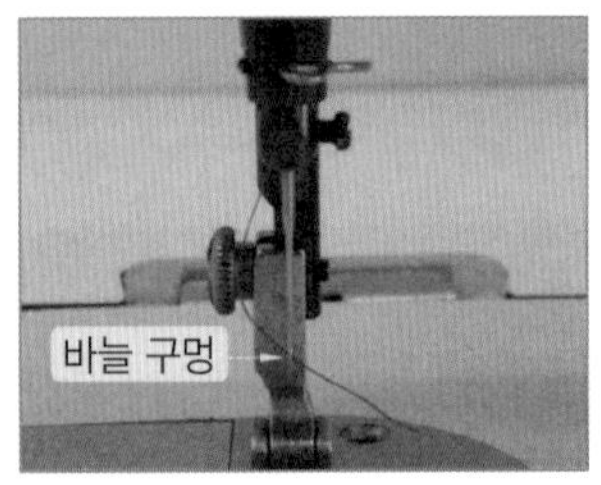

15 바늘 구멍에 왼쪽에서 오른쪽으로 실을 통과시킨다.

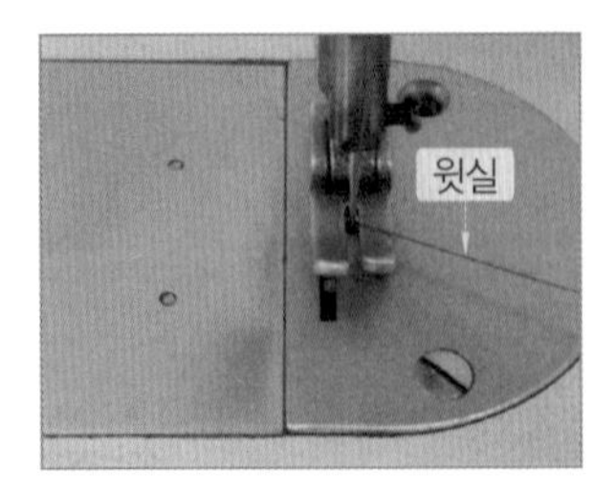

16 왼손으로 윗실을 잡고 오른손으로 회전 바퀴를 앞으로 돌려서 바늘이 내려갔다 올라오게 한다.

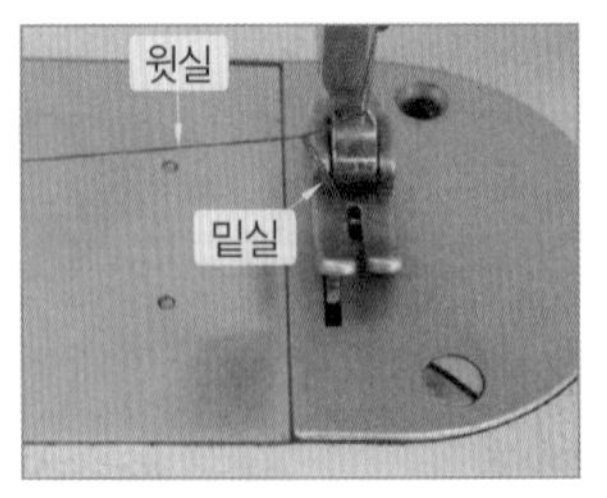

17 밑실이 윗실에 걸려서 올라온다.

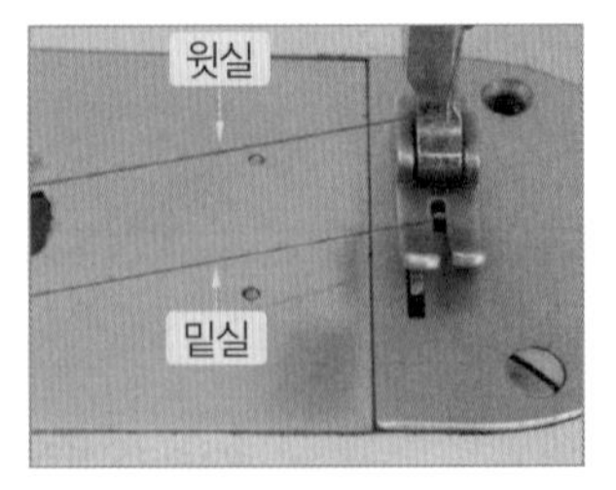

18 윗실, 밑실이 나온 모습

6 점검 및 조치할 사항 ★ 재봉틀에 문제가 있거나 박음질이 잘 안 될 때 원인을 찾아 대처한다.

점검 및 조치할 사항

고장 상태	고장 원인	점검 및 조치할 사항
재봉틀 작동 시 윗실이 빠진다.	윗실 장력이 세다.	윗실 조절 나사를 돌려 조정한다.
	실에 비해 바늘이 굵다.	바늘의 굵기를 점검한다.
바늘이 부러진다.	바늘을 잘못 끼웠다.	바늘을 바르게 끼운다.
	바늘이 바늘판 구멍의 중심을 통과하지 않고 바늘판에 닿는다.	바늘이 굽었는지 살펴보고 바늘을 다시 끼운다.
	바늘 고정 나사가 풀렸다.	바늘 고정 나사를 조여준다.
	가는 바늘에 굵은 실을 사용했다.	바늘의 호수와 실의 굵기를 맞추어 사용한다.
	두꺼운 옷감을 무리하게 박음질했다.	두꺼운 부분은 천천히 박음질한다.
	노루발이 풀려 바늘에 닿는다.	노루발 고정 나사를 조여준다.
	윗실이 잘못 끼워졌다.	윗실을 바르게 끼운다.
	바늘이 굽었거나 바늘 끝이 불량하다.	바늘을 교체한다.
윗실이 끊어진다.	바늘을 잘못 끼웠거나 좌우가 바뀌어 꽂혀 있다.	바늘을 바르게 끼운다.
	바늘이 바늘대 끝까지 올라가 꽂혀 있지 않다.	바늘을 바늘대 끝까지 올려 꽂는다.
	바늘이 굽었거나 바늘 끝이 손상되어 있다.	바늘을 교체한다.
	윗실을 잘못 끼웠거나 중간 홈에 실이 끼워져 있어 실이 당겨지지 않는다.	윗실 끼우는 순서가 맞는지 확인하여 바르게 끼운다.
	윗실의 장력이 너무 세다.	윗실 조절 나사를 조금 풀어준다.
	가는 바늘에 굵은 실을 사용했다.	바늘의 호수와 실의 굵기를 맞추어 사용한다.
	옷감과 바늘의 굵기가 맞지 않다.	옷감과 바늘의 호수를 맞추어 사용한다.
밑실이 끊어진다.	북집에서 북알이 빠져 있다.	북집에 북알을 바르게 끼운다.
	밑실이 엉켜 있거나 고르게 감겨 있지 않다.	밑실을 고르게 감아 사용한다.
	북집에 먼지나 이물질이 있다.	북집을 청소한다.
	북집의 조절 나사가 세게 조여 있다.	조절 나사를 왼쪽으로 돌려 풀어준다.
	북집이 잘못 끼워져 있다.	북집을 바르게 끼운다.
	북알에 실이 80% 이상 많이 감겨 있다.	북알에 실은 80% 정도 감긴 상태가 알맞다.

2 기본 준비 도구 및 용구

패턴, 의복 제작 시 필요한 도구 및 용구의 명칭이나 사용 용도를 정확하게 알고 사용하면 보다 빠르고 편리하게 작업을 할 수 있다.

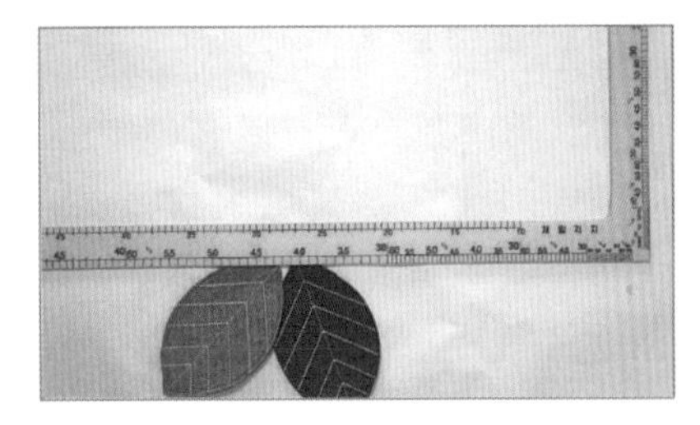

직각자
직각으로 만든 자로, 제도하기에 편리한 용구이다. 앞뒤에 눈금이 표시되어 있어 정확하고 빠르게 제도할 수 있다.

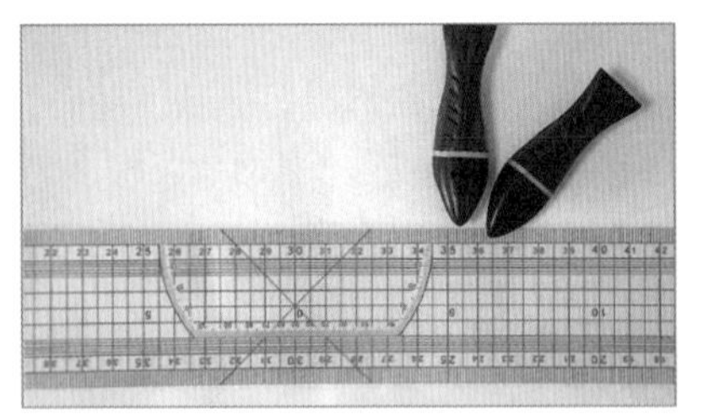

방안자
눈금이 0.5cm 간격인 투명한 자로, 일정한 간격의 시접 양을 그릴 때 사용한다.
★ 곡선을 잴 때는 자를 구부려 사용한다.

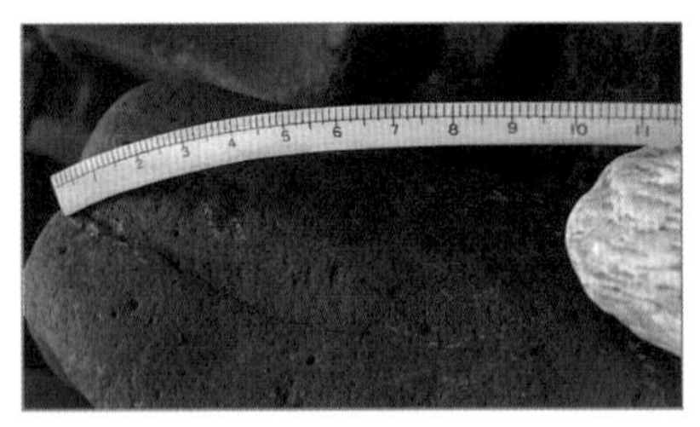

곡자(커브자)
허리선, 다트선, 옆선, 칼라(옷깃) 등 자연스러운 곡선을 그릴 때 사용한다.

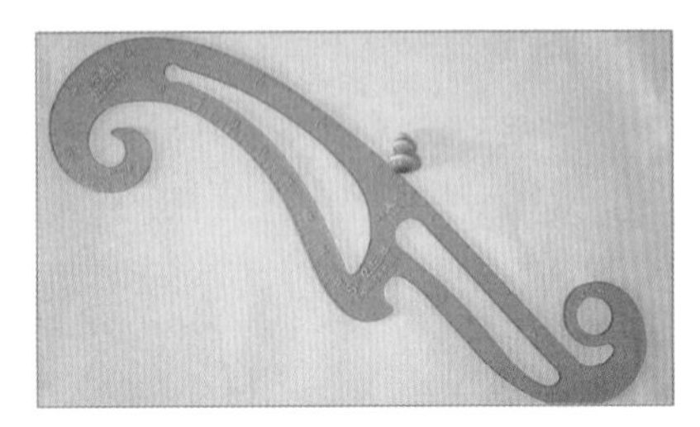

암홀자
진동둘레, 목둘레 등 다양한 패턴 라인을 제도할 수 있다.

줄자
한 면이 60인치(150cm)인 띠 줄자로, 인체를 계측할 때 사용한다.
★ 암홀둘레를 잴 때는 줄자를 세워서 잰다.

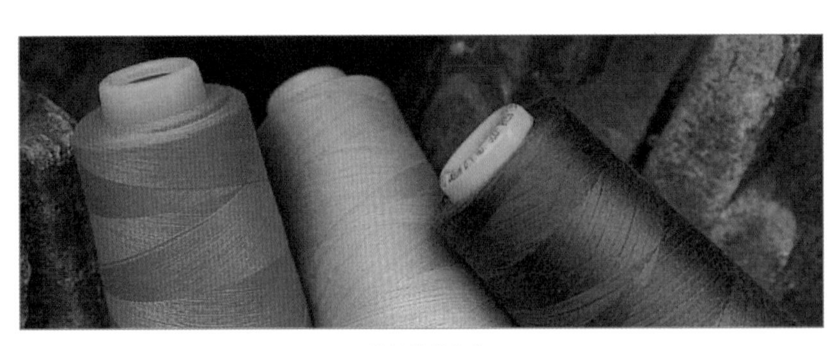

재봉실(재봉사)
재봉할 때 사용하는 실로, 소재는 면, 견, 마, 합성섬유 등이며 양질의 단사를 두 올 이상 합쳐서 꼬아 만든 실이다.
20s, 30s : 청바지, 스티치사, 외부 포인트로 사용한다.
40s, 60s : 일반적으로 가장 많이 사용한다.
★수가 작을수록 실의 굵기가 굵고(20s), 수가 클수록 실의 굵기가 가늘다(60s).

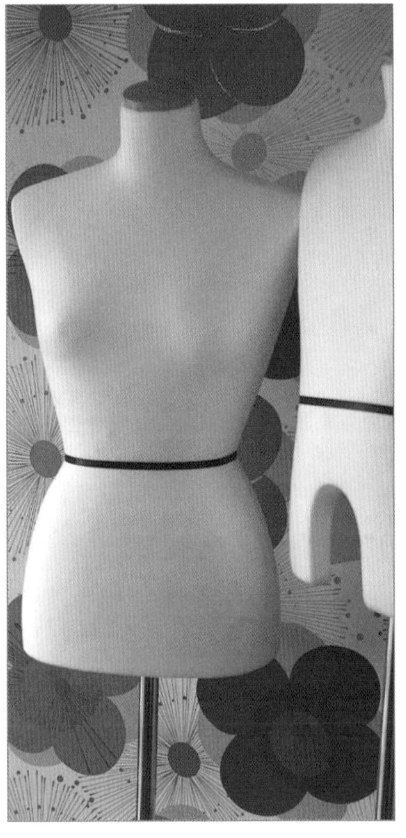

마네킹(인대)
인체와 같거나 유사한 비율을 가지며 의상을 입혀 가봉, 봉제 등 작업 상태를 볼 수 있다.

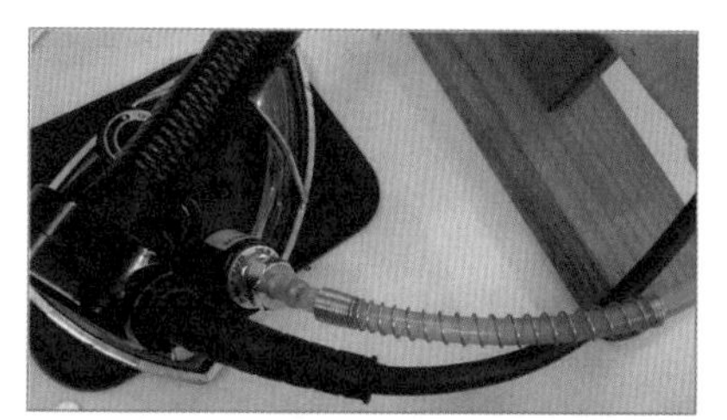

다리미

구겨진 옷감을 펼 때 사용한다.

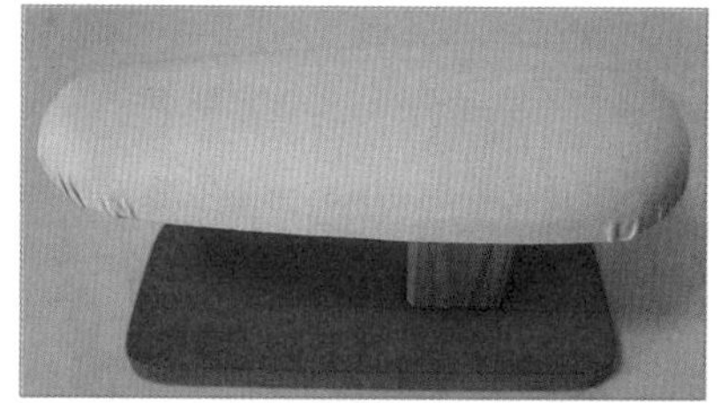

우마

목둘레, 옆솔기, 바지통 등 솔기를 다림질할 때 사용한다.

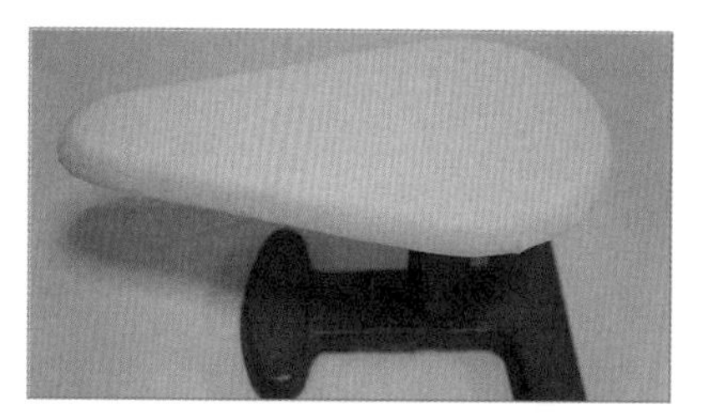

데스망

소매산을 다림질할 때 사용한다.

시침용 면사

옷감에 패턴을 올려놓고 실표뜨기를 할 때 사용한다. 맞춤 표시(너치), 단추를 다는 위치, 주머니 위치 등을 표시한다.

옷솔

옷감에 묻은 먼지나 실 등을 털어낼 때 사용한다.

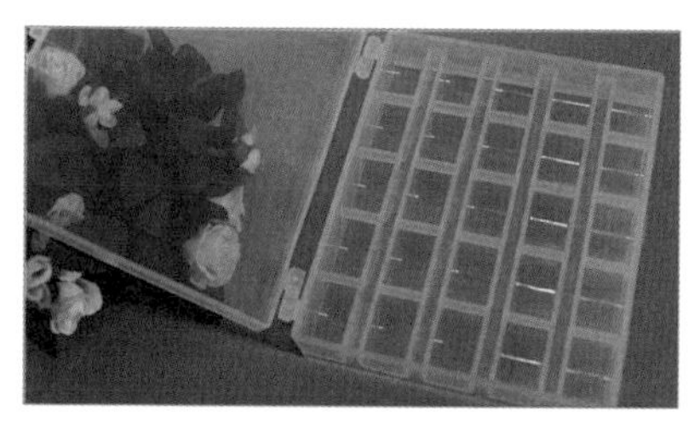

보빙 케이스

북실이 감겨 있는 북알을 넣어 실이 풀리지 않도록 할 때 사용한다.

북집

밑실을 감은 북알을 넣어 사용한다.

북알

밑실을 감아 사용한다.

쇠 콘솔 노루발

콘솔 지퍼(숨은 지퍼)를 의복에 달 때 사용하면 편리하다.

실크 핀

옷감에 패턴을 고정할 때 사용하며 앞판, 뒤판을 서로 맞추어 고정할 때 사용한다.

★ 가늘고 뾰족한 것을 선택해야 옷감이 상하지 않으며 박음질할 때 빼지 않아도 된다.

재봉틀 바늘(DB)

- 9호 : 얇은 원단(블라우스, 원피스 등)
- 11호 : 일반 두께의 원단(청바지, 면 등)
- 14호 : 두꺼운 원단(청바지, 면, 코트 등)을 박음질할 때 사용한다.

★ 14호 바늘을 가장 많이 사용한다.

오버로크 바늘(DC)

14호 바늘을 가장 많이 사용한다.

비즈 바늘

0.56mm 굵기의 가는 바늘로, 실땀이 나타나지 않도록 단을 뜰 때 사용하면 편리하다.

대바늘

0.84mm 굵기의 굵은 바늘로, 천이 움직이지 않도록 시침질할 때 사용하면 편리하다.

심지

잘라 쓰는 접착 심지로, 원단에 뻣뻣하게 힘을 주거나 늘어짐을 방지하기 위해 사용한다.

★ 한 마는 91.44cm(대략 90cm)

5cm(2인치) 접착 심지

소매 밑단, 재킷 밑단, 스커트 밑단 등에 사용한다.

★ 늘어짐을 방지하기 위해 사용한다.

핀봉

핀이나 바늘을 꽂아 손목에 걸고 사용한다.

자석 받침(자석 조기)

옷감에 일정한 시접의 양을 주려고 할 때 노루발 옆에 붙여놓고 사용한다.

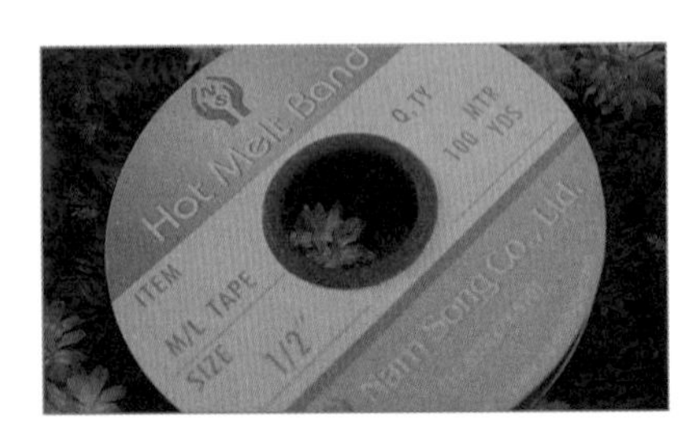

양면 열 접착 심지

봉제 시 밀리는 부분에 원하는 길이만큼 잘라서 원단과 원단 사이에 넣고 다리미로 스팀을 주어 사용한다.

★ 풀로 종이를 붙이는 것과 비슷하다.

1cm 식서 접착테이프 심지

콘솔 지퍼를 달기 전, 원단의 지퍼를 다는 부분에 심지를 붙이면 늘어날 우려가 없어 견고하게 지퍼를 달 수 있다.

★ 원단이 밀리지 않도록 하기 위해 사용한다.

1cm 사선 접착테이프 심지

사선 접착테이프 심지는 바이어스 방향으로 재단되어 있으므로, 자유롭게 곡선 라인을 살리기 위해 곡선 부분에 부착하여 사용한다.

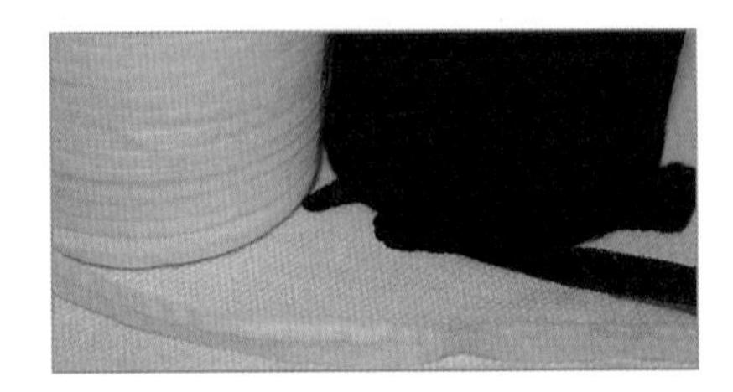

암홀 전용 테이프

재킷이나 코트 등의 암홀 부분에 붙여 사용한다.

★ 원단이 밀리지 않도록 하기 위해 사용한다.

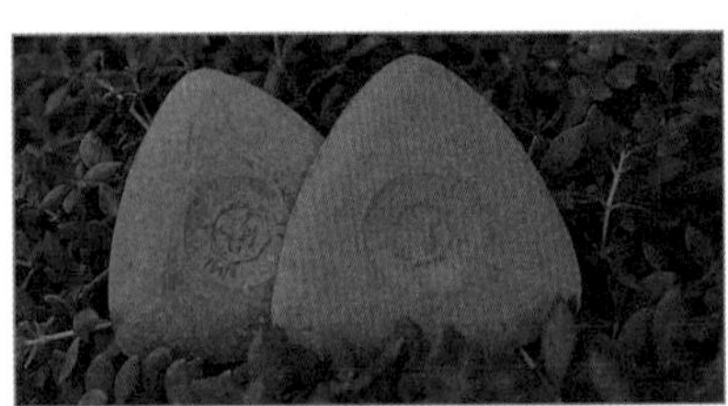

분 초크

두꺼운 옷이나 겨울 의류에 많이 사용한다.

★ 손으로 털거나 세탁하면 자국이 지워진다.

초크(초자고)

초로 만든 백색 초크이다. 손에 묻지 않고 옷에 잘 그려지며, 열을 가하여 다림질하면 마법같이 사라지는 초크이다. 가장 많이 사용한다.

★ 칼이나 초크 깎는 용구를 사용하여 뾰족하게 하여 사용한다.

① 수성 연필 초크(하늘색 펜)　　② 기화성 연필 초크(보라색 펜)

① 원단에 사용한 후 물세탁하거나 분무기로 물을 뿌리면 자국이 지워진다.
② 원단에 사용한 후 그대로 두면 공기 중에서 자연스럽게 지워진다(하루~이틀).
★ 사용 후에는 뚜껑을 꼭 닫아야 오래 사용할 수 있다.

쪽가위

봉제 시 실을 자르거나 실밥을 제거할 때 사용한다.

재단 가위

원단을 재단할 때 사용한다.

★ 원단을 자르는 가위로 종이를 자르면 가위의 수명이 짧아지므로, 종이를 자르는 가위와 재단 가위는 분리하여 사용한다.

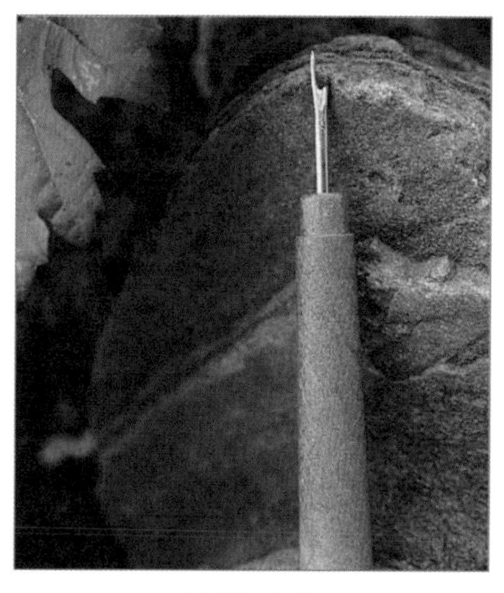

실칼(실뜯개)

바느질한 곳에 송곳같이 뾰족한 부분을 끼운 후 가운데 칼날을 사용하여 박은 솔기 등을 뜯을 때 사용한다.

송곳

겉감의 완성선을 안감에 옮길 때, 옷깃의 끝이나 세밀한 부분을 옮길 때, 바느질한 재봉실을 뽑을 때 사용한다.

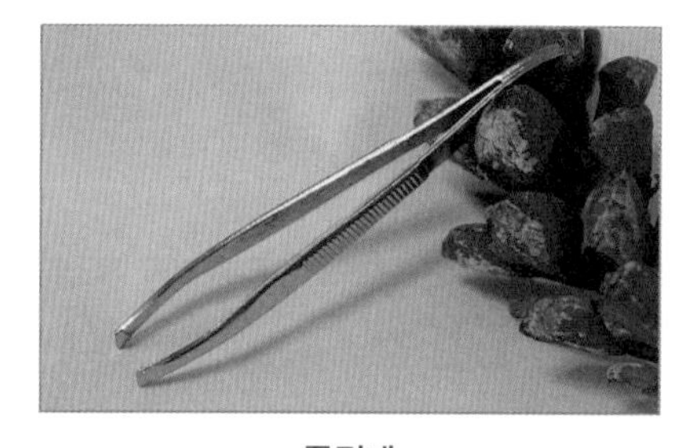

족집게

시침실이나 실표뜨기한 실을 뽑을 때 사용한다.

단면도(면도칼)

실칼과 같은 용도로 사용하면 편리하다.

★ 손을 다치지 않도록 주의한다.

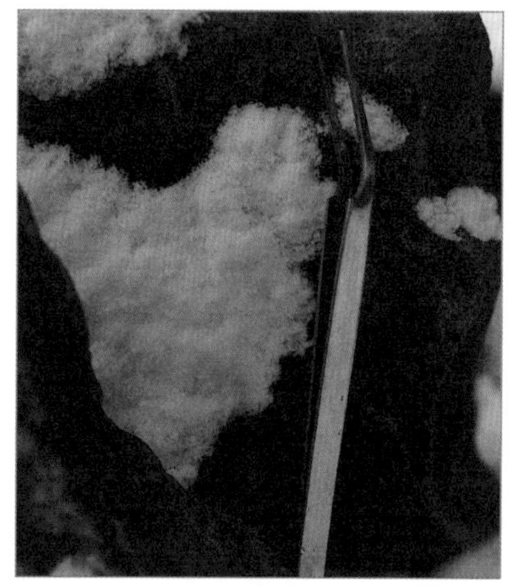

핀셋

오버로크의 재봉실이 빠지거나 끊어져서 다시 끼워야 할 때 사용한다.

드라이버

재봉틀의 바늘, 노루발을 교체할 때 사용한다.

3 박음질 연습

1 기초 박음질 ★ A4 규격에 간격은 1cm를 기준으로 한다.

(1) 직선 박기

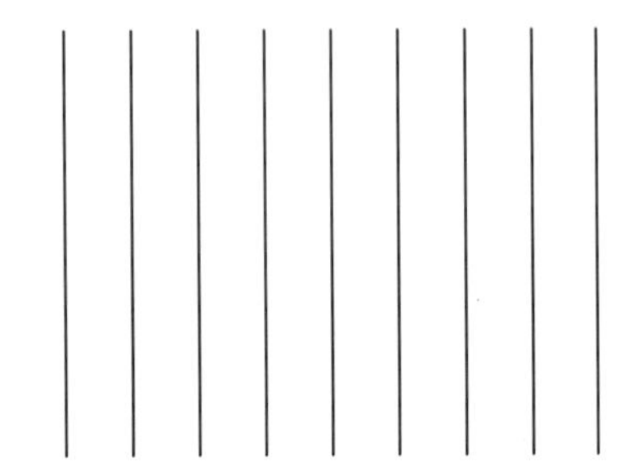

★ 가장 많이 사용하는 박음질이다.

(2) 사각 박기

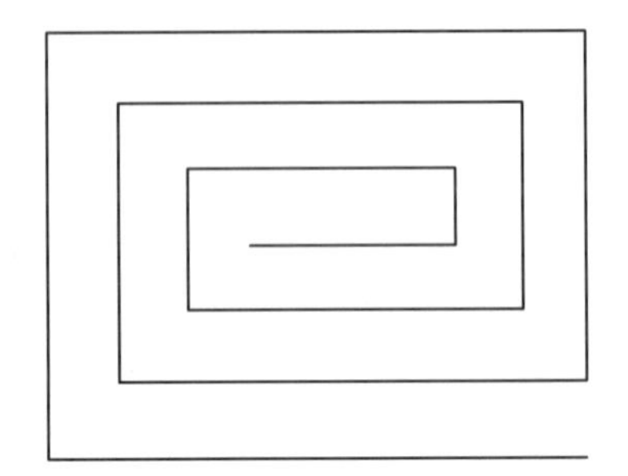

(3) 곡선 박기

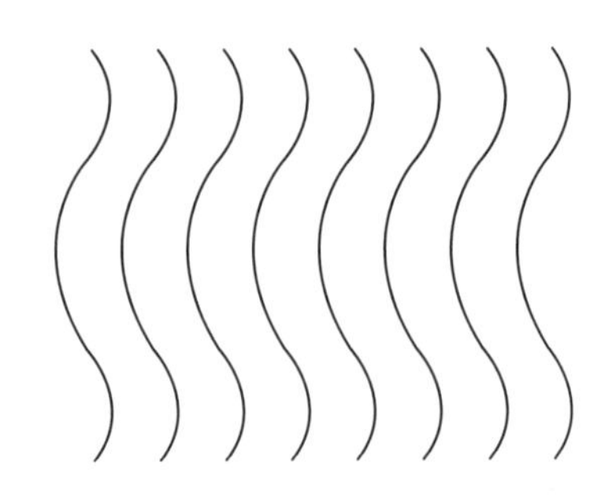

★ 옷감을 손으로 천천히 움직여서 박음질한다.

(4) 원 박기

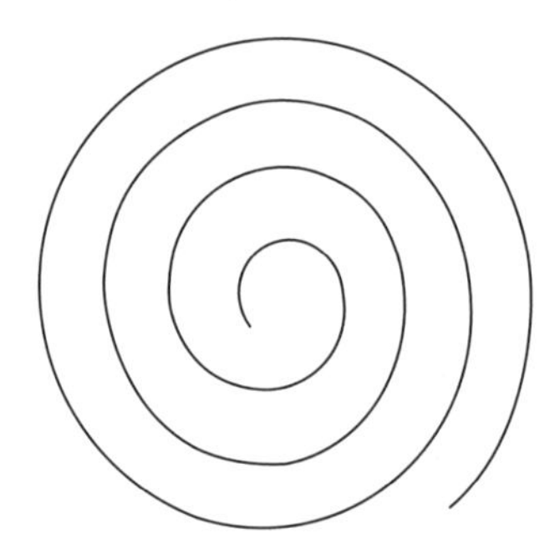

★ 옷감을 손으로 천천히 움직여서 박음질한다.

(5) 지그재그 박기

★ 각진 끝에 바늘을 꽂고 노루발을 올려 원단을 돌린 후 노루발을 내리고 박음질한다.

(6) 삼각 박기

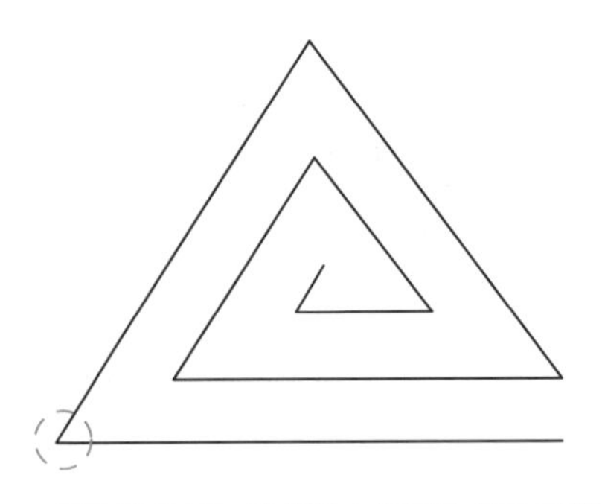

★ 각진 끝에 바늘을 꽂고 노루발을 올려 원단을 돌린 후 노루발을 내리고 박음질한다.

4 시접

완성선에서 1~5cm(부위에 따라 다름) 여분을 주는 것을 말한다.

1 부위별 기본 시접의 양

부위별 기본 시접의 양

재킷	목둘레, 칼라, 암홀, 소매산	1cm	스커트	허리선, 옆선	1~1.5cm
	어깨, 옆선, 절개선	1~1.5cm		밑단	4cm
	밑단, 소매 밑단	4cm	팬츠	허리선, 옆선	1~1.5cm
	코트 밑단	5cm		밑단	4cm

★ 디자인에 따라 시접의 양이 달라질 수 있다.

2 시접 그리기

(1) 원단 위에 패턴을 올려놓고 시접 그리기

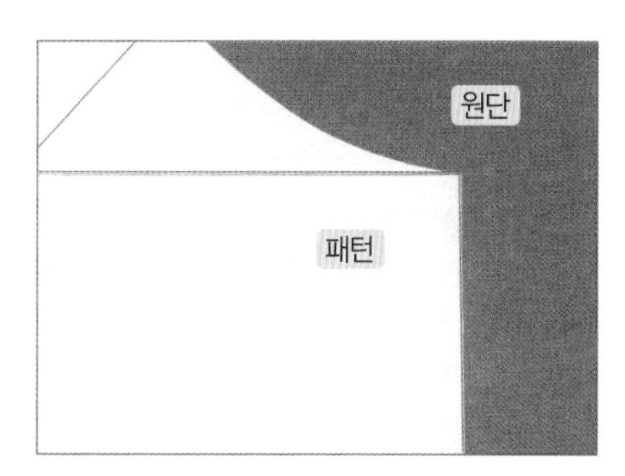

1 원단 위에 패턴을 올려놓는다.

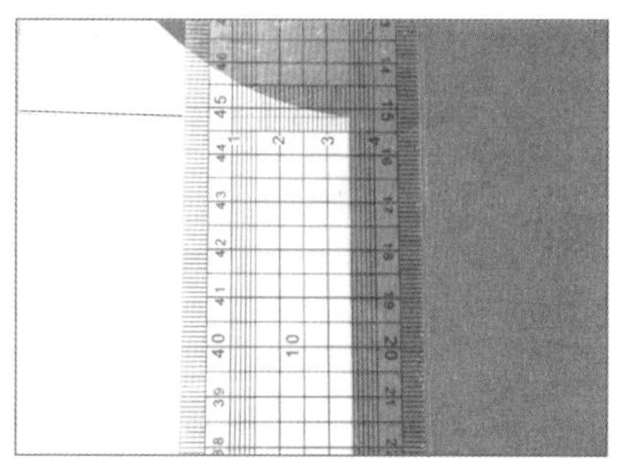

2 방안자를 사용하여 시접 양만큼 일직선으로 선을 그린다.

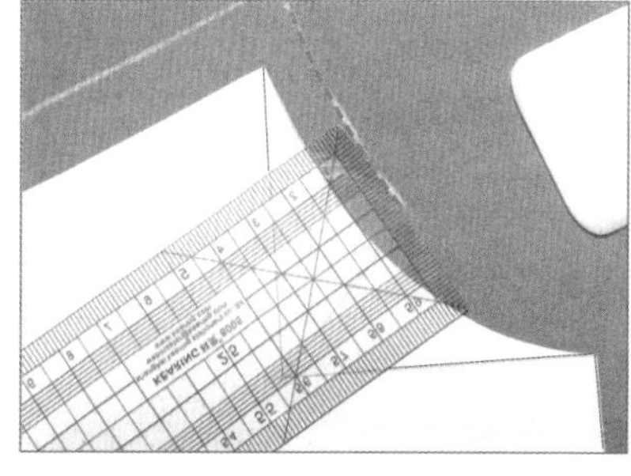

3 곡선 부분은 시접 양만큼 조금씩 점선으로 표시한다.

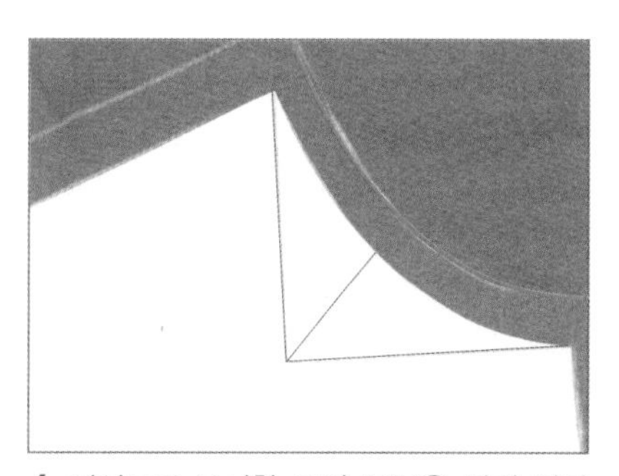

4 점선으로 표시한 곡선 부분을 길게 이어서 선을 그린다.

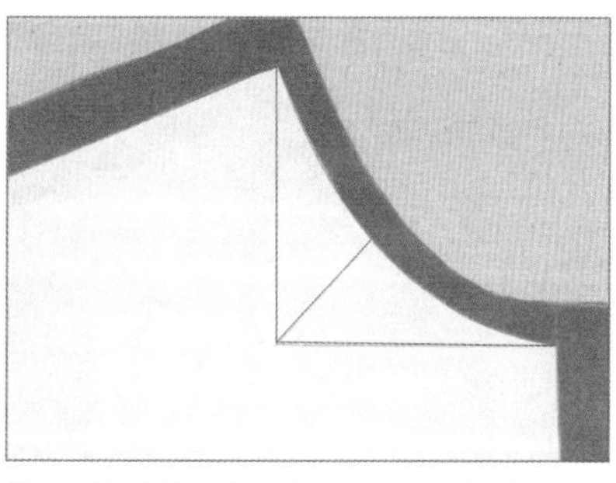

5 시접 양만큼 원단을 자른 모습이다.

(2) 패턴에 시접 그리기

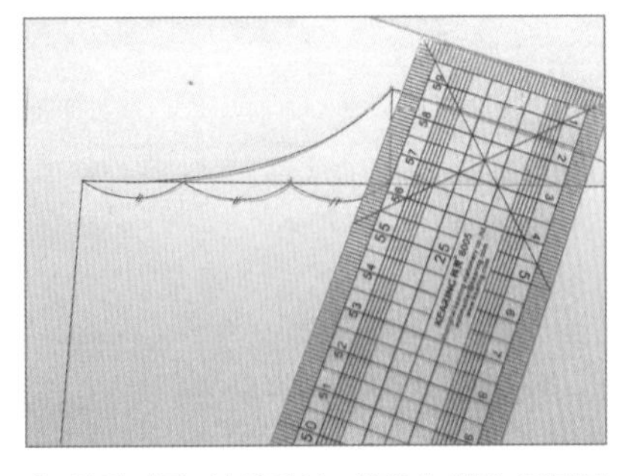

1 방안자를 사용하여 패턴에 시접 양만큼 일직선으로 선을 그린다.

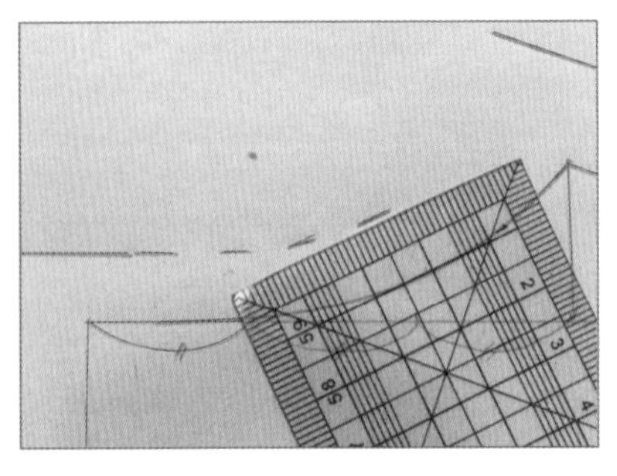

2 곡선 부분은 시접 양만큼 조금씩 점선으로 표시한다.

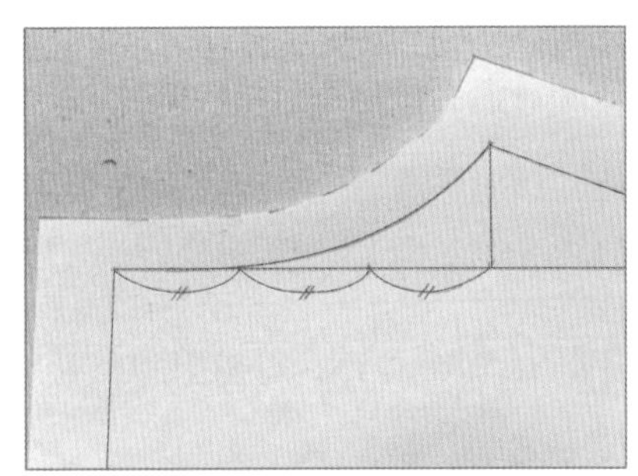

3 시접 양만큼 패턴을 자른 모습이다.

3 다트에 시접 그리기

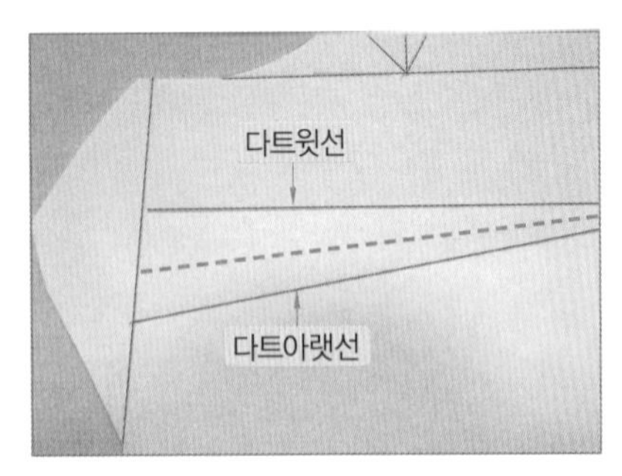

1 옆선 옆에 종이를 여유 있게 잘라 놓는다.

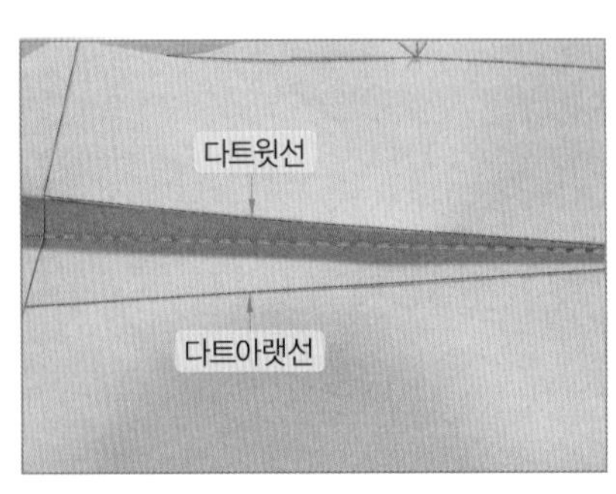

2 다트선을 반으로 접어 윗선이 아랫선 위로 올라오도록 접는다.

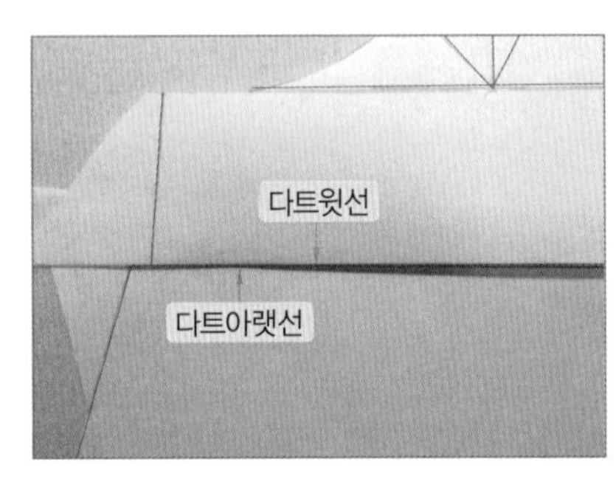

3 다트선을 접은 모습이다.

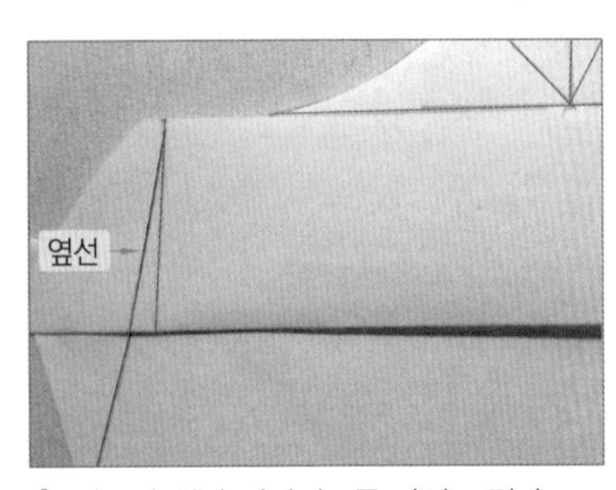

4 어긋난 선이 이어지도록 다시 그린다.

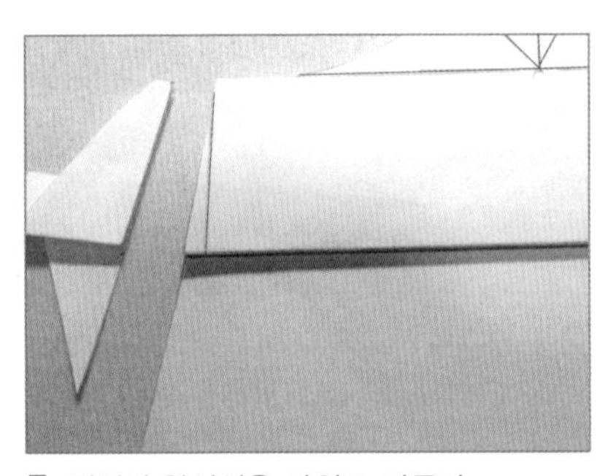

5 옆선의 완성선을 가위로 자른다.

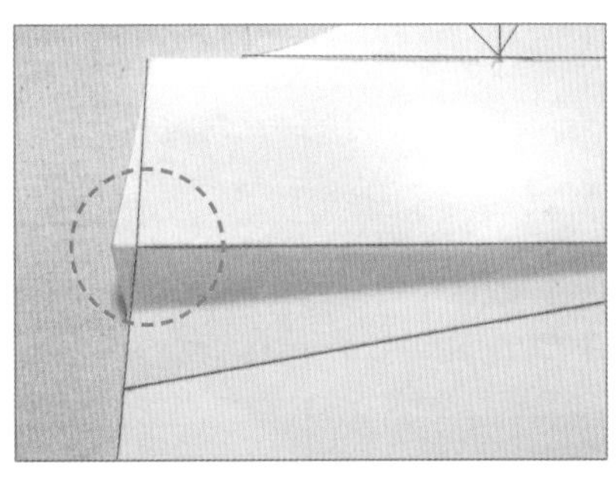

6 옆선이 산처럼 튀어나온 것이 맞는 것이다.

tip 다트에 시접 그리기

다트의 시접은 산처럼 튀어나와야 다트를 박음질했을 때 완성선이 바르게 된다.

5 모서리 시접 자르기

1 모서리 시접을 자르는 방법

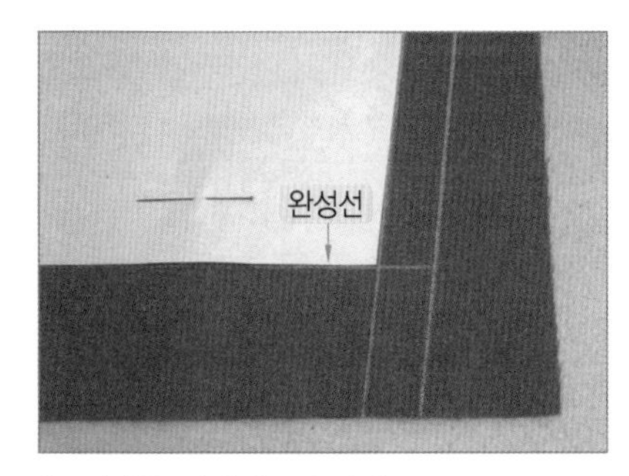

1 밑단을 나타낸 모습이다.

2 밑단을 완성선에 맞추고 시접을 뒤로 넘긴다.

3 옆선의 시접을 자른다.

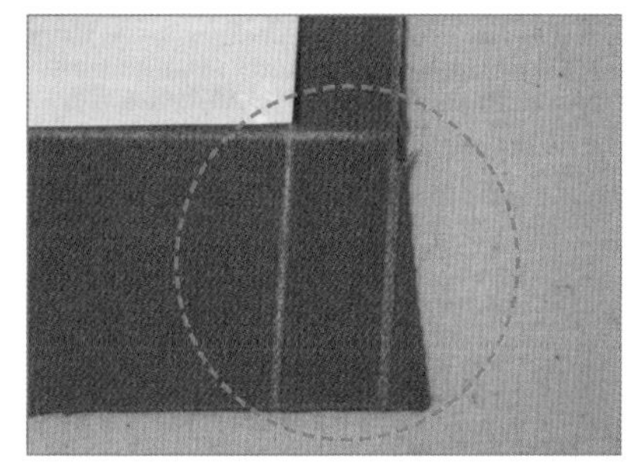

4 자른 후 시접을 내린 모습이다.
★ 밑단 끝이 약간 넓게 잘린다.

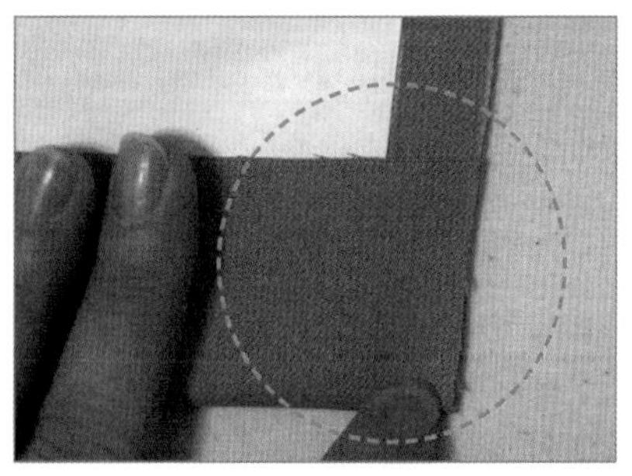

5 넓게 잘린 밑단 시접을 접으면 몸판 시접과 맞게 된다.

2 시침핀 꽂는 방법

시침핀을 잘 사용하면 원단이 어긋나는 것을 방지할 수 있으며, 보다 편리하게 작업을 할 수 있다.

좋은 예

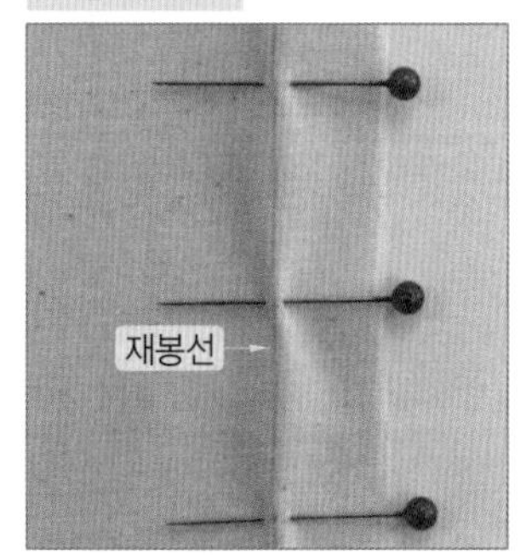

두 장의 원단을 맞대어 놓고 재봉선 위로 살짝 떠서 시침핀을 꽂는다.

나쁜 예

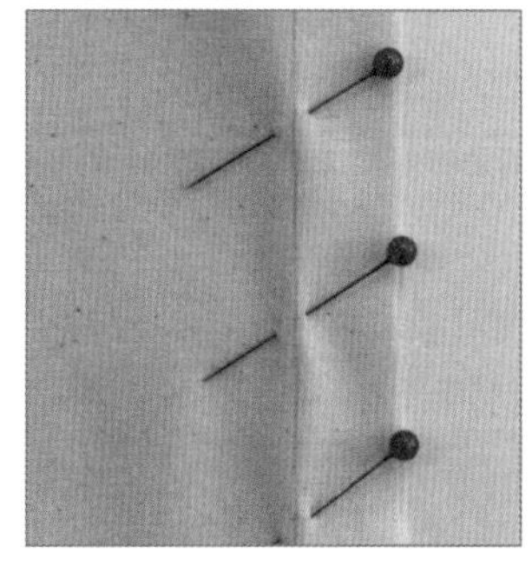

시침핀을 비스듬하게 꽂으면 원단이 어긋나거나 시침핀이 쉽게 빠질 우려가 있다.

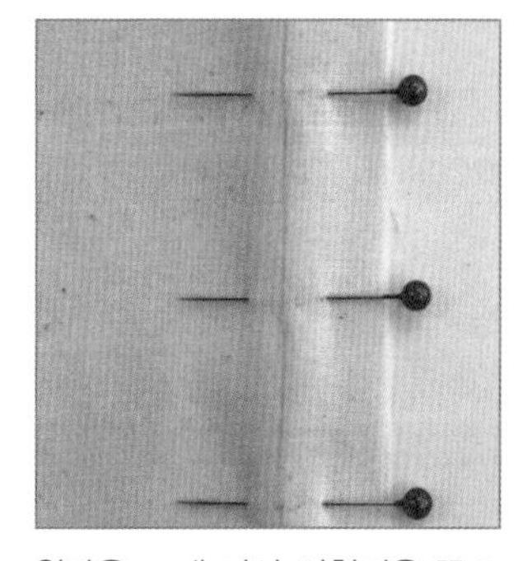

원단을 크게 떠서 시침핀을 꽂으면 원단이 어긋나거나 정확하게 고정되지 않는다.

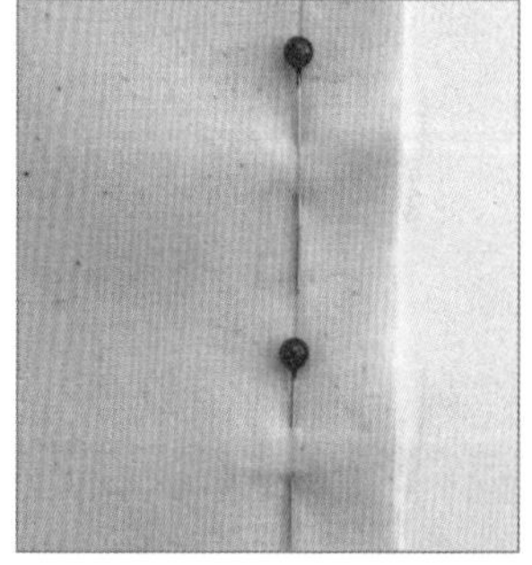

시침핀을 평행하게 꽂으면 봉제할 때 노루발에 걸리고 봉바늘이 부러진다.

3 심지

의복이 늘어날 수 있는 부분이나 디테일 한 부분의 형태를 유지하고 봉제 과정에 도움을 주는 역할을 한다.

(1) 심지 부착 부위

겉감의 특성, 옷의 실루엣, 옷의 종류 등에 따라 부착 부위가 다르다. 주로 옷깃, 안단, 주머니, 주머니 입구, 벨트, 지퍼가 달릴 위치, 재킷 밑단, 소매 밑단 등에 붙인다.

(2) 심지 종류

심지(면, 실크), 5cm 접착테이프 심지, 암홀 전용 테이프, 1cm 식서 접착테이프 심지, 1cm 사선 접착테이프 심지

심지(면, 실크) 한 마 91.44cm(대략 90cm)

★ 전체적으로 심지를 붙일 때 사용한다.

5cm 접착테이프 심지

★ 재킷의 밑단, 소매 밑단 등에 사용한다.

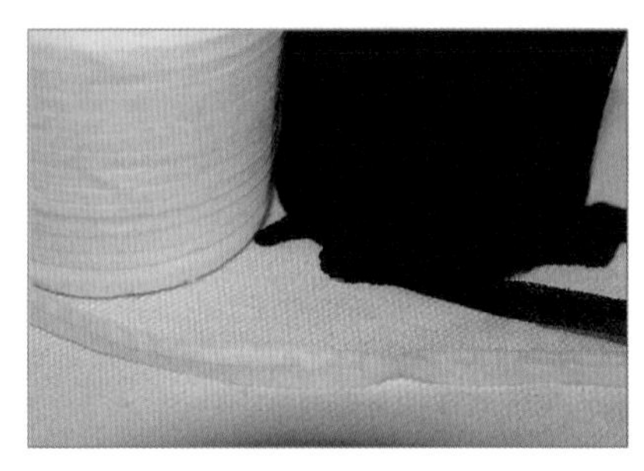

암홀 전용 테이프

★ 암홀에 사용한다.

1cm 식서 접착테이프 심지

★ 지퍼가 달릴 위치, 벨트 등 식서 방향에 사용한다.

1cm 사선 접착테이프 심지

★ 곡선 부분에 사용한다.

tip 심지 접착 방법

❶ 심지를 겉감에 전체적으로 접착해야 할 부위에는 심지를 여유 있게 잘라 옷감에 다림질로 접착하고 정확하게 다시 자르는 것이 좋다.

❷ 까칠까칠한 쪽(접착할 부분)을 옷감의 안쪽에 닿도록 놓고 다리미로 눌러 고정한다.

❸ 심지를 접착할 때는 다리미를 밀면서 붙이지 않고 눌러 주면서 심지를 붙인다.

- 스팀을 고르게 주면서 다림질한다.
- 겉에서 한 번 더 다림질한다.

6 실표뜨기

두 장의 옷감에 패턴의 완성선, 단추를 다는 위치, 주머니 위치 등을 표시하기 위해 사용하는 방법이다.

- 얇은 원단은 시침실을 한 겹으로, 두꺼운 원단은 두 겹으로 사용하면 좋다.
- 직선 부위(중심선, 옆선, 어깨선 등)는 긴 시침을, 곡선 부위(진동, 네크라인, 목둘레 등)는 짧은 시침을 한다.

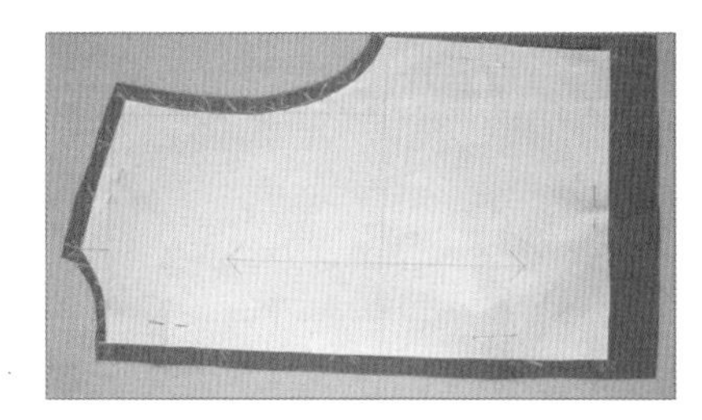

1 패턴을 옷감 위에 올려놓고 시침실 두 올로 실표뜨기한다.

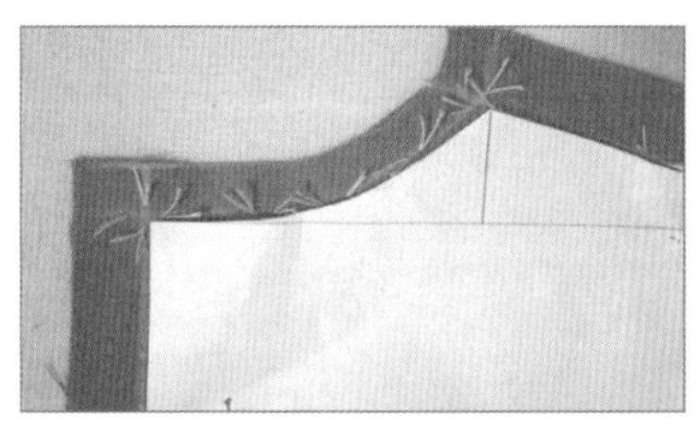

2 곡선은 간격을 좁게 실표뜨기한다.

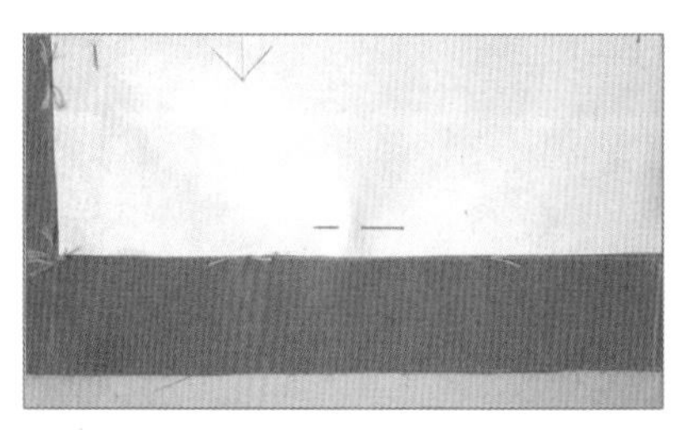

3 직선은 간격을 넓게 실표뜨기한다.

4 모서리는 십자(+) 모양으로 실표뜨기한다.

5 실이 빠지지 않도록 위쪽 옷감을 살짝 들어 올려 옷감 사이의 실을 자른다.
★ 옷감이 잘리지 않도록 주의한다.

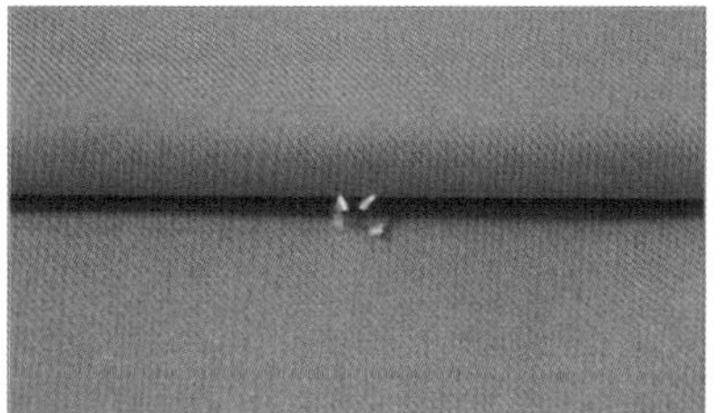

6 옷감 사이의 실을 자른 모습이다.

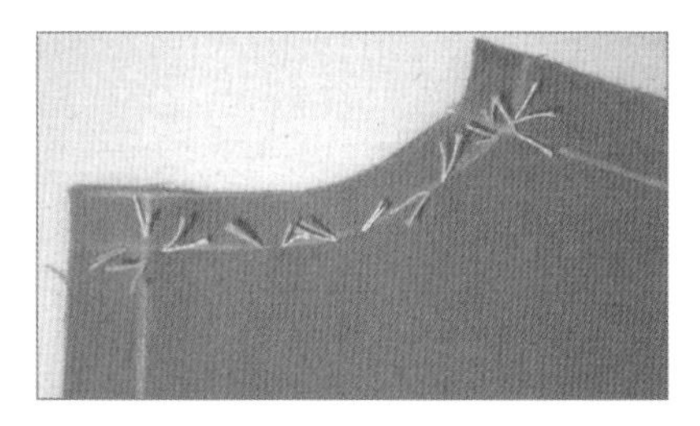

7 패턴을 떼어 낸 모습이다.

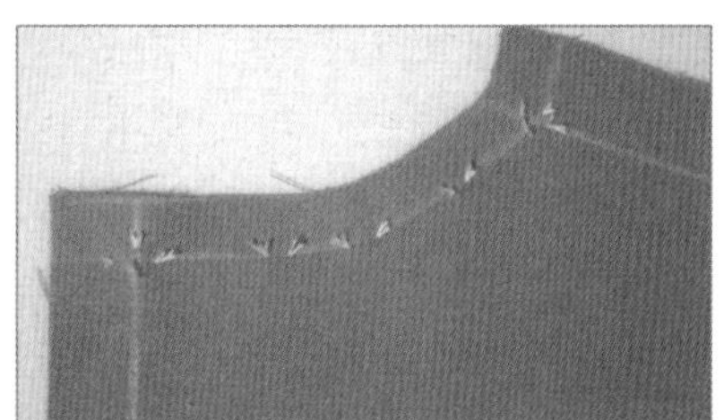

8 실을 짧게 자른다.

9 실이 쉽게 빠지지 않도록 다리미로 눌러 준다.

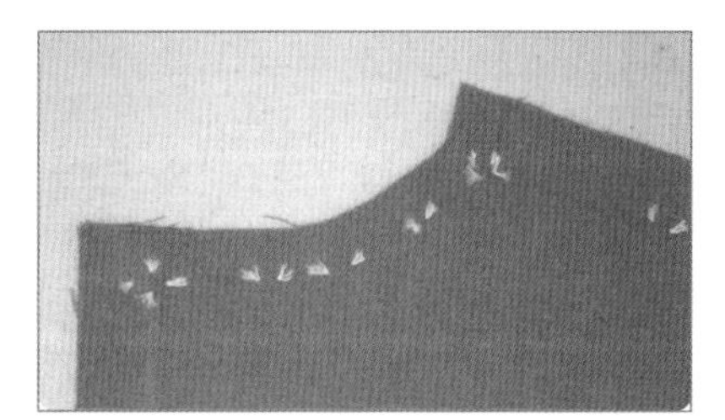

10 완성(앞면)

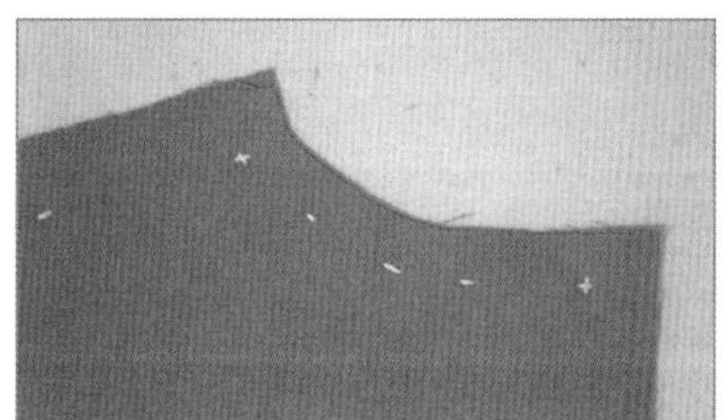

11 완성(뒷면)

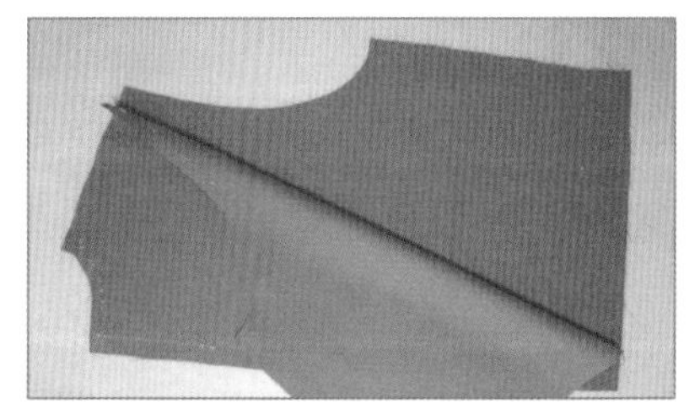

12 완성(두 장의 옷감)

7 손바느질

1 시침질

(1) 상침 시침

한쪽 원단에서 시접의 완성선을 접어 다른 쪽 옷감의 완성선에 올려놓고 시침하는 방법으로, 가봉할 때 사용한다.

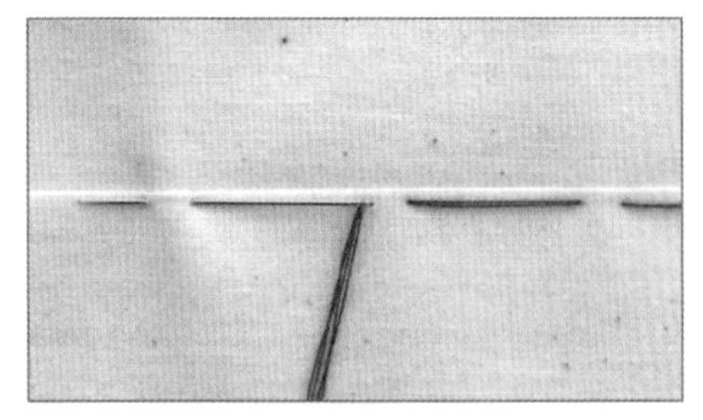

1 땀의 길이는 1.5~2cm로, 간격은 0.5cm로 시침한다.

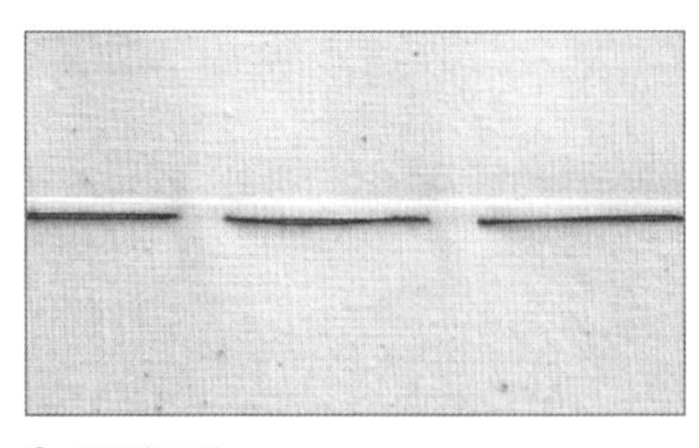

2 완성(앞면)

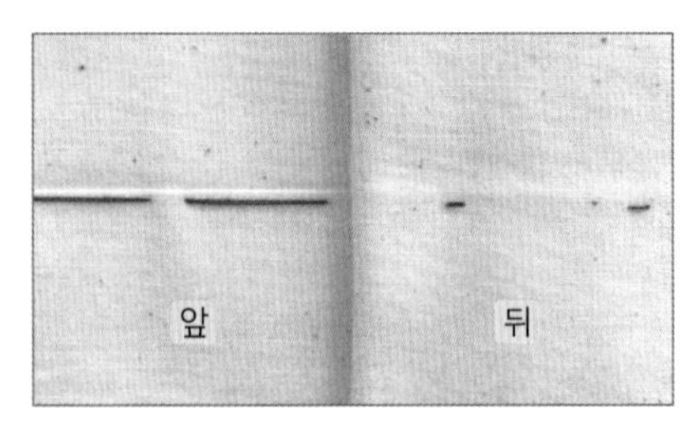

3 완성(앞면·뒷면)

(2) 시침질 ★ 시침질을 하고 박음질한 후 시침실은 제거한다.

두 장의 옷감을 고정하거나 밀리지 않도록 고정하기 위한 작업이다.

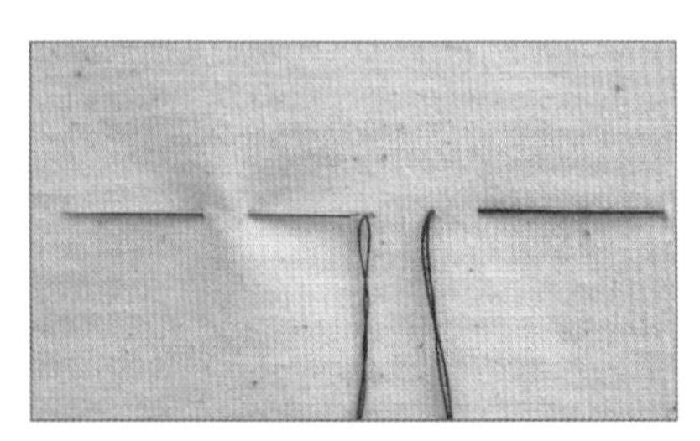

1 땀의 길이는 1~2cm로, 간격은 0.5cm로 시침한다.

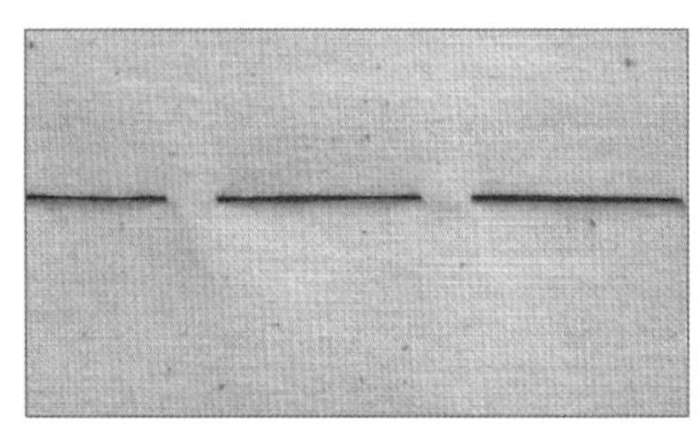

2 완성(앞면)

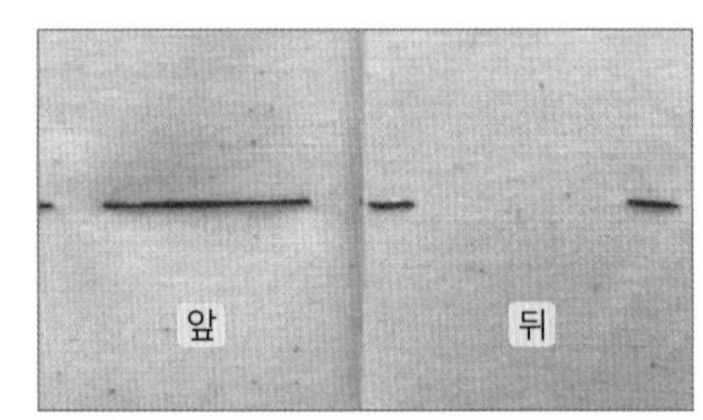

3 완성(앞면·뒷면)

2 홈질

땀의 간격을 좁고 고르게 바느질하는 방법으로 주름을 잡거나 솔기 처리, 소매산 오그림을 할 때 사용한다.

★ 주름을 잡을 때 촘촘하게 두 줄을 나란히 홈질하여 잡아당기면 주름을 일정하고 고르게 잡을 수 있다.

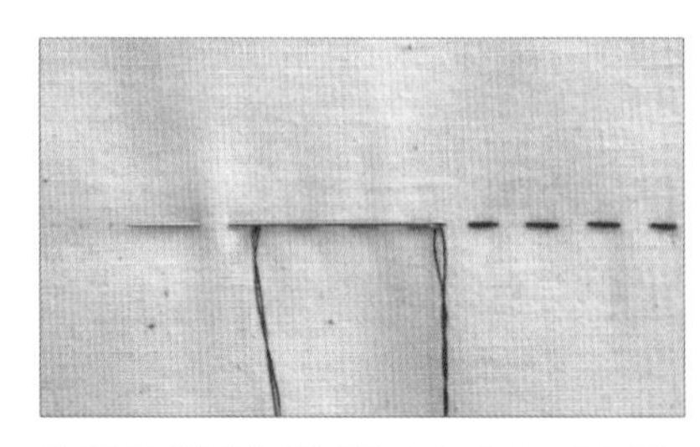

1 땀의 길이와 간격은 0.2~0.4cm로 바느질한다.

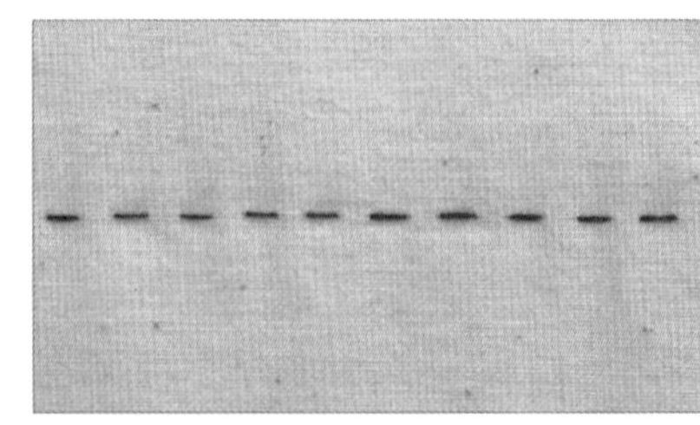

2 완성(앞면)

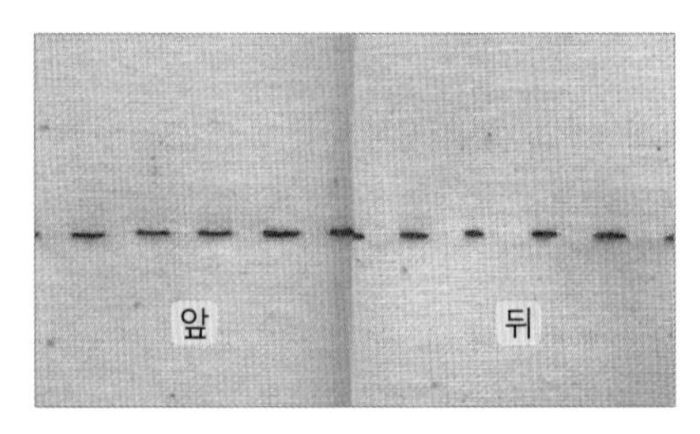

3 완성(앞면·뒷면)

3 온박음질

바늘땀을 한 땀만큼 뒤로(오른쪽) 되돌려 뜨는 방법으로, 가장 튼튼한 손바느질이다.

★ 앞면은 재봉틀 박음질과 같은 모양이다.

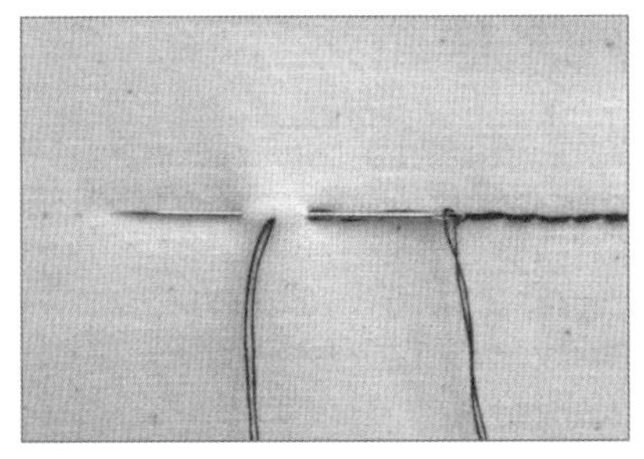

1 바늘을 뺀 지점에서 뒤로(오른쪽) 0.2cm 돌아간 위치에 바늘을 꽂고 0.2cm 앞지점에서 바늘을 뺀다.

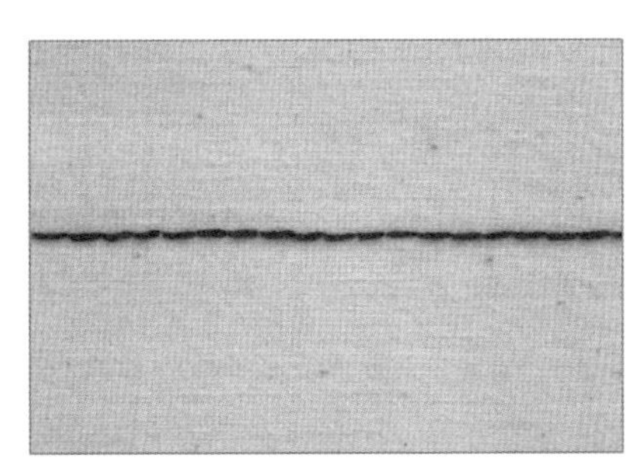

2 완성(앞면)

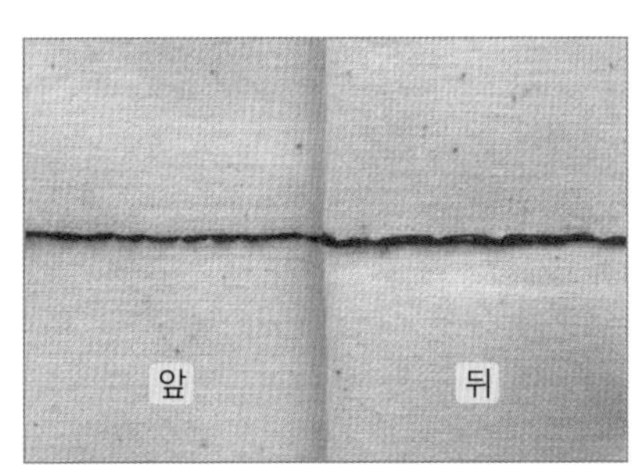

3 완성(앞면·뒷면)

4 반박음질

온박음질이 바늘땀을 한 땀 뒤로(오른쪽) 되돌려 뜨는 것이라면 반박음질은 그 반만큼만 되돌려 뜨는 방법이다.

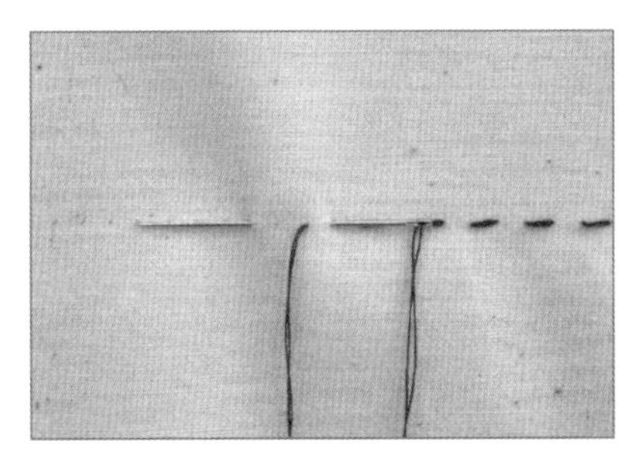

1 바늘을 뺀 지점에서 뒤로(오른쪽) 0.2cm 돌아간 위치에 바늘을 꽂고 0.4cm 앞지점으로 뒤에서 앞으로 바늘을 뺀다.

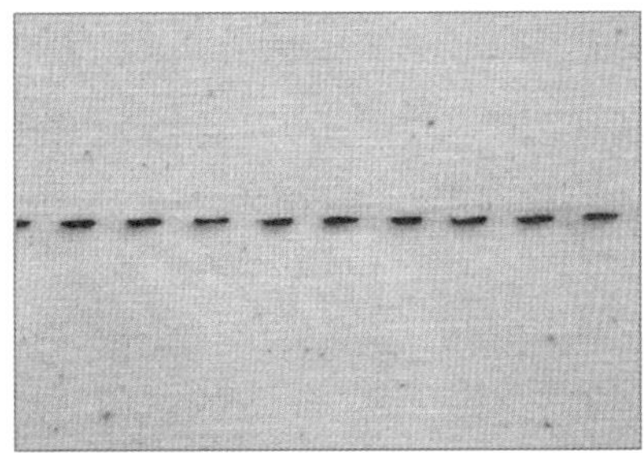

2 완성(앞면)

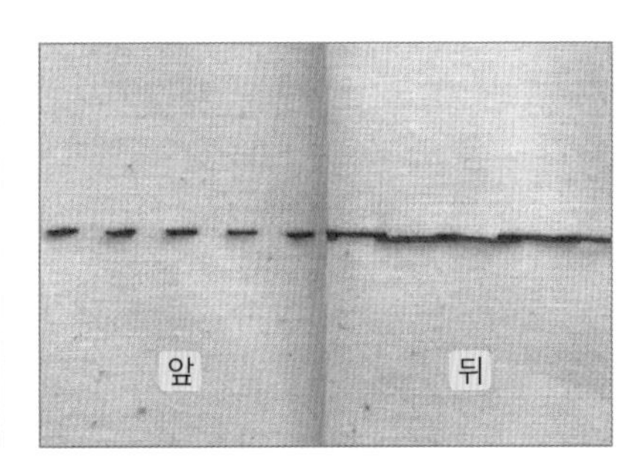

3 완성(앞면·뒷면)

5 감침질

가장 일반적인 단 처리 방법으로 사용한다.

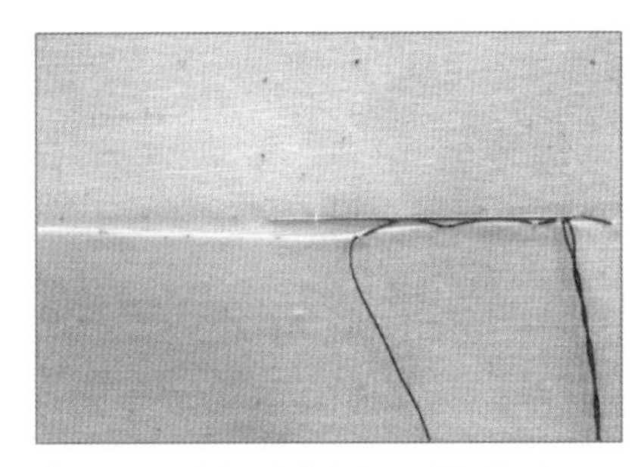

1 바늘이 나온 위치에서 몸판을 한 땀 뜨고 바늘을 뺀다.

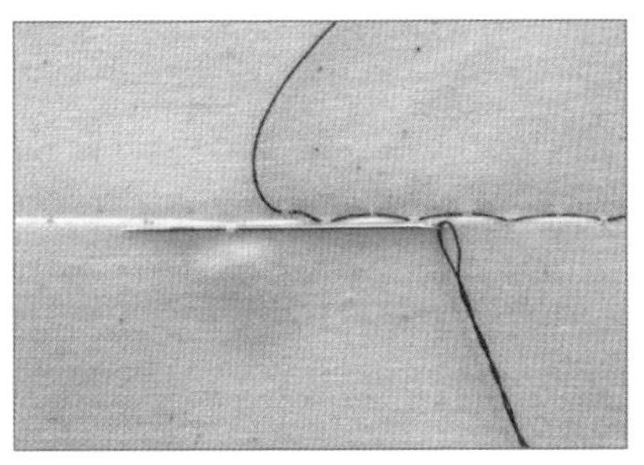

2 0.5cm 떨어진 위치에서 단 부분에 한 땀을 뜨고 바늘을 뺀다.

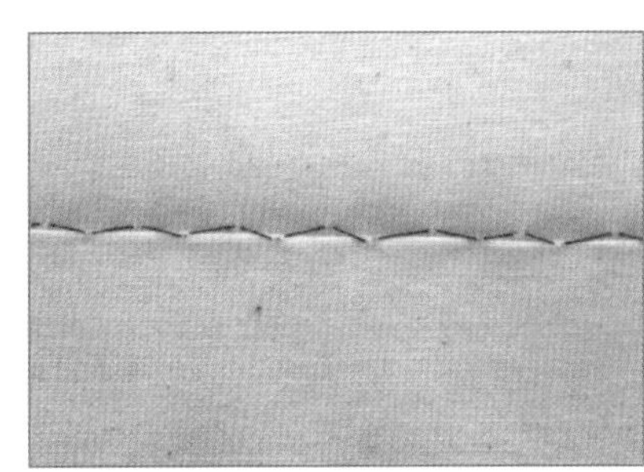

3 완성(앞면)

6 공그르기

소맷부리, 치마, 바지 등의 밑단이나 안단 등을 마무리할 때 사용하는 바느질 방법으로, 바늘땀이 보이지 않도록 하며 실을 너무 잡아당겨서 옷감이 울지 않도록 주의한다.

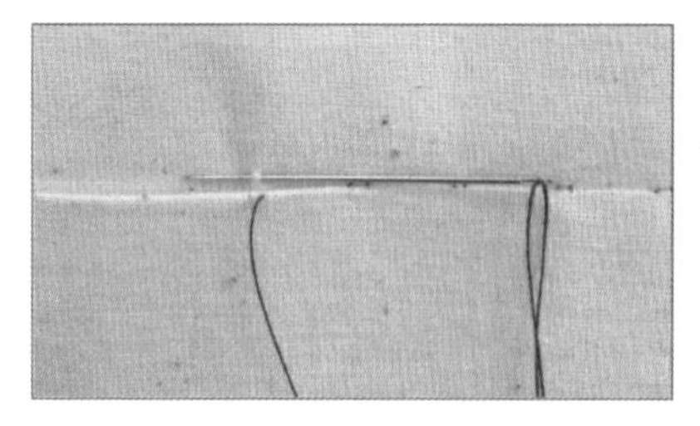

1 실을 한 겹으로 사용하여 몸판을 한 땀 뜨고 바늘을 뺀다.

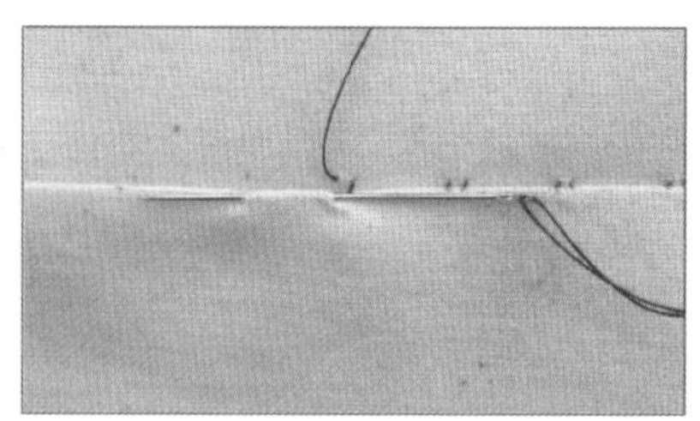

2 1~1.5cm 떨어진 위치에서 단 부분을 뜨고 바늘을 뺀다.

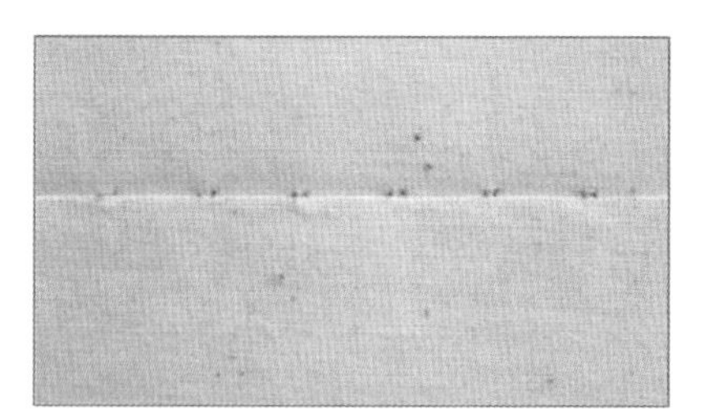

3 완성(앞면)

7 새발뜨기

바지나 치마의 단 처리, 안단을 겉감에 고정할 때 사용하는 방법이다.

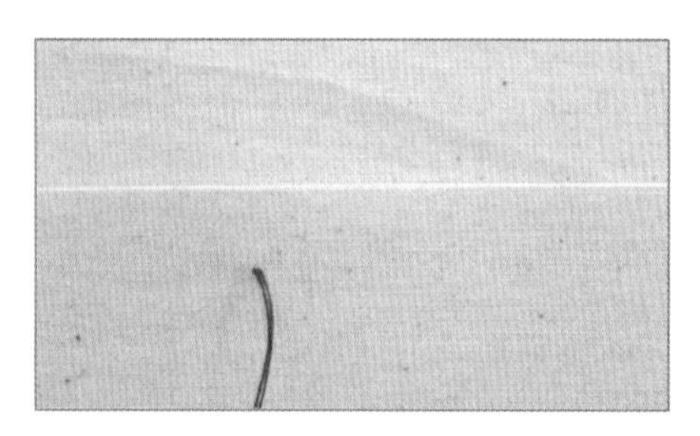

1 안에서 밖으로 바늘을 뺀다.

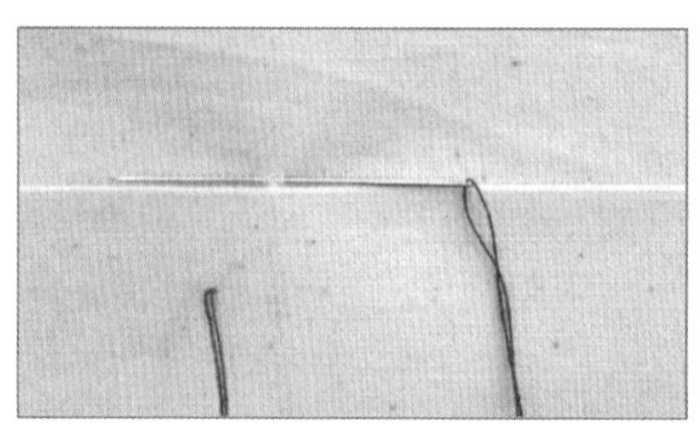

2 0.5~1cm 간격으로 사선으로 올라가서 한 땀을 뜬다.

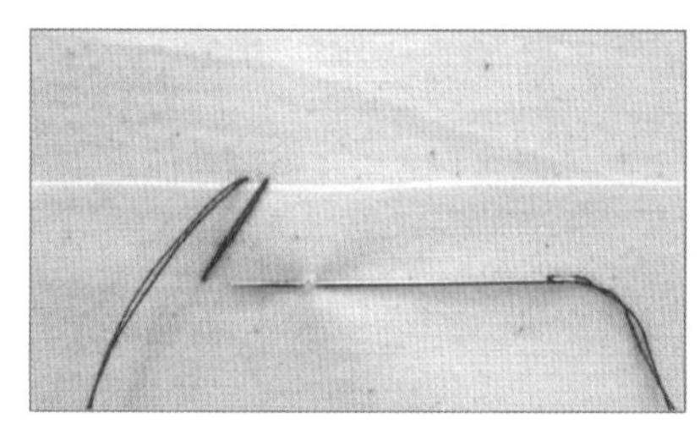

3 사선으로 0.5~1cm 내려와 한 땀을 뜬다.

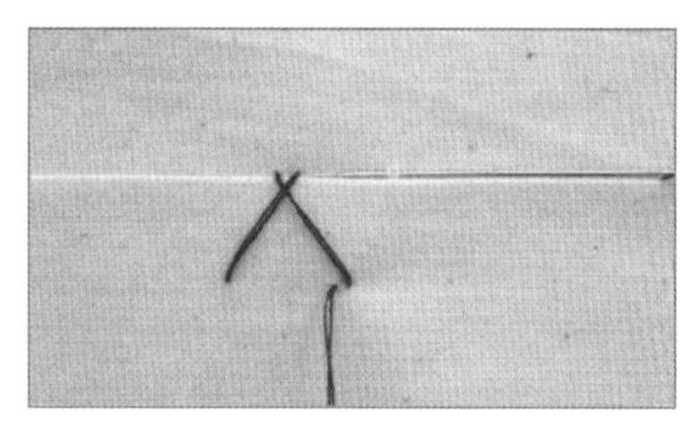

4 반복

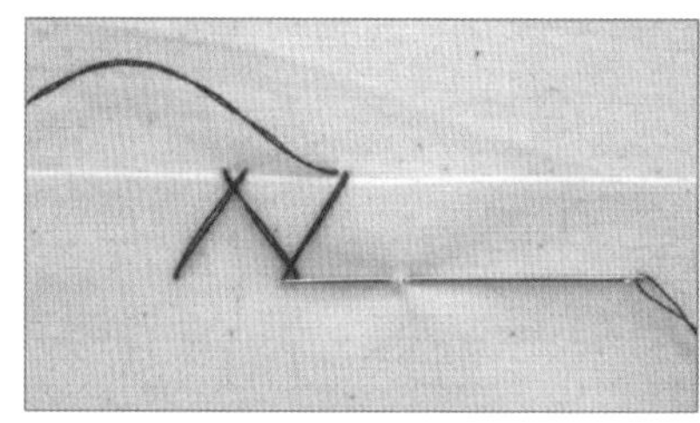

5 반복

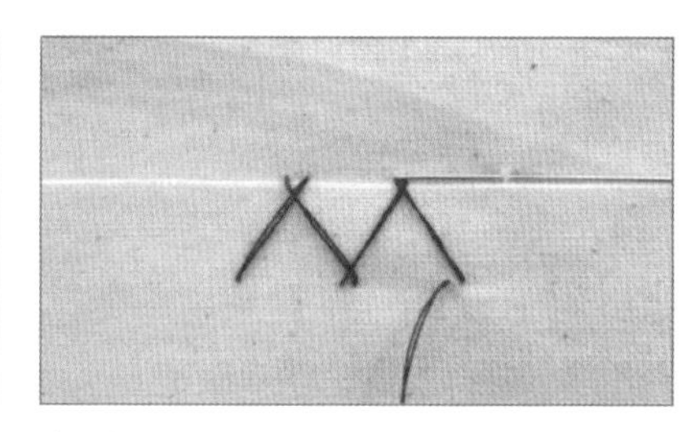

6 반복

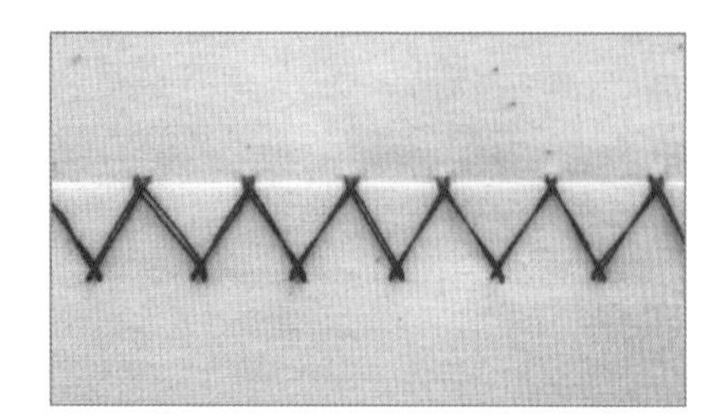

7 완성(앞면)

tip 새발뜨기

일반적으로 손바느질은 오른쪽에서 왼쪽으로 뜨지만, 새발뜨기는 반대로 왼쪽에서 오른쪽으로 뜬다.

8 어슷시침

긴 시침이나 보통 시침보다 견고하게 시침하고자 할 때 사용하는 바느질 방법으로, 재킷의 앞단, 라펠 외곽선, 형태를 고정할 때 주로 어슷시침을 사용한다.

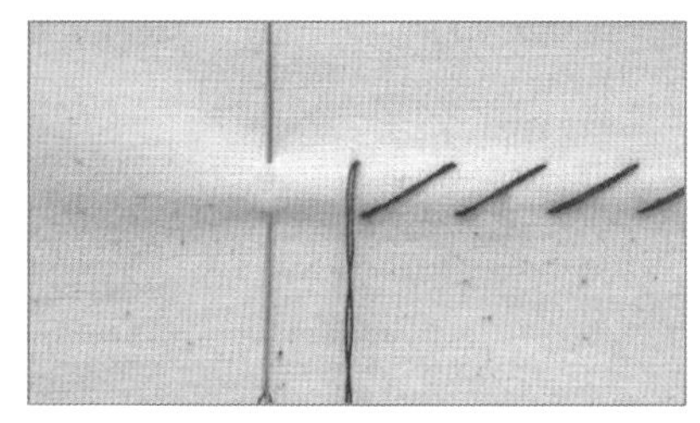

1 한 땀의 길이는 1cm로, 위아래 간격은 0.5cm로 바늘을 뺀다.

2 완성(앞면)

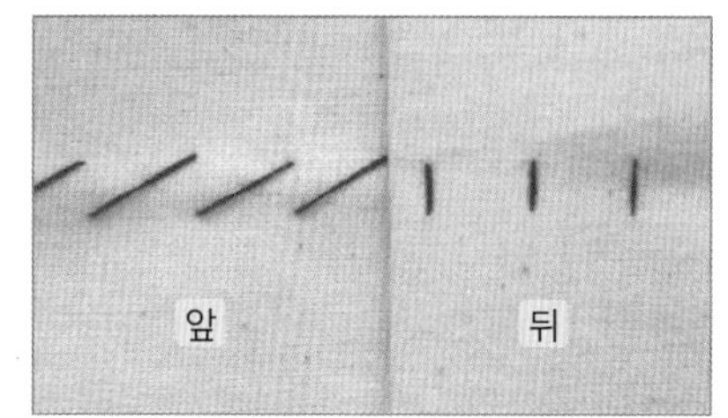

3 완성(앞면·뒷면)

9 실루프/실고리

재킷, 팬츠, 스커트 밑단의 겉감과 안감을 고정할 때, 재킷의 벨트 고리, 허리 벨트 고리 등에 사용한다.

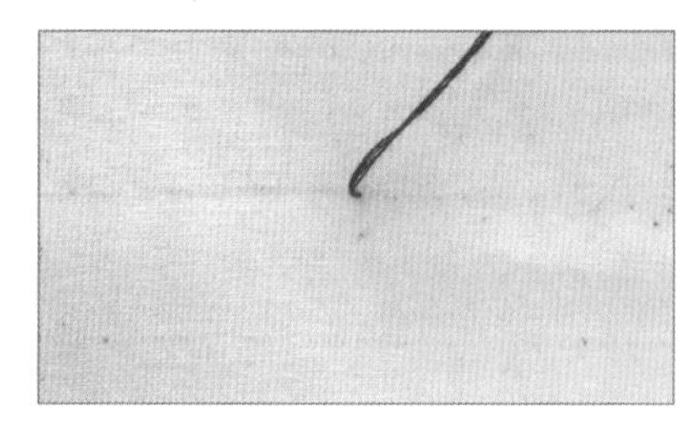

1 실은 두세 겹으로 준비하고, 실고리 위치를 표시한 후 안에서 밖으로 뺀다.

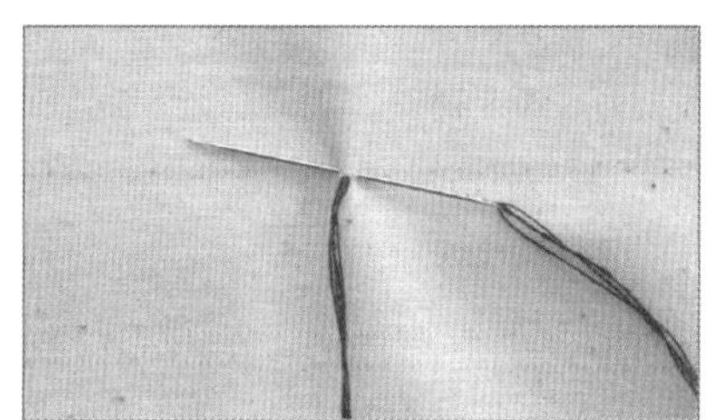

2 시작점에서 바늘땀을 뜬다.

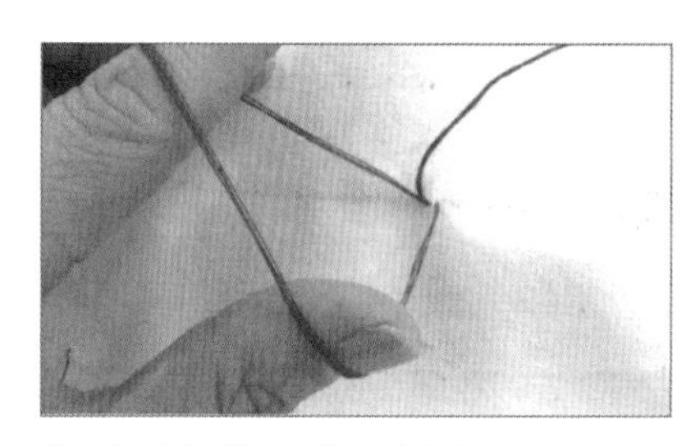

3 실로 동그란 고리를 만든다.

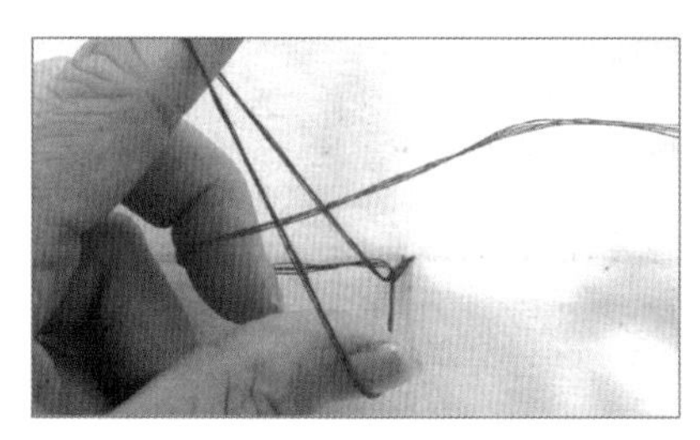

4 엄지손가락과 집게손가락으로 동그란 고리를 잡아주고, 가운뎃손가락으로 동그란 고리 안으로 실을 잡아당긴다.

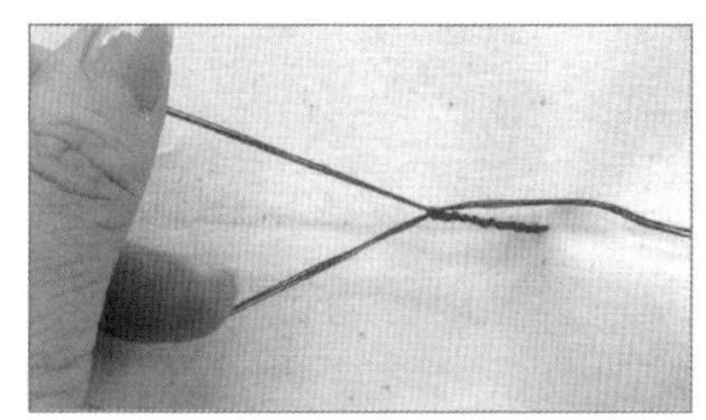

5 가운뎃손가락으로 실을 당기고, 엄지손가락과 집게손가락은 실을 놓는다.

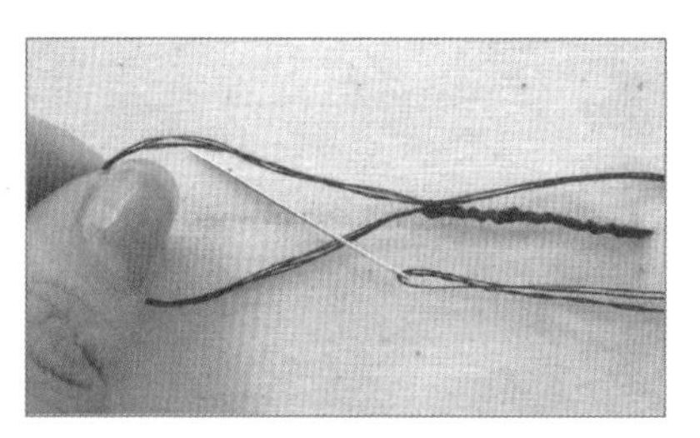

6 원하는 길이만큼 실고리를 만든 후 동그란 고리 안으로 바늘을 집어넣어 뺀다.

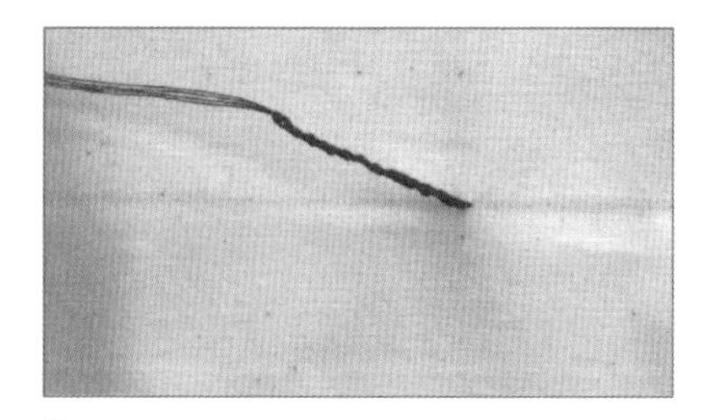

7 바늘을 꽉 잡아당겨 실고리가 풀리지 않도록 한다.

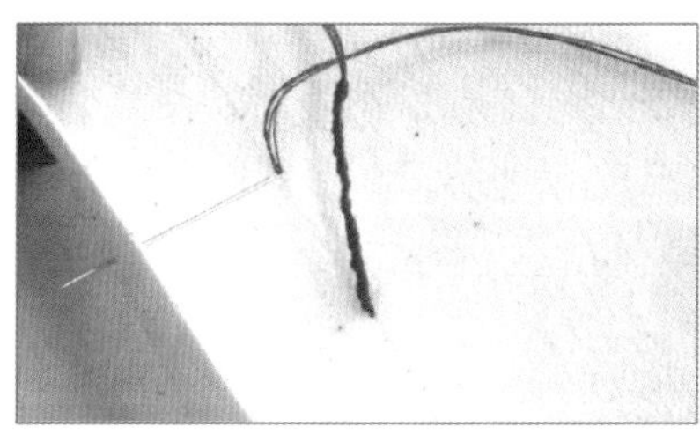

8 연결하고자 하는 위치에 바늘을 집어넣고 매듭을 짓는다.

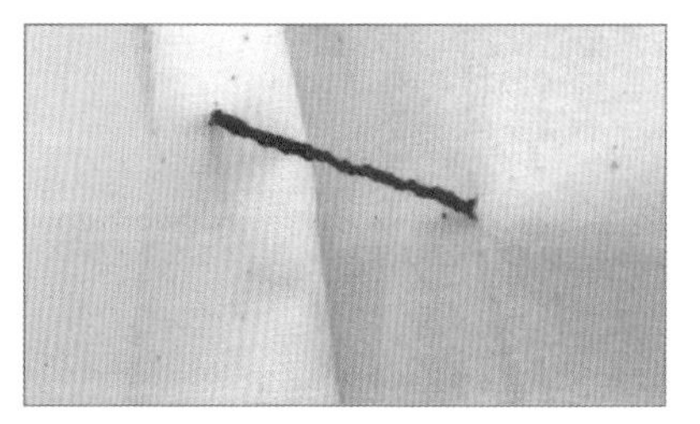

9 완성

8 실매듭

1 실매듭 묶는 방법

★ 실매듭은 바늘의 실이 빠지지 않도록 실 끝에 매듭을 처리할 때 사용한다.

(1) 바늘에 실을 감아 매듭을 만드는 방법

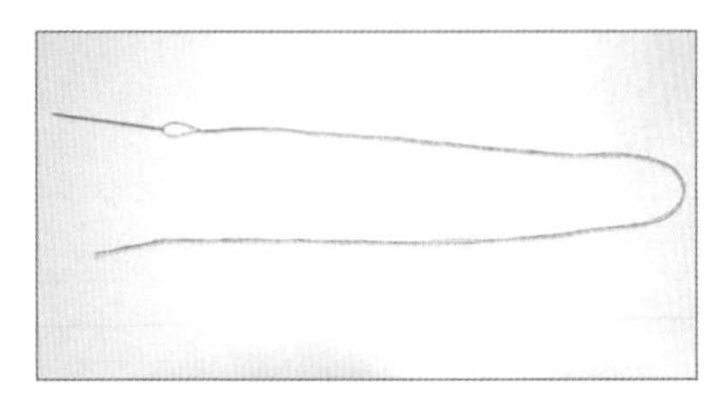

1 바늘에 실을 끼운다.

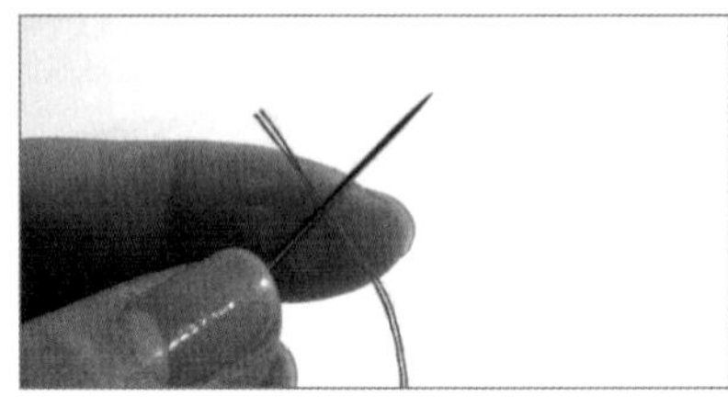

2 실 끝에 바늘을 올려놓는다.

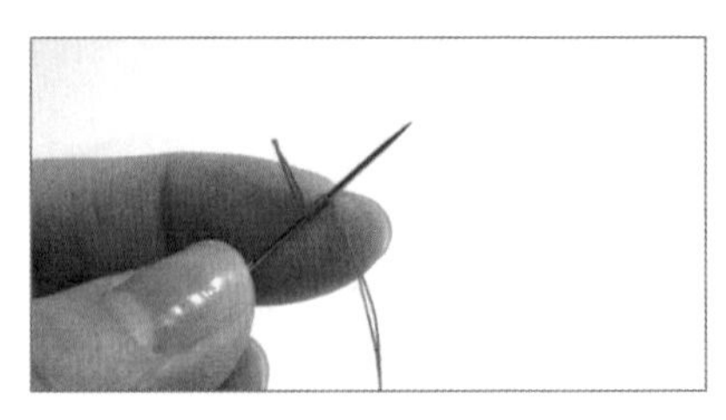

3 바늘에 실을 3~4번 돌려 감는다.

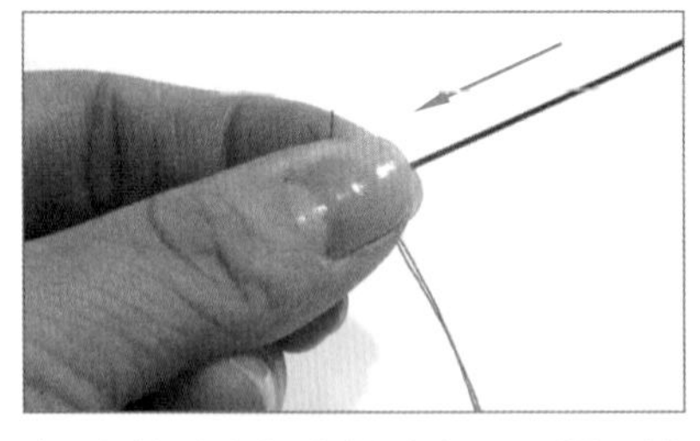

4 엄지손가락과 집게손가락으로 감은 실을 꽉 잡아 밑으로 내린다.

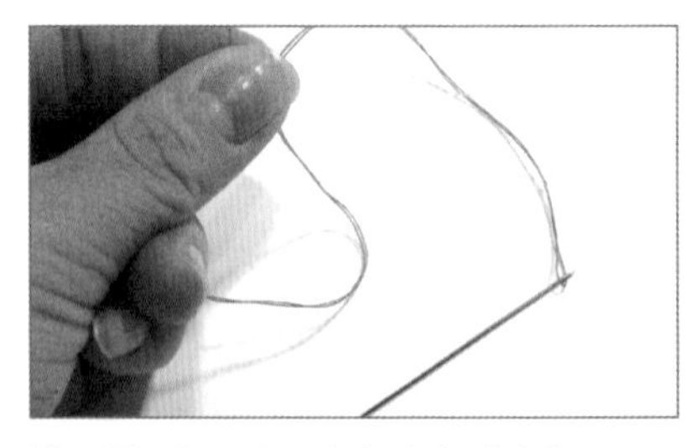

5 잡은 채로 실 끝까지 잡아 내린다.

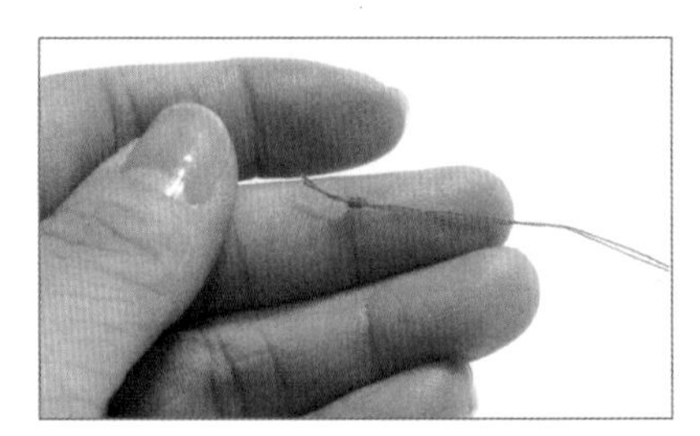

6 매듭 완성

(2) 손가락에 실을 감아 매듭을 만드는 방법

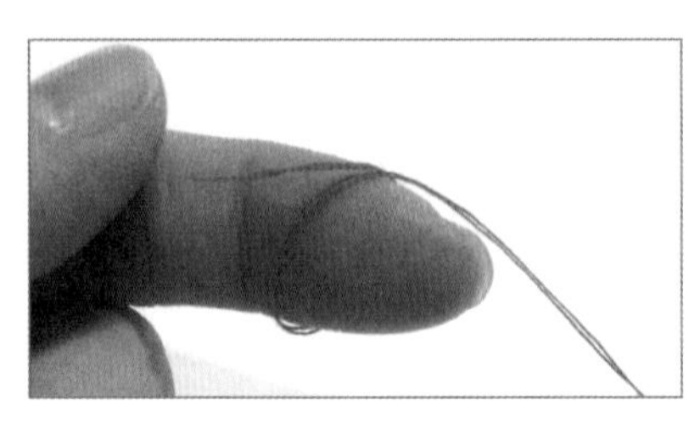

1 집게손가락에 실을 한 번 돌려 감는다.

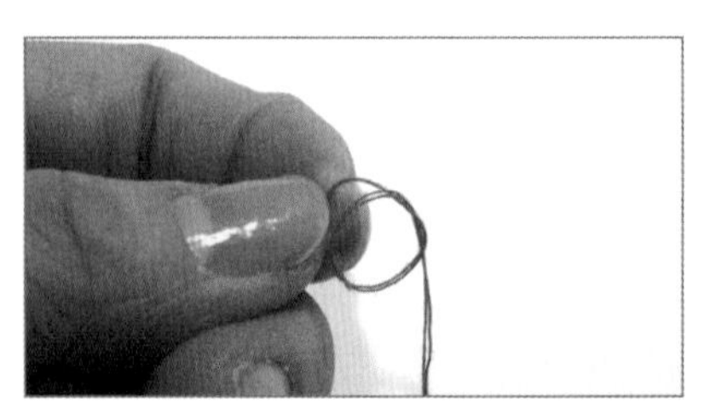

2 엄지손가락으로 실을 꼬아 집게손가락으로 실을 원 안으로 빼낸다.

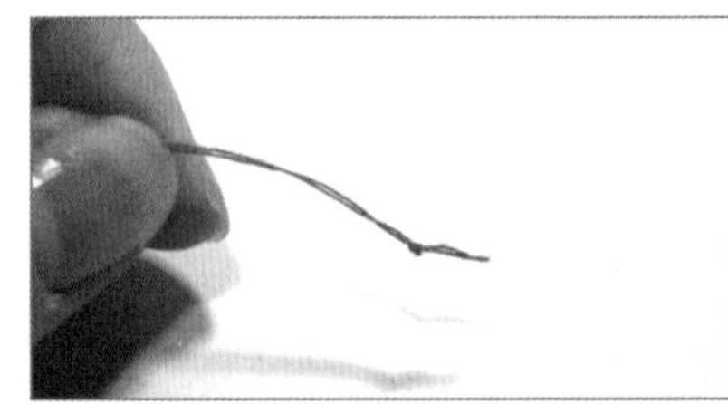

3 매듭 완성

2 실 끝 묶어주기

★ 다트 끝이나 장식 스티치의 끝부분을 처리할 때 사용한다.

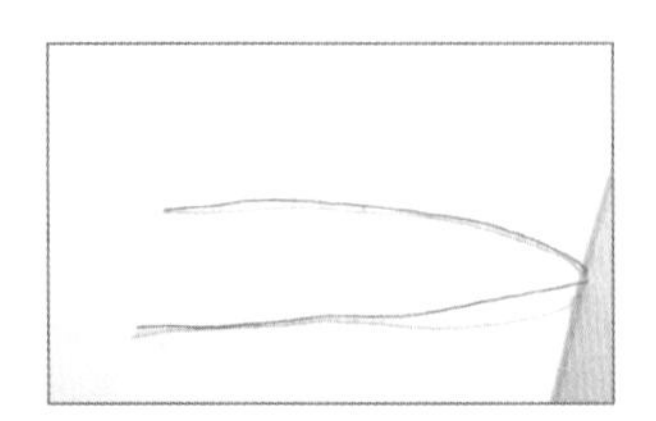

1 실을 길게 남기고 자른다.

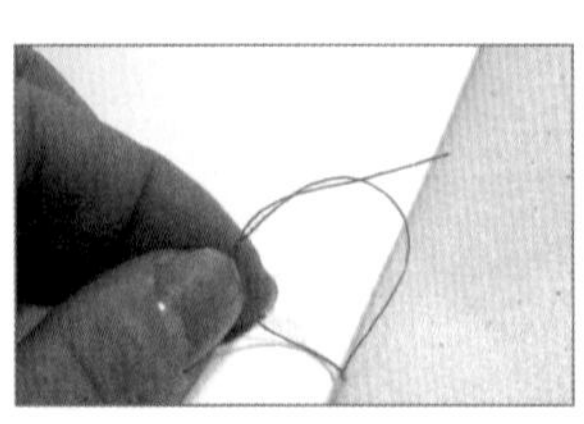

2 실로 원을 만들고 한쪽 실을 원 안으로 집어넣는다.

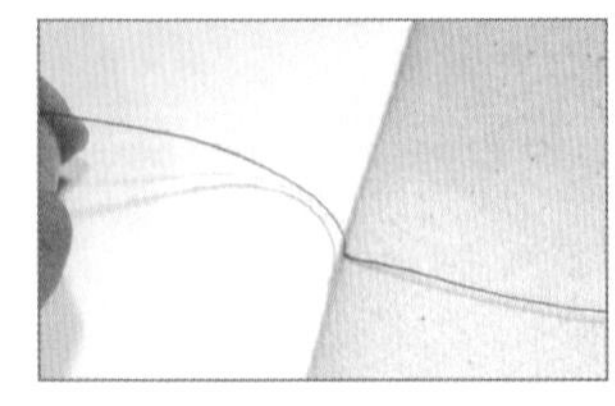

3 양손으로 양쪽 실을 잡아당긴다.
★ **1**에서 **3**까지 같은 방법으로 2~3번 반복한다.

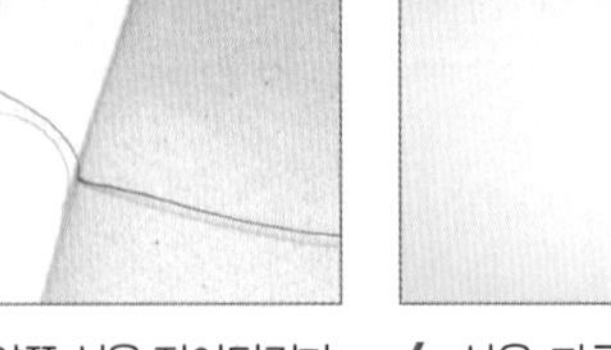

4 실을 자른다.
★ 너무 짧게 자르지 않는다.

9 단추와 단춧구멍

1 단추

(1) 구멍이 있는 단추 달기

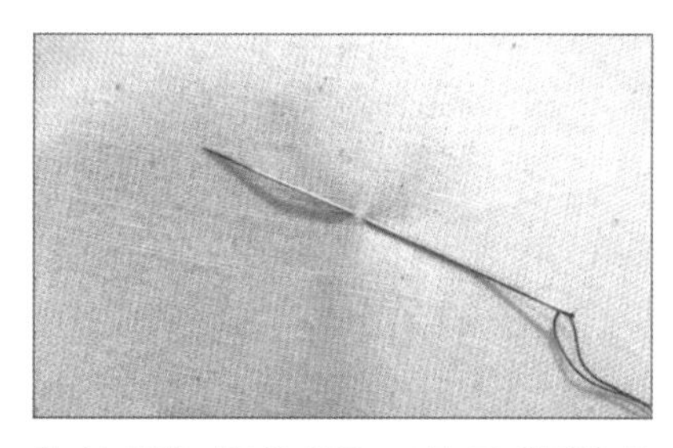

1 실 끝에 매듭을 만들고 바늘로 원단을 살짝 뜬다.

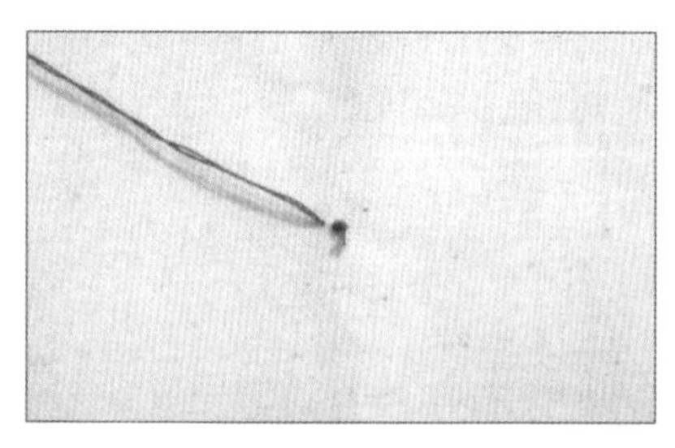

2 바늘을 겉으로 빼낸 모습

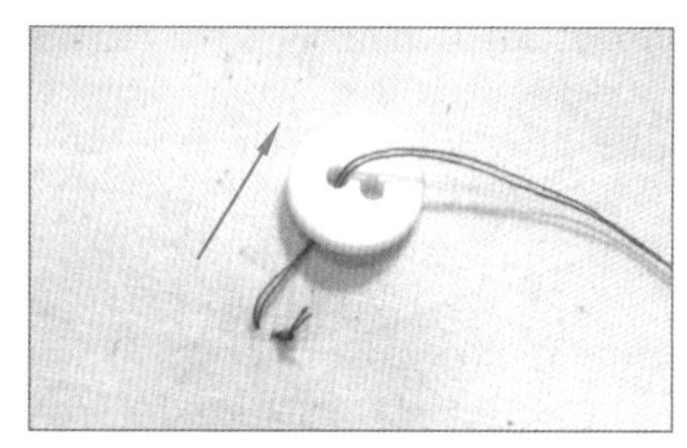

3 바늘을 단춧구멍 아래에서 위로 빼낸다.

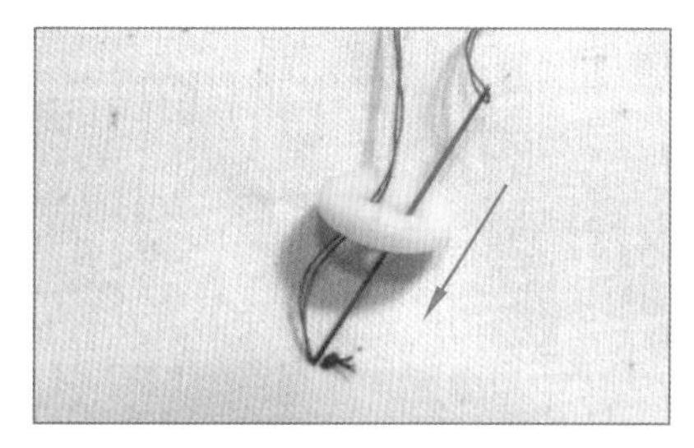

4 옆 단춧구멍의 위에서 아래로 원단 아래까지 바늘을 빼낸다.

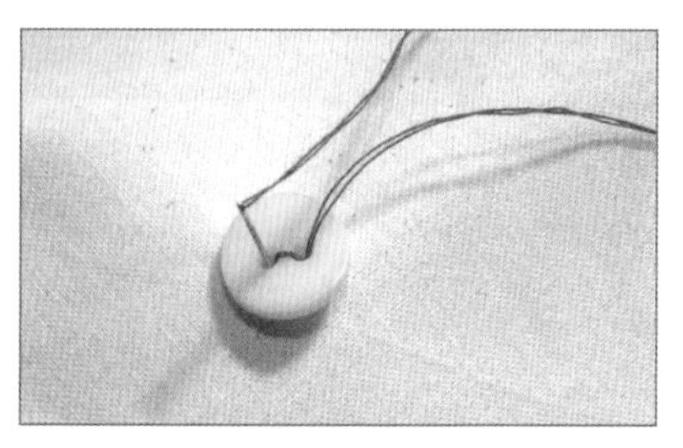

5 **1**에서 **4**까지 같은 방법으로 3~5번 반복한다.

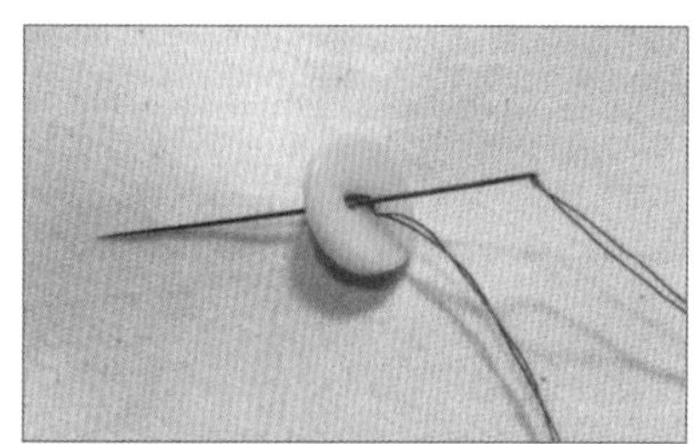

6 바늘을 단추 아래로 빼낸다.

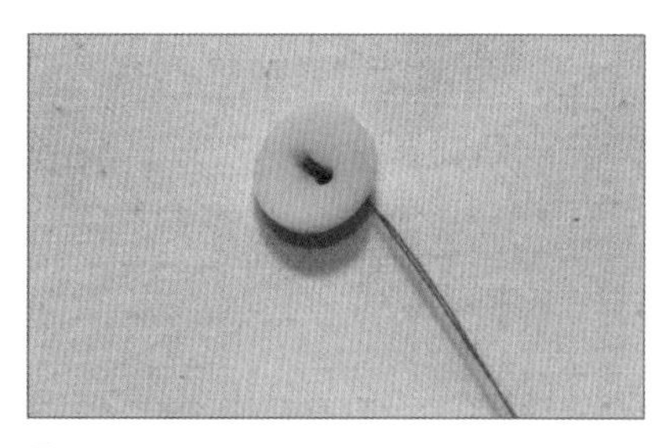

7 단추와 원단 사이에 실을 2~3번 돌려 감아 실기둥을 만든다.

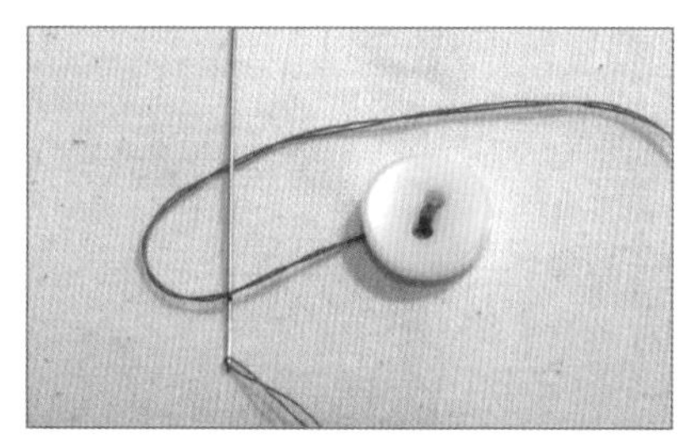

8 실로 원을 만들어 바늘을 원 사이로 통과시킨다.

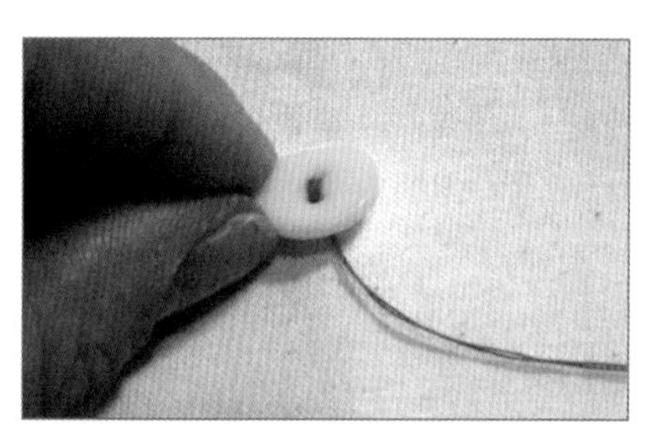

9 바늘을 잡아당겨 실을 조여준다. **8**을 2~3번 반복한다.

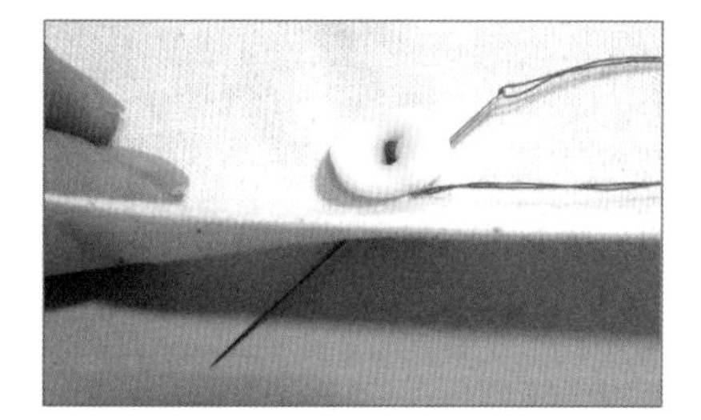

10 바늘을 원단 아래로 빼낸다.

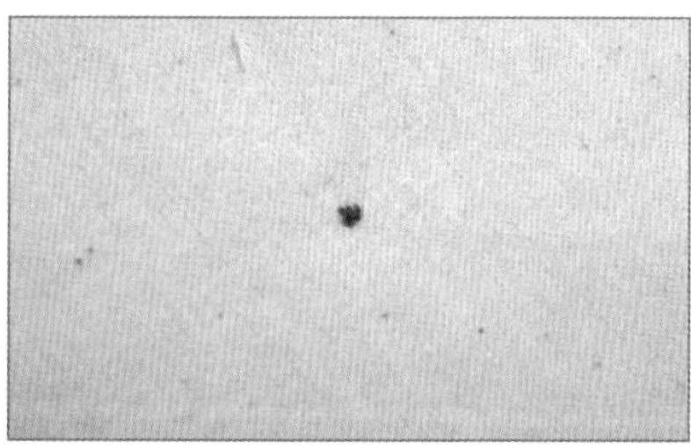

11 원단 아래로 바늘을 빼낸 다음 매듭을 짓고 실을 자른다.

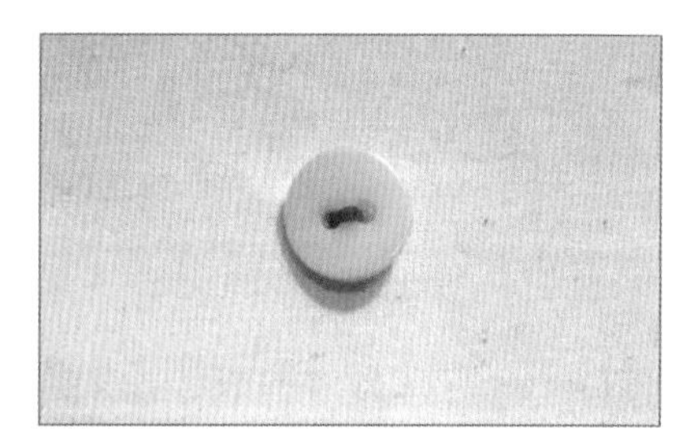

12 완성

(2) 스냅 단추 달기

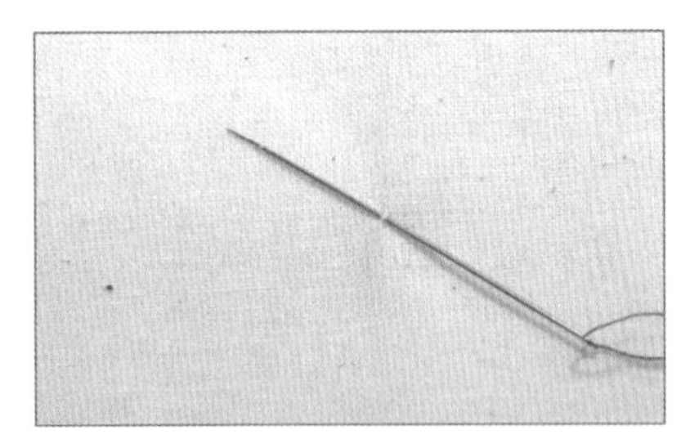

1 실 끝에 매듭을 만들고 바늘로 원단을 살짝 뜬다.

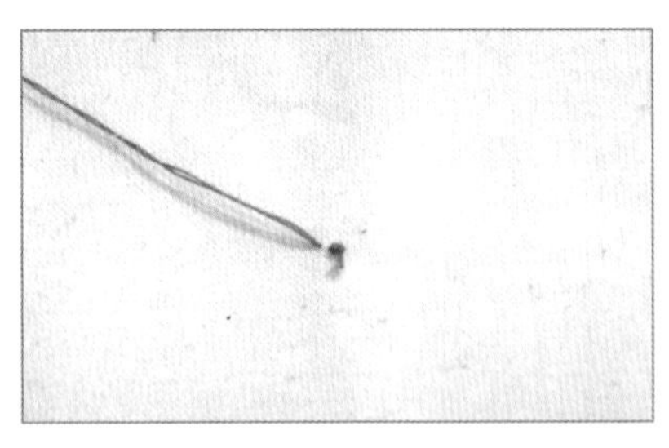

2 바늘을 겉으로 빼낸 모습

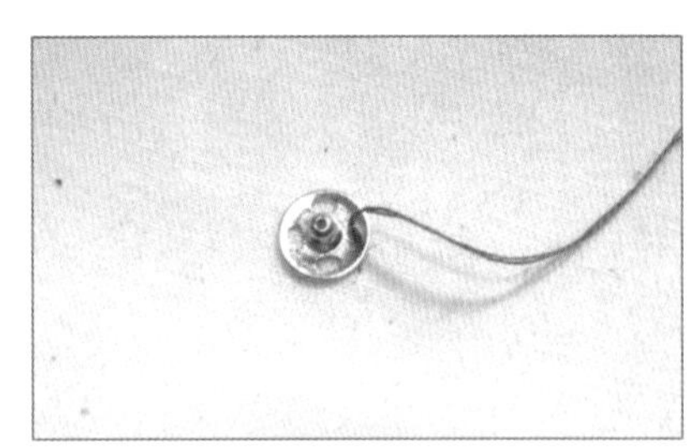

3 단춧구멍에 바늘을 통과시킨다.

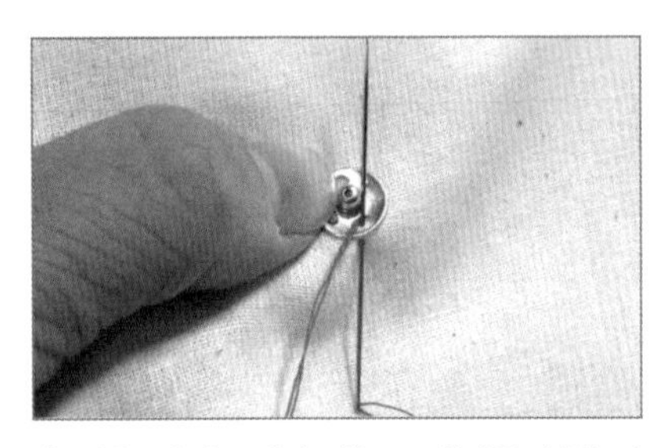

4 단추 바깥쪽에서 바늘로 원단을 살짝 떠서 단춧구멍 안쪽으로 바늘을 통과시킨다.

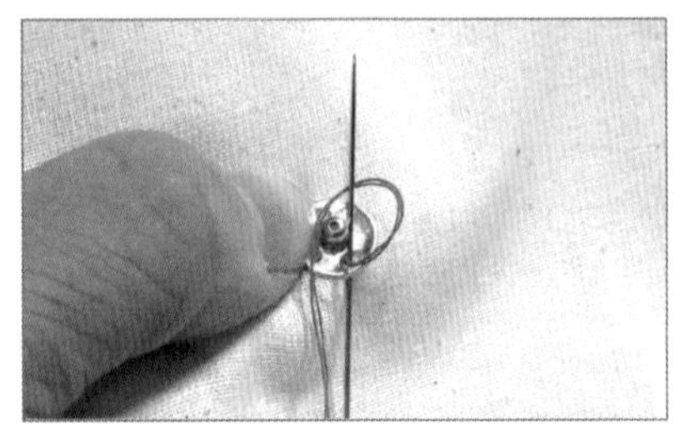

5 바늘 아래로 실을 걸어준다.

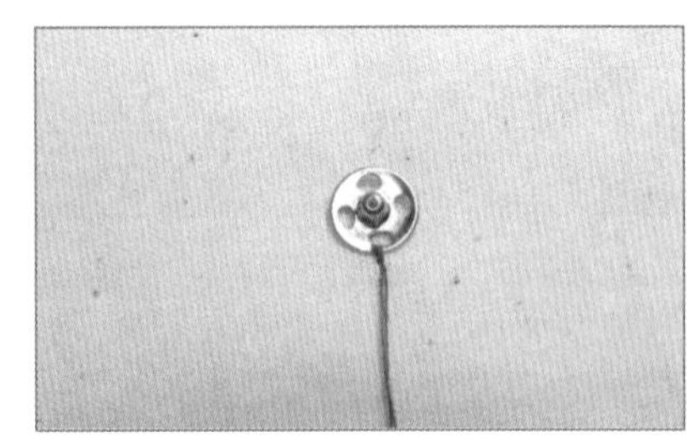

6 실을 건 부분을 손으로 살짝 잡아 그대로 바늘을 뺀다.

7 **6**을 2~3번 반복한 후 단추 아래에서 옆 단춧구멍으로 이동한다.

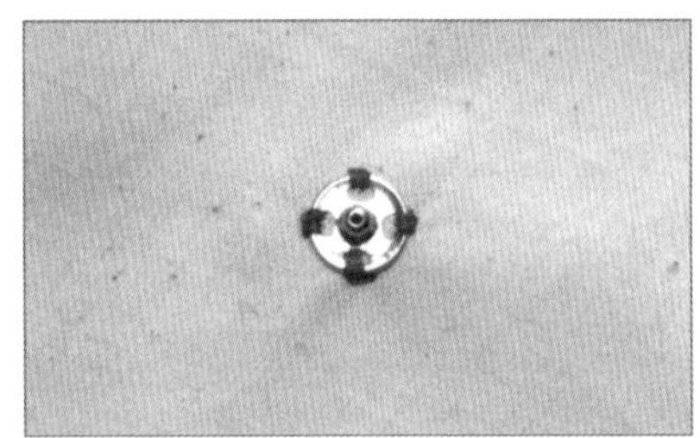

8 완성

tip 단추와 단춧구멍

단추와 단춧구멍은 모양이나 단추를 다는 위치에 따라 기능적인 면이나 장식적인 면에서 다양하게 디자인 연출을 할 수 있다.

2 단춧구멍

(1) 단춧구멍의 크기

단춧구멍의 크기는 단추 지름과 두께에 따라 달라진다.

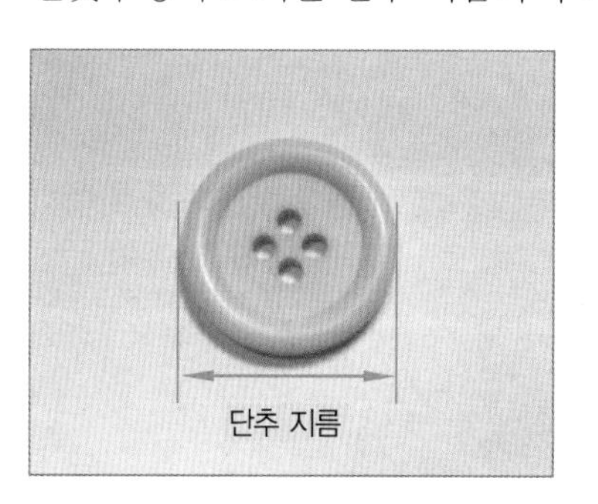

+

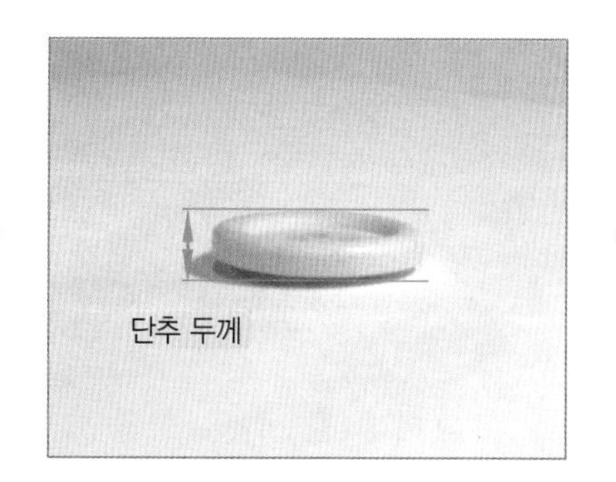

=

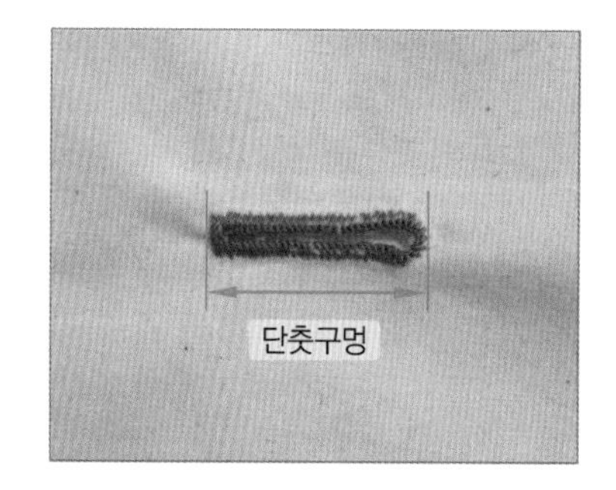

(2) 가로 단춧구멍의 위치

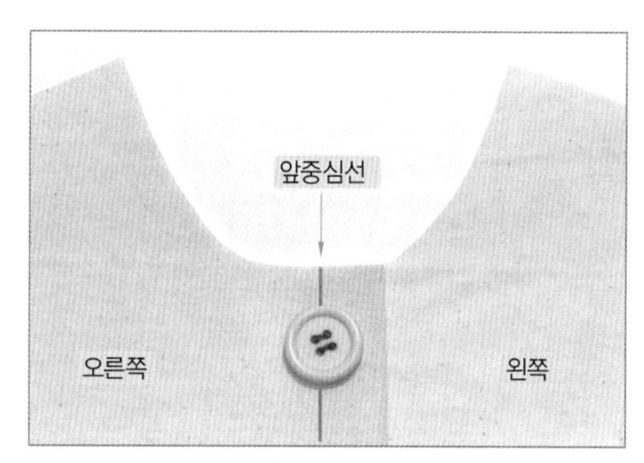

가로 단춧구멍의 위치

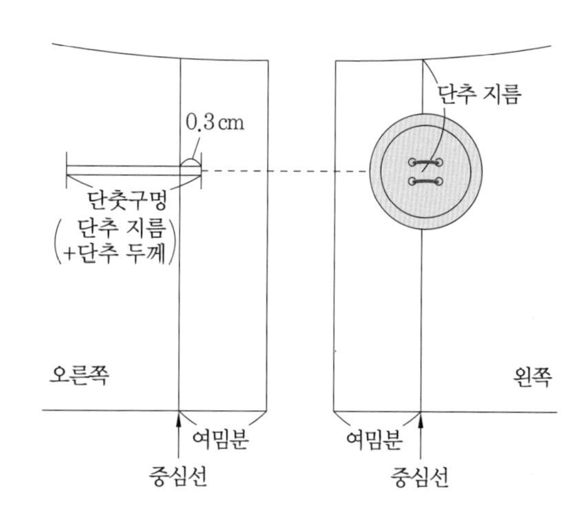

(3) 세로 단춧구멍의 위치

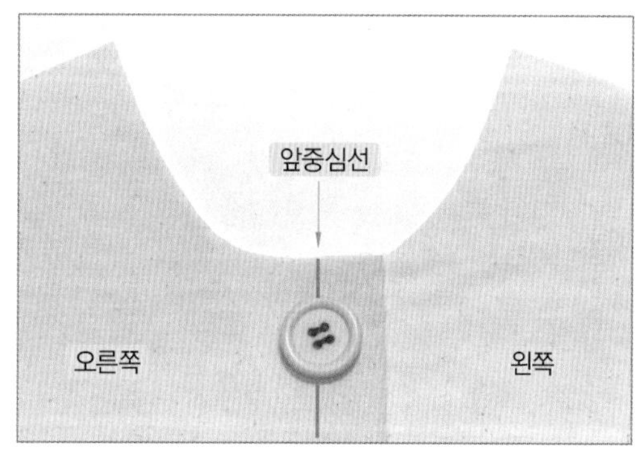

세로 단춧구멍의 위치

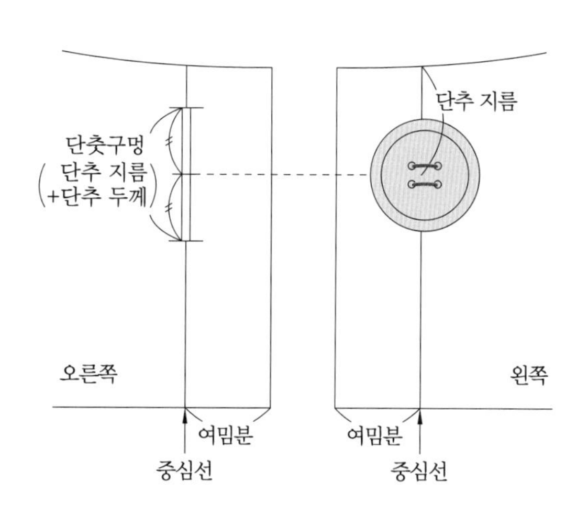

3 단춧구멍 만들기

(1) 버튼홀 스티치

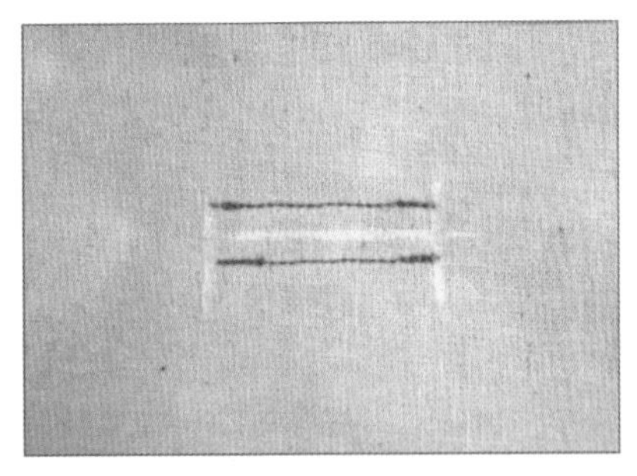

1 단춧구멍의 위치를 표시하고 0.2~0.3cm 간격의 좁은 땀수로 두 줄 박음질을 한다.
★ 지지 역할을 한다.

2 단춧구멍 머리(○)를 만들기 위한 공구이다.

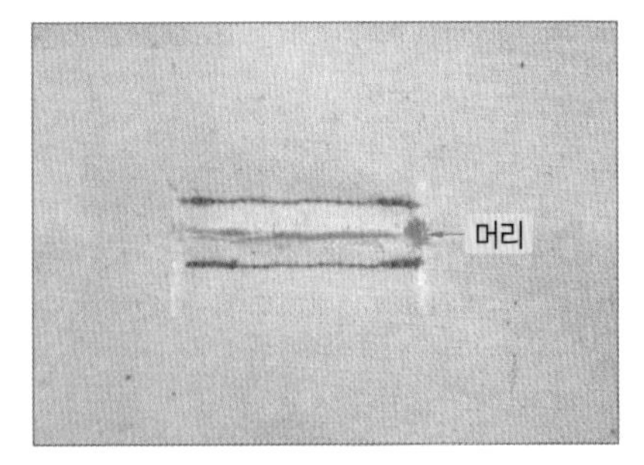

3 단춧구멍 사이를 자른다.
★ 공구가 없을 경우에는 가위를 사용하여 단춧구멍 머리(○) 모양으로 자른다.

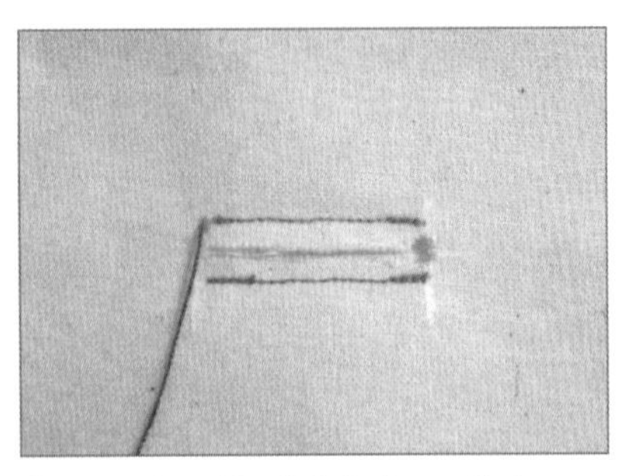

4 매듭지은 실을 안에서 밖으로 뺀다.

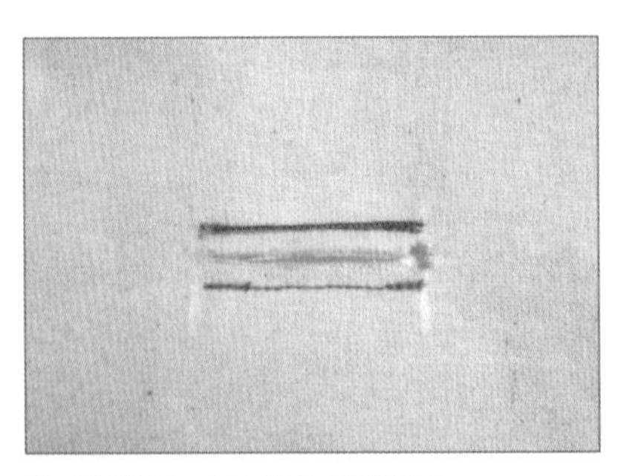

5 외곽선을 따라 실을 연결한다.

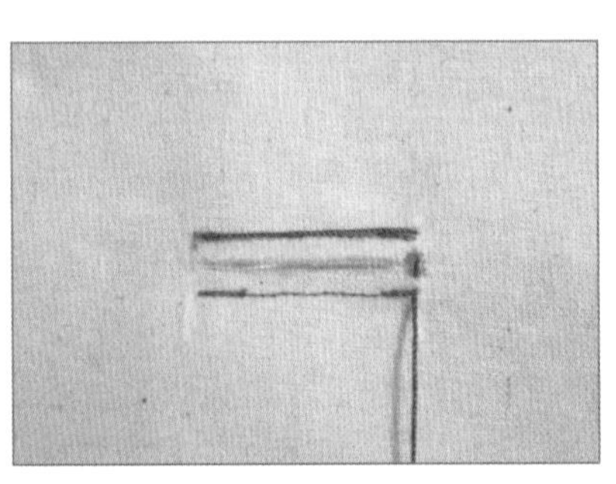

6 아래로 내려와 연결한다.

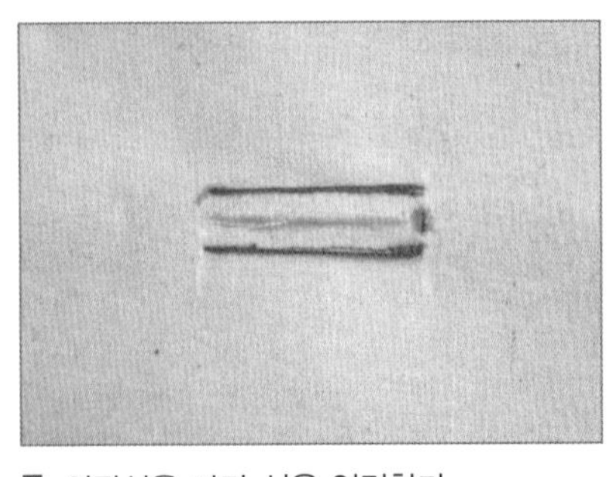

7 외곽선을 따라 실을 연결한다.
★ 실을 연결한 후 만들면 완성 후 더 예쁘다.

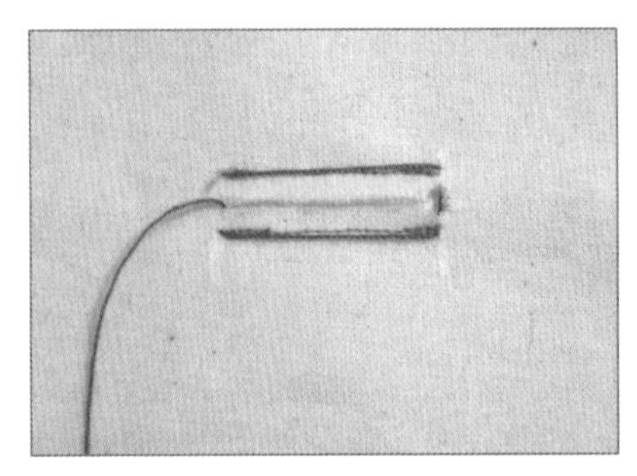

8 갈라진 사이로 바늘을 뺀다.

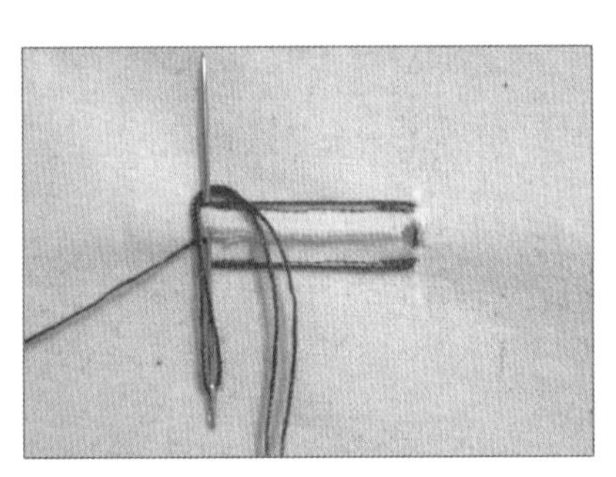

9 바늘 아래로 실을 걸어준다.

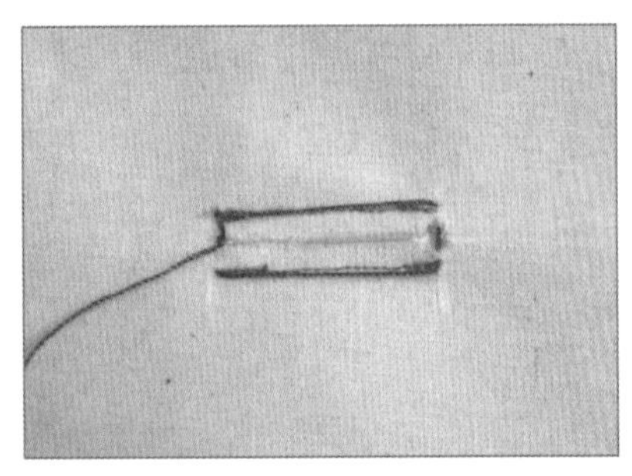

10 실을 건 부분을 손으로 살짝 잡아 그대로 바늘을 뺀다.

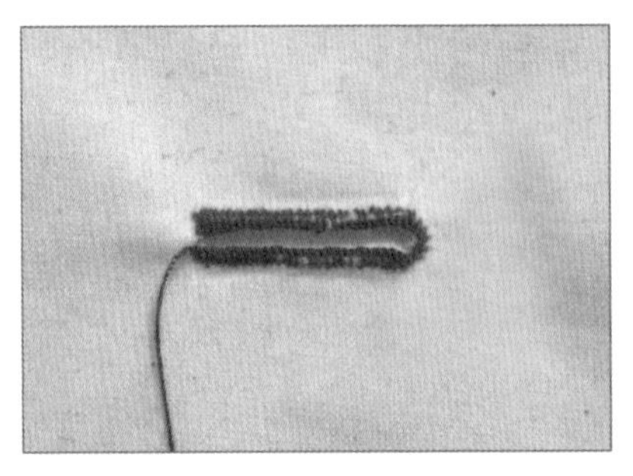

11 9에서 10을 반복한다.

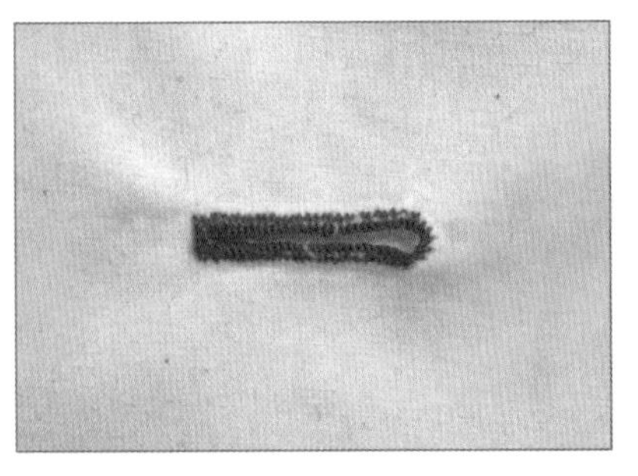

12 시작점에서 세로로 두세 번 되돌아와 실을 매듭짓는다.

(2) 입술 단춧구멍

1 입술 단춧구멍을 만들 위치를 표시한다.

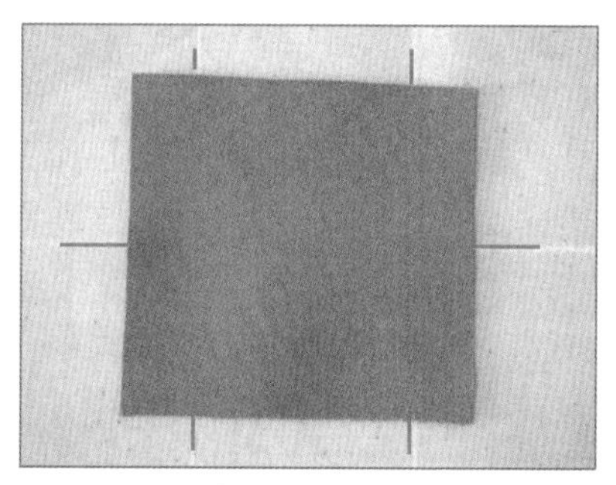

2 입술감을 올려놓는다.

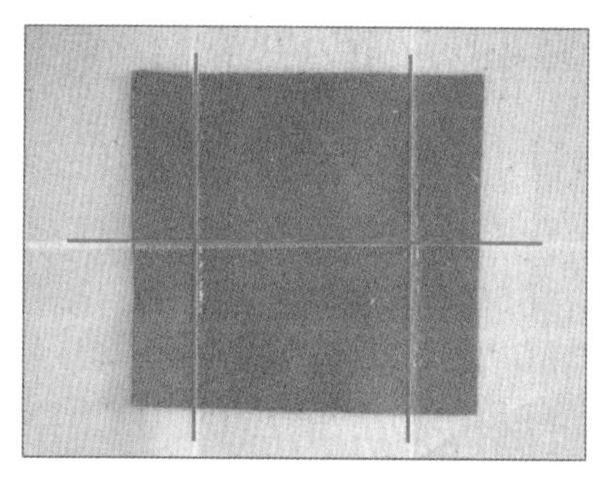

3 입술감에 단춧구멍 위치를 표시한다.

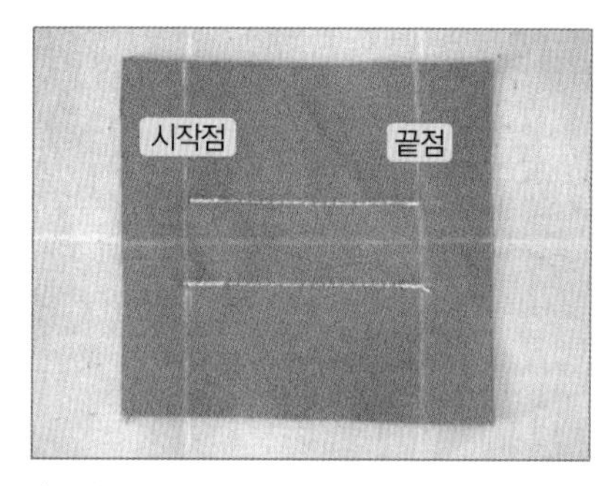

4 땀수는 좁게 한 후 시작점과 끝점은 되돌려박기를 한다.

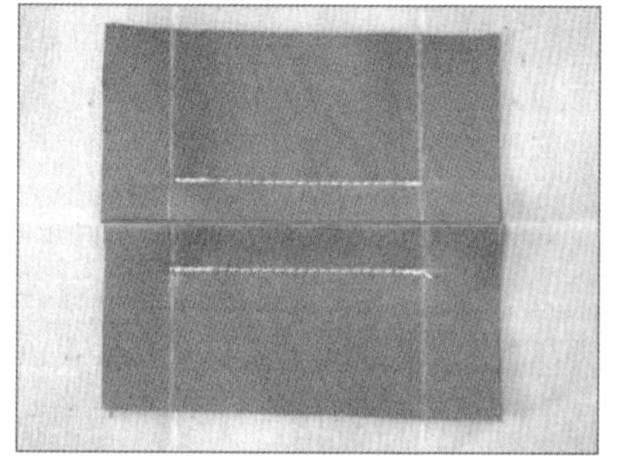

5 입술감의 중앙을 처음부터 끝까지 가로로 자른다.

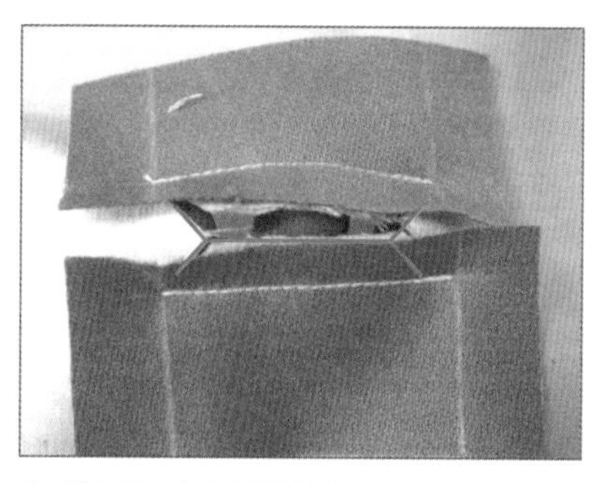

6 입술감 사이 중앙선을 >——< 모양으로 자른다.

★ 삼각 모양을 잘 잘라야 한다.

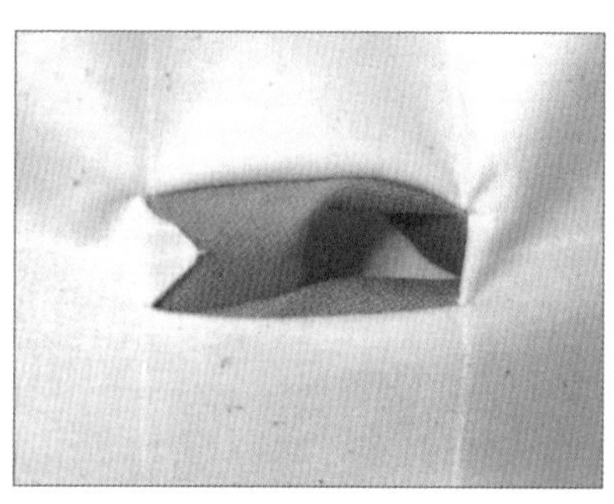

7 윗입술감과 아랫입술감을 주머니 입구 안쪽으로 집어넣는다.

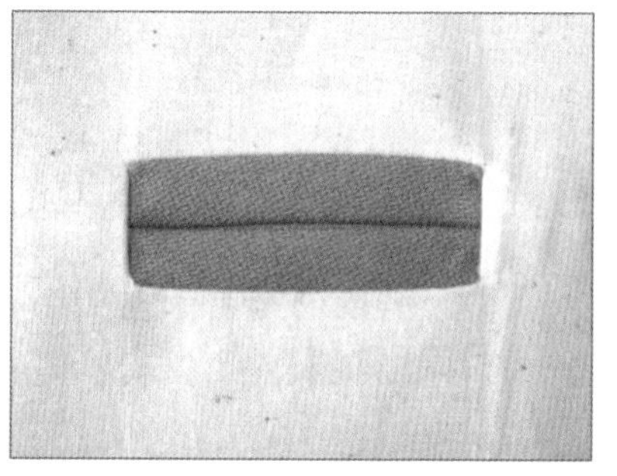

8 몸판 겉에서 본 모습이다.

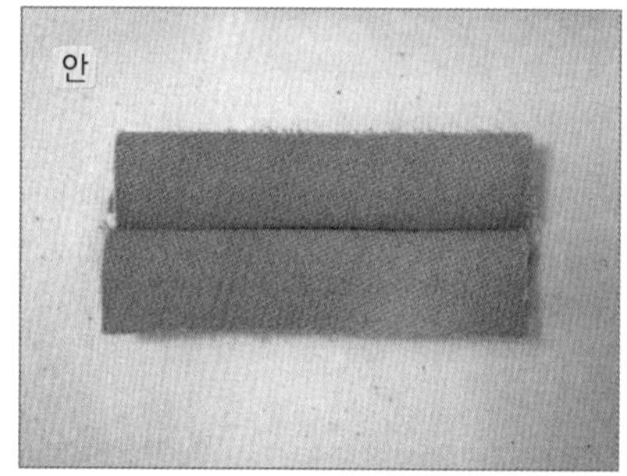

9 윗입술감과 아랫입술감을 잘 맞추어 다림질한다.

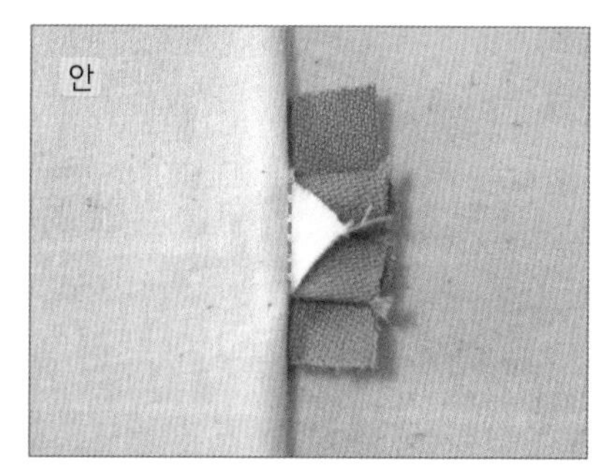

10 겉감을 젖혀 놓고 주머니 끝 양쪽 삼각 부분을 입술감과 함께 고정 박음질한다.

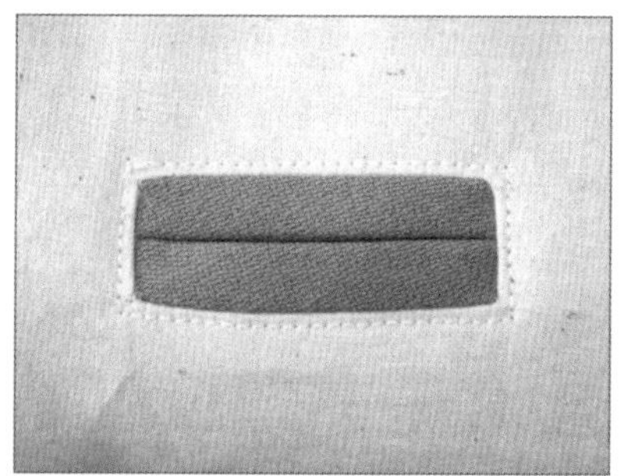

11 완성

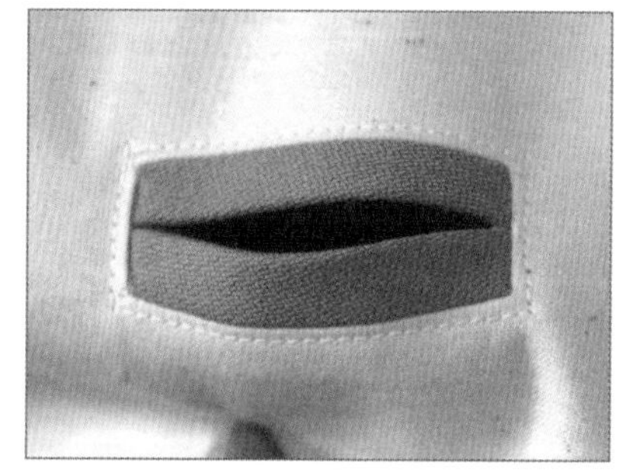

12 완성

10 바이어스테이프 만들기

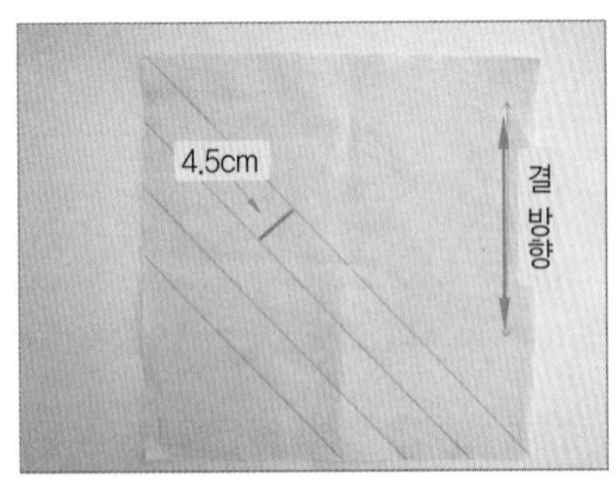

1 정사각형 옷감을 준비하여 45° 정바이어스 방향으로 자른다.

★ 1cm의 바이어스는 4.5cm 너비(폭)로 재단한다.

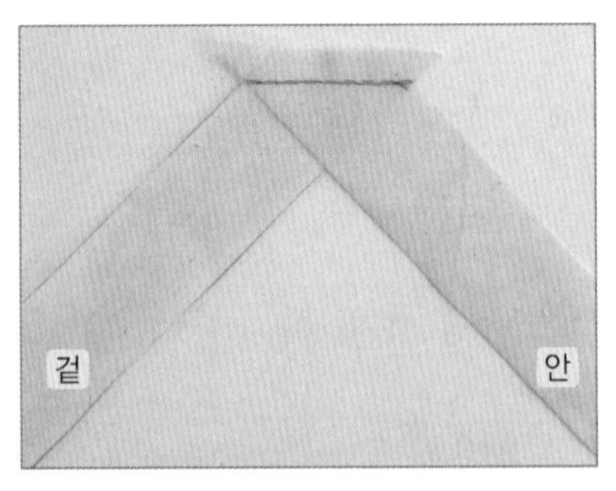

2 바이어스테이프의 겉과 겉을 90°로 마주 대고 꼭짓점 중심으로 박음질한다.

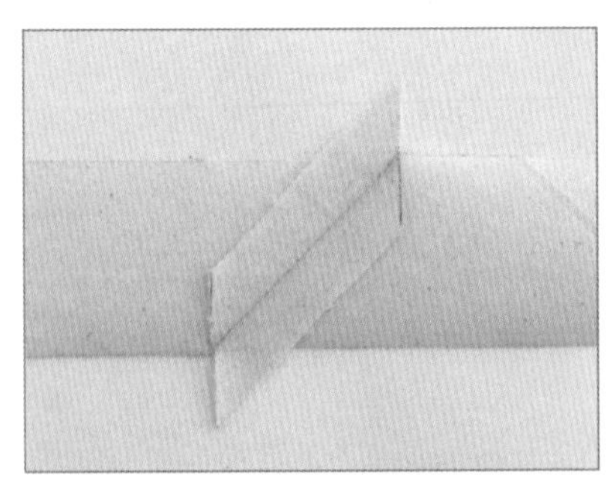

3 시접을 가름솔로 다림질한다.

4 바이어스테이프의 양쪽 끝을 잘라낸다.

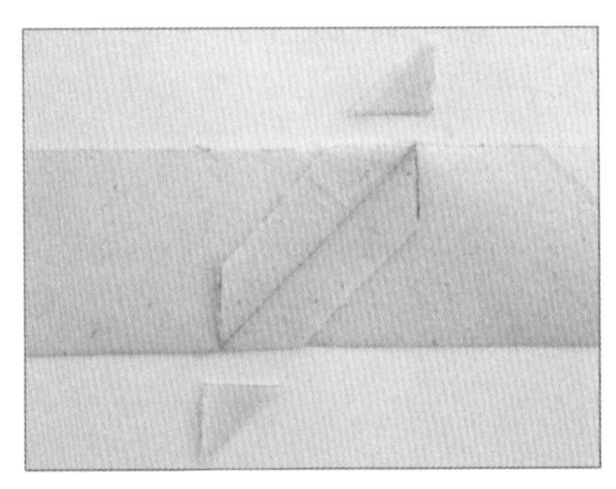

5 양쪽 끝을 자른 모습이다.

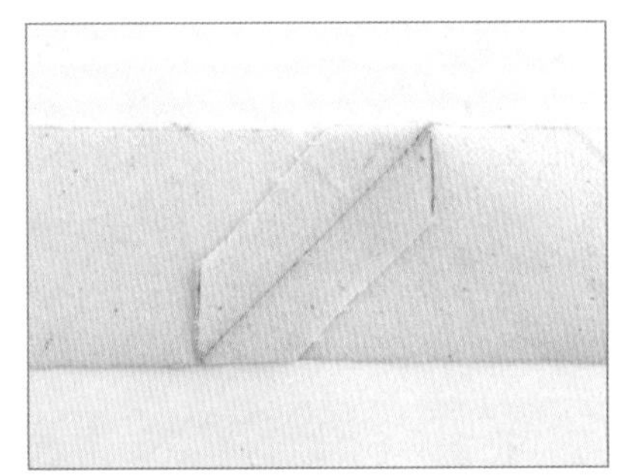

6 완성

tip 바이어스테이프

- 너비가 2cm쯤 되도록 올의 방향에 대해 비스듬히 자른 천으로 만든 테이프이다.
- 올이 잘 풀리지 않도록 하기 위한 것으로 얇은 옷감이나 재킷 밑단, 소매 밑단, 스커트 밑단 등의 단 처리로 많이 사용된다.

11 솔기 처리

1 가름솔

솔기 처리 중 가장 일반적으로 사용하는 방법으로 옆솔기, 어깨 솔기 등에 사용한다.

(1) 오버로크 가름솔

가름솔 중 가장 간단한 방법으로, 시접의 올이 풀리지 않도록 오버로크함으로써 솔기선이 깔끔하고 실루엣이 예쁘게 나와 많이 사용한다.

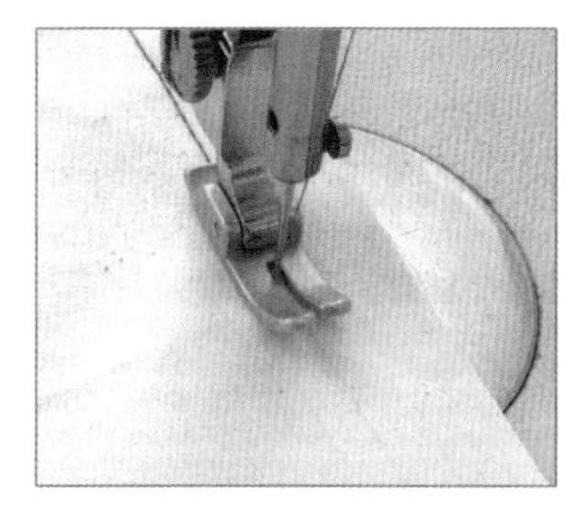

1 두 장의 옷감을 겉과 겉끼리 맞대어 시접 1.5cm 폭으로 박음질한다.

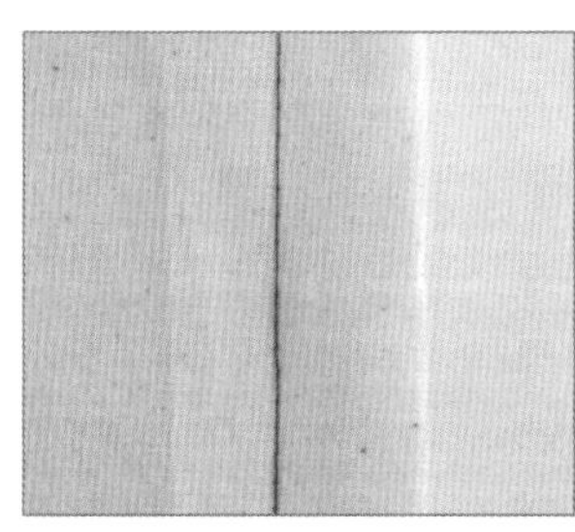

2 시접 1.5cm 폭으로 박음질한 모습이다.

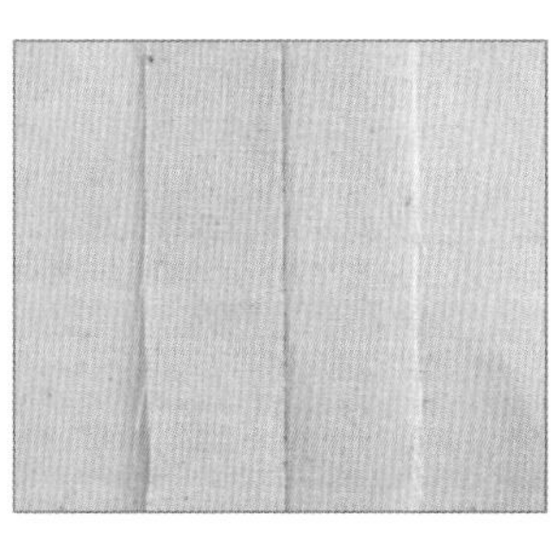

3 박음질 후 갈라서 다림질한다.

4 시접 끝부분에 오버로크를 한다. 완성

(2) 접어박기 가름솔

솔기 시접의 끝을 안쪽으로 꺾어 박음으로써 시접 끝이 깔끔하여 간절기 의복이나 안감이 없는 겉옷(아웃웨어), 점퍼류 등에 주로 사용한다.

1 두 장의 옷감을 겉과 겉끼리 맞대어 시접 1.5cm 폭으로 박음질한다.

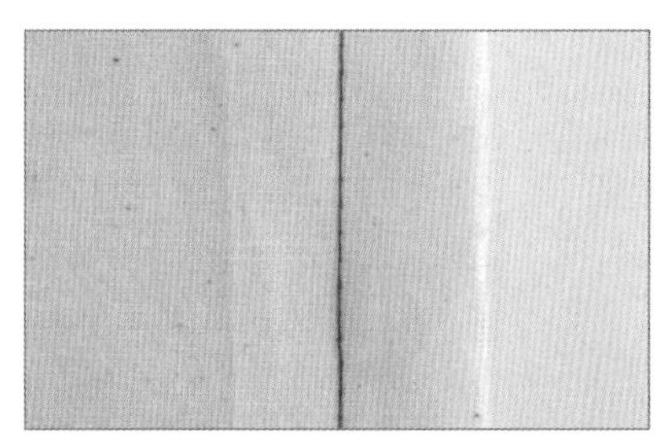

2 시접 1.5cm 폭으로 박음질한 모습이다.

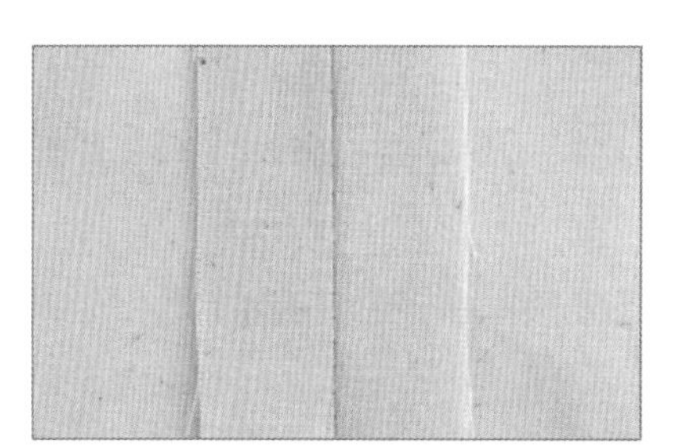

3 박음질 후 갈라서 다림질한다.

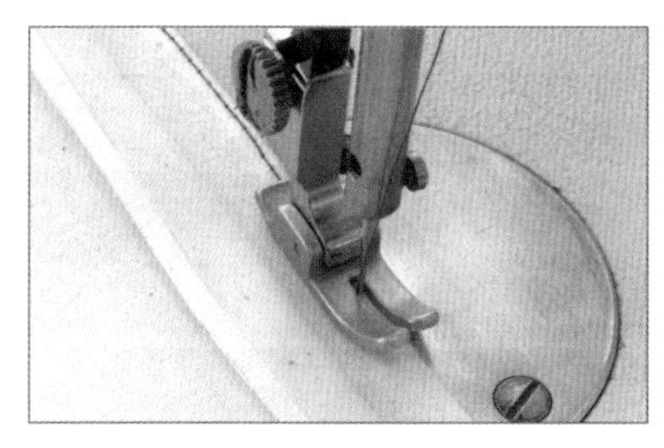

4 시접 끝을 안쪽으로 꺾어서 박음질한다.

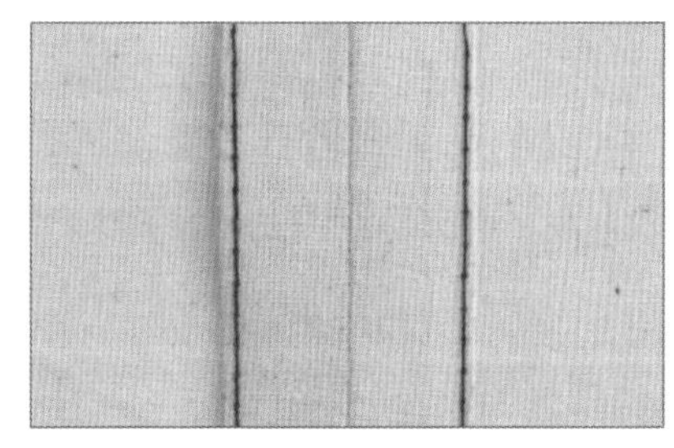

5 완성

(3) 바이어스 가름솔

안감이 없는 고가의 의복, 재킷, 블라우스, 겉옷(아웃웨어)에 사용한다.

1 두 장의 옷감을 겉과 겉끼리 맞대어 시접 1.5cm 폭으로 박음질한다.

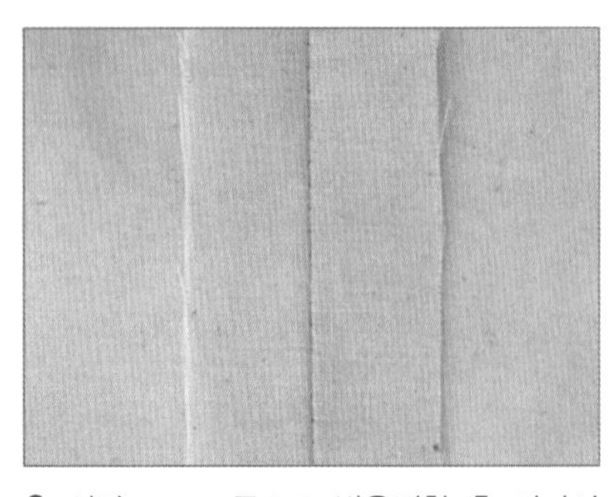

2 시접 1.5cm 폭으로 박음질한 후 갈라서 다림질한다.

3 시접 끝 부분에 바이어스테이프 안쪽을 대고 0.5cm 폭으로 박음질한다.

4 바이어스테이프로 시접을 감싸고 테이프 끝에서 0.1~0.2cm 떨어진 위치를 박음질한다.

5 반대쪽 시접도 **3**, **4**와 동일한 방법으로 박음질한다.

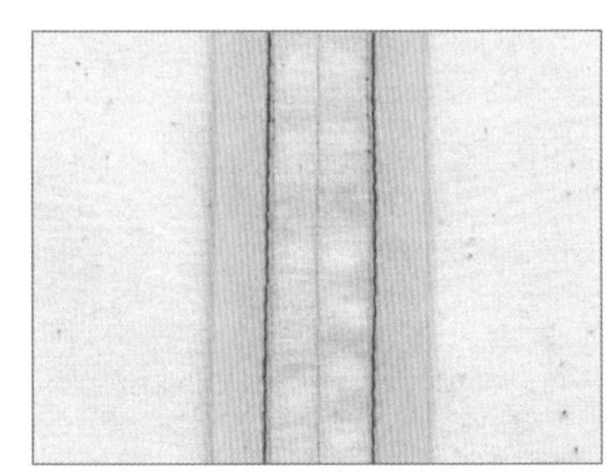

6 완성

2 외솔

가장 보편적으로 많이 사용하는 방법으로 옷감이 두껍지 않은 화섬류, 니트류, 저지류에 많이 사용한다.

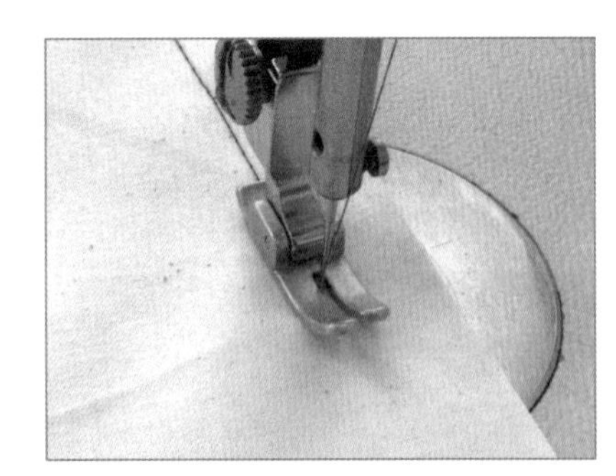

1 두 장의 옷감을 겉과 겉끼리 맞대어 시접 1.5cm 폭으로 박음질한다.

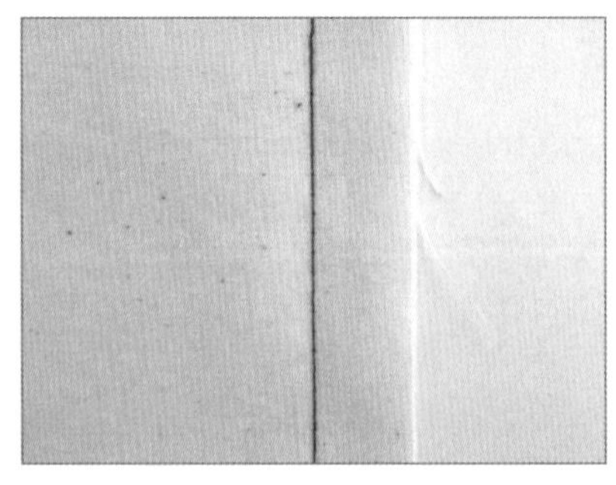

2 시접 1.5cm 폭으로 박음질한 모습이다.

3 시접 두 개를 합쳐 오버로크를 한다.

3 쌈솔 ★ 가장 튼튼한 솔기 처리 방법으로, 겉과 안이 모두 깨끗하여 장식으로도 사용한다.

캐주얼 의류, 작업복, 아동복, 운동복, 스포츠 의류, 청바지 다리 안선 등에 많이 사용한다.

1 두 장의 옷감을 겉과 겉끼리 맞대어 시접 1.5cm 폭으로 박음질한다.

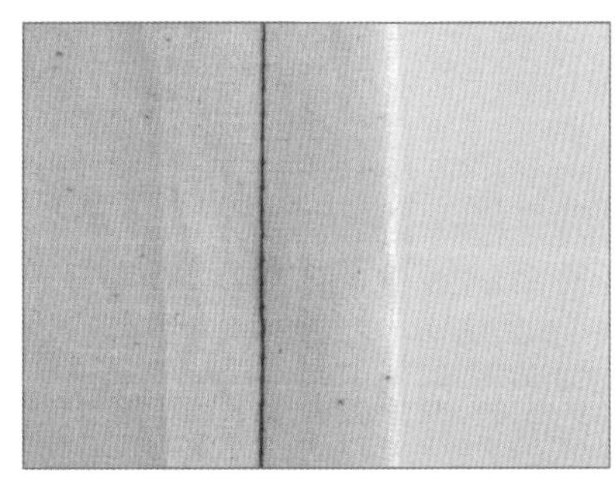

2 시접 1.5cm 폭으로 박음질한 모습이다.

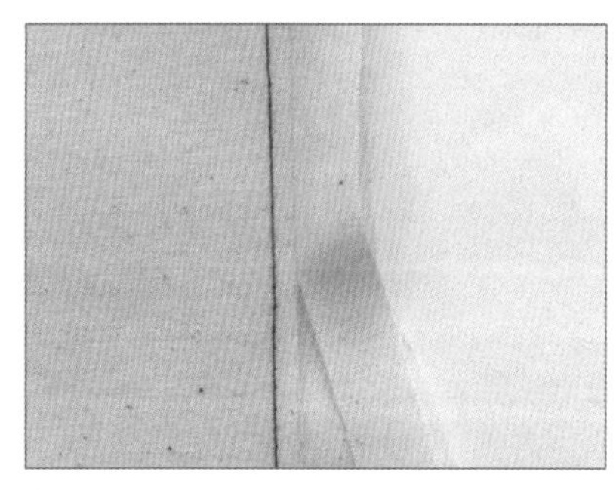

3 박음질한 후 한쪽 시접은 그대로 두고 다른 쪽 시접만 0.3cm 남기고 자른다.

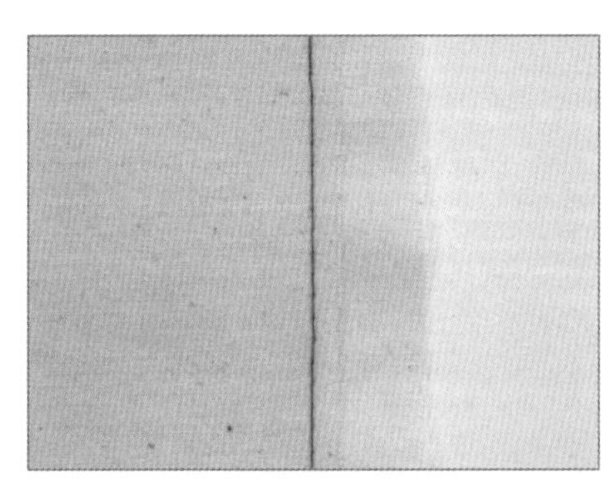

4 한쪽 시접만 0.3cm 폭으로 자른 모습이다.

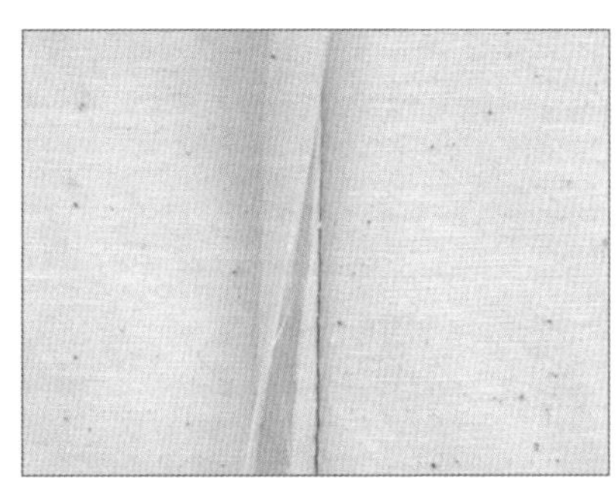

5 0.3cm 폭으로 자른 시접을 넓은 시접으로 감싼다.

6 감싸서 다림질한다.

7 감싼 시접 끝에서 0.1cm 폭으로 아래 원단과 함께 박음질한다.

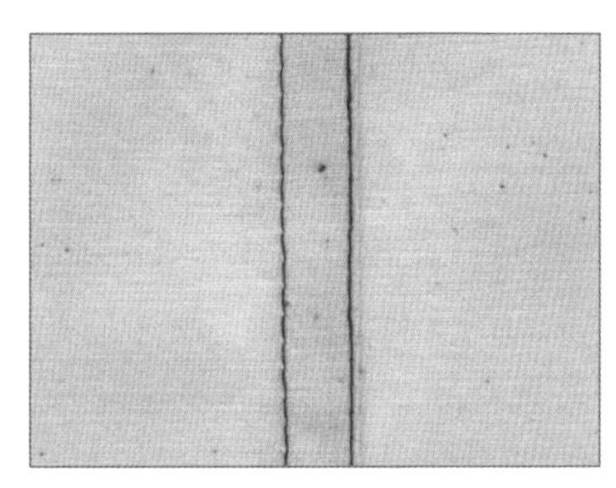

8 완성(안)

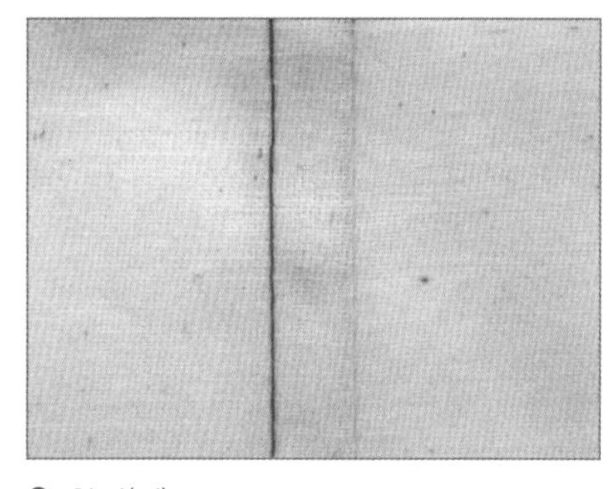

9 완성(겉)

tip 쌈솔

한쪽 시접을 다른 한쪽보다 더 넓게 두고 박은 후 뒤집은 다음 넓은 시접으로 좁은 시접을 감싸서 납작하게 눌러 박은 솔기를 말한다.

4 통솔 ★ 비치는 원단으로 시폰류의 블라우스, 원피스 등 얇은 옷감의 솔기를 처리할 때 많이 사용한다.

1 두 장의 옷감을 안과 안끼리 맞대어 시접 0.4cm 폭으로 박음질한다.

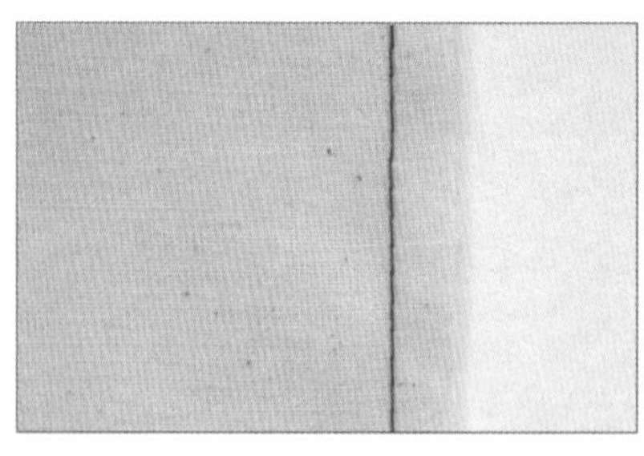

2 시접 0.4cm 폭으로 박음질한 모습이다.

3 시접이 안으로 들어가도록 한다.

4 다림질한다.

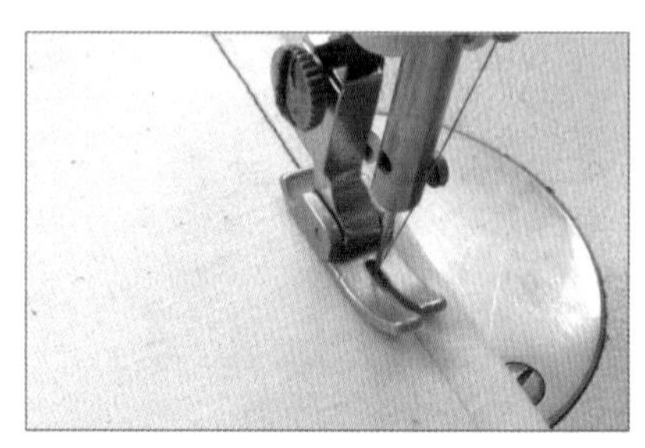

5 0.7cm 폭으로 박음질한다.

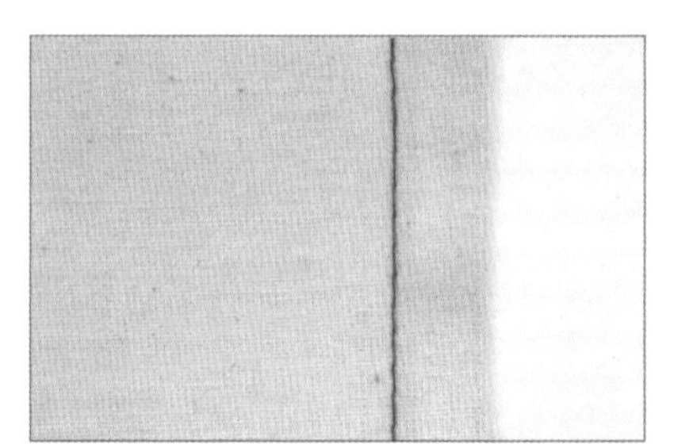

6 완성

5 뉨솔 ★ 튼튼하게 봉제하거나 장식 효과를 줄 때 사용한다.

시접에서 싸서 박지 않고 펼쳐서 겉으로 장식하는 방법으로, 쌈솔과 방법이 비슷하다.

1 두 장의 옷감을 겉과 겉끼리 맞대어 시접 1.5cm 폭으로 박음질한다.

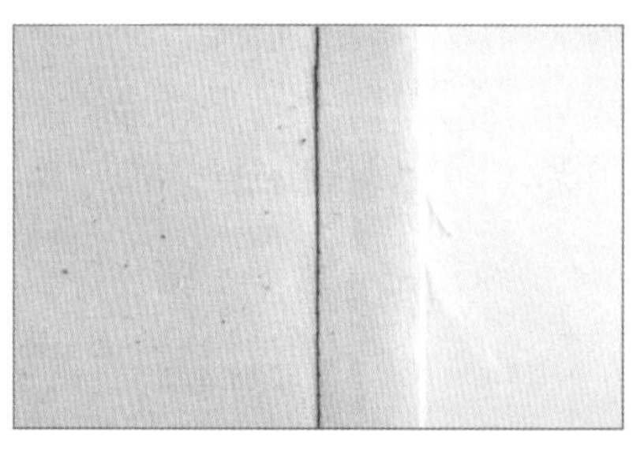

2 시접 1.5cm 폭으로 박음질한 모습

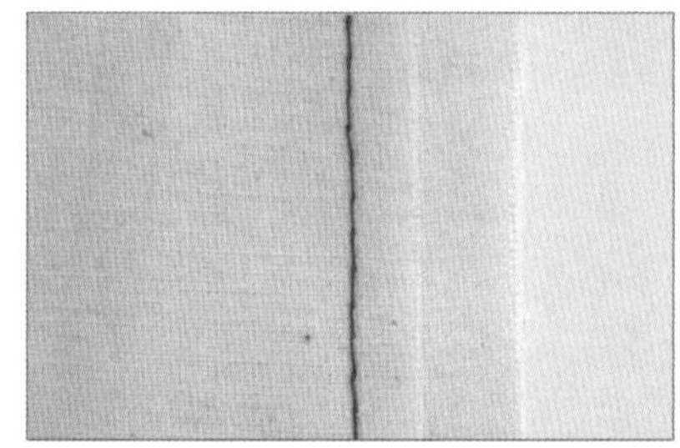

3 박음질한 후 한쪽 시접을 0.3~0.5cm 남기고 자른다.

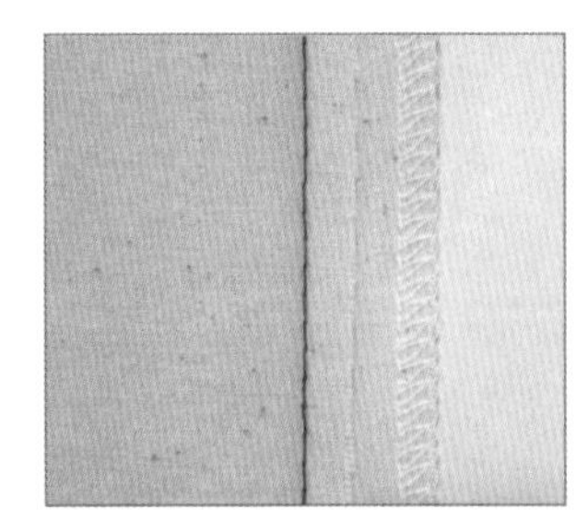

4 긴 시접에 오버로크를 한다.

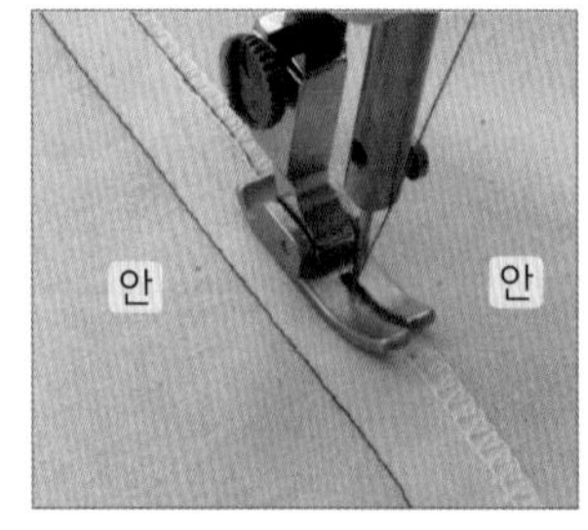

5 오버로크를 한 긴 시접으로, 0.3~0.5cm 폭으로 자른 시접을 덮어서 박음질한다.

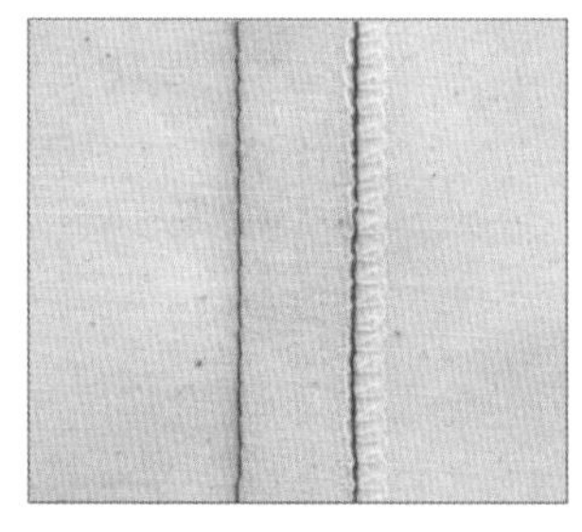

6 완성(안)

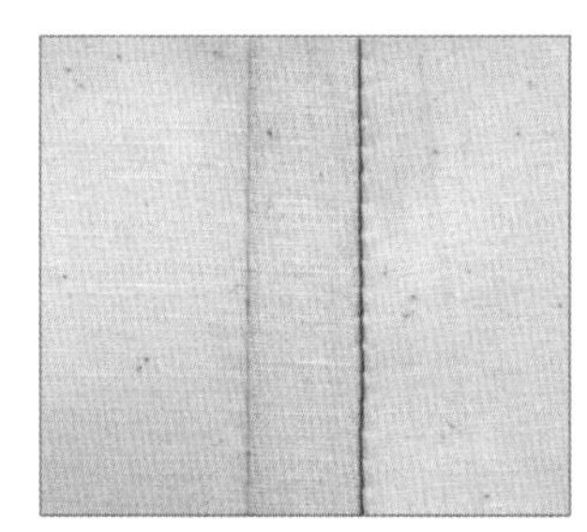

7 완성(겉)

6 파이핑 솔기

재킷, 점퍼, 운동복, 바지, 스커트, 홈패션 등 완성선 솔기에 장식 효과를 줄 때 사용한다.

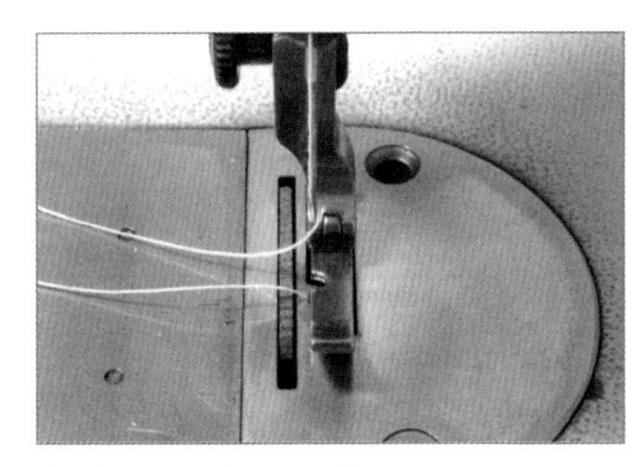

1 외발 노루발로 교체한다.

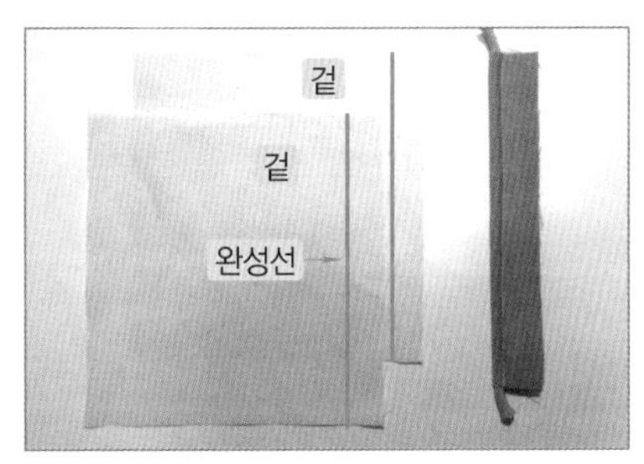

2 원단과 파이핑을 준비한다.
★ 179쪽 파이핑 참고

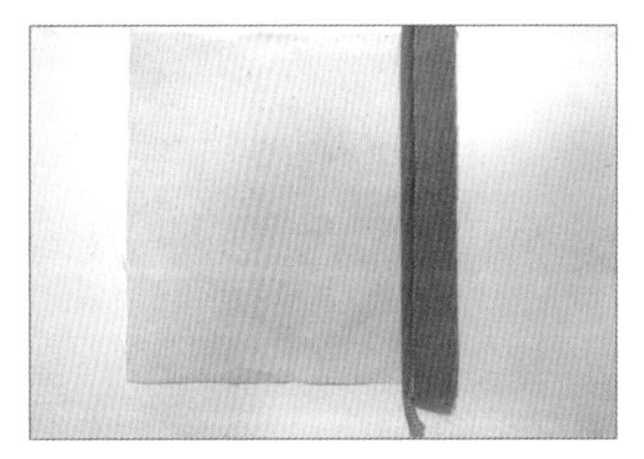

3 한 장의 원단 겉면의 완성선 위에 파이핑을 올려놓는다.

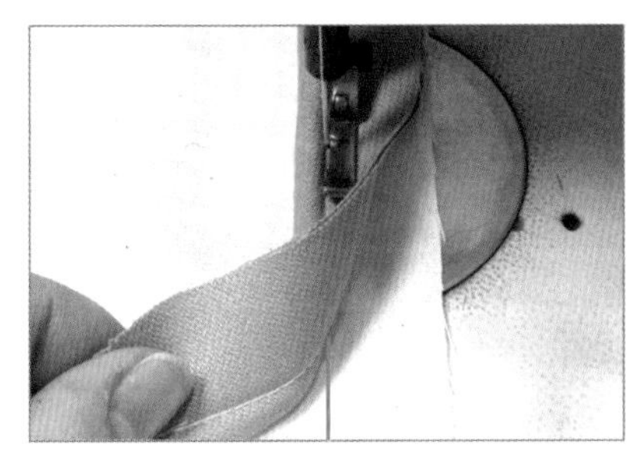

4 완성선 위를 박음질한다.

5 남은 한 장의 원단을 겉과 겉이 마주 보도록 올려놓는다.

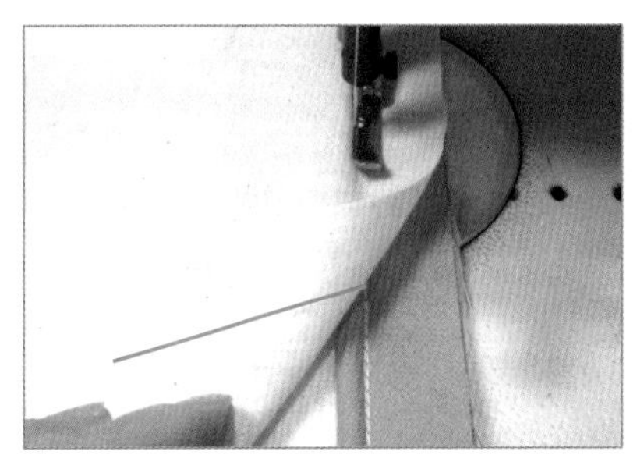

6 박음질한다.

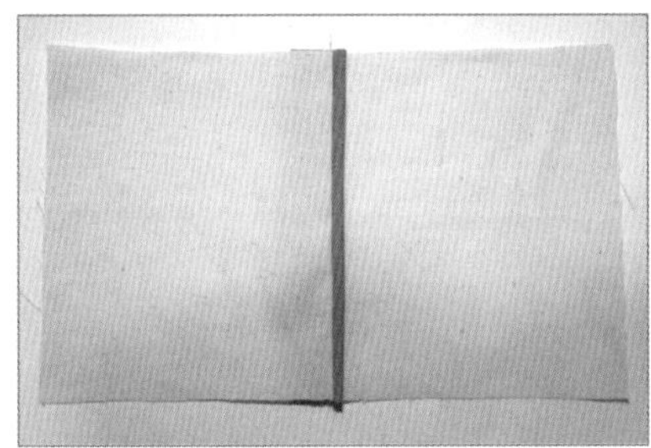

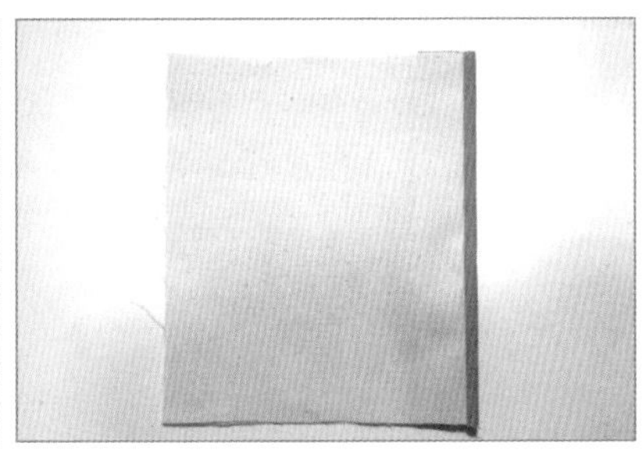

7 완성(겉면)

tip 파이핑 솔기

박음질할 때 일반 노루발을 사용하면 파이핑이 밀릴 수 있으므로 외발 노루발을 사용하는 것이 좋다.

12 단 처리

1 한 번 접어박기

★ 원단의 끝부분을 오버로크 한 후 한 번 접어 박음질하는 것으로, 가장 간단한 방법이다.

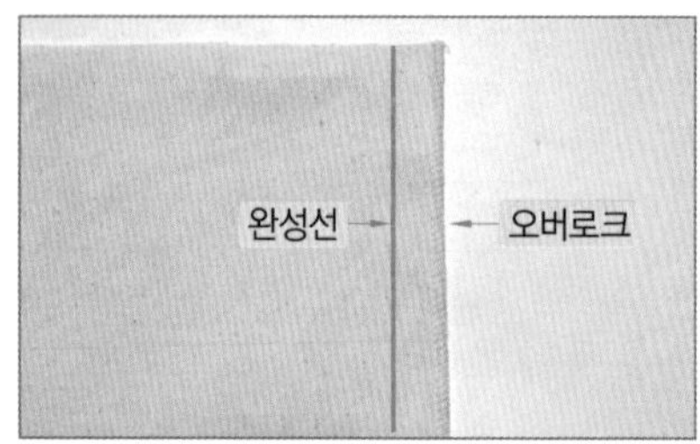

1 완성선을 그린 후 원단 끝에 오버로크를 한다. ★ 시접 : 2cm

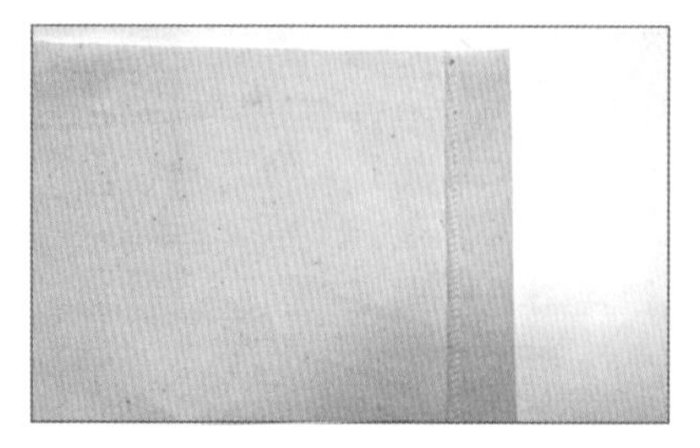

2 완성선을 접어 다림질한다.

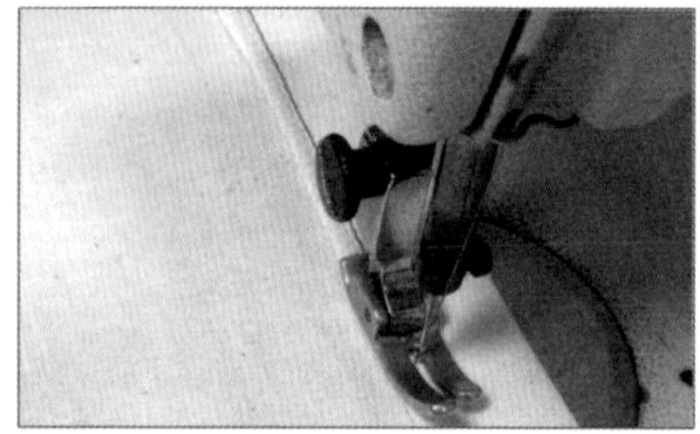

3 1.5cm 폭으로 박음질한다.

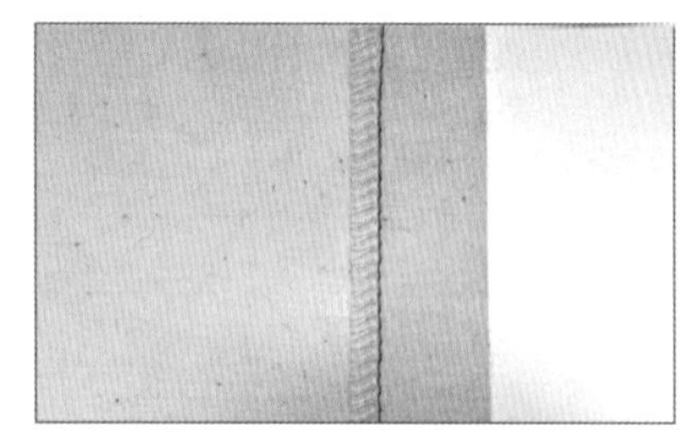

4 완성(안쪽 면)

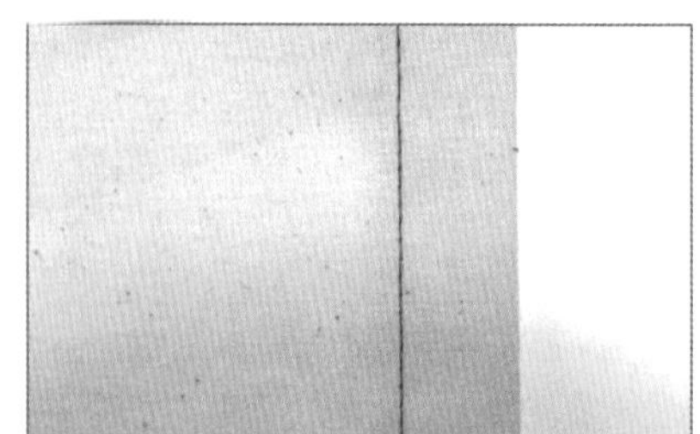

5 완성(겉면)

2 두 번 접어박기

★ 바지 밑단, 스커트 밑단, 소매 밑단의 단 처리를 할 때 사용하며, 가장 보편적인 방법이다.

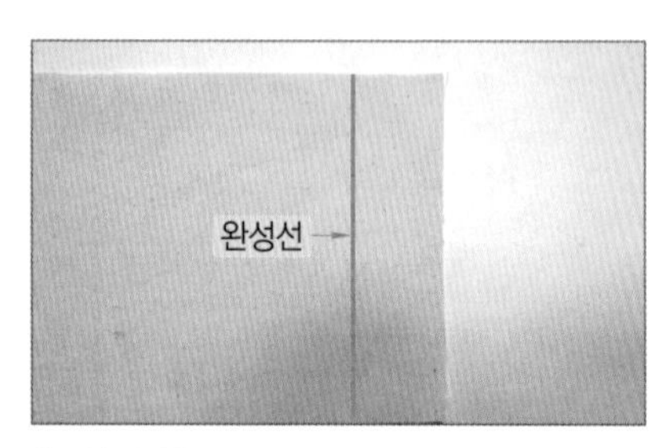

1 완성선을 그린다. ★ 시접 : 4cm

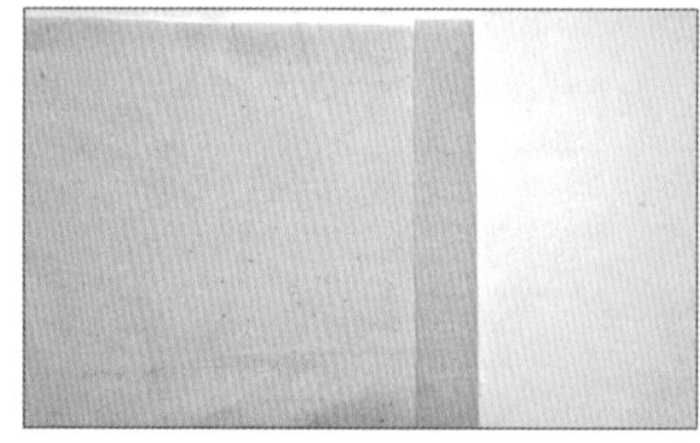

2 시접 2cm 폭으로 접는다.

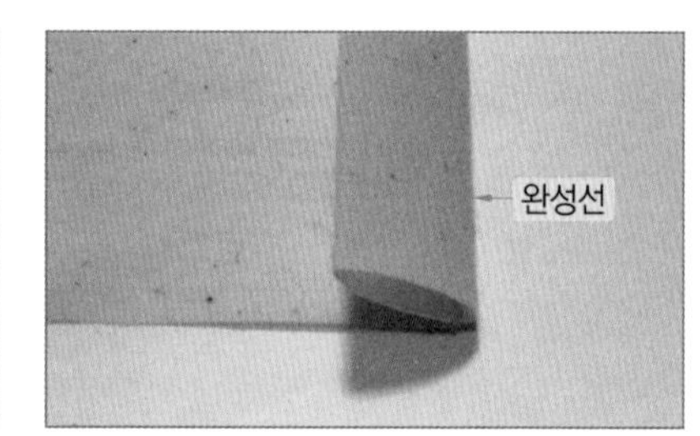

3 한번 더 접는다.

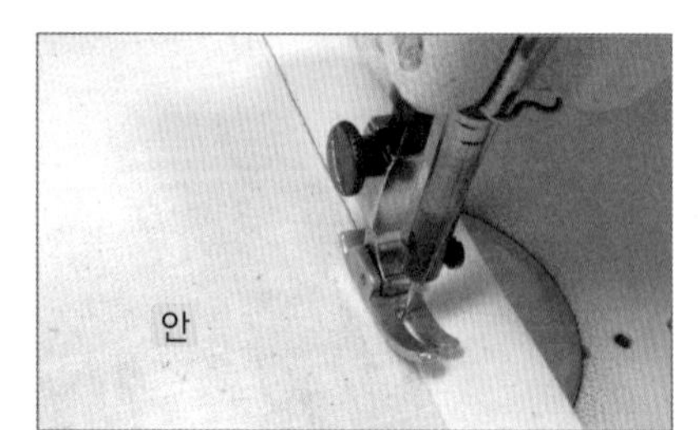

4 1.5~1.7cm 폭으로 박음질한다.

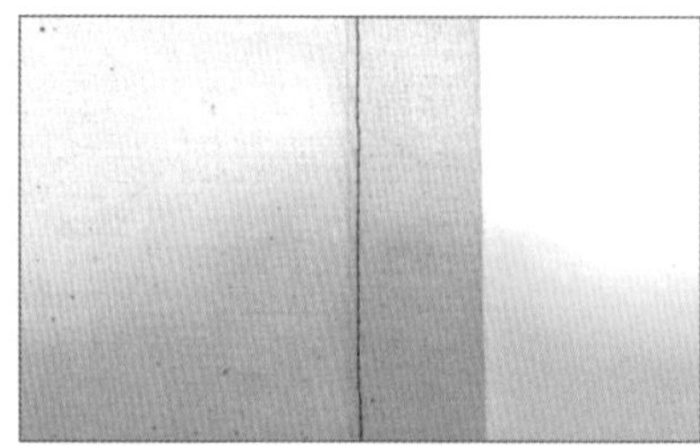

5 완성(안)

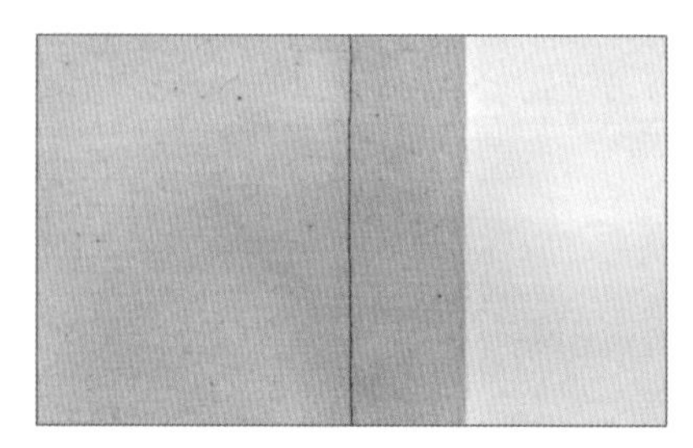

6 완성(겉)

3 끝 말아박기

얇은 옷감, 한복 밑단, 플레어 스커트 밑단, 소매 밑단의 단 처리를 할 때 사용한다.

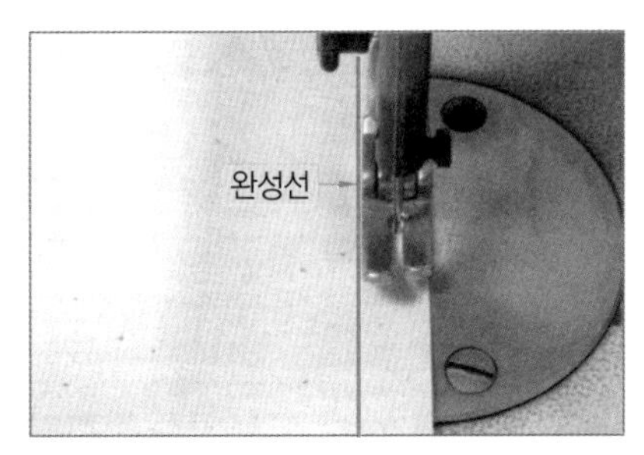

1 0.3~0.5cm 폭으로 박음질한다.
★ 시접 : 1cm

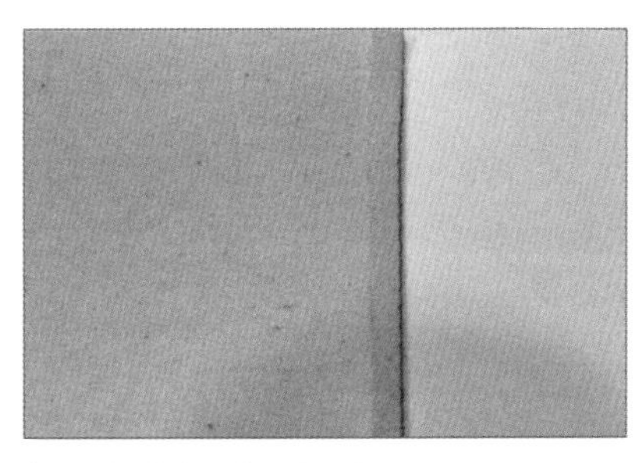

2 박음질한 선을 접는다.

3 완성선을 접는다.

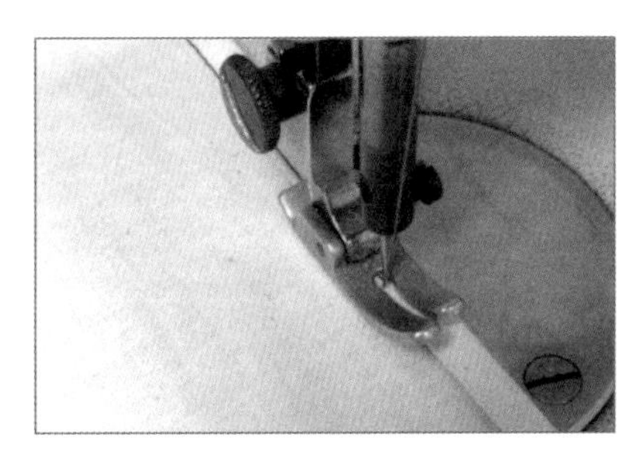

4 0.2~0.3cm 폭으로 박음질한다.

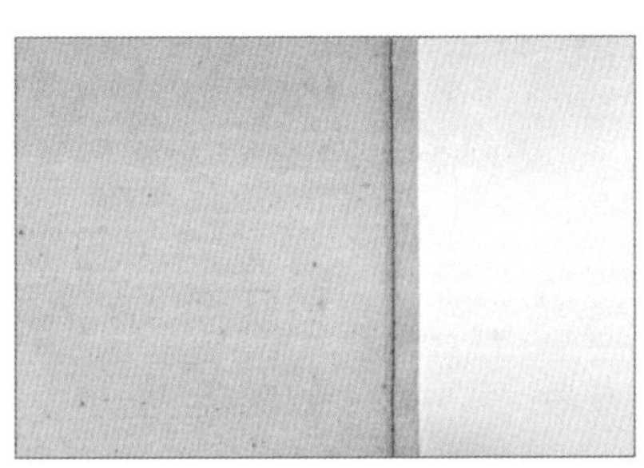

5 완성(안)

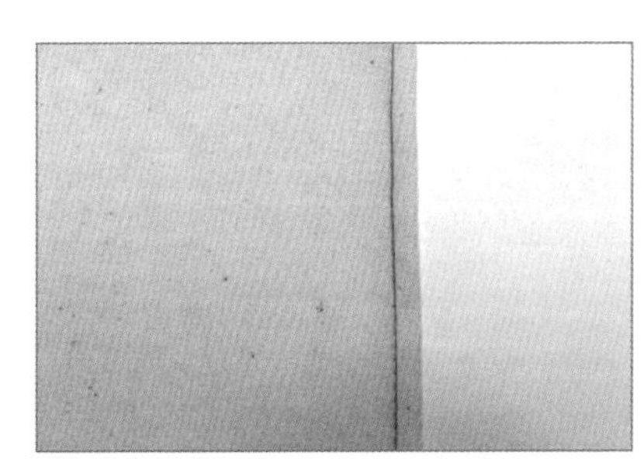

6 완성(겉)

tip 원단이 울지 않도록 박음질하는 방법

방법 ❶ 완성선을 다림질한 후 딱풀을 시접에 바르고 박음질한다.

방법 ❷ 완성선을 다림질한 후 양면 열 접착 심지를 시접에 넣고 다림질한 다음 박음질한다.

13 패턴(제도) 표시 기호

★ 패턴(제도)을 보다 알기 쉽게 표시하는 기호이다.

1 패턴 표시 기호

항목	기호	설명	항목	기호	설명
안내선		패턴을 그리는 선(가는 실선)	늘림 표시		옷감을 늘리는 기호
완성선		패턴으로 완성된 윤곽을 나타내는 선(굵은 실선)	줄임 표시		옷감을 줄이는 기호
안단선		안단을 다는 위치와 크기를 나타내는 선	같음 표시	☆★○●△▲	같은 길이를 나타내는 기호
접는선 꺾임선		접는선 및 꺾임선을 나타내는 선	단춧구멍		단춧구멍 뚫는 위치를 나타내는 기호
등분선		선이 같은 길이로 나뉘어 있음을 나타내는 선	단추 표시		단추 위치를 표시
바이어스 방향선		옷감의 바이어스 방향을 나타내는 선	다트 표시		패턴상에서 접는 표시
올 방향선		화살표 방향으로 옷감의 세로(식서) 올이 지나는 것을 나타내는 선	교차 표시		좌우 선이 교차하는 것을 나타내는 기호
직각 표시		직각을 나타내는 기호	절개 표시		패턴상에서 절개하는 기호
골선		패턴의 중심이 되는 선	맞춤 표시		옷감을 재단할 때 패턴을 연결한다는 표시

2 겉감 재단 방법

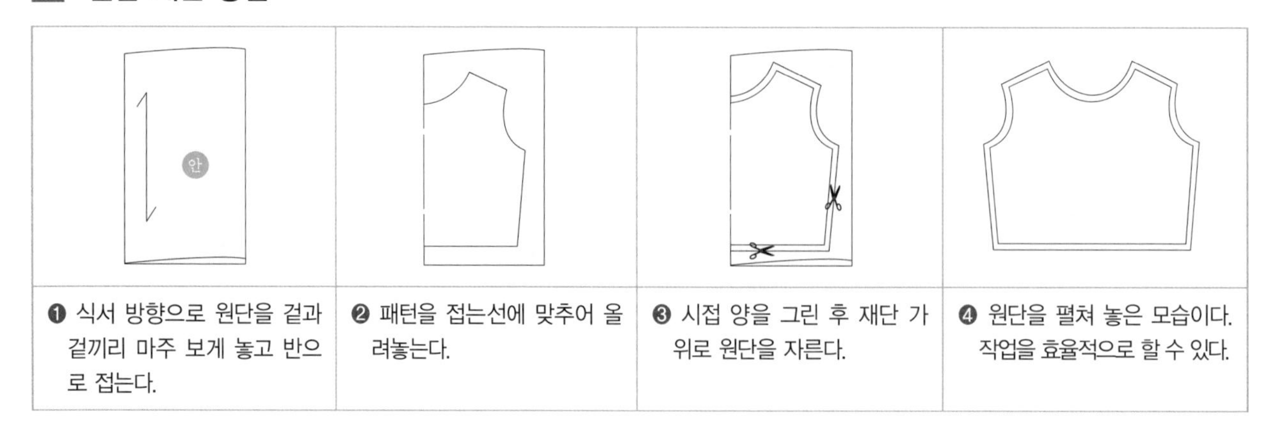

❶ 식서 방향으로 원단을 겉과 겉끼리 마주 보게 놓고 반으로 접는다.

❷ 패턴을 접는선에 맞추어 올려놓는다.

❸ 시접 양을 그린 후 재단 가위로 원단을 자른다.

❹ 원단을 펼쳐 놓은 모습이다. 작업을 효율적으로 할 수 있다.

14 인체 계측 항목 및 계측 방법

1 인체 계측 항목

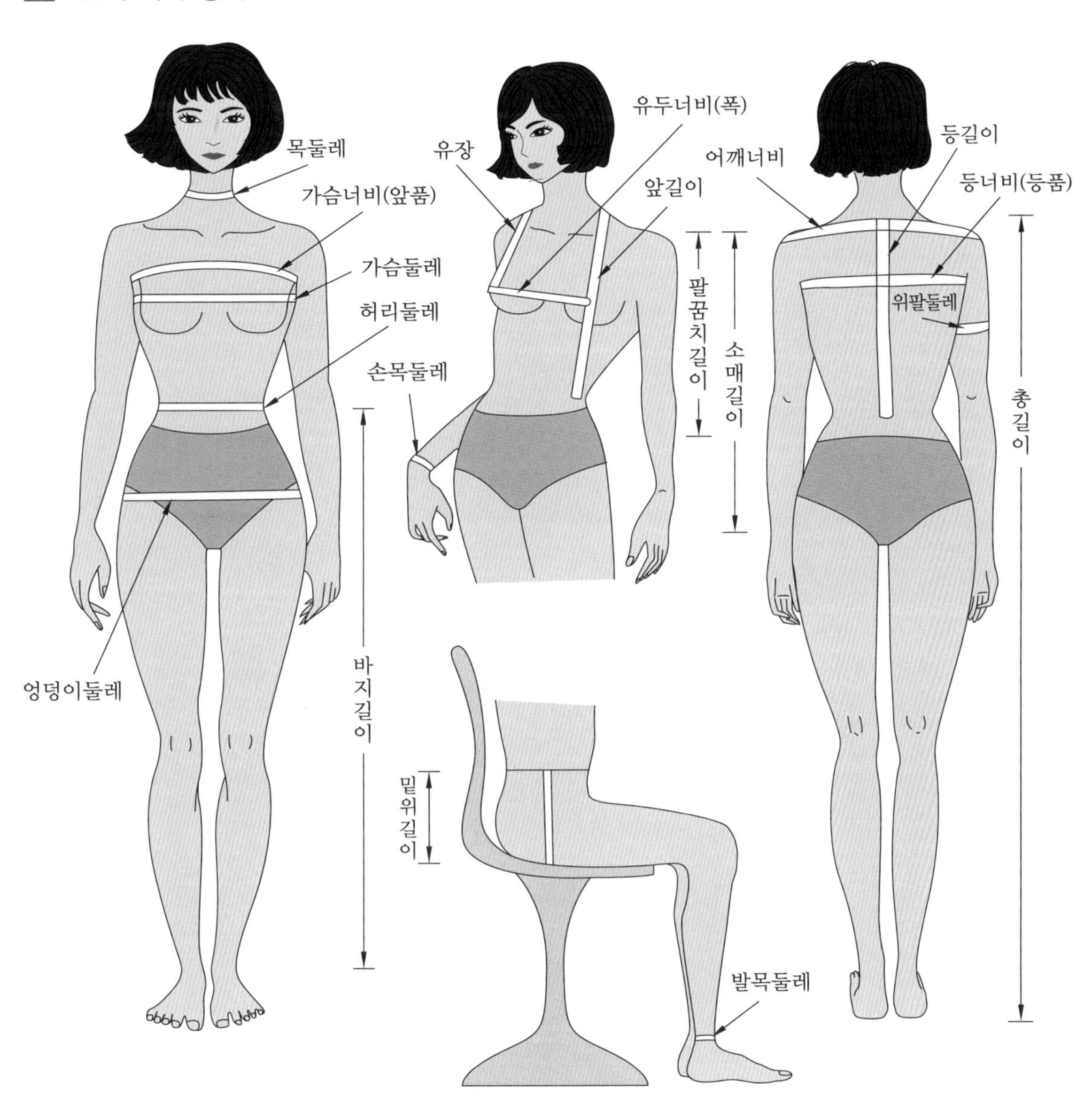

tip 측정 항목과 측정 방법

인체 계측을 할 경우에는 측정 도구, 피측정자의 상태, 측정 방법 등이 일정한 약속 내에서 이루어져야 한다.

2 계측 방법

계측 항목 및 계측 방법

계측 항목	영어	계측 방법
목둘레	Neck Circumference	뒷목점, 옆목점, 앞목점을 지나면서 한 바퀴 돌려 치수를 잰다.
가슴너비(앞품)	Chest Breadth	좌우 겨드랑이 앞부분 사이를 잰다.
가슴둘레	Chest Circumference	가슴의 유두점을 지나는 수평 둘레를 잰다.
허리둘레	Waist Circumference	허리의 가장 가는 부분을 지나는 둘레를 잰다.
엉덩이둘레	Hip Circumference	엉덩이의 가장 돌출된 곳의 수평 둘레를 잰다.
바지길이	Slacks Length	옆허리선에서부터 발목점까지의 길이를 잰다.
유장	Bust Point Length	옆목점에서 유두점까지의 사선 거리를 잰다.
유두너비(폭)	Bust Point Breadth	좌우 유두점 사이를 잰다.
앞길이	Front Shoulder to Waist	옆목점에서 유두점을 지나 허리선까지의 길이를 잰다.
팔꿈치길이	Elbow Length	팔을 약간 구부리고 어깨끝점에서 팔꿈치까지의 길이를 잰다.
소매길이	Sleeve Length	팔을 자연스럽게 내린 후 어깨끝점에서 팔꿈치를 지나 손목점까지의 길이를 잰다.
손목둘레	Wrist Girth	손목점을 지나는 둘레를 잰다.
밑위길이	Crotch Length	의자에 앉아 옆허리선부터 의자 바닥까지의 길이를 잰다.
발목둘레	Ankle Circumference	발목점을 지나는 수평 둘레를 잰다.
어깨너비	Shoulder Width	좌우 어깨끝점에서부터 뒷목점을 지나도록 잰다.
등너비(등품)	Back Width	좌우 겨드랑이 뒷부분 사이를 잰다.
등길이	Center Back Waist Length	뒷목점에서부터 뒤허리점까지의 길이를 잰다.
위팔둘레	Top Arm Circumference	팔을 굽힌 상태에서 팔의 가장 굵은 부분을 수평으로 잰다.
총길이	Center Back Full Length	뒷목점에서부터 바닥까지의 길이를 잰다.

3 나의 치수 측정

치수 측정 계측일자: 20 년 월 일

계측 항목	가슴둘레	허리둘레	엉덩이둘레	등품(등너비)	앞품(앞너비)	어깨너비	등길이	앞길이
M	86	68	92	35	33	38	38	40.5
나의 치수								
머리둘레	유장	유폭	소매길이	팔꿈치길이	엉덩이길이	밑위길이	무릎길이	다리길이
58	24	18	54	30	18	25	53	92

15 아동복 참고 치수

아동복 참고 치수 단위: cm

나이	2세	3세	4세	5세	6세	7세	8세	9세	10세	11세
키	90	96	103	109	115	121	128	132	139	144
가슴둘레	52	53	54	56	58	60	63	65	67	70
허리둘레	49	50	51	52	53	55	56	57	60	62
엉덩이둘레	52	55	57	59	61	64	70	71	74	75
어깨너비	24	25	26	27	28	30	31	32	33	34
등길이	21	23	24	26	27	29	30	31	32	34
소매길이	27	30	32	35	37	39	41	43	45	46
바지길이	50	55	58	63	66	70	74	78	81	85
밑위길이	20	20	20	21	21	21	22	22	23	24
다리길이	30	35	38	42	45	49	53	56	59	62
스커트길이	28	30	32	33	34	35	36	38	40	42
원피스길이	29	33	36	38	39	41	44	46	48	49
머리둘레	50	52	53	53	54	55	55	55	55	56

16 원단

★ 패턴을 그린 후 원단의 소요량을 산출하여 낭비할 수 있는 원단을 최소화한다.

1 원단 소요량(필요량)

단위: cm

옷 종류		너비(폭)	필요 치수	원단 소요량 계산
블라우스	짧은 소매	90	140~160	(블라우스길이×2)+시접(10~15)
		110	110~140	(블라우스길이×2)+시접(7~10)
		150	100~120	블라우스길이+소매길이+시접(7~10)
	긴소매	90	170~200	(블라우스길이×2)+시접(10~20)
		110	125~180	(블라우스길이×2)+시접(10~15)
		150	120~130	블라우스길이+소매길이+시접(10~15)
스커트	타이트	90	130~150	(스커트길이×2)+시접(12~16)
		110	130~150	(스커트길이×2) + 시접(12~16)
		150	60~70	스커트길이+시접(6~8)
	플레어 180°	90	140~160	(스커트길이×2.5)+시접(10~15)
		110	130~150	(스커트길이×2.5)+시접(5~12)
		150	90~100	(스커트길이×1.5)+시접(6~15)
원피스	짧은 소매	90	210~230	(옷길이×2)+시접(12~16)
		110	180~230	(옷길이×1.2)+소매길이+시접(10~15)
		150	110~170	옷길이+소매길이+시접(10~15)
	긴소매	90	210~230	(옷길이×2)+소매길이+시접(12~16)
		110	180~230	(옷길이×1.2)+소매길이+시접(10~15)
		150	110~170	옷길이+소매길이+시접(10~15)
팬츠	–	90	200~220	[바지길이+시접(8~10)]×2
		110	150~220	[바지길이+시접(8~10)]×2
		150	100~110	바지길이+시접(8~10)
재킷	짧은 소매	90	270~300	(재킷길이×2)+(스커트길이×2)+시접(20~30)
		110	220~270	(재킷길이×2)+스커트길이+소매길이+시접(20~30)
		150	170~190	재킷길이+스커트길이+소매길이+시접(20~30)
	긴소매	90	320~350	(재킷길이×2)+(스커트길이×2)+소매길이+시접(25~30)
		110	220~270	(재킷길이×2)+스커트길이+소매길이+시접(20~30)
		150	200~210	재킷길이+스커트길이+소매길이+시접(20~30)
코트	박스형	90	300~350	(코트길이×2)+소매길이+시접(20~30)
		110	240~280	(코트길이×2)+칼라길이+시접(20~30)
		150	200~250	코트길이+소매길이+시접(15~30)
	플레어형	90	390~450	(코트길이×3)+소매길이+시접(20~40)
		110	300~350	(코트길이×2)+소매길이+시접(20~40)
		150	220~250	(코트길이×2)+시접(20~30)

2 원단의 방향

(1) 식서 방향, 푸서 방향, 바이어스 방향

① **식서 방향** : 원단이 늘어나지 않는 방향(원단의 올이 풀리지 않는 방향)

② **푸서 방향** : 원단이 조금 늘어나는 방향(원단의 올이 풀리는 방향)

③ **바이어스 방향** : 45° 각도로 원단이 가장 늘어나는 방향(마감 처리에 많이 사용하는 방향)

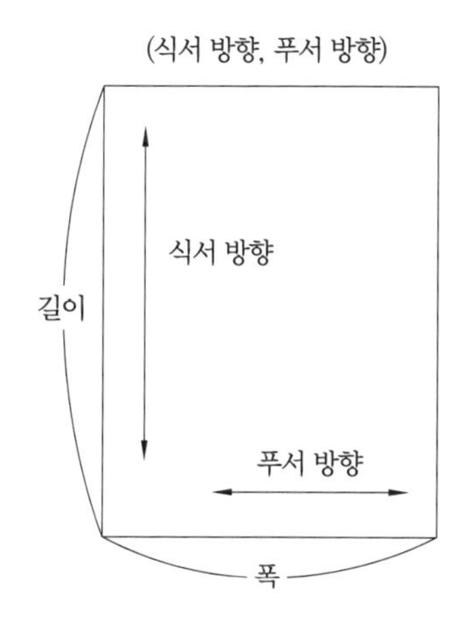

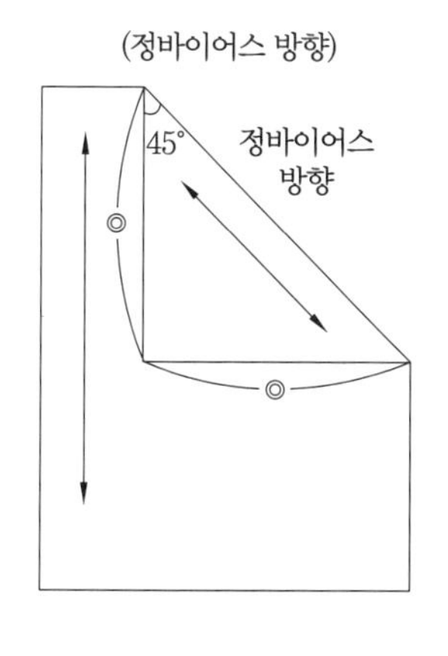

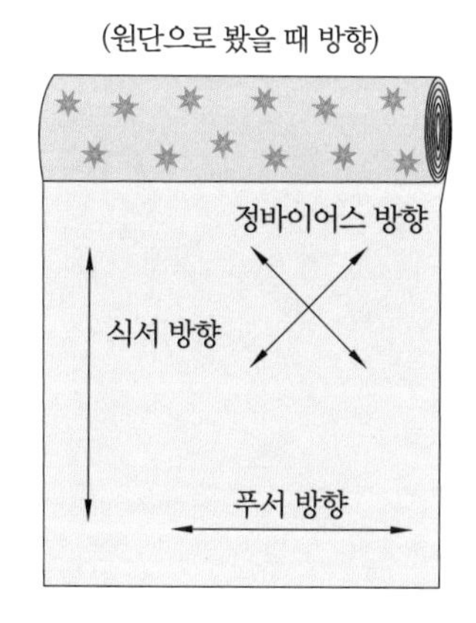

3 원단의 폭과 길이

(1) 원단의 폭

원단에 따라 폭이 달라진다.

① **소폭** : 90cm(36인치)

② **중폭** : 110cm(44인치)

③ **대폭** : 150cm(60인치)

★ 면 150cm(60인치)에 마를 같이 넣은 원단(면마)을 짤 때, 가공하면 56~57인치가 된다. 이와 같이 원단을 짜고 여러 가공을 하다 보면 원단의 폭이 줄어들기도 하고 늘어나기도 한다.

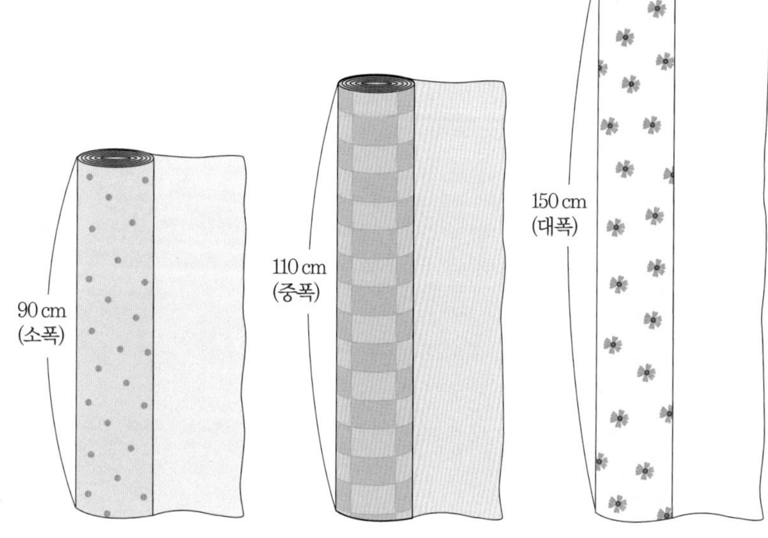

(2) 원단의 길이 ★ cm가 아닌 마 단위로 한다.

① **한 마** : 91.44cm(대략 90cm)

② **반 마** : 45.72cm(대략 45cm)

㉠ 블라우스 긴소매를 만들려고 한다. 110cm 너비(폭) 원단에 필요 치수가 125~180cm이면, 한 마는 90cm이므로 두 마(2×90=180cm)가 필요하다.

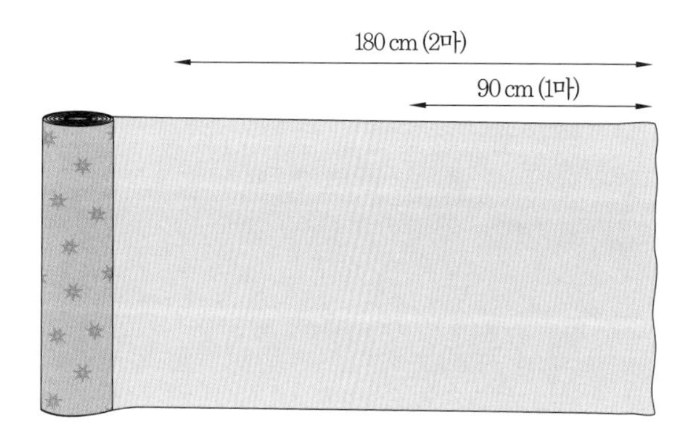

4 원단의 선택

디자인은 같아도 어떤 원단을 사용하느냐에 따라 스타일이 달라지므로 원단의 선택에 유의한다.

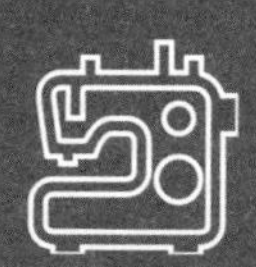

몸판

- 몸판 제도에 필요한 용어
- 몸판 그리기
- 몸판 박음질
- 기본 박시 라인
- 플레어 라인
- 요크 플레어 라인
- 요크 셔링 라인
- 스퀘어 셔링 라인
- 핀턱 라인
- 요크 핀턱 라인
- 암홀 라인
- 페플럼 라인
- 프린세스 라인

1 몸판 제도에 필요한 용어

★ 앞면 부분을 앞몸판, 뒷면 부분을 뒷몸판이라고 한다.

몸판 제도에 필요한 용어

용어	약어	영어	용어	약어	영어
가슴둘레	B	Bust Girth	어깨선	S.L	Shoulder Line
허리둘레	W	Waist Girth	중심선	C.L	Center Line
엉덩이둘레	H	Hip Girht	암홀(진동둘레)선	A.H	Arm Hole
가슴선	B.L	Bust Line	옆목점	S.N.P	Side Neck Point
허리선	W.L	Waist Line	앞목점	F.N.P	Front Neck Point
엉덩이선	H.L	Hip Line	뒷목점	B.N.P	Back Neck Point
유두점	B.P	Bust Point	뒷중심선	C.B.L	Center Back Line
어깨점	S.P	Shoulder Point	앞중심선	C.F.L	Center Front Line

2 몸판 그리기

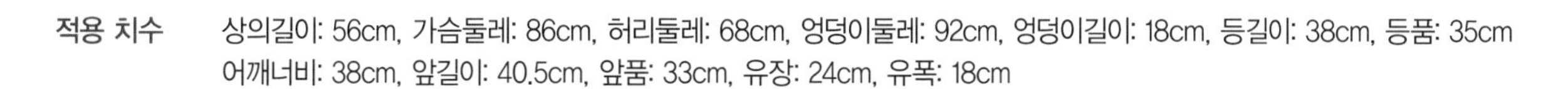

적용 치수　상의길이: 56cm, 가슴둘레: 86cm, 허리둘레: 68cm, 엉덩이둘레: 92cm, 엉덩이길이: 18cm, 등길이: 38cm, 등품: 35cm
어깨너비: 38cm, 앞길이: 40.5cm, 앞품: 33cm, 유장: 24cm, 유폭: 18cm

1 뒤판

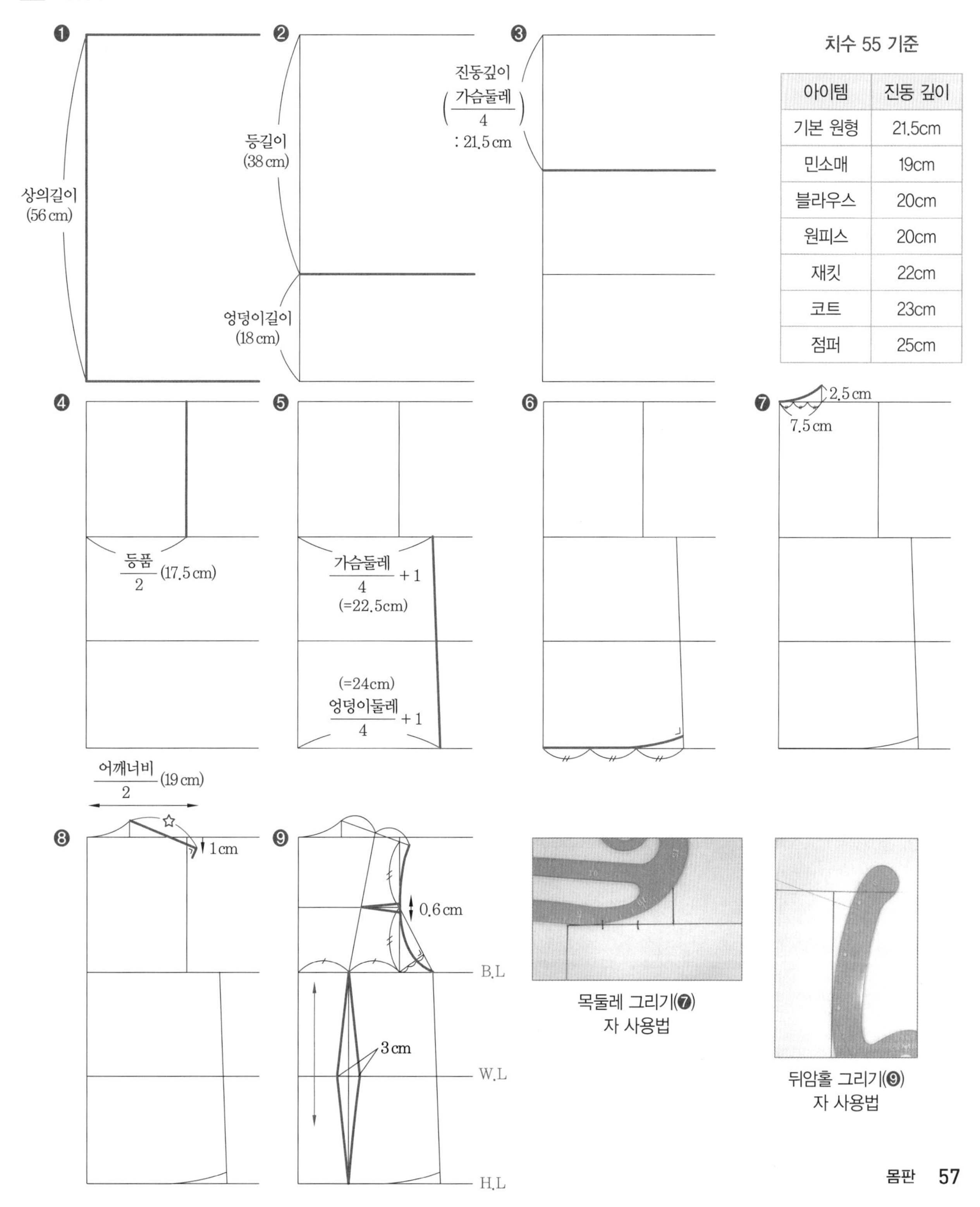

치수 55 기준

아이템	진동 깊이
기본 원형	21.5cm
민소매	19cm
블라우스	20cm
원피스	20cm
재킷	22cm
코트	23cm
점퍼	25cm

목둘레 그리기(❼)
자 사용법

뒤암홀 그리기(❾)
자 사용법

2 앞판

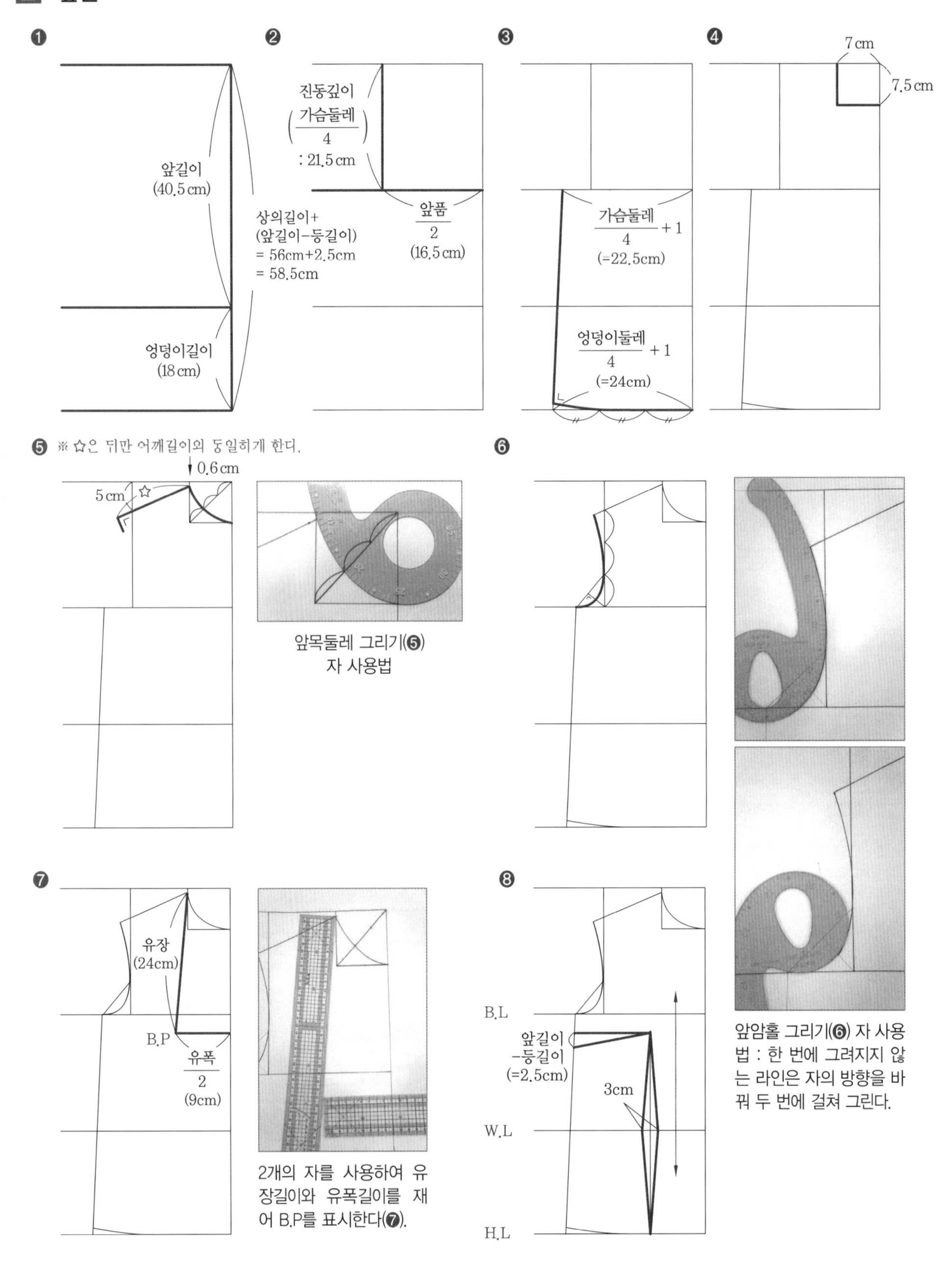

앞목둘레 그리기(❺)
자 사용법

앞암홀 그리기(❻) 자 사용법 : 한 번에 그려지지 않는 라인은 자의 방향을 바꿔 두 번에 걸쳐 그린다.

2개의 자를 사용하여 유장길이와 유폭길이를 재어 B.P를 표시한다(❼).

3 몸판 박음질

1 기본 박시 라인

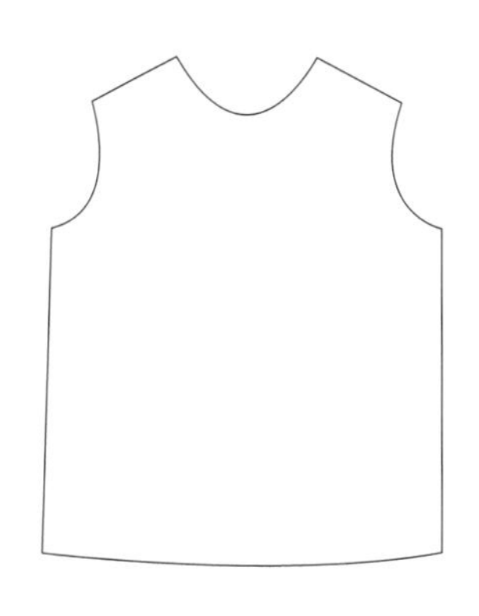

❶ 앞판, 뒤판을 겉과 겉끼리 마주 보게 놓는다.
❷ 어깨선과 옆선을 박음질한다.
★ 41쪽 솔기 처리 참고
❸ 목둘레선, 암홀선, 밑단을 박음질한다.
★ 46쪽 단 처리 참고

2 요크 플레어 라인

3 프린세스 라인

4 기본 박시 라인

기본적인 몸판 라인

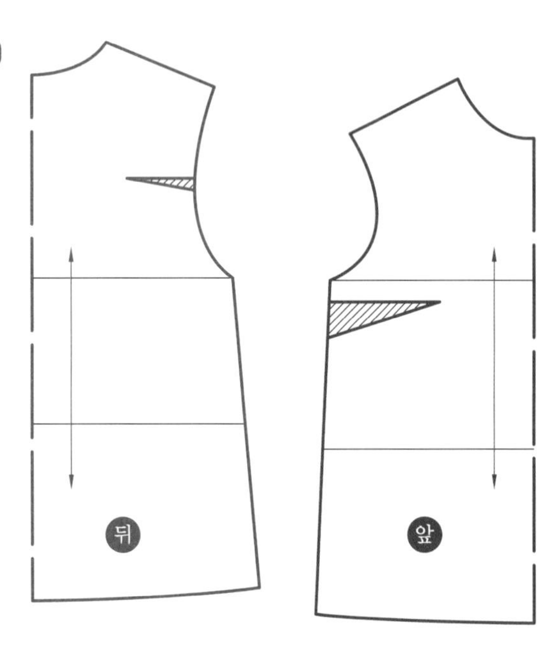

전개

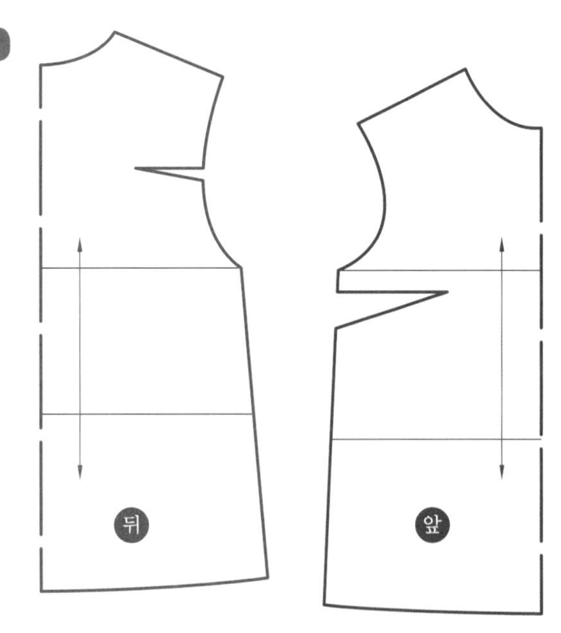

5 플레어 라인

밑단이 나팔꽃 모양으로 벌어지는 라인

패턴

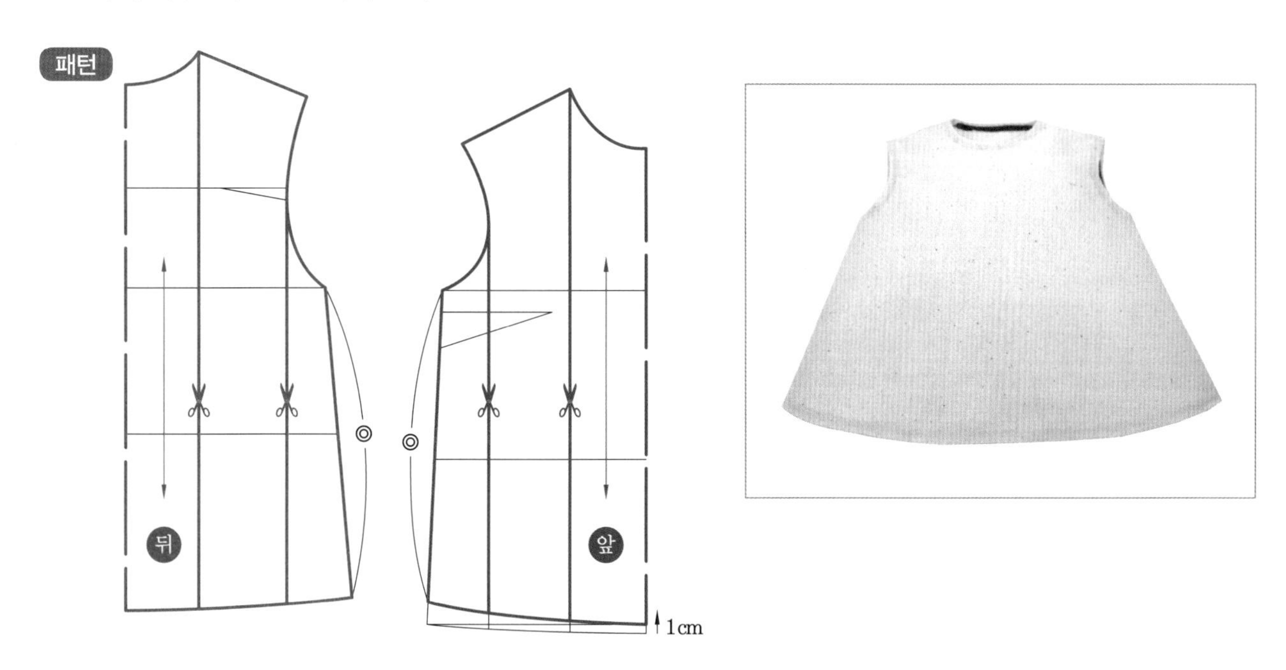

전개

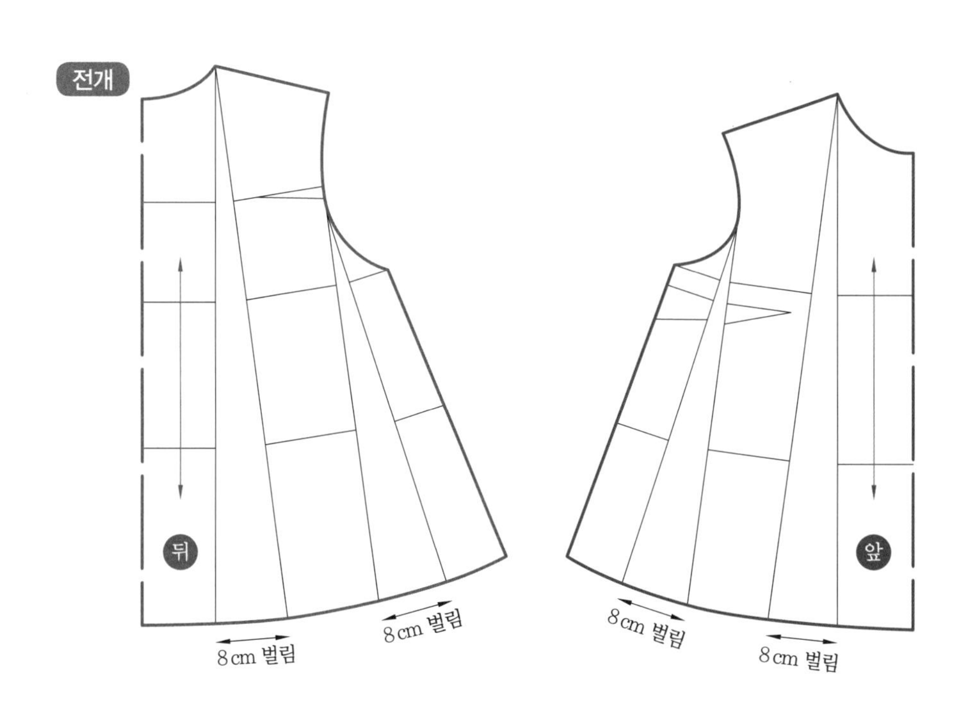

6 요크 플레어 라인

윗부분은 다른 원단을 사용하고 아랫부분은 나팔꽃 모양으로 벌어지는 라인

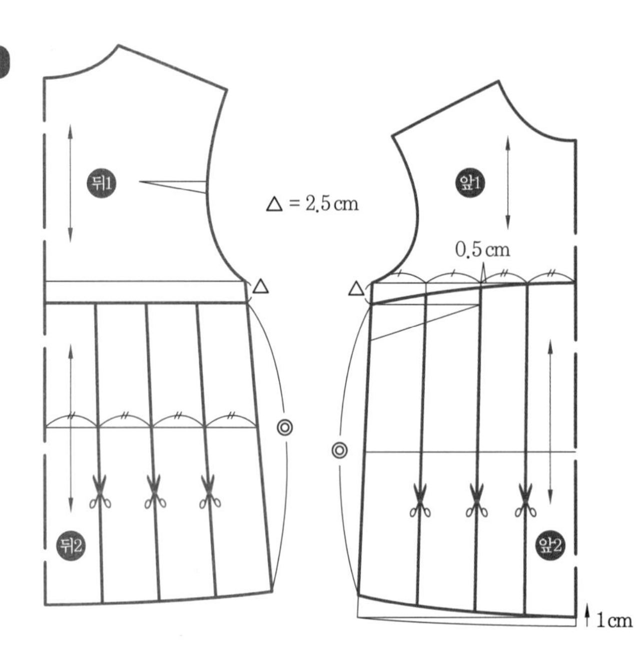

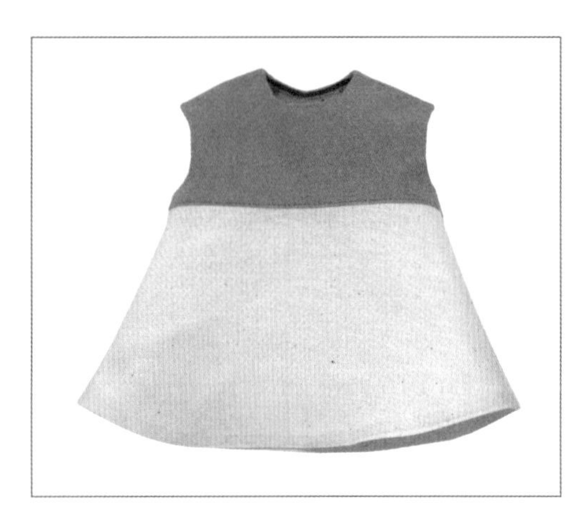

전개

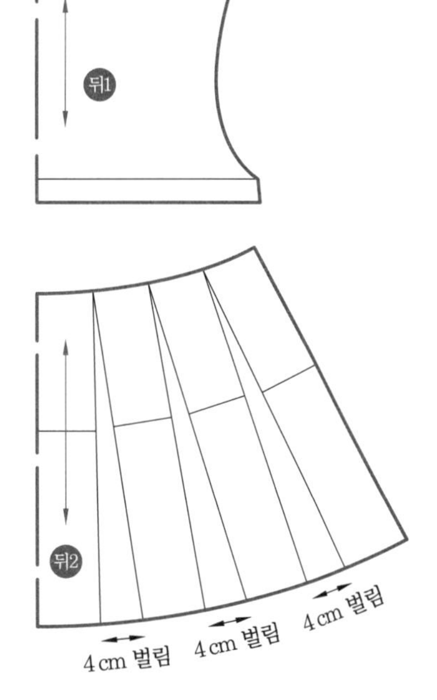

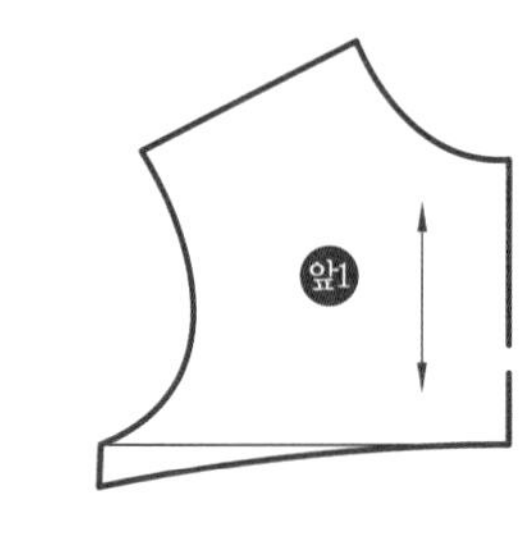

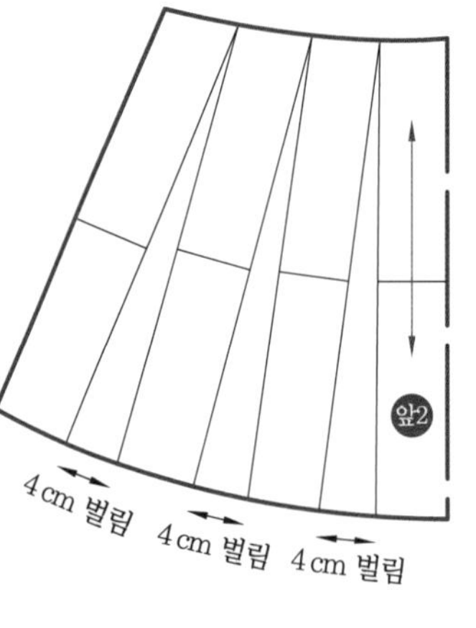

7 요크 셔링 라인

윗부분은 다른 원단을 사용하고 아랫부분은 주름을 잡아 풍성한 느낌을 주는 라인

패턴

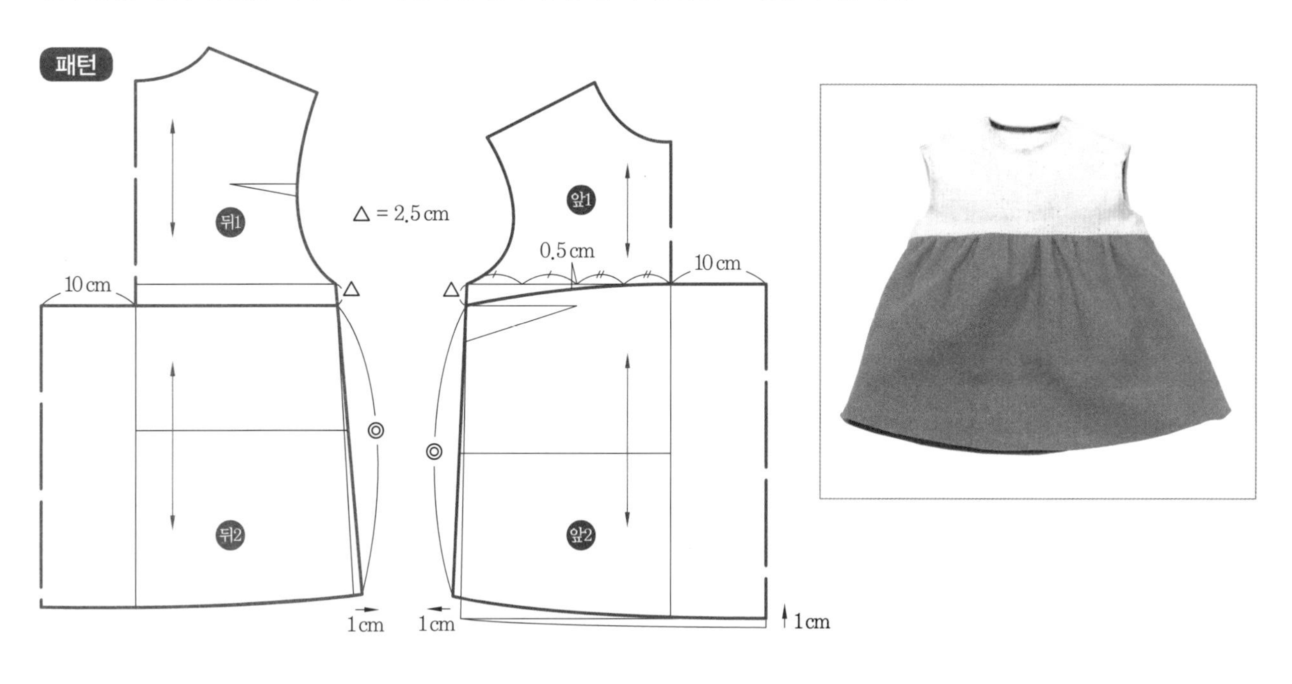

전개

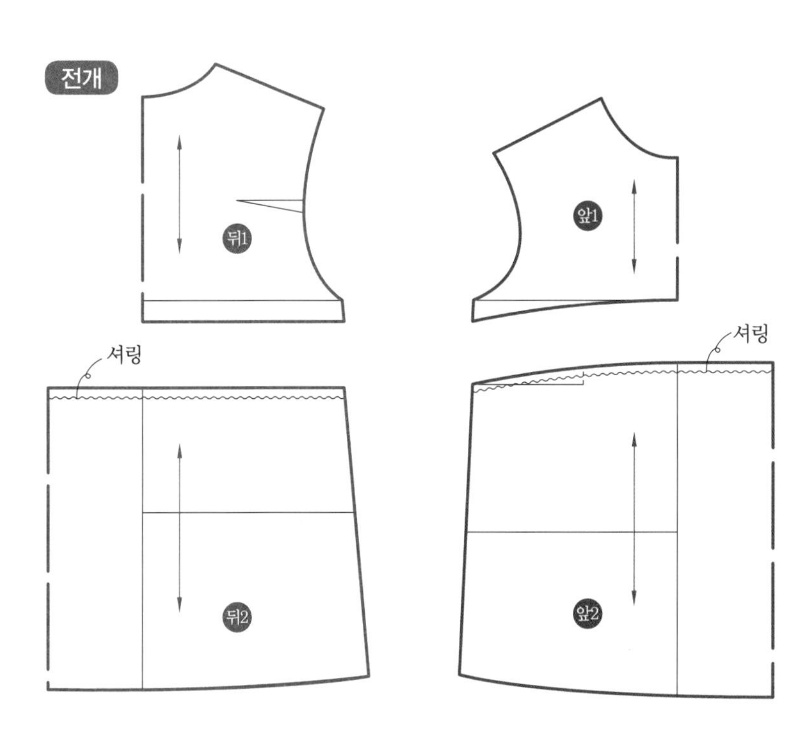

8 스퀘어 셔링 라인

어깨선을 사각형 모양으로 만들고 아랫부분은 주름을 잡아 풍성한 느낌을 주는 라인

패턴

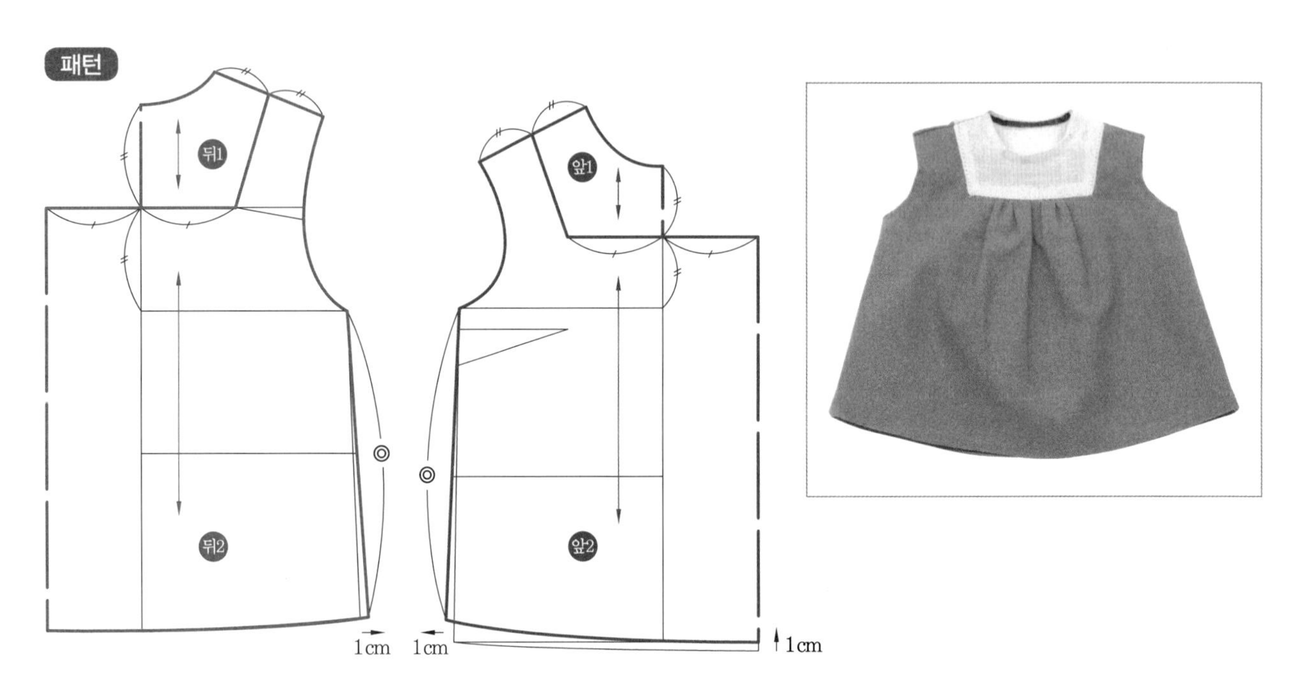

전개

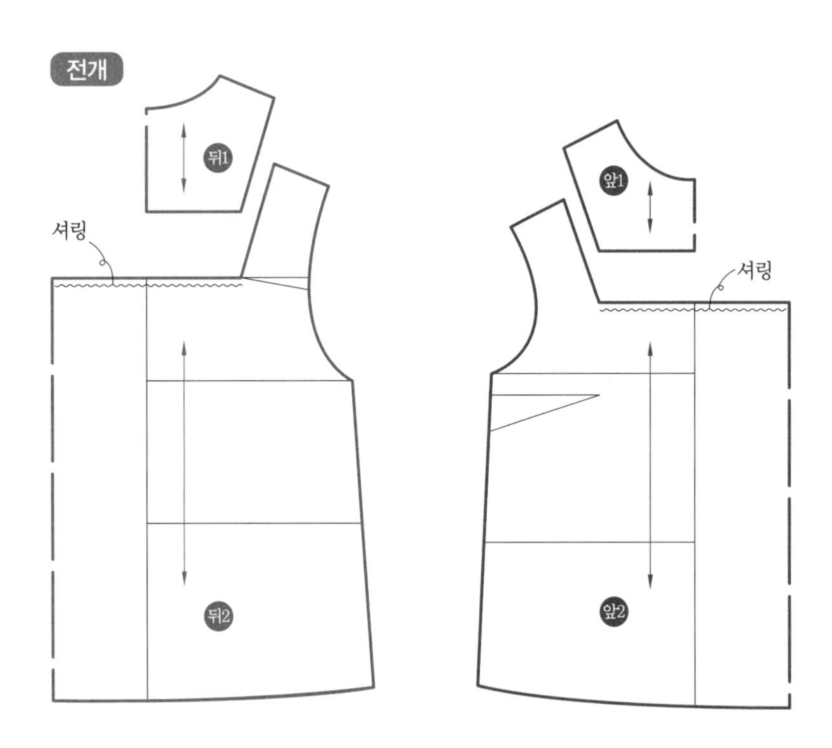

9 핀턱 라인

원단을 일정한 간격으로 접어서 만든 긴 주름 라인

패턴

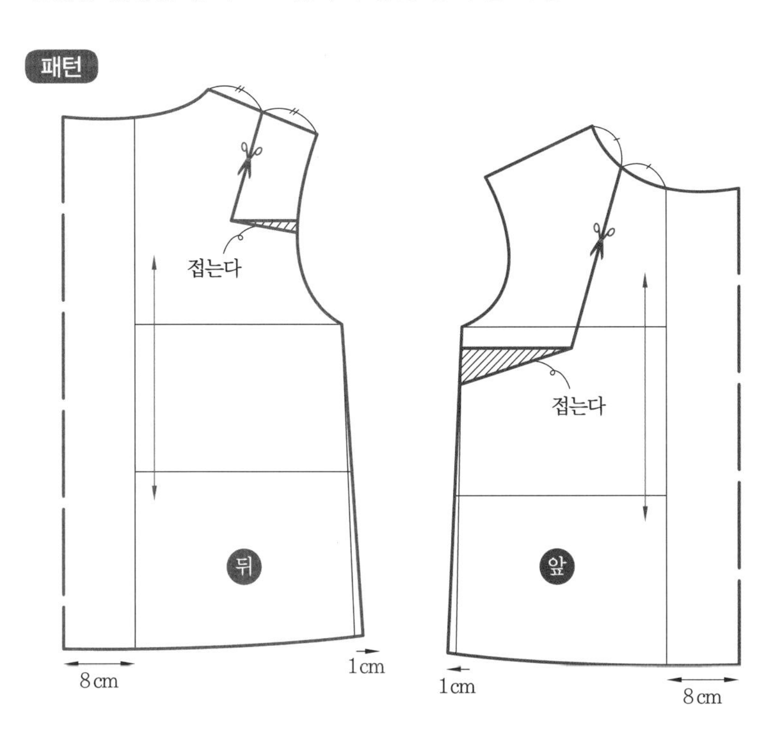

전개

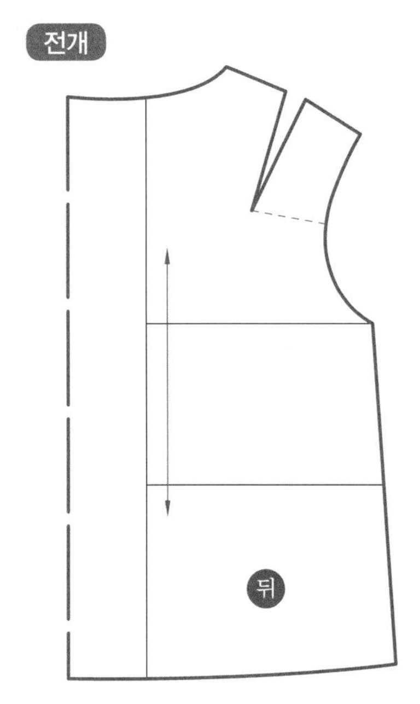

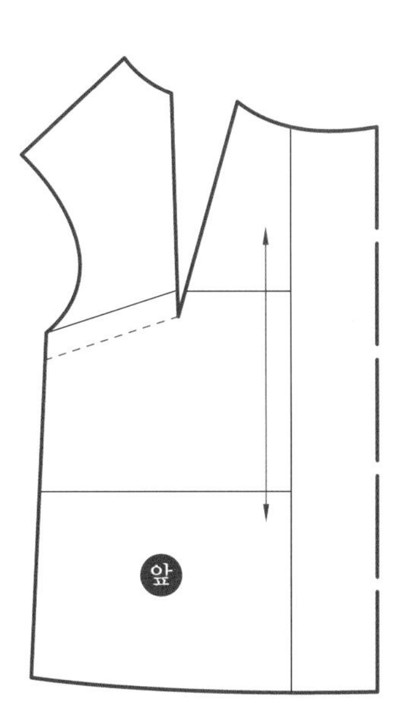

10 요크 핀턱 라인

윗부분은 다른 원단으로 사용하고 아랫부분은 원단을 일정한 간격으로 접어서 만든 긴 주름 라인

패턴

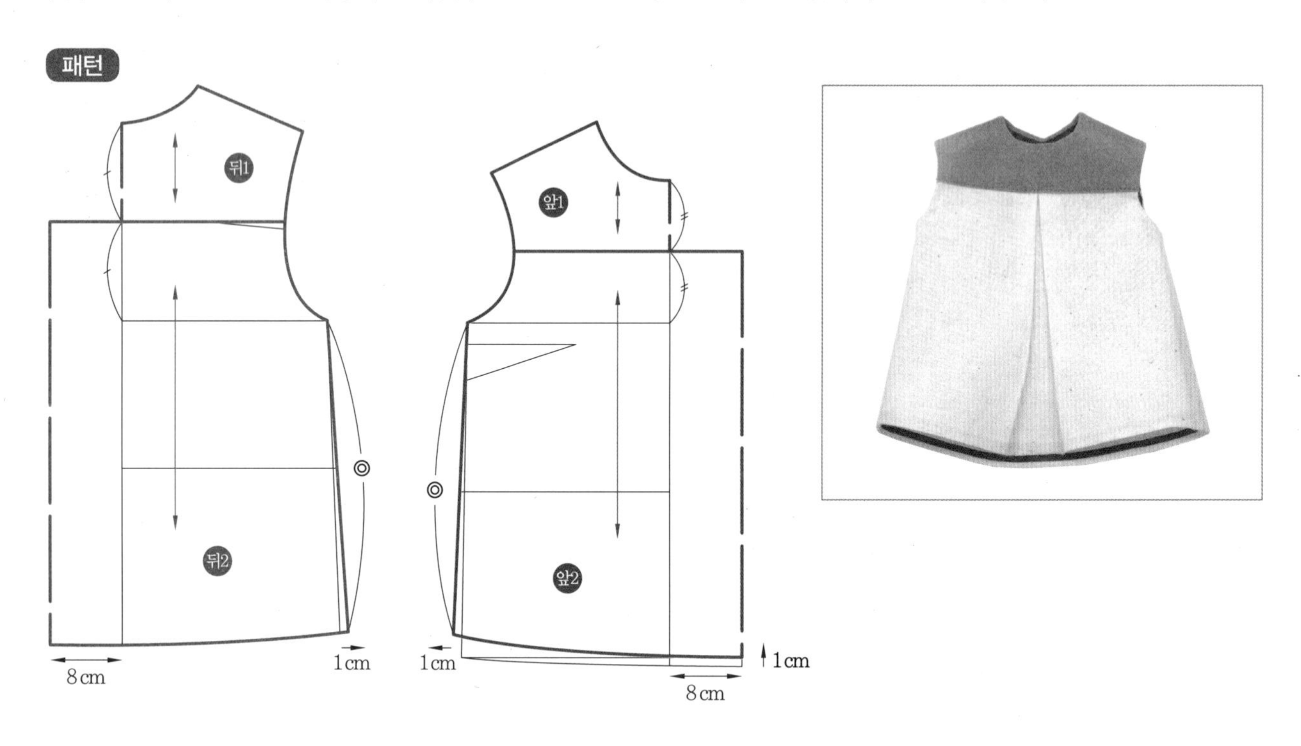

전개

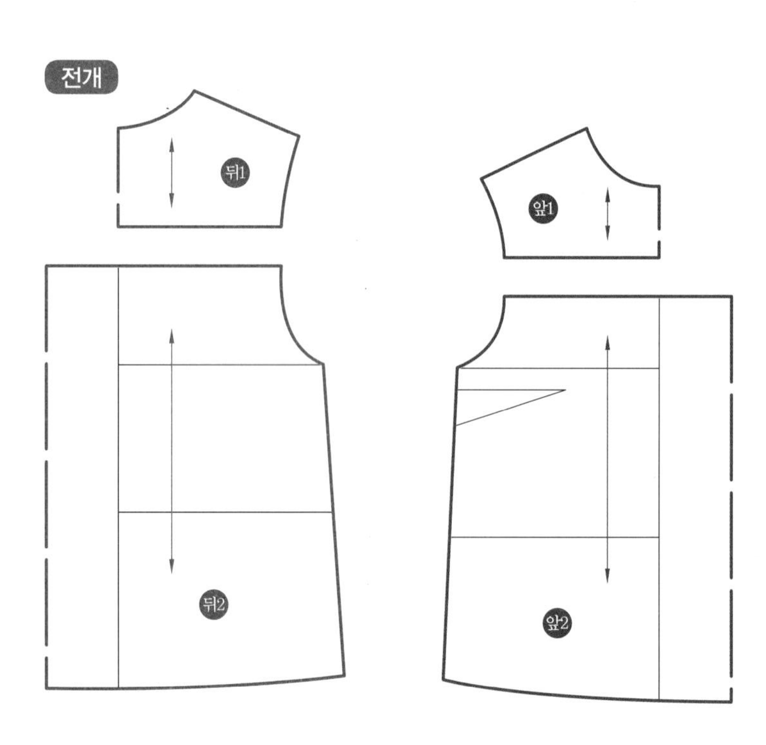

11 암홀 라인

암홀에서부터 절개선을 넣어 상반신에 꼭 맞게 한 라인

패턴

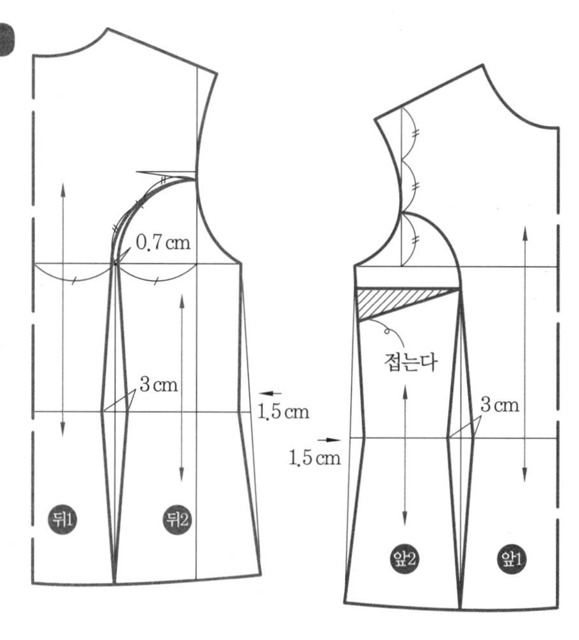

전개

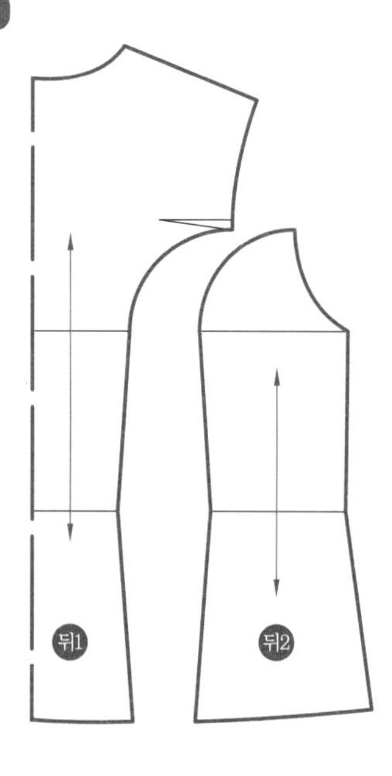

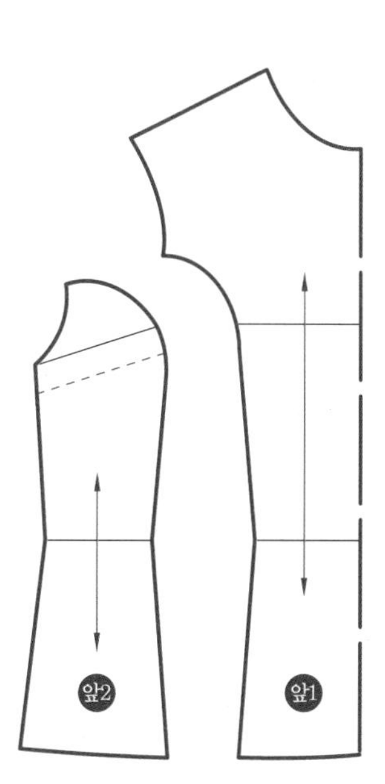

12 페플럼 라인

허리를 강조한 디자인에 많이 사용하며, 허리 아래로 러플 플리츠를 넣은 라인

패턴

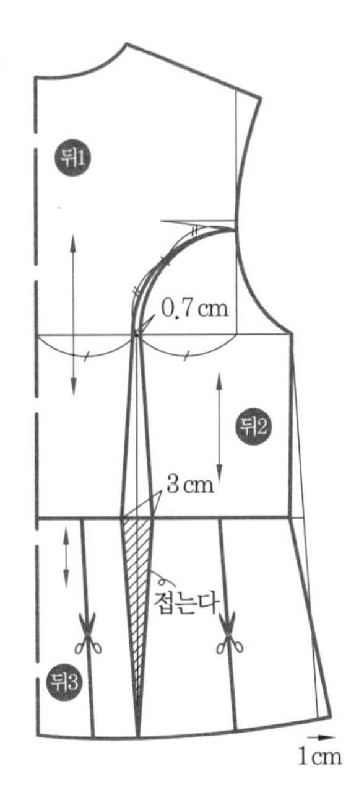

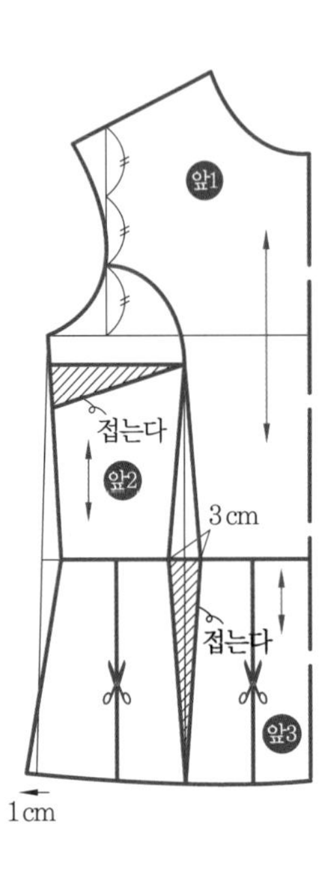

전개

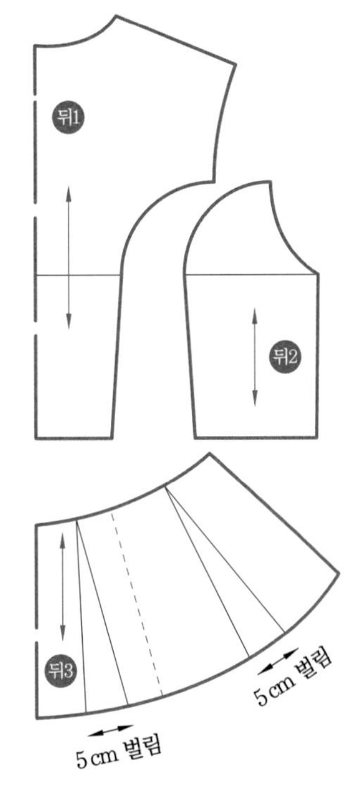

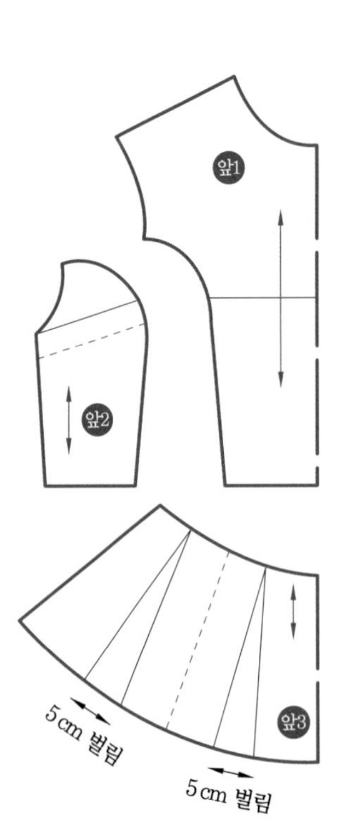

13 프린세스 라인

어깨 또는 진동둘레에서부터 세로로 절개선을 넣어 상반신에 꼭 맞게 한 라인

패턴

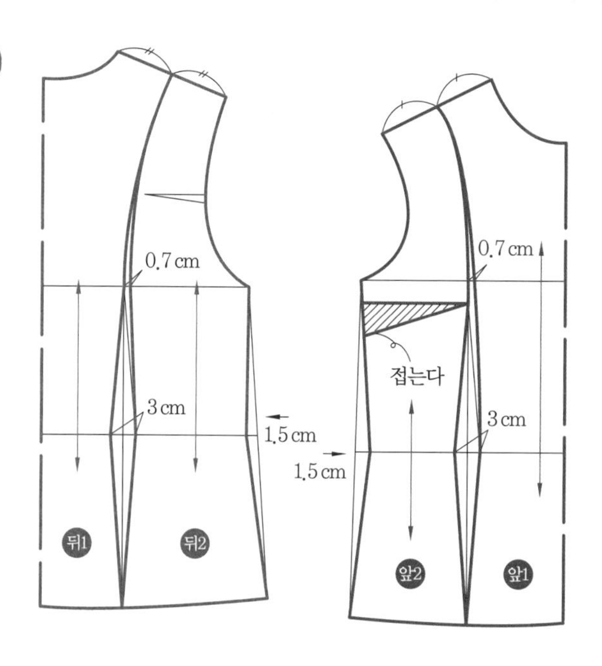

전개

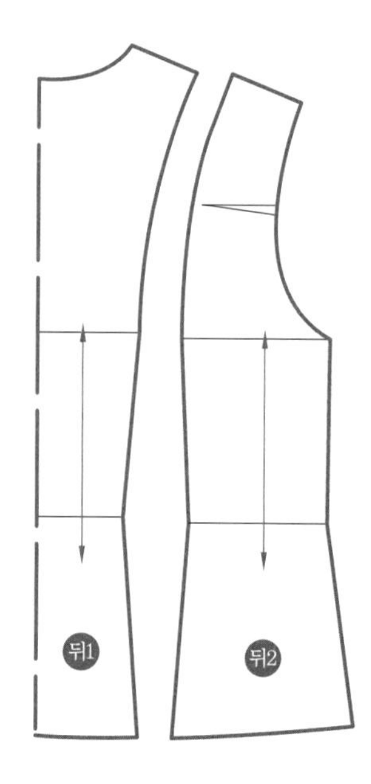

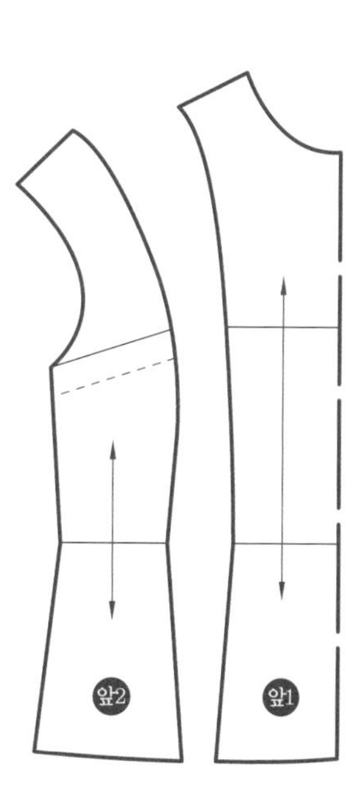

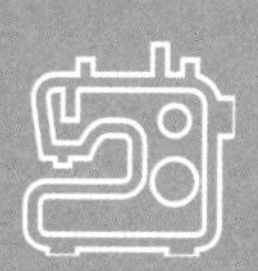

다트

옷감을 입체적인 체형에 맞추기 위하여
허리나 어깨의 일정한 부분에 주름을 잡아 꿰매는 것

- 다트
- 다트의 위치별 명칭
- 다트 만들기

1 다트

의복을 제작할 때 몸의 볼륨을 나타내기 위해 평면인 천을 입체적으로 표현할 수 있다. 앞몸판에 다트를 넣어 가슴이 돋보이고 허리라인이 들어가게 하며, 뒷몸판에 다트를 넣어 어깨뼈 부분을 당겨주고 허리 라인이 들어가게 한다.

스커트, 바지 원형에서는 앞판은 복부(배의 부분), 뒤판은 둔부(엉덩이 부분)의 여유분을 인체에 맞게 하기 위해 다트를 잡는데, 솔기가 겉으로 나타나지 않게 한다. 다트의 위치, 길이, 방향에 따라 의복의 유행이나 디자인이 달라지므로 상황에 따라 장식 효과를 내기 위해 기본 다트를 다른 곳으로 이동하기도 한다.

다트를 넣지 않은 의복

★ 허리 라인이 들어가지 않는다.

다트를 넣은 의복

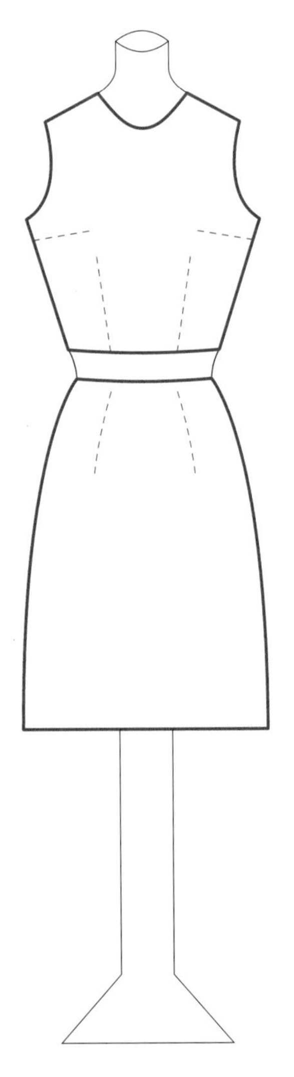

★ 허리 라인이 들어간다.

2 다트의 위치별 명칭

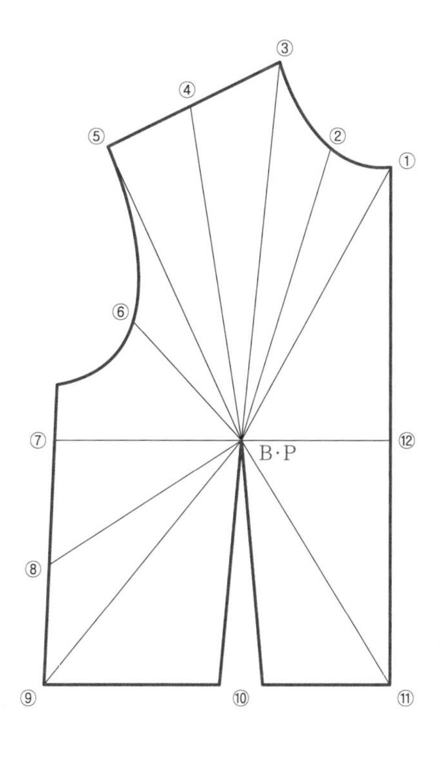

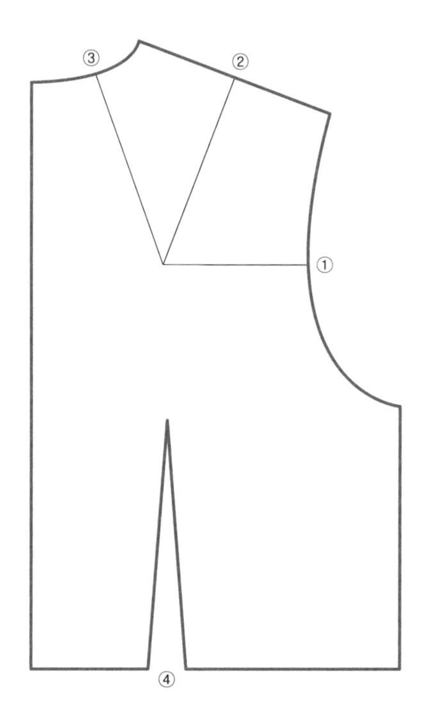

앞면

다트의 위치별 명칭

번호	용어	영어
①	센터 프런트 네크 포인트 다트	Center Front Neck Point Dart
②	네크 라인 다트	Neck Line Dart
③	네크 포인트 다트	Neck Point Dart
④	숄더 다트	Shoulder Dart
⑤	숄더 포인트 다트	Shoulder Point Dart
⑥	암홀 다트	Arm Hole Dart
⑦	언더암 다트	Underarm Dart
⑧	로 언더암 다트	Low Underarm Dart
⑨	프렌치 다트	French Dart
⑩	웨이스트 다트	Waist Dart
⑪	센터 프런트 웨이스트 다트	Center Front Waist Dart
⑫	센터 프런트 라인 다트	Center Front Line Dart

뒷면

다트의 위치별 명칭

번호	용어	영어
①	암홀 다트	Arm Hole Dart
②	숄더 다트	Shoulder Dart
③	네크라인 다트	Neck Line Dart
④	웨이스트 다트	Waist Dart

1 앞면

(1) 센터 프런트 네크 포인트 다트

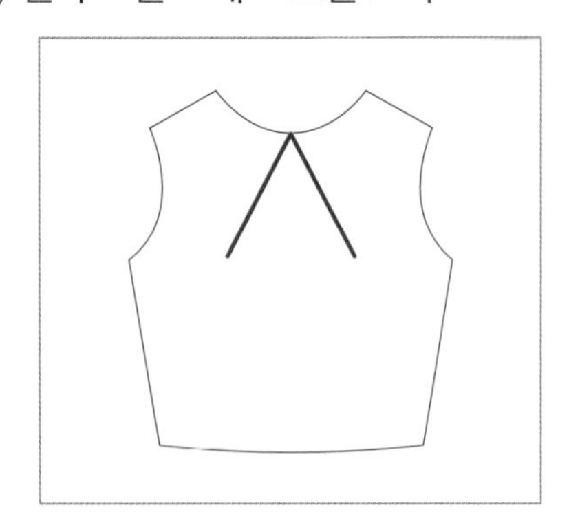

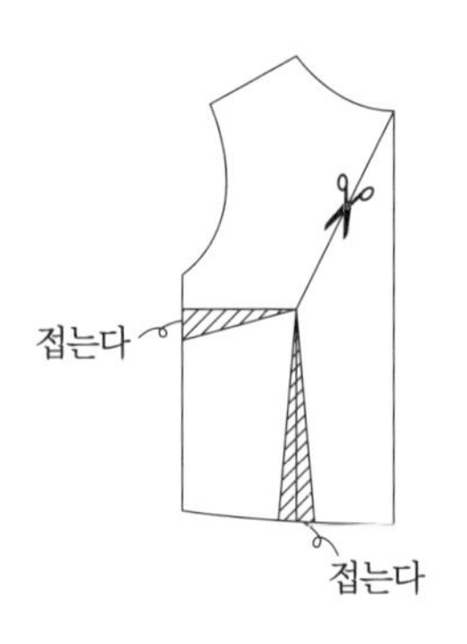

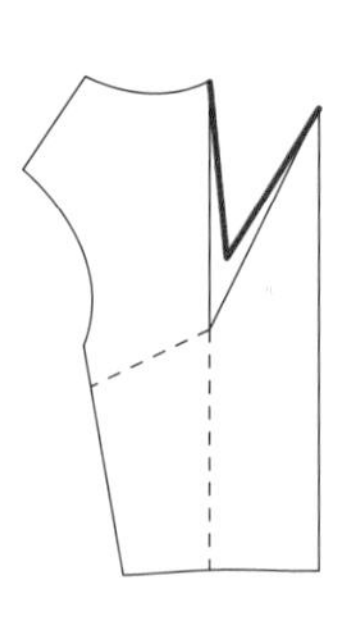

(2) 네크 라인 다트

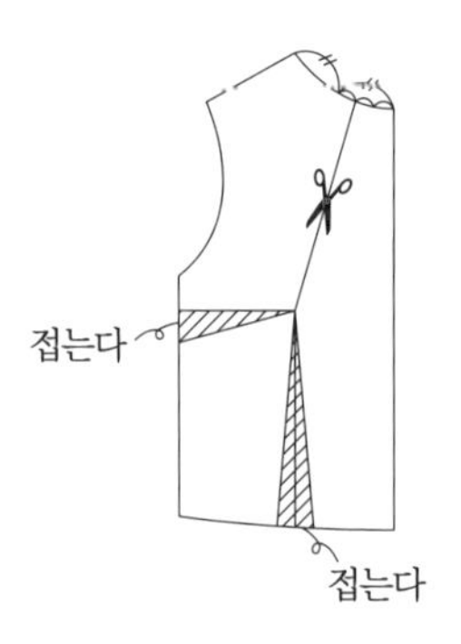

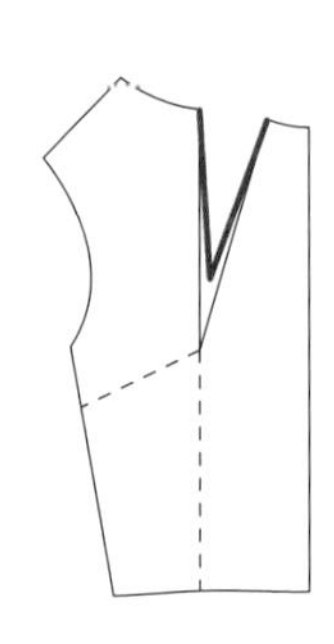

(3) 네크 포인트 다트

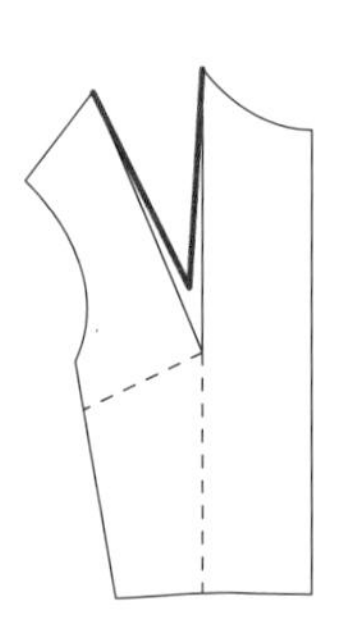

(4) 숄더 다트

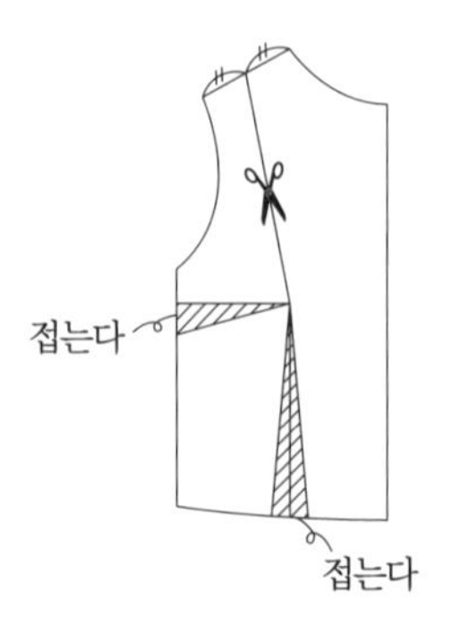

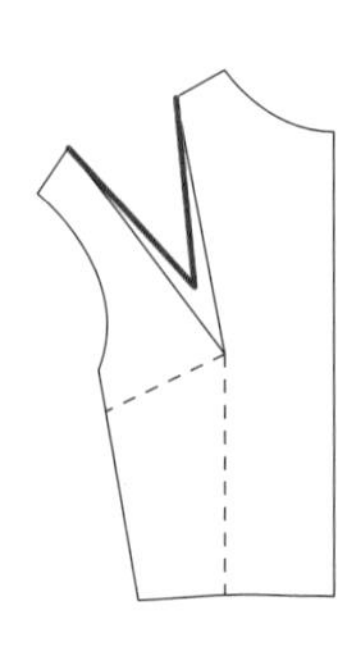

(5) 숄더 포인트 다트

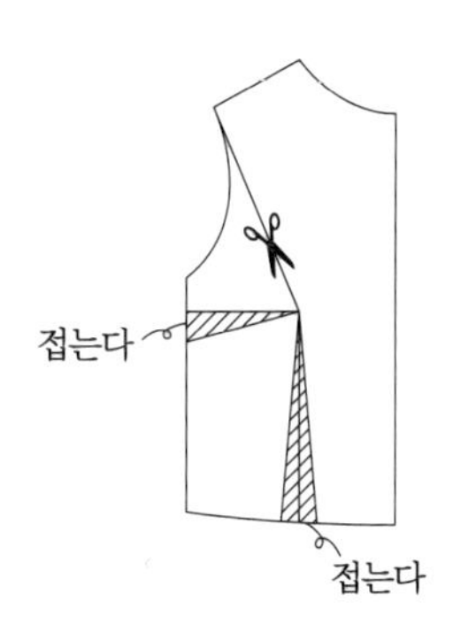

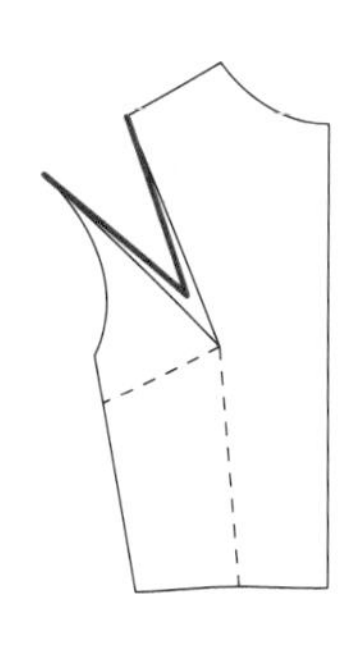

(6) 암홀 다트

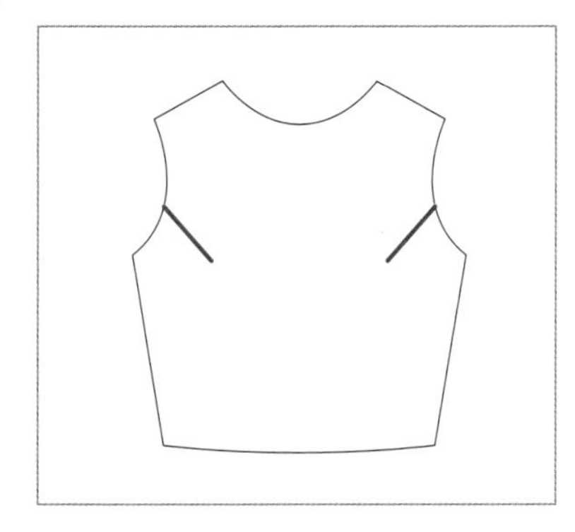

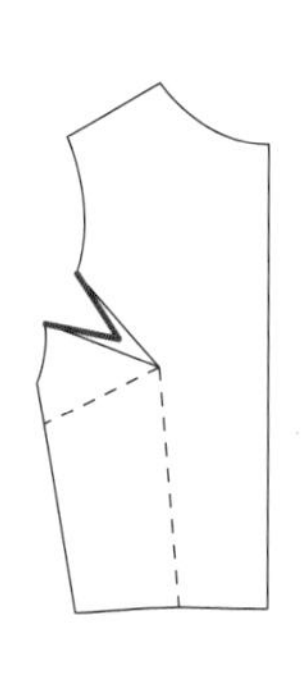

(7) 언더암 다트

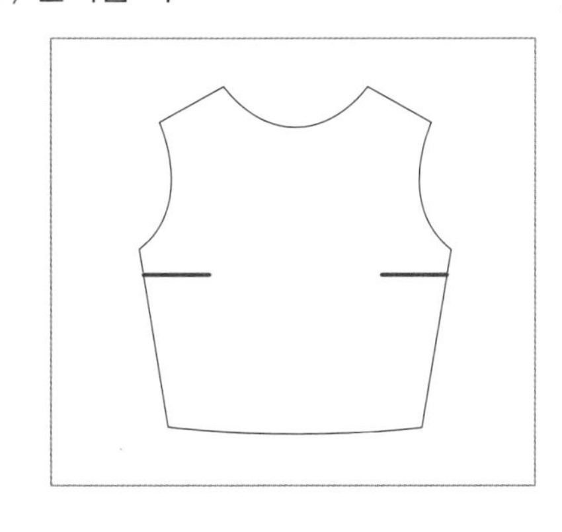

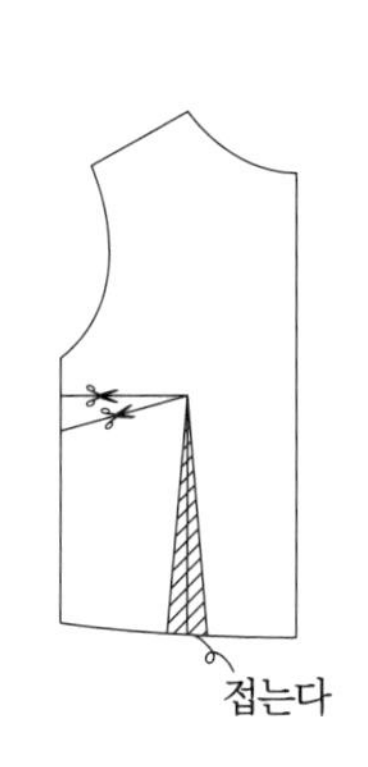

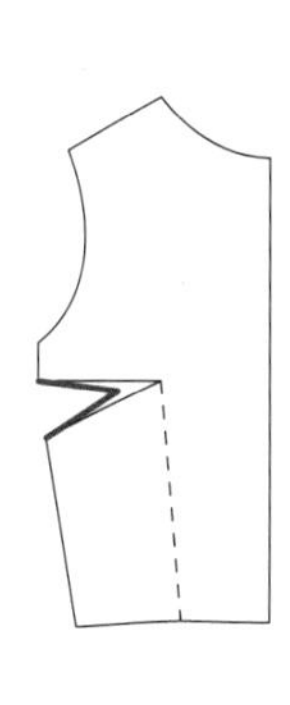

(8) 로 언더암 다트

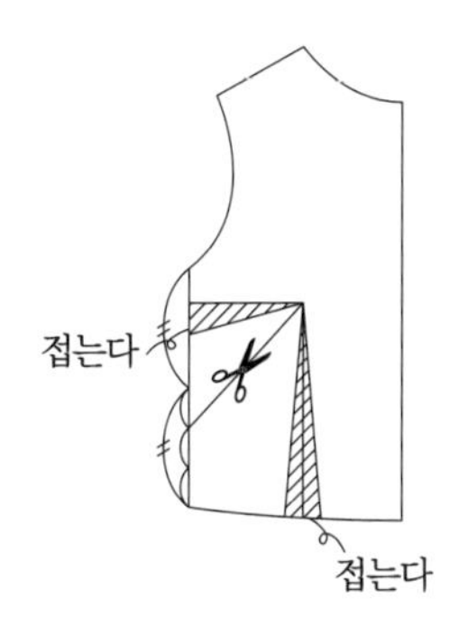

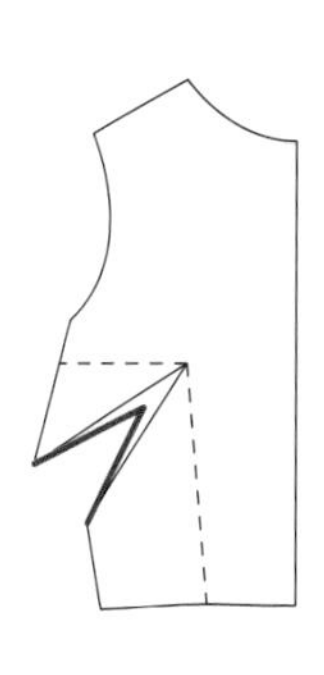

(9) 프렌치 다트

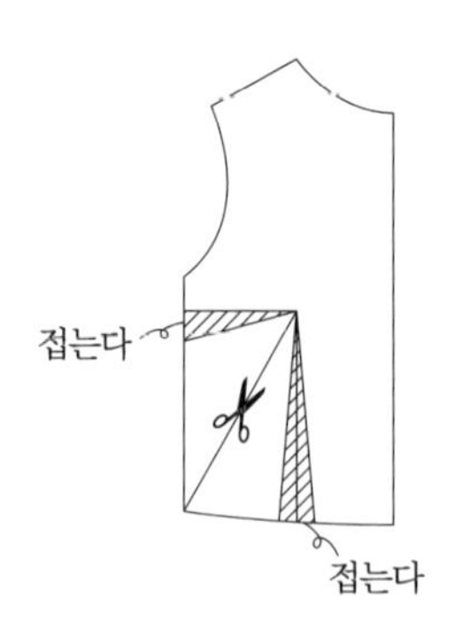

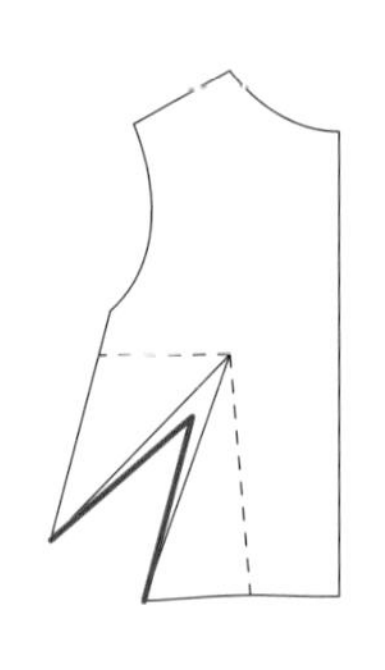

(10) 웨이스트 다트

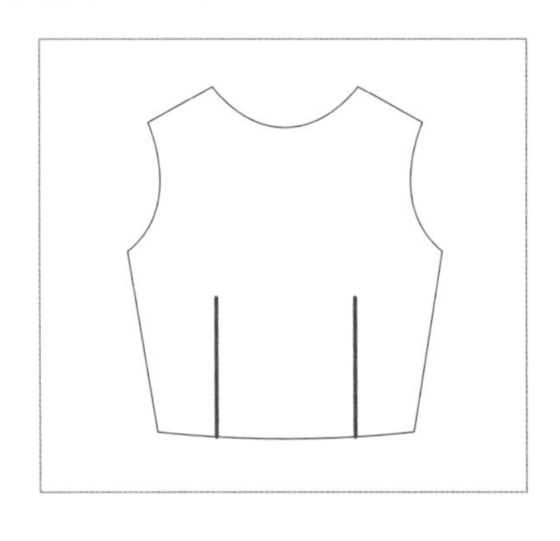

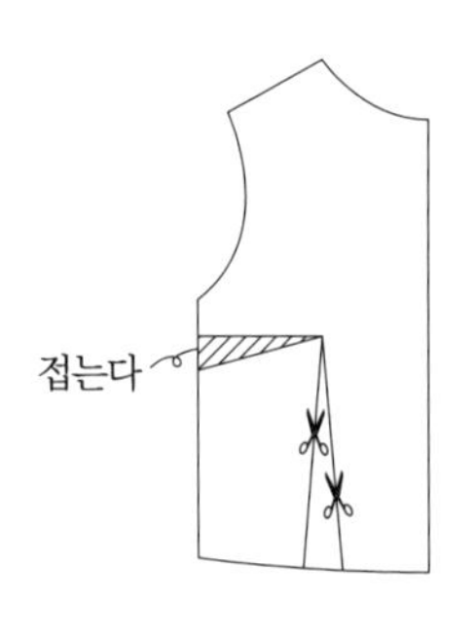

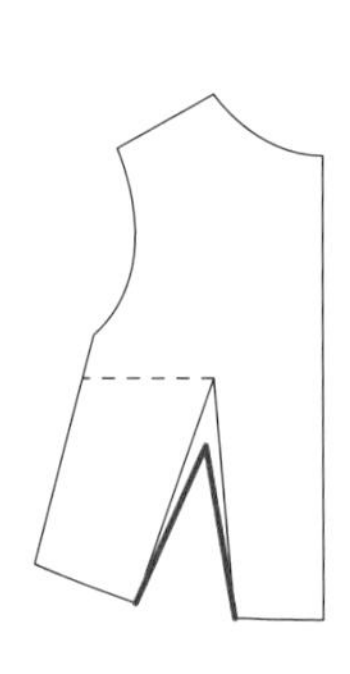

(11) 센터 프런트 웨이스트 다트

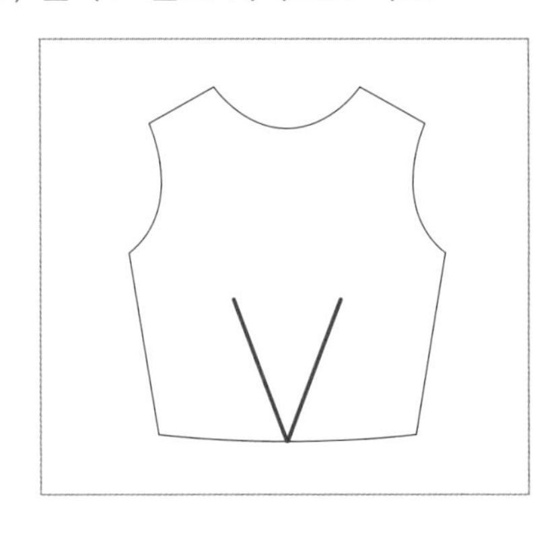

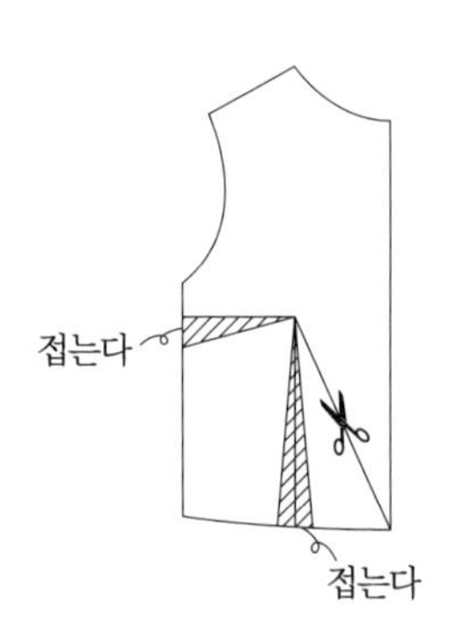

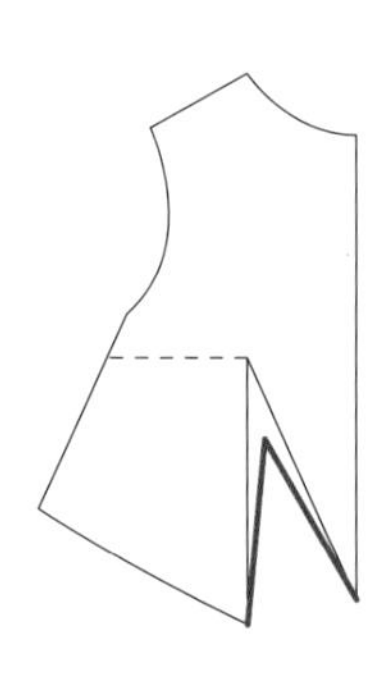

(12) 센터 프런트 라인 다트

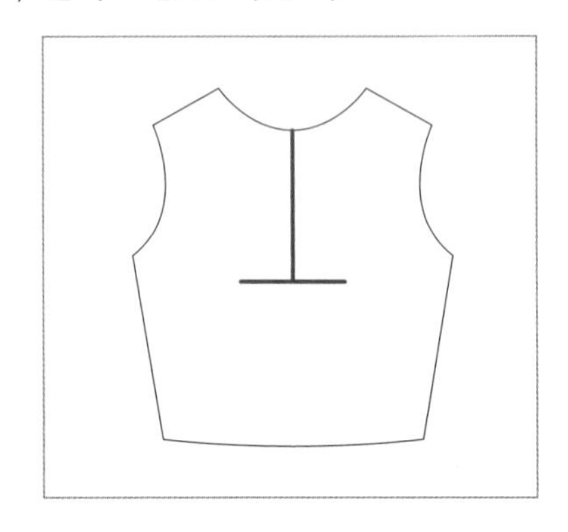

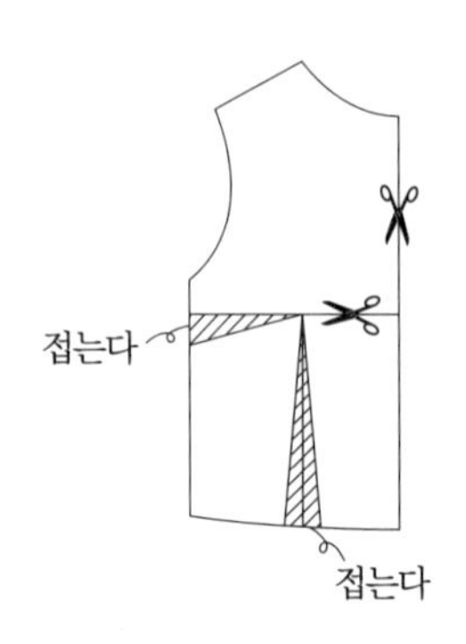

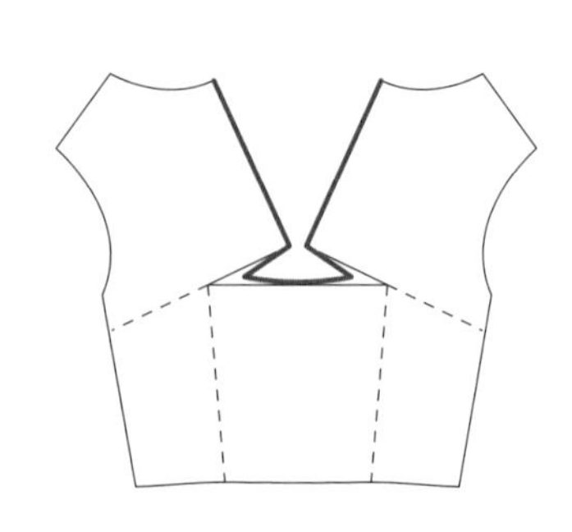

2 뒷면

(1) 암홀 다트

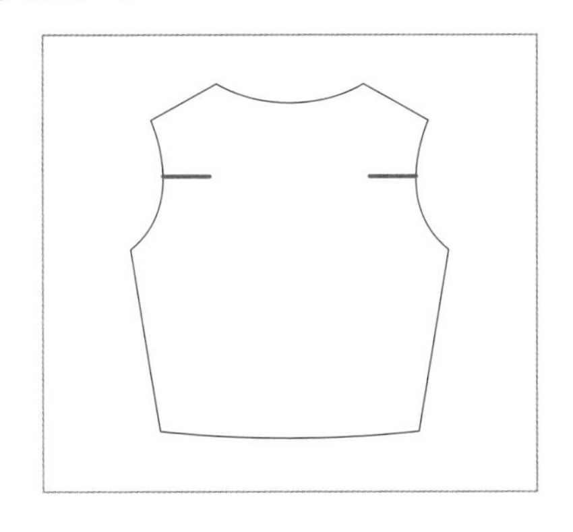

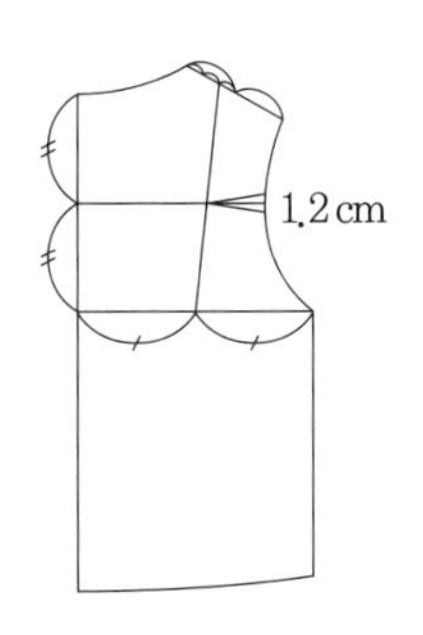

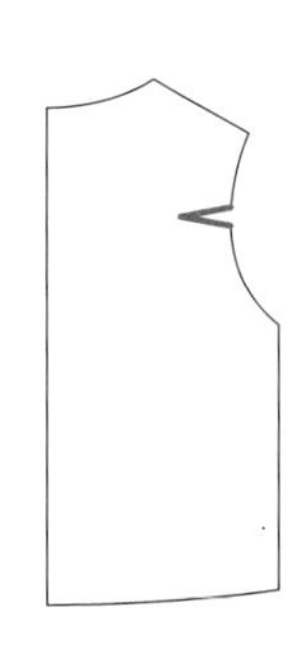

(2) 숄더 다트

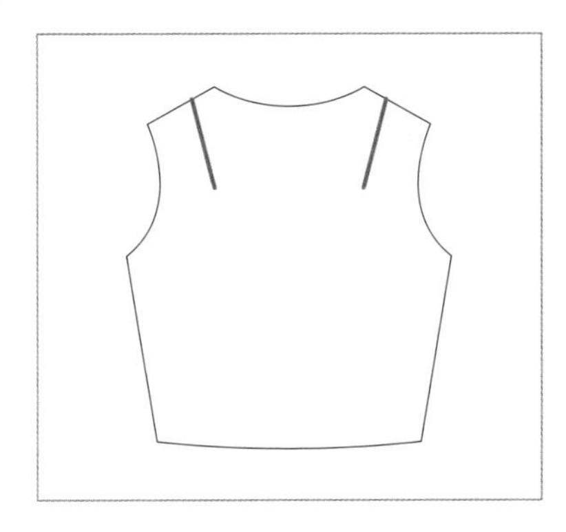

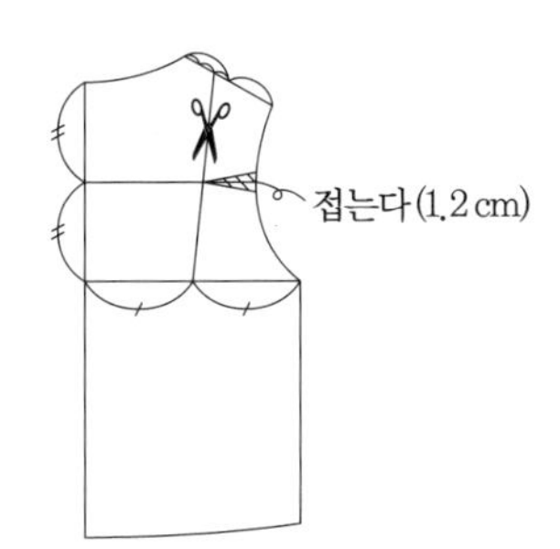

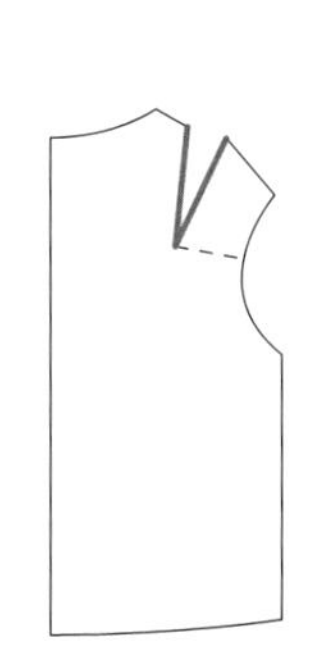

(3) 네크라인 다트

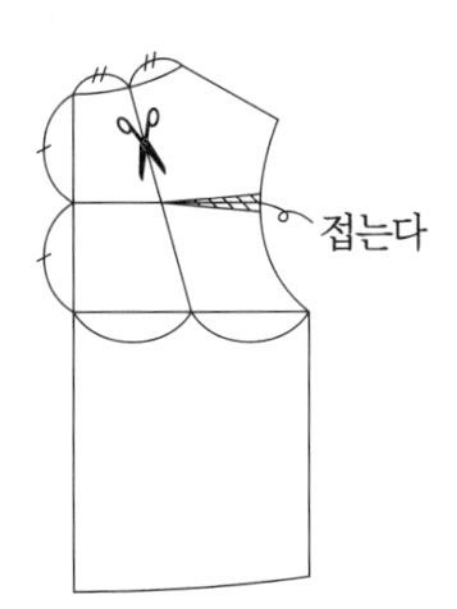

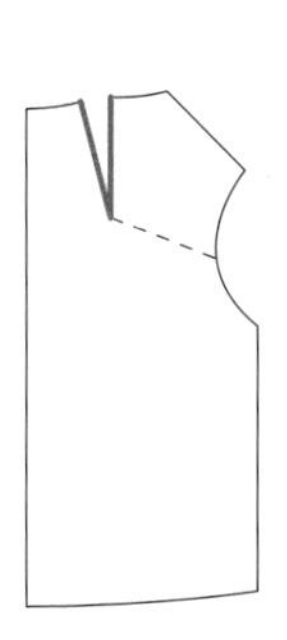

(4) 웨이스트 다트

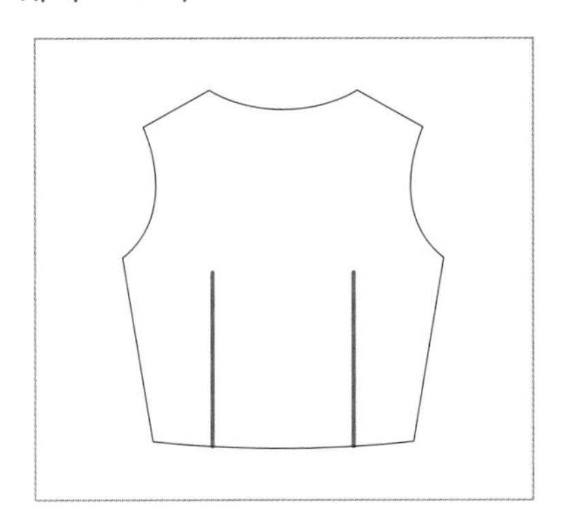

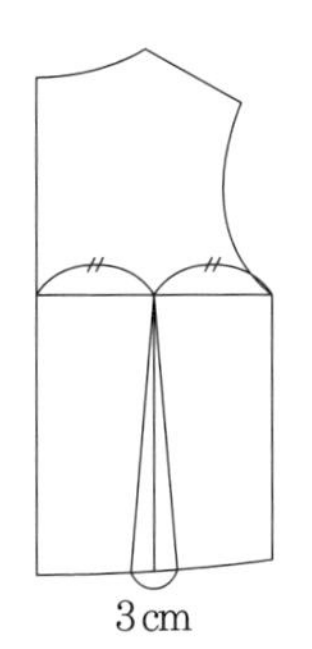

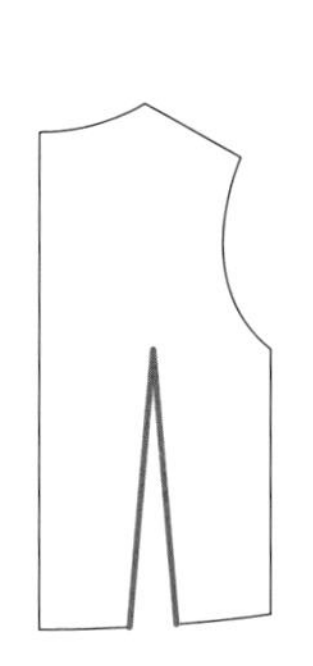

3 다트 만들기

1 보통 두께 옷감의 다트

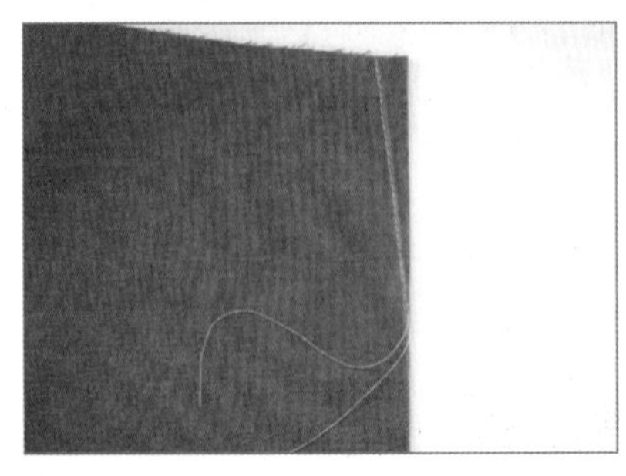

1 다트를 접어 박음질한다.

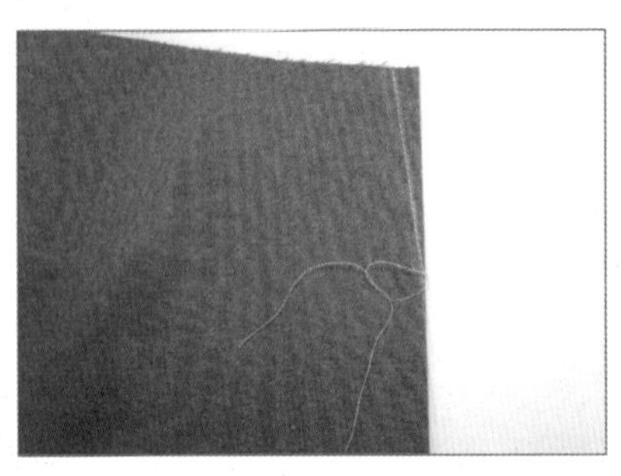

2 다트 끝의 박음질은 되박음하지 않고 실을 길게 남겨 자른 후, 매듭을 지어 풀리지 않도록 세 번 묶어준다.

3 묶은 실은 1cm 남겨 놓고 자른다.

2 두꺼운 옷감의 다트

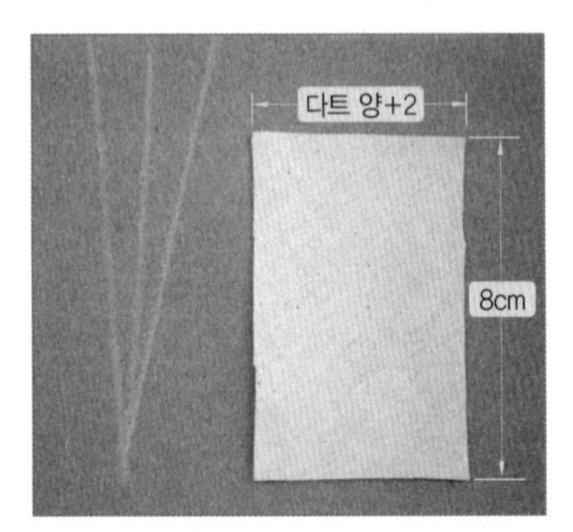

1 덧댄감을 준비한다. ★ 다트 길이 : 10cm

2 다트 중간에 덧댄감을 놓고 박음질한다.

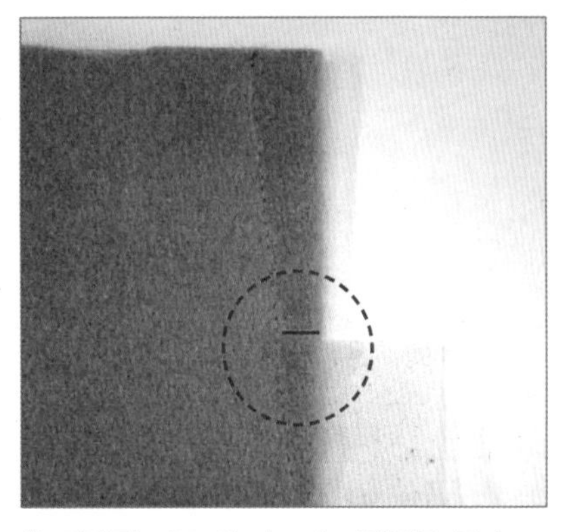

3 덧댄감 바로 위 다트에 가윗집을 준다.

4 가윗집을 낸 위치까지 다트 중심선을 잘라준다.

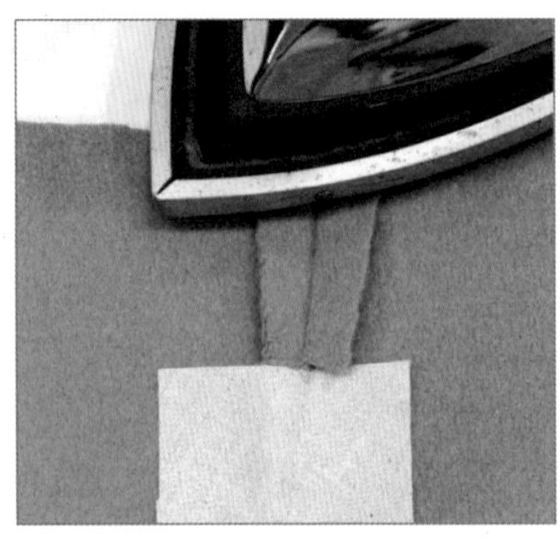

5 다트와 덧댄감을 가름솔하여 다림질한다.

6 완성

3 숄더 다트

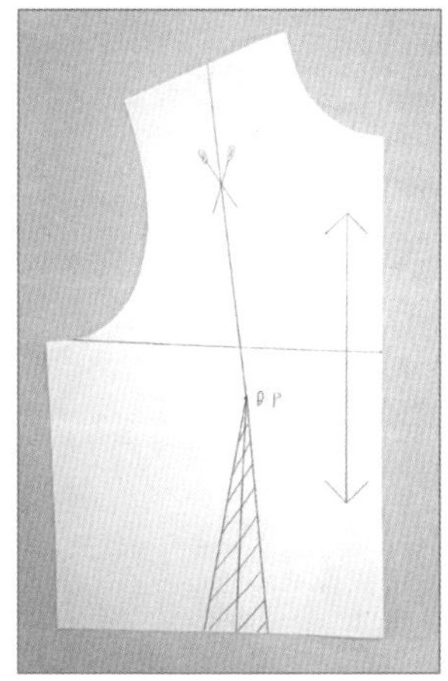

1 몸판 패턴을 그린다.

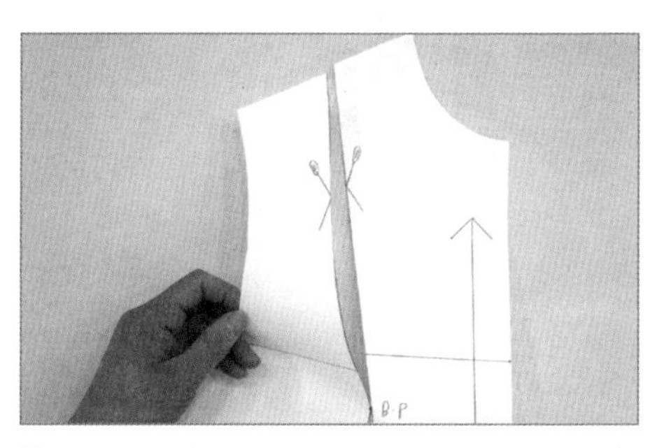

2 가위를 사용하여 B.P까지 자른다.

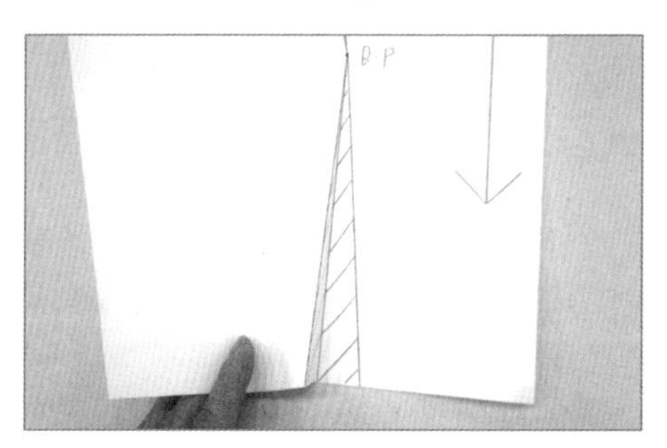

3 다트를 접는다.

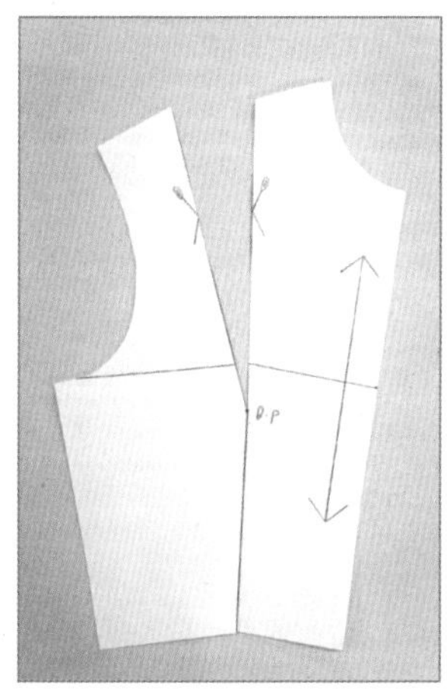

4 접은 다트가 떨어지지 않도록 풀이나 테이프로 붙인다.

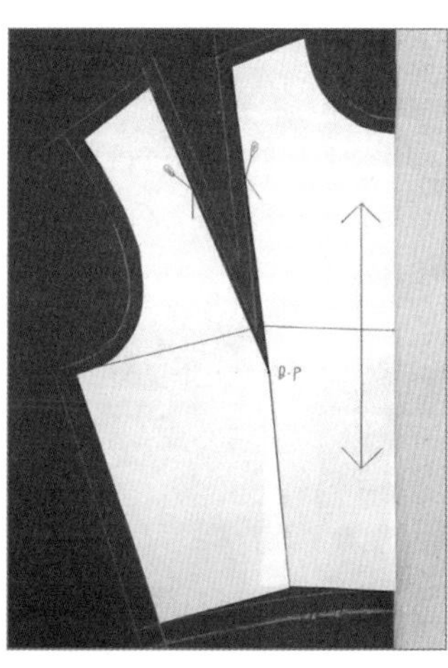

5 원단 위에 패턴을 올려놓고 초크로 시접선을 그린다.

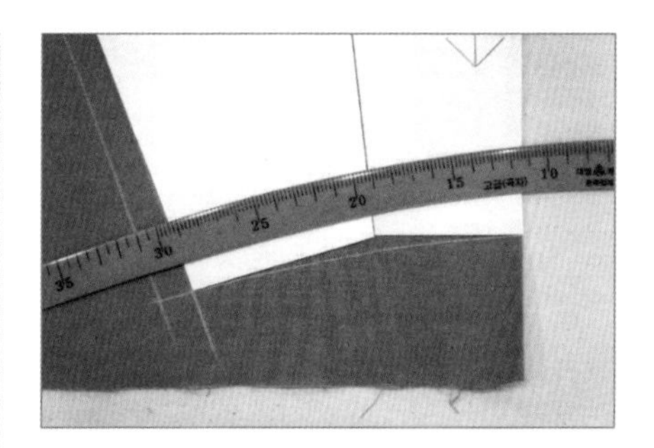

6 각이 생긴 다트선은 곡자를 사용하여 자연스럽게 수정한다.

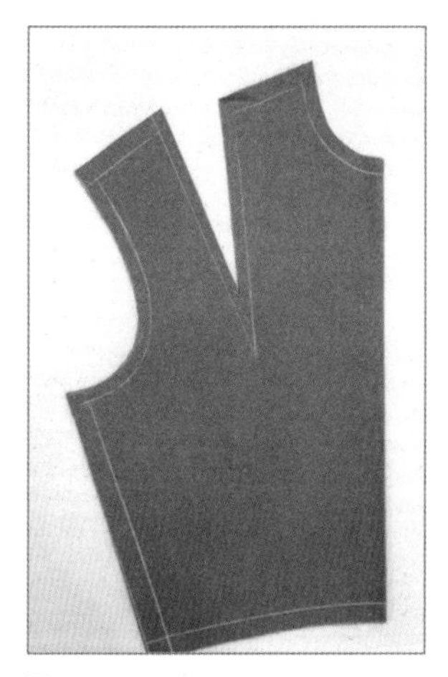

7 재단한 몸판 모습

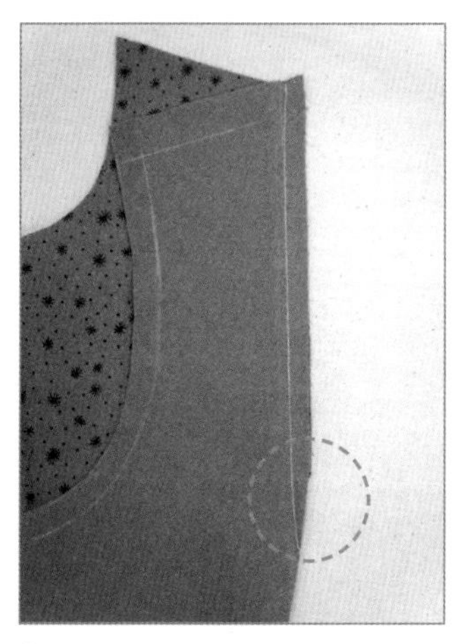

8 다트 끝은 되박음하지 않고 실을 길게 남겨 자른 후, 매듭을 지어 풀리지 않도록 세 번 묶어준다.

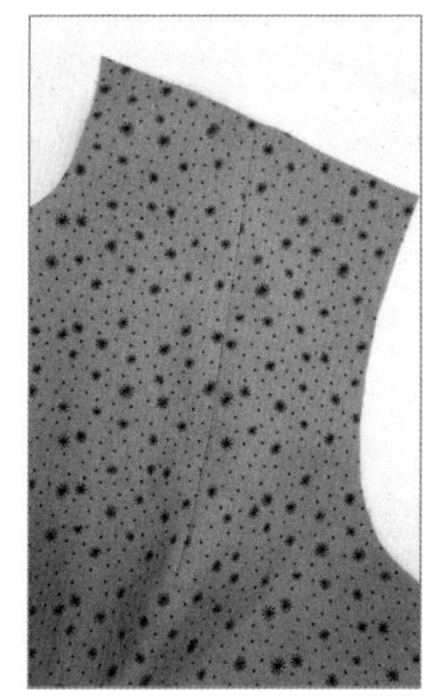

9 다림질한다.

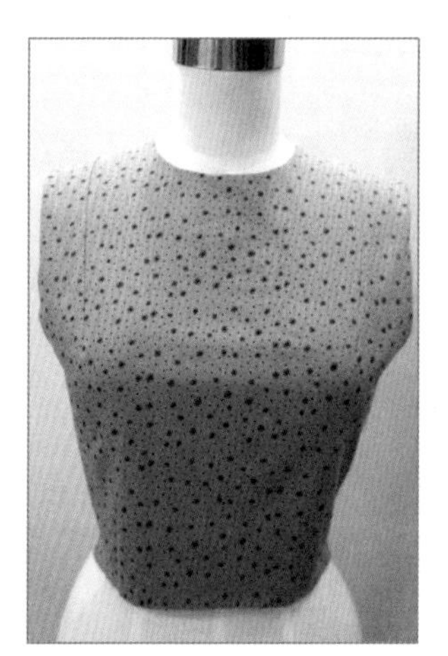

10 완성

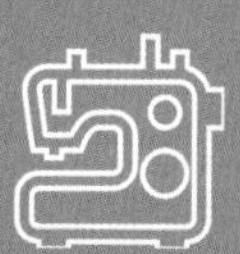

네크라인

의복의 목둘레선을 총칭하여 말하며, 얼굴에 가장 가까운 부분이기 때문에
얼굴의 모양이나 목의 길이에 따라 많은 영향을 받는다.

- 라운드 네크라인
- 유 네크라인
- 보트 네크라인
- 오프 숄더 네크라인
- 하트 네크라인
- 스위트 하트 네크라인
- 슬릿 네크라인
- 키홀 네크라인
- 스캘럽트 네크라인
- 지그재그 네크라인
- 브이 네크라인
- 스퀘어 네크라인
- 트라페즈 네크라인
- 캐미솔 네크라인
- 서플리스 네크라인
- 하이 네크라인
- 하이 원 네크라인
- 터틀 네크라인
- 가디건 네크라인
- 드로스트링 네크라인
- 카울 네크라인

1 라운드 네크라인

둥근 형태의 네크라인

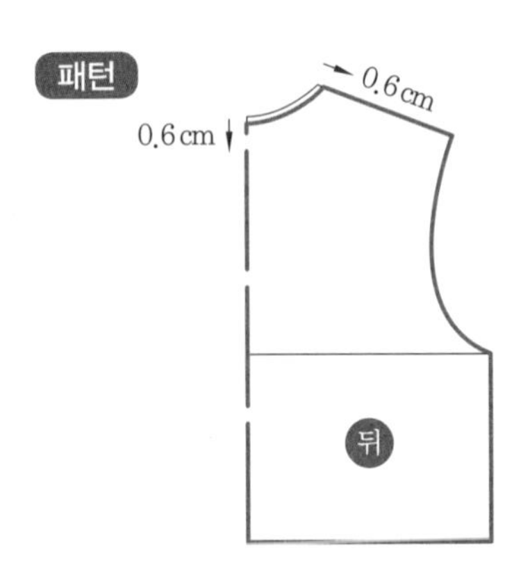

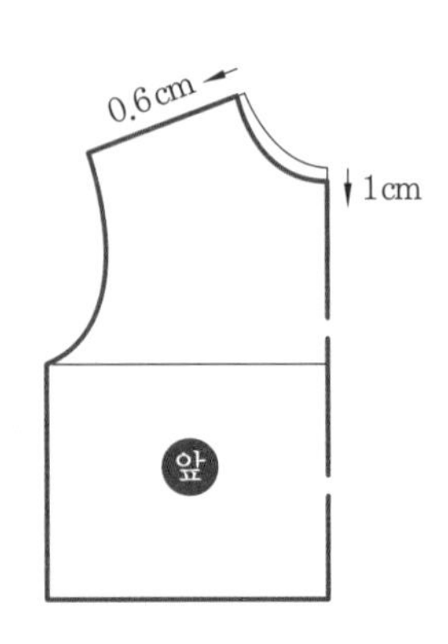

2 유 네크라인

U자형으로 파인 네크라인

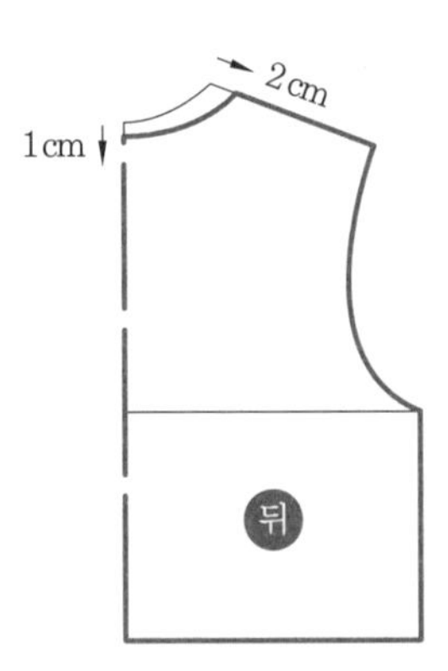

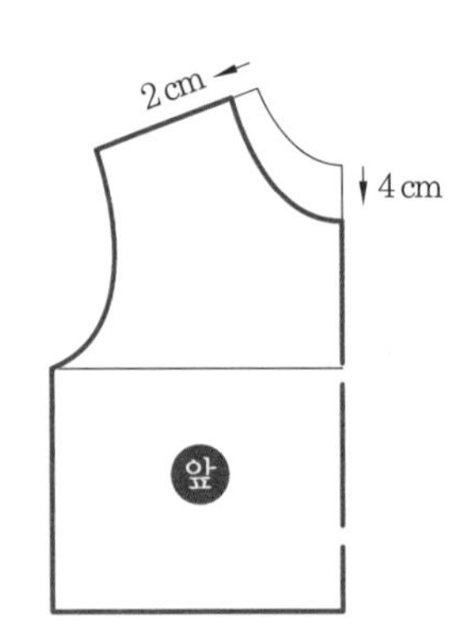

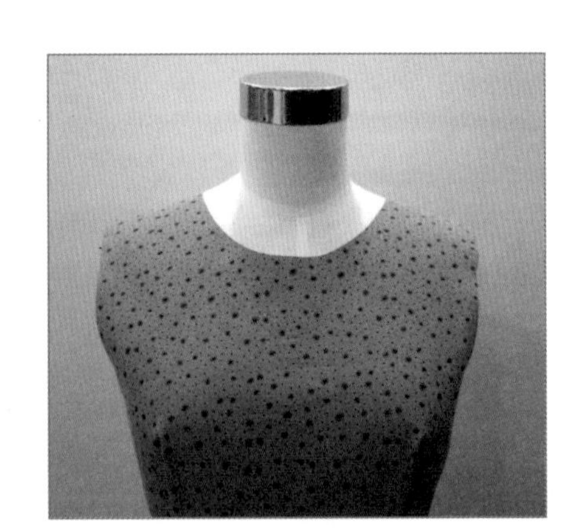

3 보트 네크라인

배 밑바닥 모양의 네크라인

패턴

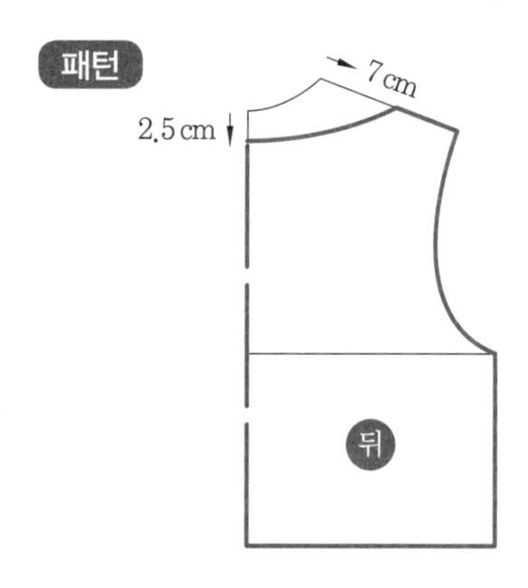

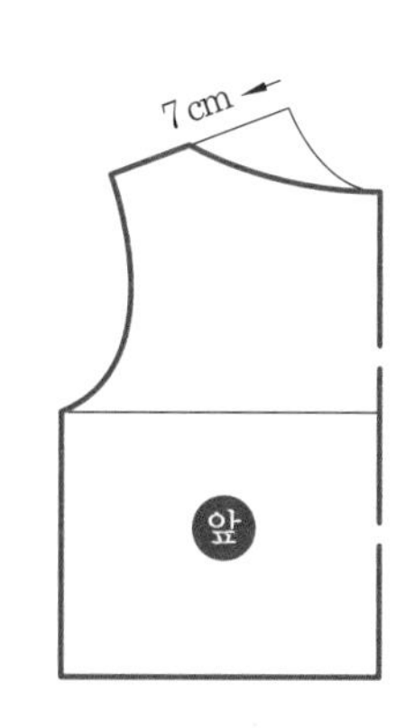

4 오프 숄더 네크라인

양쪽 어깨가 깊게 파인 네크라인

패턴

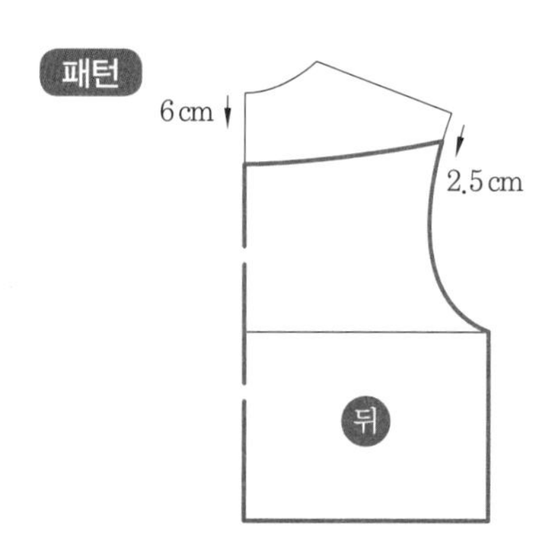

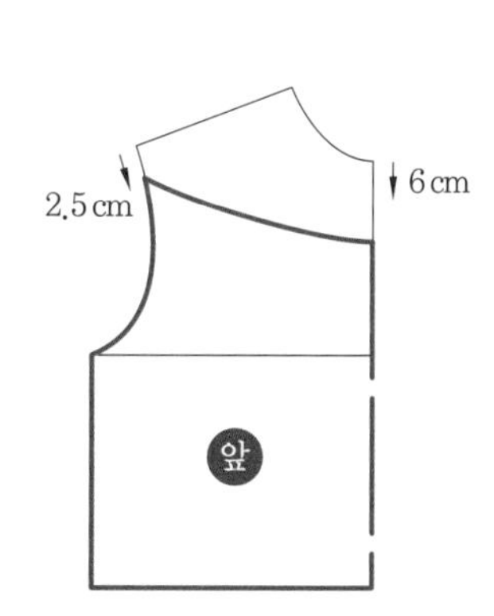

5 하트 네크라인

하트 모양의 네크라인

패턴

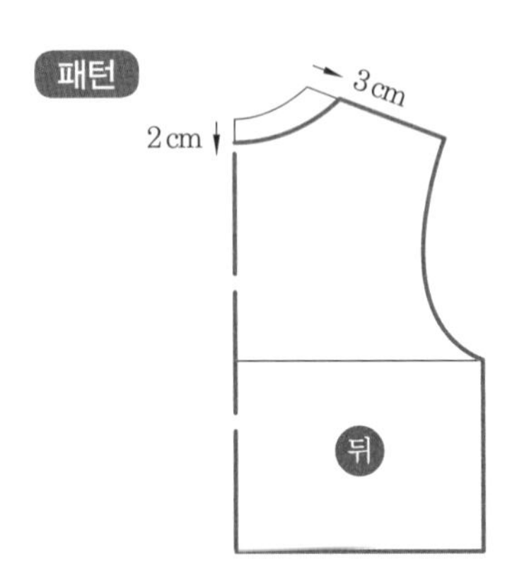

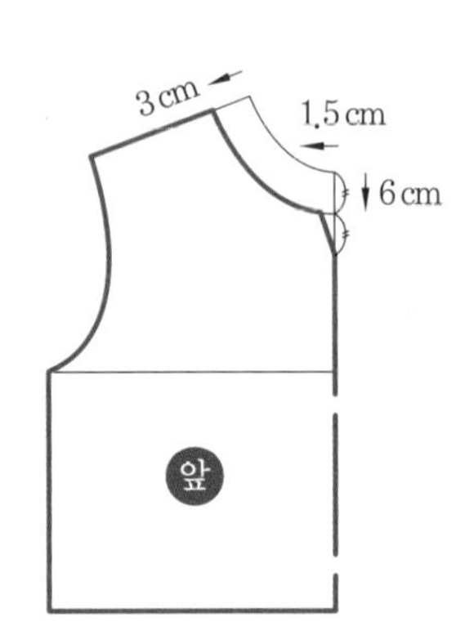

6 스위트 하트 네크라인

하트 모양으로 깊게 파인 네크라인

패턴

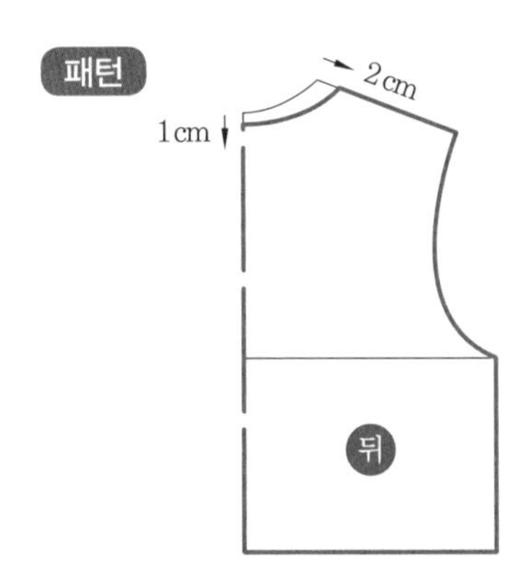

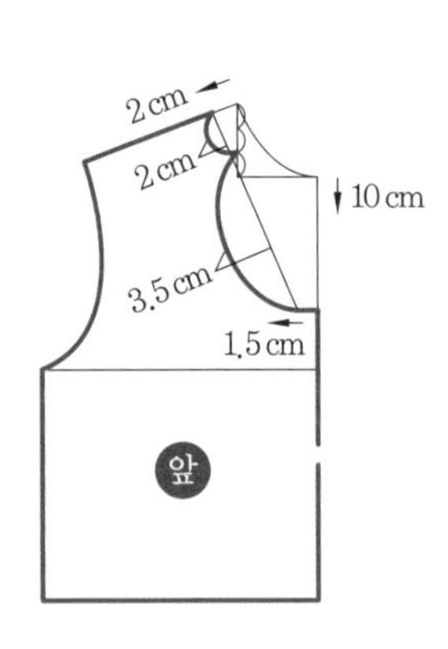

7 슬릿 네크라인

앞중심에 좁은 세로 트임이 있는 네크라인

패턴

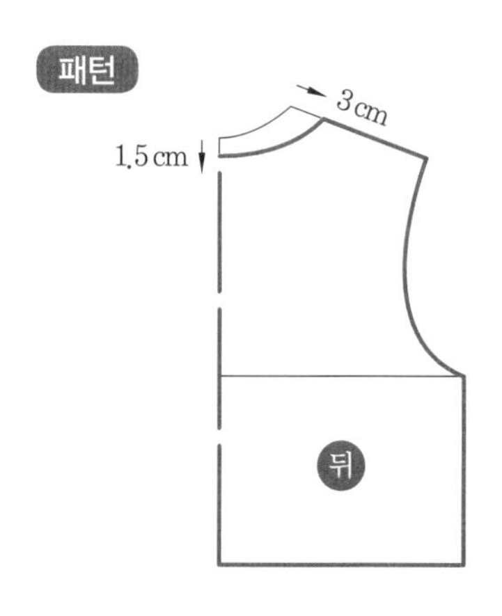

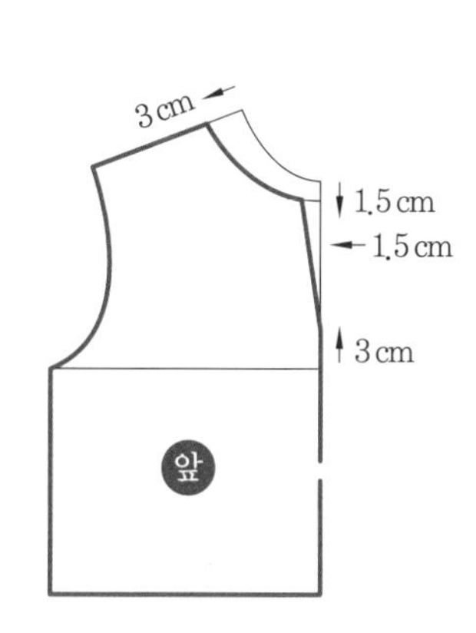

8 키홀 네크라인

중앙이 원, 삼각형, 사각형 모양이 되도록 만든 네크라인

패턴

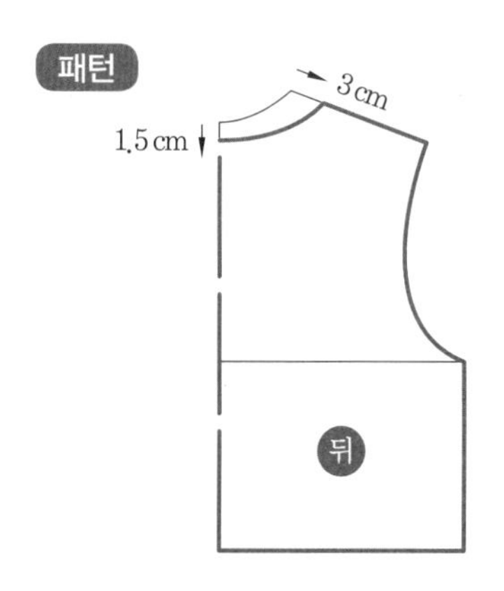

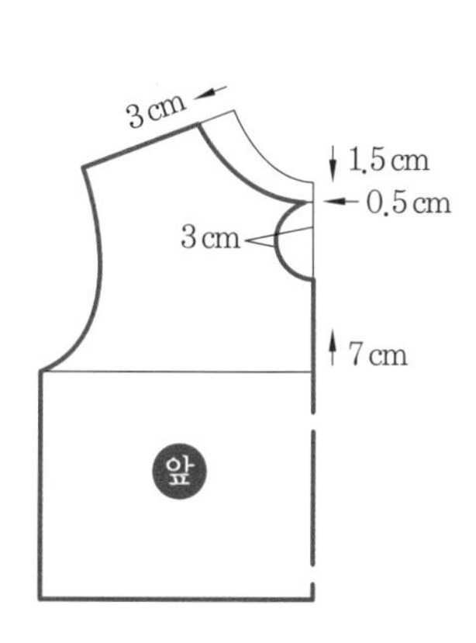

9 스캘럽트 네크라인

조개껍데기를 늘어놓은 듯한 물결 모양의 네크라인

패턴

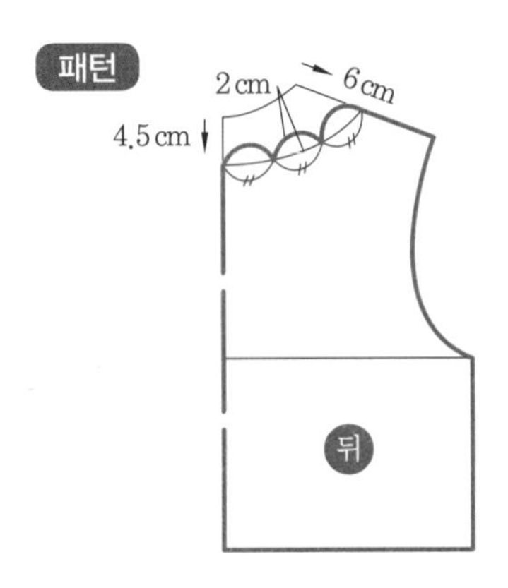

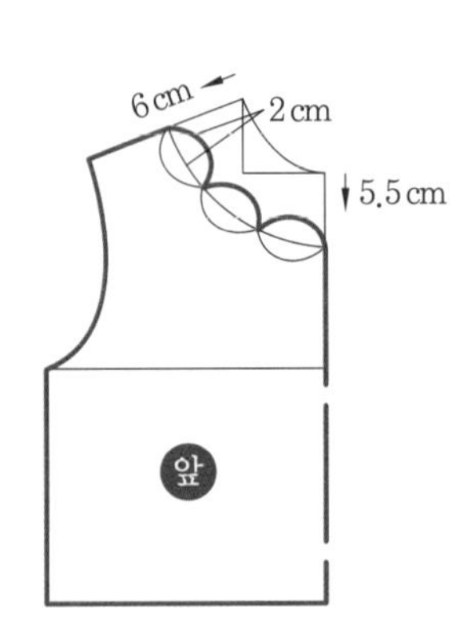

10 지그재그 네크라인

뾰족한 모양이 이어진 네크라인

패턴

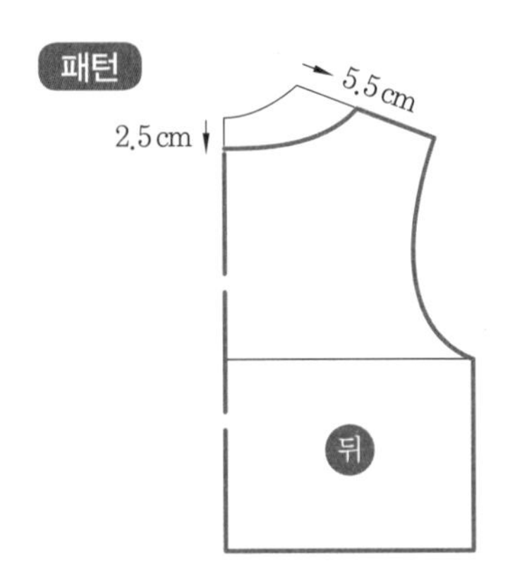

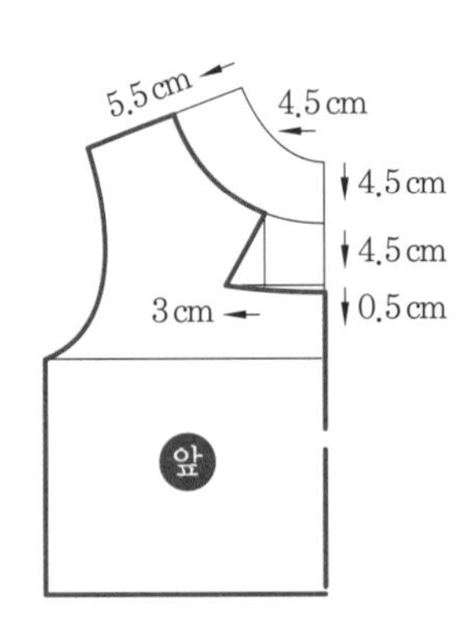

11 브이 네크라인

V자 모양의 네크라인

패턴

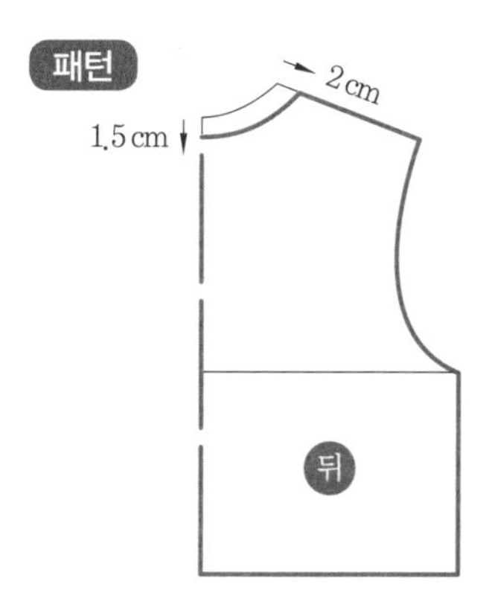

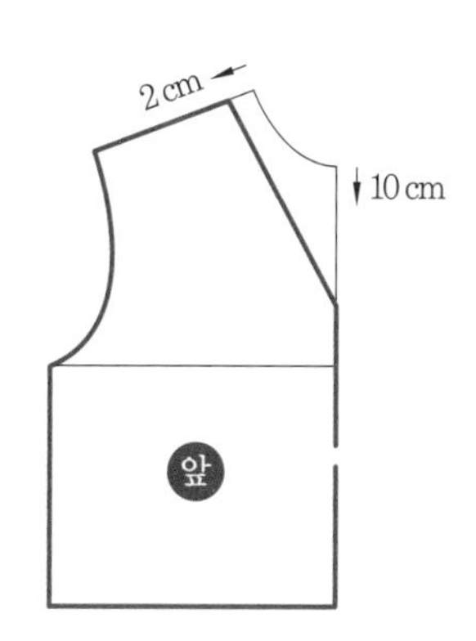

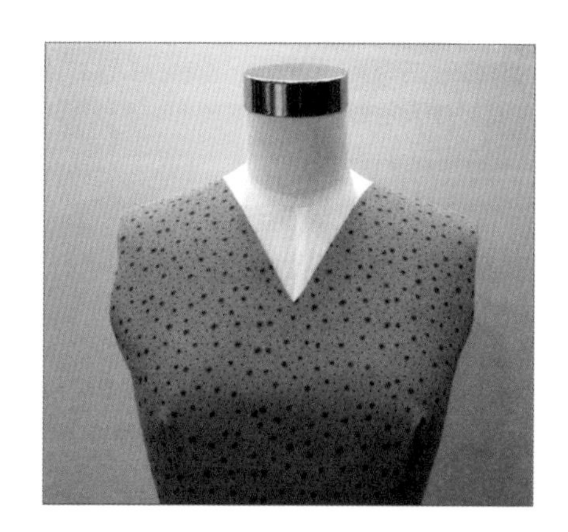

12 스퀘어 네크라인

사각형 모양의 네크라인

패턴

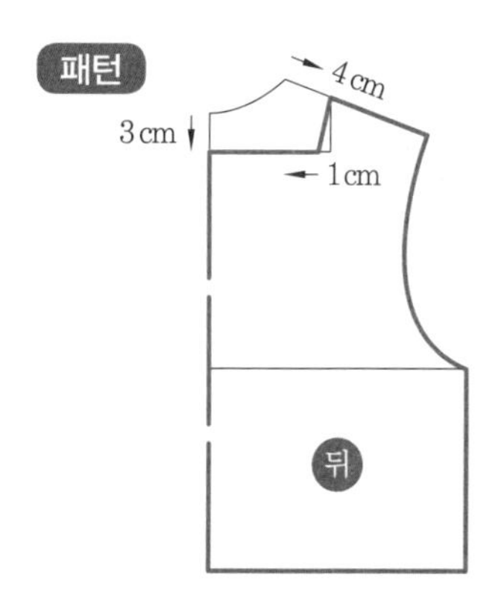

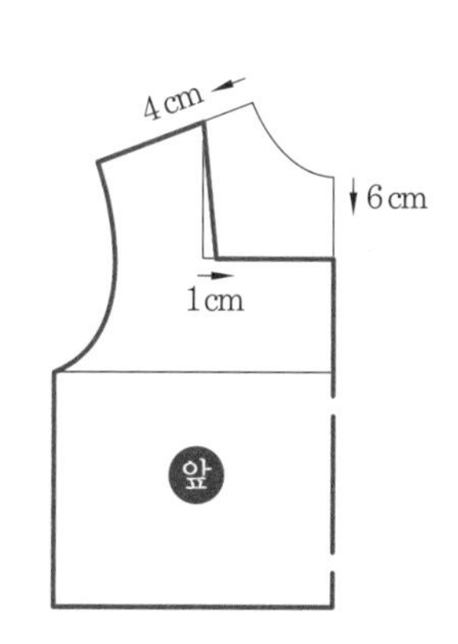

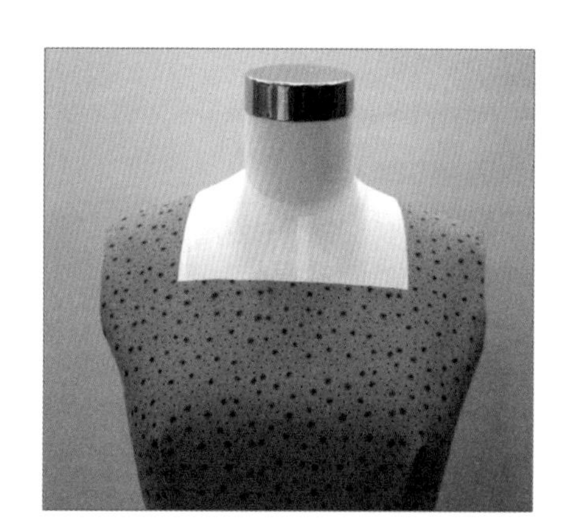

13 트라페즈 네크라인

위보다 아래가 넓은 사다리꼴 모양의 네크라인 ★ '트라페즈'는 불어로 사다리꼴이라는 뜻이다.

패턴

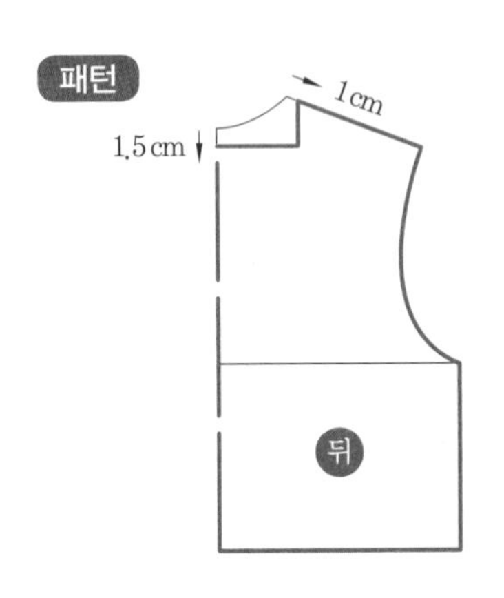

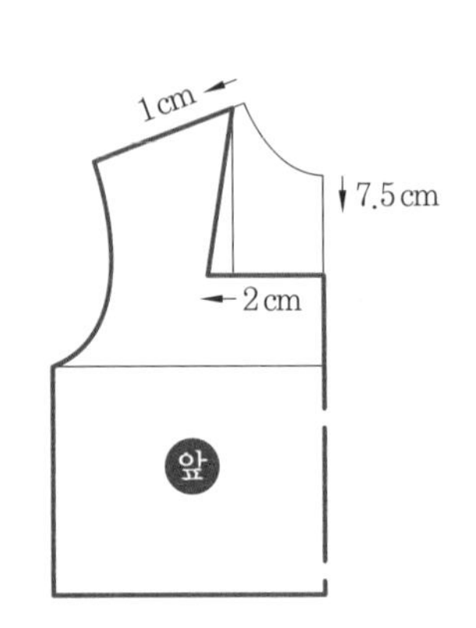

14 캐미솔 네크라인

가슴선(Bust Line)이 약간 깊게 커트된 네크라인

패턴

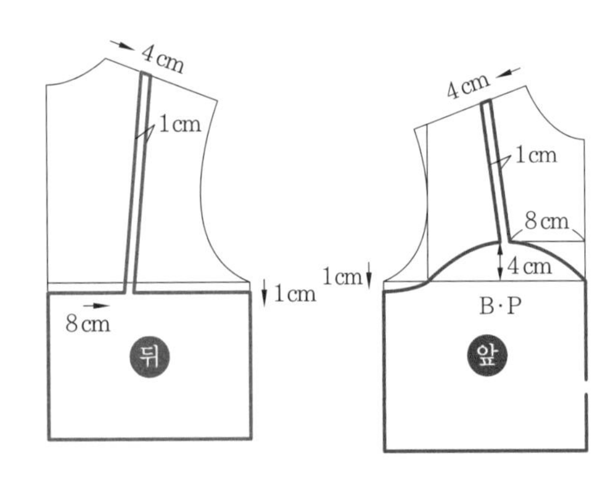

15 서플리스 네크라인

한복 저고리의 앞부분처럼 겹쳐진 네크라인

패턴

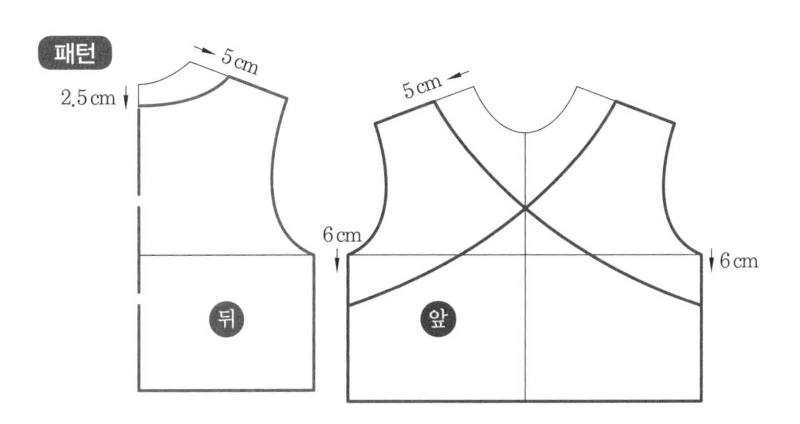

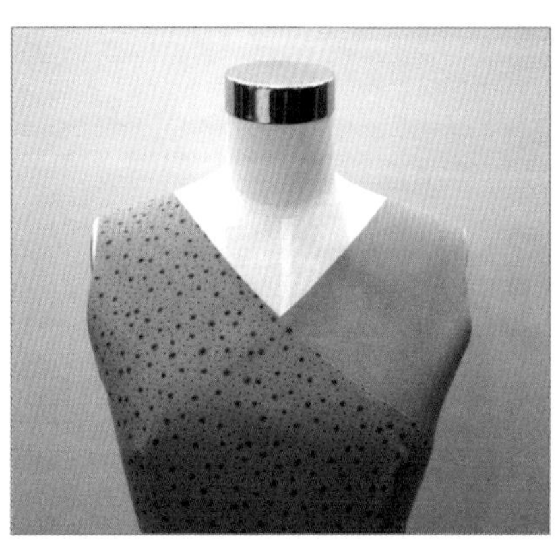

16 하이 네크라인

몸판에서 위로 연장하여 높게 만든 네크라인

패턴

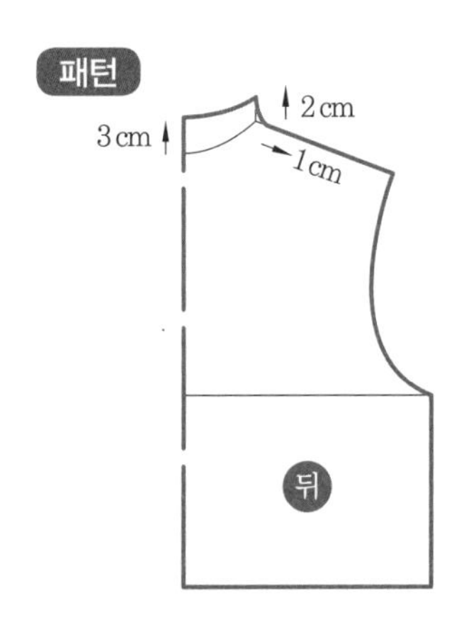

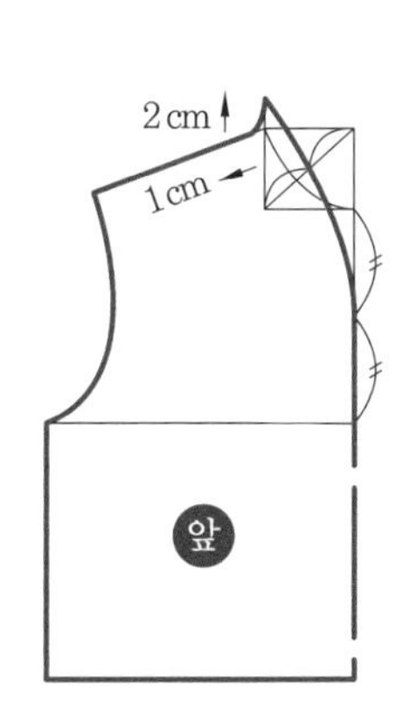

17 하이 원 네크라인

몸판에서 위로 연장하고 아래는 원을 만든 네크라인

패턴

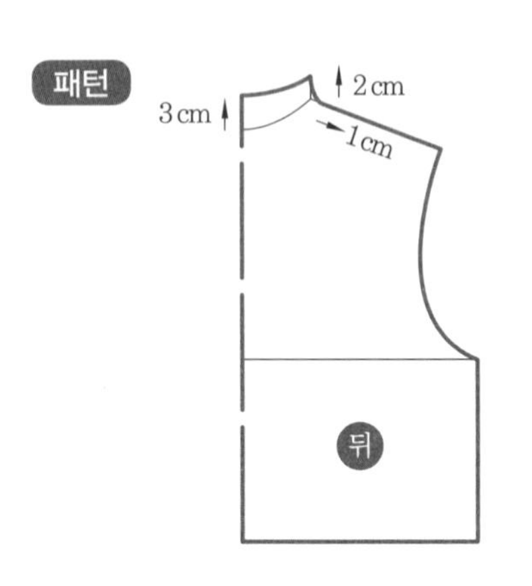

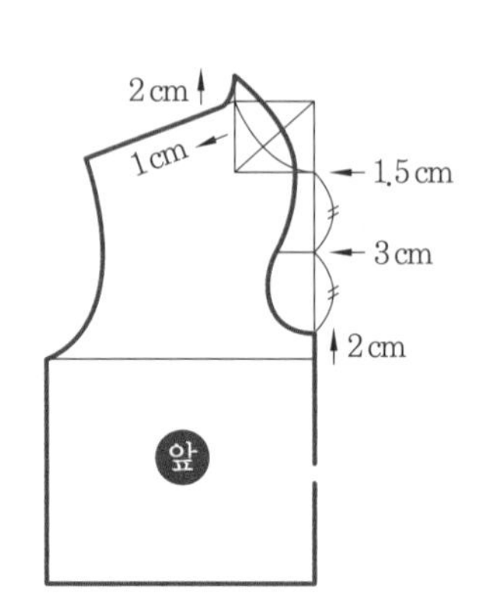

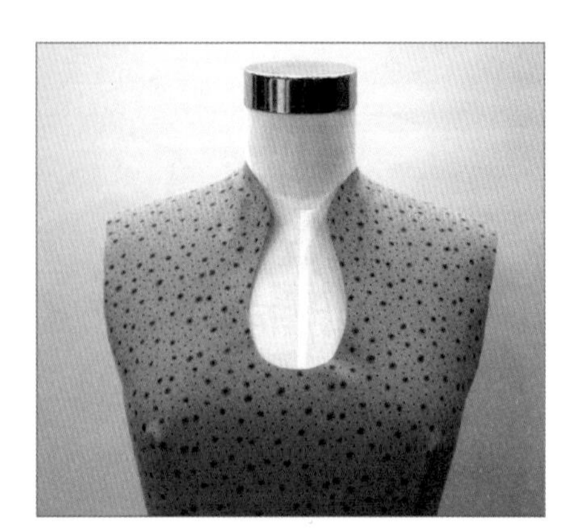

18 터틀 네크라인

목을 따라 접힌 하이 네크라인

패턴

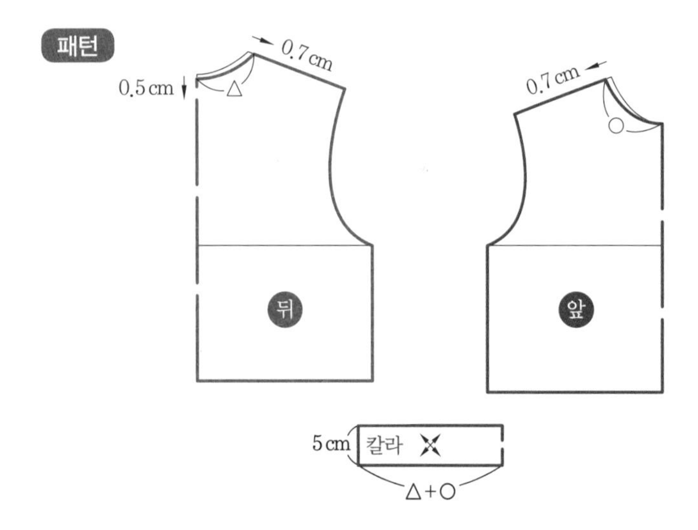

19 가디건 네크라인

앞여밈이 V자형으로 된 네크라인

패턴

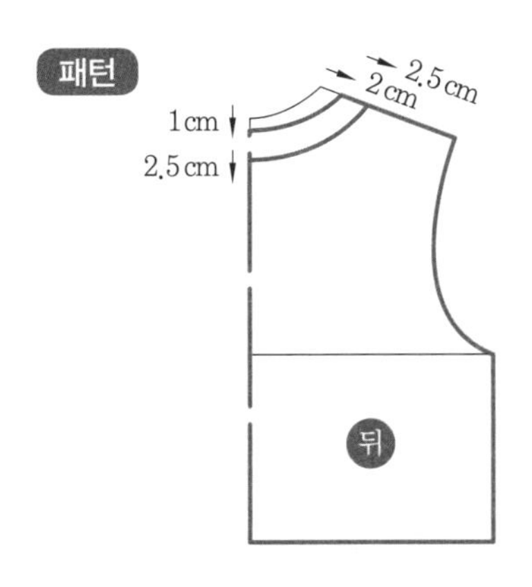

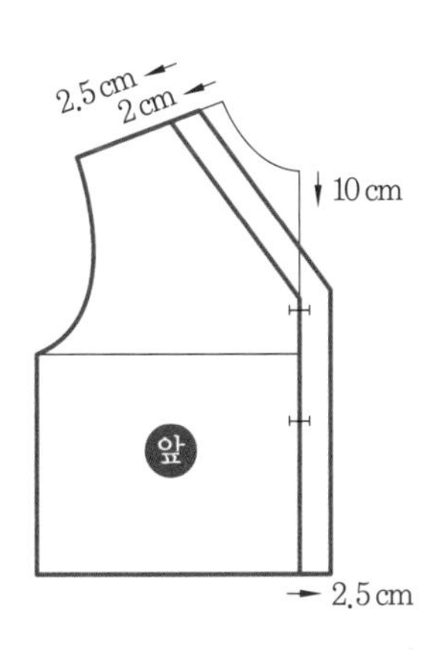

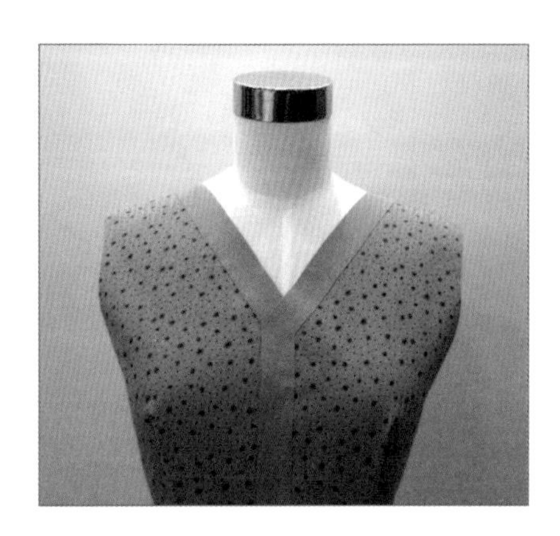

20 드로스트링 네크라인

끈으로 조인 네크라인

패턴

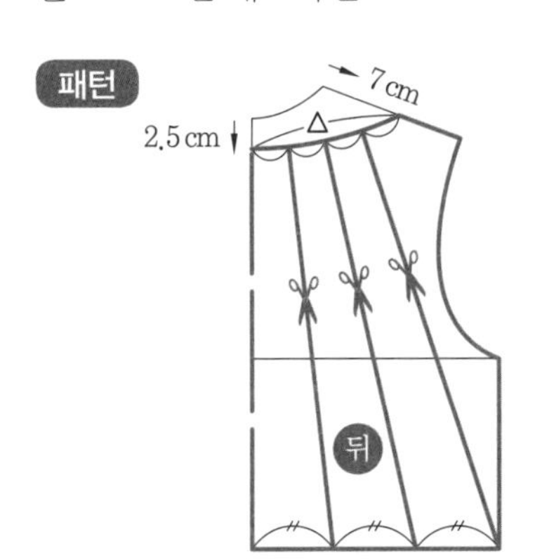

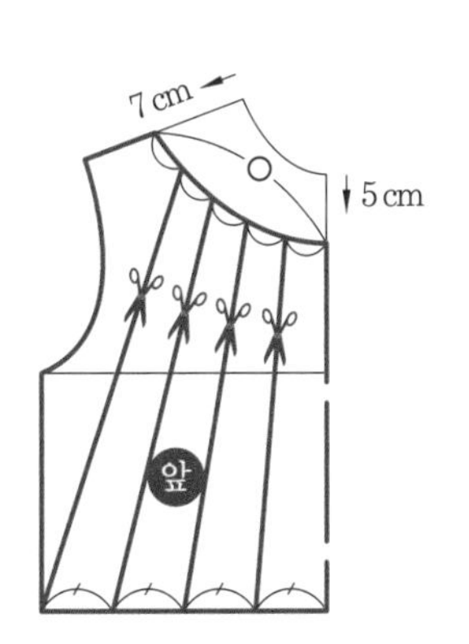

전개

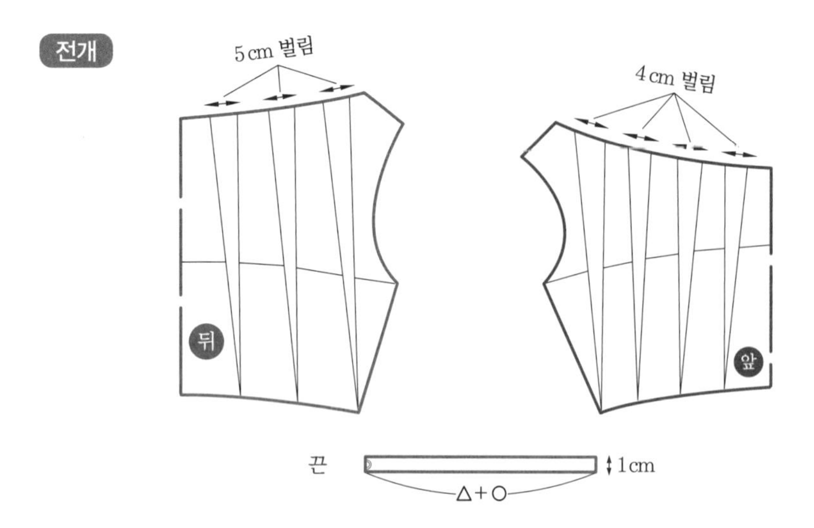

21 카울 네크라인

부드러운 블라우스나 드레스에 물결처럼 앞이 주름진 네크라인

패턴

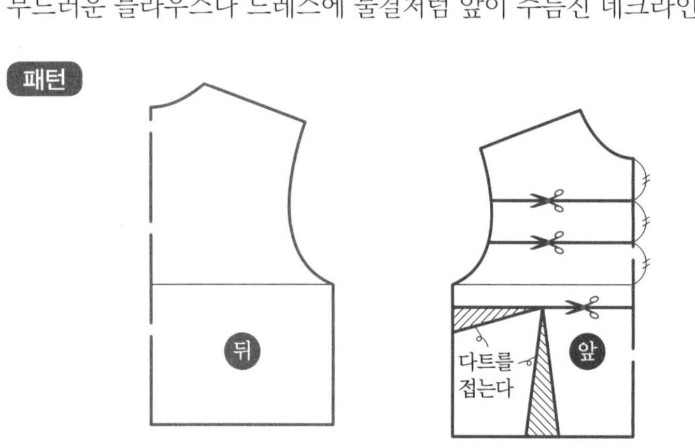

전개

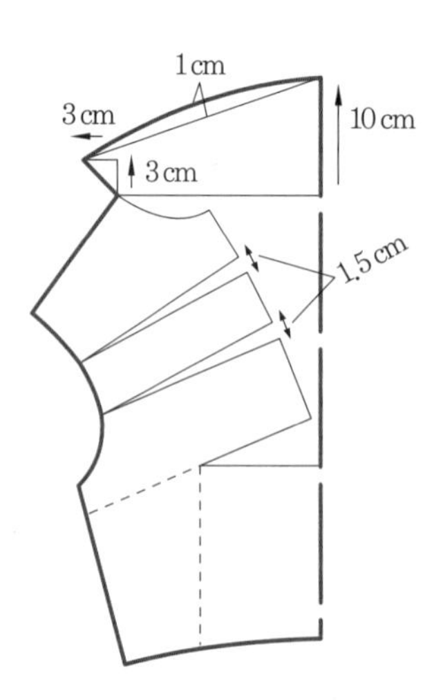

소매

원통형으로 만들어 팔을 덮는 의복의 한 부분

- 소매 제도에 필요한 용어
- 소매 그리기
- 소매 길이에 따른 명칭
- 스트레이트 소매
- 플레어 소매
- 퍼프 소매
- 핀턱 소매
- 랜턴 소매
- 케이프 소매
- 캡 소매
- 튤립 소매
- 드롭 숄더 소매
- 두 장 소매
- 타이트 소매
- 호리존탈 소매
- 레그 오브 머튼 소매
- 러플 소매
- 래글런 소매
- 돌먼 소매

1 소매 제도에 필요한 용어

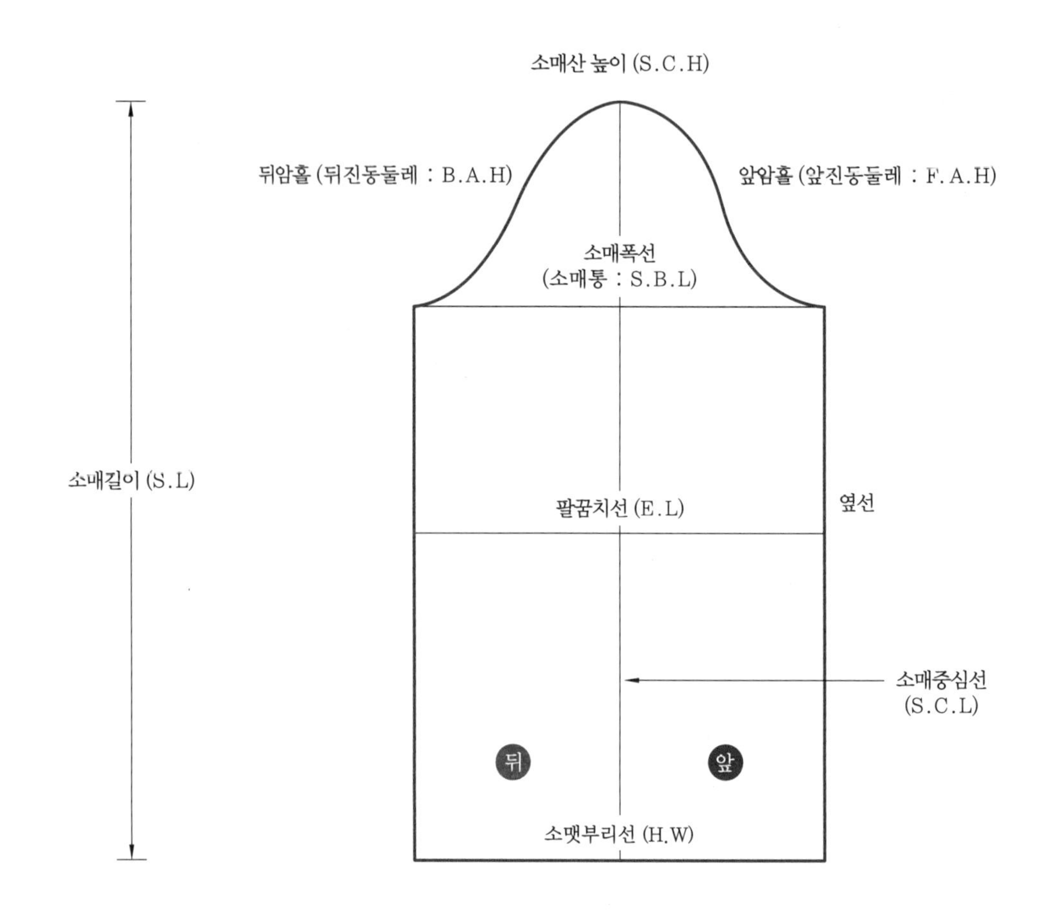

소매 제도에 필요한 용어

용어	약어	영어	용어	약어	영어
암홀(진동둘레)선	A.H	Arm Hole	소매폭선(소매통)	S.B.L	Sleeve Biceps Line
앞암홀(앞진동둘레)선	F.A.H	Front Arm Hole	소매중심선	S.C.L	Sleeve Center Line
뒤암홀(뒤진동둘레)선	B.A.H	Back Arm Hole	소맷부리선	H.W	Hand Wrist
팔꿈치선	E.L	Elbow Line	소매길이	S.L	Sleeve Length
소매산 높이	S.C.H	Sleeve Cap Hight			

2 소매 그리기

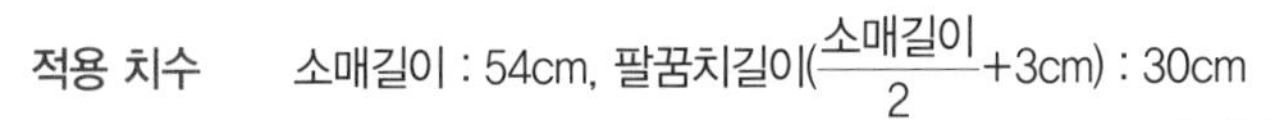

적용 치수 소매길이 : 54cm, 팔꿈치길이($\frac{소매길이}{2}$+3cm) : 30cm

앞진동둘레 : 20cm, 뒤진동둘레 : 22cm, 소매산($\frac{앞진동둘레+뒤진동둘레}{3}$) : 14cm

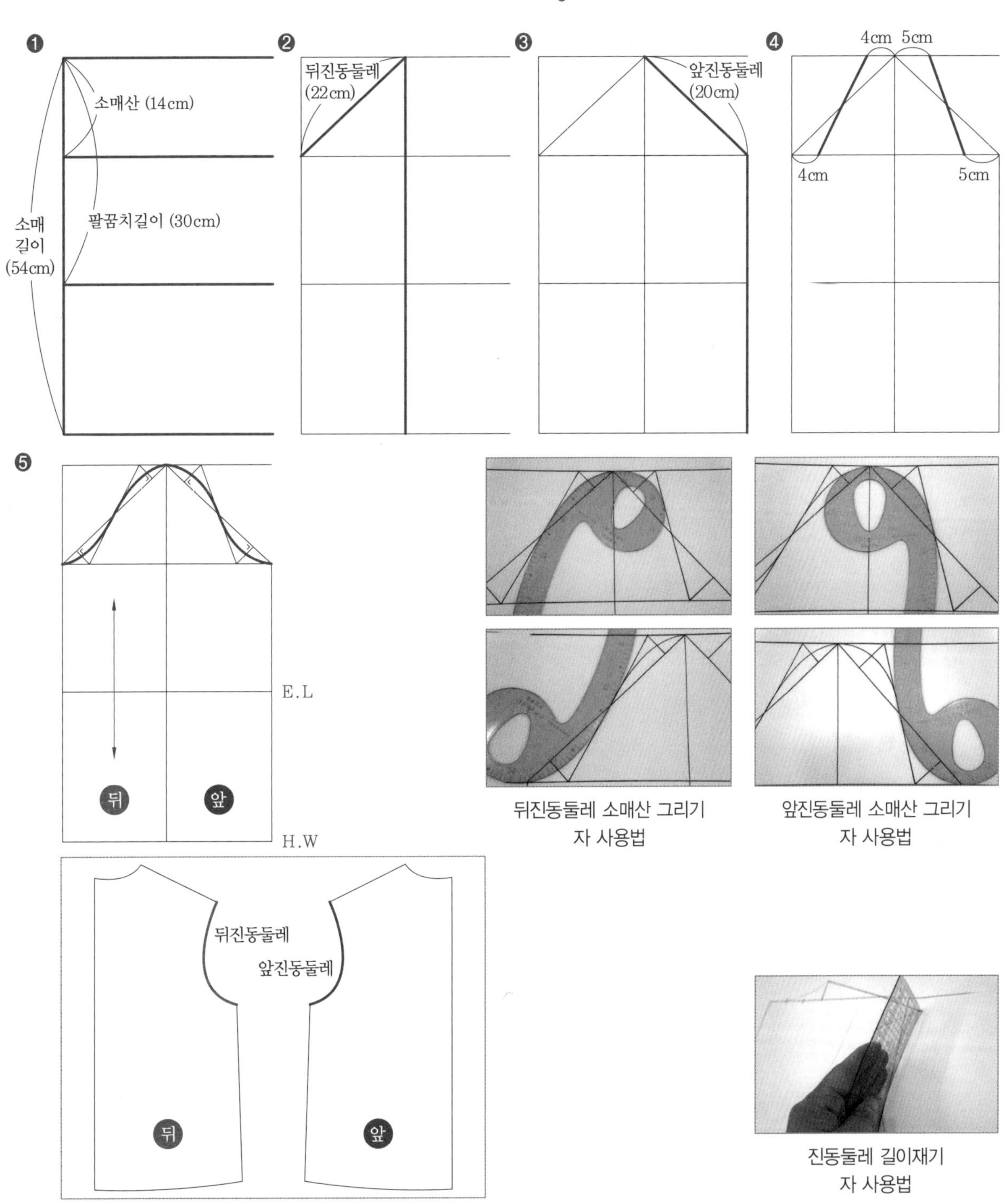

뒤진동둘레 소매산 그리기 자 사용법

앞진동둘레 소매산 그리기 자 사용법

진동둘레 길이재기 자 사용법

3 소매 길이에 따른 명칭

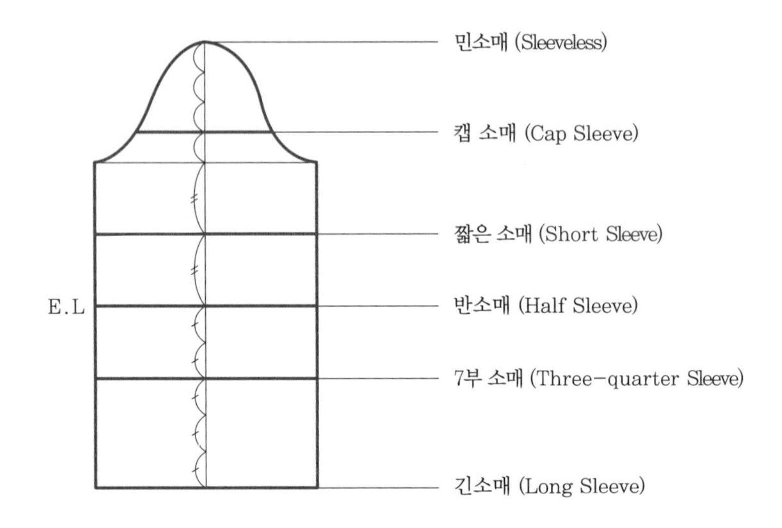

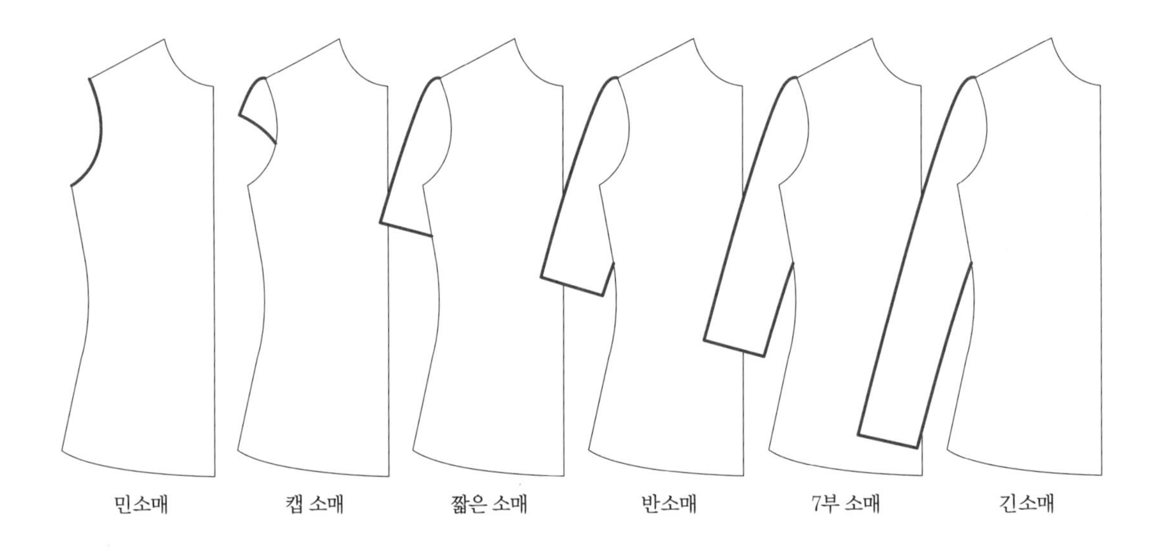

tip 소매 너비에 따른 명칭

일반적으로 소맷부리의 너비에 따라 보통 소매, 타이트 소매, 루즈 소매, 와이드 소매로 분류한다.

4 스트레이트 소매

기본형으로 직선 형태의 소매

패턴

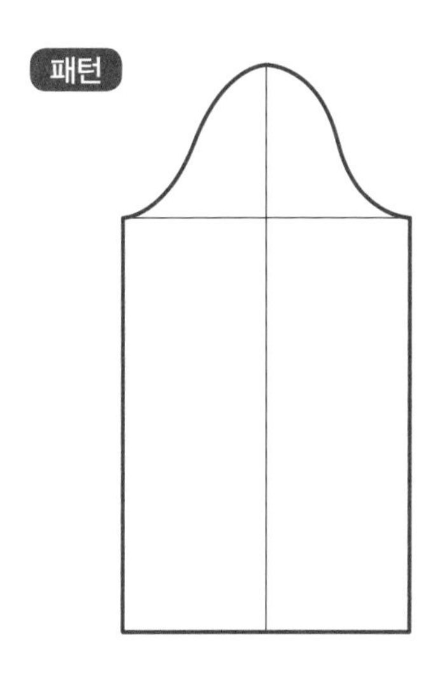

5 플레어 소매

나팔꽃 모양으로 옷단을 벌려 소맷부리를 향해 퍼지게 만든 소매

1 짧은 소매

패턴

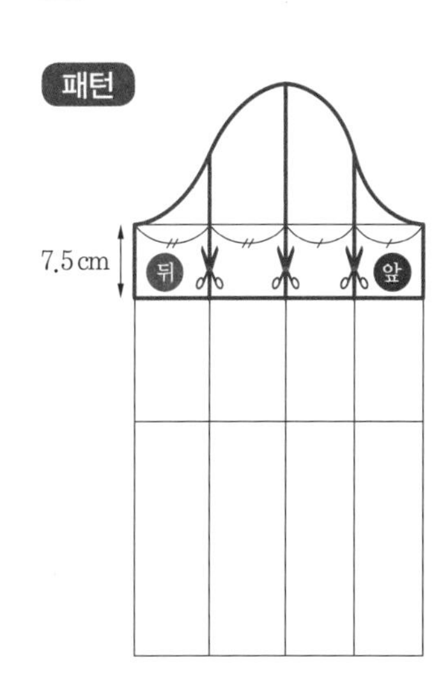

전개

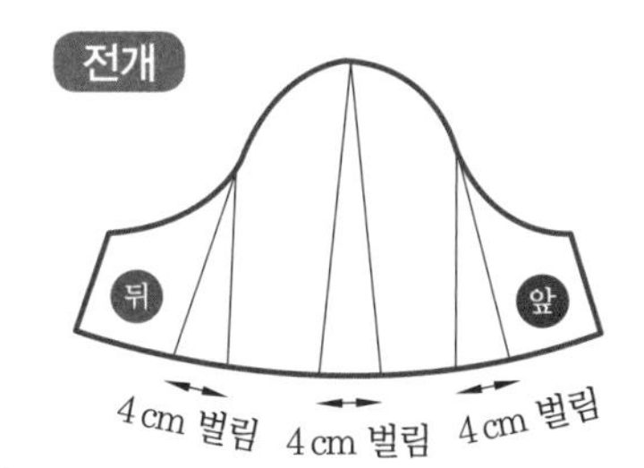

2 반소매

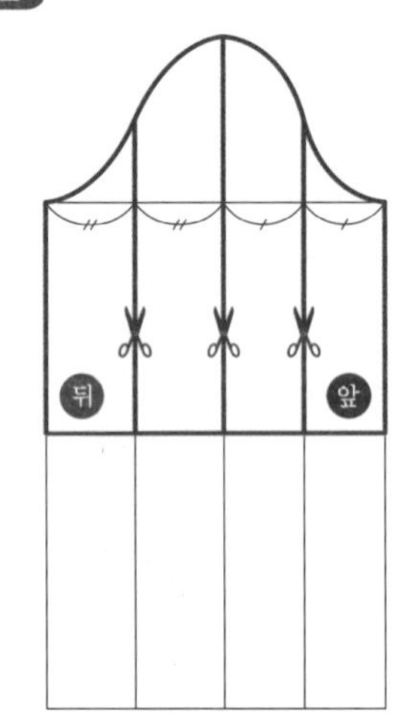

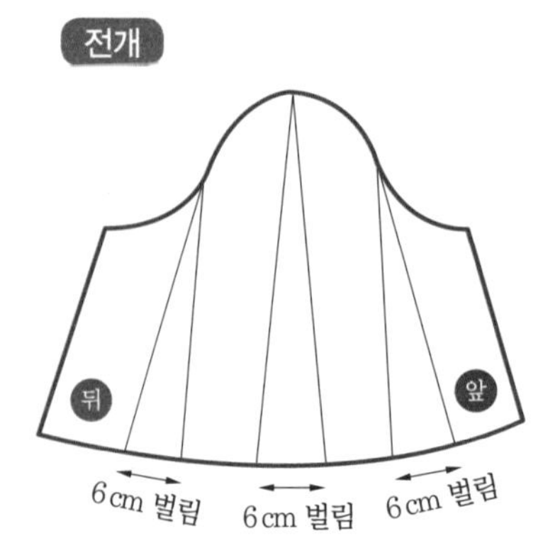

3 긴소매

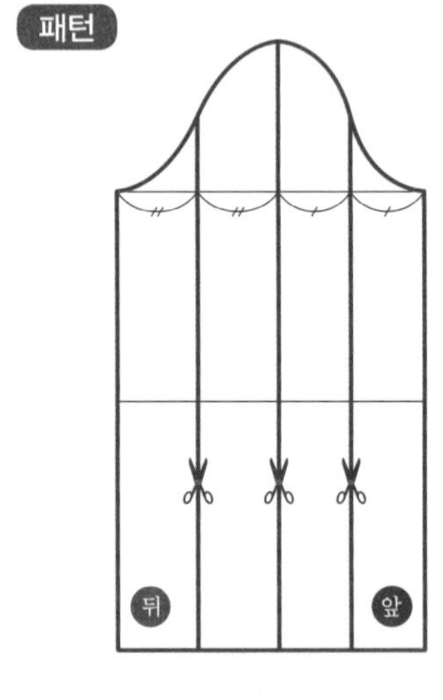

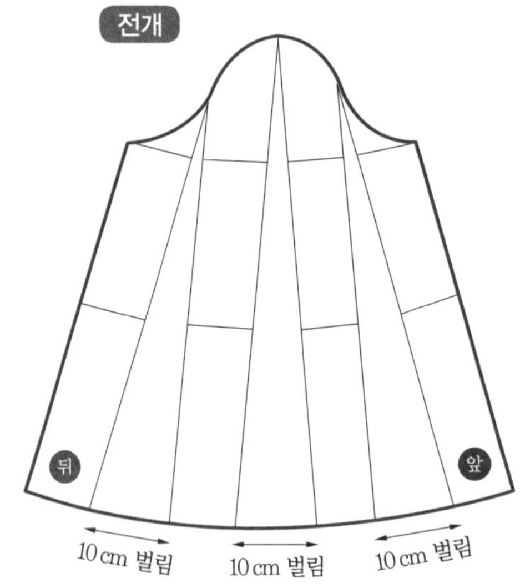

tip 플레어 소매

- 소매 중심선에서 앞소매, 뒷소매를 2등분 하여 절개선을 3개 넣고, 윗부분은 붙이고 소맷부리는 잘라서 부채꼴 모양으로 벌린 소매이다.
- 벌린 양에 따라 다양한 실루엣을 만들 수 있다.

6 퍼프 소매

소매산이나 소맷부리에 개더를 넣어 부풀린 소매 ★ 개더: 천에 홈질을 한 후, 그 실을 잡아당겨 만든 잔주름

1 짧은 소매

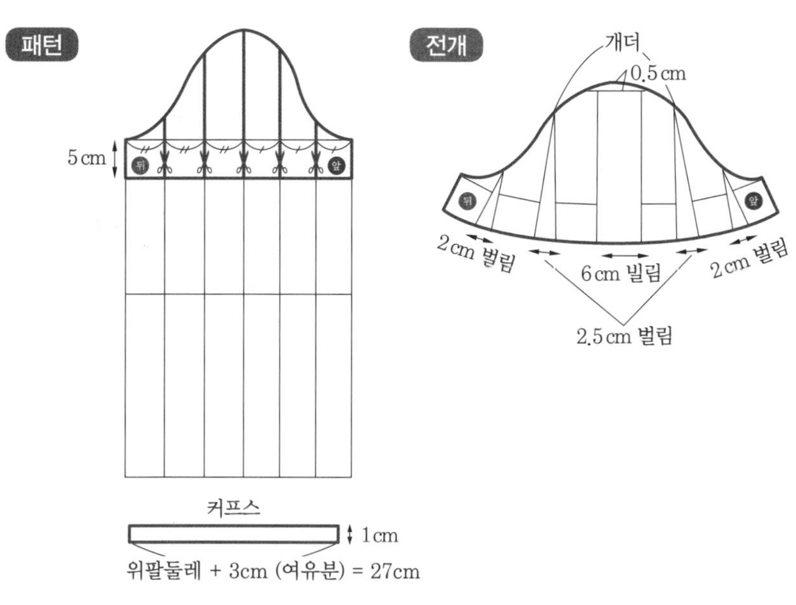

※ 위팔둘레 : 24cm

2 긴소매

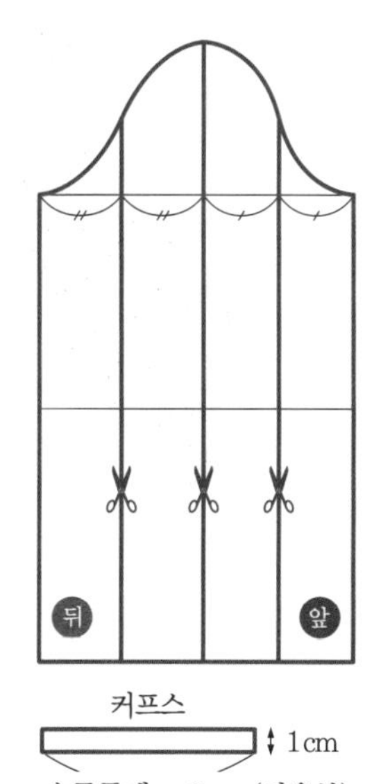

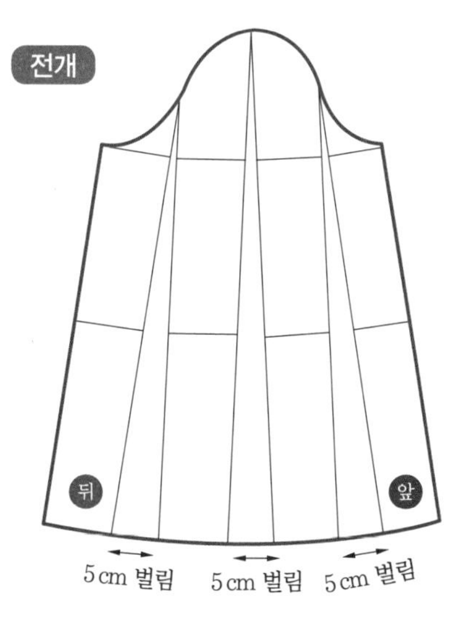

손목둘레 + 3cm (여유분) = 20cm

※ 손목둘레 : 17cm

7 핀턱 소매

원단을 일정한 간격으로 접어서 만든 소매

1 짧은 소매

패턴

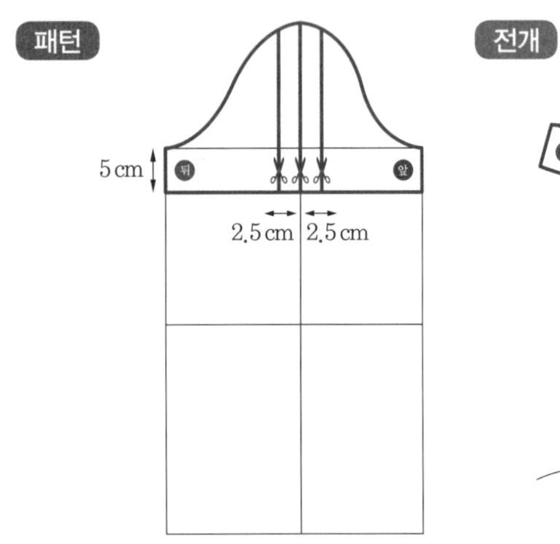

전개

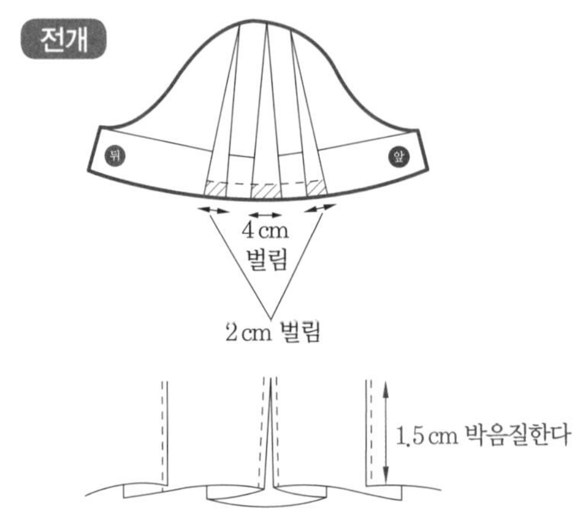

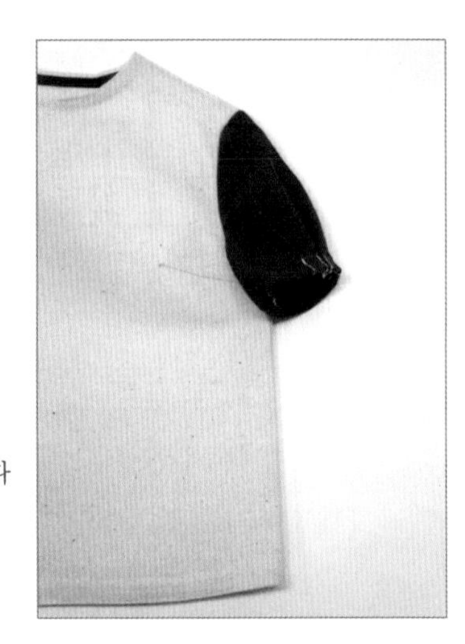

2 긴소매

패턴

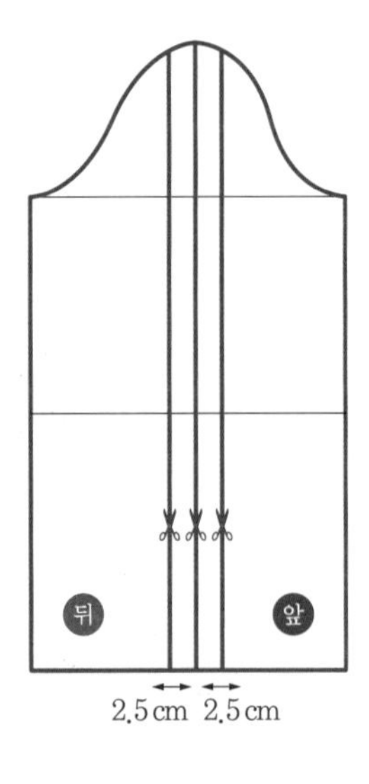

전개

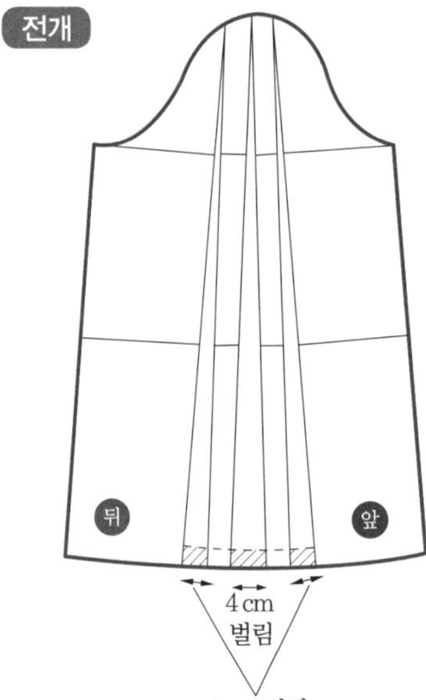

2 cm 벌림

1.5 cm 박음질한다

8 랜턴 소매

호롱등처럼 생긴 소매

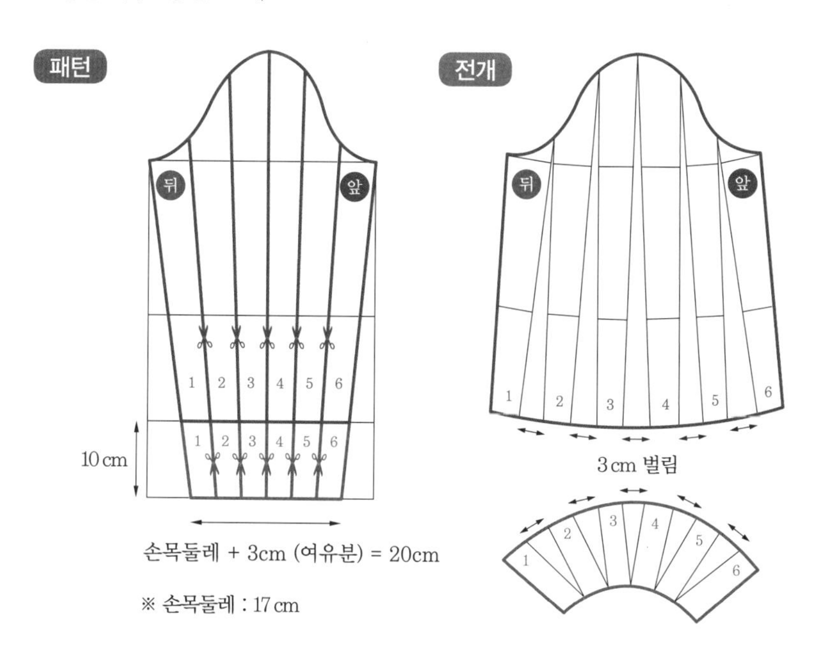

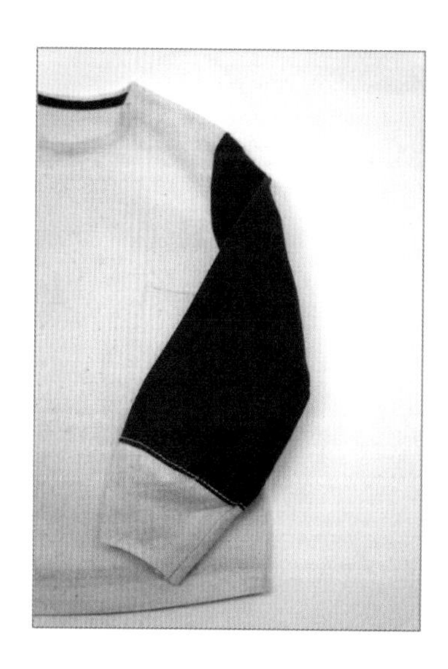

9 케이프 소매

어깨에 케이프를 덮은 듯한 느낌의 헐렁한 소매

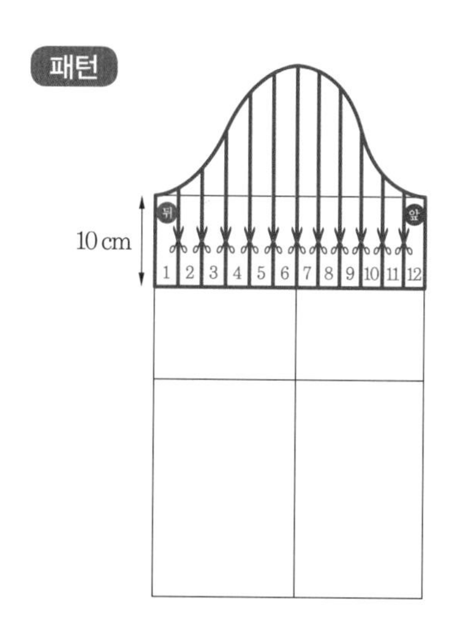

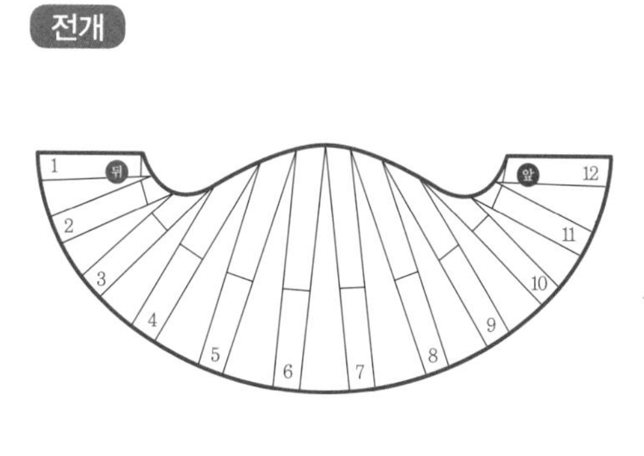

10 캡 소매

어깨 끝을 덮는 짧은 소매

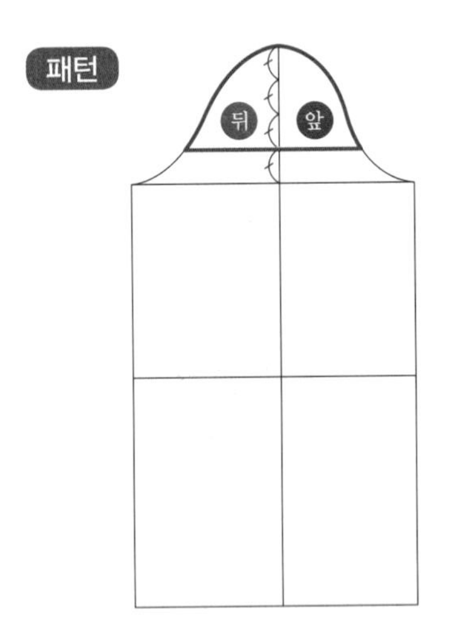

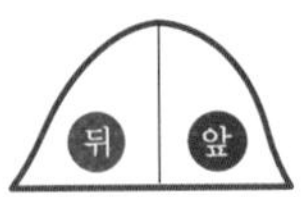

11 튤립 소매

소매산에서 앞뒤 두 폭으로 나뉘어 포개진 꽃잎 모양의 소매

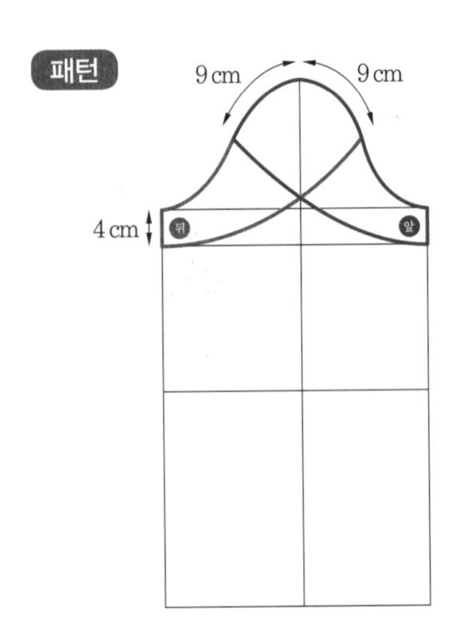

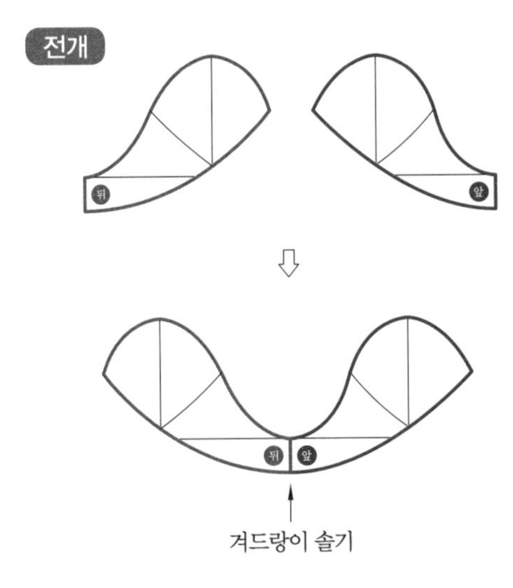

12 드롭 숄더 소매

어깨 끝이 내려앉은 둥그스런 소매

1 민소매

패턴

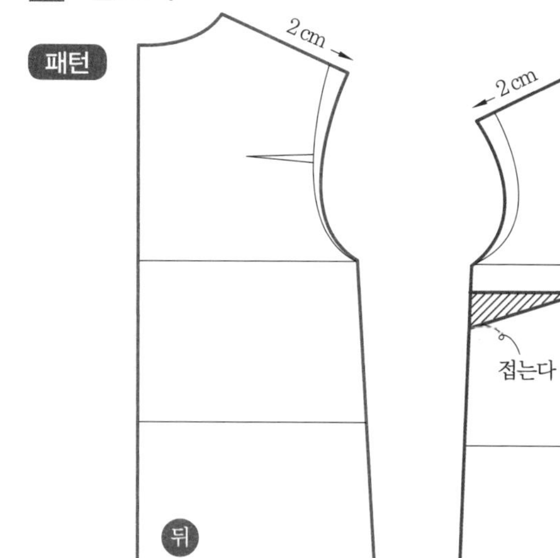

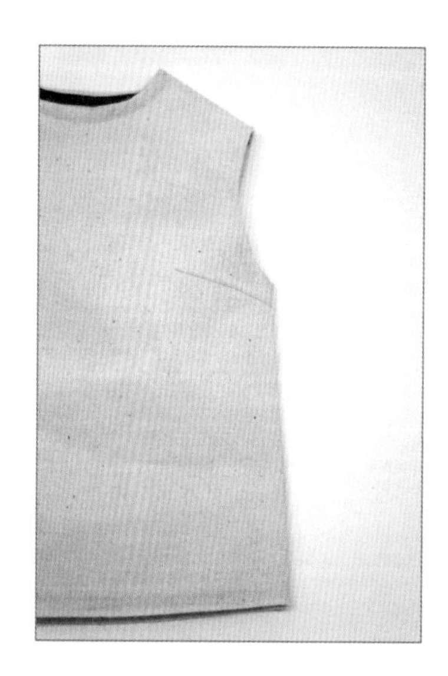

2 짧은 소매

패턴

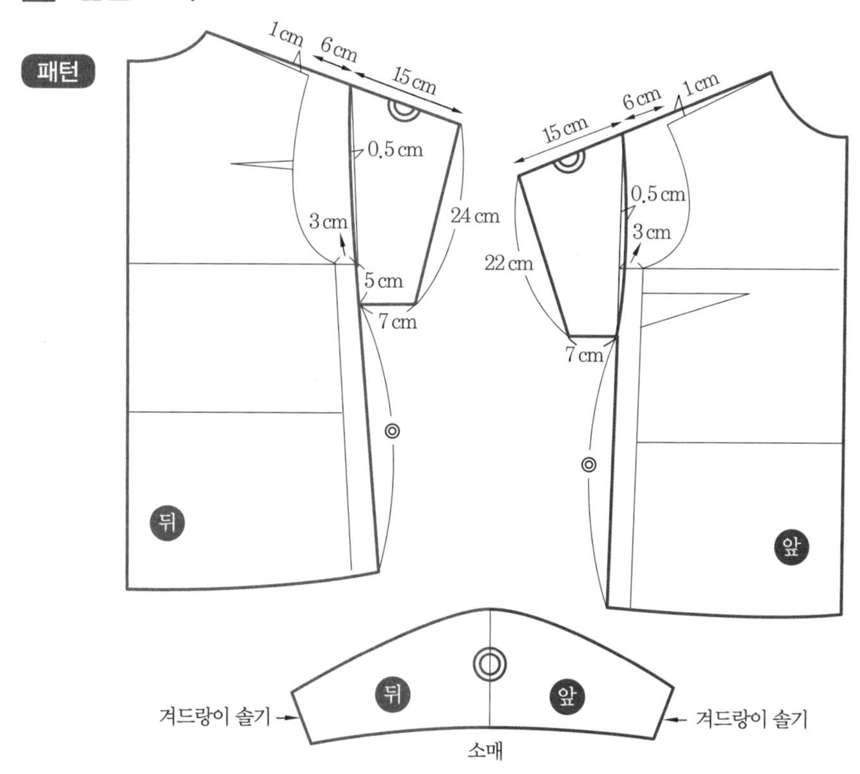

13 두 장 소매

두 장으로 이루어진 소매

패턴

❶ ❷

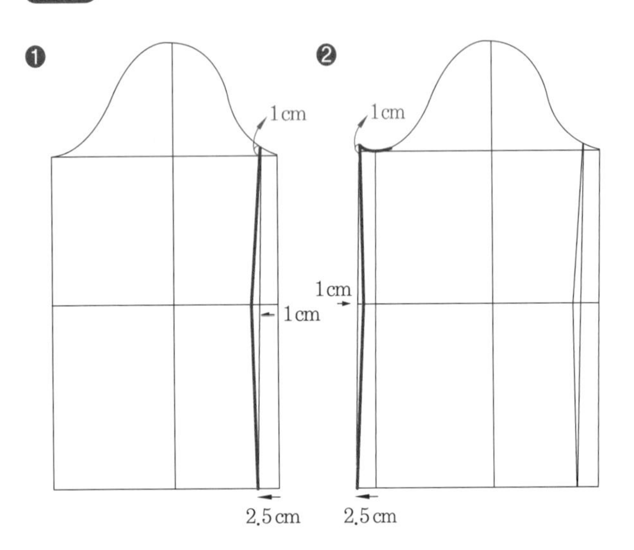

❸

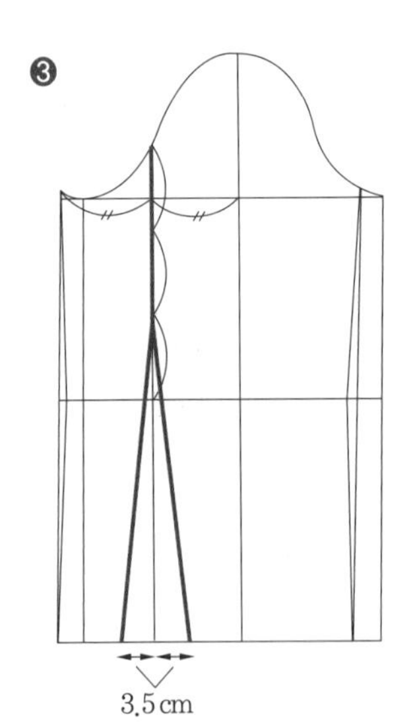

❹

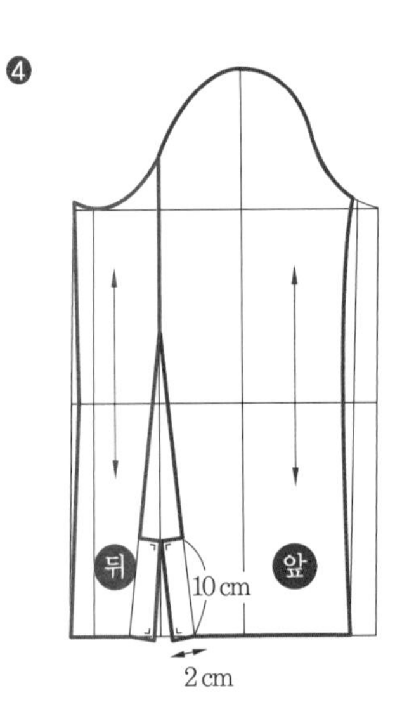

전개

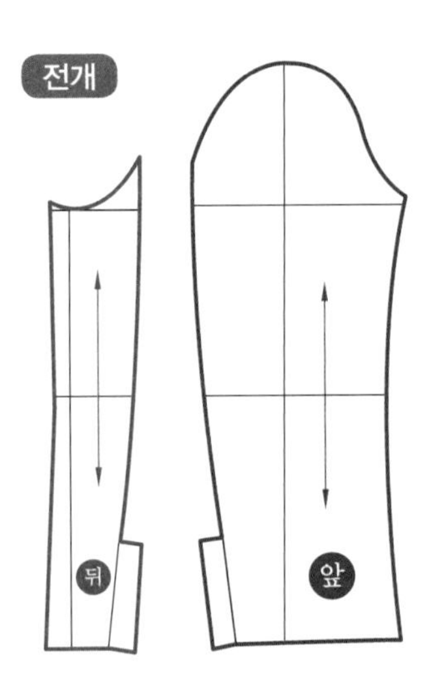

tip 두 장 소매

- 팔의 안쪽 부분을 안소매, 바깥쪽 부분을 겉소매라고 한다.
- 뒤쪽 솔기를 이용하여 트임이 만들어지며, 주로 재킷이나 코트의 소매에 이용된다.

14 타이트 소매

소매폭이 적으며 팔에 꼭 맞는 소매

적용 치수 소맷부리(너비) : 20cm

패턴

❶

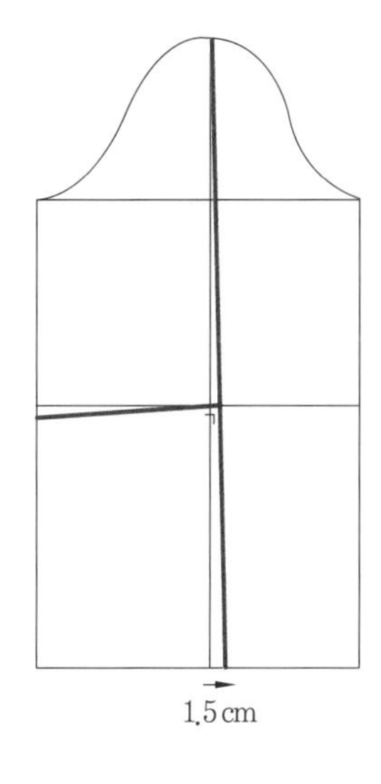

❷

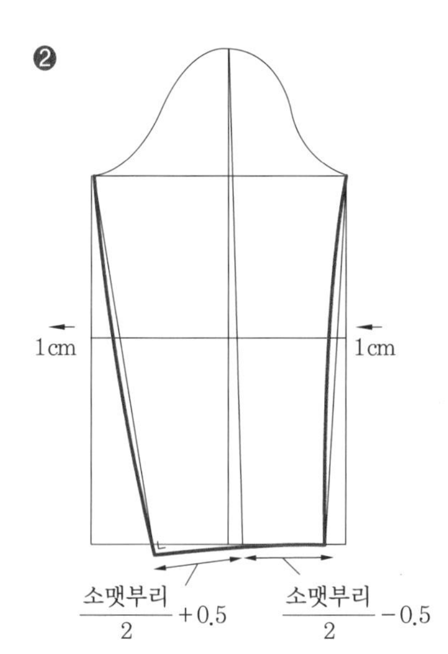

❸

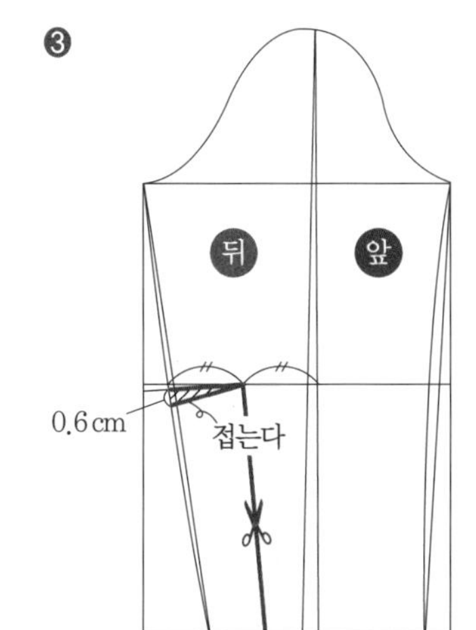

전개

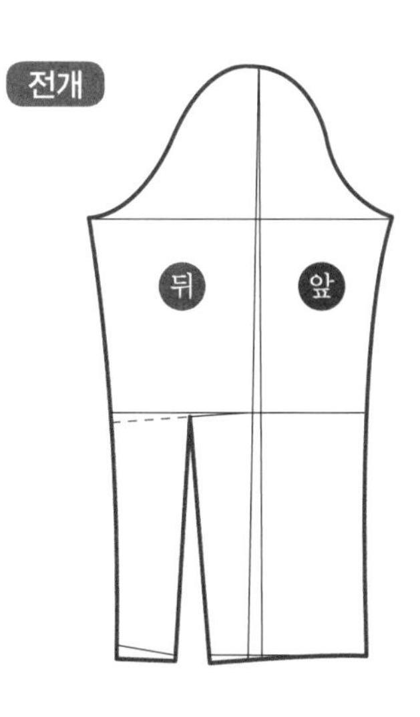

15 호리존탈 소매

부분적으로 절개하여 개더를 넣고 풍성하게 만든 소매

1 짧은 소매

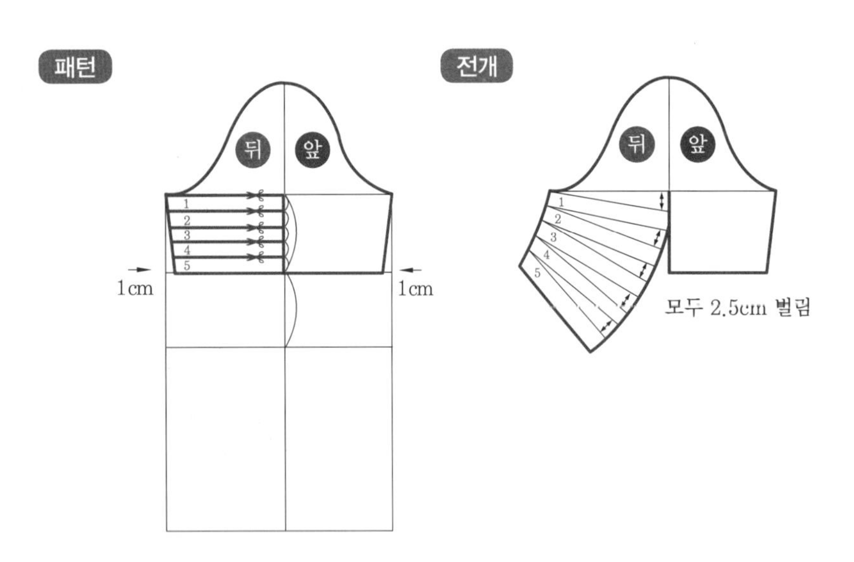

2 긴소매

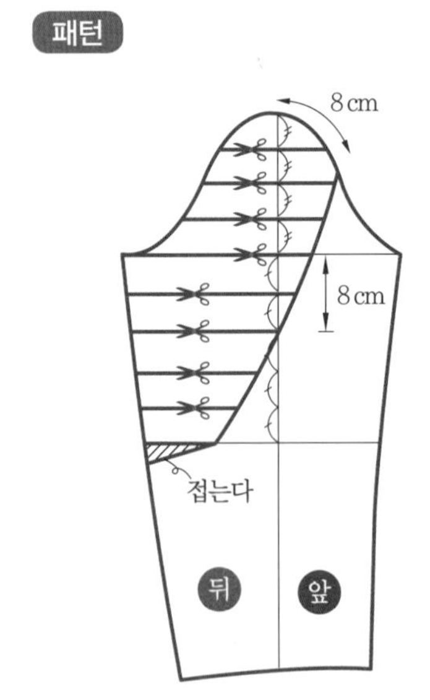

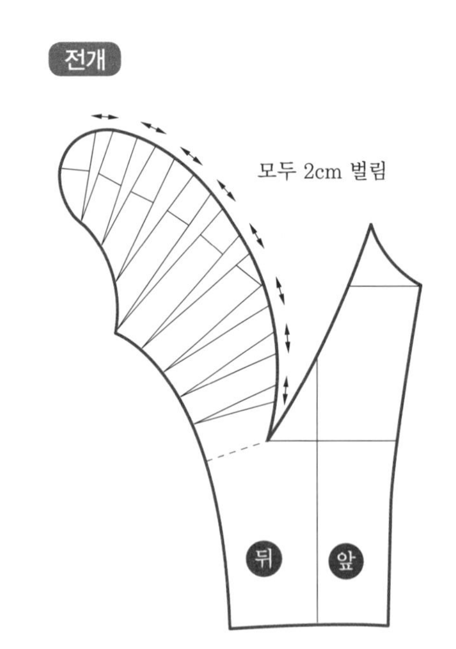

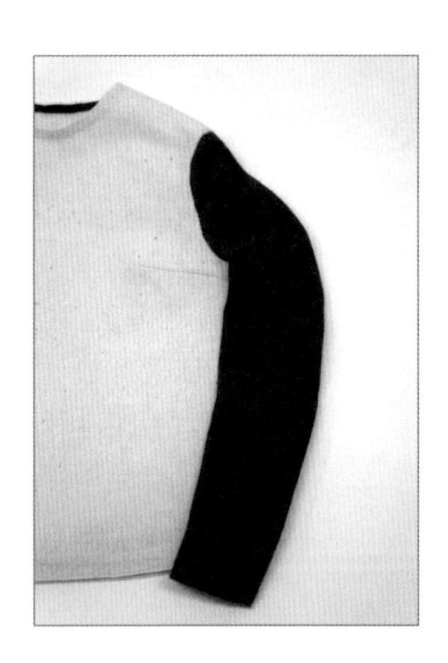

★ 105쪽 타이트 소매로 만든다.

16 레그 오브 머튼 소매

소매산이 퍼프 소매처럼 부풀다가 점점 좁아져 소맷부리는 꼭 맞게 된 소매

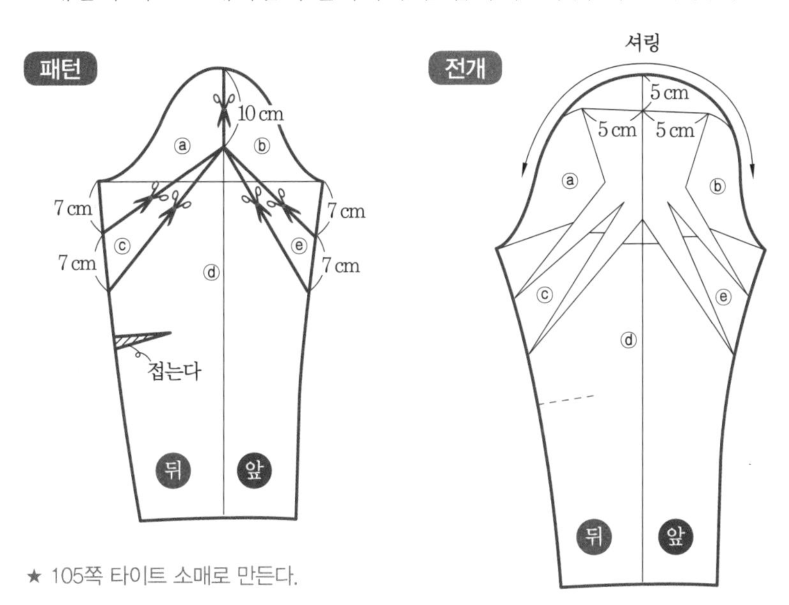

★ 105쪽 타이트 소매로 만든다.

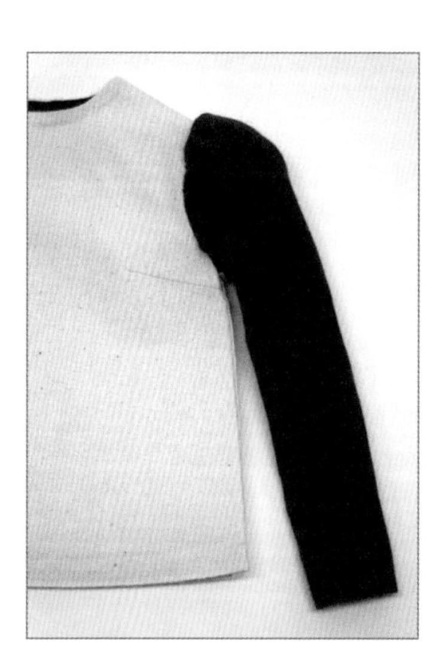

17 러플 소매

개더를 넣은 천을 덧댄 소매

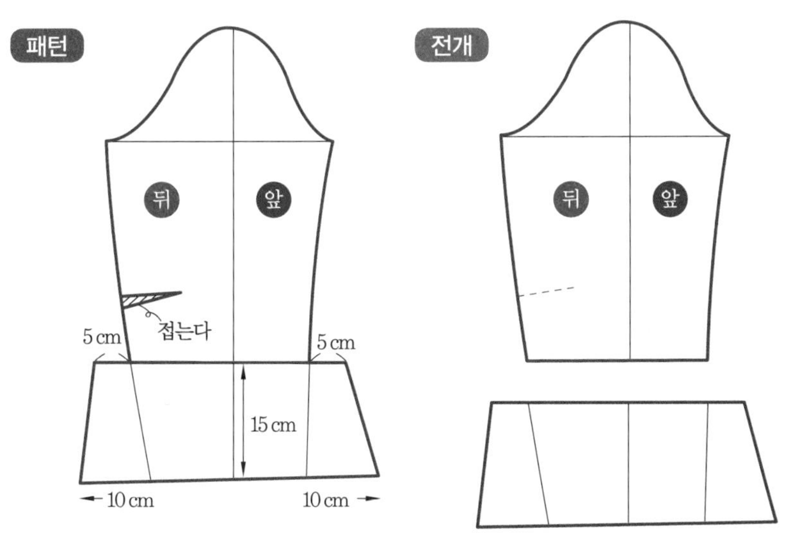

★ 105쪽 타이트 소매로 만든다.

18 래글런 소매

어깨 부분과 소매가 하나로 이어진 소매

뒤판

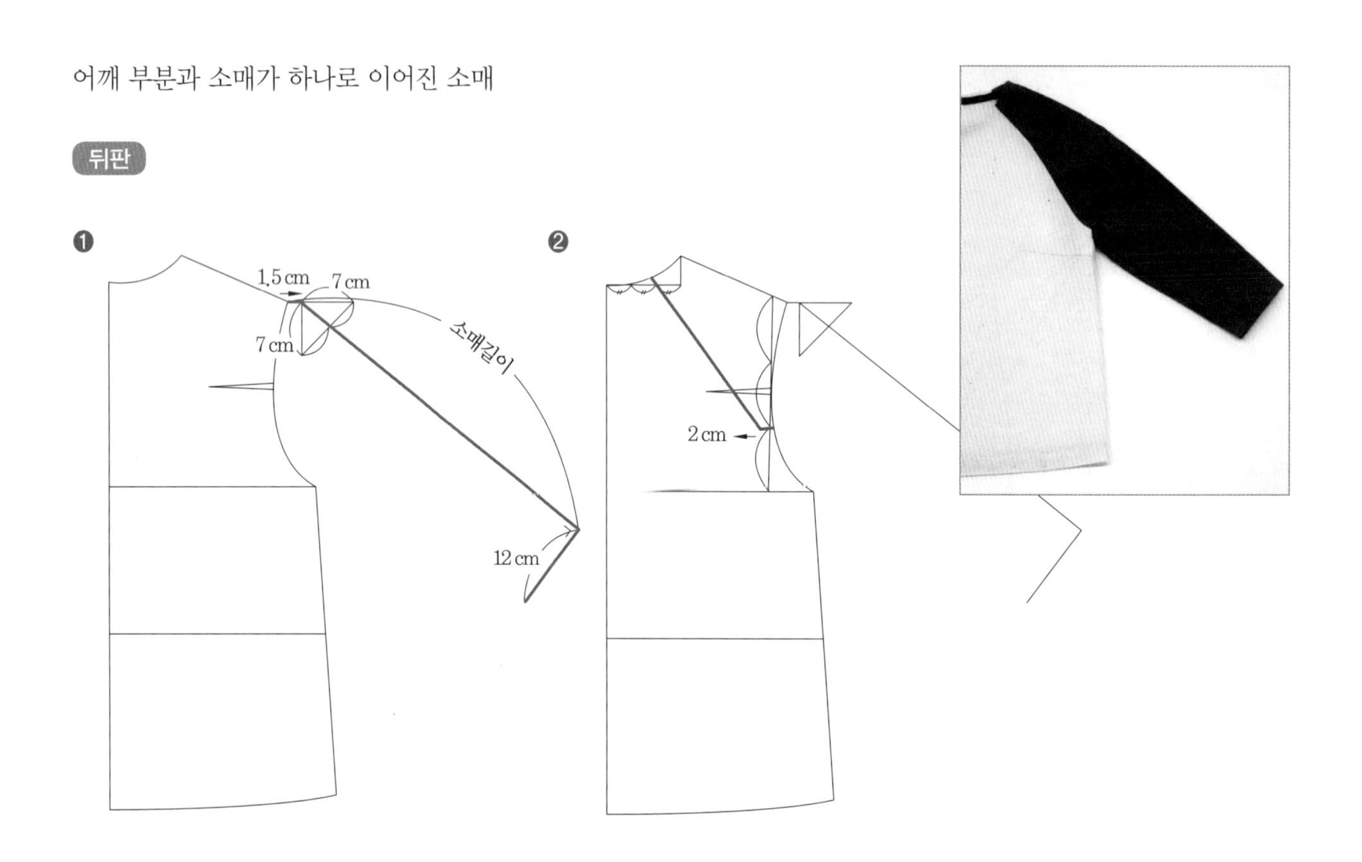

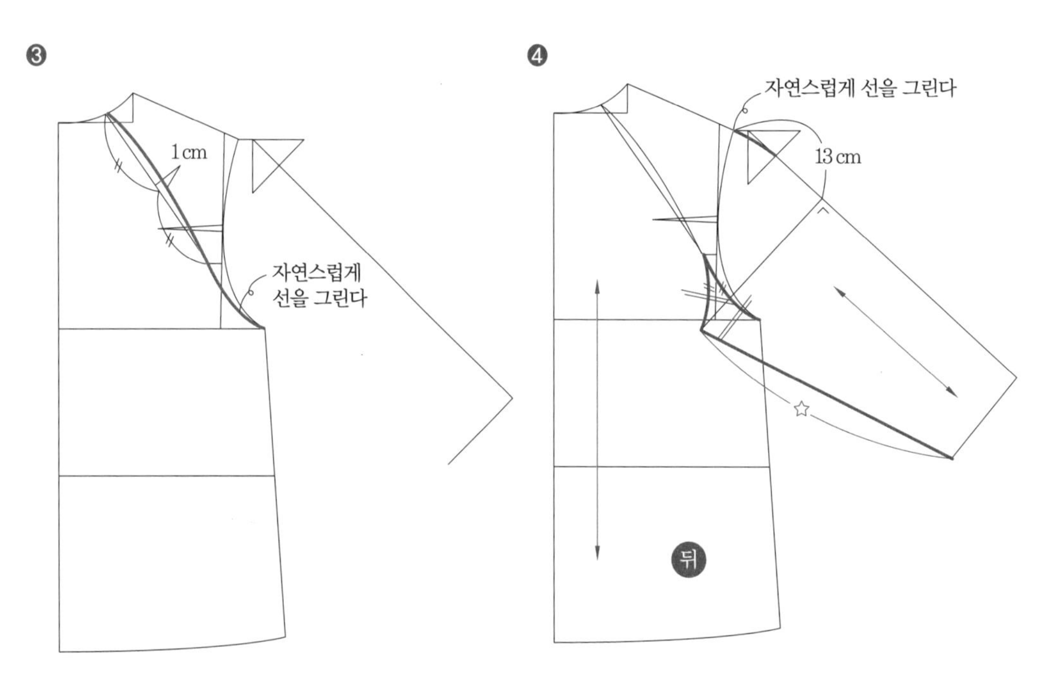

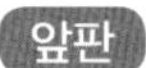

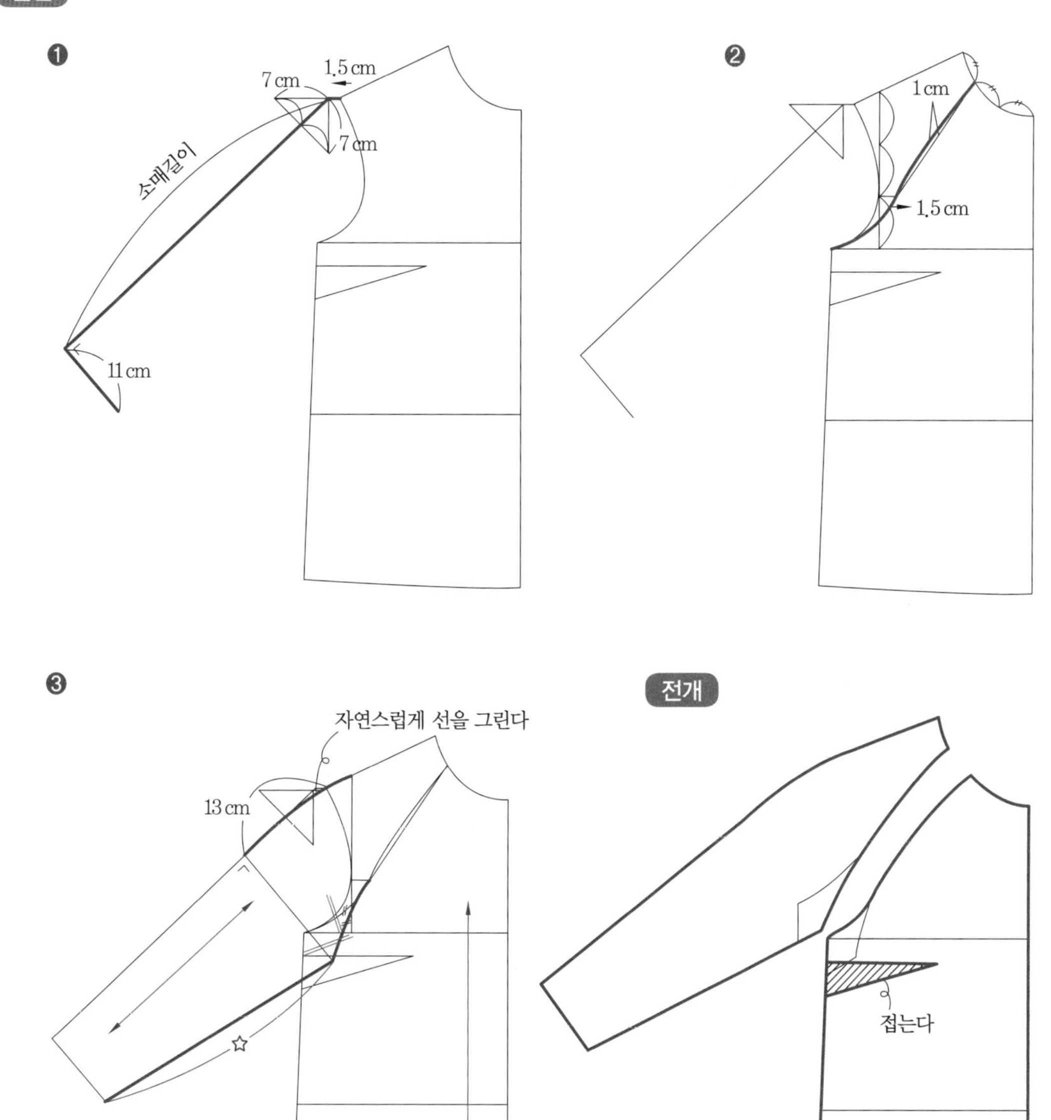

tip **래글런 소매**

래글런 소매는 옷을 입었을 때 팔 동작을 원활하게 하며, 좁은 어깨를 시각적으로 보완해 주는 역할을 한다.

19 돌먼 소매

소매의 진동을 깊게 판 여유 있는 소매

뒤판

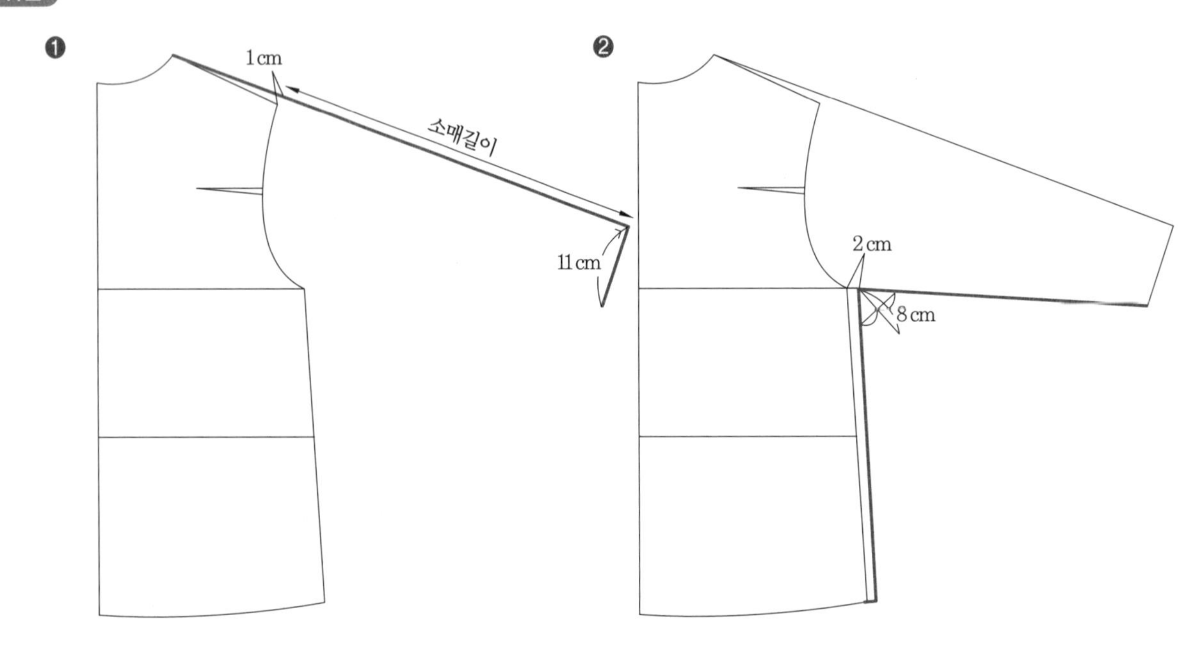

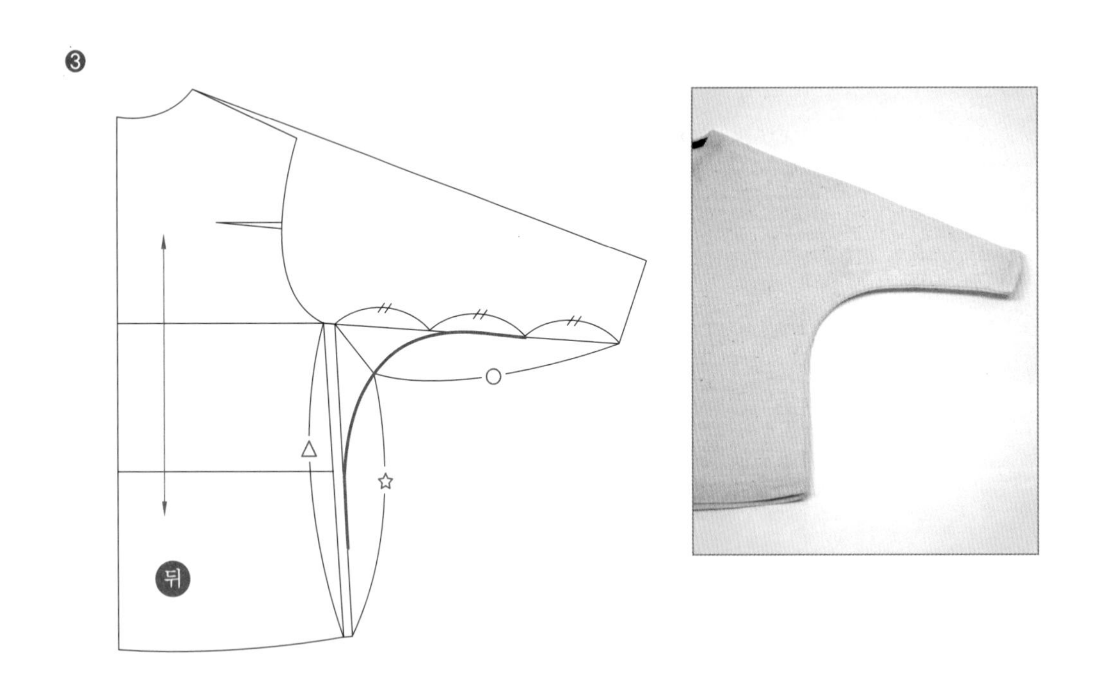

앞판

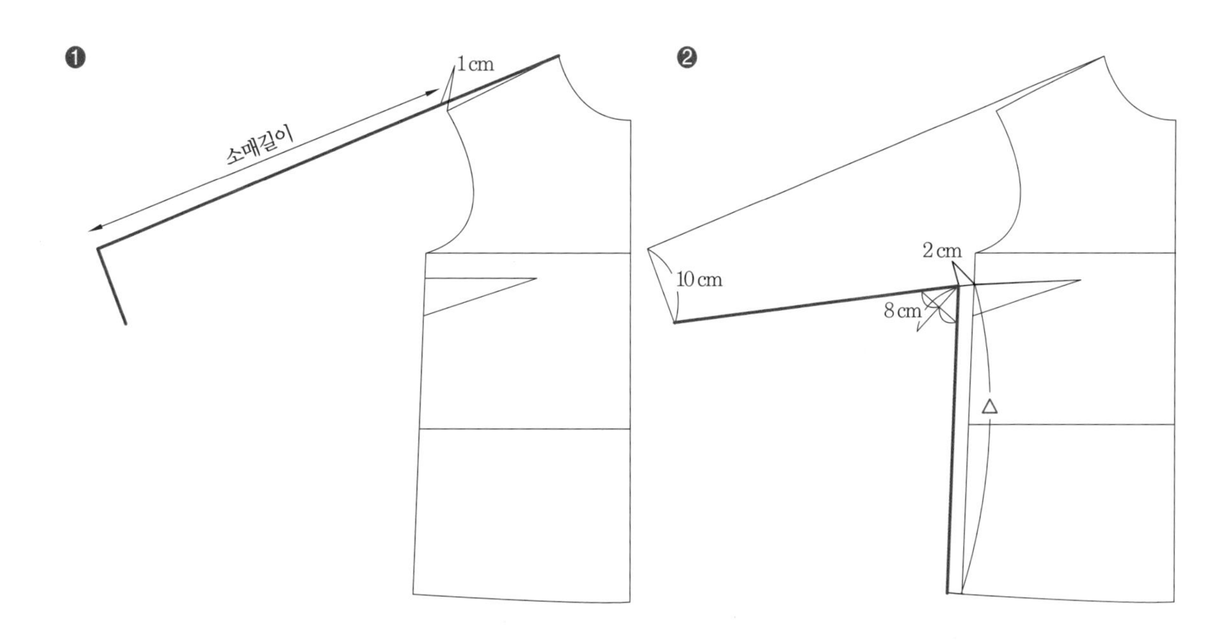

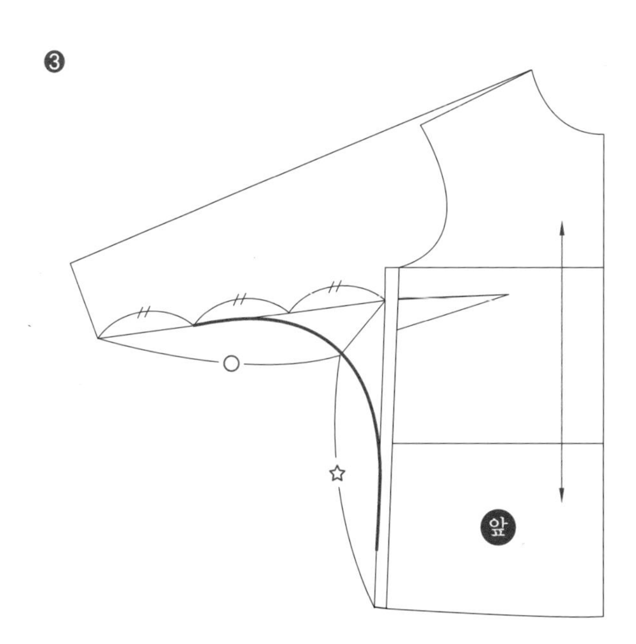

tip 돌먼 소매

- 소매 위쪽이 넓고 소맷부리 쪽으로 갈수록 좁아지며, 기모노 소매라고도 불린다.
- 편안하게 입는 니트나 티셔츠에 많이 사용된다.

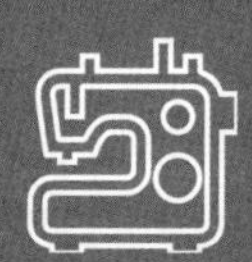

트임

앞중심, 뒷중심, 옆선, 소맷부리, 스커트, 바지, 재킷 등에 만들면
옷을 입고 벗을 때 편리하다.

- 박음솔기 트임
- 슬래시 트임
- 앞트임
- 바이어스 트임
- 셔츠 트임
- 뒤트임

1 박음솔기 트임

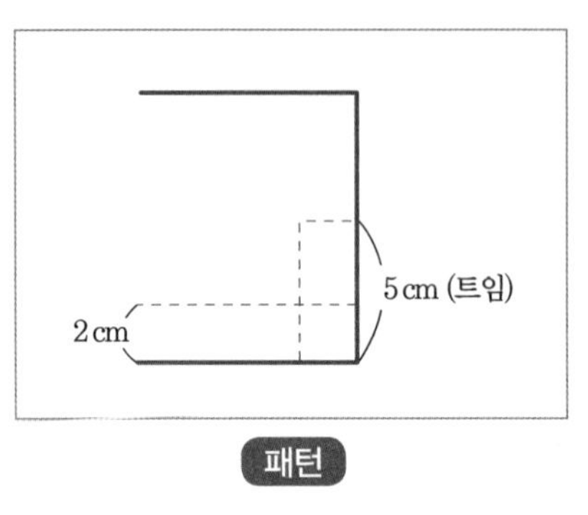

패턴

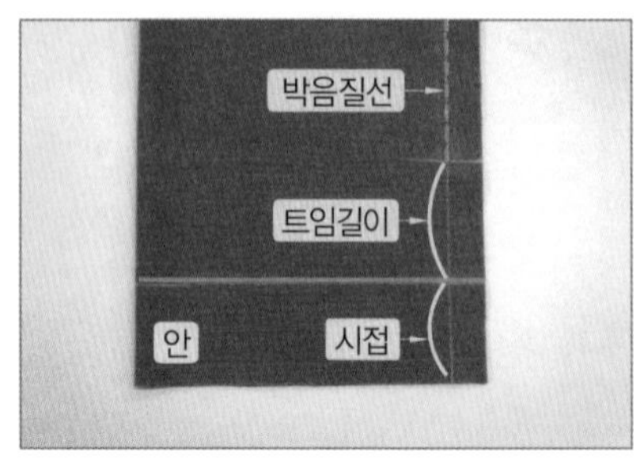

1 트임 시작점까지 박음질한다.
★ 트임길이 : 5cm, 시접 : 4cm
★ 파란선이 입고 싶은 길이를 나타낸다.

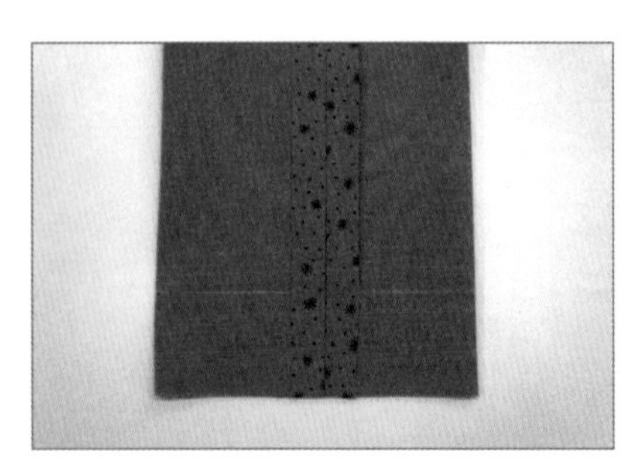

2 가름솔로 다림질한다.

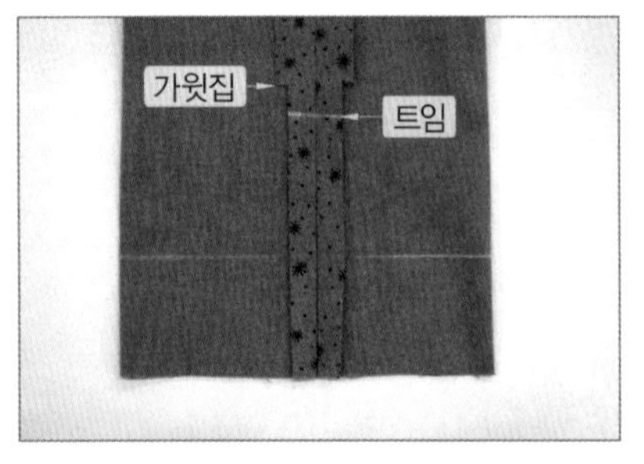

3 트임 시작점 위 1cm쯤에 가윗집을 준다. 시접을 안쪽으로 0.2~0.3cm 폭으로 접어 다림질한다.

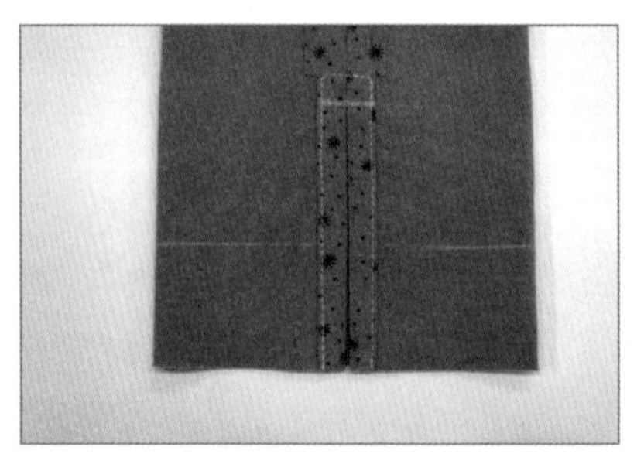

4 0.2~0.3cm 폭으로 박음질한다.

5 겉면에 입고 싶은 길이를 나타내는 선을 초크로 다시 한번 그린다.

6 다림질한다.

7 시접을 2cm 폭으로 2번 접는다.

8 0.2~0.3cm 폭으로 박음질한다.

tip 박음솔기 트임

박음솔기 트임은 분리된 양쪽을 똑같이 맞추어야 완성했을 때 보기에 깔끔하다.

2 슬래시 트임

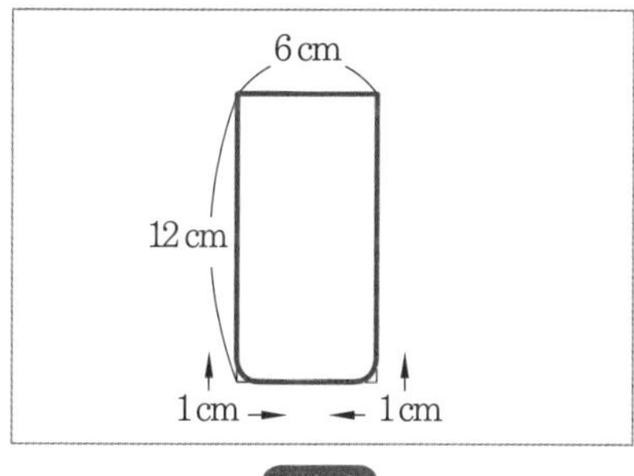

패턴

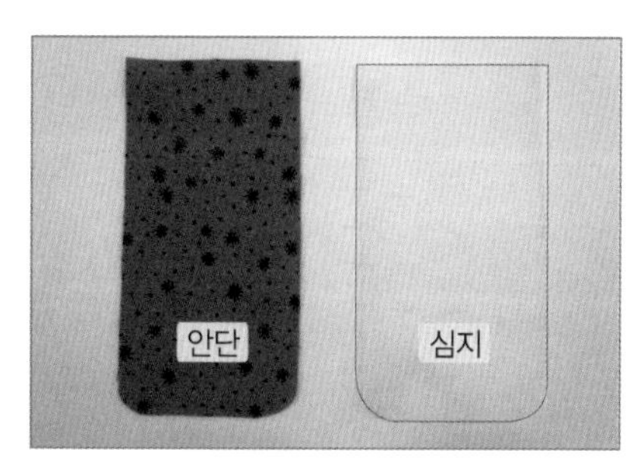

1 안단과 심지를 같은 크기로 준비한다.

안단(겉)
부드러운 면
까칠한 면

2 안단(겉) 위에 심지를 올려놓는다.
★ 까칠한 면이 접착심이 있는 면이다.

3 0.3~0.5cm 폭으로 박음질한다.

4 뒤집어 다림질한다.

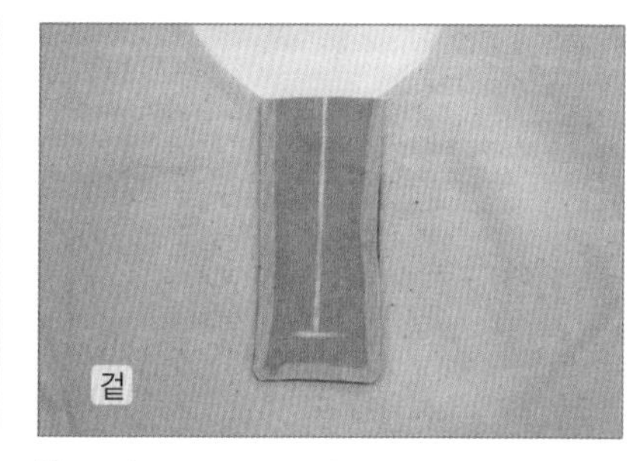

5 몸판 트임 부분에 올려놓는다.

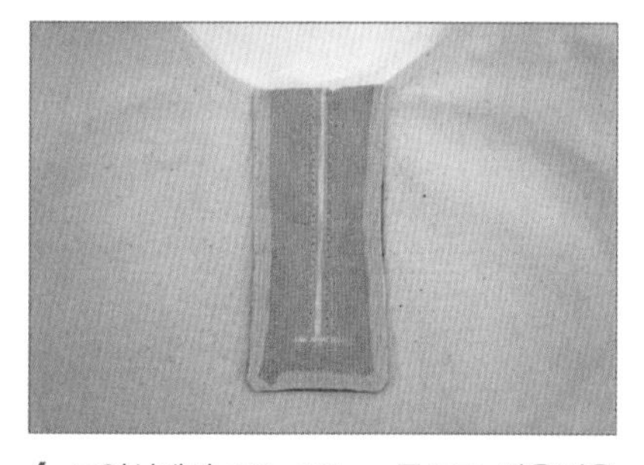

6 트임선에서 0.2~0.3cm 폭으로 박음질을 한다.

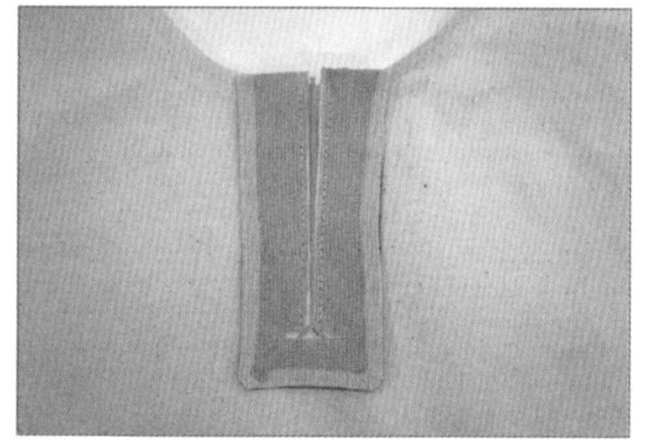

7 트임선을 (人)자 모양으로 자른다.

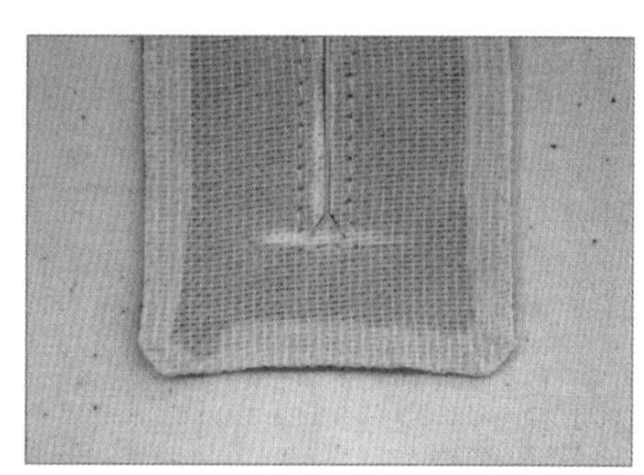

8 확대한 모습

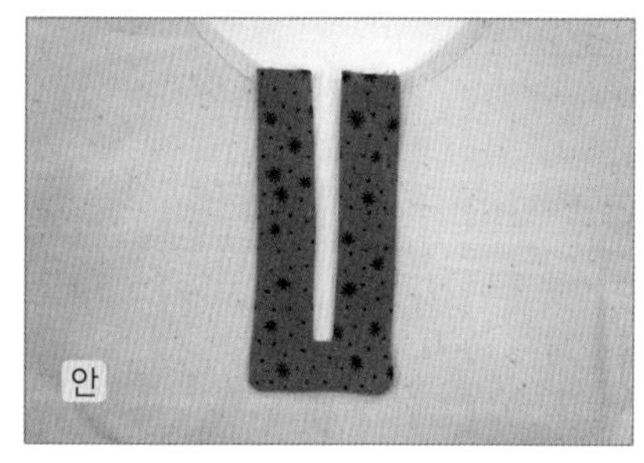

9 가윗집을 낸 안쪽으로 안단을 빼내어 다림질한다.

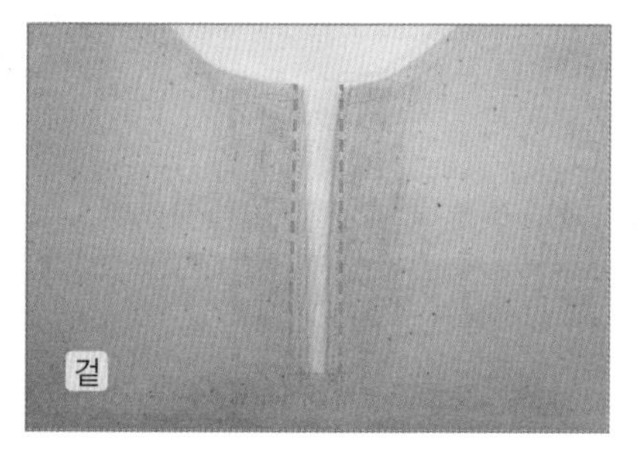

10 0.2~0.3cm 폭으로 박음질한다.

3 앞트임

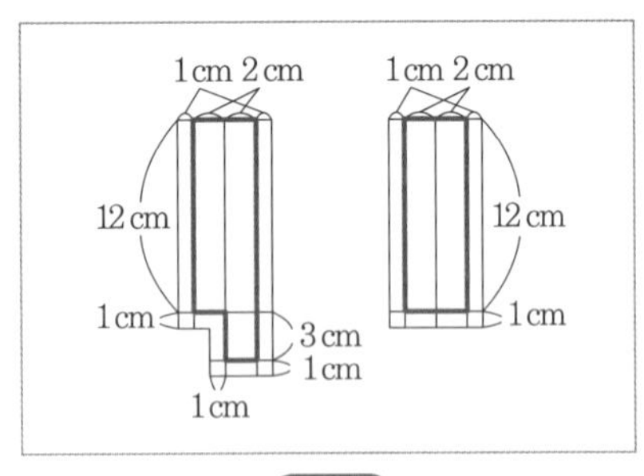

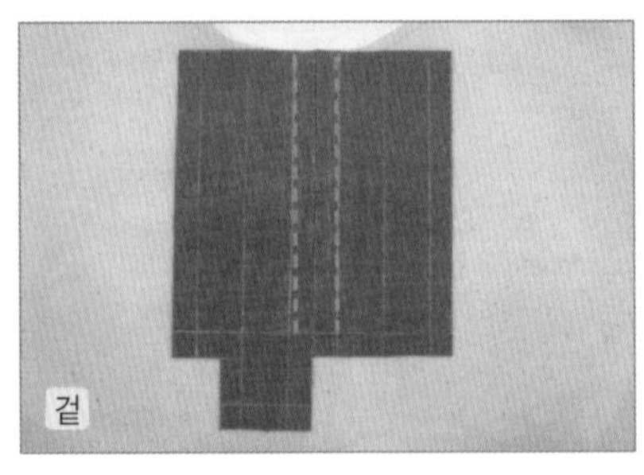

1 몸판 겉과 트임감 겉이 마주 보도록 놓고 트임선 옆을 11자로 박음질한다.

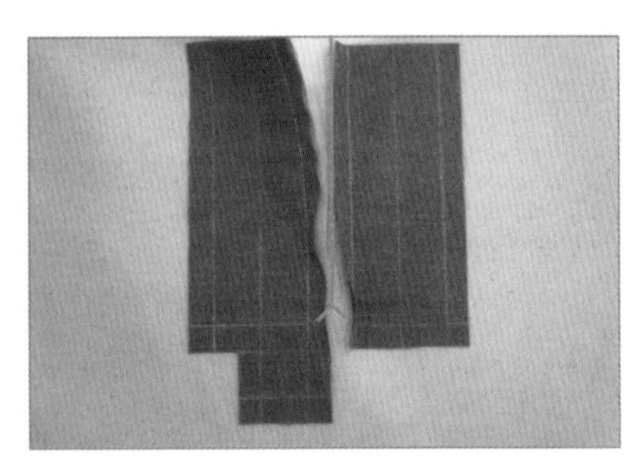

2 가위로 트임선을 (人)자 모양으로 자른다.

3 오른쪽 시접을 다림질한다.

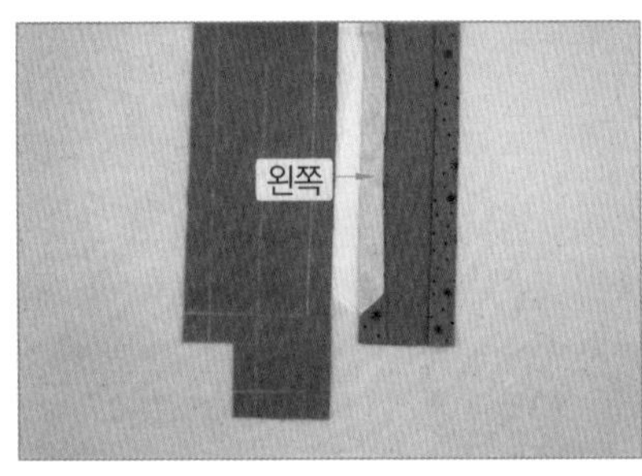

4 왼쪽 시접을 다림질한다.

5 반으로 접어 다림질한다.

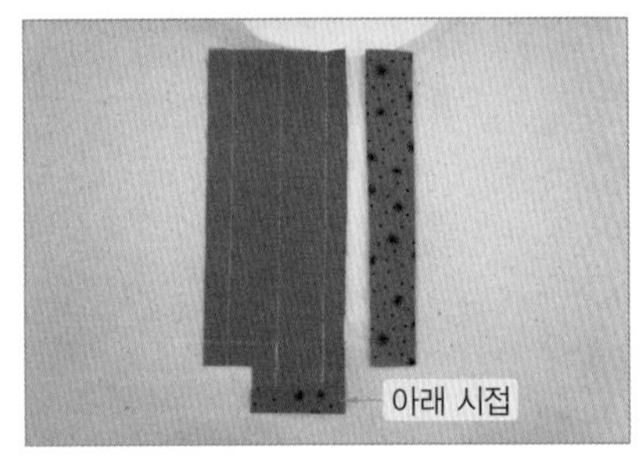

6 아래 시접을 접어 다림질한다.

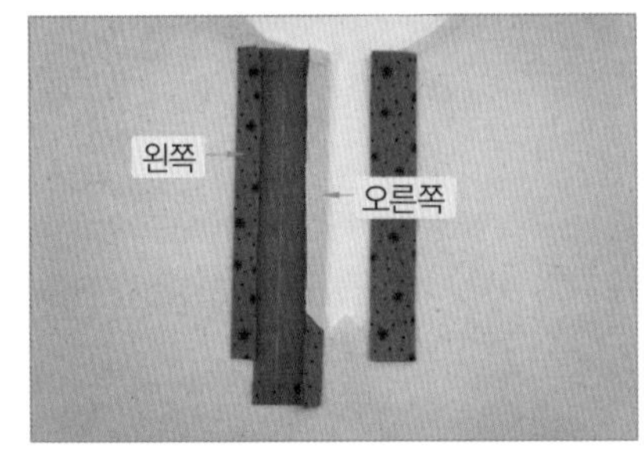

7 반대쪽에 있는 오른쪽 시접과 왼쪽 시접을 접어 다림질한다.

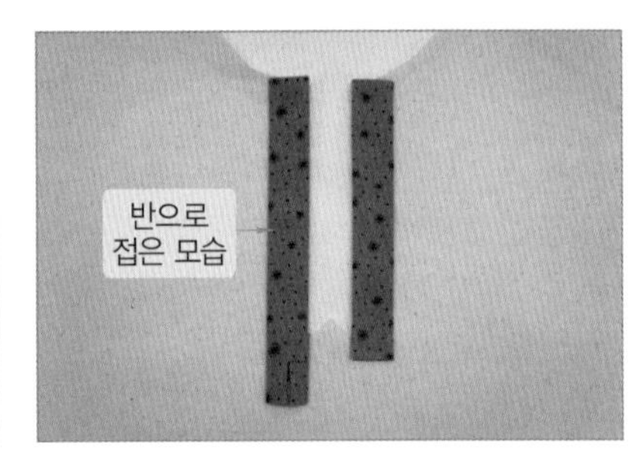

8 다림질한 시접을 반으로 접어 다림질한다.

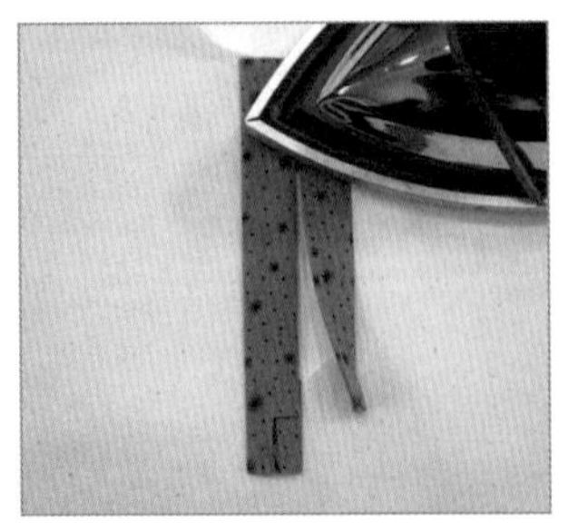

9 오른쪽 트임감을 앞중심으로 넘겨 다림질한다.

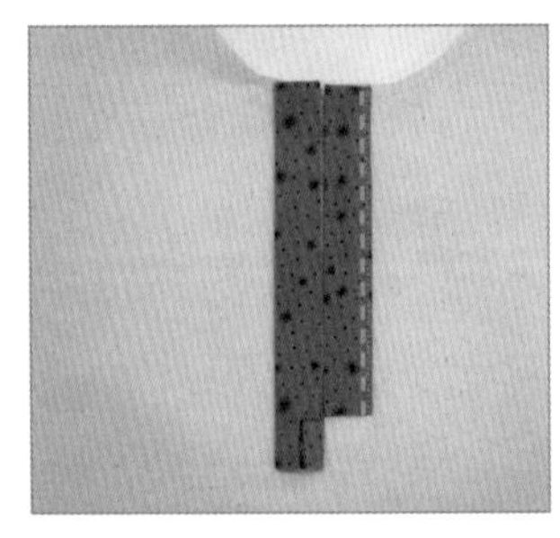

10 0.2~0.3cm 폭으로 박음질한다.

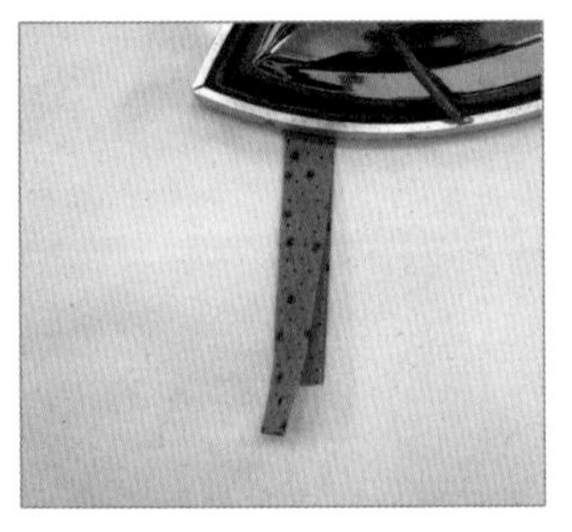

11 왼쪽 트임감을 오른쪽 트임감 위로 올려놓고 다림질한다.

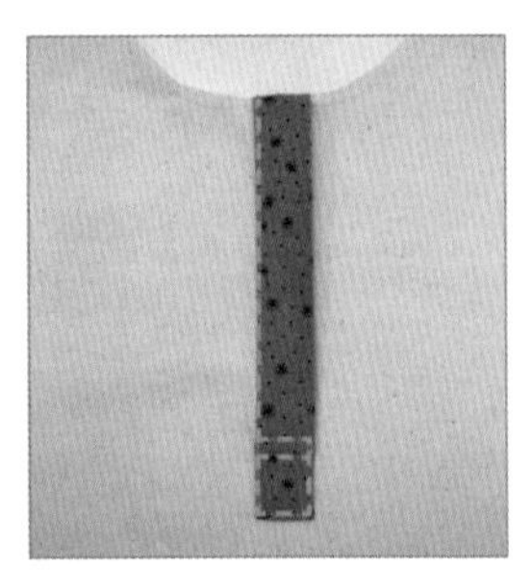

12 박음질한다.

4 바이어스 트임

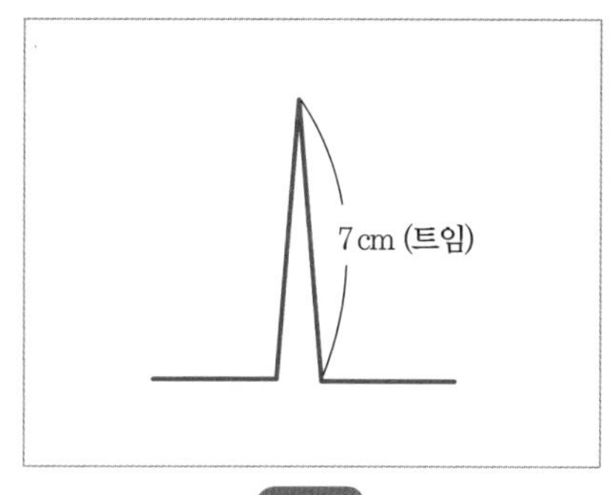

패턴

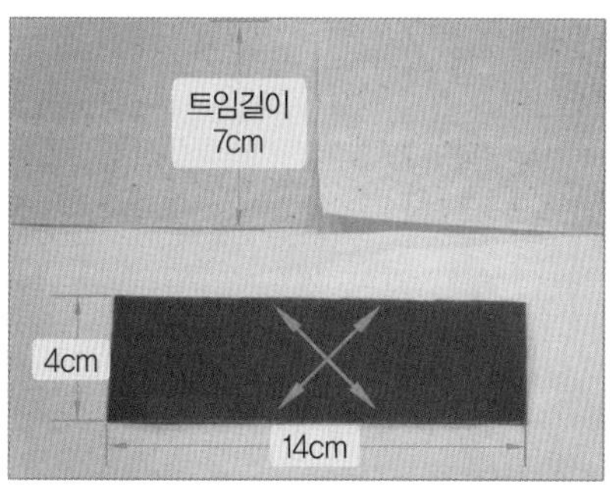

1 바이어스감을 준비한다.

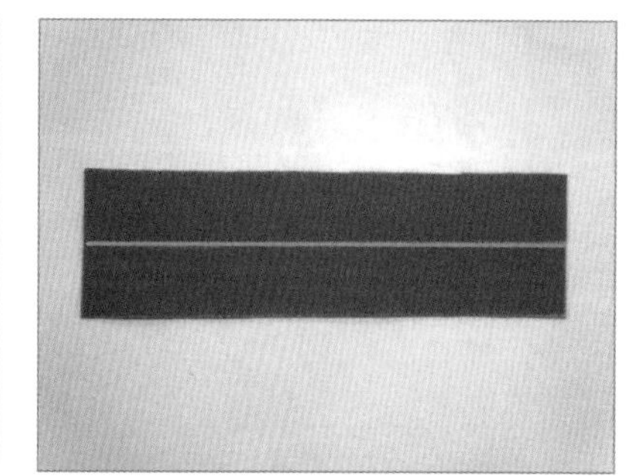

2 중간에 선을 긋는다.

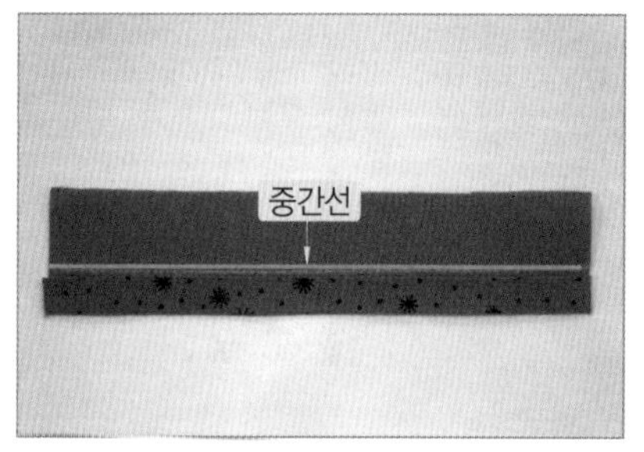

3 아래 원단을 중간선이 덮히지 않도록 접어 다림질한다.

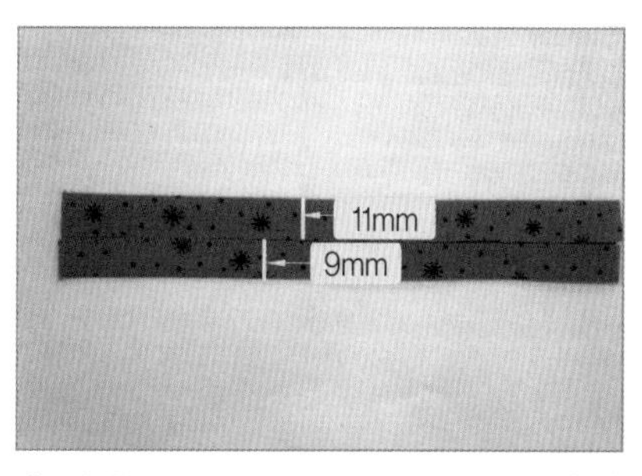

4 위 원단을 아래 원단과 맞닿도록 접어 다림질한다.

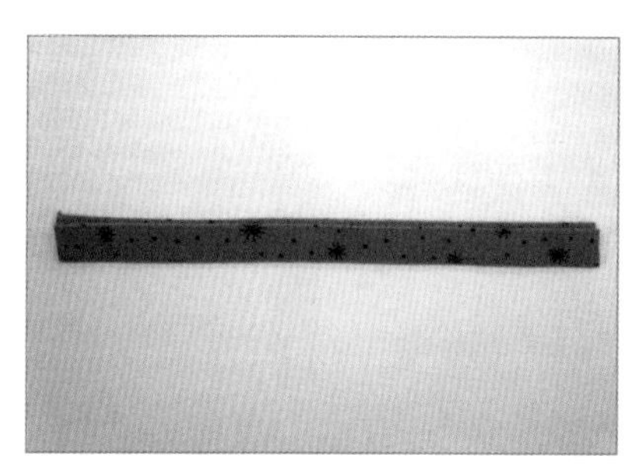

5 반으로 접어 다림질한다.

6 트임에 바이어스감을 끼워 0.2~0.3cm 폭으로 박음질한다.

★ 4에서 위 원단은 바이어스감 아래에, 아래 원단은 바이어스감 위에 놓는다.

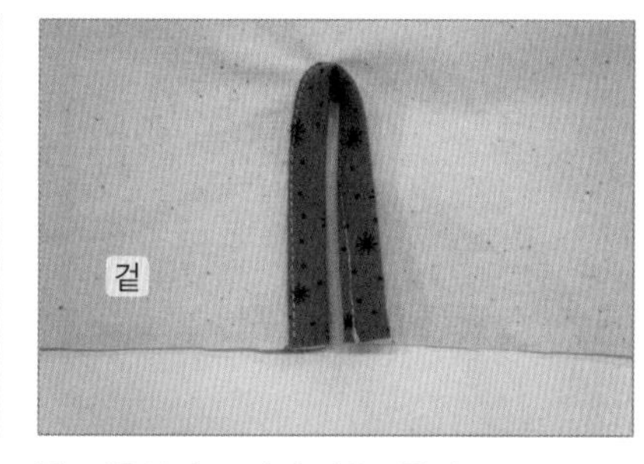

7 처음부터 끝까지 박음질한다.

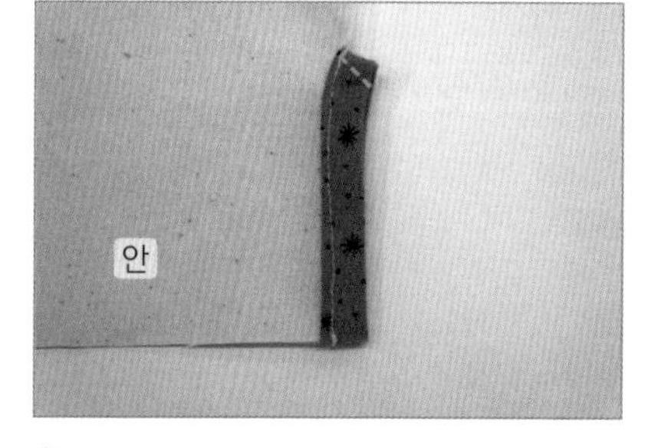

8 사선으로 박음질한다.

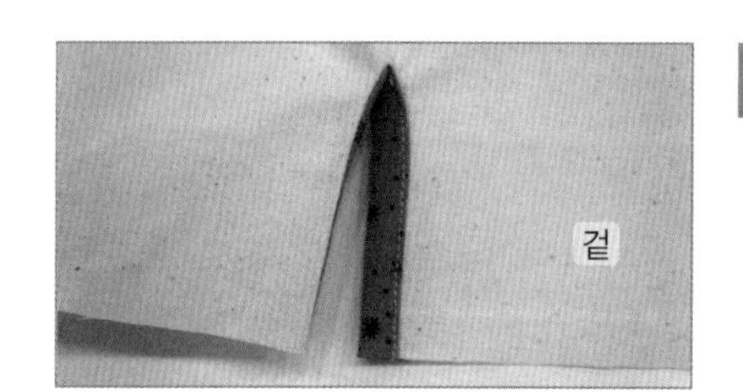

9 완성

tip 바이어스 트임

- 바이어스 트임을 할 때는 바이어스감을 반드시 뒷면에 놓는다.
- 바이어스 트임은 아이들 옷에 많이 사용하며, 디자인을 어떻게 하느냐에 따라 스포츠 웨어에 사용하기도 한다.

5 셔츠 트임

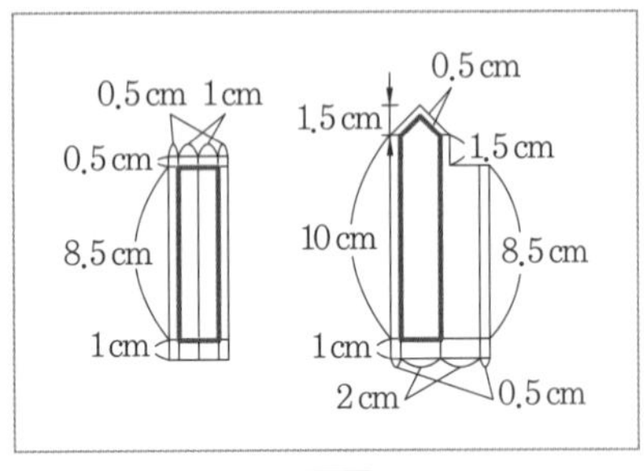

패턴

1 소매 트임 위치선 9.5cm를 자른다.

2 안 덧단, 큰 덧단의 시접을 접어 다림질한다.

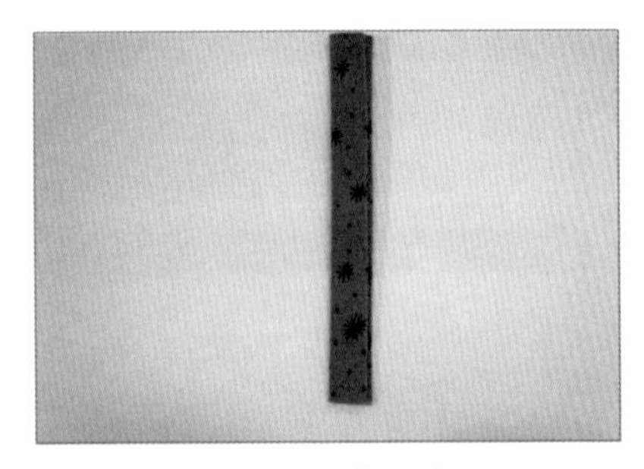

3 안 덧단을 반으로 접은 모습

4 안 덧단을 트임에 끼워 0.2~0.3cm 폭으로 박음질한다.

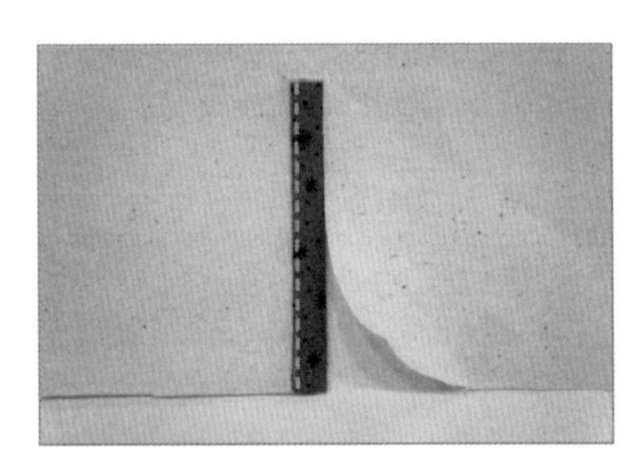

5 안 덧단을 박음질한 모습

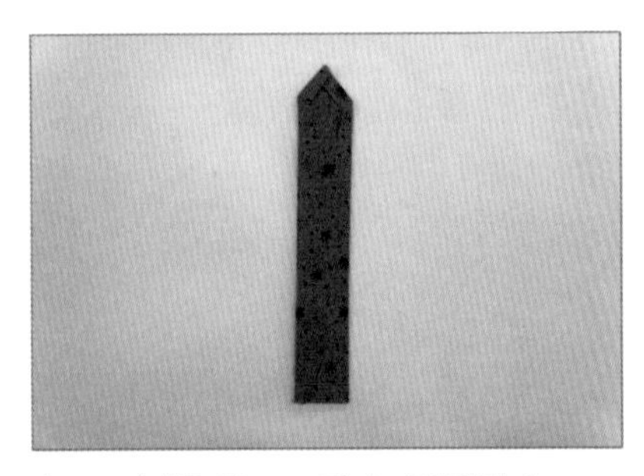

6 큰 덧단을 반으로 접어 다림질한다.

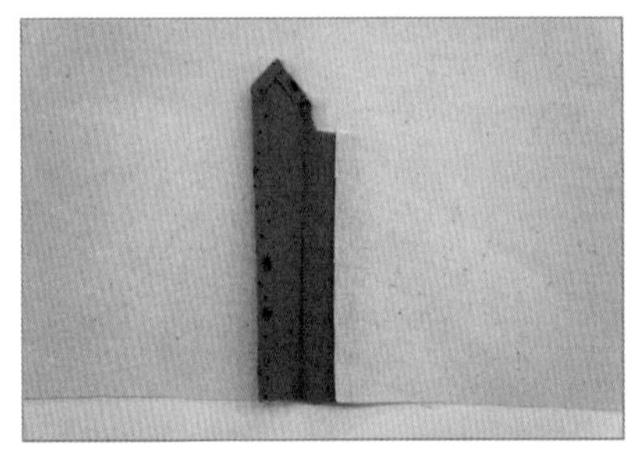

7 큰 덧단을 트임에 끼운다.

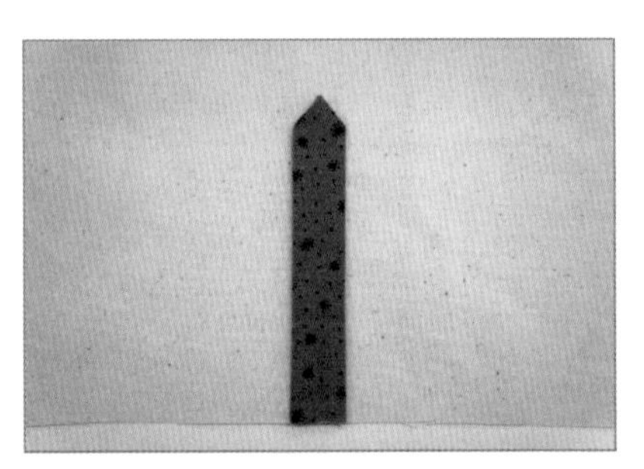

8 큰 덧단을 넘긴다.

9 큰 덧단을 아래부터 박음질한다.
★ 밑에 있는 안 덧단까지 박음질되지 않도록 주의한다.

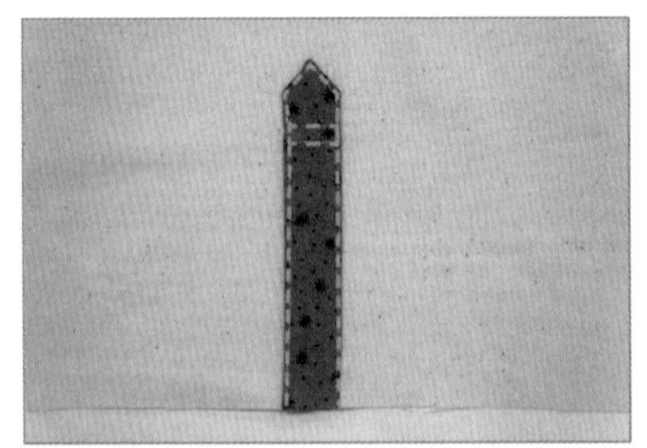

10 박음질한 모습

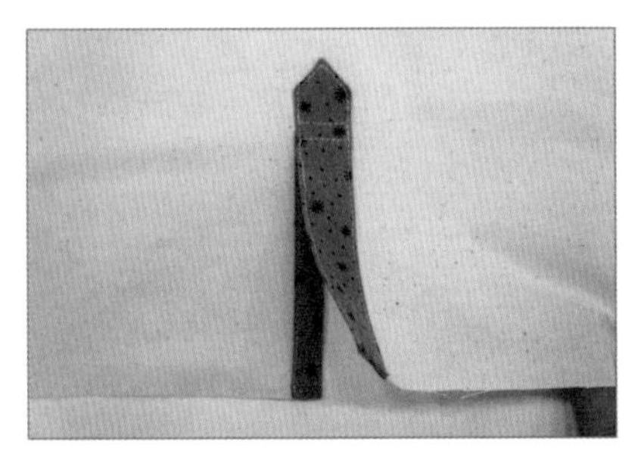

11 완성

6 뒤트임

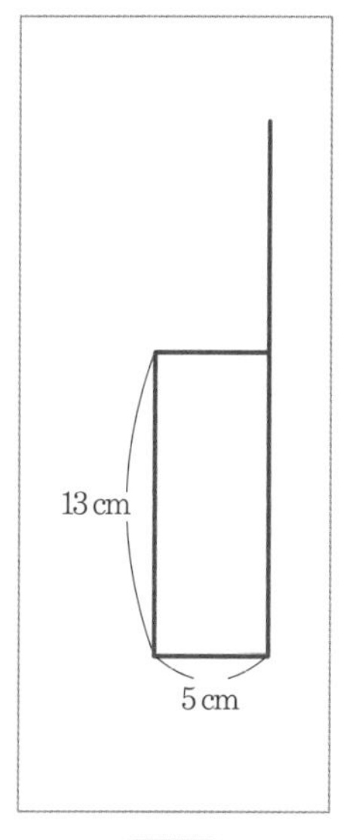

패턴

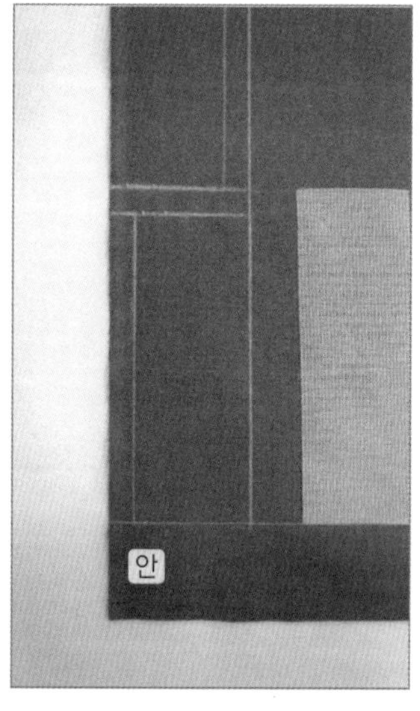

1 트임에 붙일 심지를 준비한다.

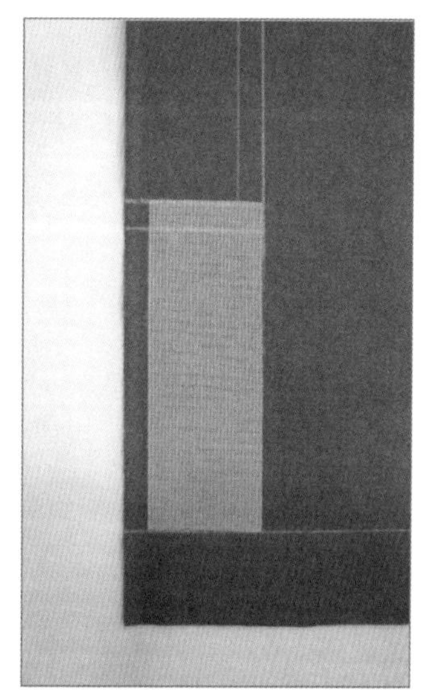

2 트임에 심지를 대고 다림질한다.

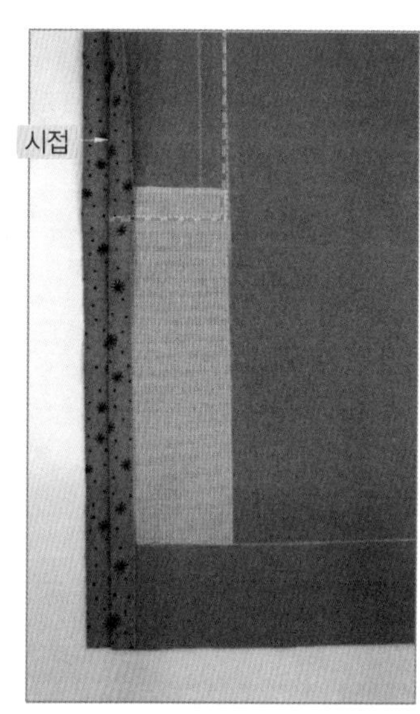

3 한쪽 시접을 접어 박음질한다.

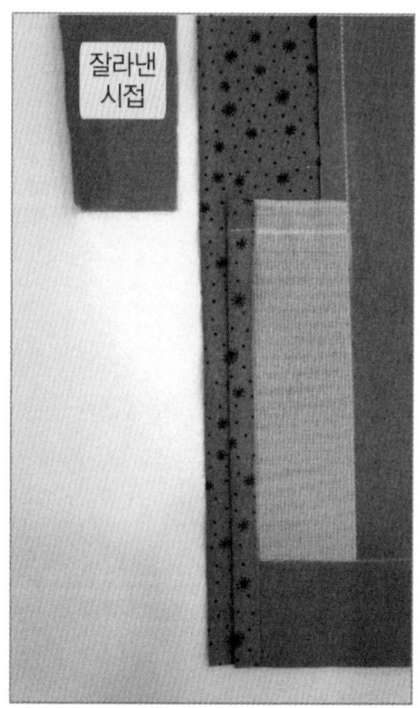

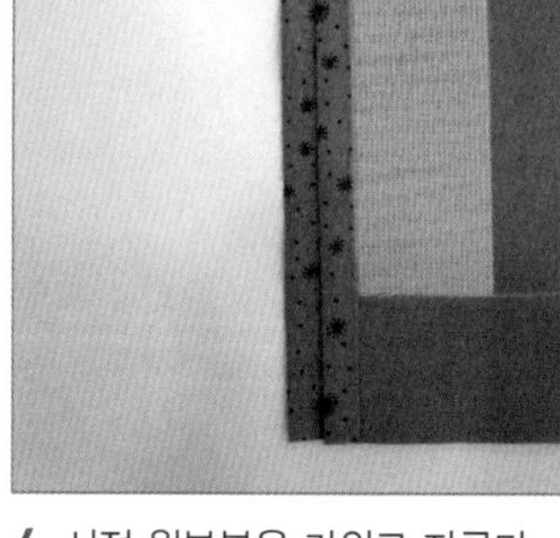

4 시접 윗부분을 가위로 자른다.

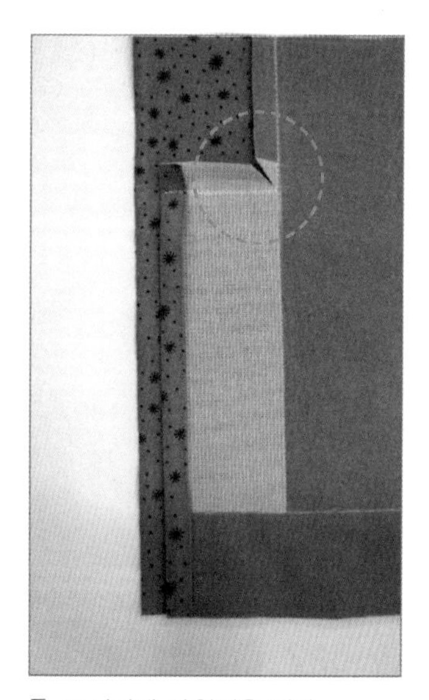

5 모서리에 가윗집을 낸다.

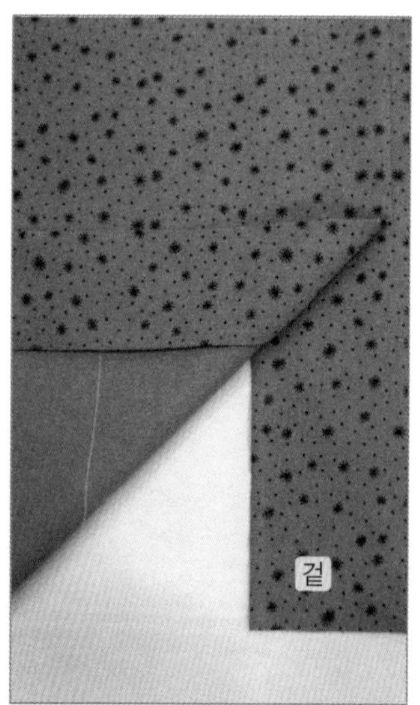

6 완성

커프스

셔츠나 블라우스의 소맷부리

- 스트레이트 커프스
- 턴업 커프스
- 바이어스 커프스
- 밴드 커프스
- 페플럼 커프스
- 셔츠 커프스

1 스트레이트 커프스

소매 끝까지 일직선으로 연결된 커프스

패턴

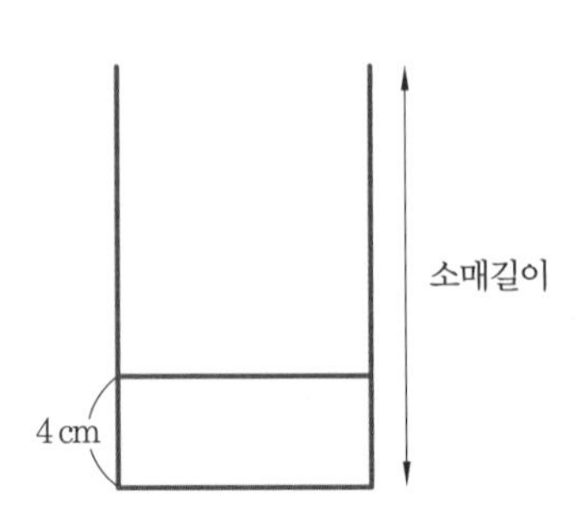

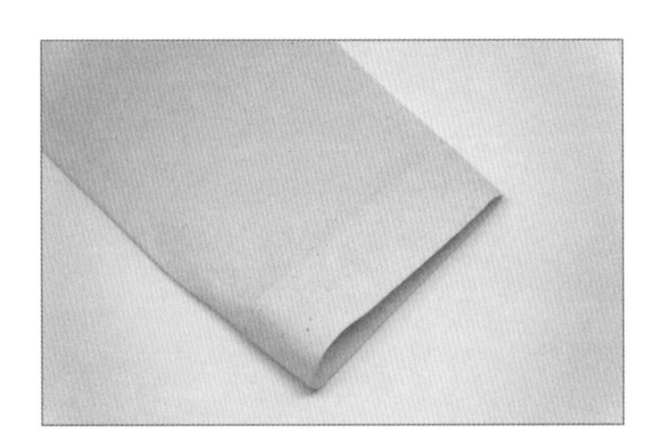

2 턴업 커프스

소매 끝에서 연장된 커프스를 팔꿈치 쪽으로 넘긴 커프스

패턴

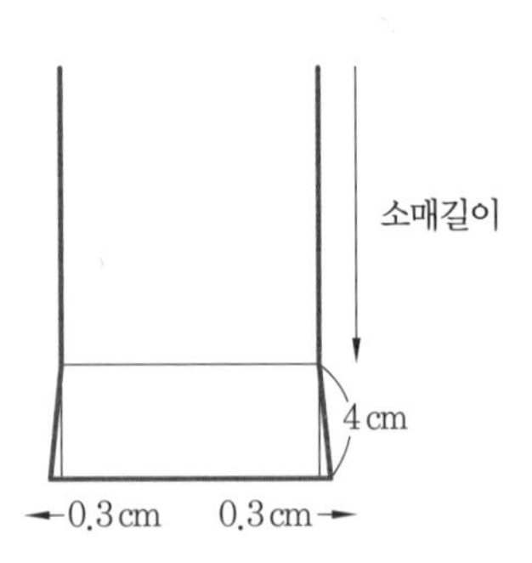

3 바이어스 커프스

소매 끝을 바이어스로 감싼 커프스

패턴

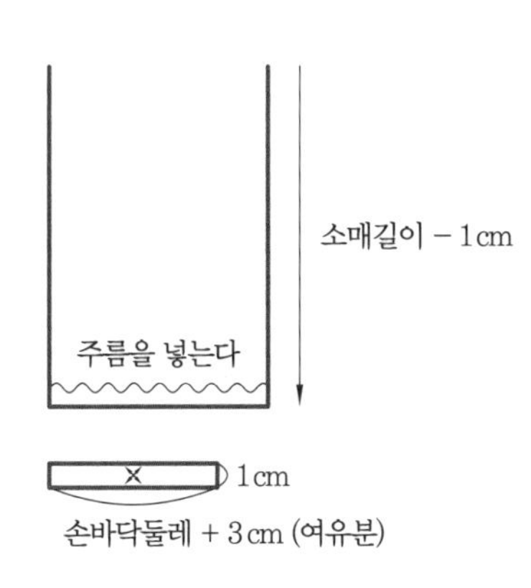

4 밴드 커프스

소매 끝에 개더를 넣어 밴드를 단 커프스

패턴

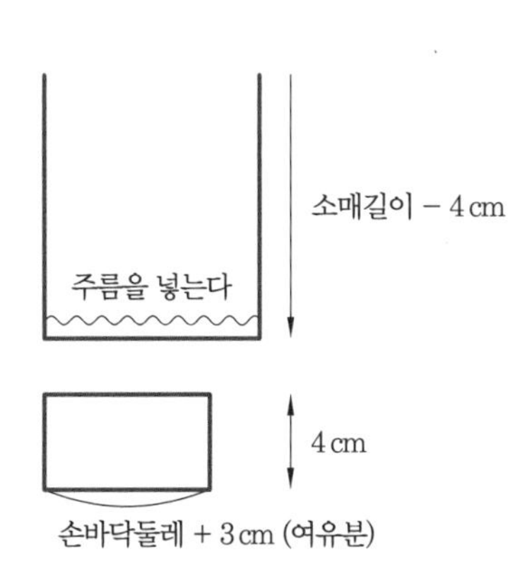

5 페플럼 커프스

소매 끝에 프릴을 단 커프스

패턴

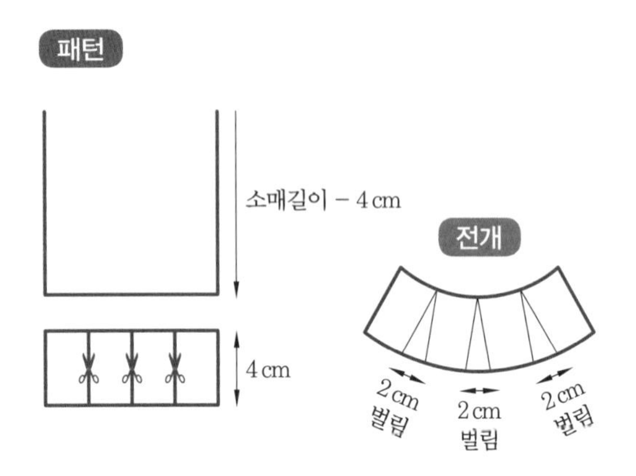

6 셔츠 커프스

남자 와이셔츠에서 가장 많이 사용되고 있는 커프스

패턴

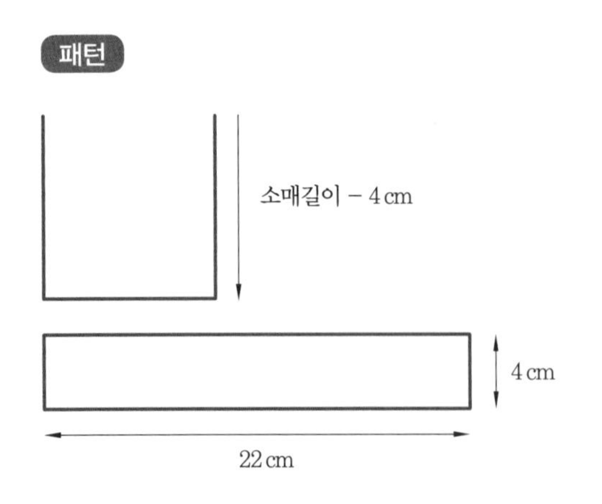

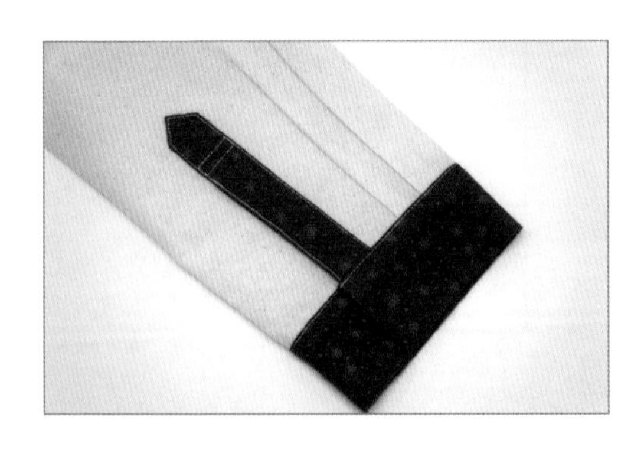

봉제 순서

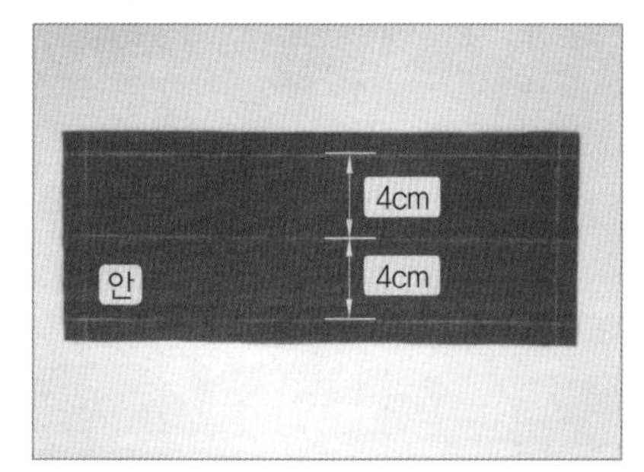

1 시접은 모두 1cm로 한다.

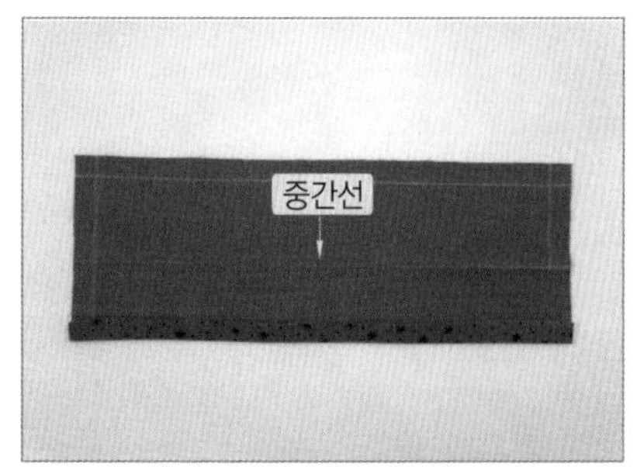

2 아래 시접을 접어 다림질한다.

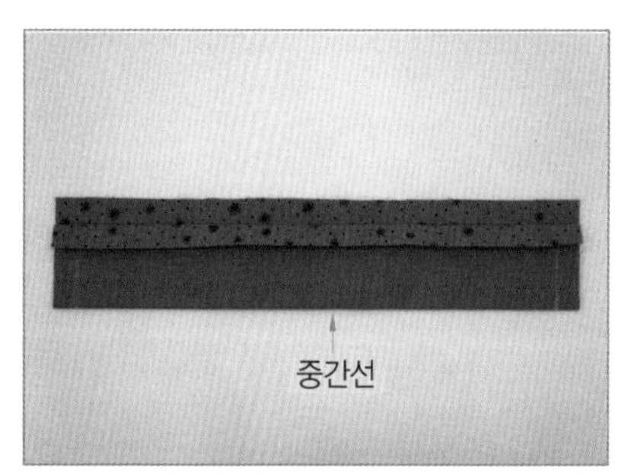

3 중간선을 반으로 접는다.

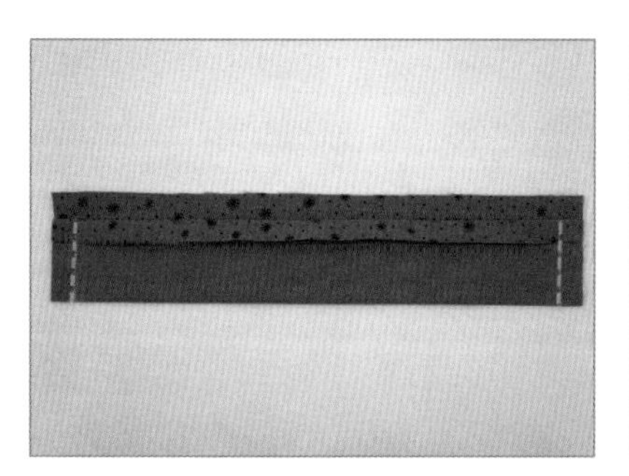

4 양쪽 시접을 박음질한다.

5 엄지손가락을 모서리에 깊게 넣고 집게 손가락과 마주 잡는다.

6 그대로 뒤집는다.

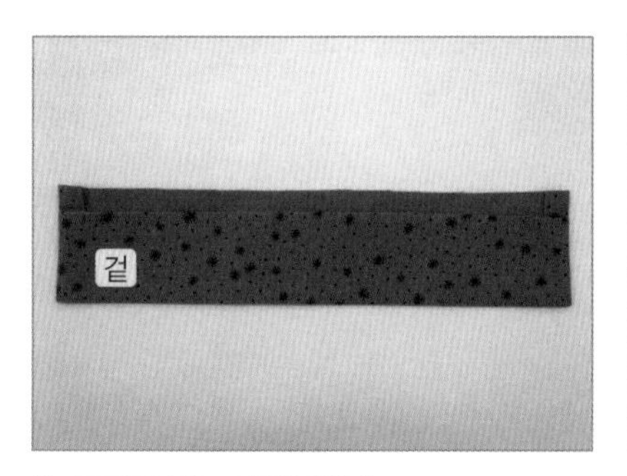

7 모양을 잡고 다림질한다.

8 트임에 사진처럼 커프스를 올려놓고 박음질한다.

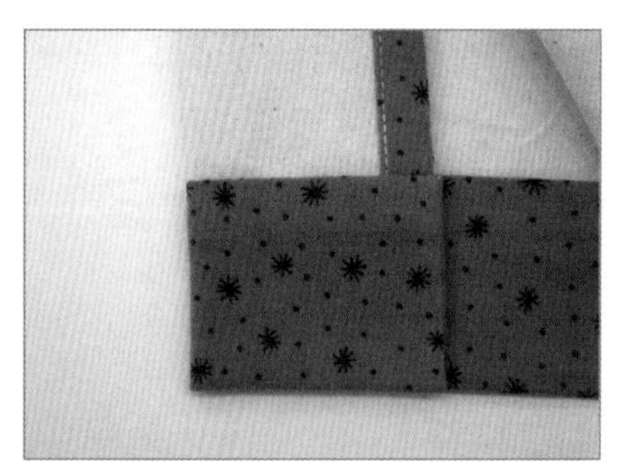

9 커프스를 아래로 내린다.

10 0.2~0.3cm 폭으로 박음질한다.

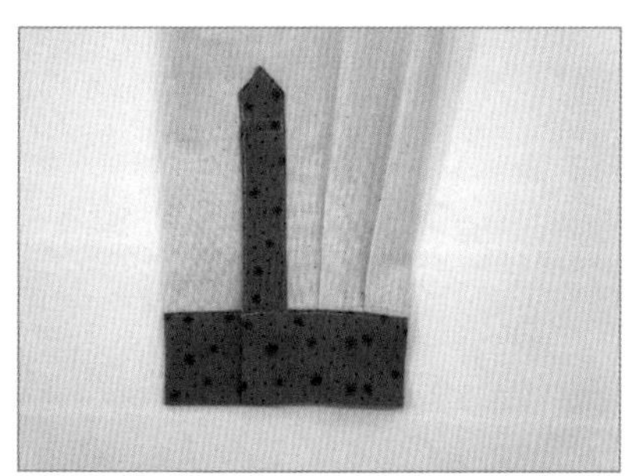

11 완성

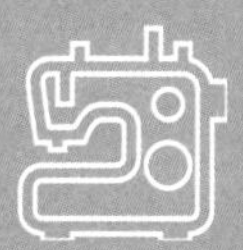

칼라

몸판의 목둘레에 달린 의복의 일부이다. 얼굴 가까이 있기 때문에
착용자의 인상에 영향을 미치며, 다양한 제도 방법으로 이미지를 연출할 수 있다.

1 칼라의 부위별 명칭

도식화

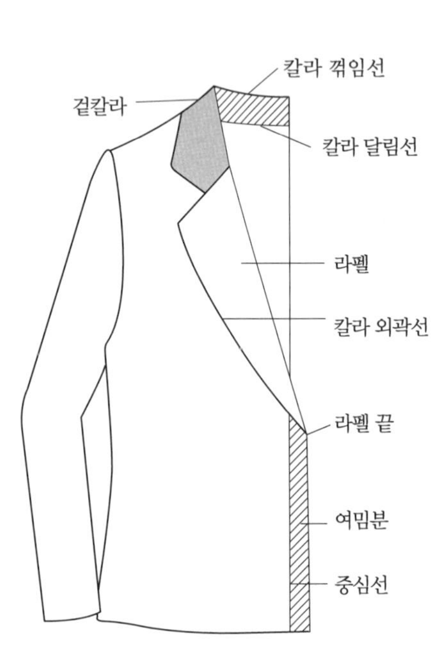

패턴

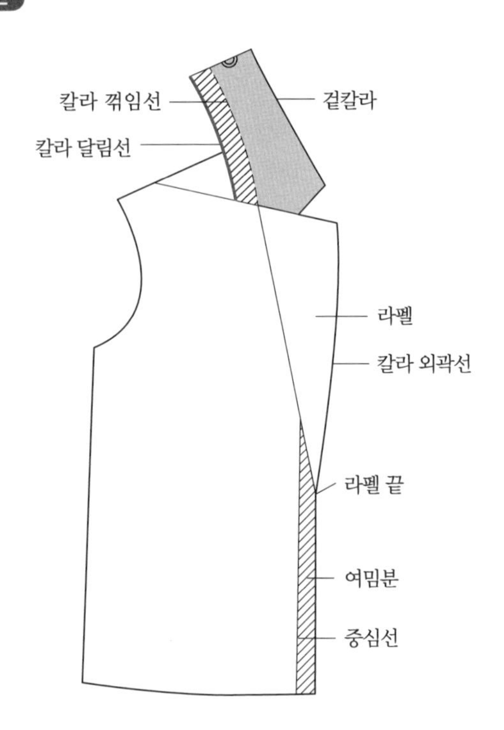

도식화

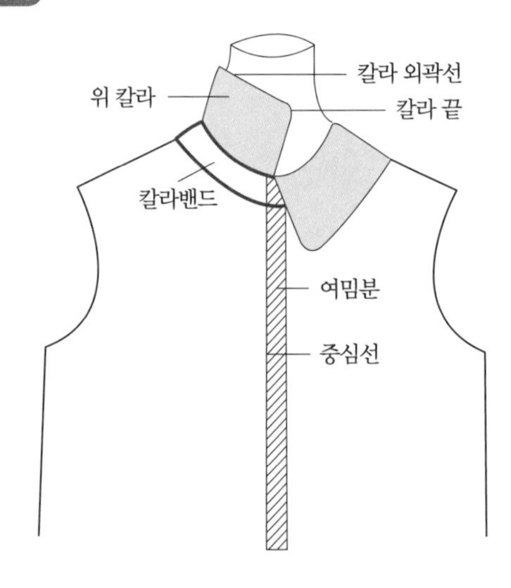

패턴

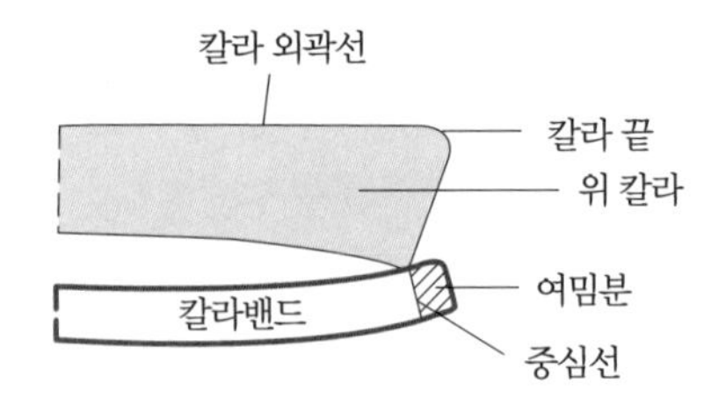

패턴

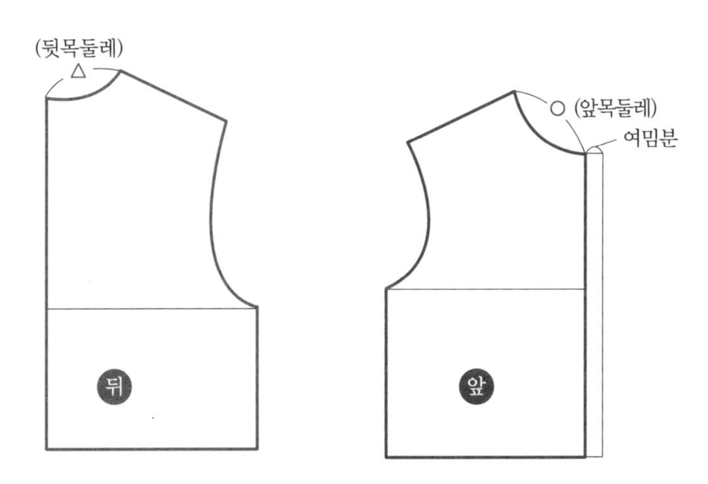

2 스탠딩 칼라

옷깃이 목을 둘러싼 칼라로, 니비에 따라 스탠드 칼라, 차이나 칼라, 맨더린 칼라 등이 있다.

패턴 방법 ❶

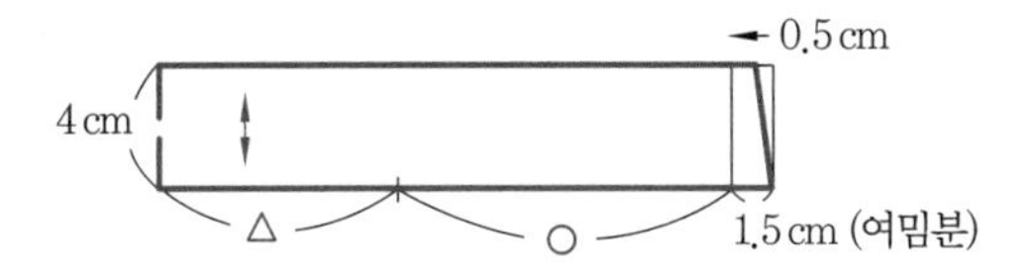

패턴 방법 ❷

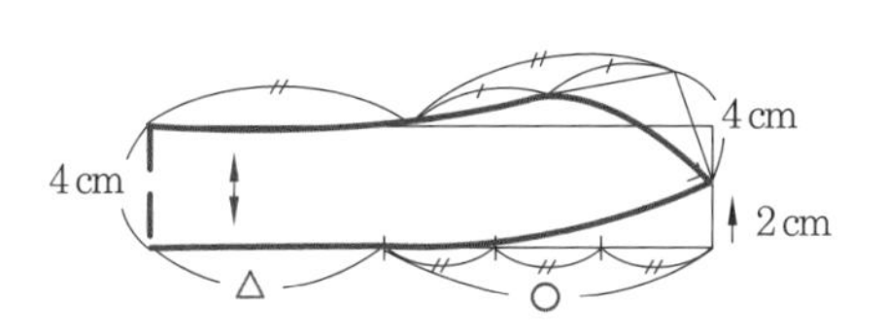

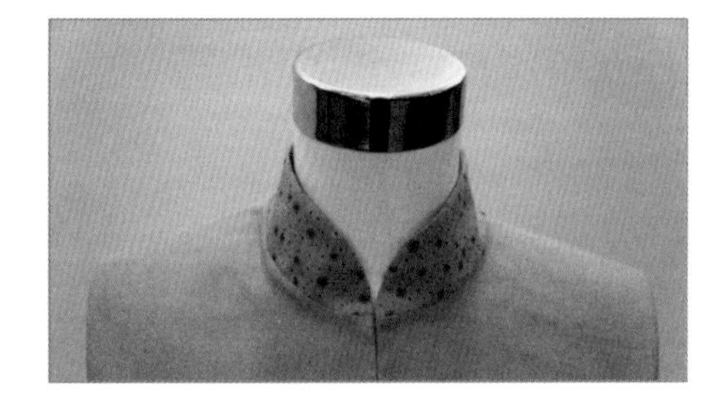

3 셔츠 칼라

스포티한 느낌이며 와이셔츠 칼라와 비슷한 칼라

패턴

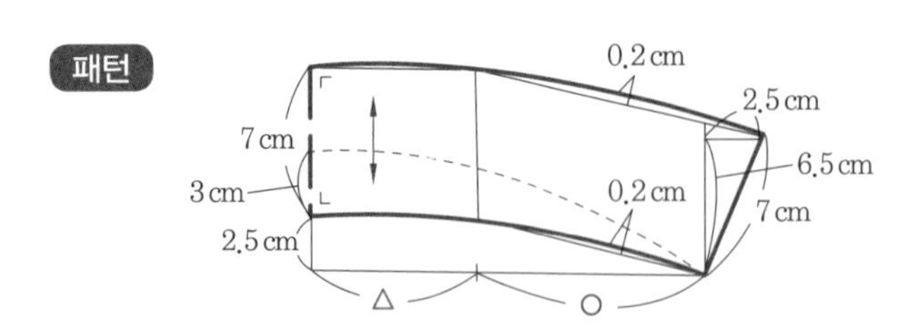

4 밴드 셔츠 칼라

남성복에서 유래된 타이를 맬 수 있는 칼라

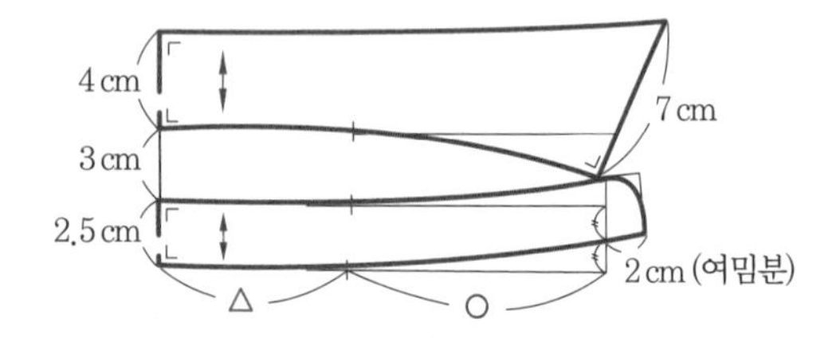

5 윙 칼라

클래식한 분위기로 옷깃의 앞면이 자연스럽게 젖혀진 칼라

패턴

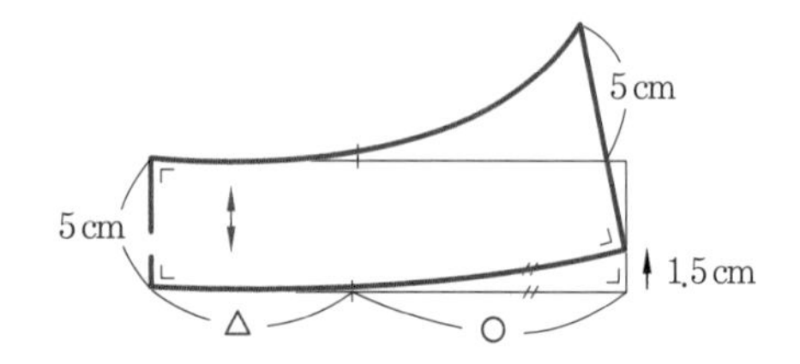

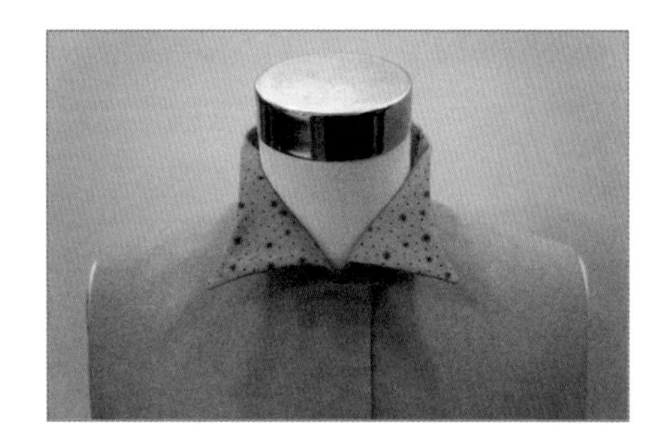

6 스포츠 칼라

첫 번째 단추를 여미거나 풀어서 입을 수 있는 칼라로 윙 칼라, 오픈 칼라, 컨버터블 칼라 등이 있다.

패턴

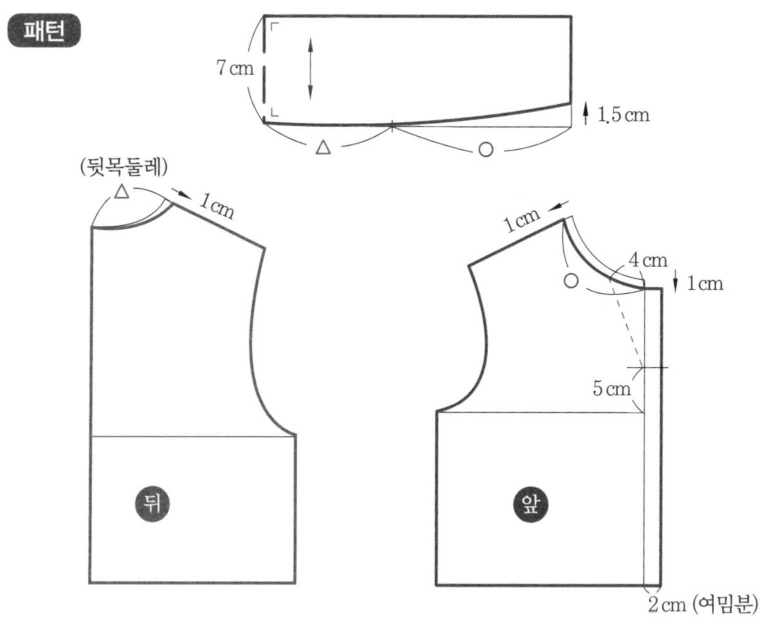

7 숄 칼라

숄을 걸친 것처럼 보이는 칼라

패턴

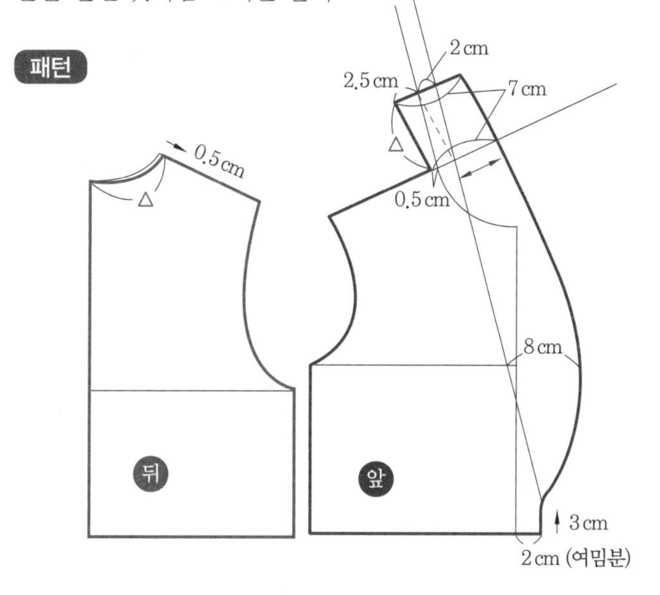

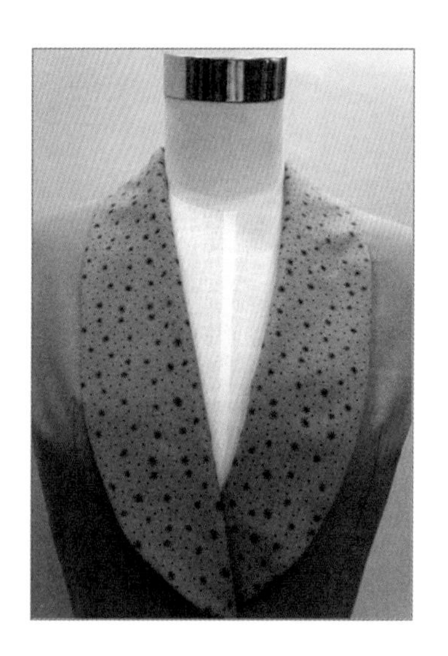

8 테일러드 칼라

신사복에서 볼 수 있는 남성적인 칼라

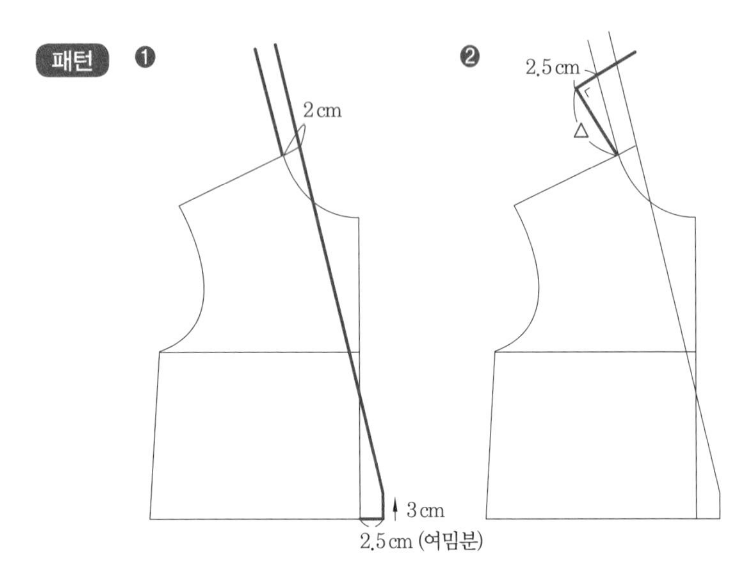

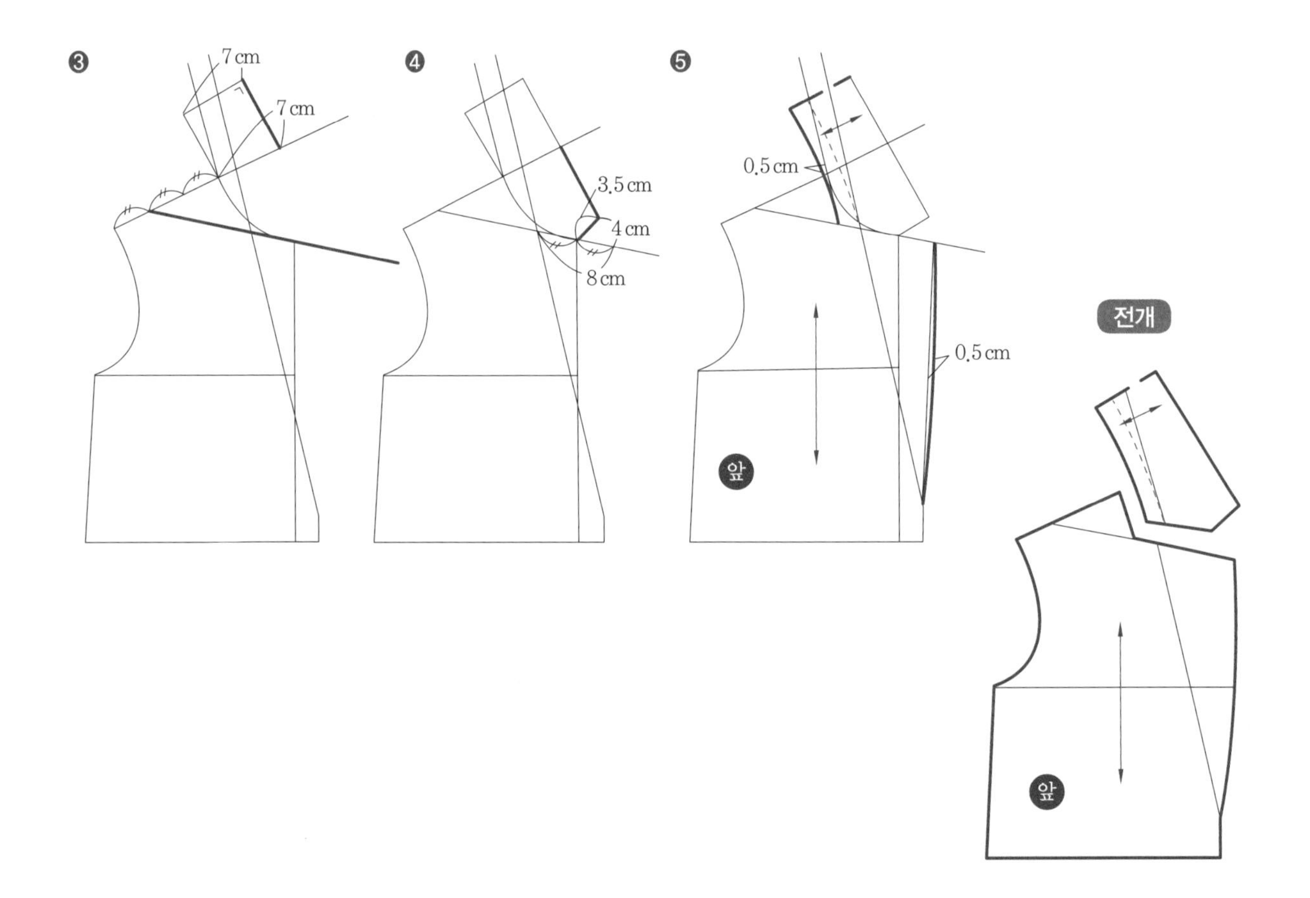

9 플랫 칼라

목선에서 바로 젖혀진 칼라

패턴 방법 ❶

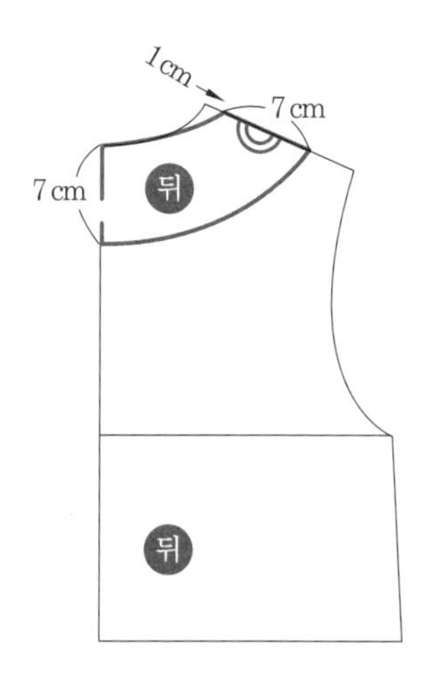

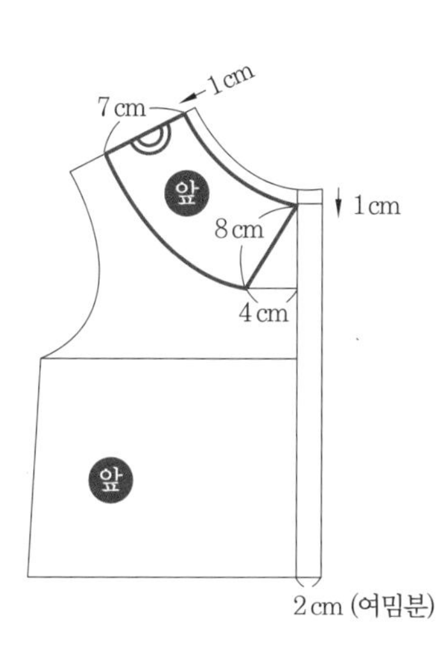

전개

패턴 방법 ❷

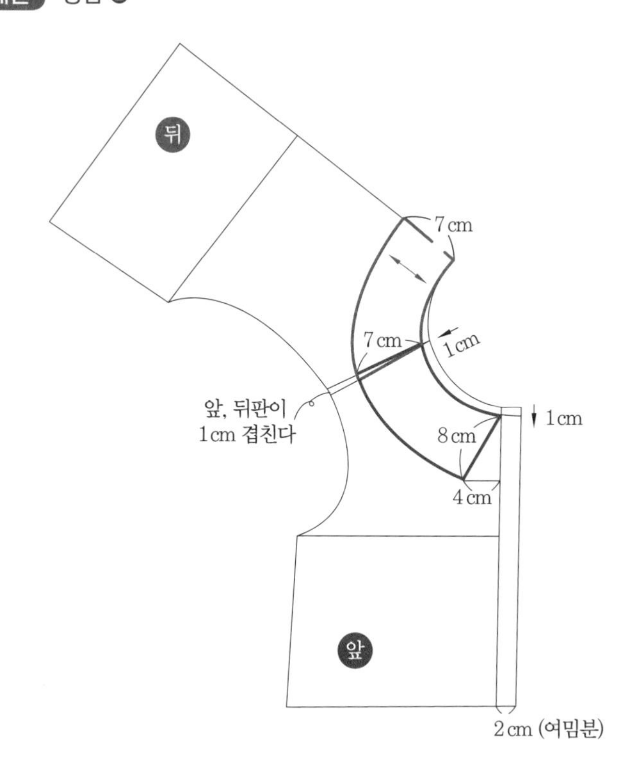

10 로 플랫 칼라

아래에서부터 목선까지 바로 젖혀진 칼라

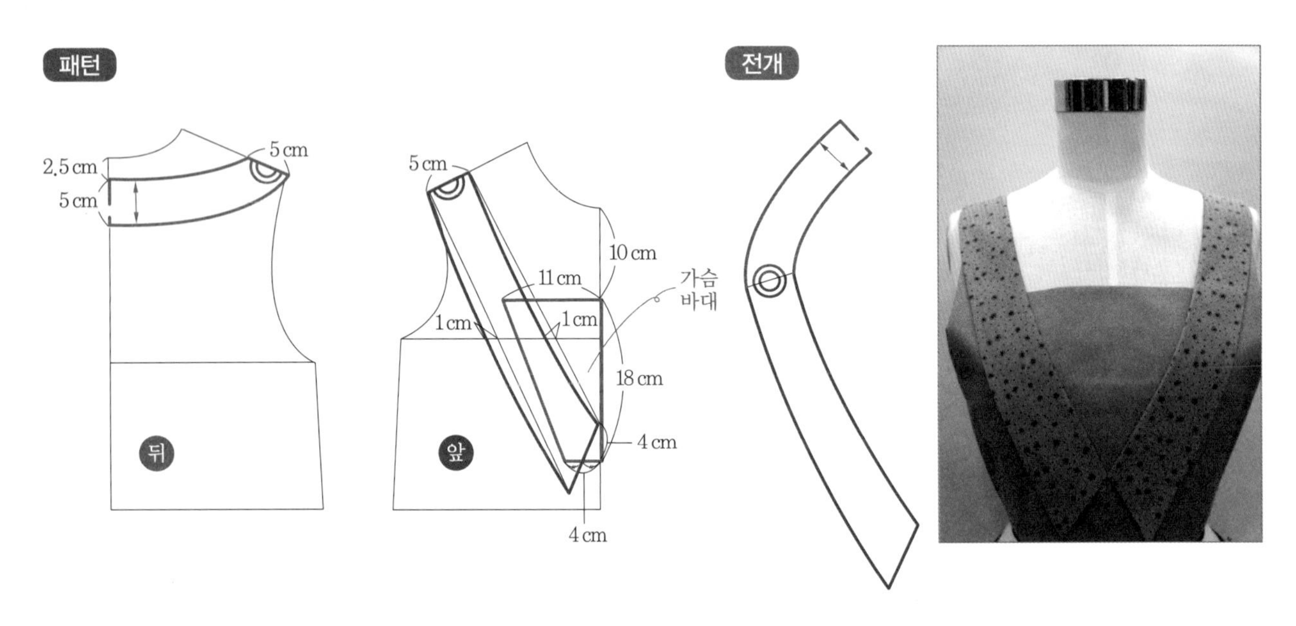

11 보 칼라

긴 천으로 앞에서 다양하게 묶을 수 있는 칼라

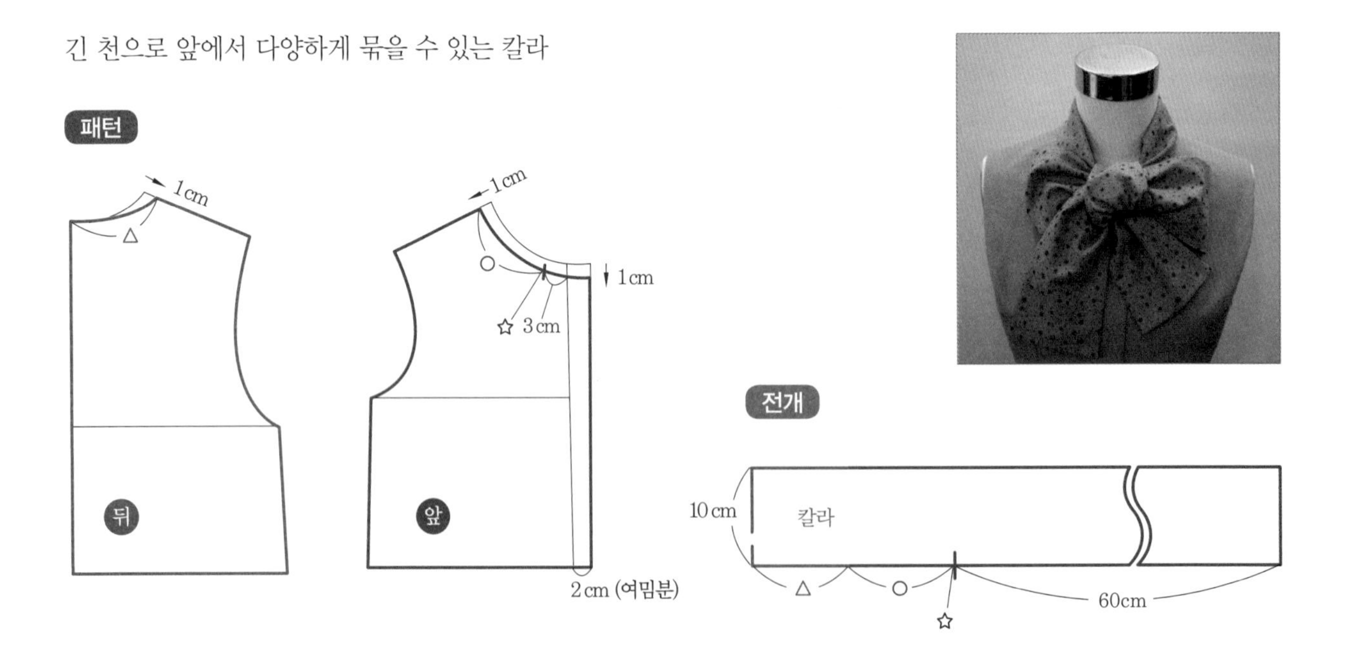

12 드레이프 칼라

자연스럽게 주름이 생기는 칼라

패턴

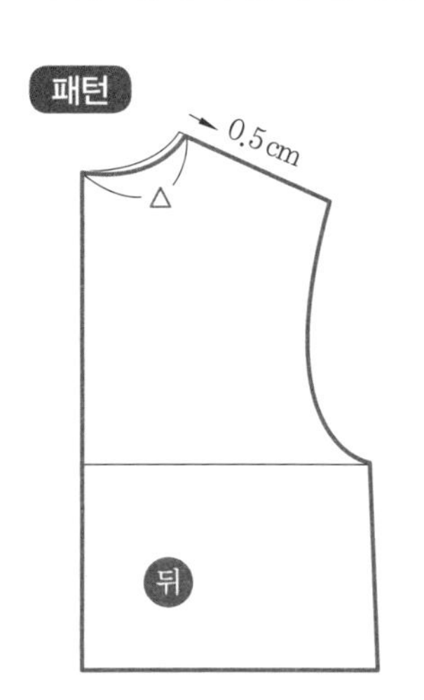

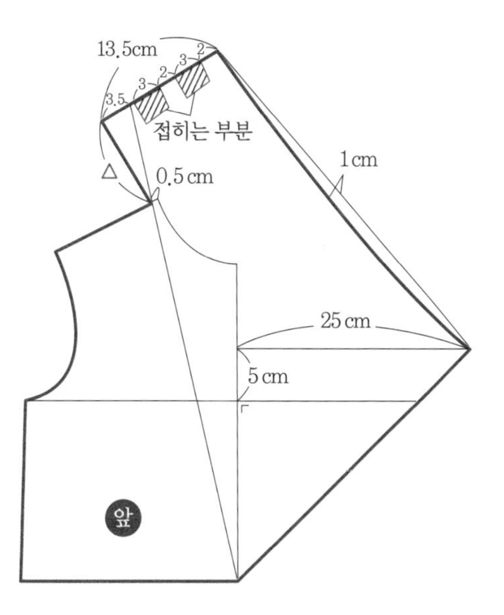

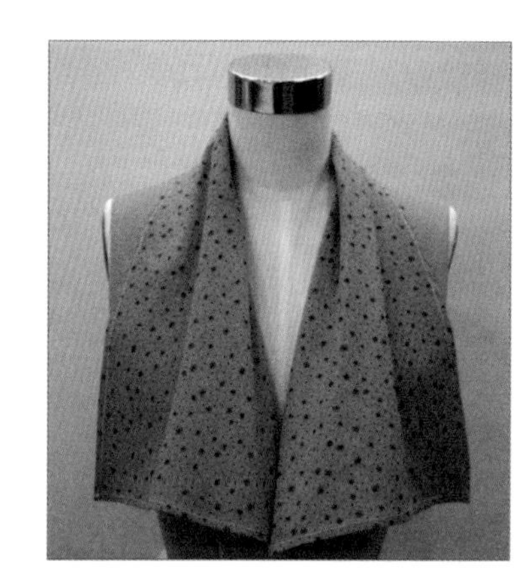

13 프릴 칼라

잔잔한 주름으로 물결진 칼라

패턴

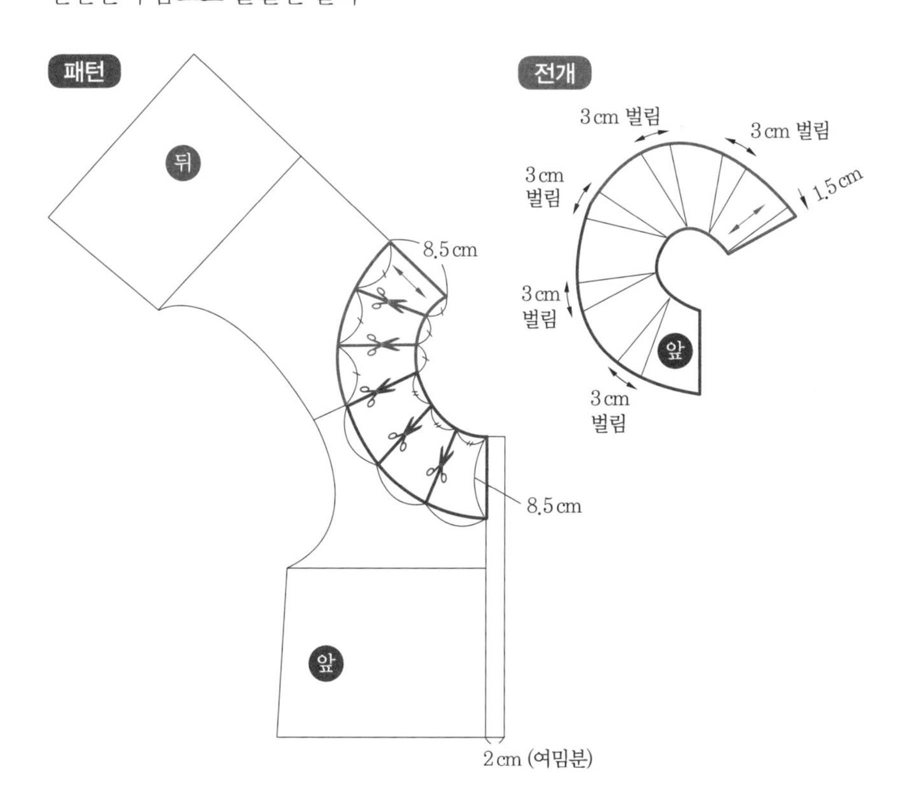

14 로 프릴 칼라

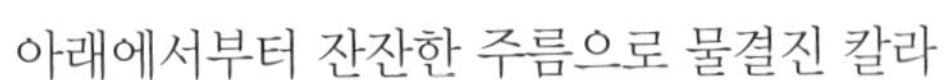
아래에서부터 잔잔한 주름으로 물결진 칼라

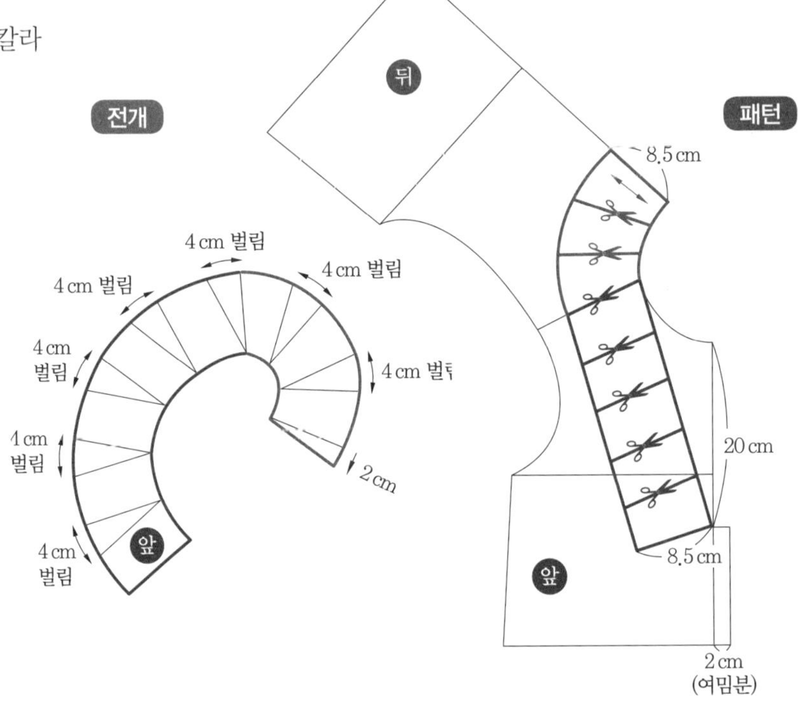

15 세일러 칼라

뒤쪽은 네모지고 앞쪽은 긴 라펠이 가슴까지 이어져 있는 칼라

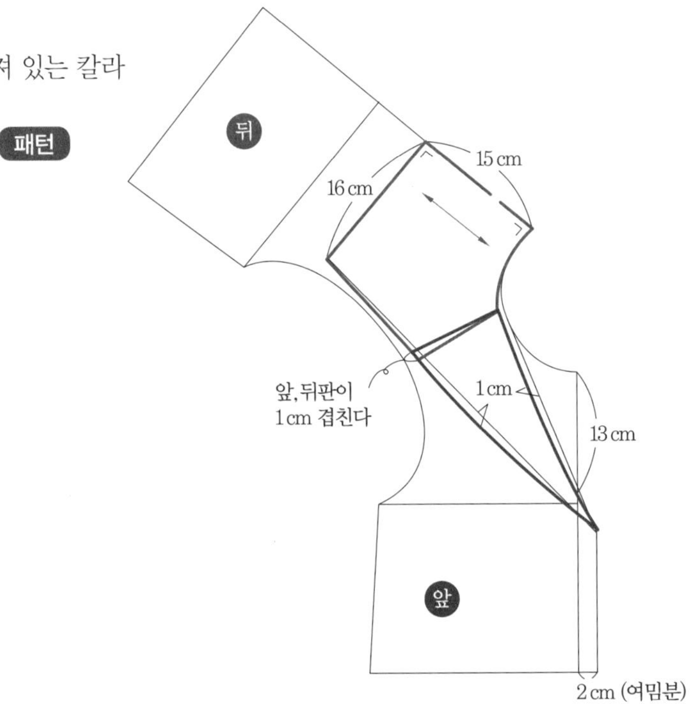

16 케이프 칼라

어깨를 덮는 큰 칼라

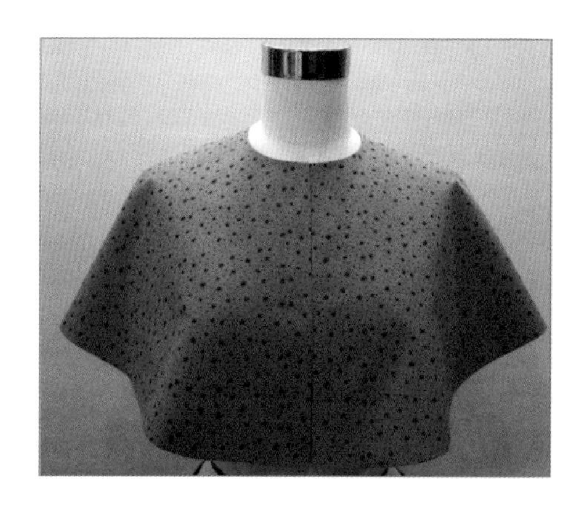

패턴

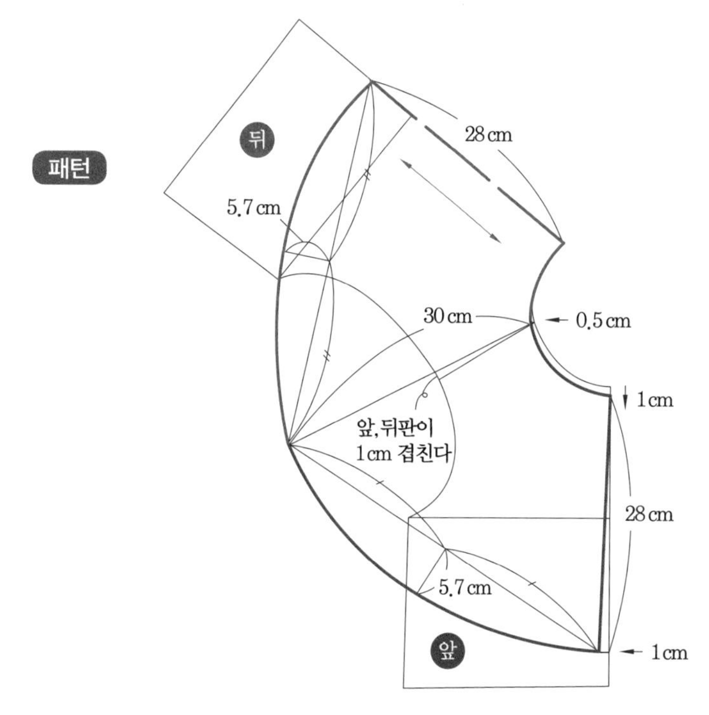

17 후드

머리 전체를 덮어싸는 모자

패턴

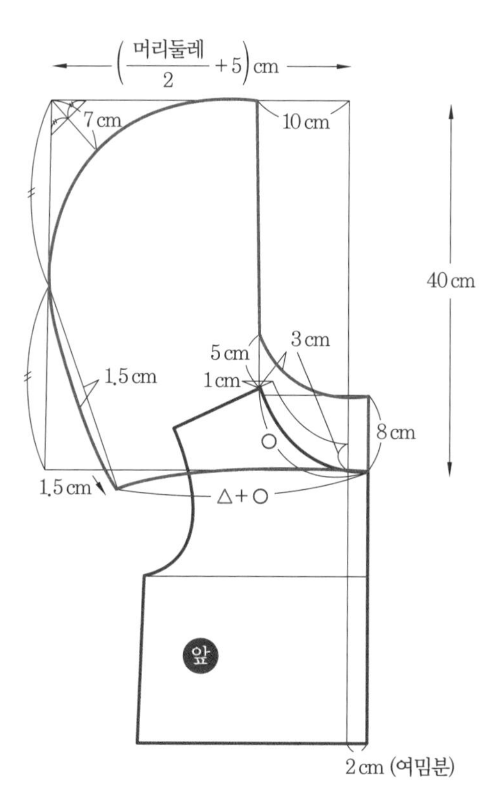

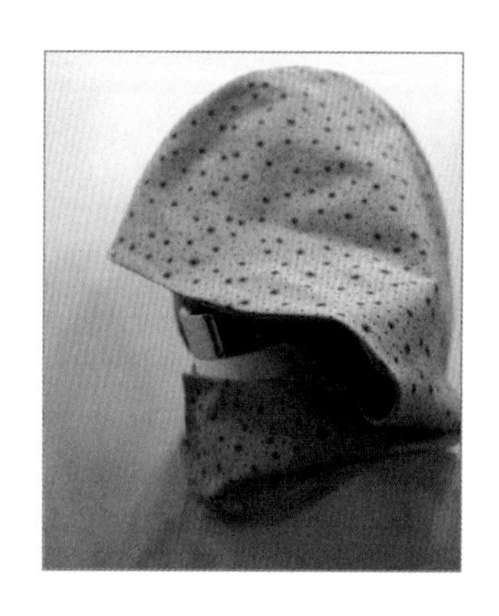

머리둘레 머리에서 가장 두꺼운 부분에 줄자를 돌려서 둘레를 잰다.

머리길이 목을 옆으로 젖힌 후 머리 꼭대기에서부터 옆목점까지의 길이를 잰다.

주머니

의복의 겉옷에 직물을 덧대어 손을 넣을 수 있도록 하거나
소지품 따위를 넣도록 만든 부분이다.

- 주머니 위치
- 안감이 있는 주머니
- 수납이 있는 주머니
- 가로선 안쪽에 만든 주머니
- 복주머니
- 뚜껑이 있는 주머니
- 박스 주머니
- 지퍼 주머니
- 홀 입술주머니
- 입술주머니
- 옆선에서 이어진 주머니
- 힙 주머니
- 캥거루 주머니

1 주머니 위치

1 블라우스 주머니

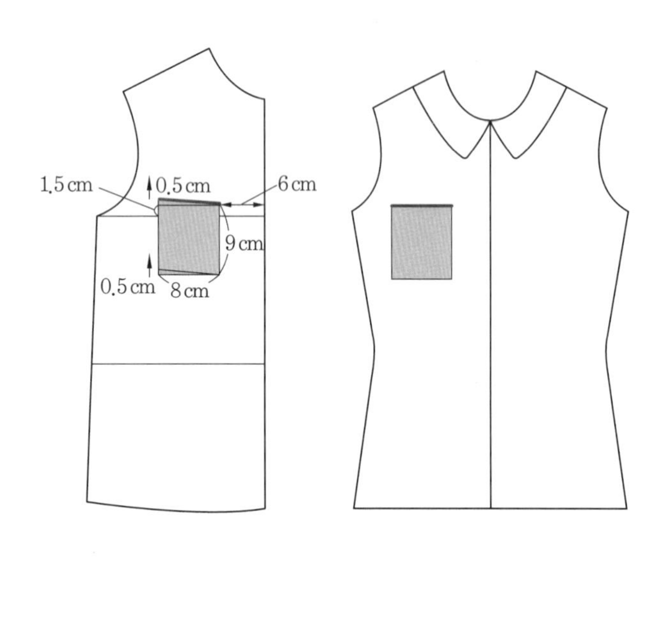

2 재킷 주머니

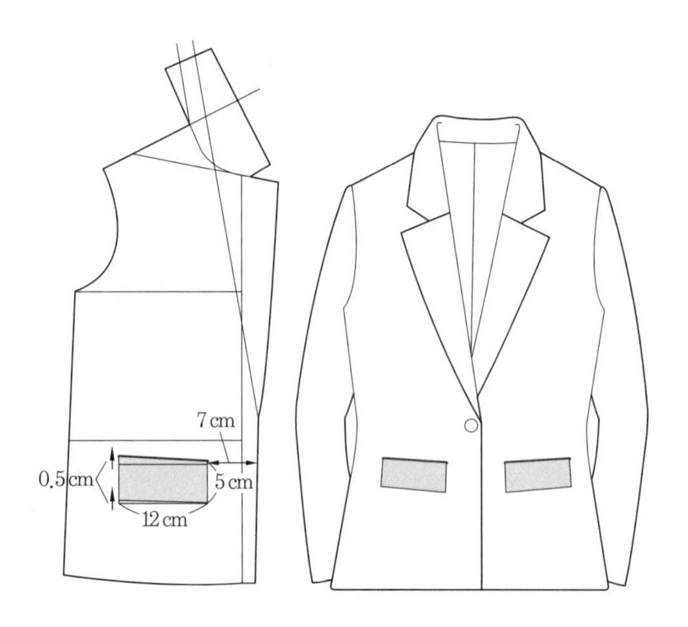

3 코트 주머니

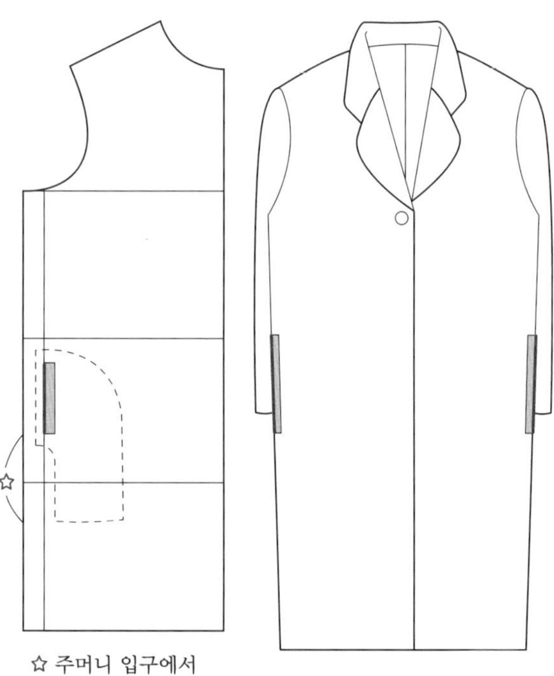

☆ 주머니 입구에서 12~13cm 내려가야 물건을 넣었다 빼기에 큰 불편함이 없다.

주머니 입구는 손둘레(△)에 여유분을 더한 치수로 정한다.

※ 블라우스 : △ + 2cm (여유분)

※ 재 킷 : △ + 3cm (여유분)

※ 코 트 : △ + 7cm (여유분)

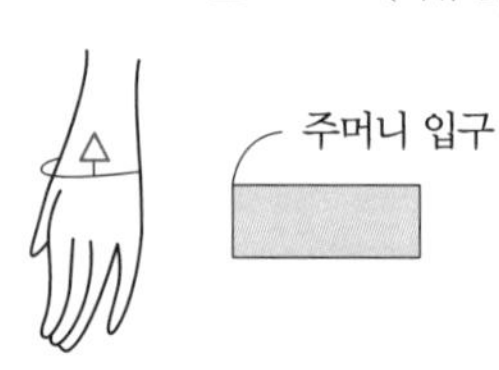

2 안감이 있는 주머니

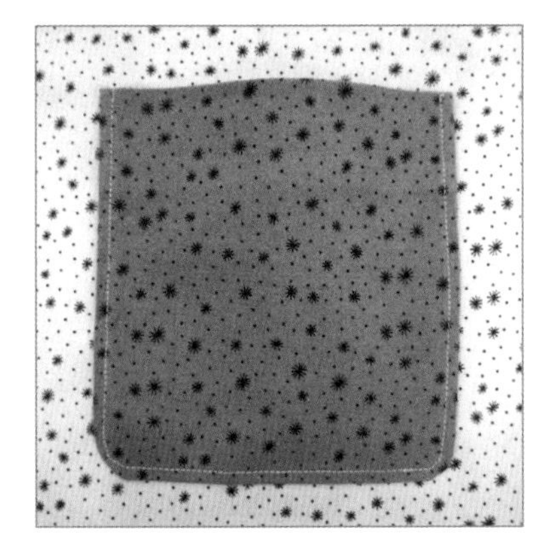

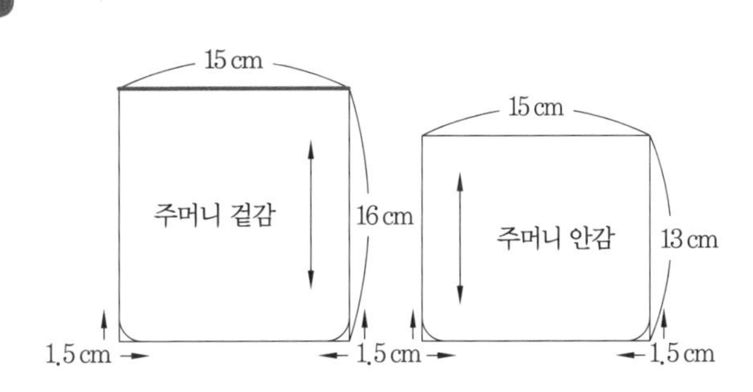

재단 및 시접

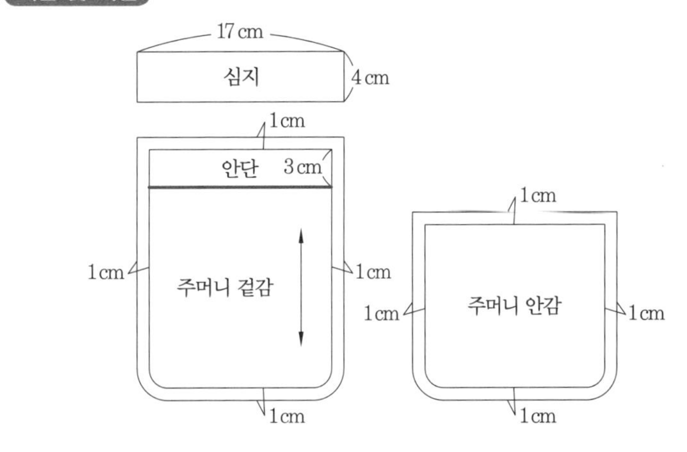

봉제 순서

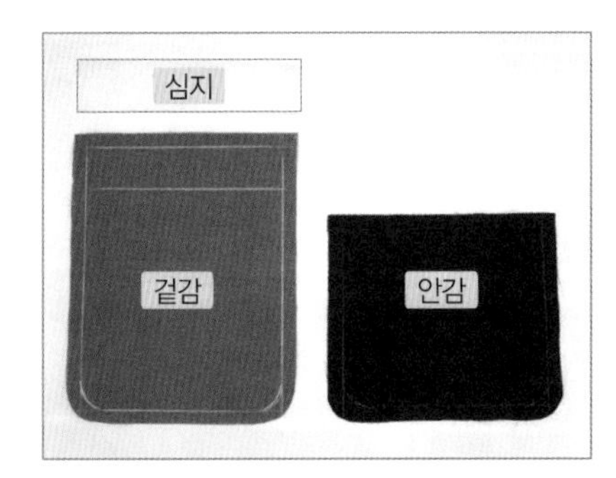

1 주머닛감 : 겉감 1장, 안감 1장, 심지 1장을 준비한다.

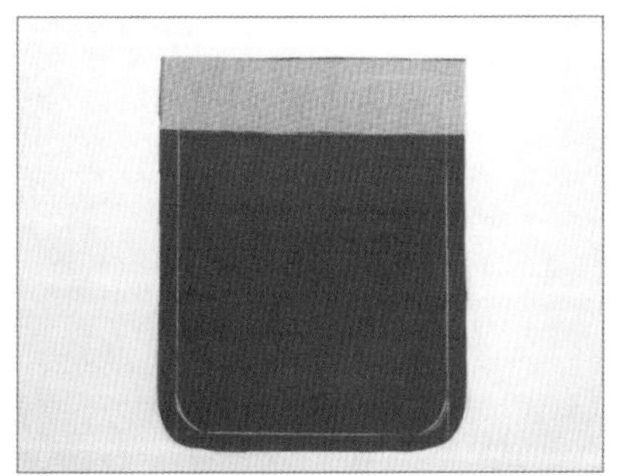

2 겉감 안단에 심지를 붙인다.

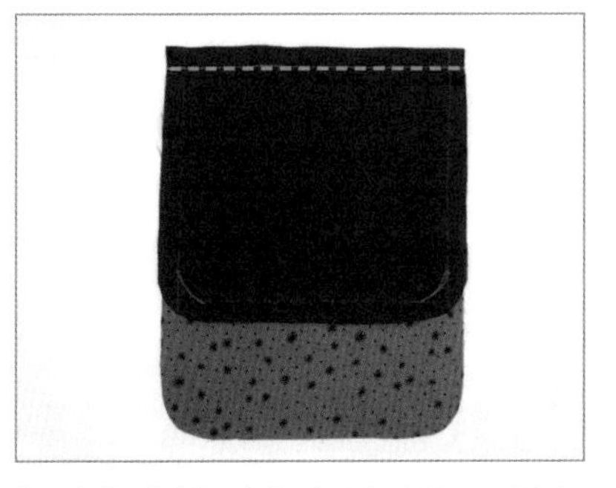

3 겉감, 안감을 겉과 겉끼리 마주 보도록 놓고 박음질한다.

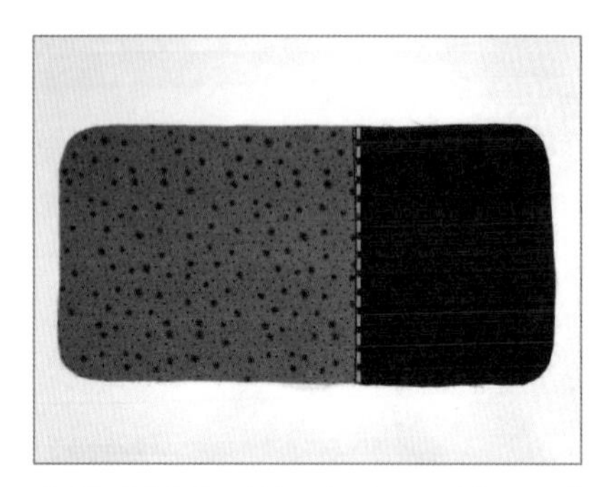

4 주머닛감을 펴서 0.2~0.3cm 폭으로 박음질한다.

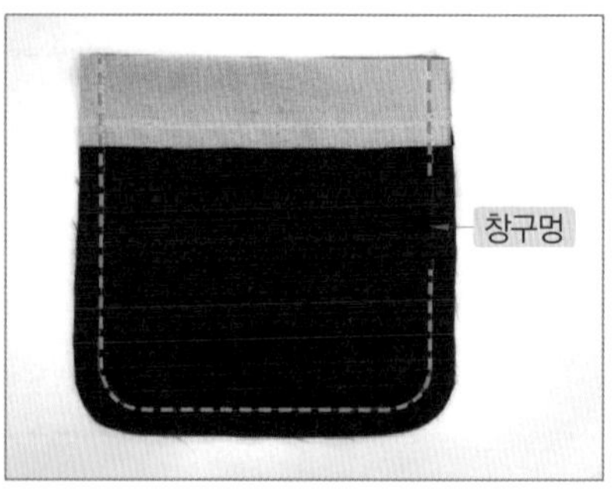

5 주머니 겉감, 안감을 겉과 겉끼리 마주 보도록 놓고 박음질한다.
★ 창구멍 5~6cm를 남겨두고 박음질한다.

6 모서리의 둥근 부분은 시접을 0.3~0.5cm 남기고 자른다.

7 창구멍으로 뒤집어 다림질한다.

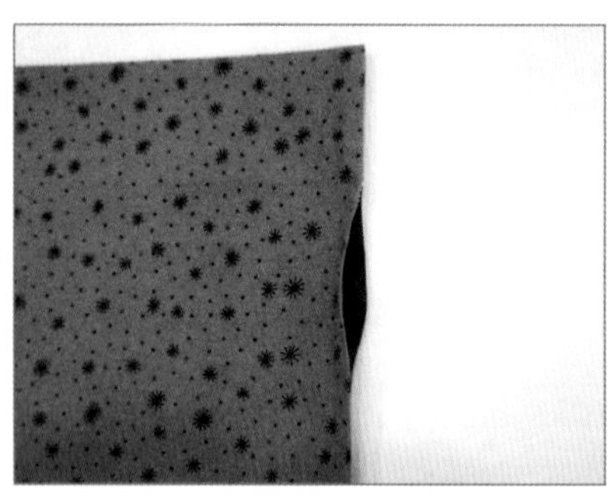

8 창구멍은 양면 접착 심지를 넣어 다림질하거나 공그르기한다.

9 주머니를 달 위치에 핀이나 시침질로 고정한다. ★ 주머니 입구가 약간 뜨도록 한다.

10 0.3~0.5cm 폭으로 박음질한다.

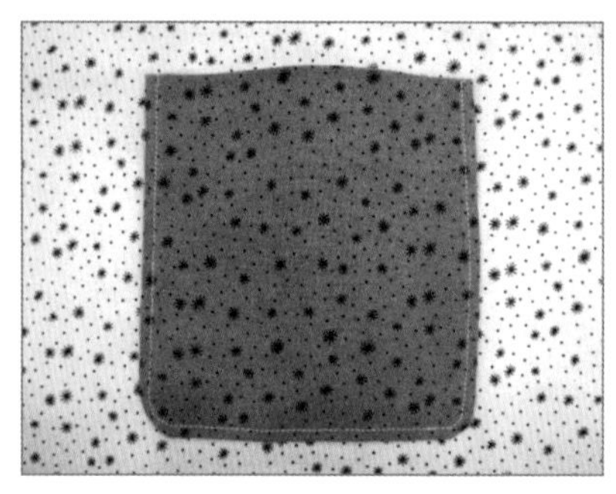

11 완성

tip 공그르기

마무리할 때 사용하는 방법으로, 바늘땀이 보이지 않도록 하며 실을 너무 잡아당겨서 옷감이 울지 않도록 한다.

3 수납이 있는 주머니

패턴

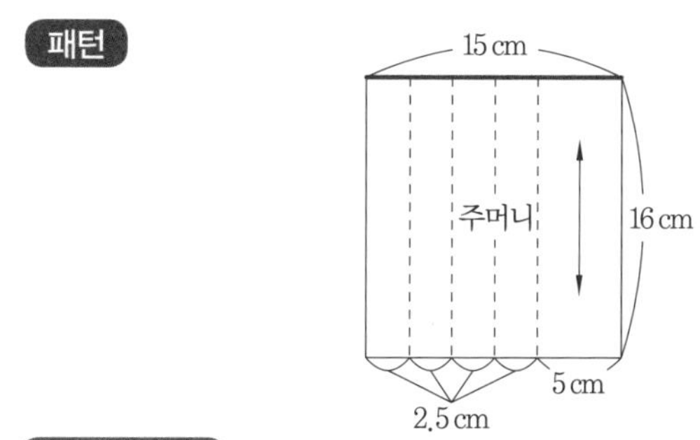

재단 및 시접

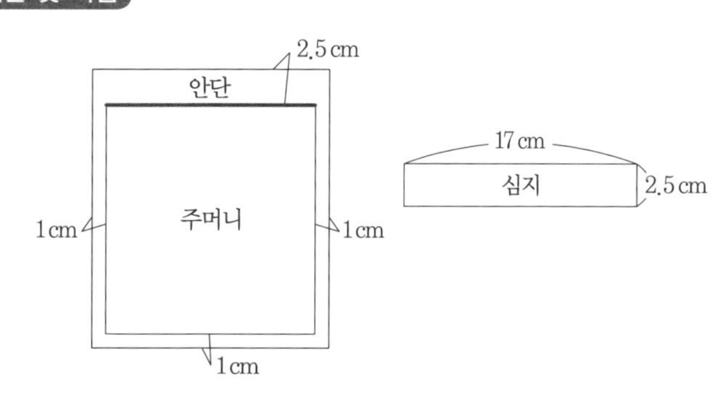

봉제 순서

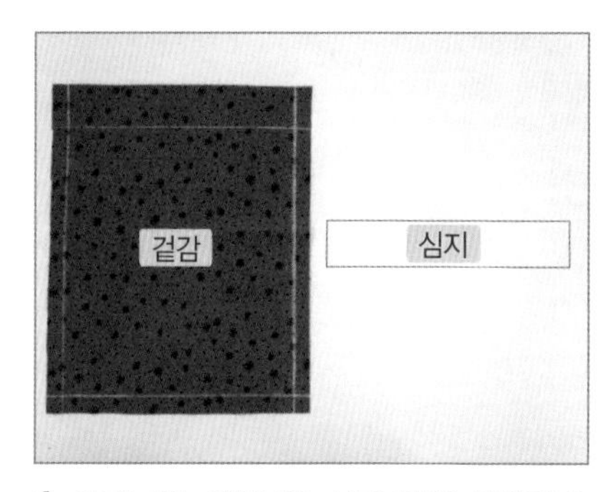

1 주머닛감 : 겉감 1장, 심지 1장을 준비한다.

2 안단에 심지를 부착한 후 오버로크를 한다.

3 시접을 접어 다림질한다.

4 안단에 박음질한다.

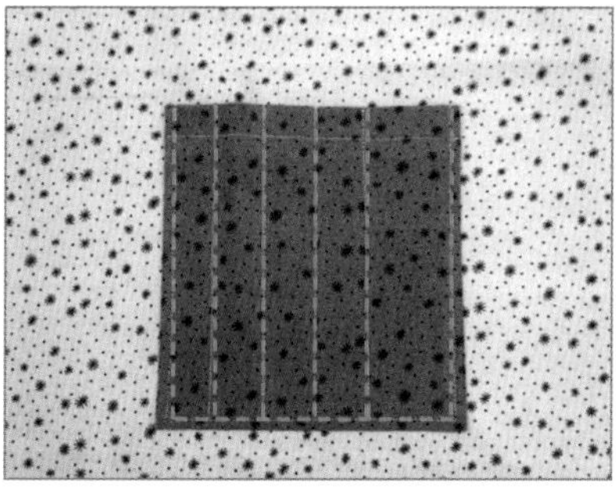

5 움직이지 않도록 주머니를 달 위치에 핀이 나 시침질로 고정한 후 박음질한다.

6 완성

4 가로선 안쪽에 만든 주머니

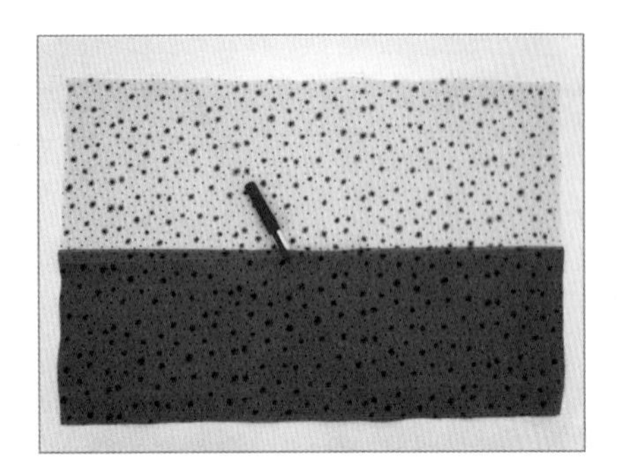

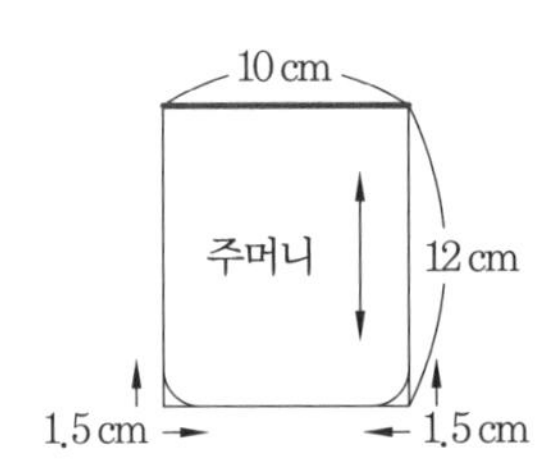

재단 및 시접

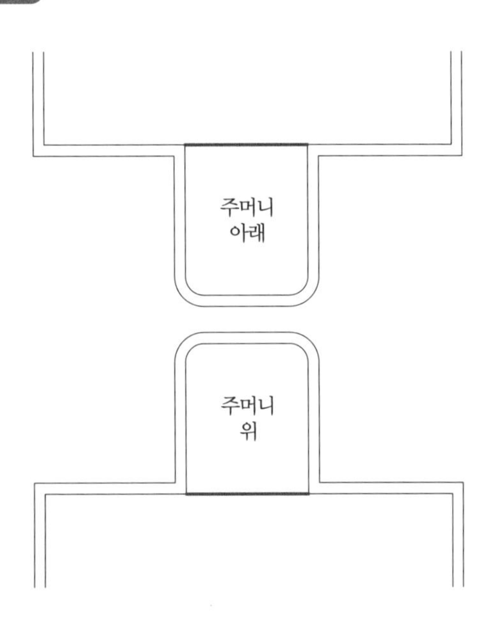

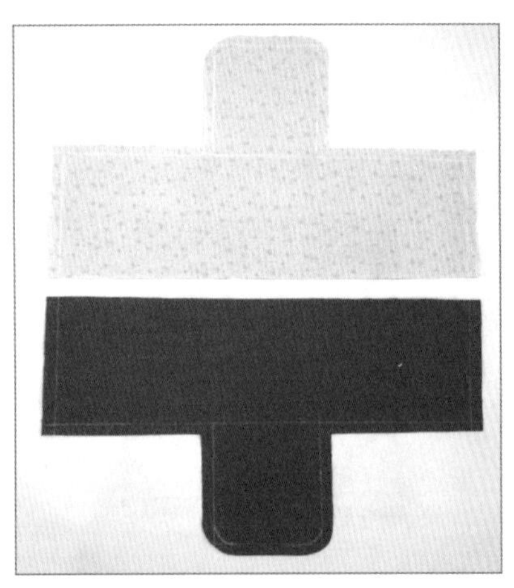

1 주머닛감 : 겉감 2장을 준비한다.

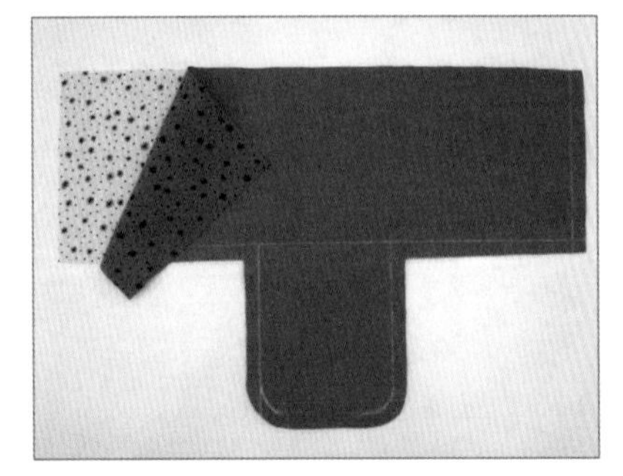

2 주머닛감을 겉과 겉끼리 마주 놓는다.

3 박음질한다.

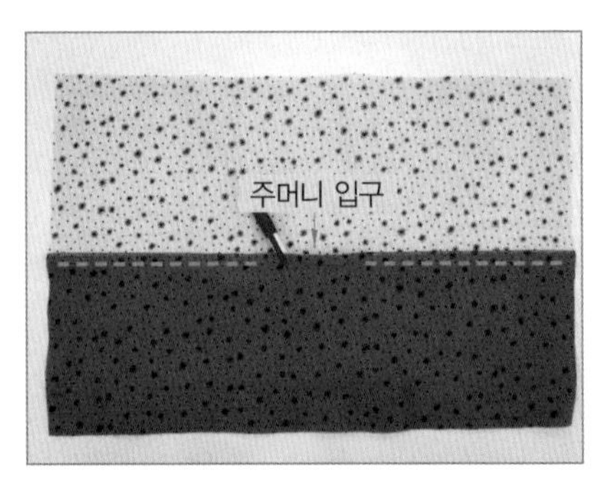

4 위에 있는 주머닛감을 아래쪽으로 놓고 0.2~0.3cm 폭으로 누름 상침한다.

5 복주머니

패턴

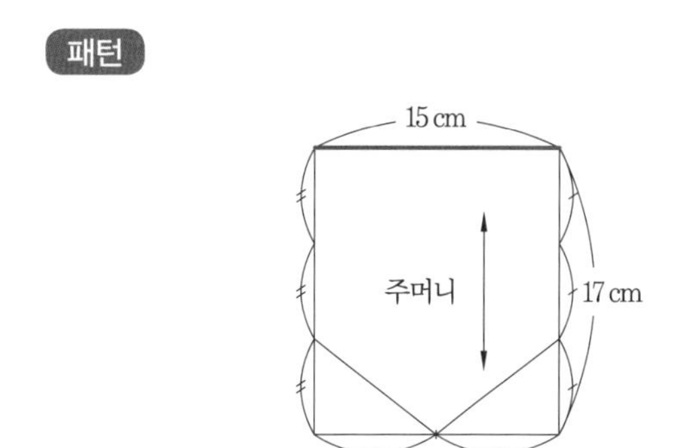

재단 및 시접

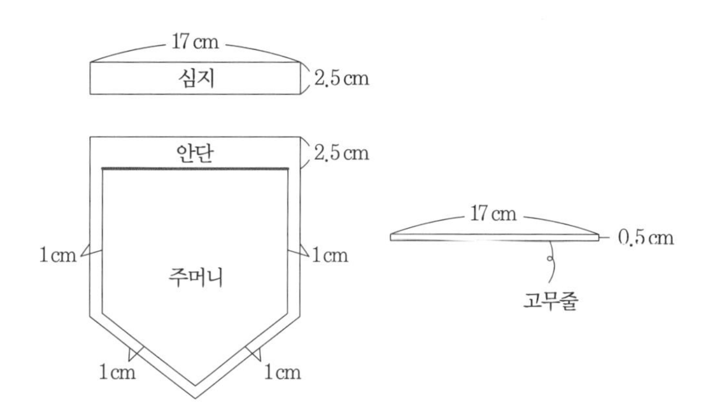

봉제 순서

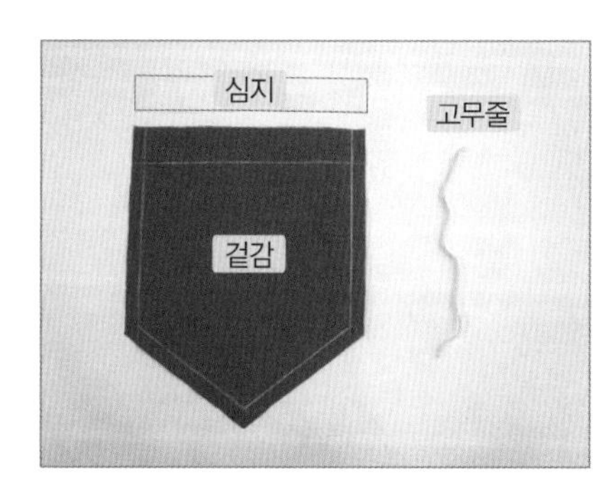

1 주머닛감 : 겉감 1장, 심지 1장, 고무줄을 준비한다.

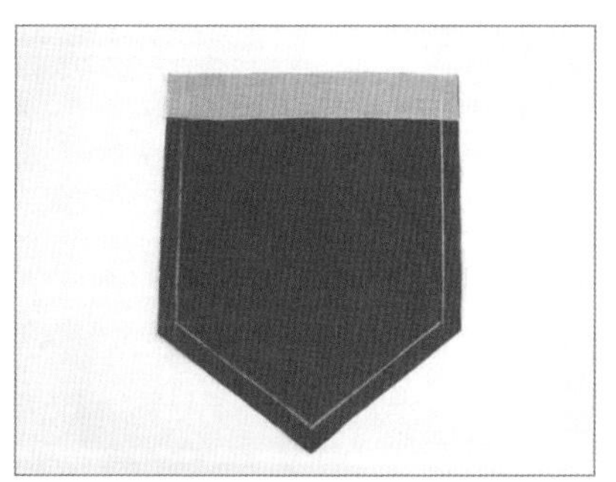

2 주머니 안단에 심지를 붙인다.

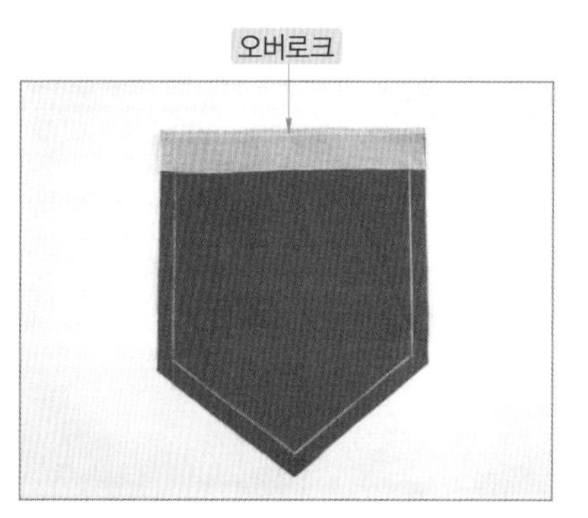

3 오버로크를 한다.

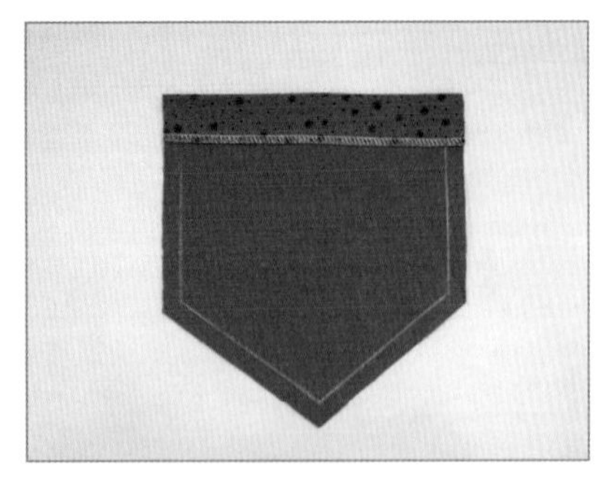

4 안단을 접어 다림질한다.

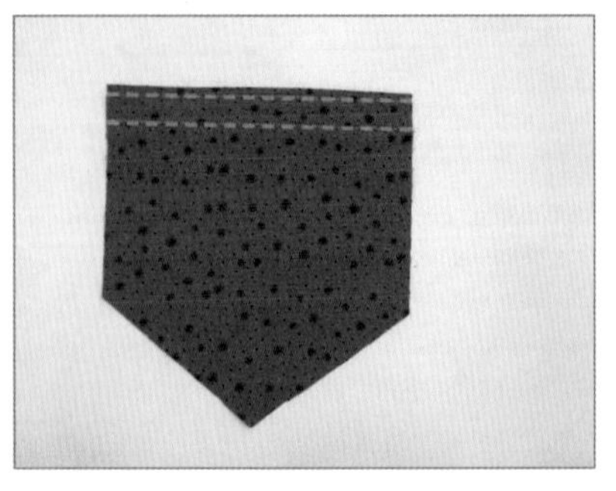

5 안단에 박음질한다. 위, 아래 간격은 2cm로 박음질한다.

6 고무줄이 빠지지 않도록 고정 박음질한다.

7 입구가 9.5cm가 되도록 만들고, 끝을 튼튼하게 고정 박음질한다.

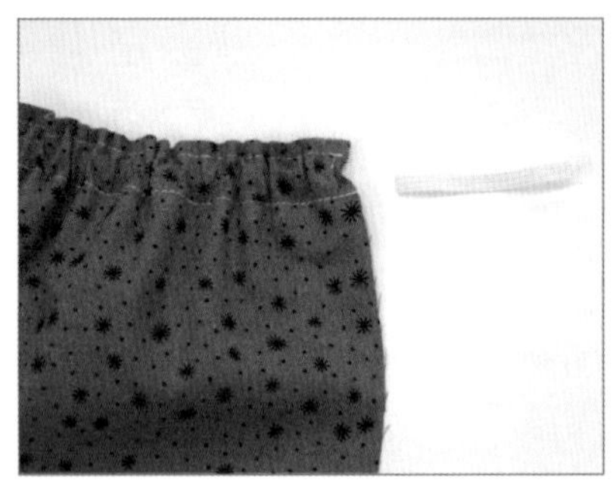

8 남은 고무줄을 자른다.

9 시접을 다림질한다.

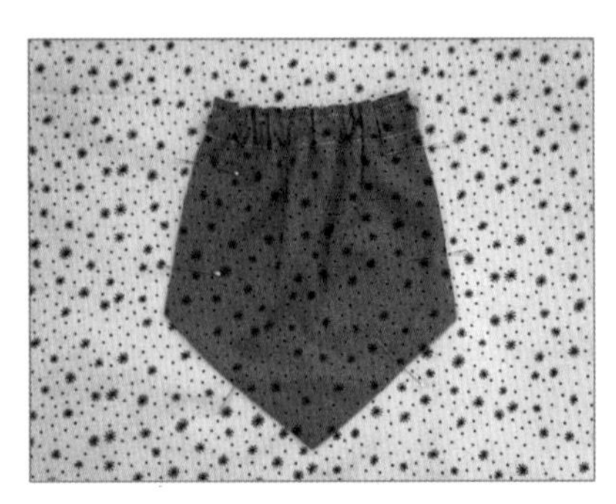

10 움직이지 않도록 주머니를 달 위치에 핀이나 시침질로 고정시킨다.

11 0.3~0.5cm 폭으로 박음질한다.

12 완성

tip 복주머니

복주머니는 코트 안에 안주머니로 달거나 아동복에 달면 잘 어울리는 주머니이다.

6 뚜껑이 있는 주머니

패턴

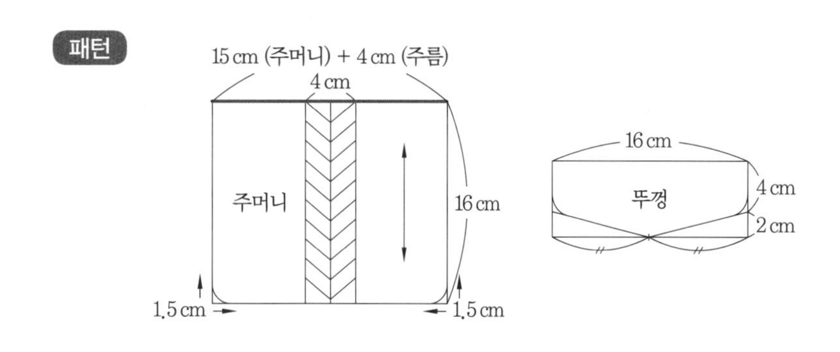

재단 및 시접

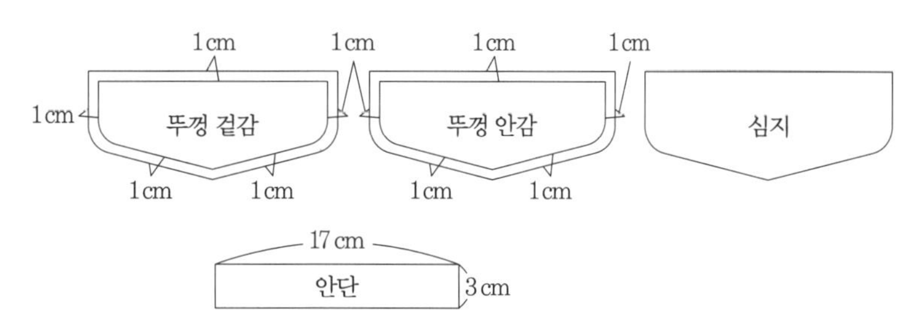

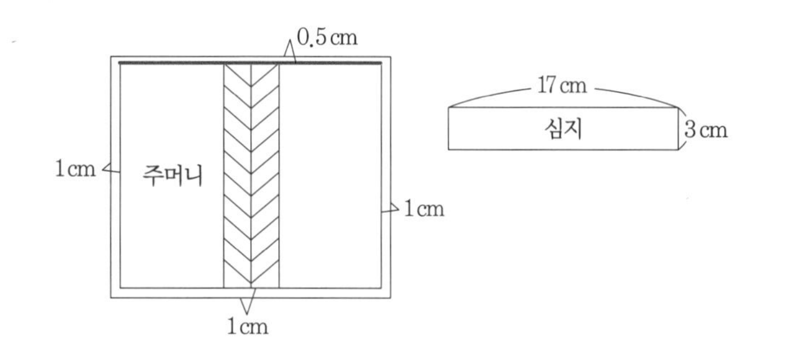

봉제 순서

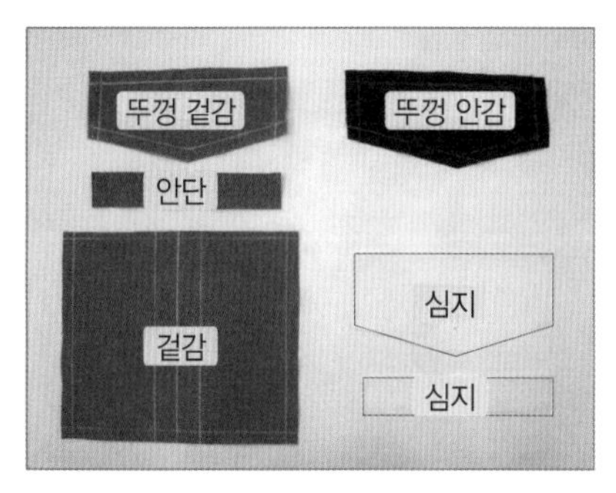

1 주머닛감 : 겉감 1장, 뚜껑 겉감 1장, 뚜껑 안감 1장, 안단 1장, 심지 2장을 준비한다.

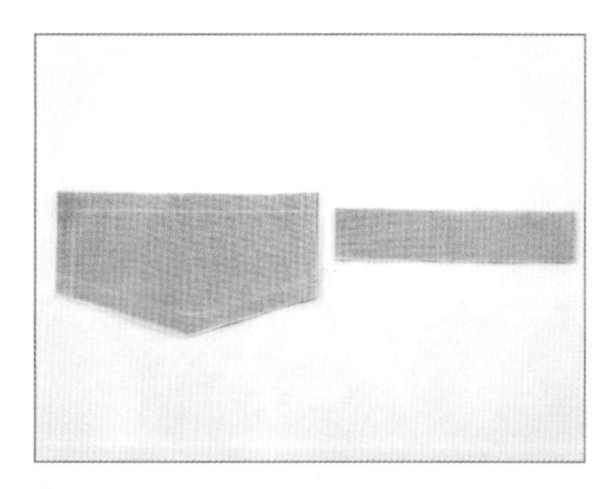

2 뚜껑 겉감과 안단에 심지를 붙인다.

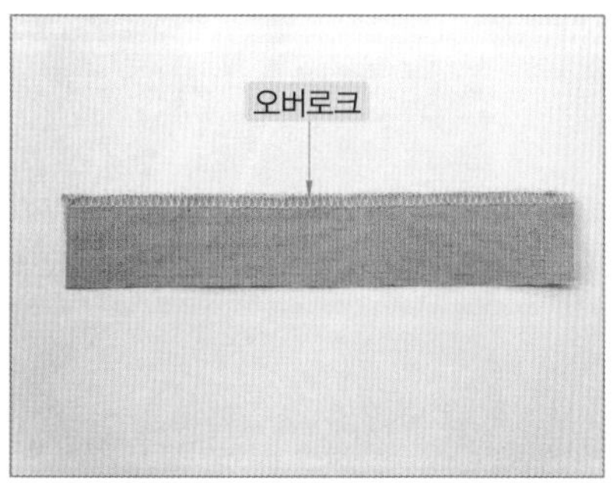

3 안단에 오버로크를 한다.

4 뚜껑 겉감, 안감을 겉과 겉끼리 마주 보도록 놓는다.

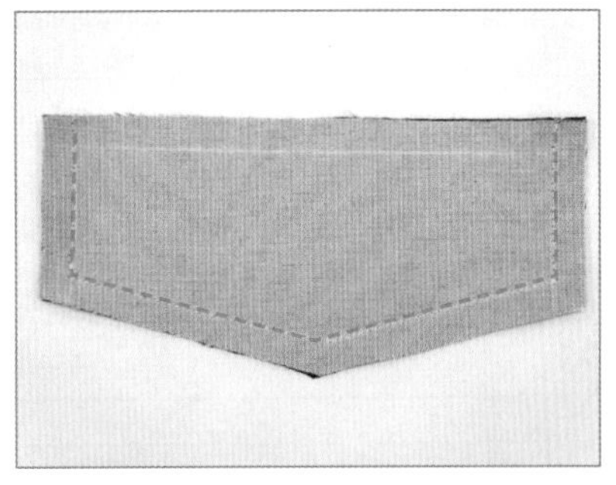
5 박음질한다.

6 시접을 겉감 쪽으로 접어 다림질한다.

7 뒤집어서 모양을 잡고 다림질한다.

8 주머닛감을 반으로 접은 후 박음질한다.

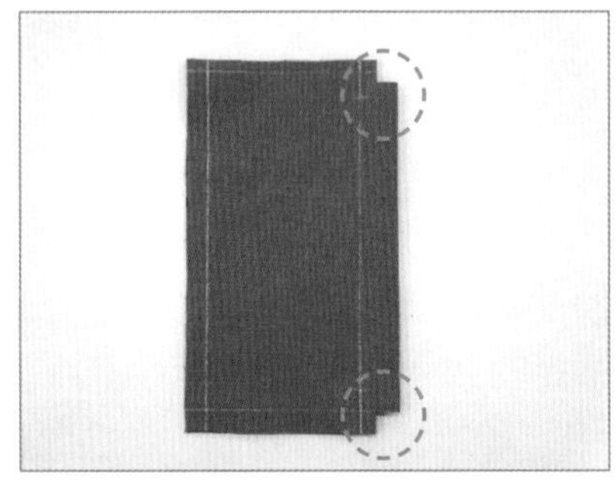
9 가위로 잘라낸다.

10 겉감을 펴서 다림질한다.

11 겉감(안)

12 겉감(겉)

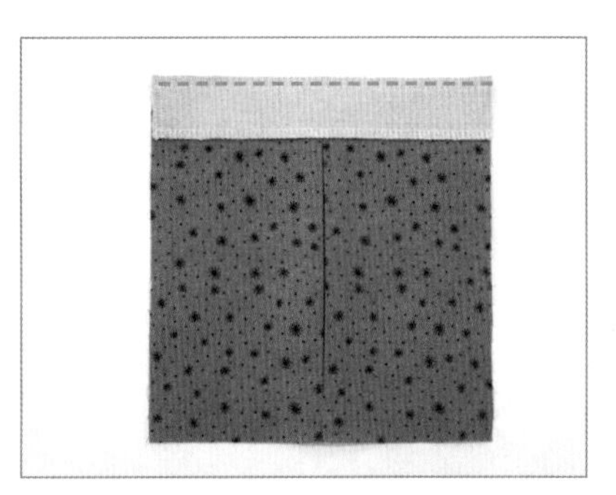
13 겉감에 안단을 올려놓고 0.2~0.3cm 폭으로 누름 박음질한다.

14 안단을 펴서 시접을 위로 놓고 박음질한다.

15 시접을 다림질한다.

16 안단에 박음질한다. 위, 아래 간격은 2cm로 박음질한다.

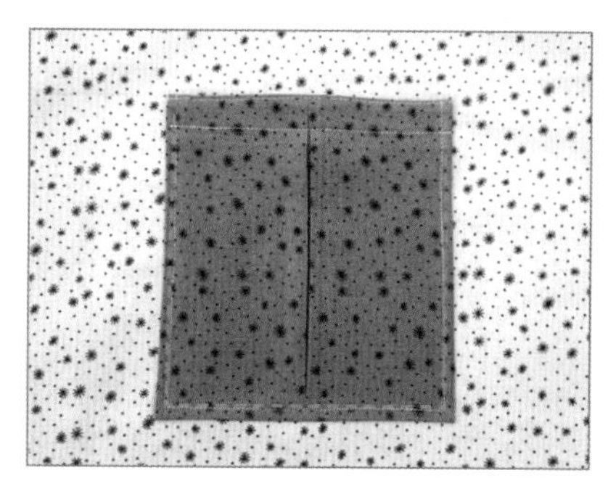

17 움직이지 않도록 주머니를 달 위치에 핀이나 시침질로 고정한 후 0.3~0.5cm 폭으로 박음질한다.

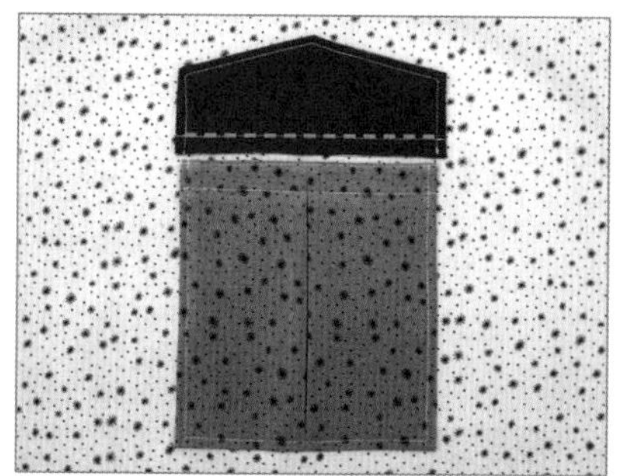

18 주머니 덮개를 박음질한다.

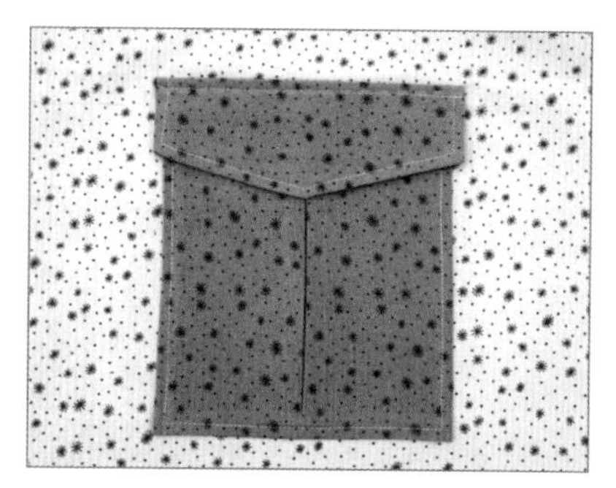

19 주머니 덮개를 아래로 내려 놓고 0.5cm 폭으로 박음질한다.

7 박스 주머니

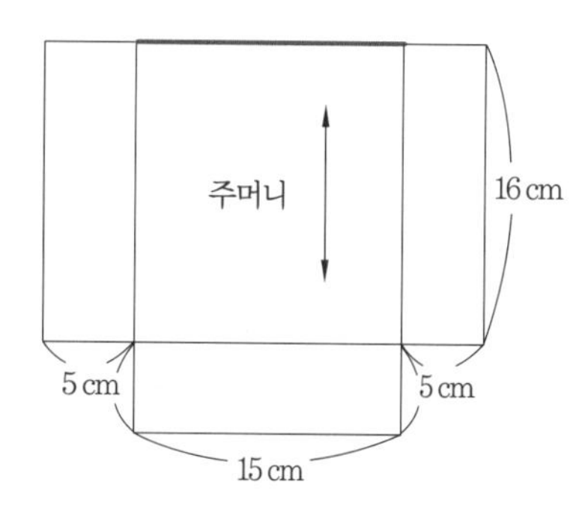

재단 및 시접

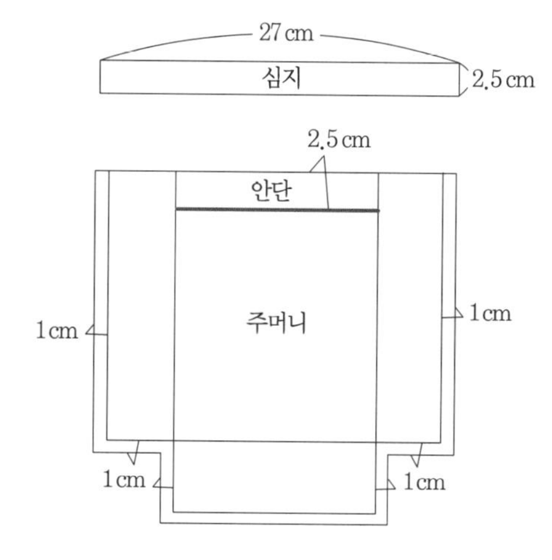

봉제 순서

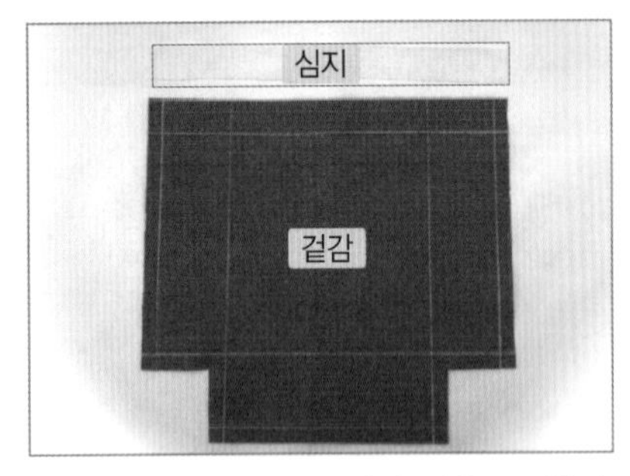

1 주머닛감 : 겉감 1장, 심지 1장을 준비한다.

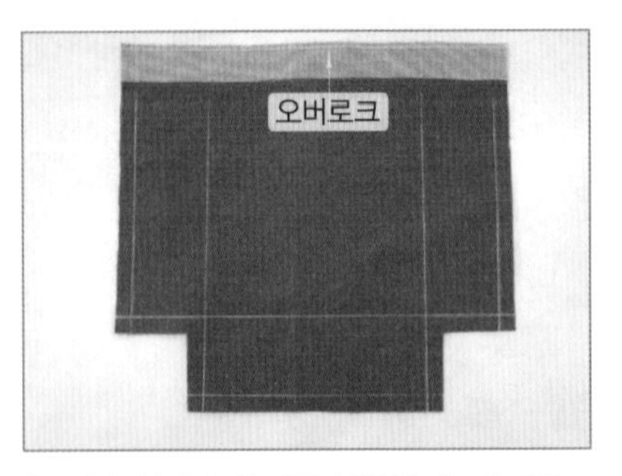

2 겉감 안단에 심지를 부착한 후 오버로크를 한다.

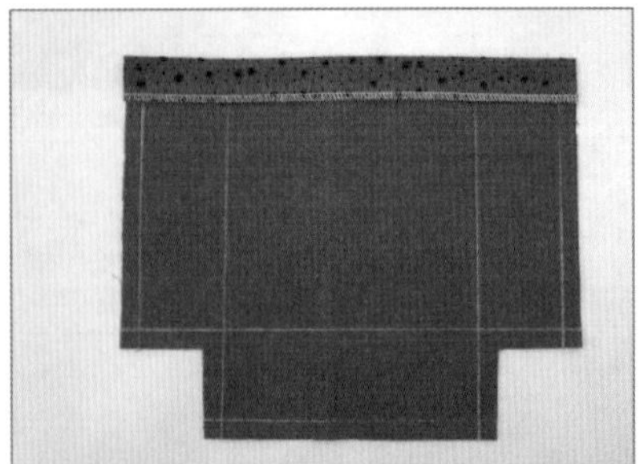

3 안단을 접어 다림질한다.

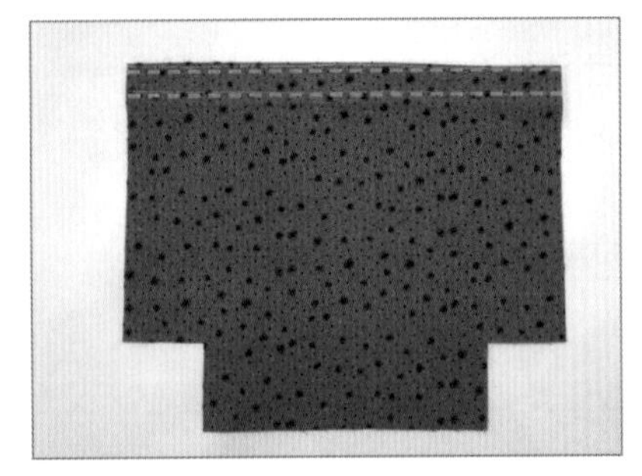

4 안단에 박음질한다. 위, 아래 간격은 2cm로 박음질한다.

5 겉감 안쪽 바닥면에 박음질한다.

6 바닥면에 박음질한다.

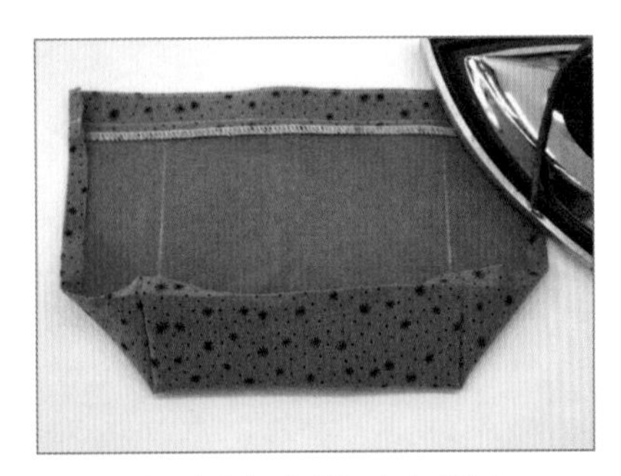

7 겉감을 뒤집어 시접을 다림질한다.

8 0.2~0.3cm 폭으로 박음질한다.

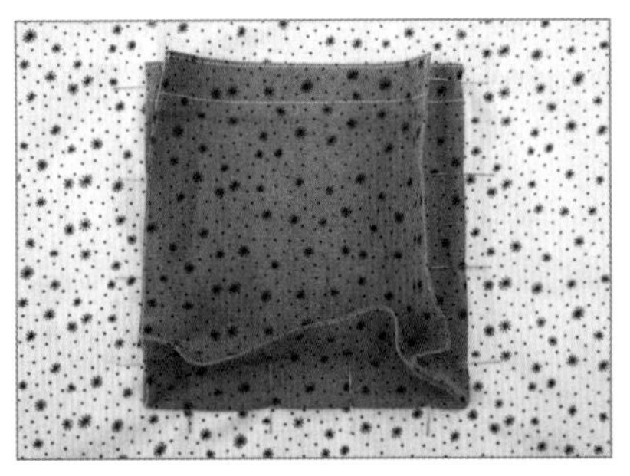

9 움직이지 않도록 주머니를 달 위치에 핀이나 시침질로 고정한다.

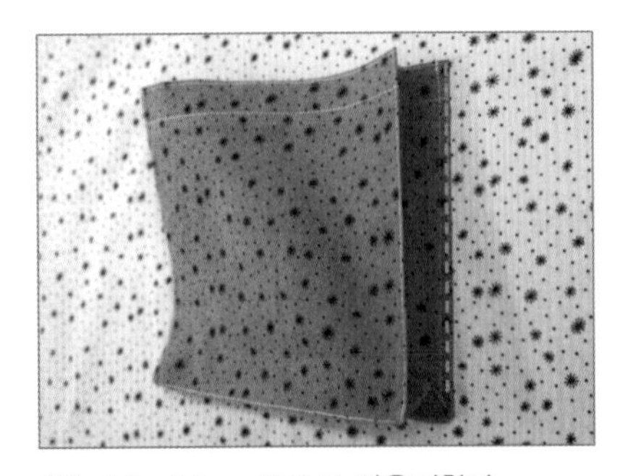

10 0.2~0.3cm 폭으로 박음질한다.

11 0.2~0.3cm 폭으로 박음질한다.

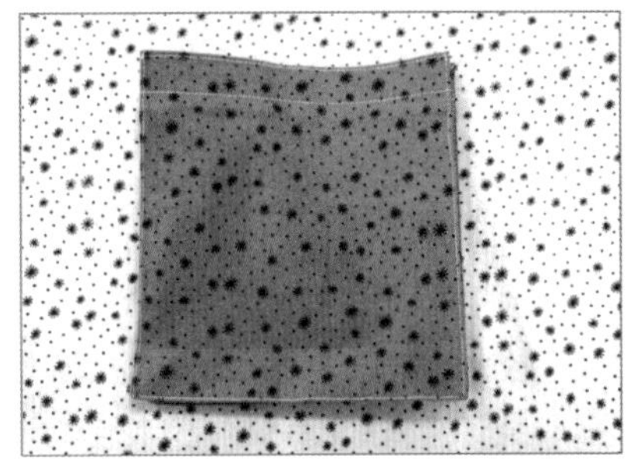

12 완성

8 지퍼 주머니

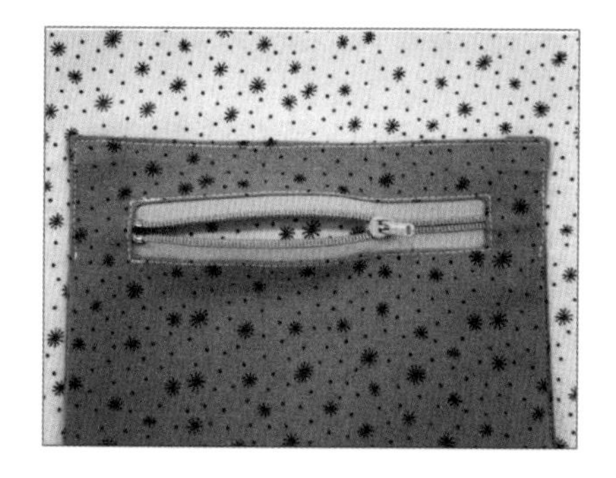

패턴

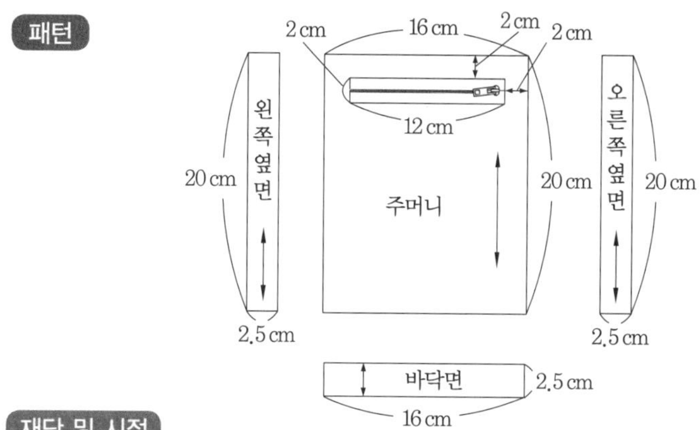

재단 및 시접

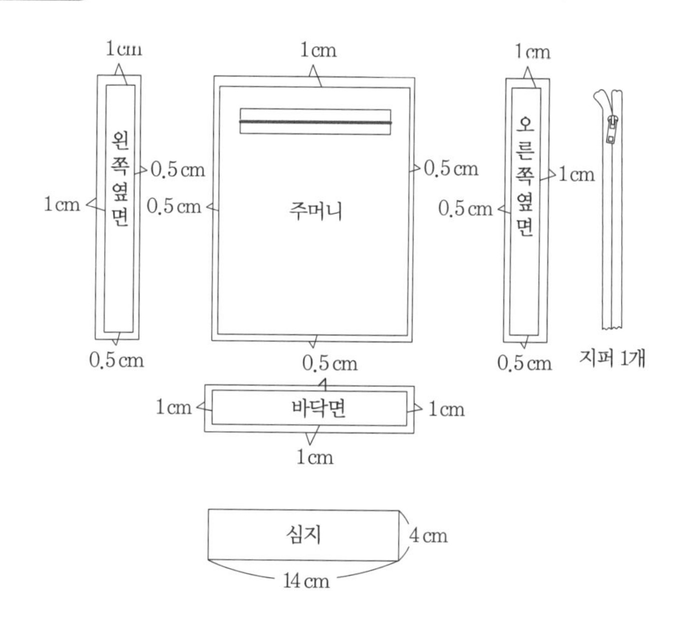

봉제 순서

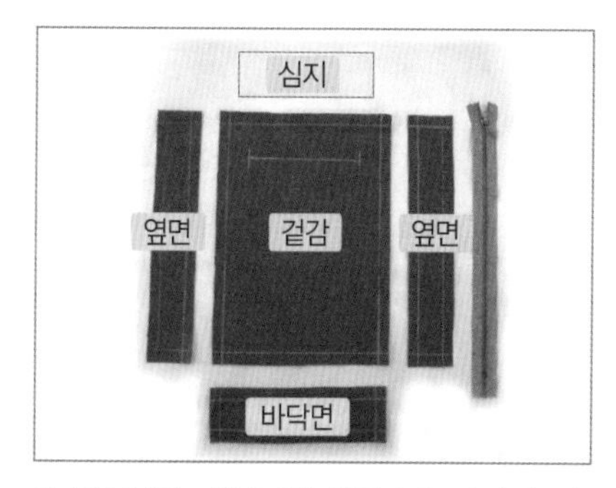

1 주머닛감 : 겉감 1장, 옆면 2장, 바닥면 1장, 심지 1장, 지퍼 1개를 준비한다.

2 지퍼를 달 위치에 심지를 붙인다.

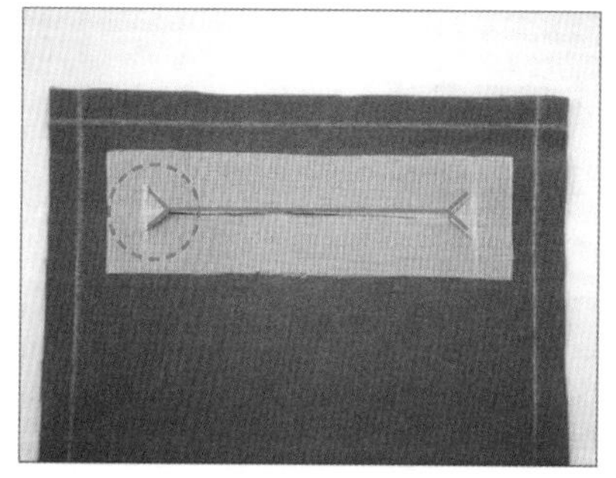

3 지퍼를 달 위치에 >—<모양으로 자른다.
★ 삼각 모양을 잘 잘라야 한다.

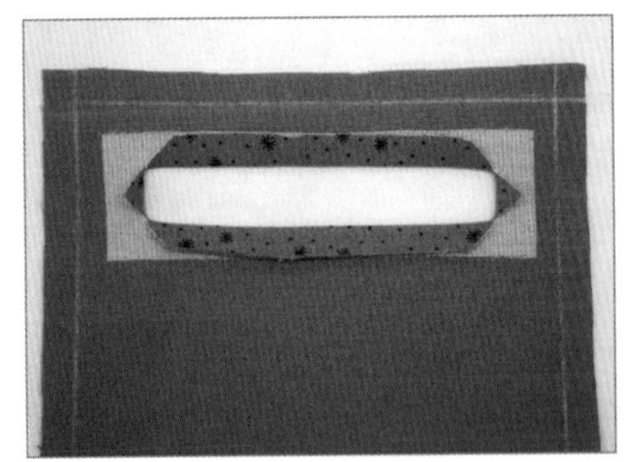

4 시접을 다림질한다.

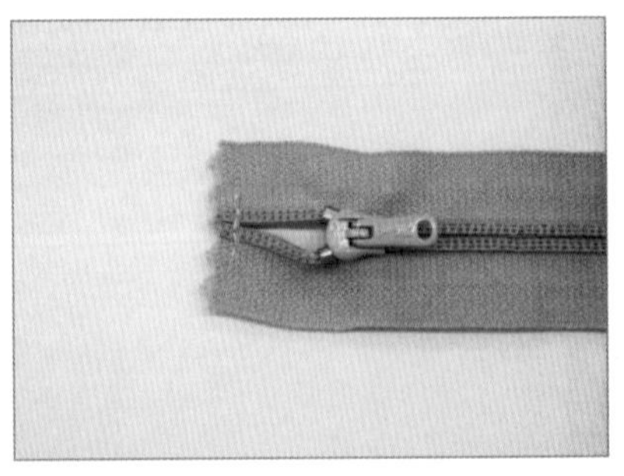

5 지퍼 띠가 벌어지지 않도록 튼튼하게 박음질한다.

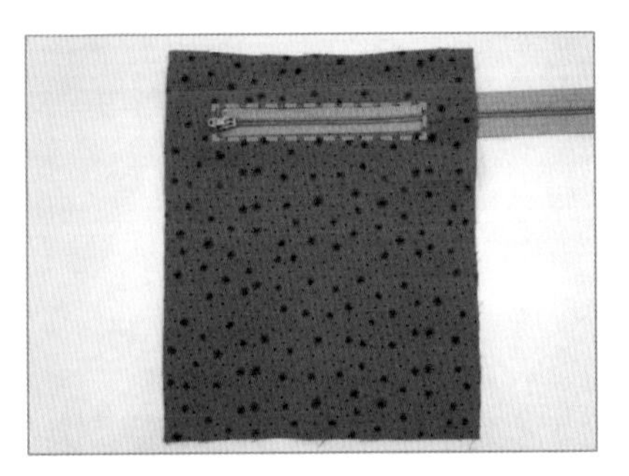

6 지퍼가 움직이지 않도록 핀 또는 시침질을 한 후 0.2~0.3cm 폭으로 박음질한다.

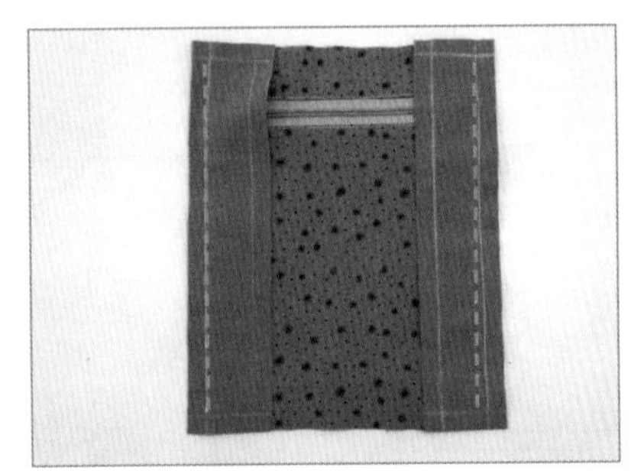

7 주머니 옆면을 박음질한다.

8 주머니 바닥면을 박음질한다.

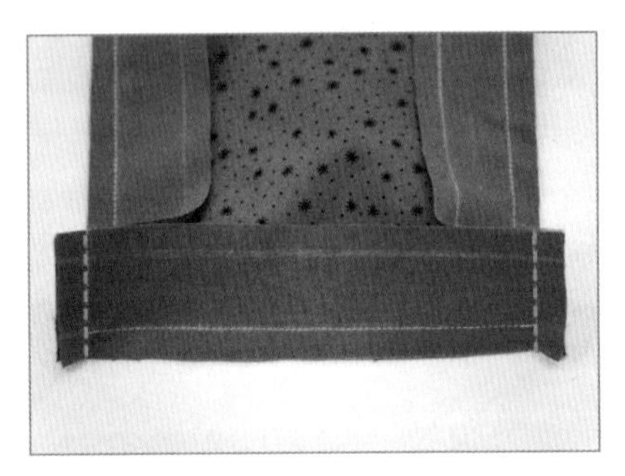

9 주머니 바닥면 양쪽을 박음질한다.

10 주머니 옆면 시접을 옆면으로 향하게 한 후 0.3cm 폭으로 누름 박음질한다.

11 시접을 다림질한다.

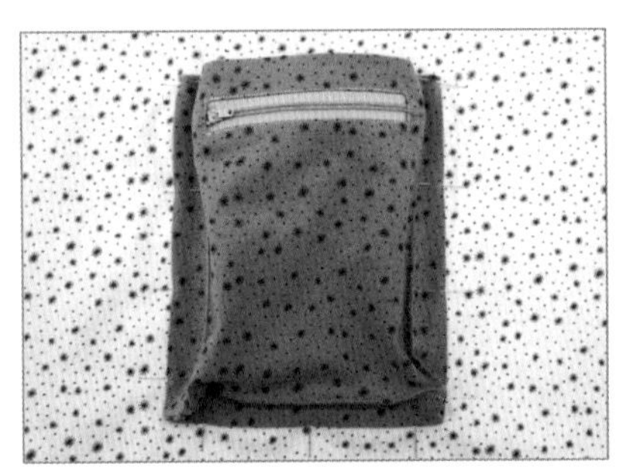

12 움직이지 않도록 주머니를 달 위치에 핀이나 시침질로 고정한다.

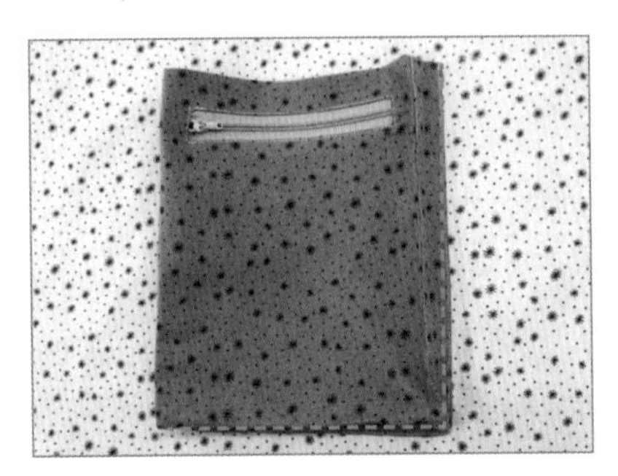

13 옆면, 바닥면을 0.2~0.3cm 폭으로 박음질한다.

14 위에서 0.2~0.3cm 폭으로 누름 박음질한다.

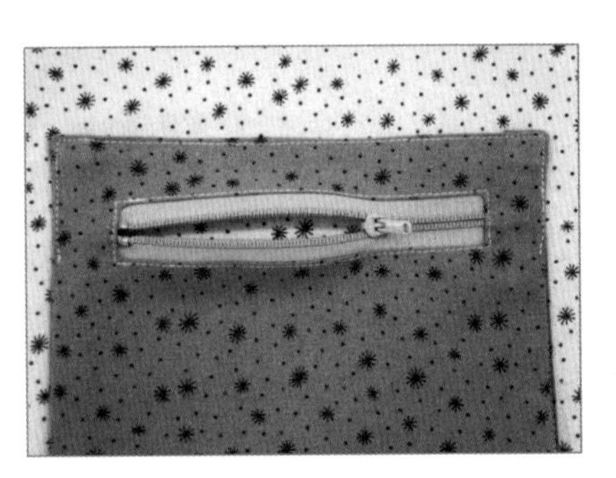

15 완성

9 홀 입술주머니

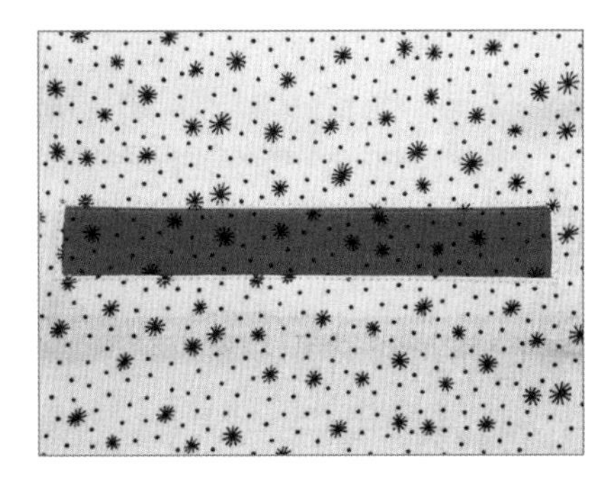

패턴

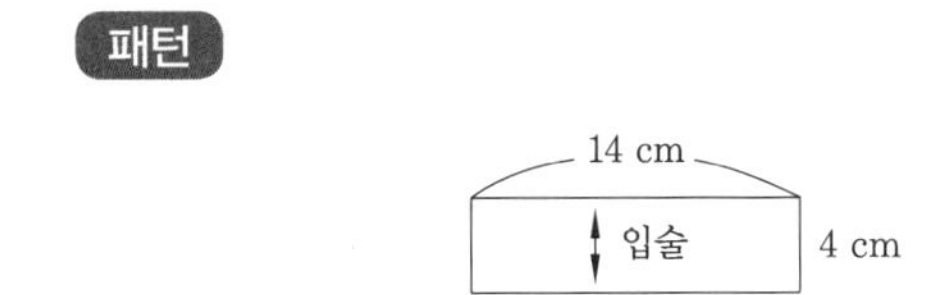

재단 및 시접

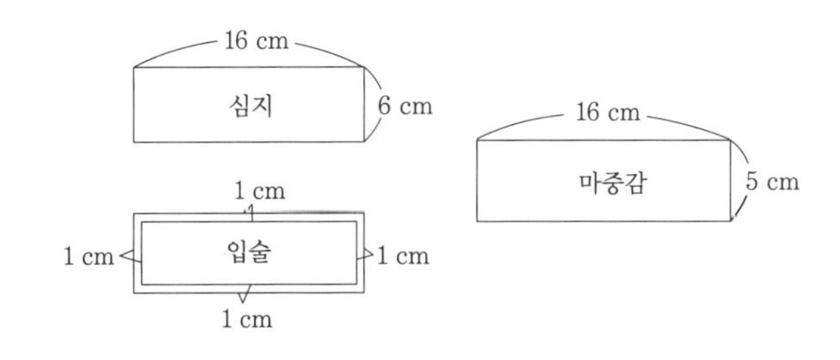

봉제 순서

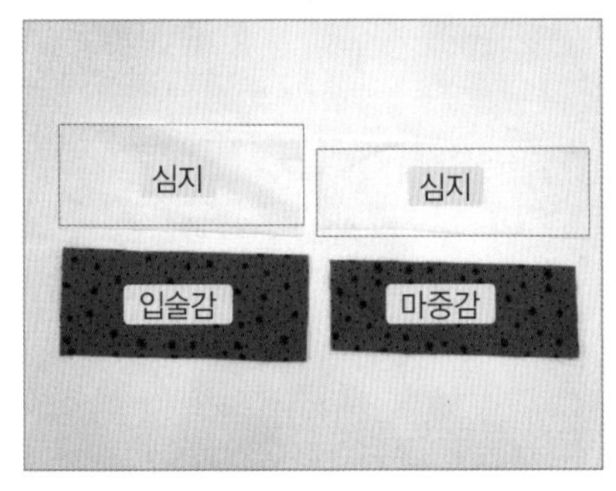

1 입술감 1장, 마중감 1장, 심지 2장을 준비한다.

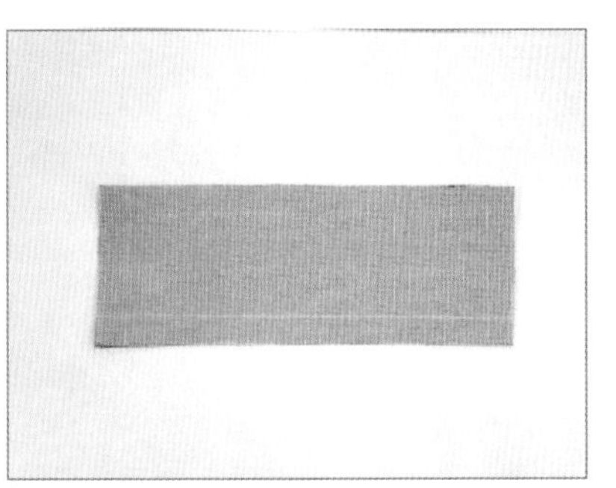

2 입술감에 심지를 붙인다.

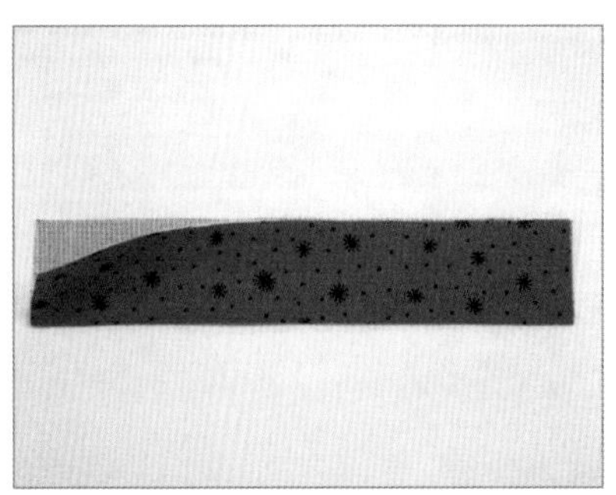

3 입술감을 반으로 접는다.

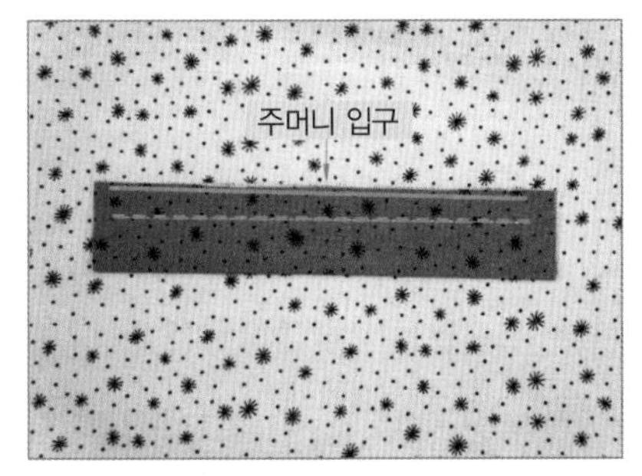

4 핀이나 시침질로 고정한 후 주머니 입구에서 1cm 아래에 시작점과 끝점을 되돌려박기하고 박음질한다.

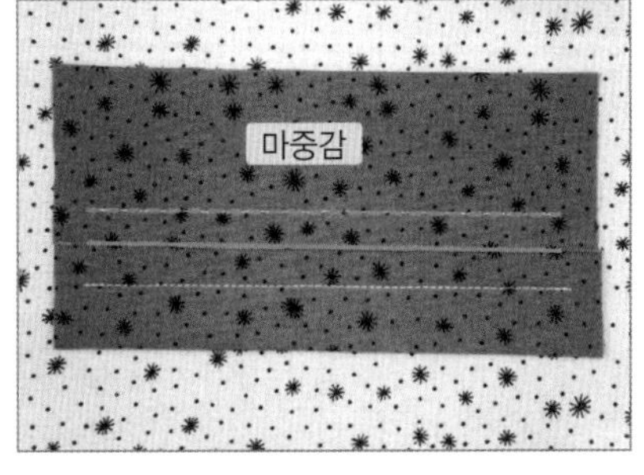

5 마중감을 핀이나 시침질로 고정한 후 시작점과 끝점을 되돌려박기하고 박음질한다.

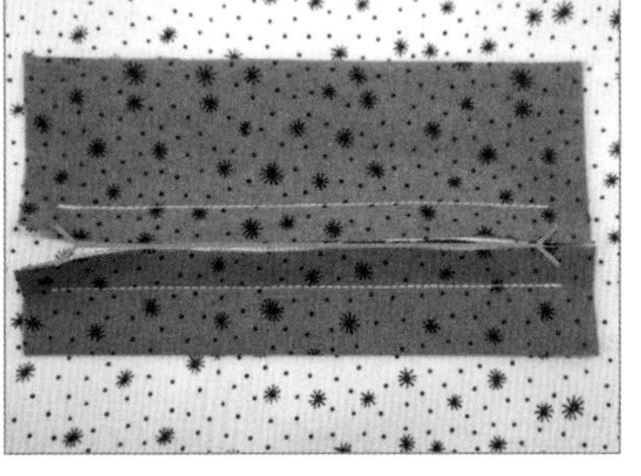

6 입술감 사이 중앙선을 >—< 모양으로 자른다. ★ 삼각 모양을 잘 잘라야 한다.

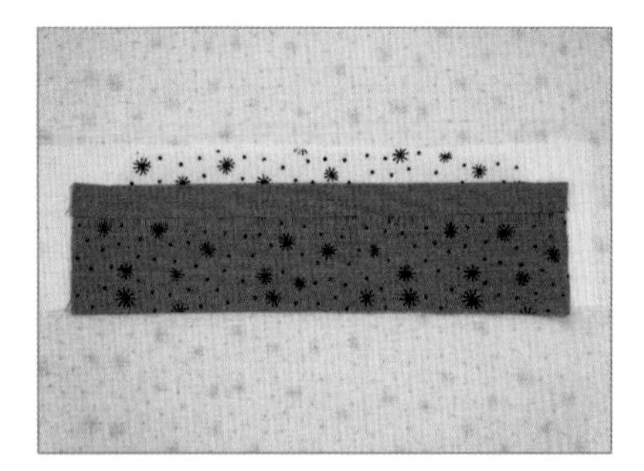

7 마중감을 ≻—≺ 모양으로 자른 안쪽으로 넣어 시접을 가르고 다림질한다.

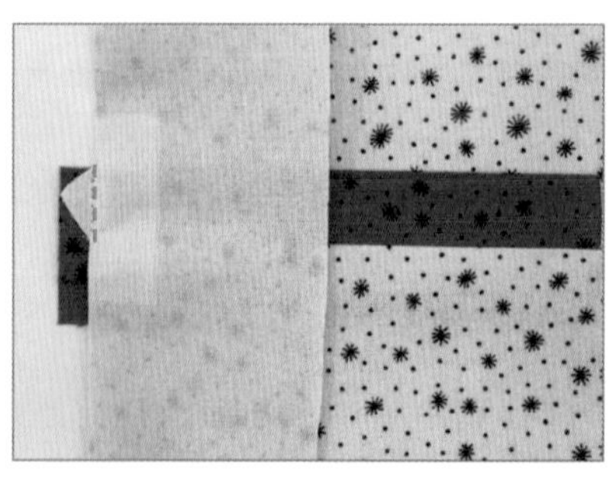

8 입술감도 ≻—≺ 모양으로 자른 안쪽으로 넣어 잘 정리한 후, 입술감과 마중감을 삼각 부분과 함께 고정 박음질한다.

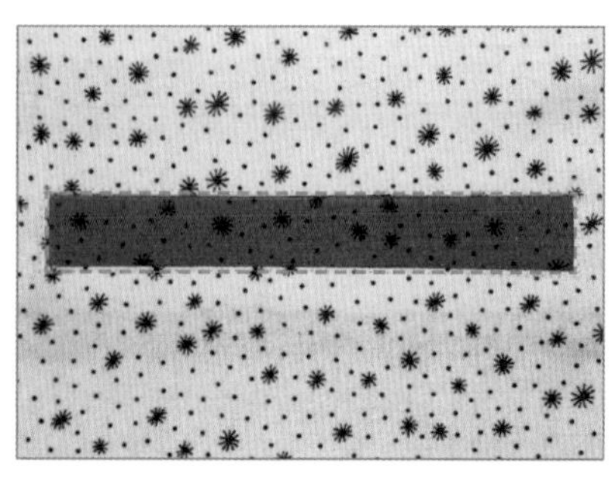

9 끝박음 스티치한다.

10 입술주머니

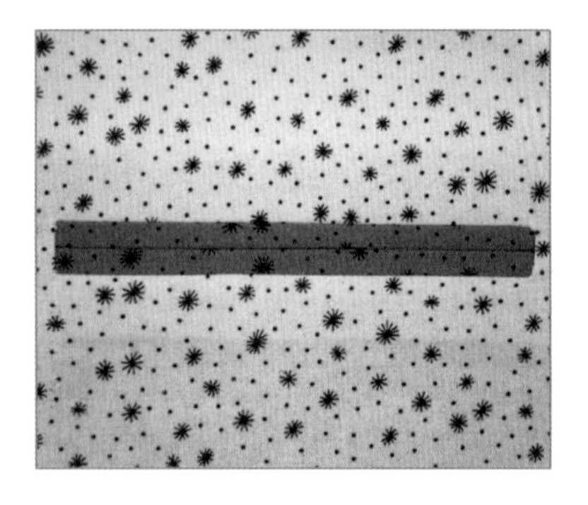

패턴

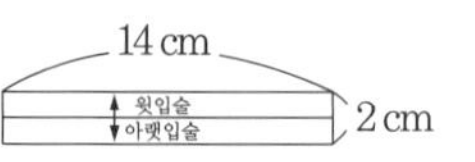

재단 및 시접

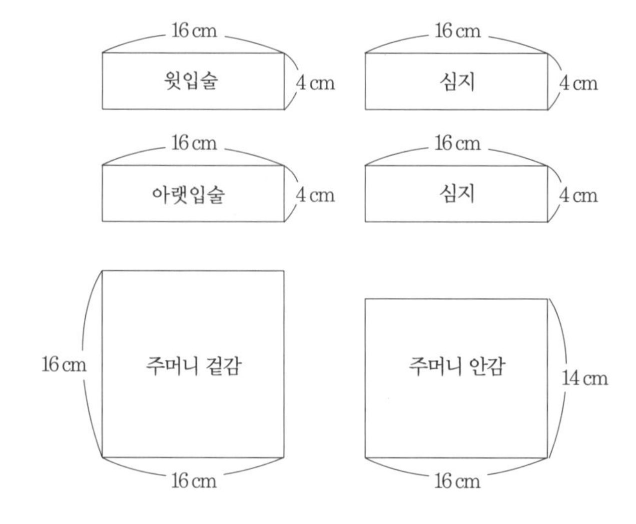

봉제 순서

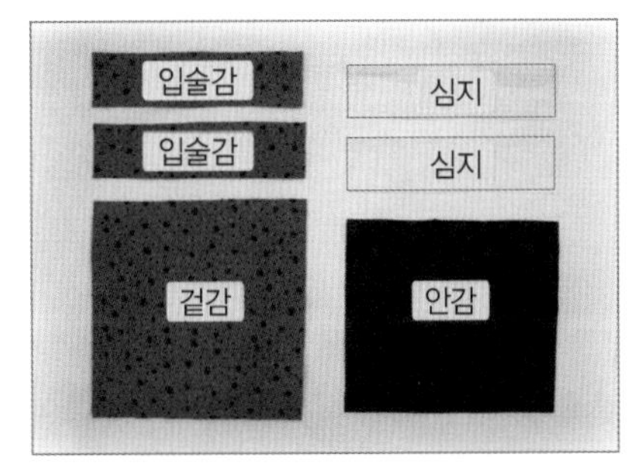

1 주머닛감 : 겉감 1장, 안감 1장, 입술감 2장, 심지 2장을 준비한다.

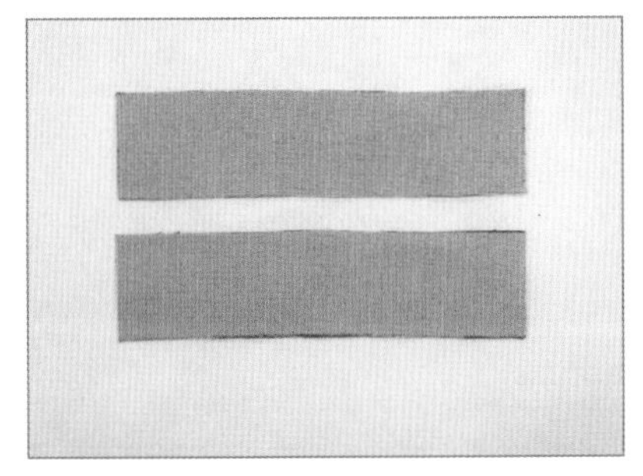

2 입술감에 심지를 붙인다.

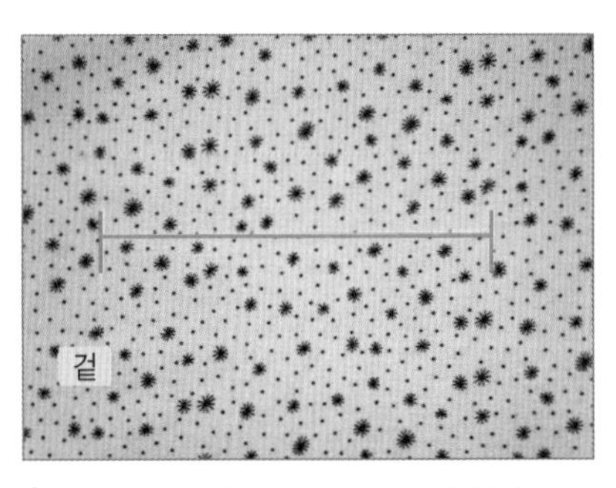

3 입술주머니를 만들 위치를 표시한다.

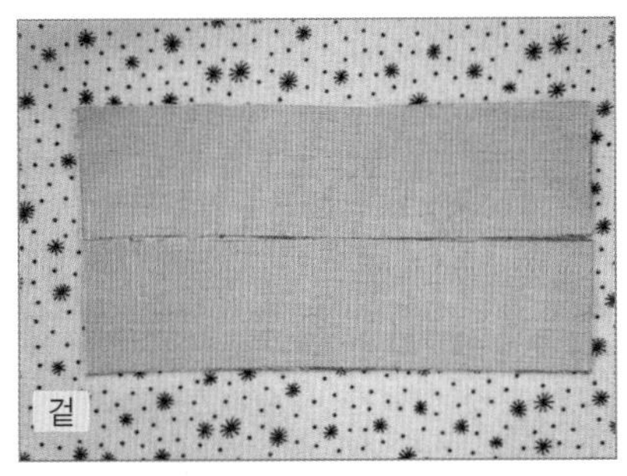

4 옷감, 입술감 겉면이 마주 보도록 놓는다.

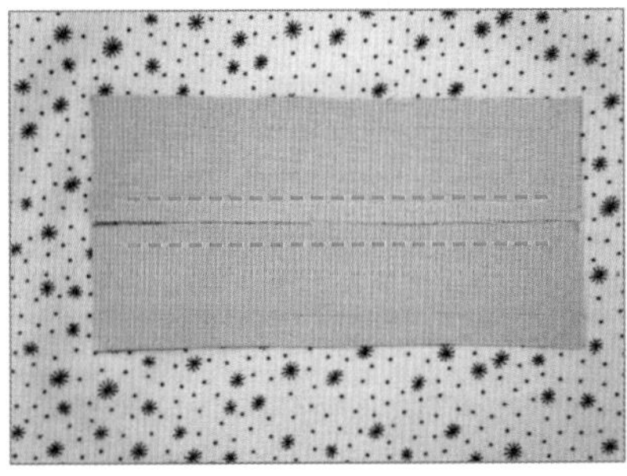
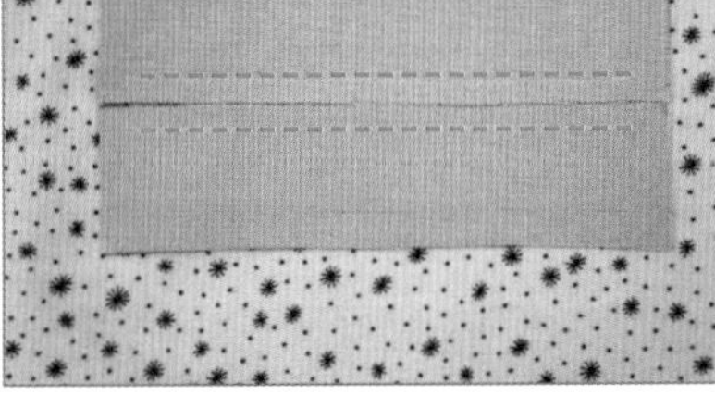

5 박음질한다.
★ 입술주머니의 시작점과 끝점을 튼튼하게 되돌려박기한다.

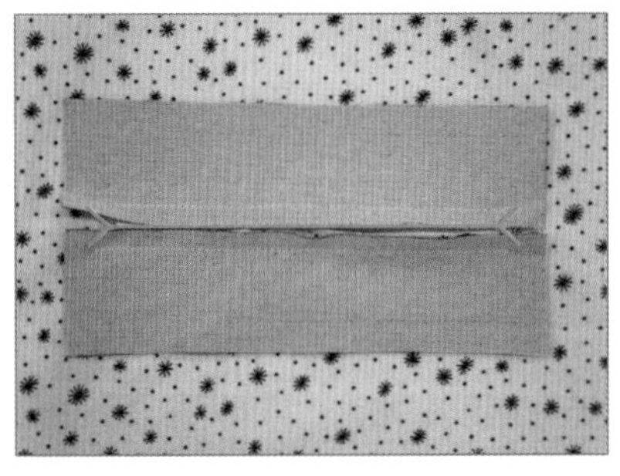

6 주머니 입구에 >—< 모양으로 자른다.
★ 삼각 모양을 잘 잘라야 한다.

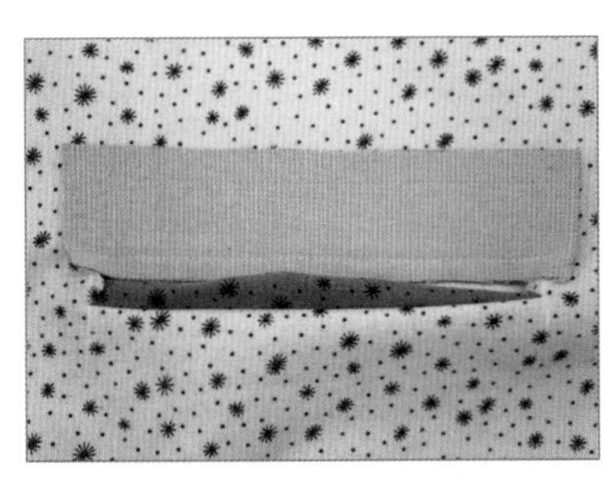

7 입술감 중앙 사이로 아랫입술감을 주머니 입구 안쪽으로 집어넣는다.

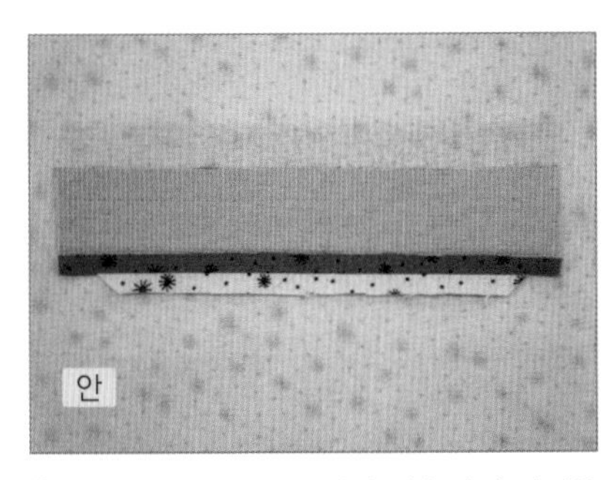

8 잘라 놓은 >—< 모양과 입술감의 시접을 갈라서 다림질한다.

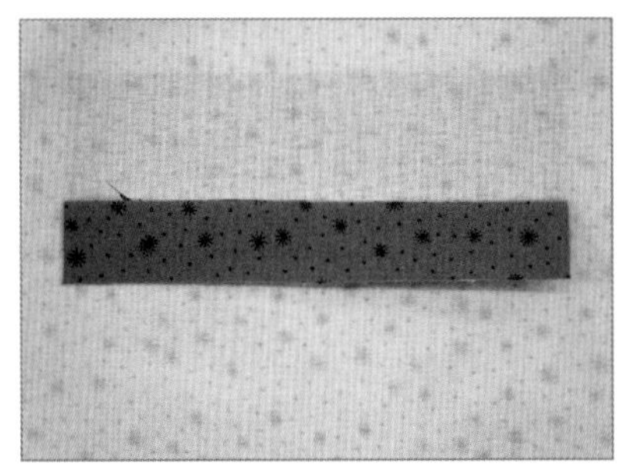

9 갈라 놓은 시접을 감싸서 다림질한다.
★ 가르고 난 후 시접을 감싸야 입술이 두껍지 않고 예쁘게 만들어진다.

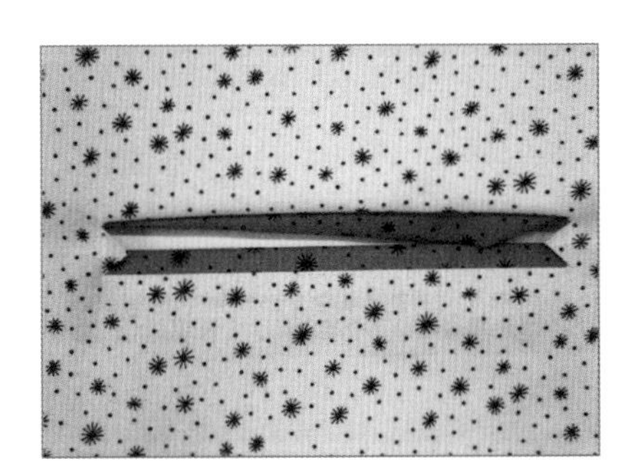

10 윗입술감도 7~9와 같이 동일한 방법으로 한다.

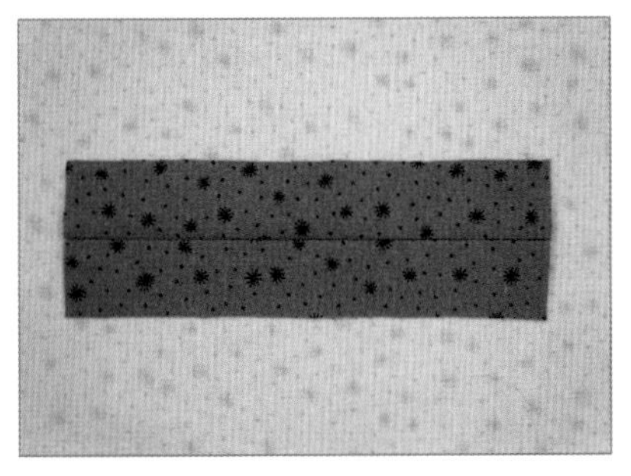

11 윗입술감과 아랫입술감을 잘 맞추어 다림질한다.

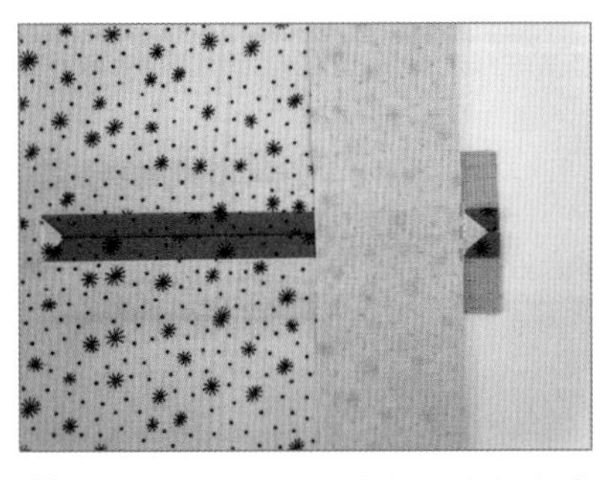

12 겉감을 젖혀 놓고 주머니 끝 삼각부분을 입술감과 함께 고정 박음질한다.

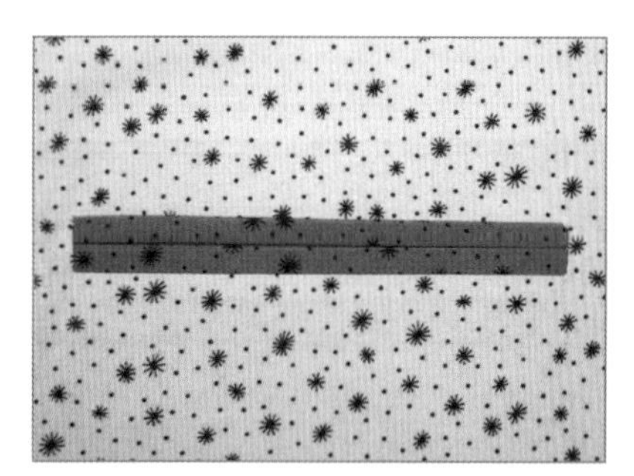

13 겉에서 본 입술주머니 모습

14 주머니 겉감을 올려놓는다.

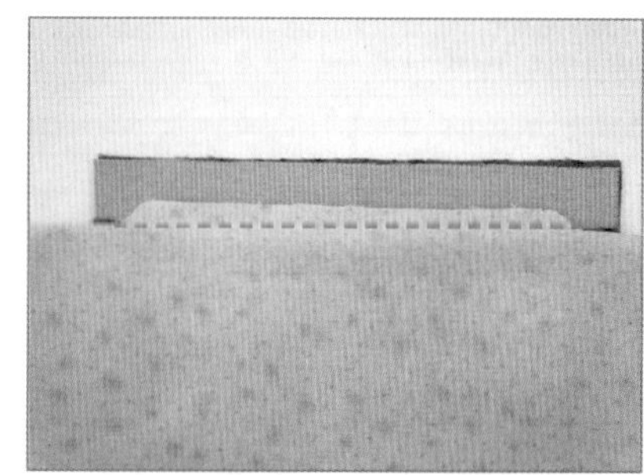

15 9에서 다림질한 윗입술 시접과 주머니 겉감을 함께 박음질한다.

16 박음질한 주머니 겉감을 위로 올리고 주머니 안감도 같은 방법으로 박음질한다.

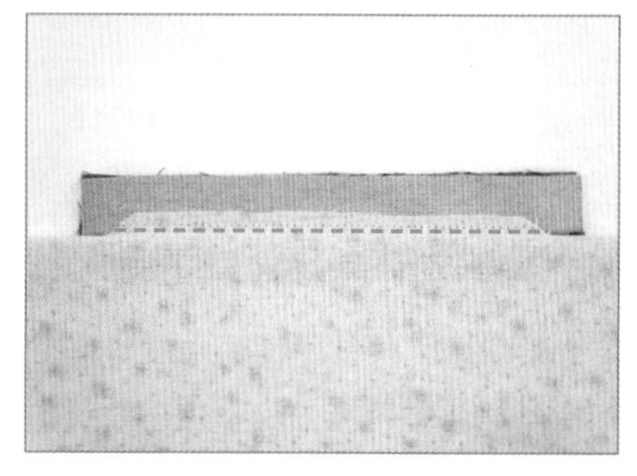

17 10에서 다림질한 아랫입술 시접과 주머니 안감을 함께 박음질한다.

18 주머니 겉감과 안감을 마주 보도록 놓고 주머니 모양대로 박음질한다.

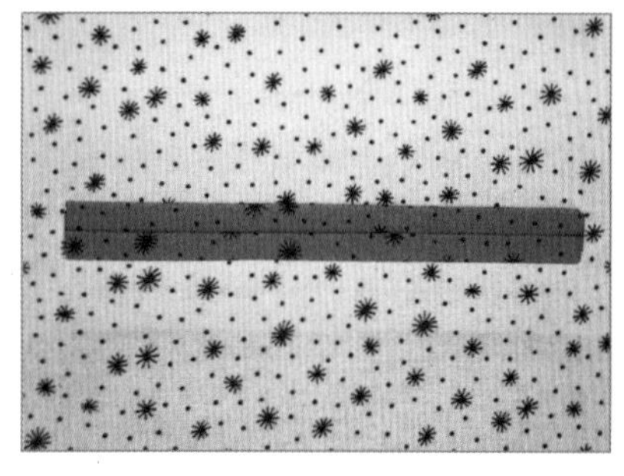

19 완성

입술주머니

자켓이나 코트의 주머니 장식으로 많이 쓰이며, 입술 단춧구멍으로도 사용된다.

tip 입술주머니

입술주머니를 원단 안쪽에 달 경우 심지를 입술주머니보다 더 넓게 부착하면 원단의 힘을 받으므로 작업할 때 편리하다.

11 옆선에서 이어진 주머니

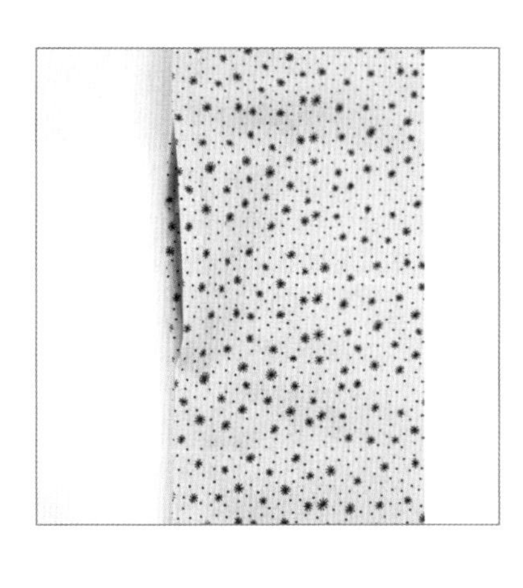

패턴

재단 및 시접

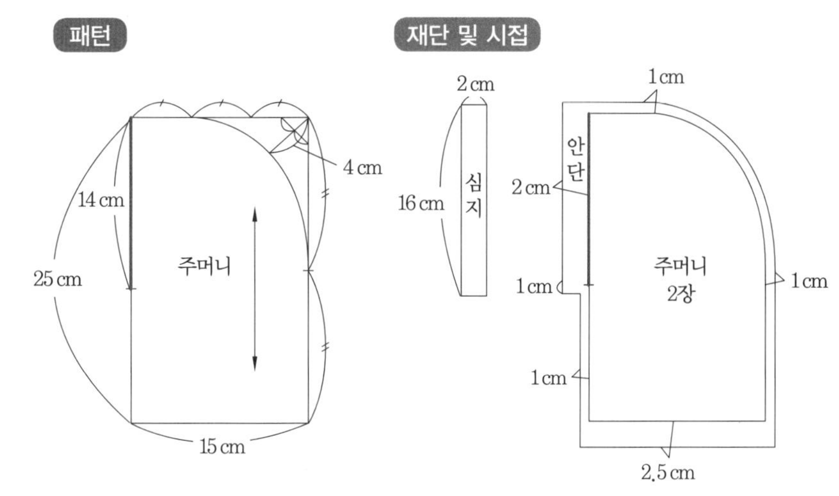

봉제 순서

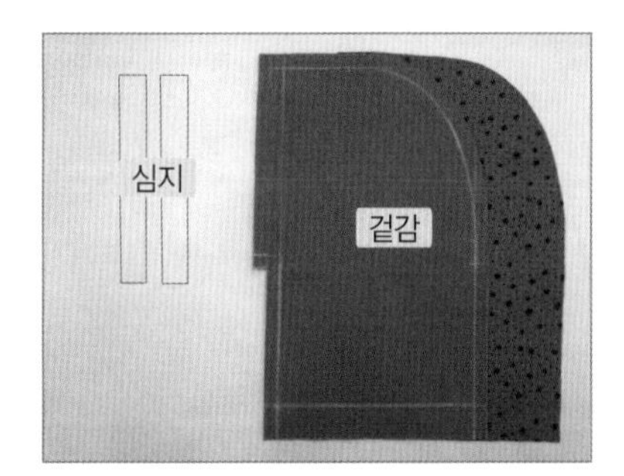

1 주머닛감 : 겉감 2장, 심지 2장을 준비한다.

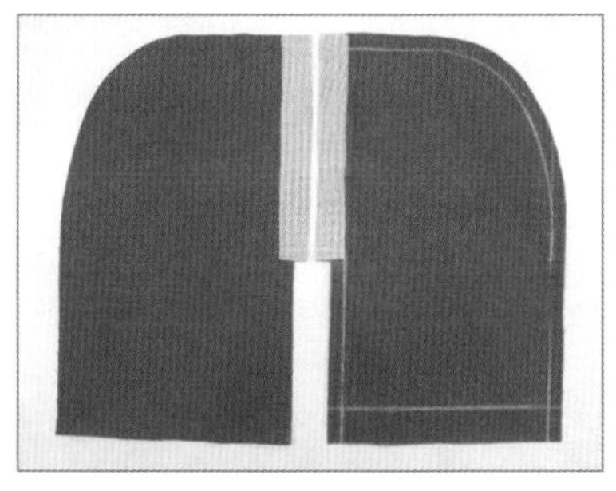

2 주머니 안단에 심지를 붙인다.

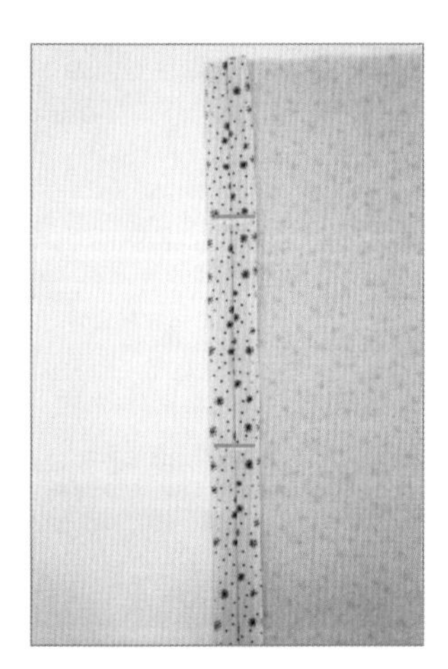

3 주머니를 달 위치를 표시한다.

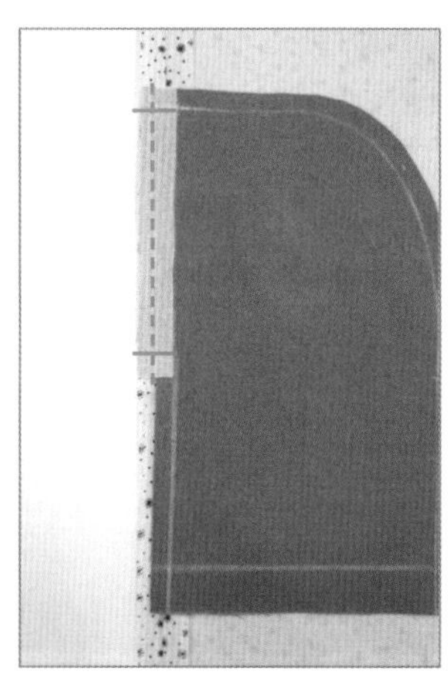

4 시접에 겉감을 0.3~0.5cm 폭으로 박음질한다.

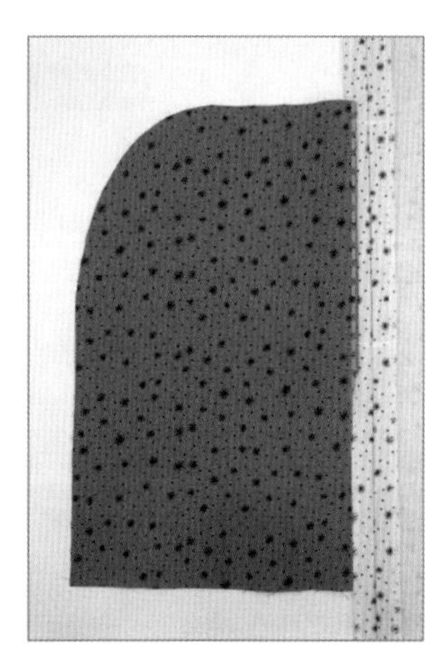

5 겉감을 넘겨 누름 박음질한다.

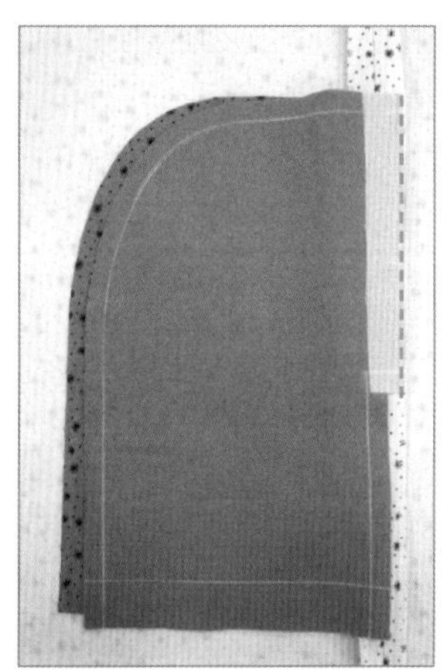

6 겉감을 시접에 0.3~0.5cm 폭으로 박음질한다.

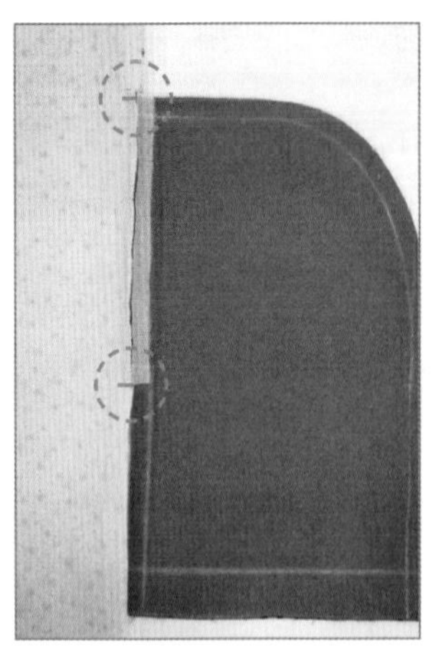

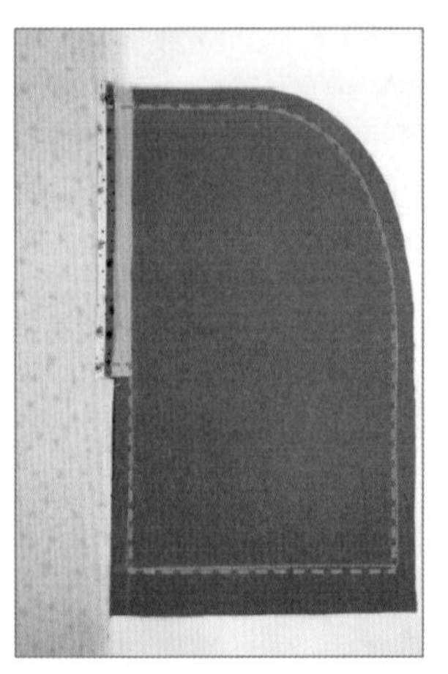

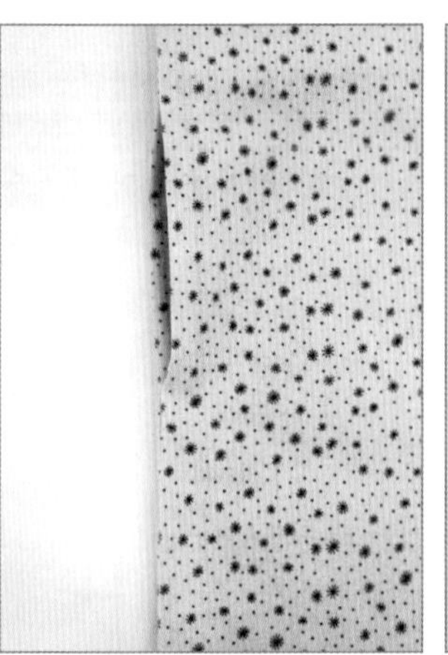

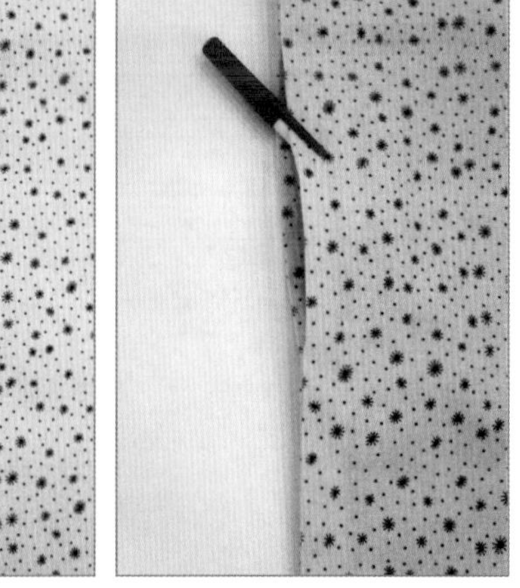

7 가윗집을 준다.

8 주머닛감 두 장을 겹쳐 놓고 주머니 모양대로 박음질한다.

9 완성

12 힙 주머니

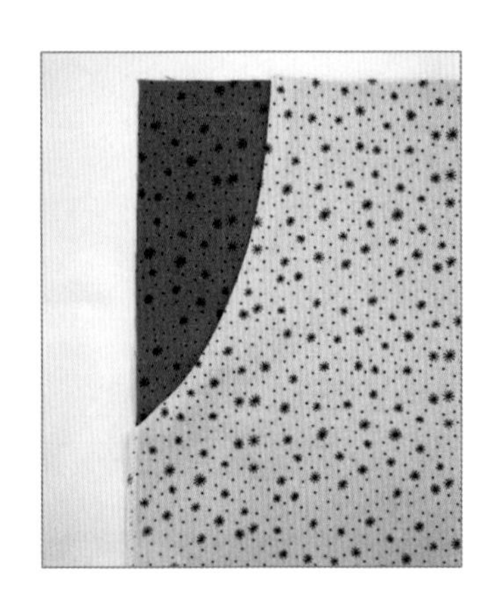

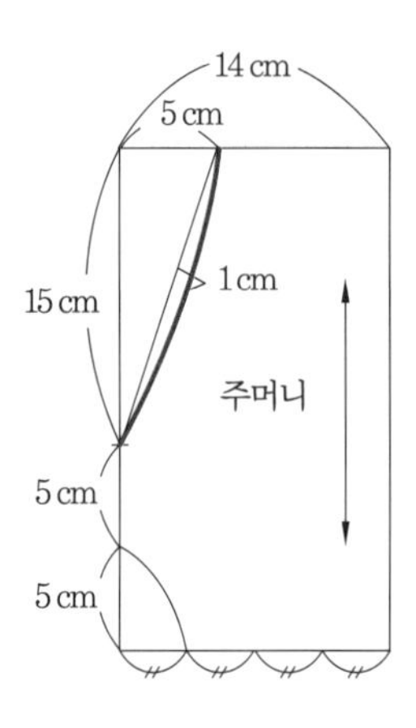

재단 및 시접

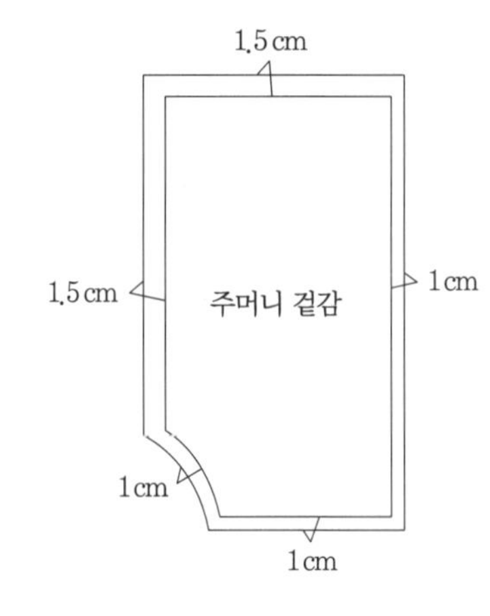

1.5cm
1cm
주머니 안감
1cm
1.5cm
1cm
1cm

봉제 순서

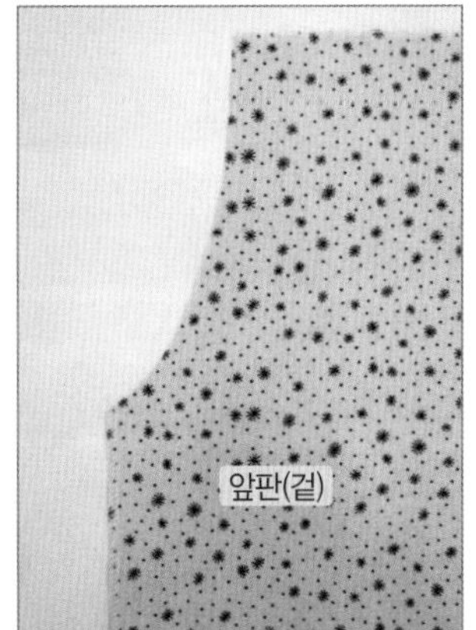

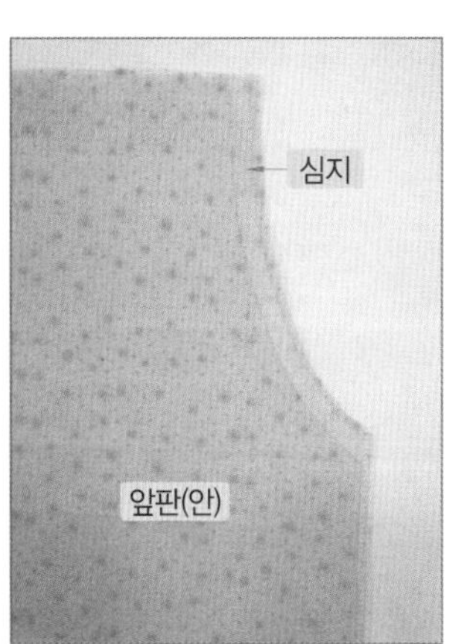

1 주머니 입구에 심지를 붙인다.

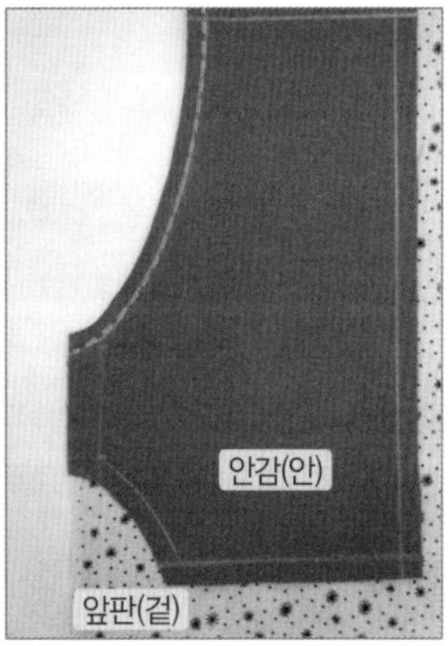

2 주머니 안감과 앞판을 겉과 겉끼리 마주 보도록 놓고 박음질한다.

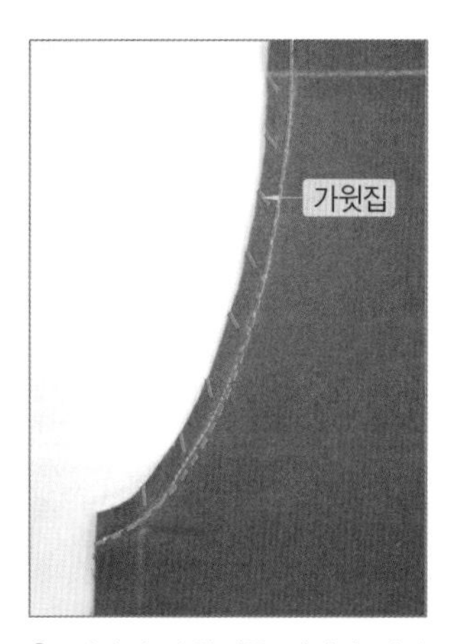

3 시접에 가윗집을 넣거나 시접을 0.5cm 남기고 자른다.

4 주머니 안감을 넘긴다.

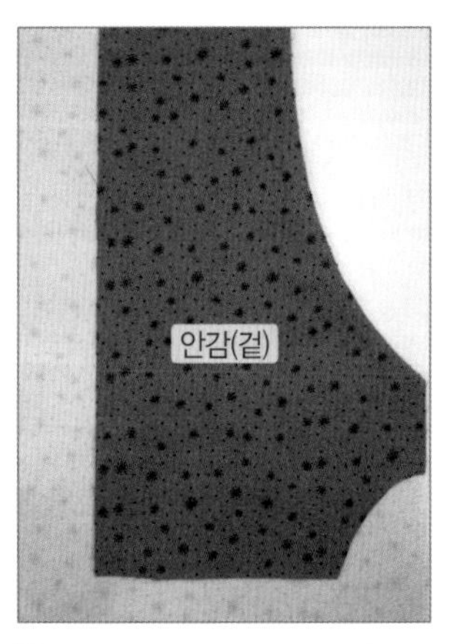

5 주머니 안감을 잘 정리하여 다림질한다.

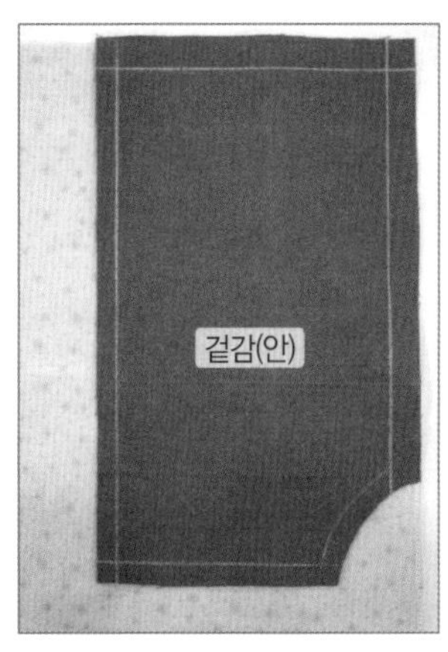

6 주머니 안감 위에 주머니 겉감을 마주 보도록 놓는다.

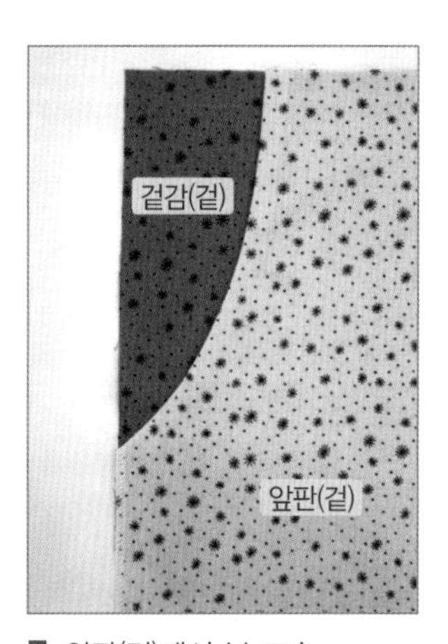

7 앞판(겉)에서 본 모습

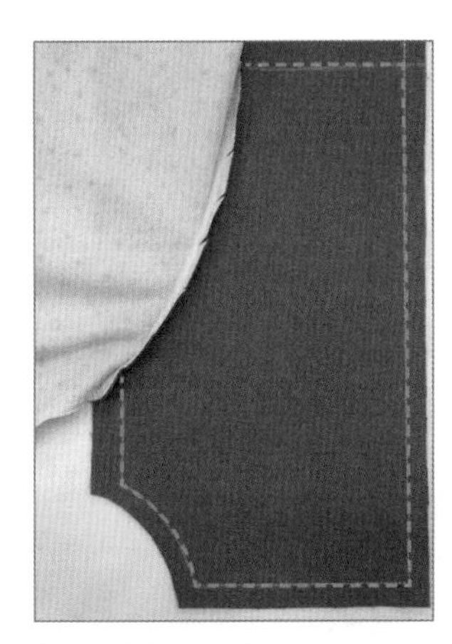

8 주머니 겉감과 안감을 마주 보도록 놓고 주머니 모양대로 박음질한다.

9 완성

13 캥거루 주머니

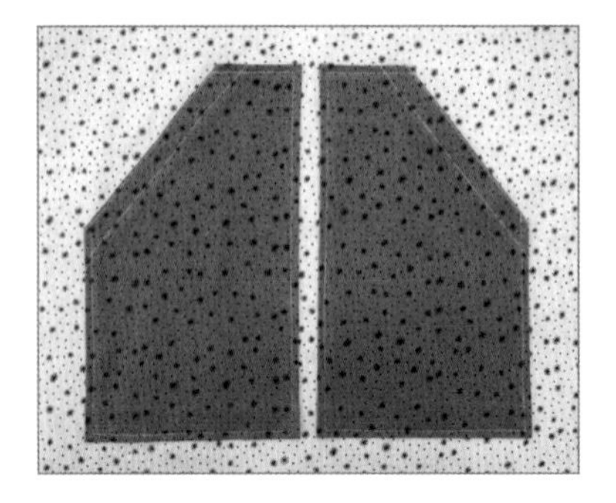

패턴

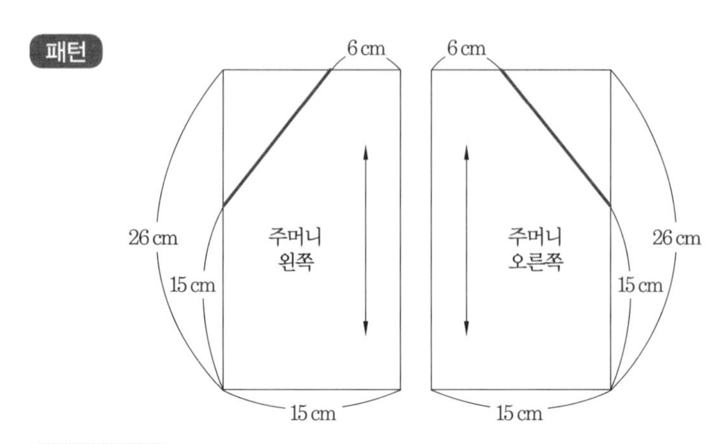

재단 및 시접

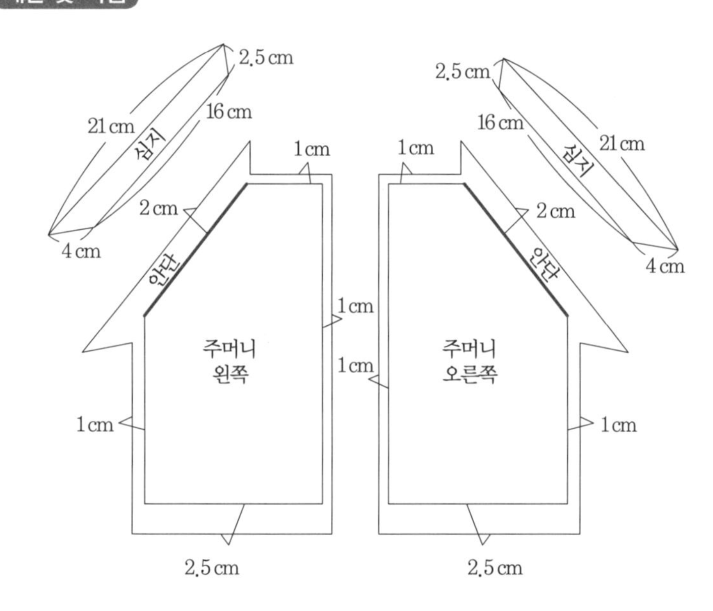

봉제 순서

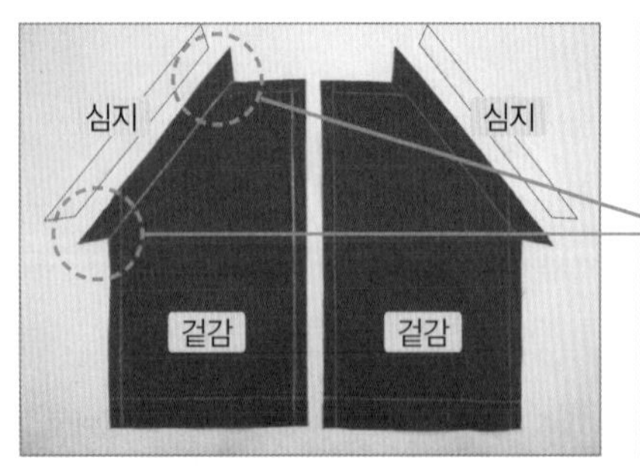

1 주머닛감 : 겉감 2장, 심지 2장을 준비한 다. 모서리를 자른다.

★ 모서리를 자르는 방법
❶원단을 접는다. ❷시접을 가위로 자른다. ❸시접을 편다.

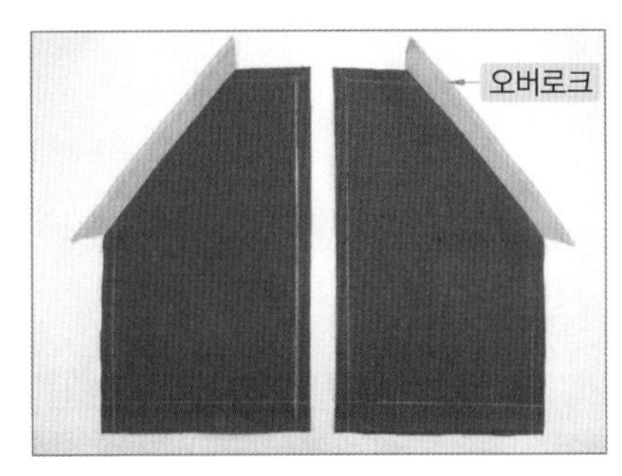

2 안단에 심지를 부착한 후 오버로크를 한다.

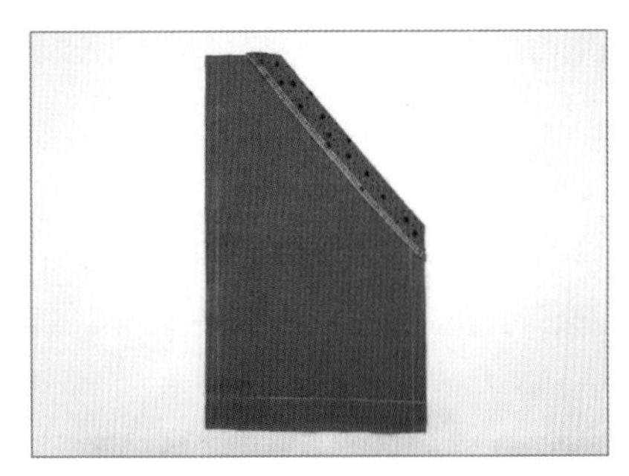

3 안단을 접어 다림질한다.

4 안단에 박음질한다. 위, 아래 간격은 2cm로 박음질한다.

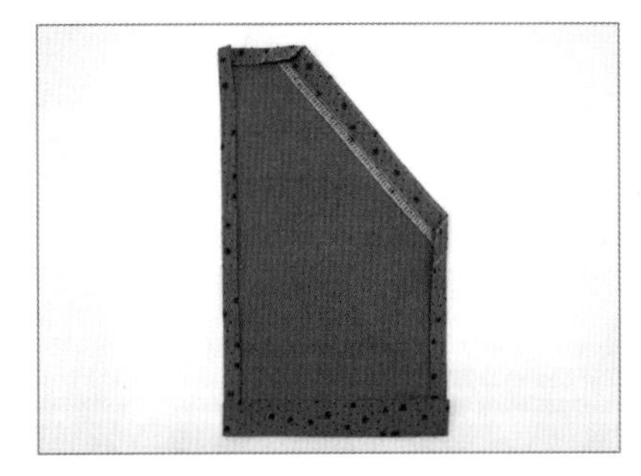

5 시접을 접어 다림질한다.

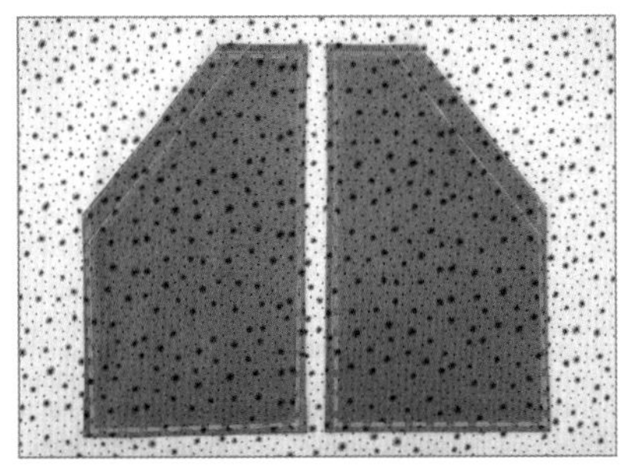

6 움직이지 않도록 주머니를 달 위치에 핀이나 시침질로 고정한 후 0.3~0.5cm 폭으로 박음질한다.

tip 캥거루 주머니

아동복, 후드, 점퍼, 앞치마 등 여러 곳에 사용되며, 크기와 위치에 따라 다양한 디자인을 연출할 수 있다.

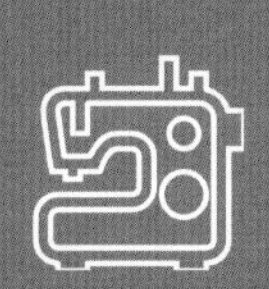

지퍼

지퍼에 달린 두 줄의 이가
서로 합쳐지거나(잠기거나) 분리되는(열리는) 부속품

1 지퍼의 부위별 명칭

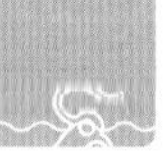

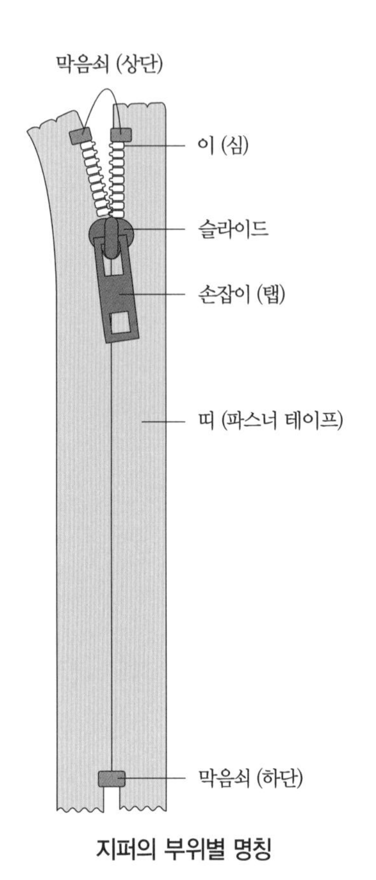

지퍼의 부위별 명칭

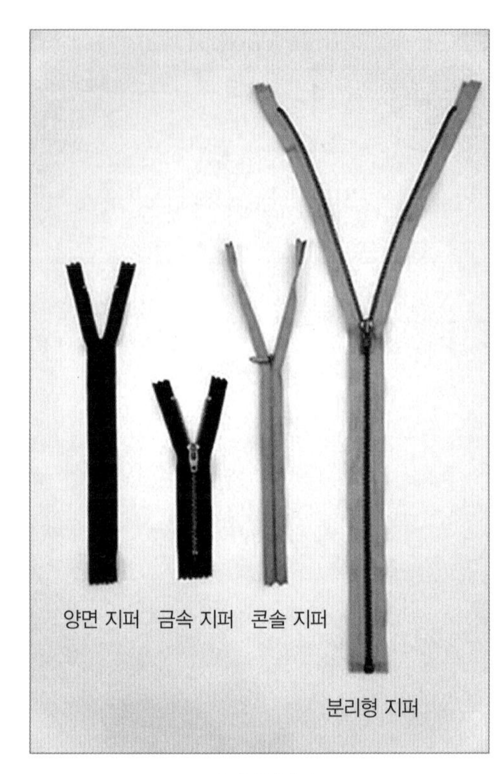

지퍼의 종류

1 양면 지퍼

이(심)가 불룩하게 튀어나와 있으며 주로 스커트나 바지에 사용된다. 일반적으로 바지에 많이 사용되므로 바지 지퍼라고도 한다.

2 금속 지퍼

튼튼하다는 장점이 있으며 주로 청바지에 많이 사용된다. 금속 지퍼를 다는 방법은 양면 지퍼와 동일하다.

3 콘솔 지퍼

지퍼를 잠궜을 때 이(심)가 가려져서 보이지 않는 장점이 있으며 스커트, 원피스, 드레스에 많이 사용된다.

4 분리형 지퍼

지퍼가 완전히 분리될 수 있으며 주로 점퍼, 조끼 등에 사용된다.

2 지퍼를 다는 방법(콘솔 지퍼)

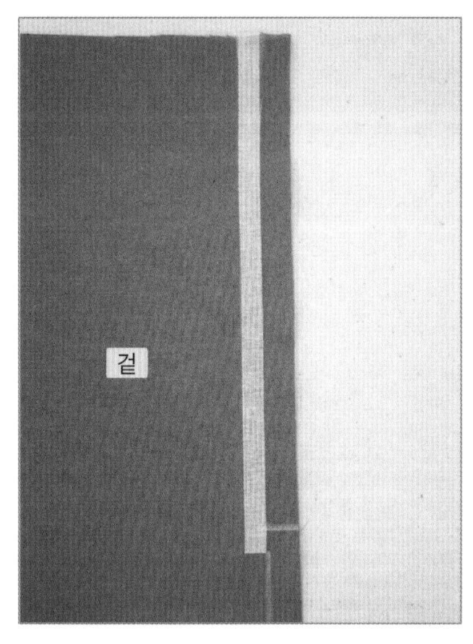

1 지퍼를 달 위치에 1cm 식서 접착테이프 심지를 붙인다.
★ 28쪽 심지 참고

1cm 식서 접착테이프 심지

땀수 다이얼 번호가 클수록 땀의 길이가 길어진다.

2 겉감을 겉과 겉끼리 놓고 지퍼를 달 부분에 큰 땀수로 박음질한다.
★ 시작점과 끝점은 되돌려박기 하지 않는다.

3 우마에 올려놓고 가름솔로 다림질한다.

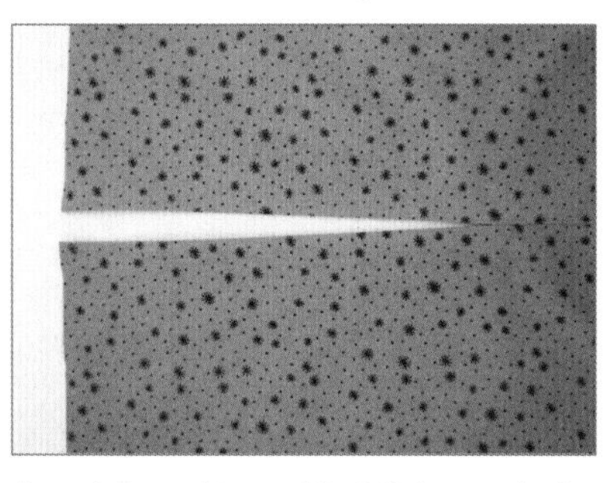

4 2에서 큰 땀수로 박음질했던 부분의 재봉실을 제거한다.

5 콘솔 지퍼를 벌린 후 톱니를 펴서 납작하게 다림질한다.

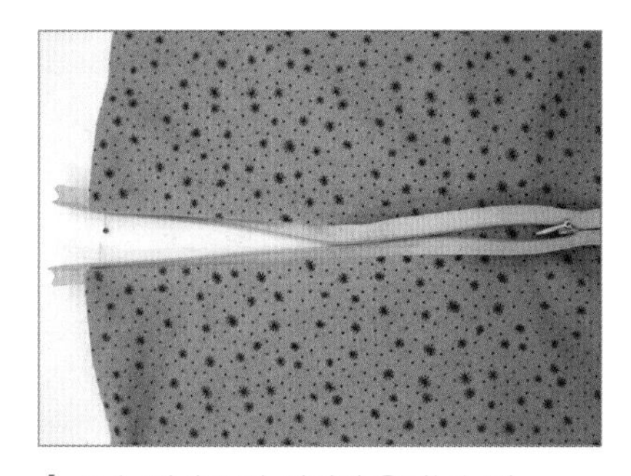

6 콘솔 지퍼를 달 위치에 올려놓는다.

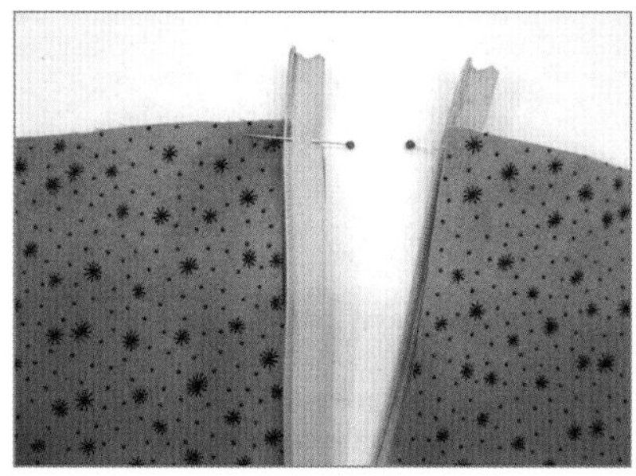

7 콘솔 지퍼의 상단 부분에 핀이나 시침실로 고정한다.

8 재봉틀의 노루발을 쇠 콘솔 노루발로 교체한다.

9 납작하게 다림질한 지퍼 끝선을 완성선에 맞추고 왼쪽부터 박음질한다.

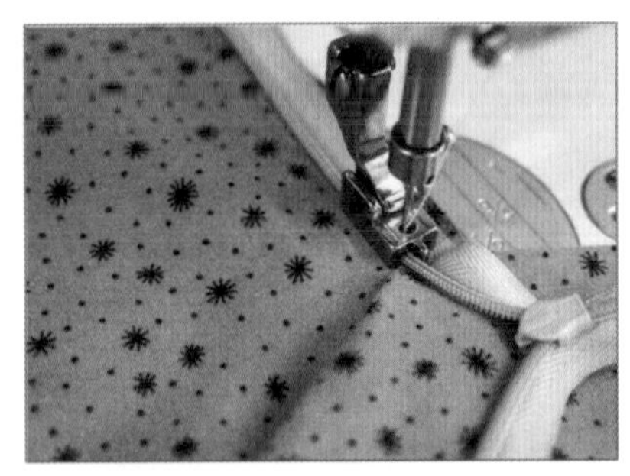

10 끝부분까지 박음질한다.

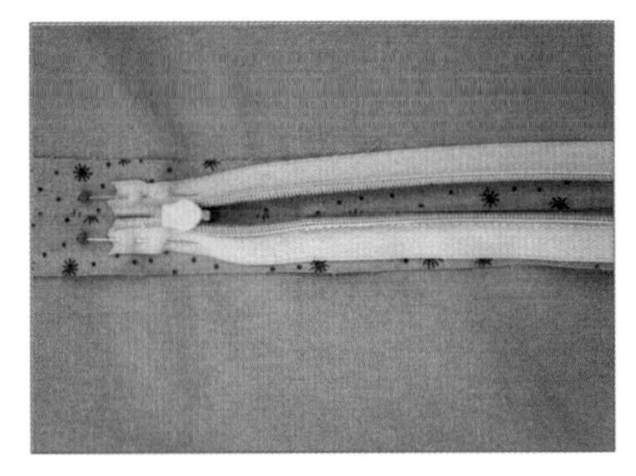

11 지퍼의 갈라진 부분과 봉제선 부분이 일직선이 되도록 놓고, 핀이나 시침질로 고정한다.

12 반대쪽 오른쪽 지퍼는 아래에서부터 박음질한다.

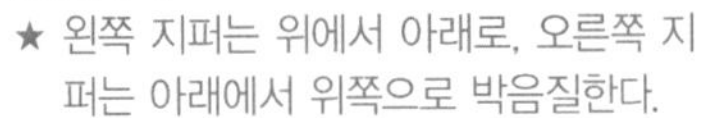

★ 왼쪽 지퍼는 위에서 아래로, 오른쪽 지퍼는 아래에서 위쪽으로 박음질한다.

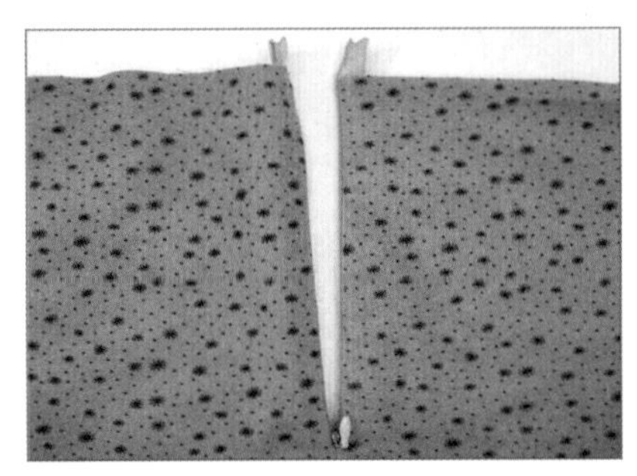

13 완성

3 콘솔 지퍼 파우치

1 겉과 겉이 마주 보도록 놓고 박음질한 후 오버로크를 한다.

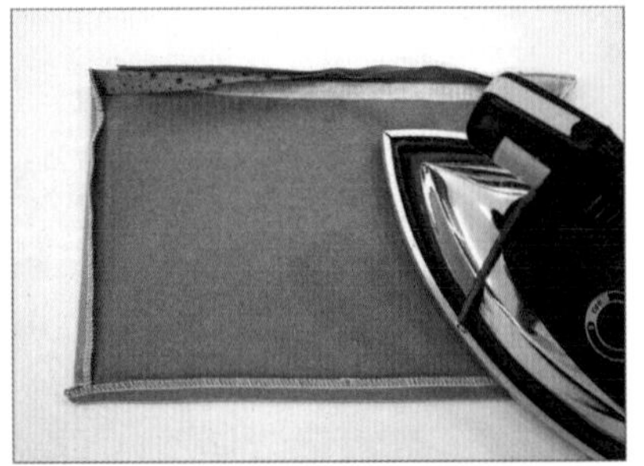

2 시접을 다림질한다.

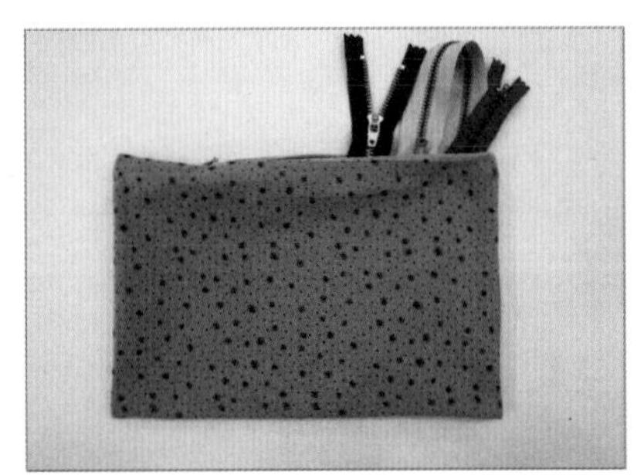

3 지퍼를 열어서 뒤집는다.

장식

- 셔링
- 러플
- 주름
- 핀턱
- 무
- 천루프
- 탭
- 파이핑

1 셔링

원단에 홈질을 한 다음 실을 잡아당겨 풍성한 느낌을 주는 장식법이다.

1 재봉틀을 이용한 셔링

★ 재봉틀의 땀수 다이얼에 따라 땀 길이의 차이가 있다. 땀수가 클수록 셔링을 만들기 좋다.

(1) 한 줄 셔링

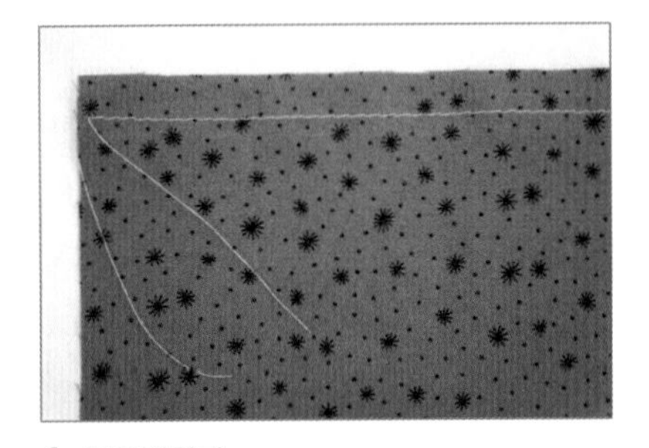

1 박음질한다.

★ 처음과 끝은 되돌려박기 하지 않고 실을 길게 남겨 자른다.

2 재봉실을 잡아당겨 원하는 크기로 셔링을 만든다.

★ 밑실만 잡아당겨야 실이 끊어지지 않고 셔링을 만들기 편리하다.

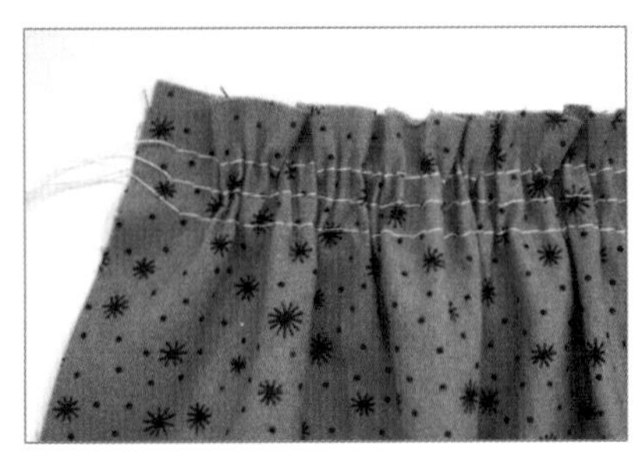

3 3줄 셔링 : 줄 간격은 0.5~1cm로 박음질 한 후 셔링을 만든다.

2 실 고무줄을 이용한 셔링

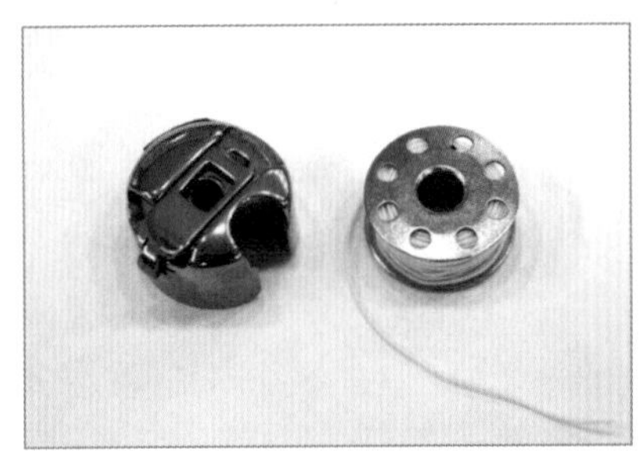

1 북집과 실 고무줄이 감겨 있는 북알을 준비한다.

★ 북알에 실 고무줄을 감을 때는 적당한 힘 조절이 필요하다.

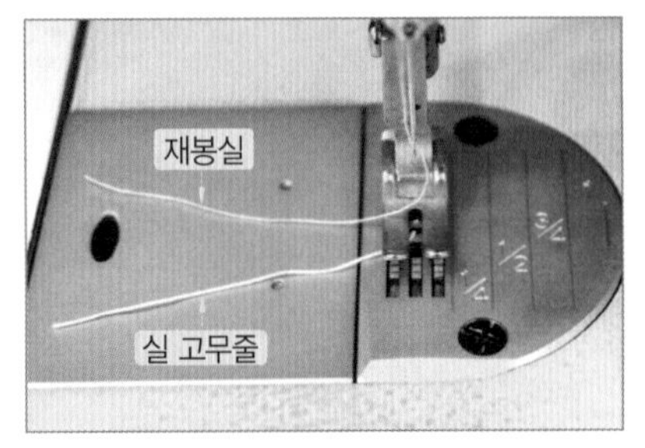

2 윗실은 재봉실 그대로 사용한다.

실 고무줄

3 박음질한다.

4 길게 남은 재봉실과 실 고무줄은 2~3번 매듭을 지어 셔링이 풀리지 않도록 한다.

3 고무 밴드를 이용한 셔링

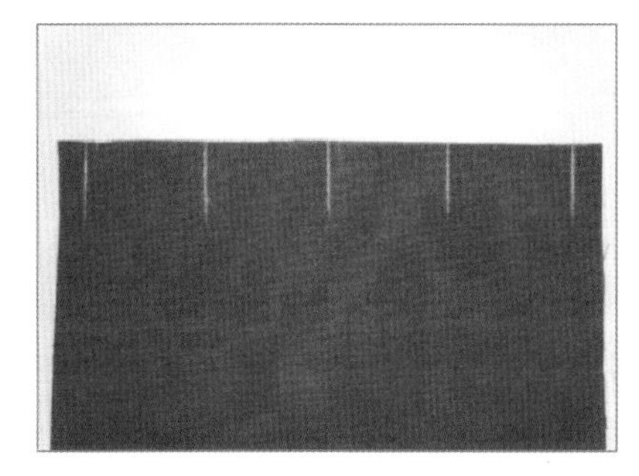

1 원단에 4등분 하여 표시한다.

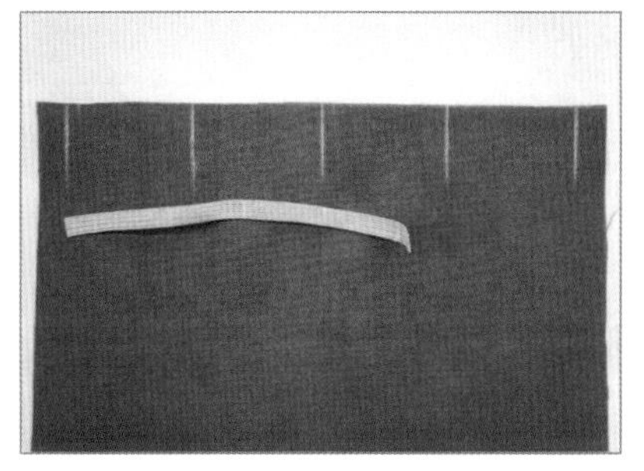

2 고무 밴드는 원단 치수보다 짧게 준비한다.
★ 고무 밴드가 짧을수록 셔링이 촘촘하게 생긴다.

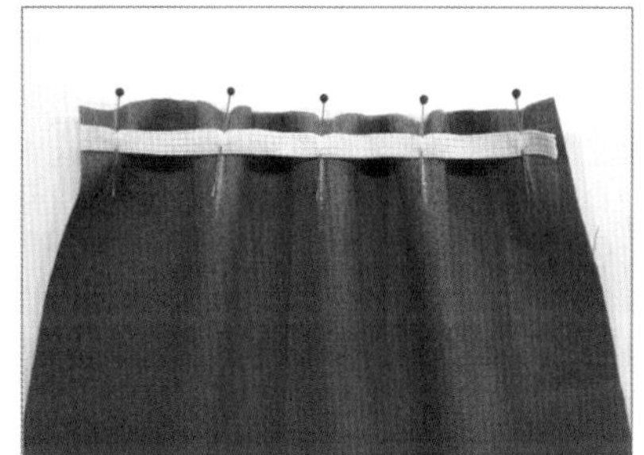

3 원단과 고무 밴드를 시침핀으로 고정한다.

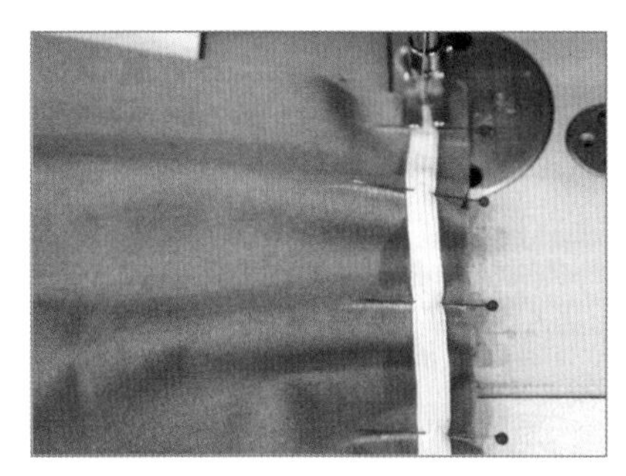

4 원단과 고무 밴드에 재봉틀 바늘을 꽂아 고정한다.

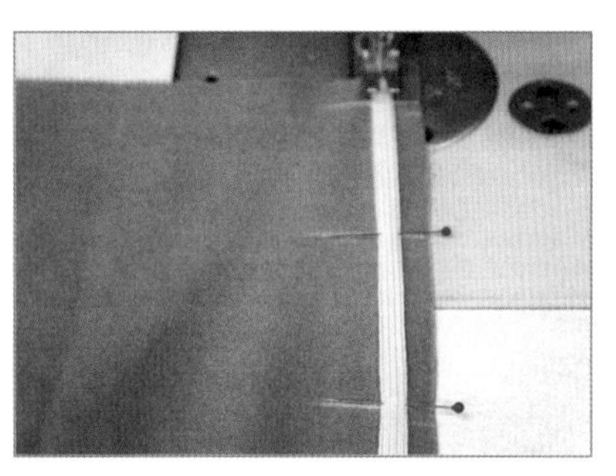

5 원단과 고무 밴드를 함께 잡아당긴다.

6 잡아당긴 상태에서 박음질한다.

7 완성(앞면)

8 완성(뒷면)

tip 고무줄 셔링

실 고무줄이나 고무 밴드를 이용한 셔링은 탄성으로 인해 풍성함과 신축성이 있다.

4 셔링을 이용한 다양한 디자인

셔링을 이용한 디자인은 크기와 방향에 따라 다양하게 연출할 수 있다.

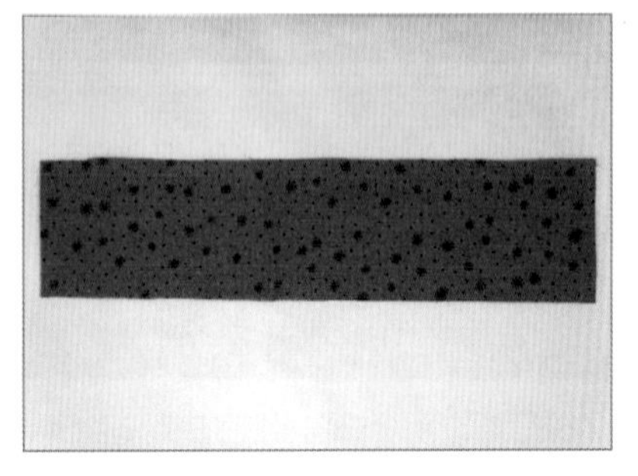

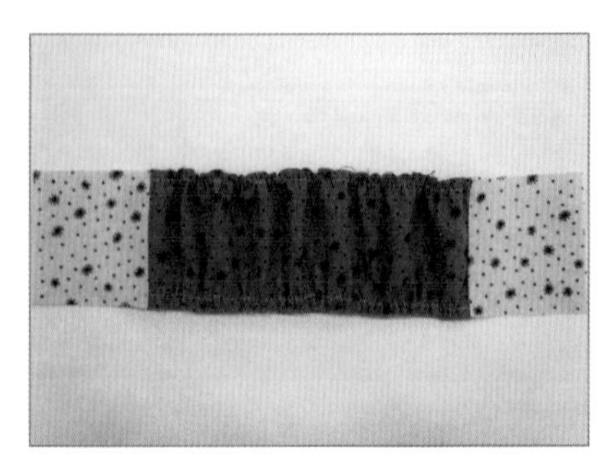
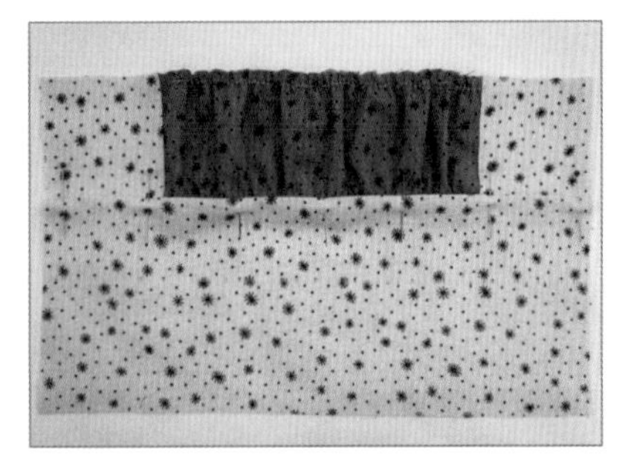
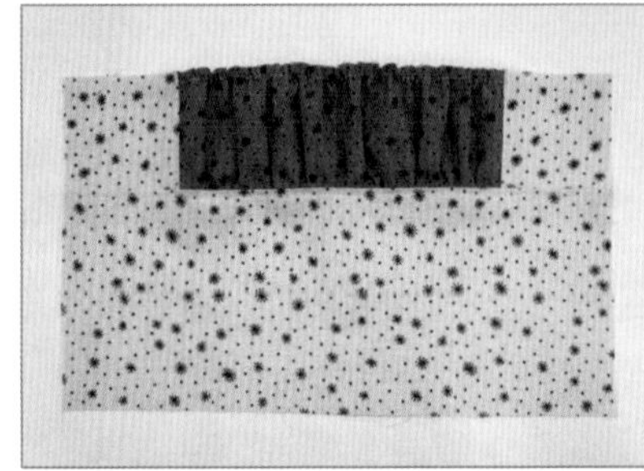
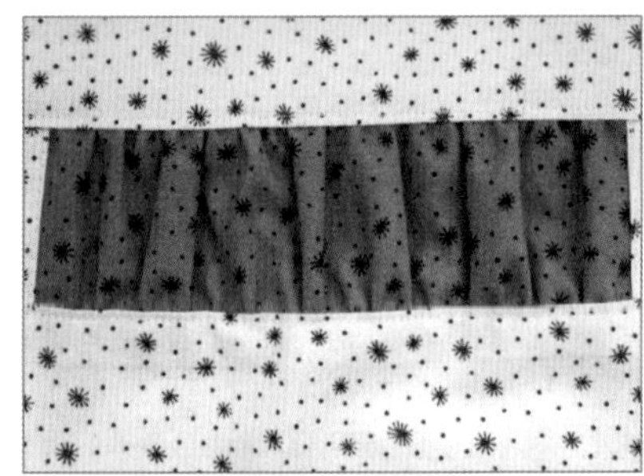

2 러플

원하는 폭으로 원단을 자른 후 셔링을 만들고 다른 원단에 부착하여 가장자리를 입체감 있게 표현하는 장식법이다.

★ 러플은 가로 방향, 식서 방향, 바이어스 방향 중 어느 방향으로 해도 크게 상관없다.

1 러플

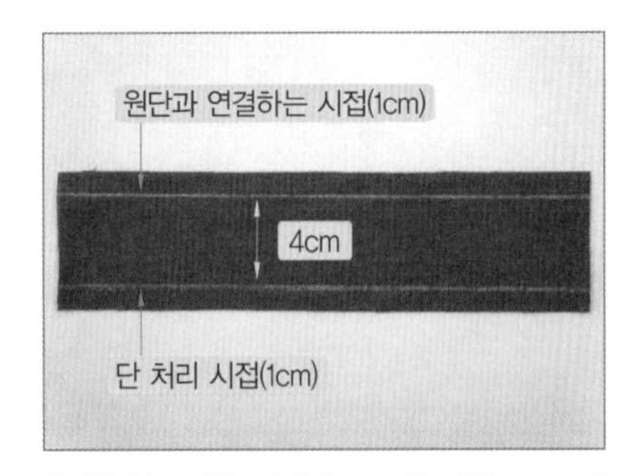

1 원하는 러플 너비가 4cm일 경우 6cm 너비로 원단을 자른다.

2 단 처리 시접을 두 번 접어 박음질한다.
★ 47쪽 단 처리(끝 말아박기) 참고

3 길게 남은 재봉실은 2~3번 매듭을 지어 셔링이 풀리지 않도록 한다.

4 러플이 움직이지 않도록 핀이나 시침질로 고정한 후 박음질한다.

5 박음질한 모습

6 5에서 박음질한 러플 위에 원단을 올려 놓는다.

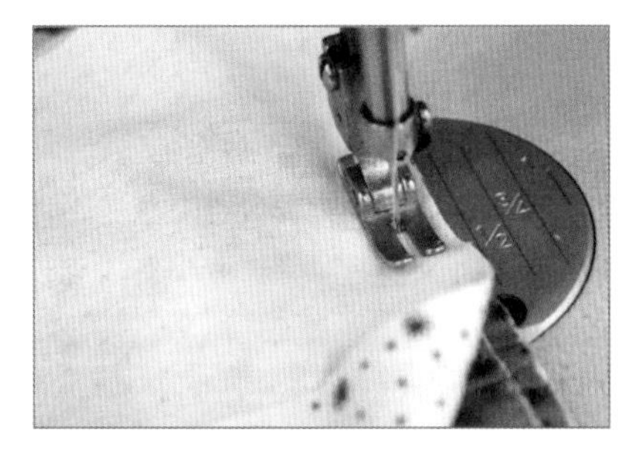

7 박음질한다.

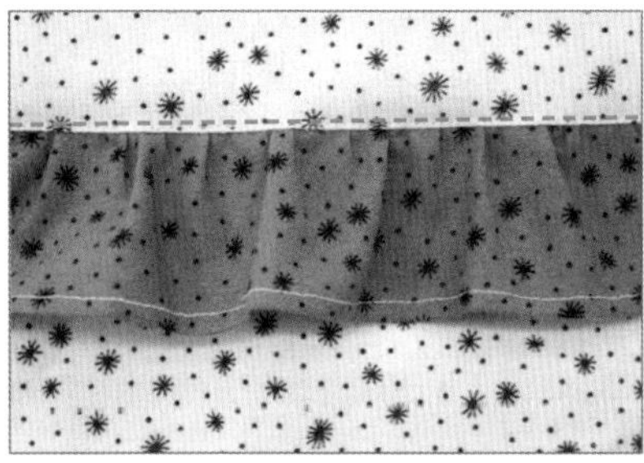

8 원단을 위로 올려놓고 누름 박음질한다.

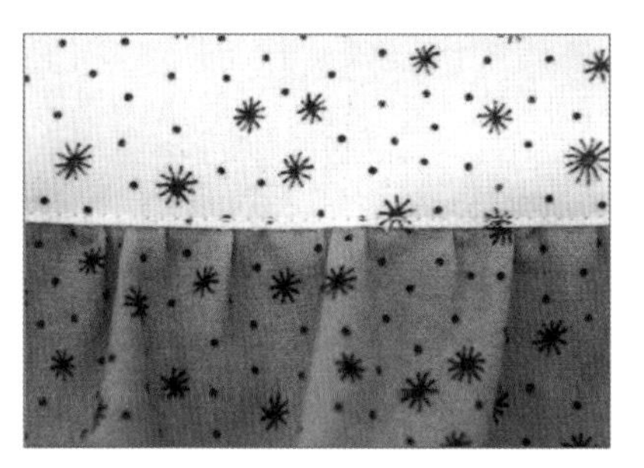

9 확대한 모습

2 러플을 이용한 다양한 디자인

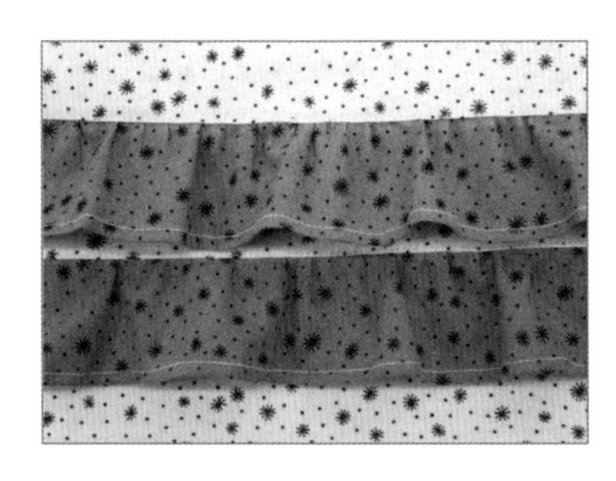

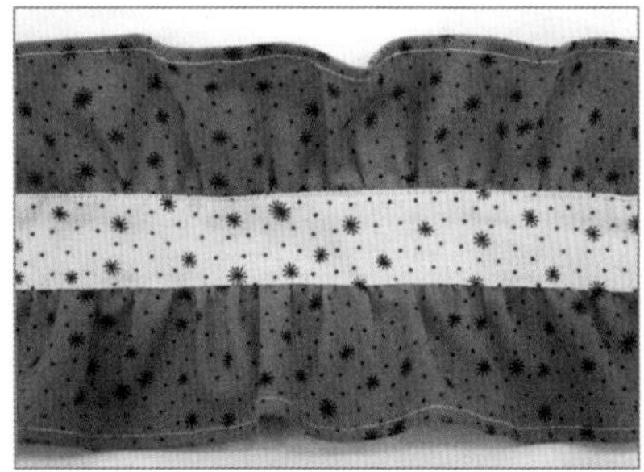

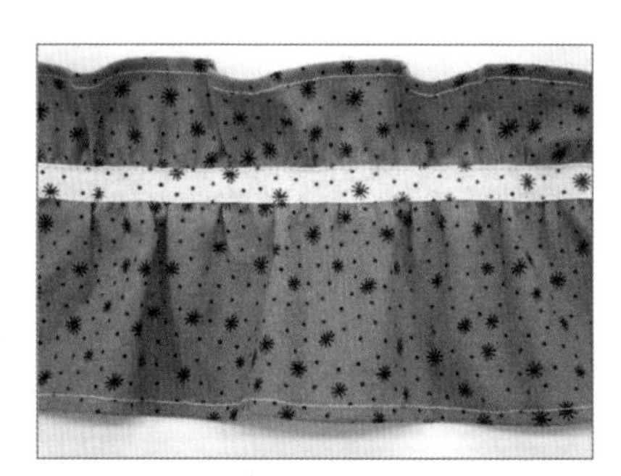

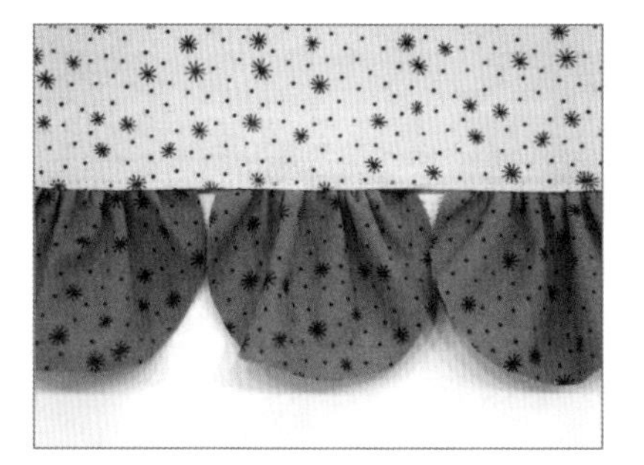

3 주름

원단을 아코디언 주름 상자 모양처럼 규칙적으로 접은 장식법으로, 플리츠라고 한다.

1 재봉틀을 이용한 외주름

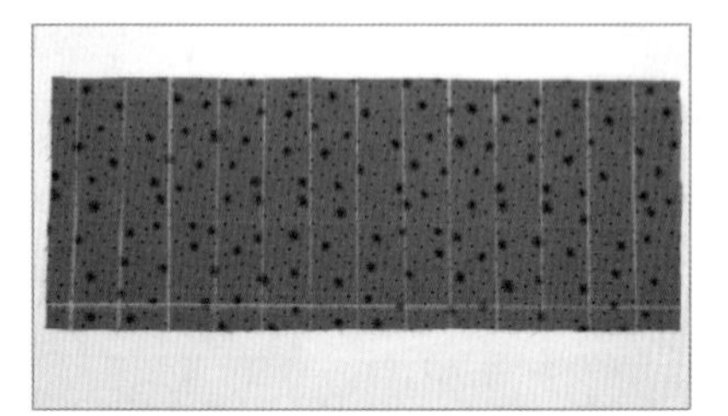

1 원단 위에 1cm 간격으로 선을 긋는다.

2 원단 위에 표시한 부분을 손으로 접으면서 박음실한나.

2에서 핀이나 시침질로 고정시킨 후 박음질하면 편리하다.

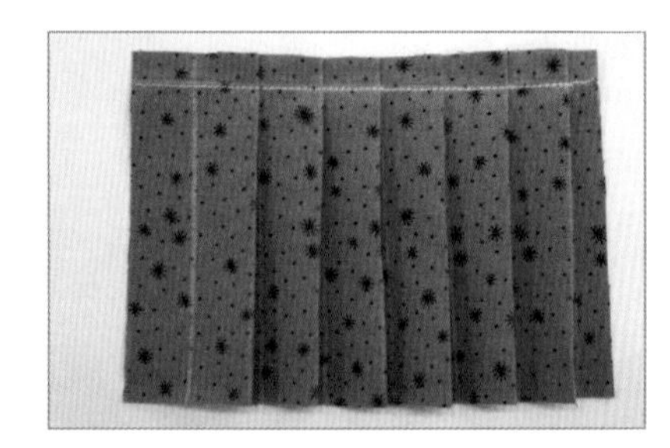

3 다림질하지 않은 주름

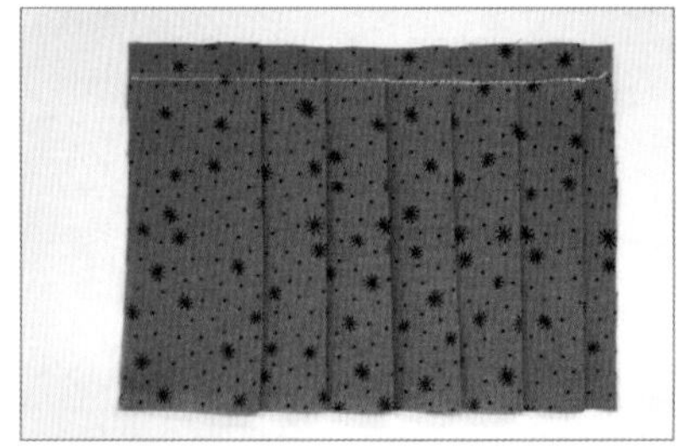

4 다림질한 주름

2 주름을 이용한 다양한 디자인

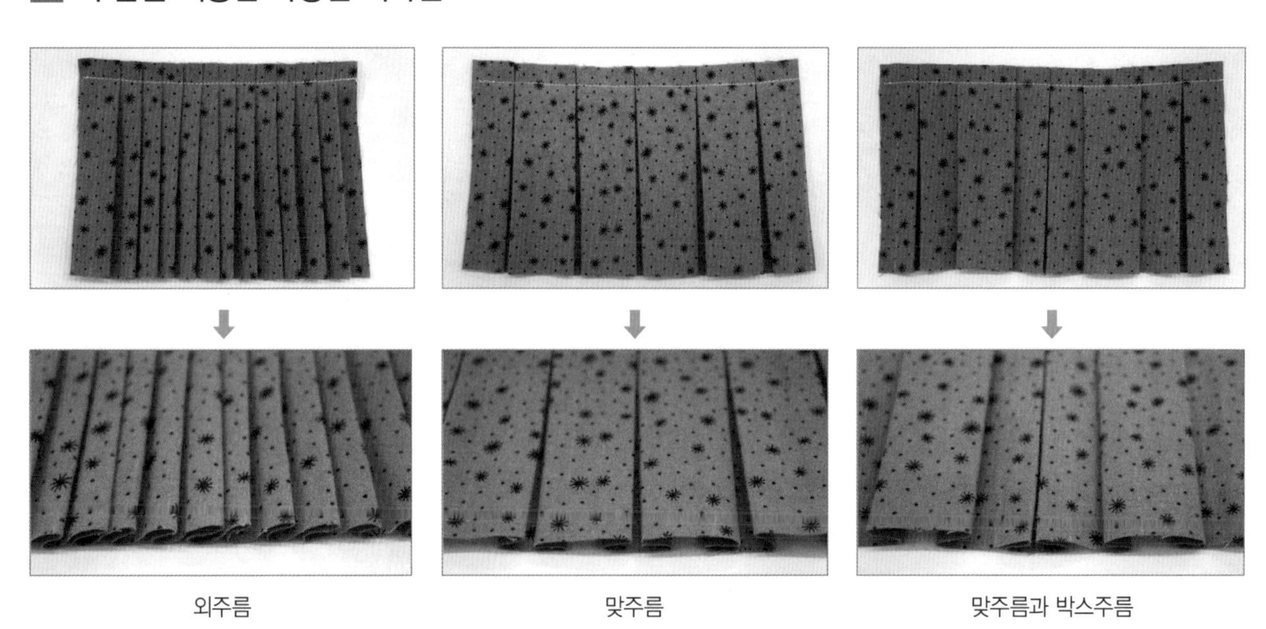

외주름　　맞주름　　맞주름과 박스주름

4 핀턱

원단의 끝에서 끝까지 박음질함으로써 턱의 폭이나 간격을 다르게 하여 다양한 모양을 주는 장식법이다.

1 핀턱 만들기

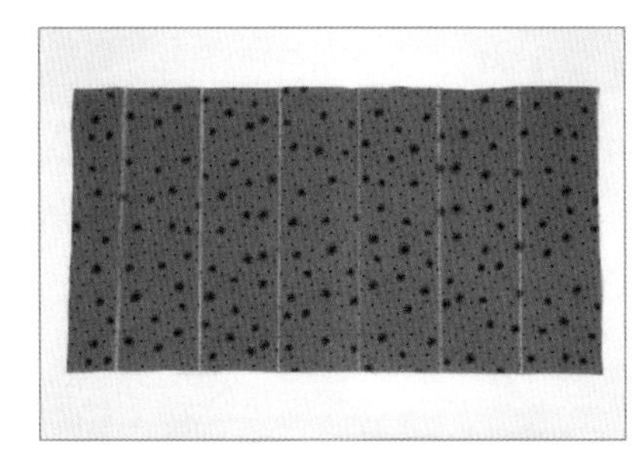

1 원단 위에 2cm 간격으로 선을 긋는다.

2 0.3~0.5cm 폭으로 박음질한다.

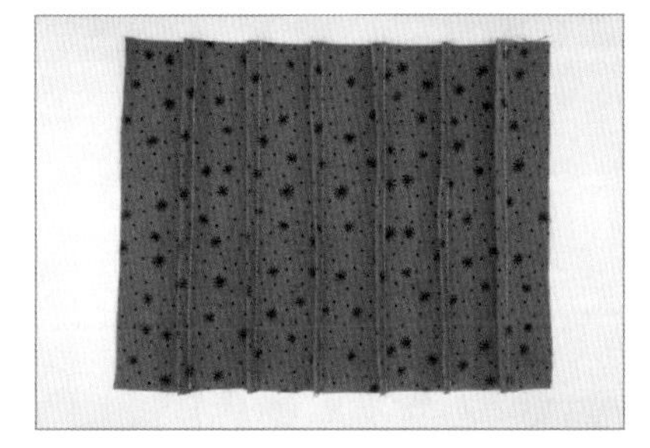

3 다림질하지 않은 핀턱

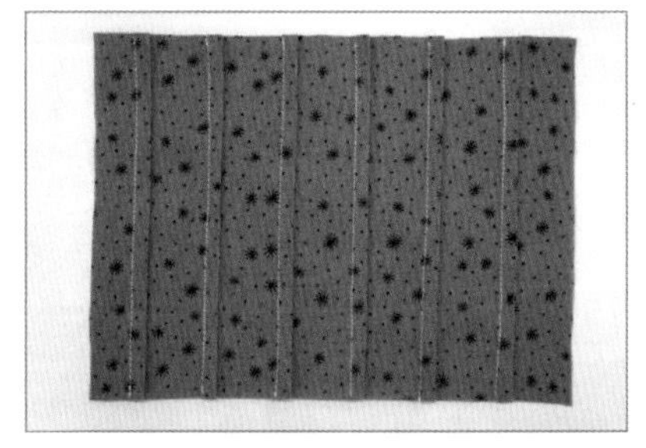

4 다림질한 핀턱

2 핀턱을 이용한 다양한 디자인

(1) 턱

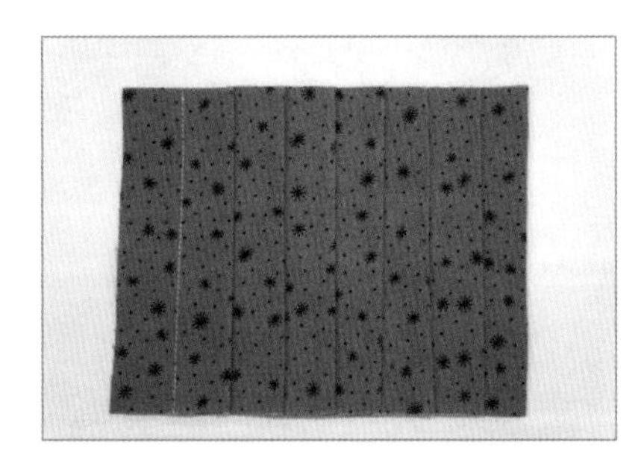

간격이 없는 턱

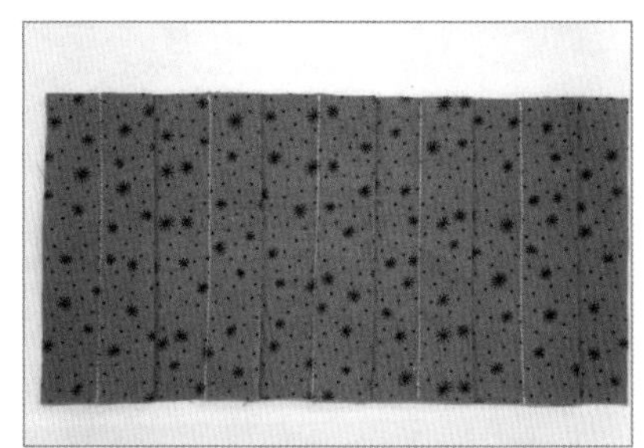

간격이 있는 턱

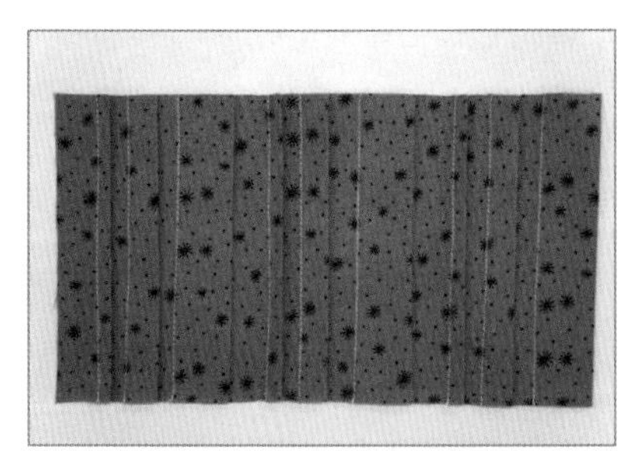

턱의 너비가 변하는 턱

(2) 변형 턱

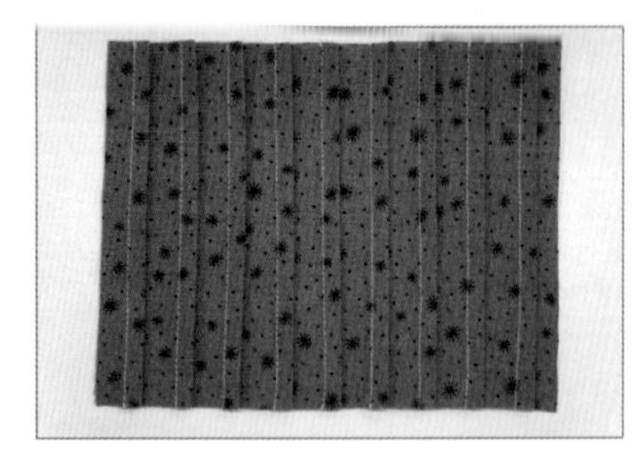
1 핀턱

2 턱 위를 박음질한다.

3 반대 방향도 같은 방법으로 한다.

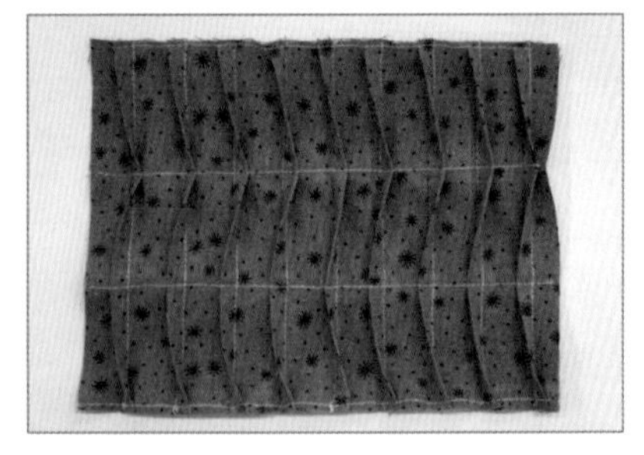
4 완성

2에서 턱 위에 핀이나 시침질로 고정한 후 박음질하면 편리하다.

(3) 크로스 턱

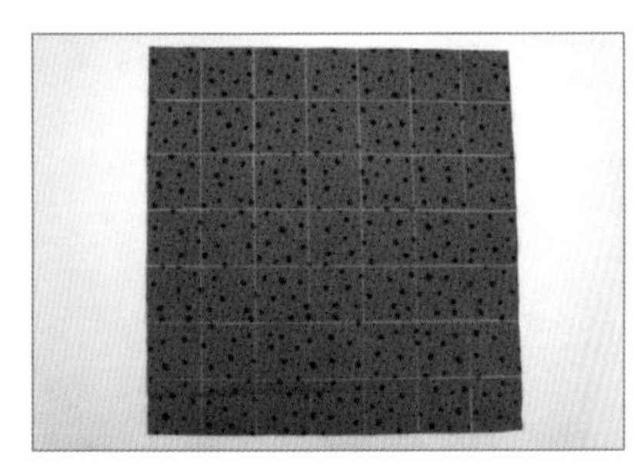
1 원단 위에 가로, 세로 2cm 간격으로 선을 긋는다.

2 0.2~0.3cm 폭으로 박음질한다.

3 끝까지 박음질한다.

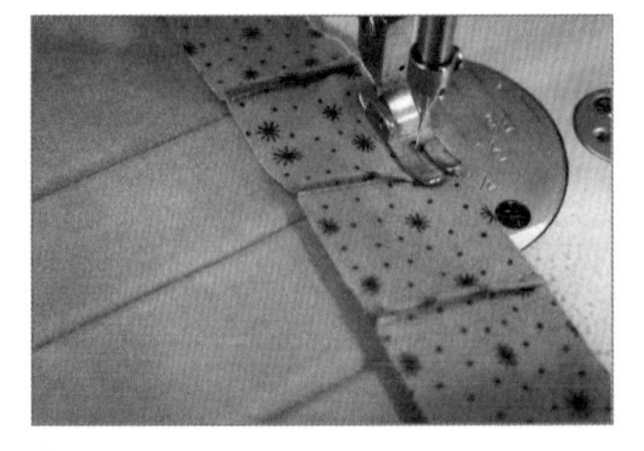
4 방향을 바꾸어 0.2~0.3cm 폭으로 박음질한다.

5 끝까지 박음질한다.

6 완성

(4) 모양이 있는 턱

1 원단을 겉과 겉끼리 반으로 접어 다림질한 후 움직이지 않도록 핀이나 시침질로 고정한다.

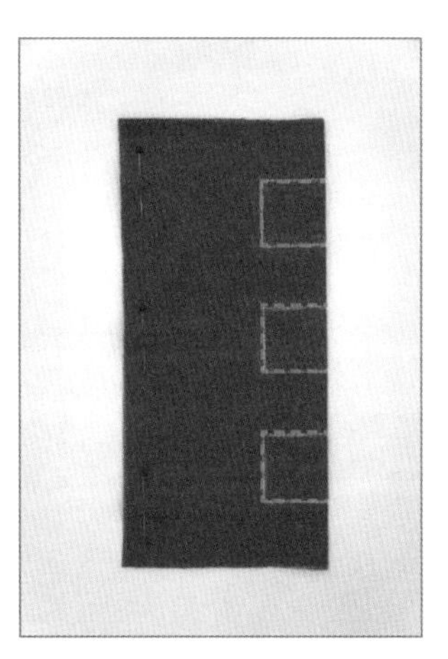

2 3cm 간격으로 선을 그은 후 박음질한다.

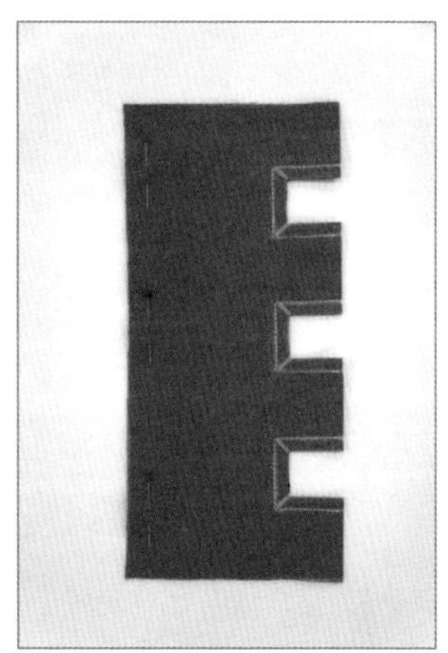

3 0.5cm 남겨두고 자른다. 모서리는 가윗집을 준다.

4 뒤집어서 송곳으로 모양을 정리한다.

5 다림질한다.

6 완성

tip **턱을 이용한 디자인**

턱의 높이나 간격을 이용하여 반원의 조개 모양, 삼각형의 톱니 모양 등 다양한 디자인을 연출할 수 있다.

5 무

원단 트임에 부채꼴 모양의 원단 조각을 끼워 놓은 장식이다.

1 무

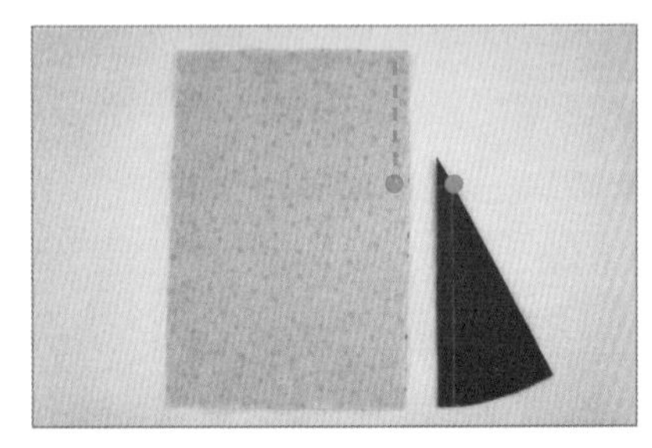

1 양쪽 솔기선이 만나는 무의 꼭짓점을 표시한다.

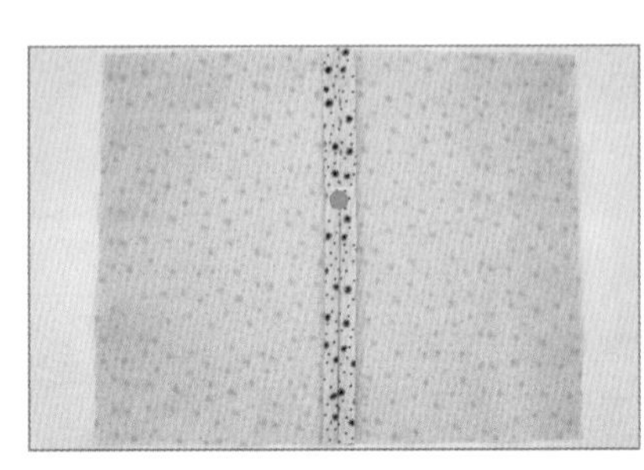

2 시접은 가름솔한다.

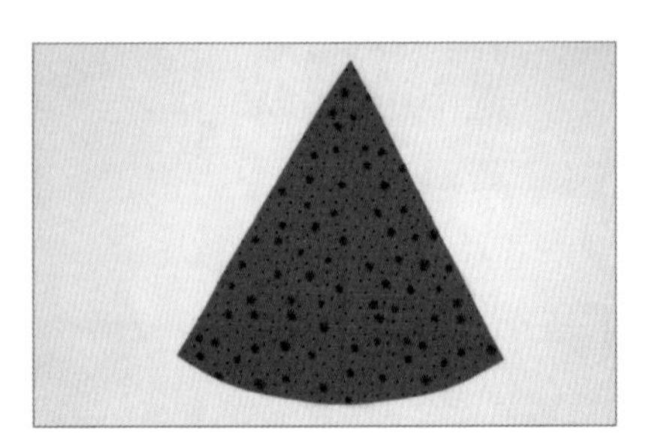

3 무

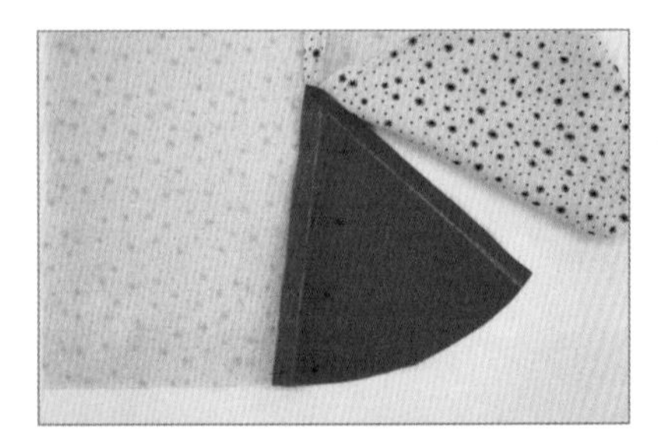

4 원단과 무가 움직이지 않도록 핀이나 시침질로 고정한 후 박음질한다.

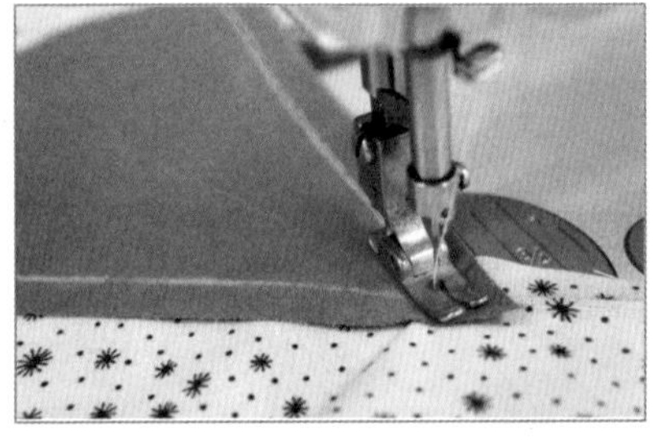

5 아래에서부터 꼭짓점까지 박음질한다.

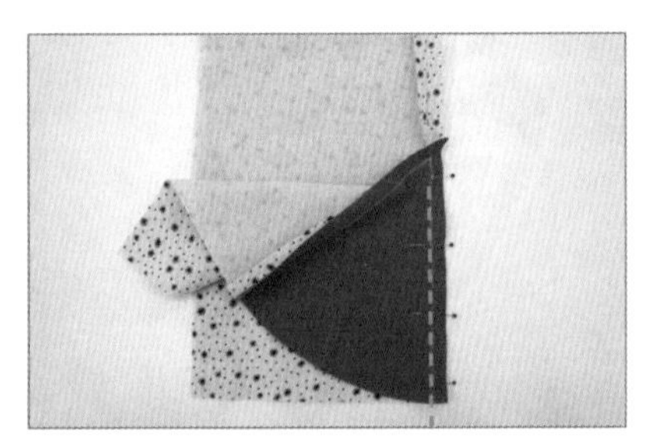

6 반대쪽도 원단과 무가 움직이지 않도록 핀이나 시침질로 고정한 후 박음질한다.

7 꼭짓점부터 시작하여 밑단까지 박음질한다.

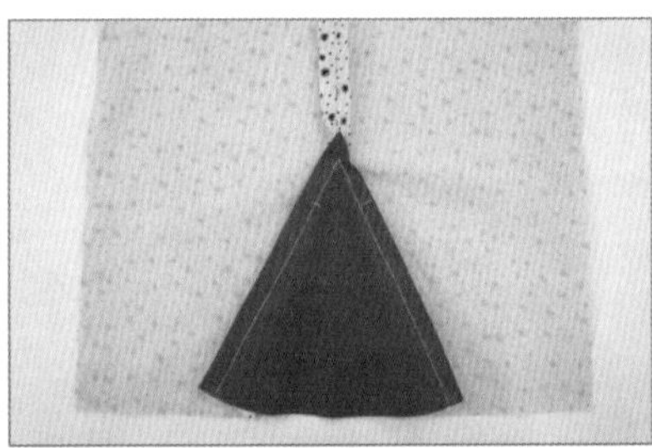

8 박음질한 모습

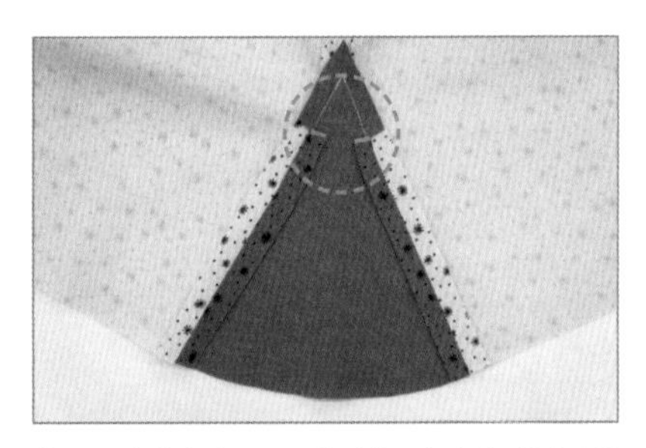

9 꼭짓점에서 3cm 내려온 지점에 가윗집을 주고 아래쪽은 가름솔로 다림질한다.

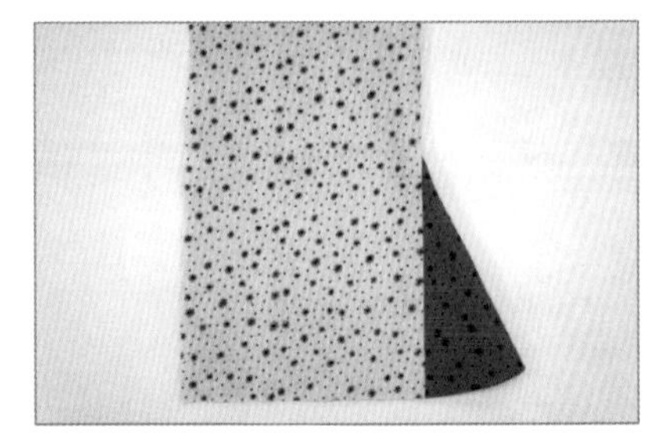

10 완성(옆에서 본 모습)

11 완성(앞에서 본 모습)

6 천루프

천으로 만든 원 모양의 고리 장식이다.

1 천루프

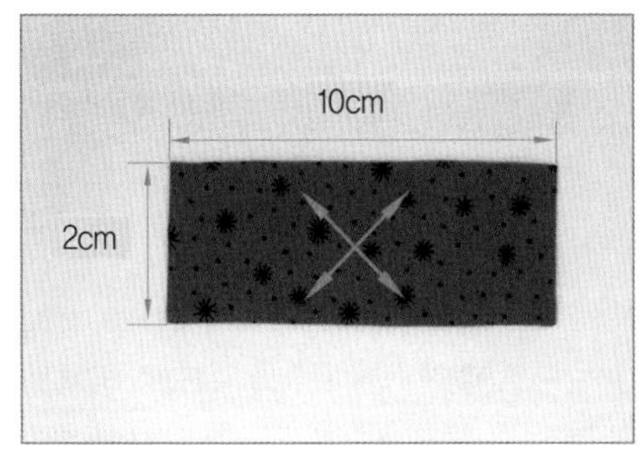

1 원단을 바이어스 방향으로 재단한다.
★ 53쪽 원단 방향 참고

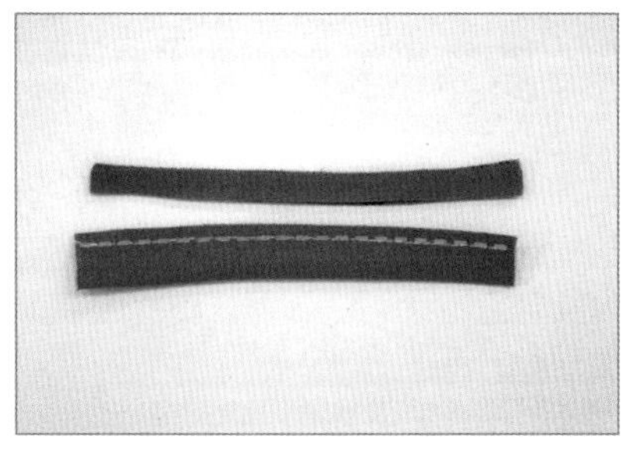

2 반으로 접어서 1cm 폭으로 박음질한 후 0.3cm를 남기고 시접을 자른다.

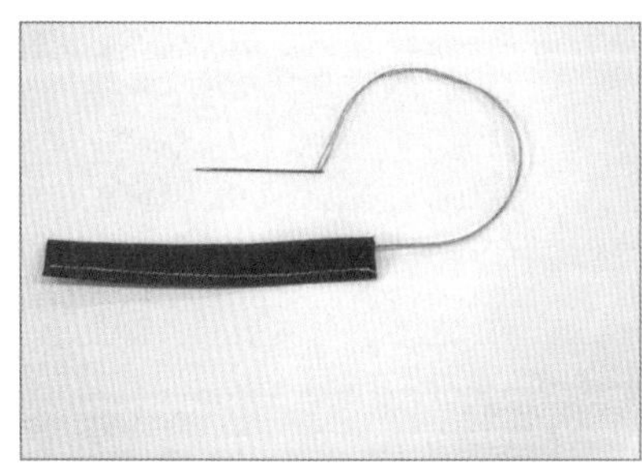

3 실매듭을 튼튼하게 만들어 빠지지 않도록 고정한다.

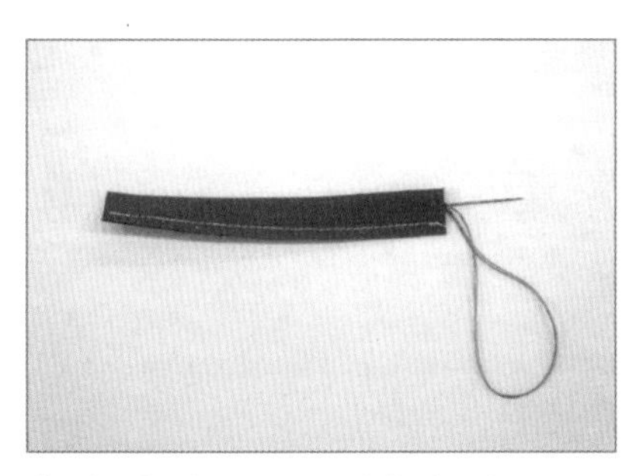

4 바늘을 터널 안으로 집어 넣는다.

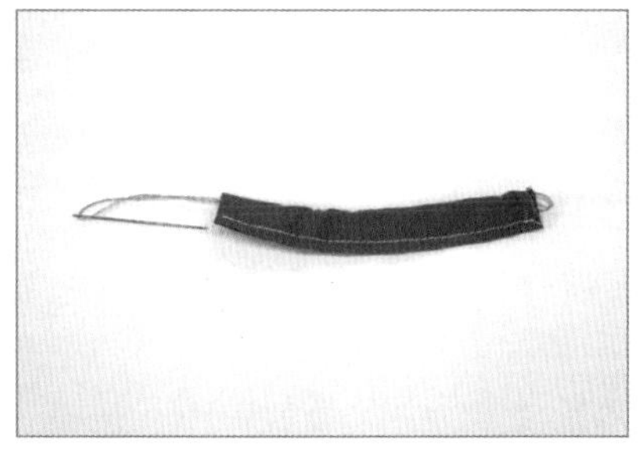

5 터널 끝까지 넣는다.

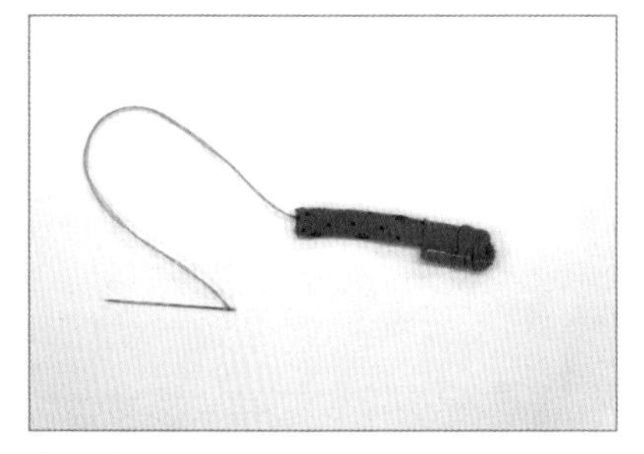

6 실을 잡아 당겨 터널을 뒤집는다.

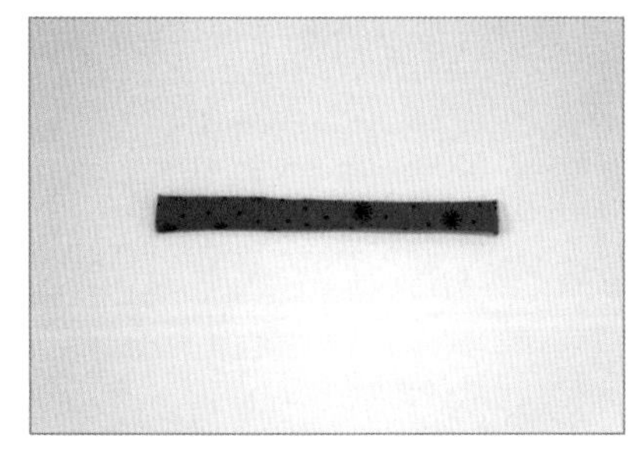

7 뒤집은 모습

8 반으로 접어 박음질한다.

tip 천루프

천루프는 천을 바이어스로 잘라 사용하며 블라우스 단춧구멍으로도 많이 사용한다.

7 탭

옷이나 홈패션에 다는 고리 장식이다.

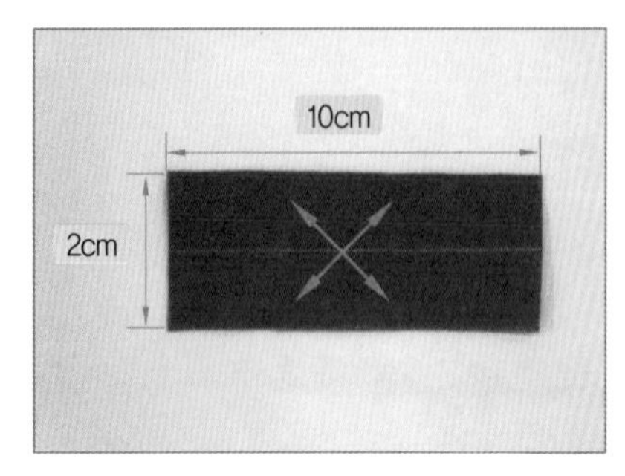

1 원단을 바이어스 방향으로 재단한다.
★ 53쪽 원단 방향 참고

2 반으로 접어 다림질한다.

3 반으로 접어 0.2~0.3cm 폭으로 박음질한다.

4 중앙을 직각(90°)으로 접는다.

5 반대쪽도 접은 후 박음질한다.

6 완성
★ 주머니는 입술주머니 154쪽 참고

tip 탭

주머니에 탭을 달면 주머니 입구가 늘어나거나 물건이 바깥으로 빠지는 것을 방지할 수 있다.

8 파이핑

기다란 천에 끈을 넣어 옷이나 홈패션의 단 처리를 할 때 사용하는 장식법이다.

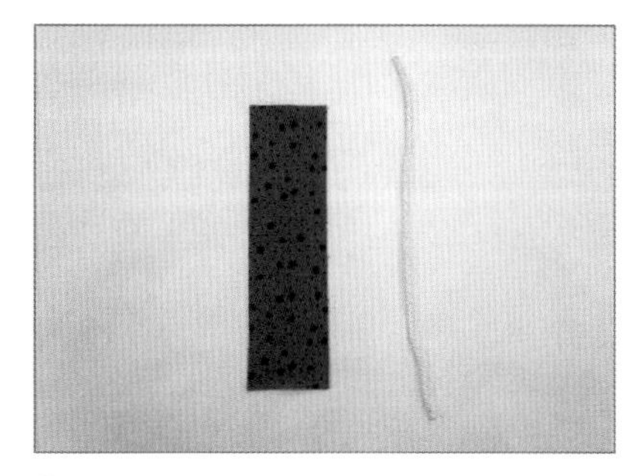

1 원단과 끈을 준비한다.

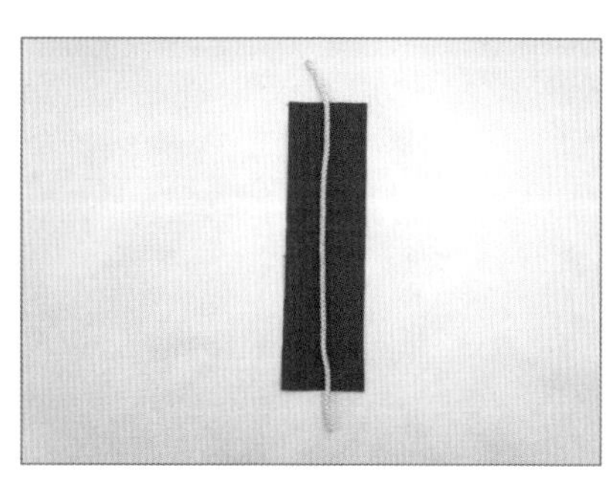

2 끈을 원단 가운데 올려놓는다.

3 외발 노루발로 교체한다.

4 원단으로 끈을 감싸며 박음질한다.

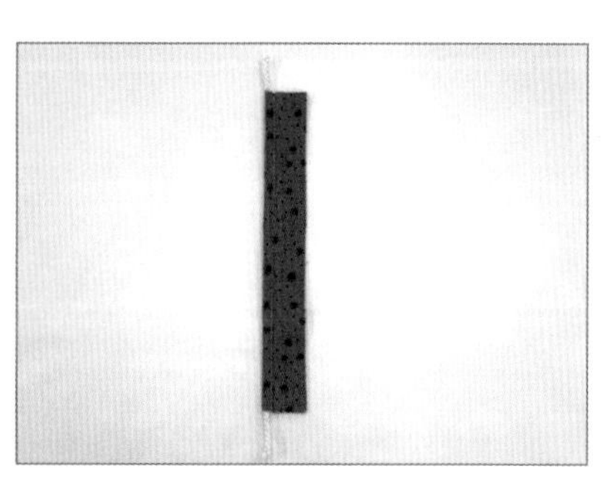

5 완성

3에서 외발 노루발로 교체한 후 박음질하면 끈의 두께에 맞게 박음질할 수 있어 편리하다.

tip 파이핑

일반적으로 파이핑은 같은 천으로 하지만 배색이 되는 다른 천을 대어 장식하기도 한다.

블라우스

어깨에서 허리선 또는 엉덩이선까지의 길이로
직장 여성들이 즐겨 입는 상의

- 스트레이트 블라우스
- 요크 프린세스 블라우스
- 셔츠 블라우스
- 블라우스 만들기

1 스트레이트 블라우스

가슴 라인에서 밑단까지 일자로 연결된 블라우스 ★ 99쪽 퍼프 소매 참고

패턴

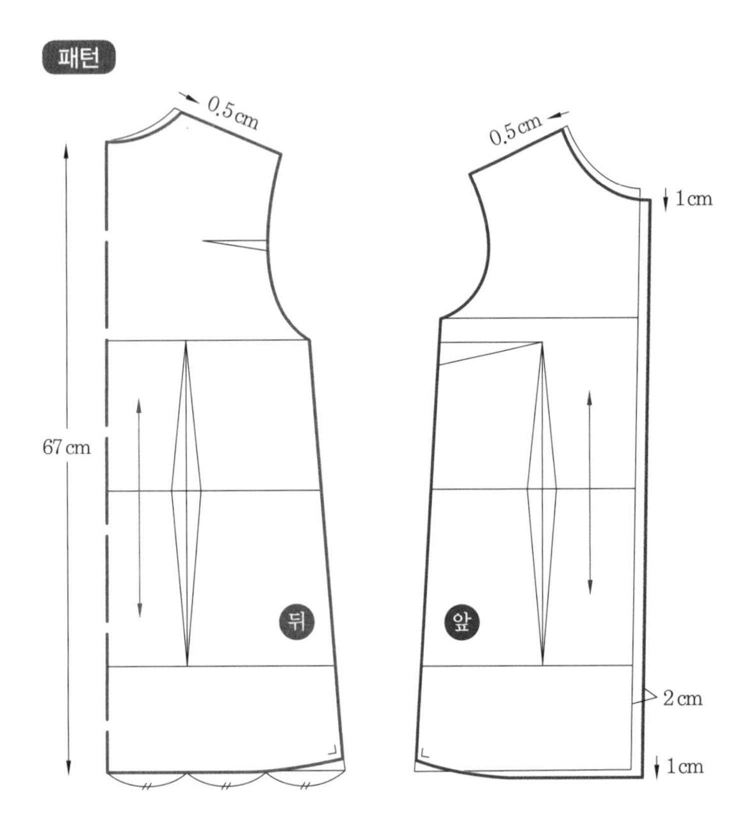

tip 스트레이트 블라우스

스트레이트 블라우스는 블라우스 중 대표적인 라인으로, 청바지와 잘 어울려 남녀 모두 선호하는 블라우스이다.

2 요크 프린세스 블라우스

셔츠 블라우스에 가장 대표적으로 사용되는 블라우스 ★ 97쪽 스트레이트 소매, 124쪽 셔츠 커프스 참고

패턴

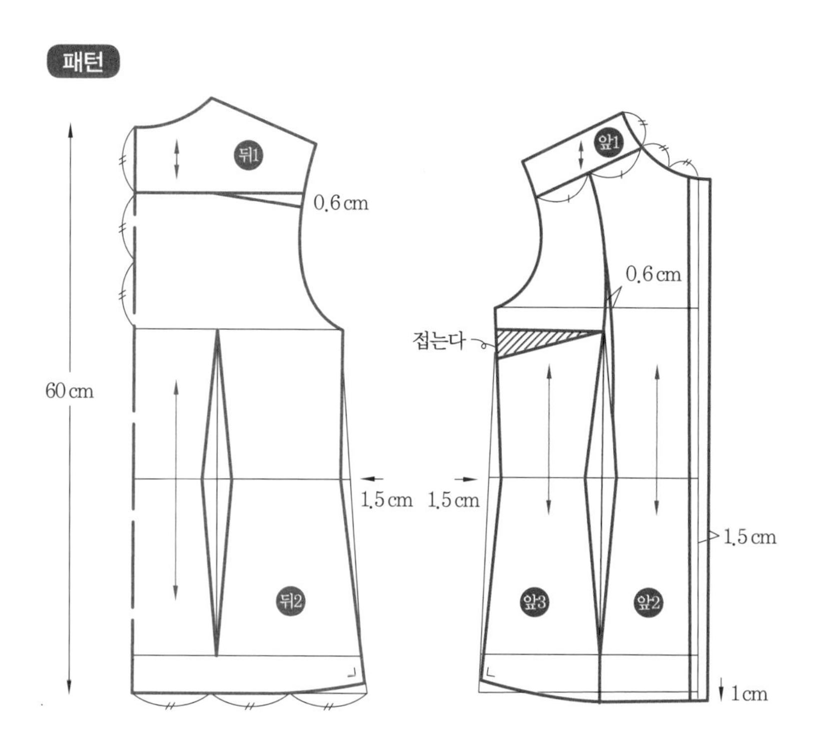

전개

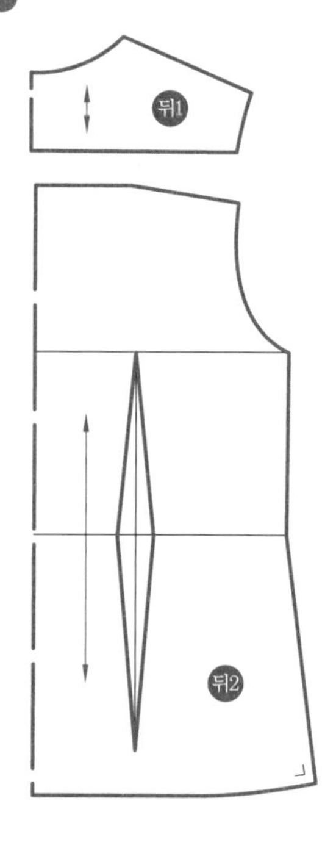

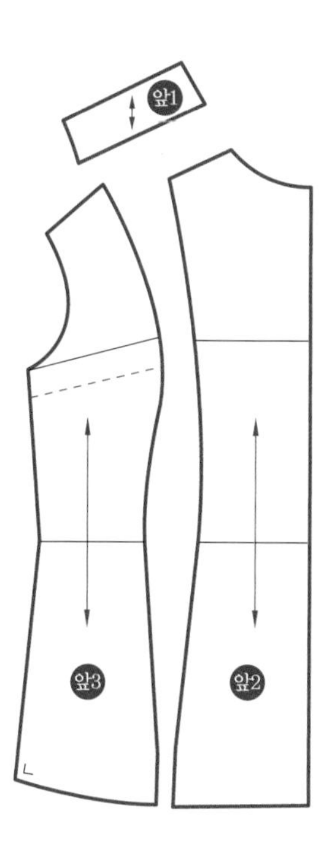

3 셔츠 블라우스

남녀가 함께 입는 옷으로 칼라와 커프스의 유행에 따라 다양하게 연출할 수 있는 블라우스 ★ 97쪽 스트레이트 소매, 124쪽 셔츠 커프스 참고

패턴

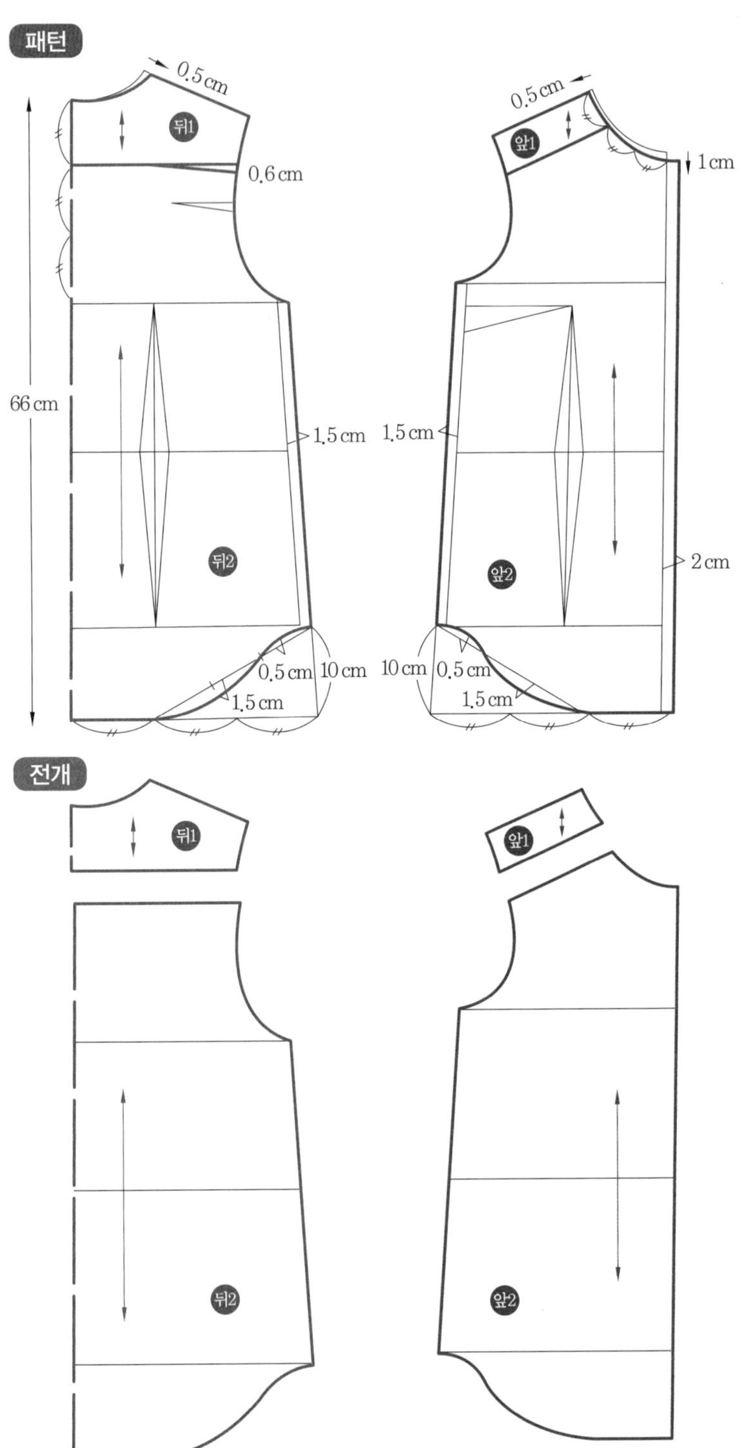

4 블라우스 만들기

작 업 지 시 서	결재	디자이너	팀 장	실 장	대 표
ITEM : 블라우스	작성일자 : 20 년 월 일				

182쪽 스트레이트 블라우스 참고
97쪽 플레어 소매(긴소매) 참고
130쪽 밴드 셔츠 칼라 참고

봉재 시 유의사항

- 겉감 식서 방향에 주의하시오.
- 심지는 밀리지 않도록 다림질에 유의하시오.
- 지퍼는 밀리지 않게 다시오.
- size 절대 준수

원·부자재 소요량

자재명	규격	단위	소요량
겉감	110cm	cm	150
재봉실	60s/3합	com	1
스텝 단추	10mm	EA	5

1 패턴 배치도 및 시접

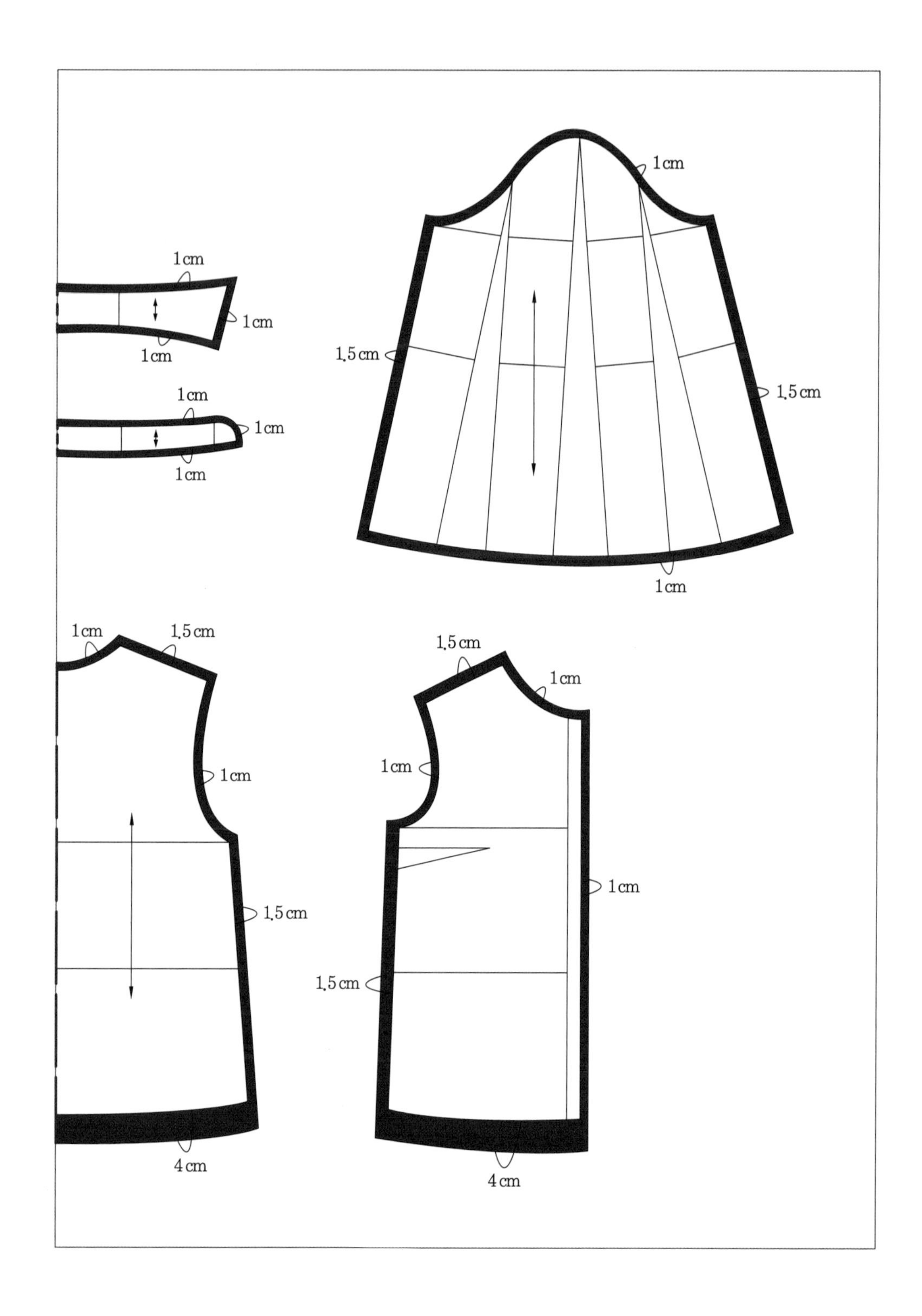
1cm
1cm
1cm
1cm
1cm
1cm
1cm
1.5cm
1.5cm
1cm
1cm
1.5cm
1cm
1.5cm
1.5cm
1cm
1cm
1cm
1.5cm
4cm
4cm

2 봉제 작업

(1) 앞판 만들기

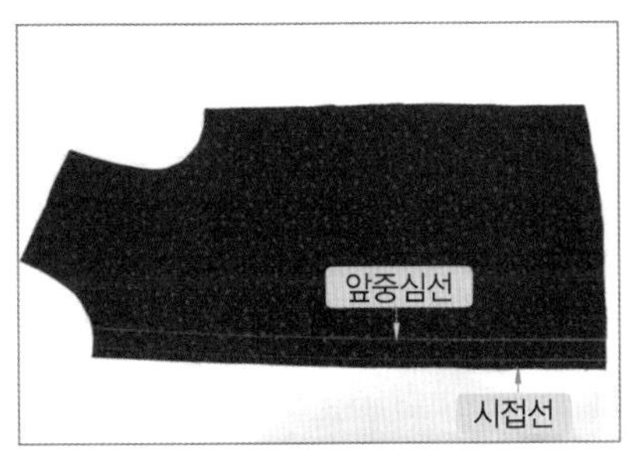

1 앞판 겉면이다.

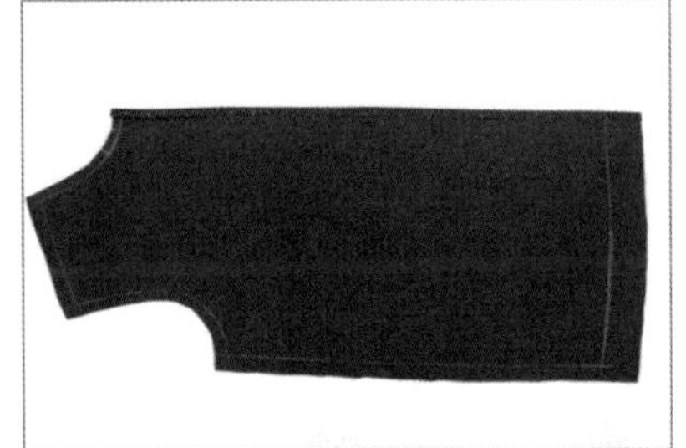

2 시접을 다림질한다.

3 시접을 접어 박음질한다.
★ 시접을 오버로크 한 후 박음질해도 된다. 앞판 오른쪽도 같은 방법으로 한다.

(2) 뒤판 만들기

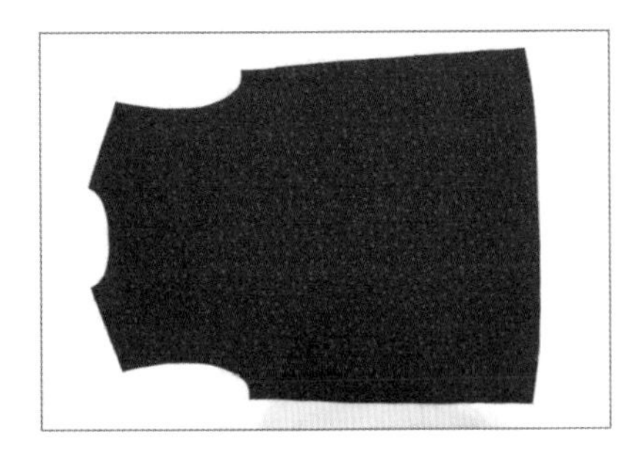

뒤판을 핀턱 라인으로 제작하면 여유분이 있어 활동하기 편리하다.

★ 65쪽 핀턱 라인 참조

(3) 앞판, 뒤판 연결하기

1 앞판과 뒤판을 겉과 겉끼리 마주 보도록 놓는다.

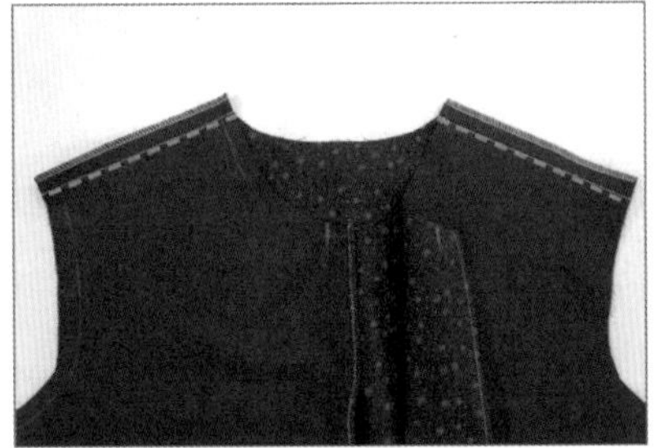

2 어깨선을 박음질한 후 오버로크를 한다.

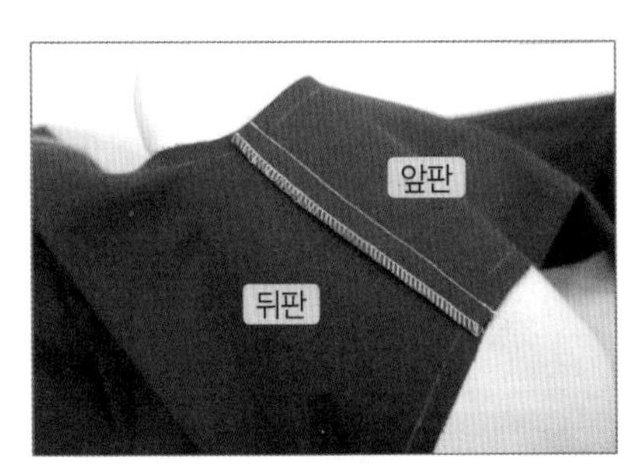

3 어깨선을 우마에 올려놓고 시접이 뒤판으로 향하도록 다림질한다.

(4) 소매 만들기

1 소매를 준비한다.

2 시접에 오버로크를 한다.

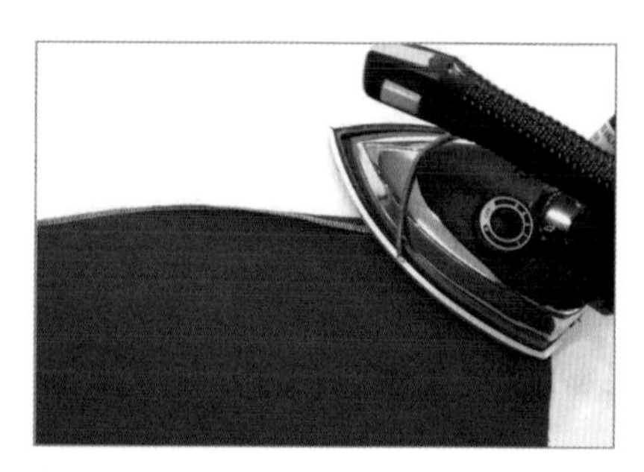
3 시접을 다림질한다.

4 0.3~0.4cm 폭으로 박음질한다.

5 완성

플레어 소매 플레어 소매는 시접의 양이 적을수록 더 예쁘다.

★ 47쪽 끝 말아박기 참고

(5) 몸판과 소매 연결하기

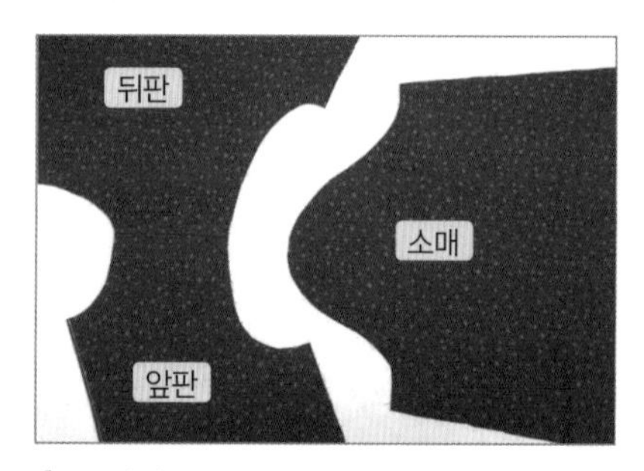

1 몸판과 소매를 준비한다.

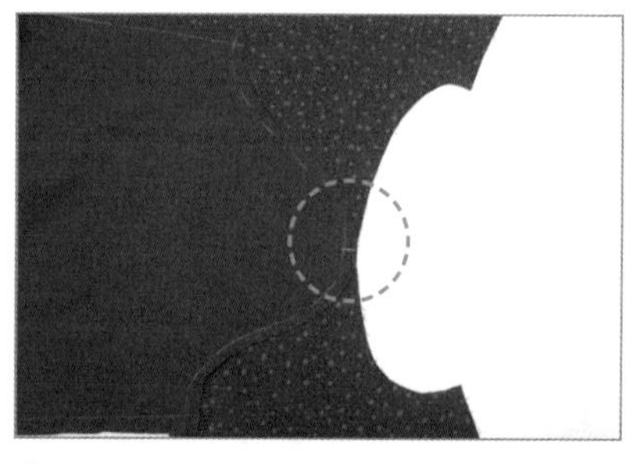
2 몸판 어깨선과 소매 중심선을 맞춘다.

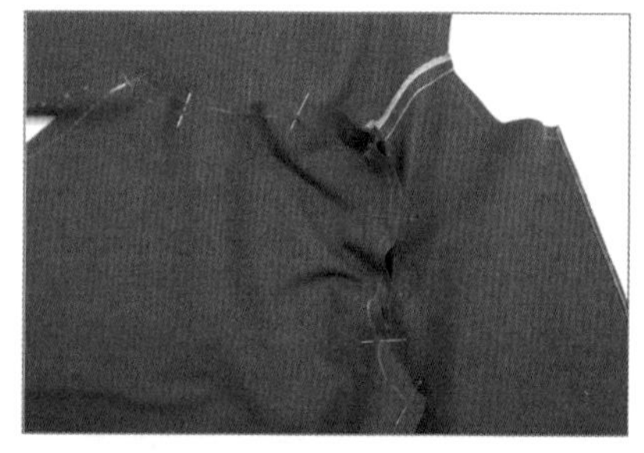
3 몸판과 소매를 겉과 겉끼리 놓고 핀이나 시침질로 고정한다.

4 박음질한 후 오버로크를 한다.

5 소매 옆선부터 몸판 옆선까지 박음질한다.

6 박음질한 후 오버로크를 한다.

(6) 칼라 만들기

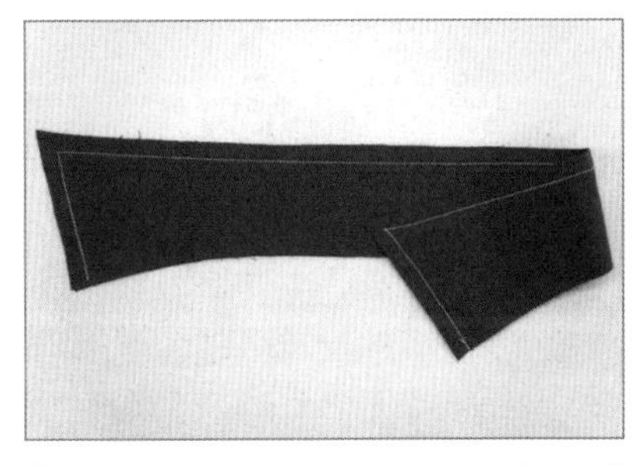

1 칼라의 겉과 겉끼리 마주 보도록 놓고 박음질한다.

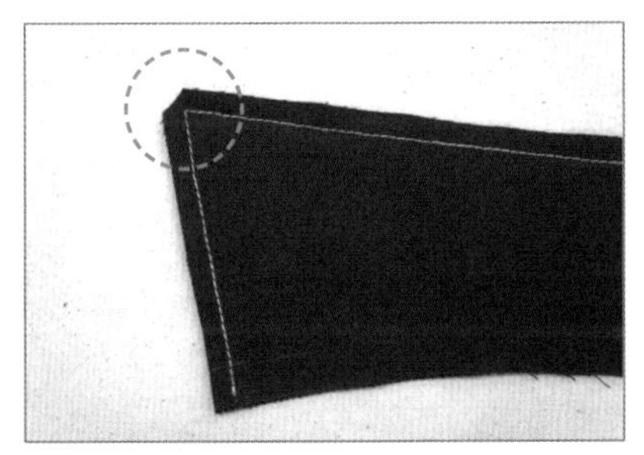

2 모서리는 짧게 잘라낸다.

★ 모서리를 짧게 잘라내면 뒤집었을 때 모서리가 투박하지 않고 모양이 예쁘다.

3 시접을 다림질한다.

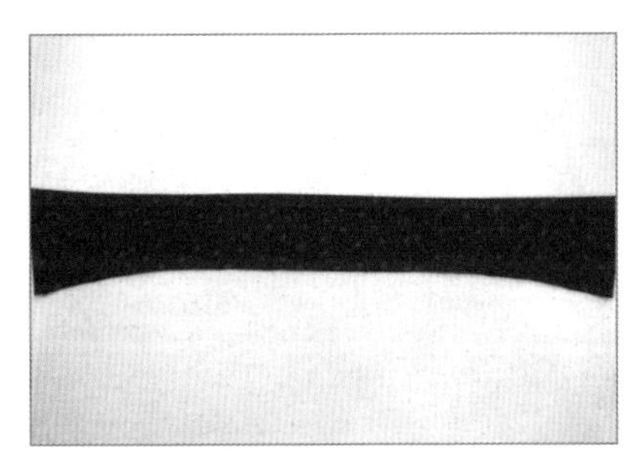

4 뒤집어 다림질한다.

5 칼라와 밴드를 준비한다.

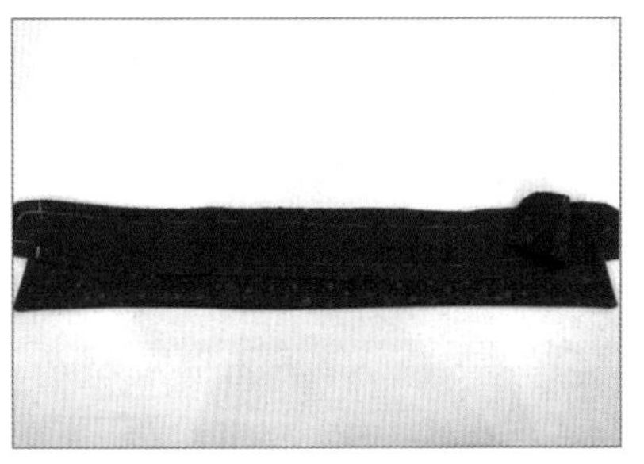

6 겉 밴드와 안 밴드 사이에 칼라를 끼운다.

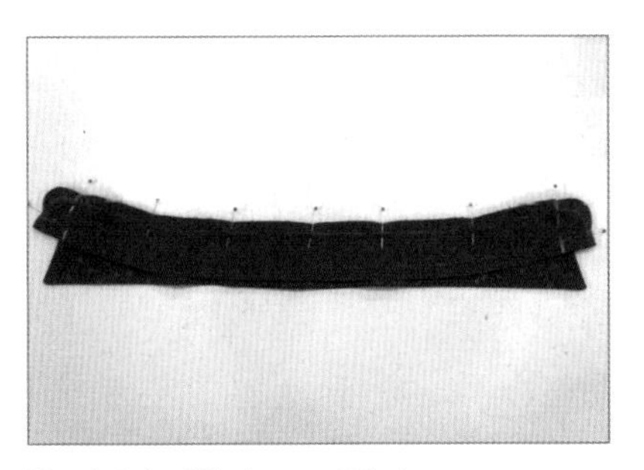

7 핀이나 시침질로 고정한다.

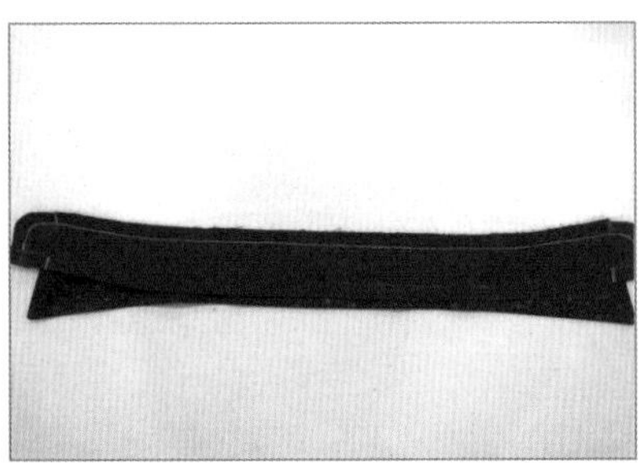

8 박음질한다.

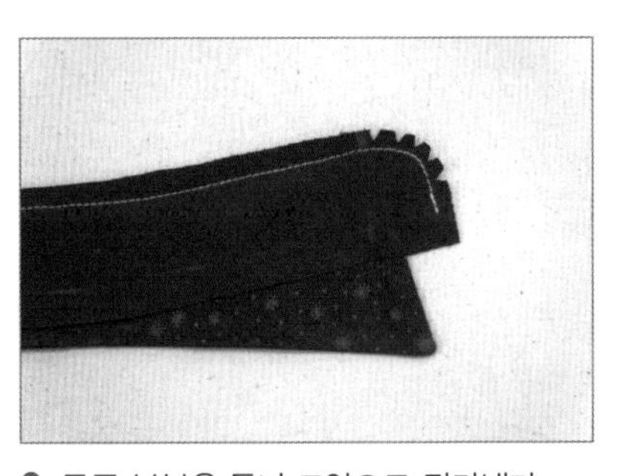

9 둥근 부분은 톱니 모양으로 잘라낸다.

★ 톱니 모양으로 잘라내면 뒤집었을 때 모서리가 투박하지 않고 예쁘다.

10 다림질한다.

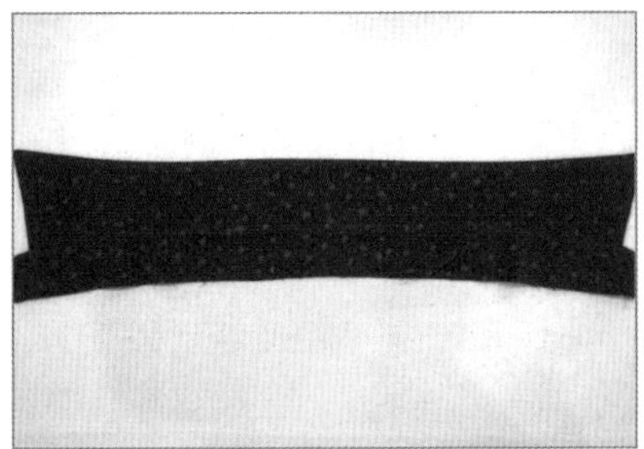

11 뒤집어 다림질한다.

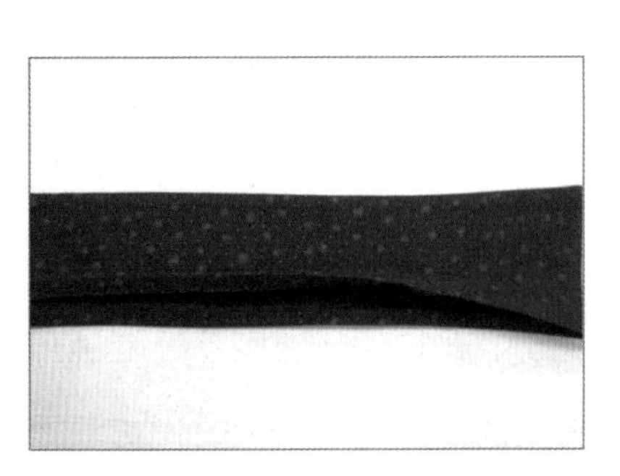

12 겉 밴드와 안 밴드 시접을 다림질한다.

(7) 칼라 몸판에 달기

1 몸판에 칼라를 핀이나 시침질로 고정한다.

2 박음질한다.

3 완성

(8) 밑단 정리하기

1 시접을 두 번 접어박기한다.
★ 46쪽 두 번 접어박기 참고

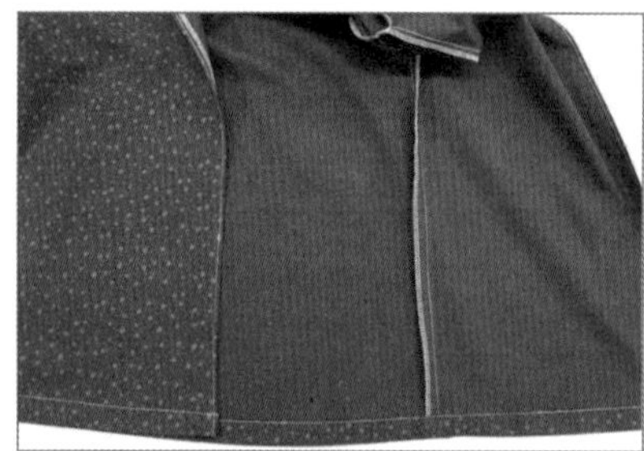

2 다림질한다.

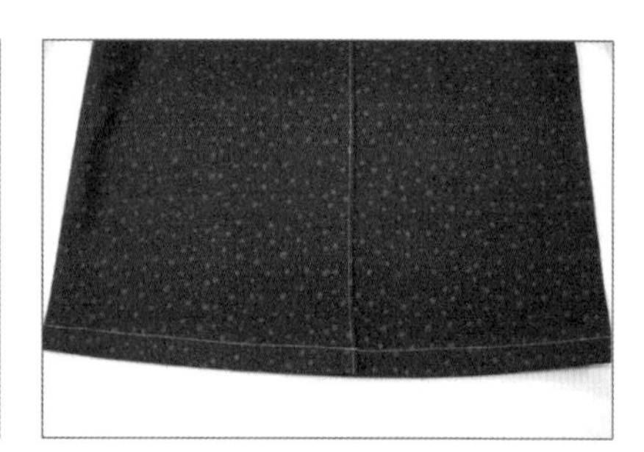

3 완성
★ 앞판 중심선에 스냅 단추를 달아준다.
36쪽 스냅 단추 달기 참고

3 완성 작품

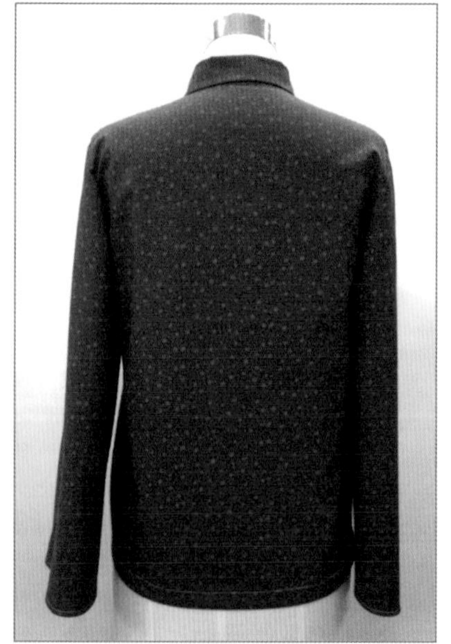

스커트

허리 아랫부분의 옷자락으로 길이, 폭, 허리선 위치, 실루엣 형태, 장식에 따라
스커트의 종류와 명칭이 달라진다.

- 스커트 제도에 필요한 용어
- 스커트 그리기
- 타이트 스커트
- 무 타이트 스커트
- 하이 웨이스트 스커트
- A라인 스커트
- 플레어 스커트
- 270° 플레어 스커트
- 360° 플레어 스커트
- 요크 플레어 스커트
- 요크 개더 스커트
- 인버티드 플리츠 스커트
- 고어 스커트
- 벌룬 스커트
- 티어드 스커트
- 스커트 만들기

1 스커트 제도에 필요한 용어

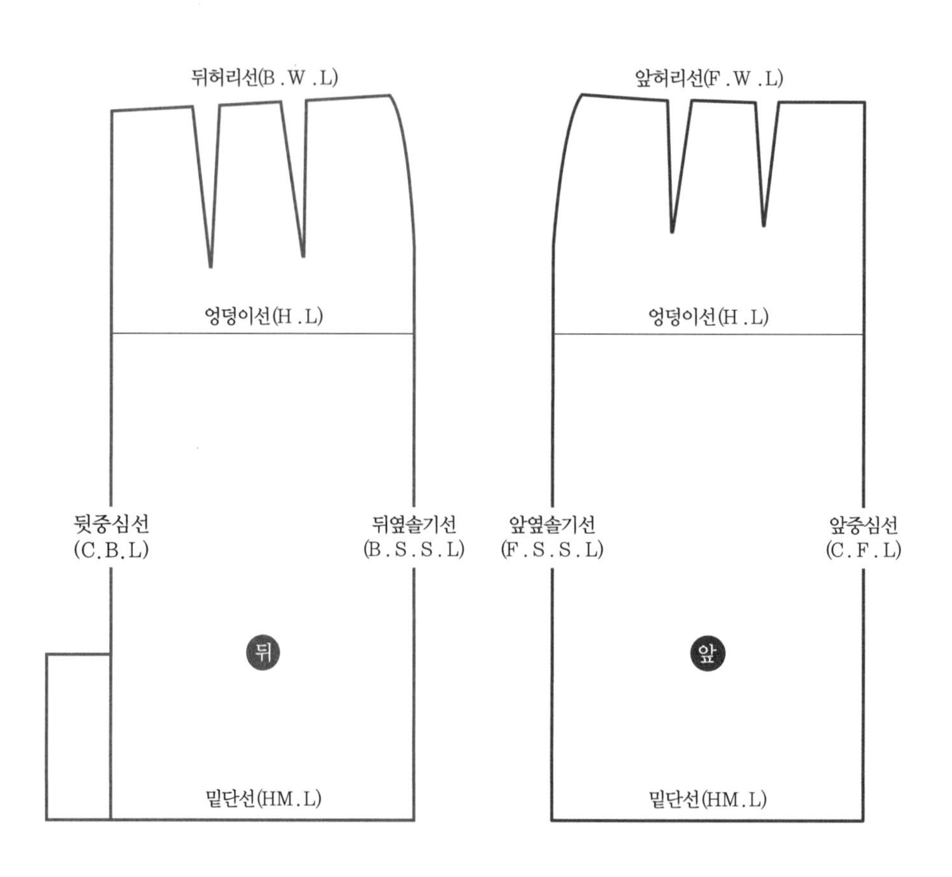

스커트 제도에 필요한 용어

용어	약어	영어	용어	약어	영어
허리선	W.L	Waist Line	앞옆솔기선	F.S.S.L	Front Side Seam Line
뒤중심선	C.B.L	Center Back Line	뒤옆솔기선	B.S.S.L	Back Side Seam Line
앞중심선	C.F.L	Center Front Line	엉덩이선	H.L	Hip Line
뒤허리선	B.W.L	Back Waist Line	엉덩이길이	H.L	Hip Length
앞허리선	F.W.L	Front Waist Line	밑단선	HM.L	Hem Line

2 스커트 그리기

적용 치수 허리둘레: 68cm, 엉덩이둘레: 92cm, 엉덩이 길이: 18cm, 스커트길이: 55cm

❶

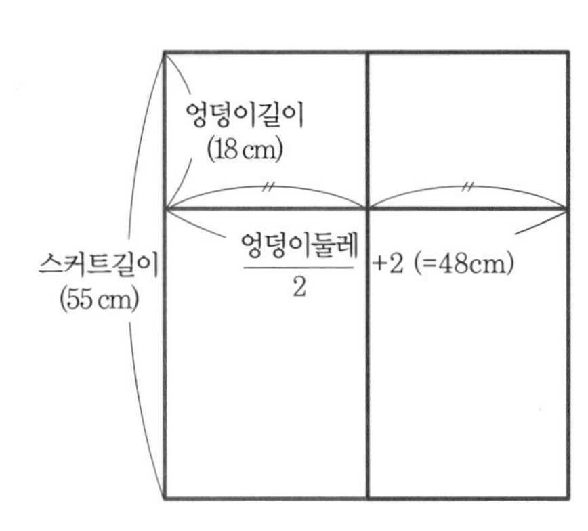

❷

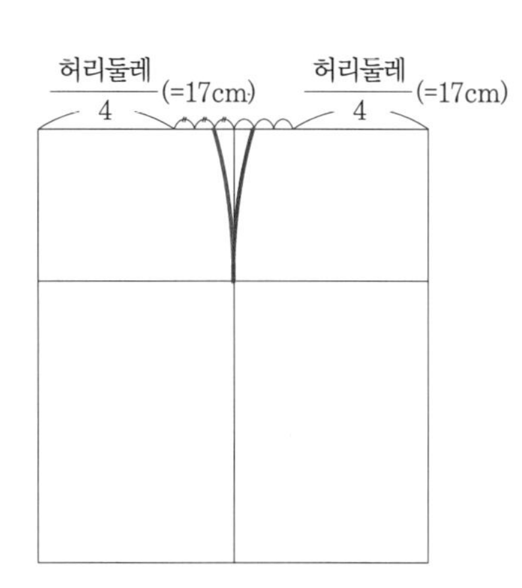

❸

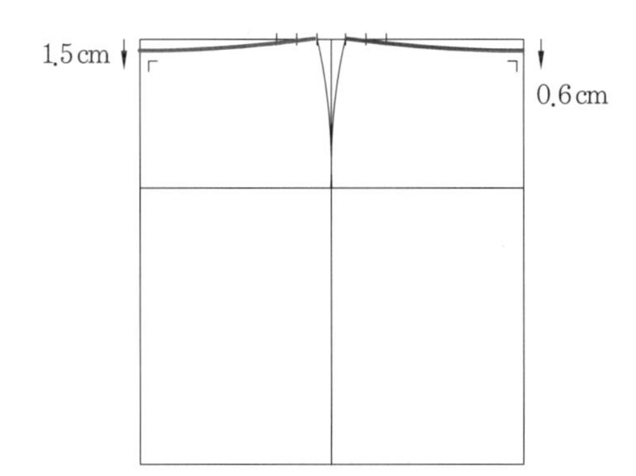

❹

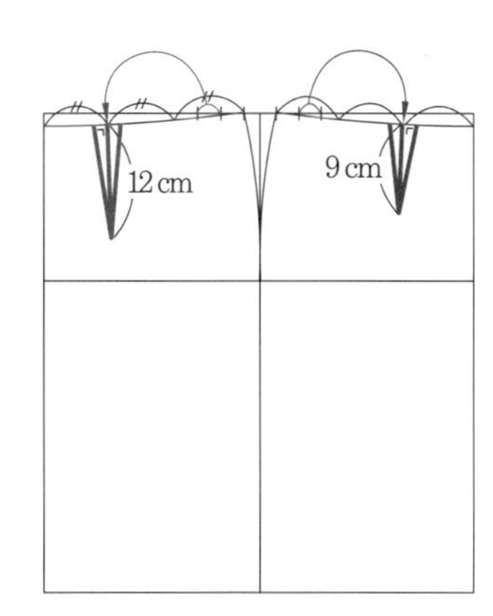

❺

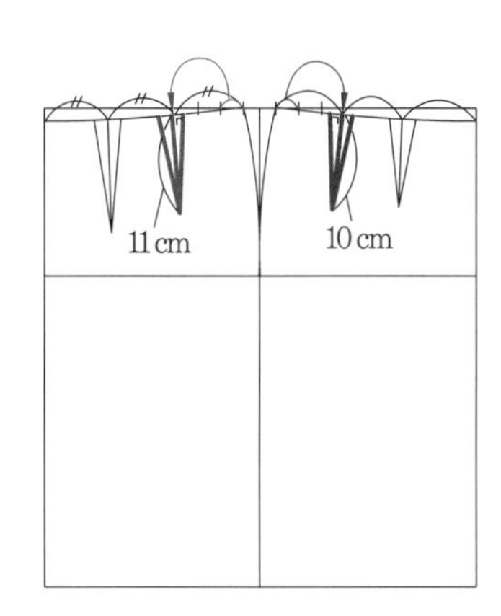

❻

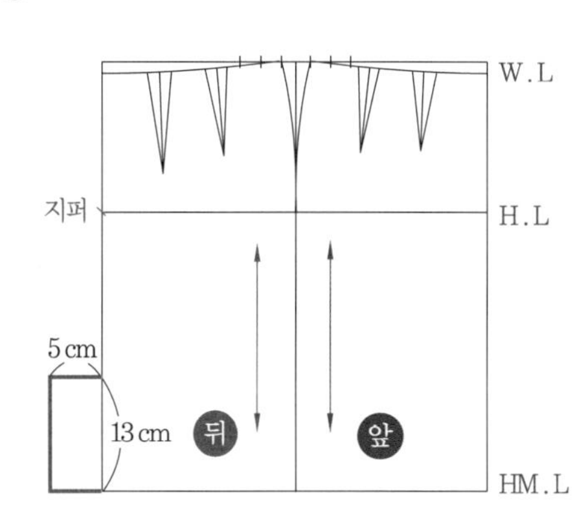

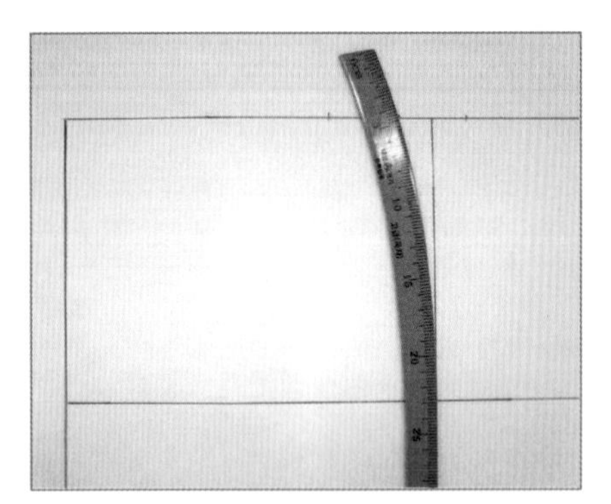

옆선 그리기
자 사용법(❷)

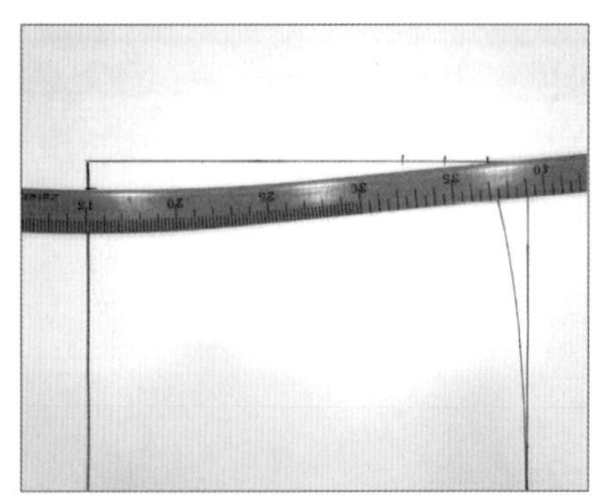

허리선 그리기
자 사용법(❸)

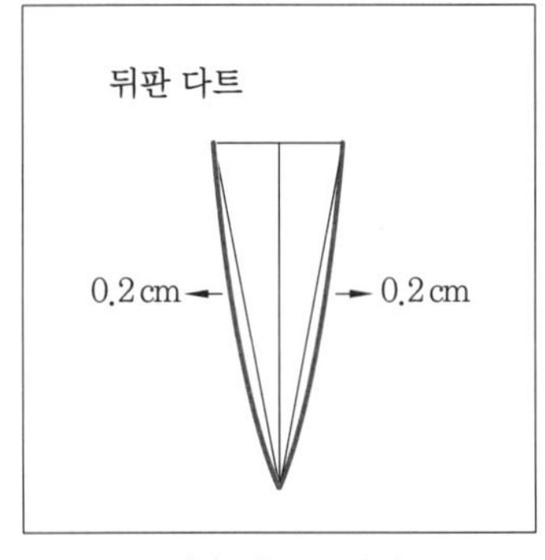

뒤판 다트 그리기

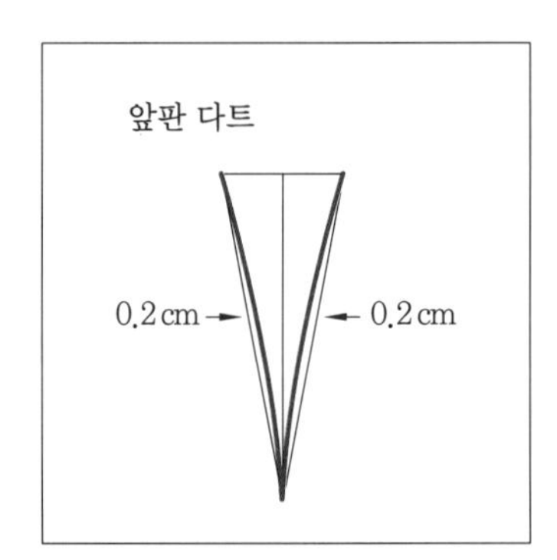

앞판 다트 그리기

tip 허리선

허리선은 중심선으로부터 3~4cm가 직각이 되도록 그리면 옷을 완성했을 때 자연스럽다.

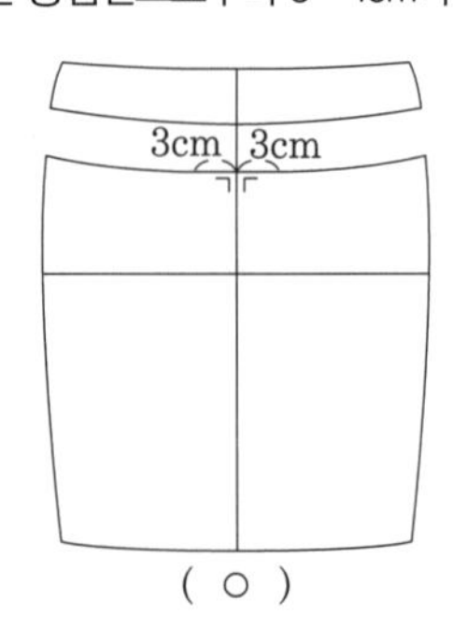

(○)

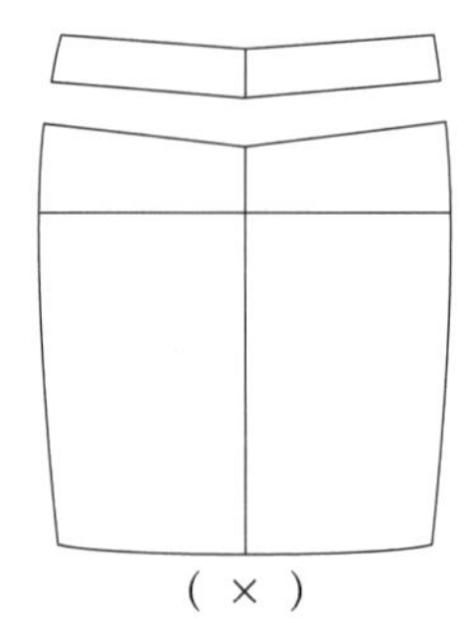

(×)

3 타이트 스커트

힙의 폭이 그대로 끝단까지 내려간 스커트

패턴

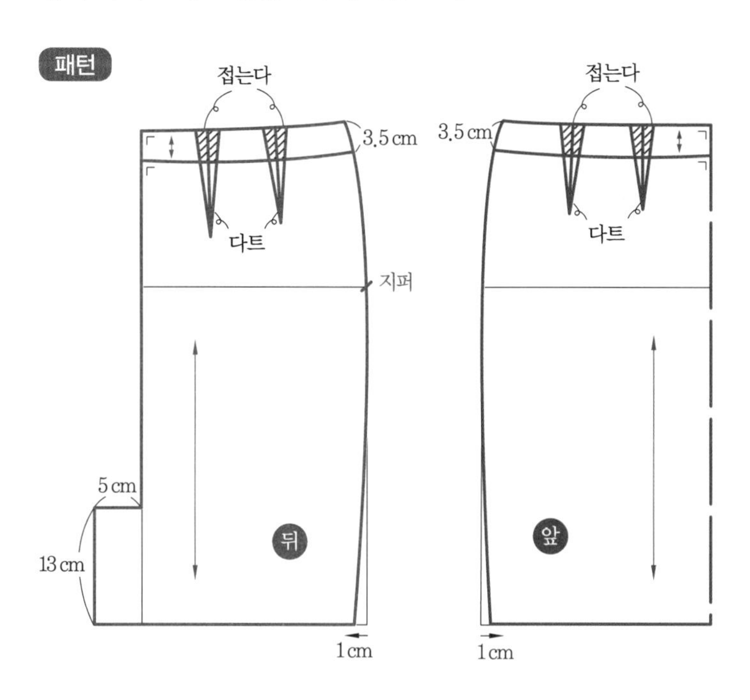

전개

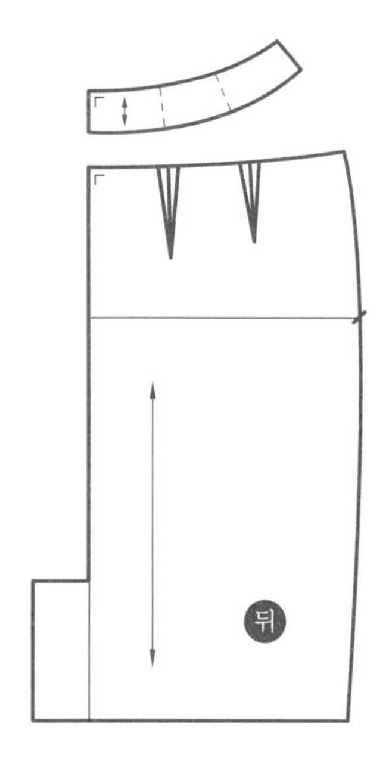

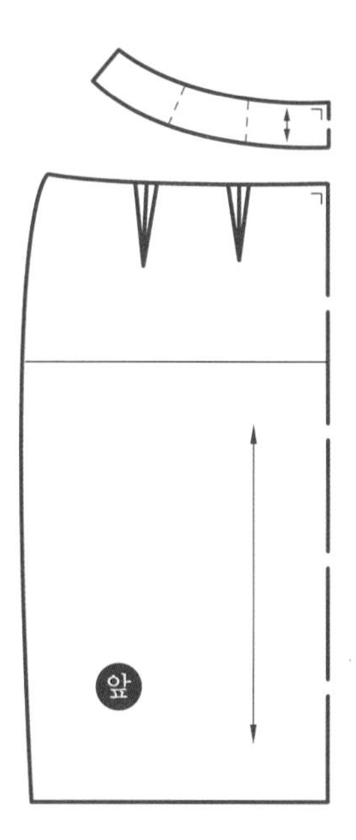

4 무 타이트 스커트

뒤판 트임에 부채꼴 모양의 무를 끼워 힙의 폭이 그대로 끝단까지 내려간 스커트

패턴

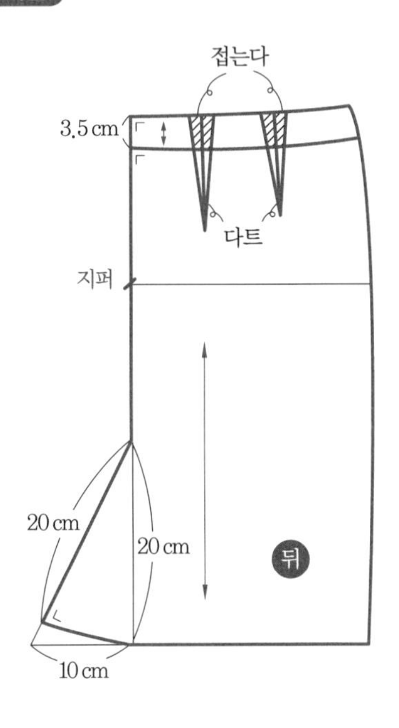

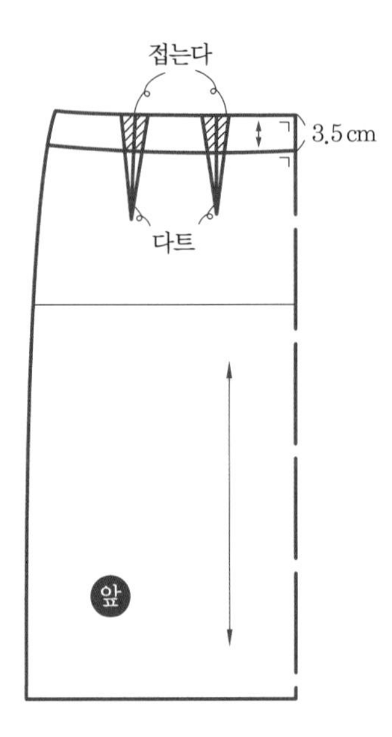

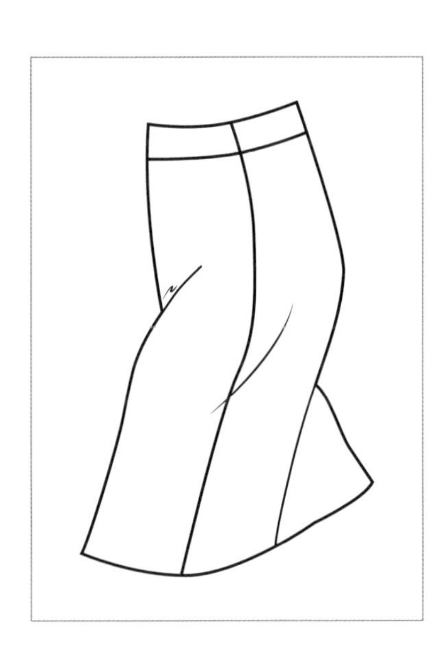

전개

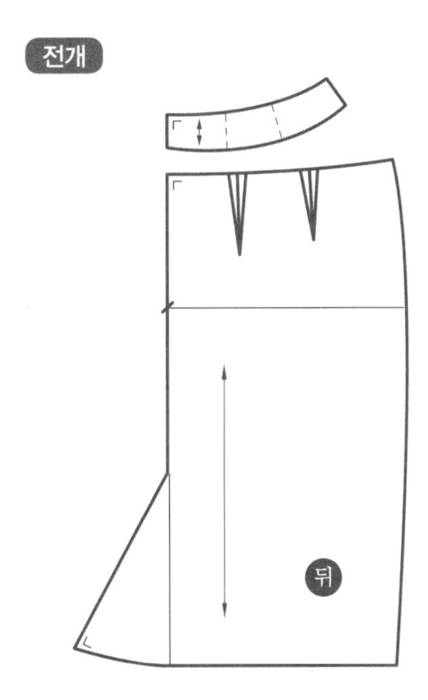

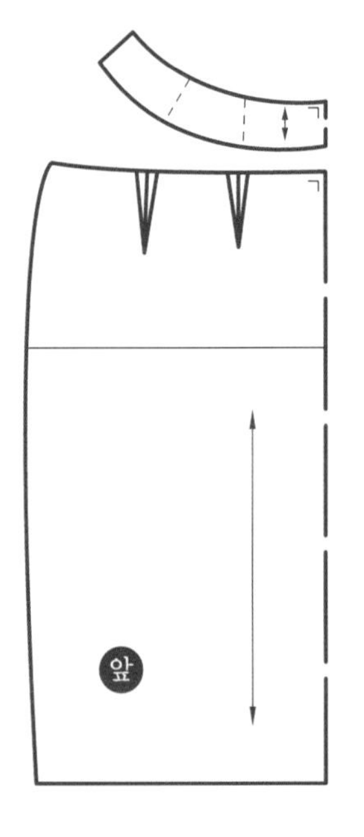

5 하이 웨이스트 스커트

허리선을 위로 올려 허리를 강조한 스커트

패턴

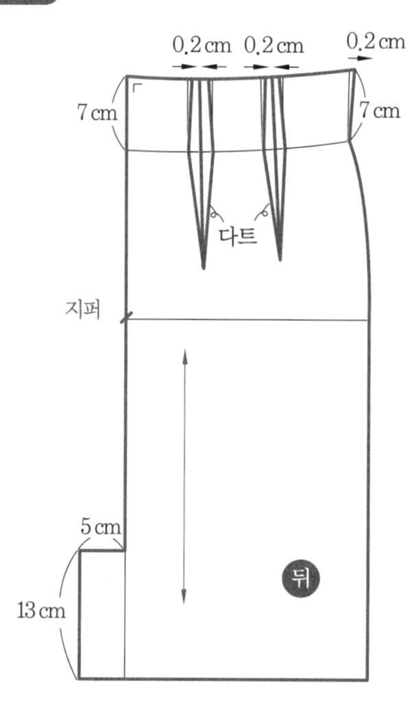

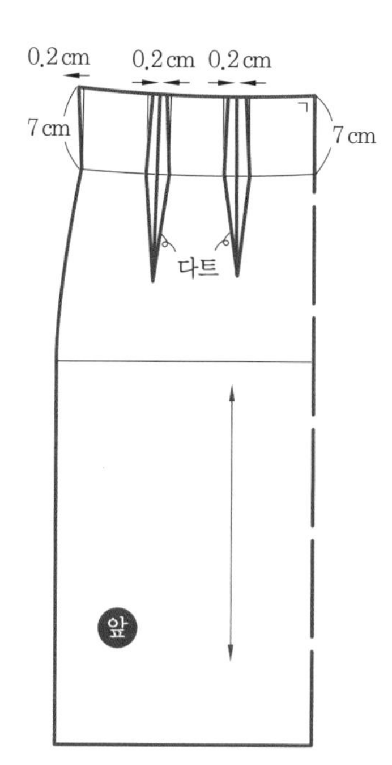

전개

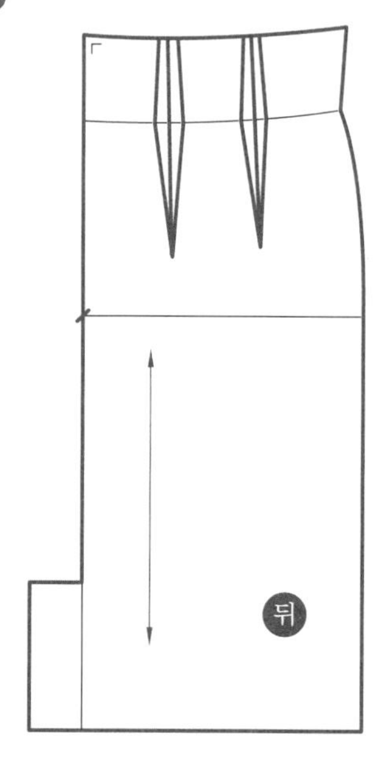

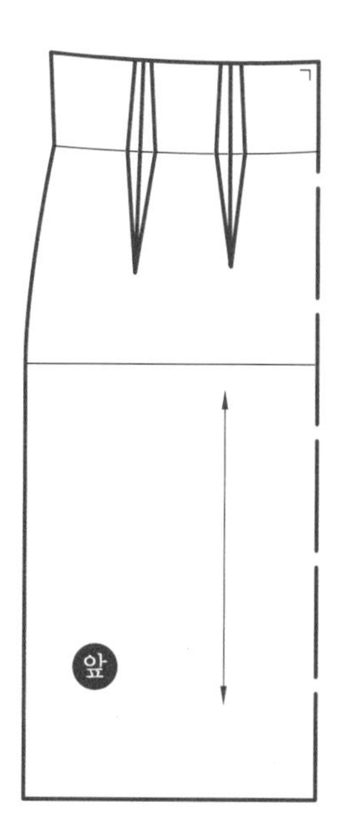

6 A라인 스커트

허리 부분은 꼭 맞고 아래쪽으로 퍼진 A자 모양 스커트

패턴

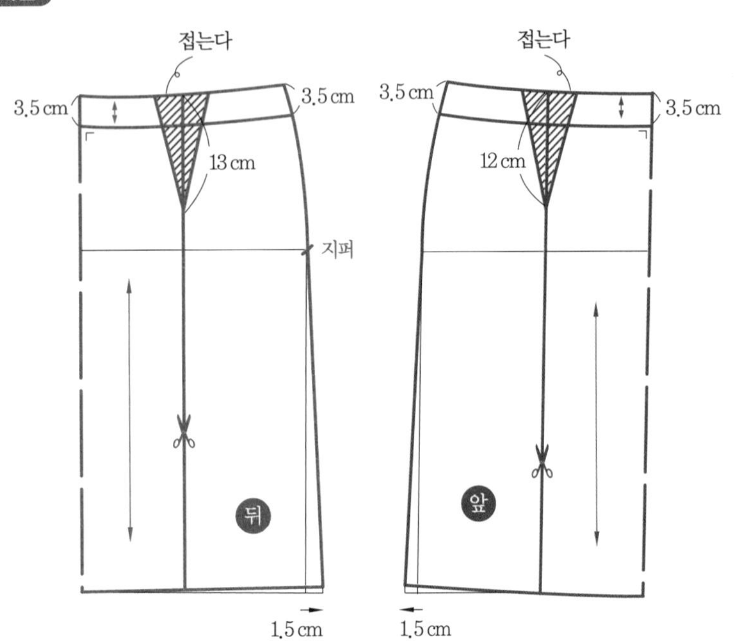

전개

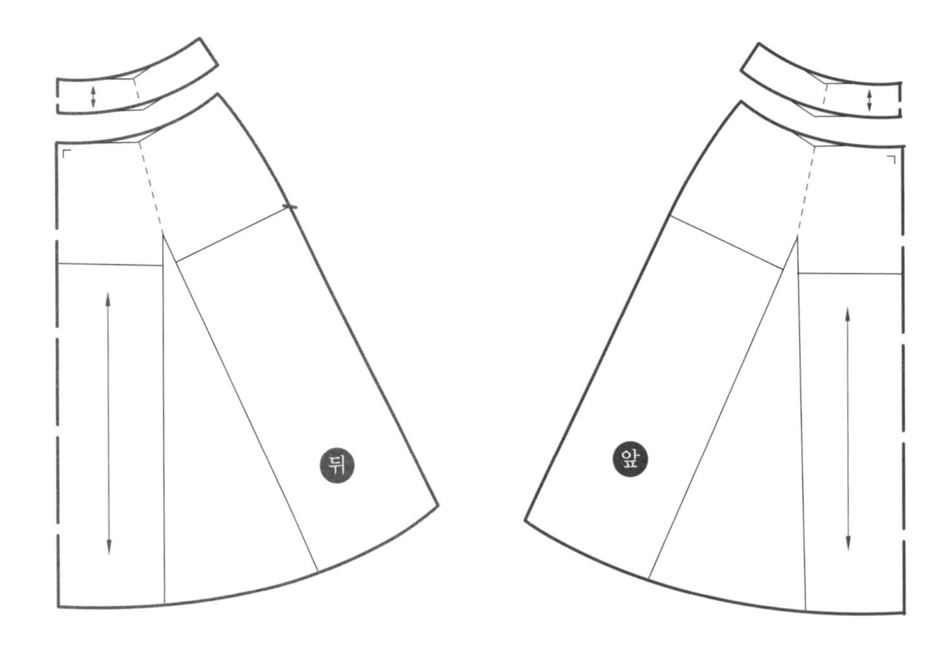

7 플레어 스커트

허리 부분은 꼭 맞고 엉덩이 아래로 내려갈수록 통이 넓어져 밑단이 자연스럽게 나팔꽃 모양으로 퍼지는 스커트

패턴

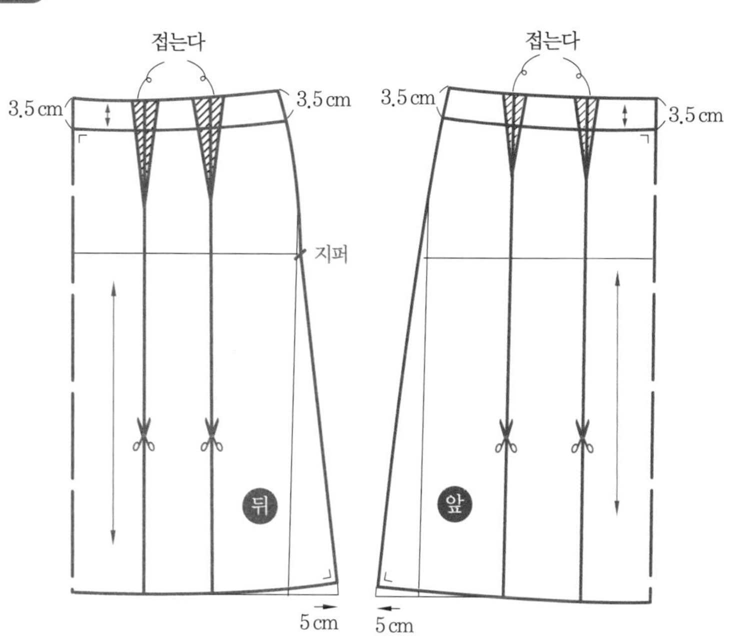

전개

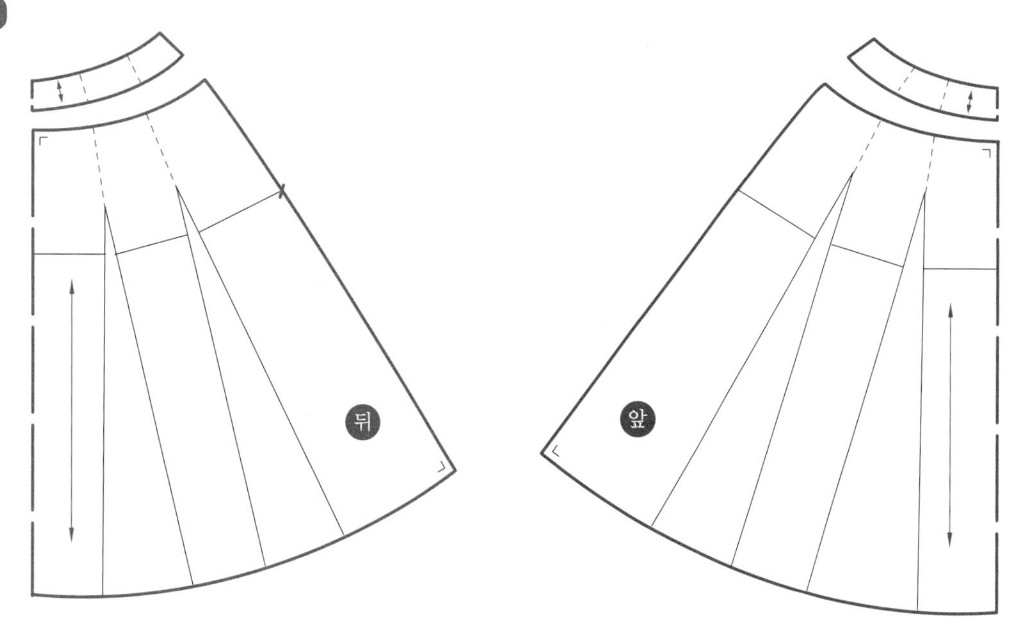

8 270° 플레어 스커트

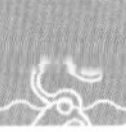

허리 부분은 꼭 맞고 엉덩이 아래로 내려갈수록 통이 넓어져 밑단이 사연스럽게 270° 퍼지는 스커트

패턴

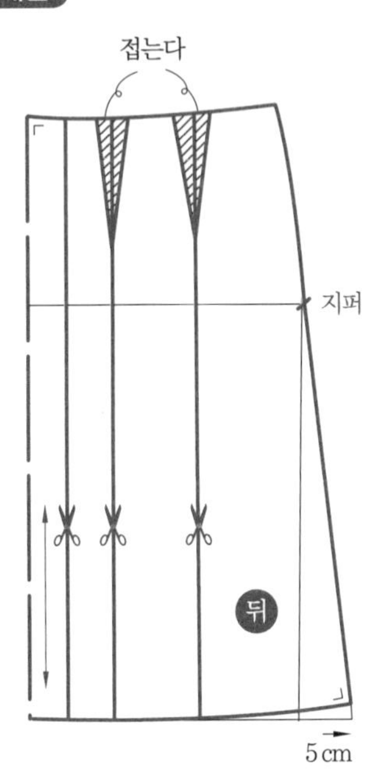

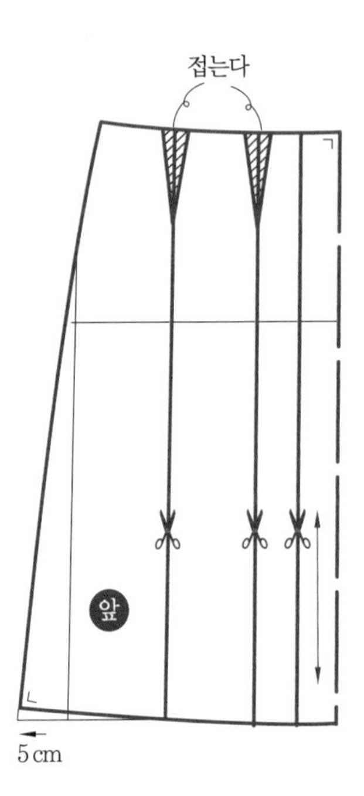

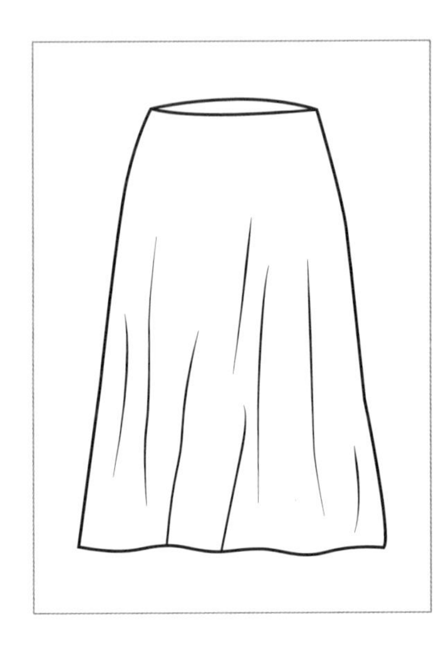

전개

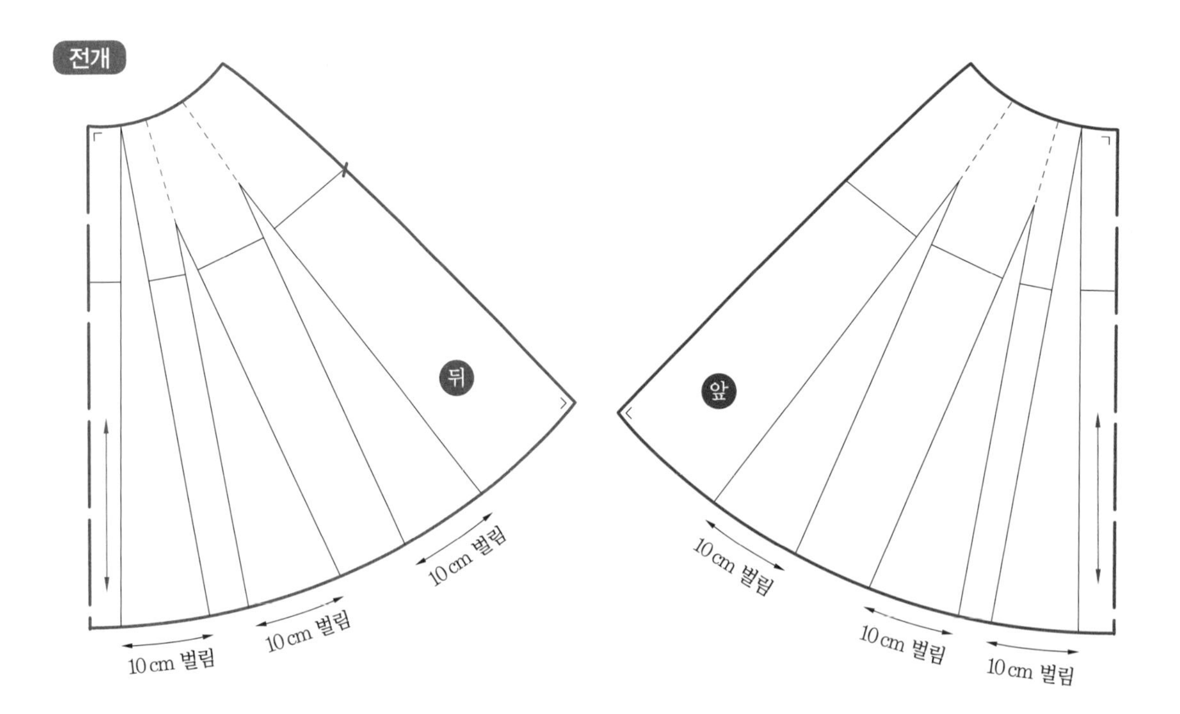

9 360° 플레어 스커트

원형으로 재단된 원단의 중앙에 허리 치수가 맞도록 둥근선을 낸 스커트

패턴

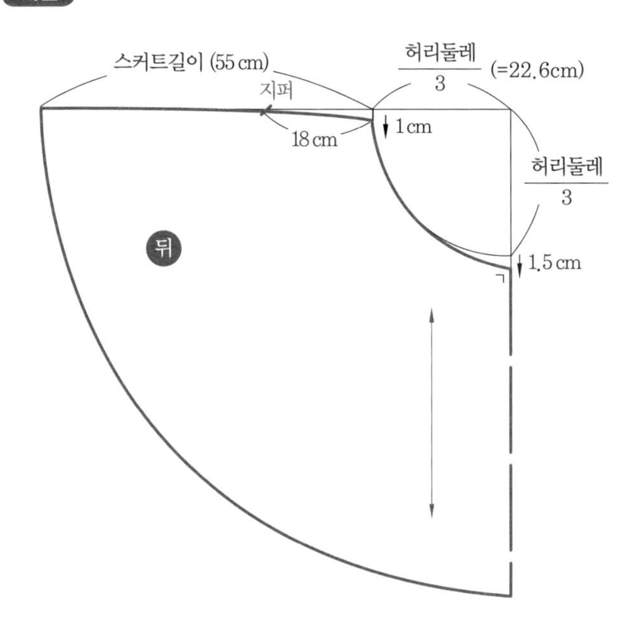

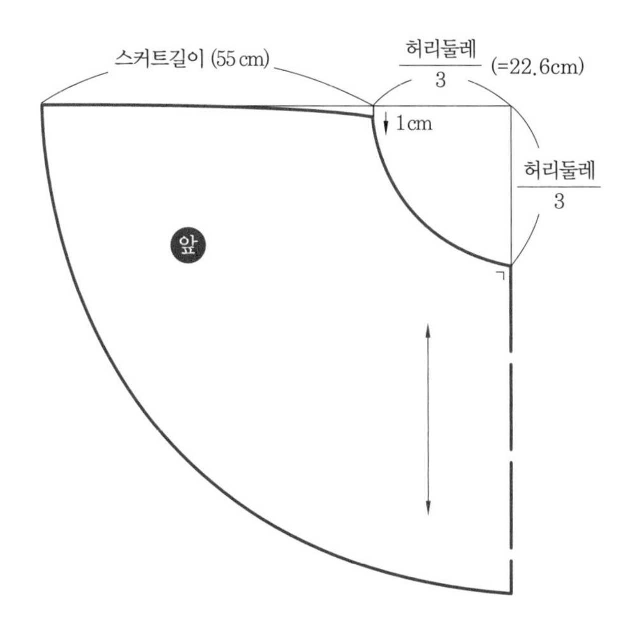

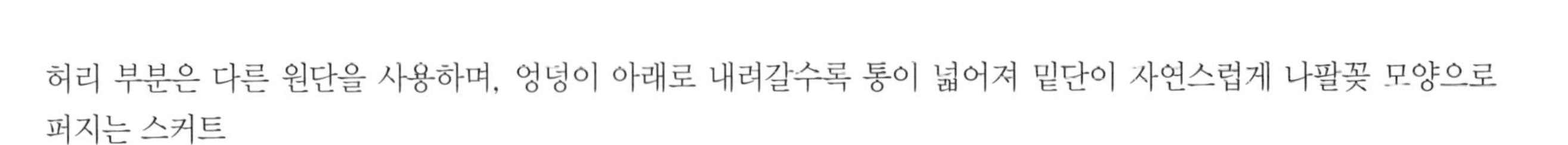

10 요크 플레어 스커트

허리 부분은 다른 원단을 사용하며, 엉덩이 아래로 내려갈수록 통이 넓어져 밑단이 자연스럽게 나팔꽃 모양으로 퍼지는 스커트

패턴

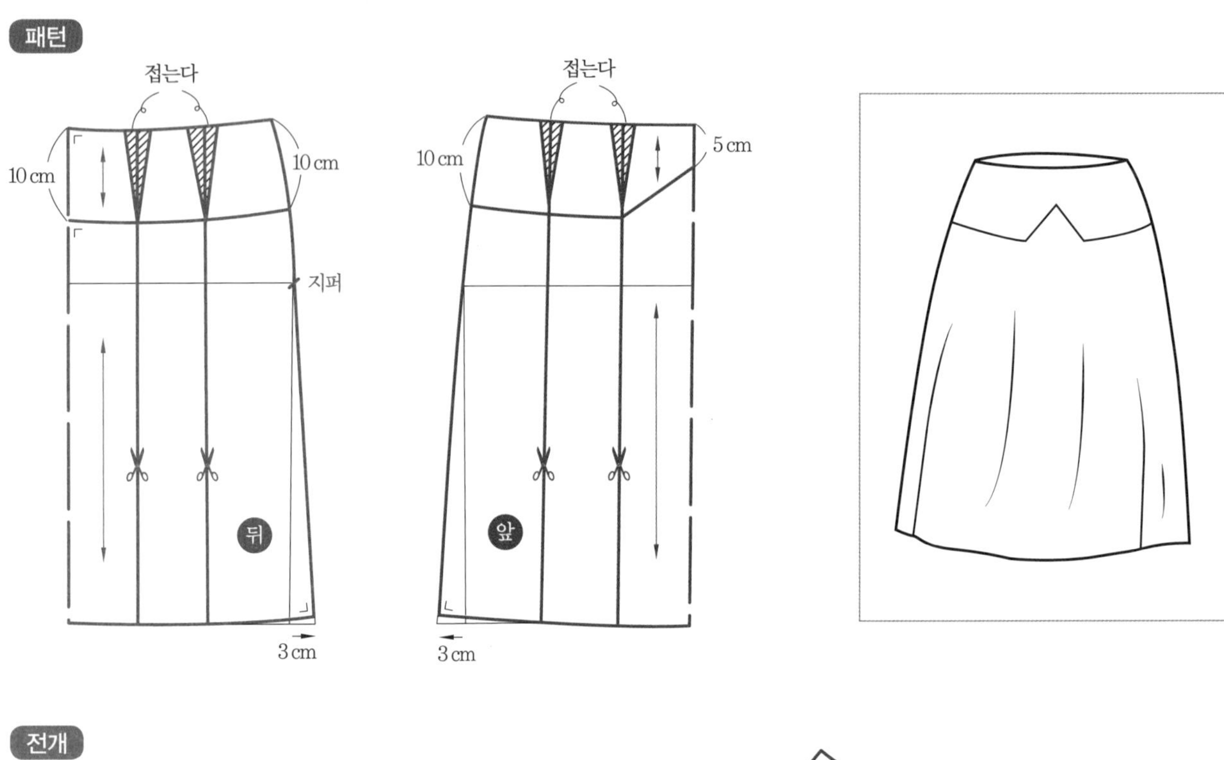

전개

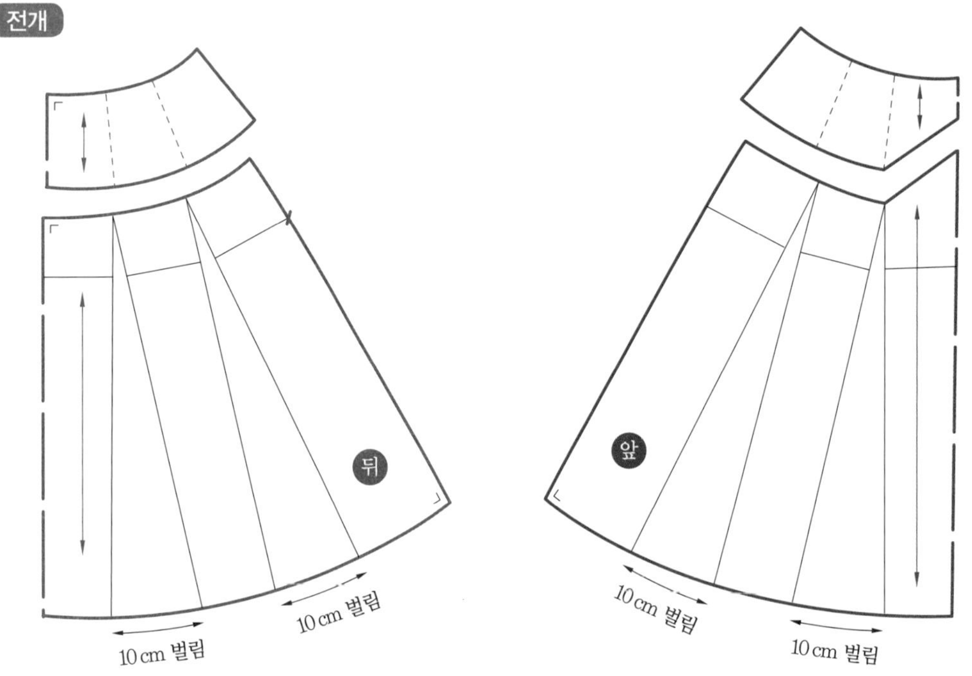

11 요크 개더 스커트

허리 부분은 다른 원단을 사용하며, 아래쪽에 개더를 넣은 스커트

패턴

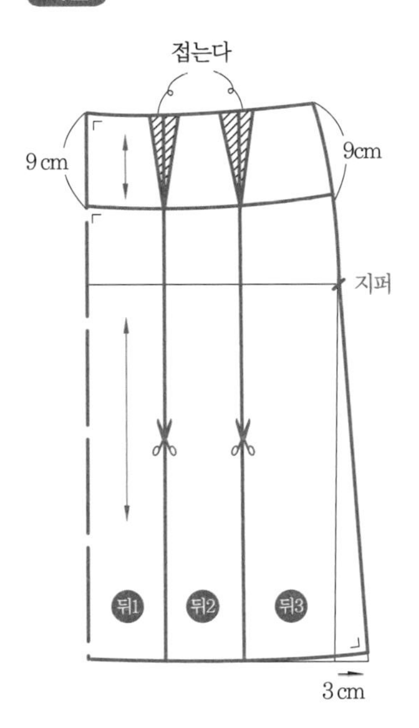

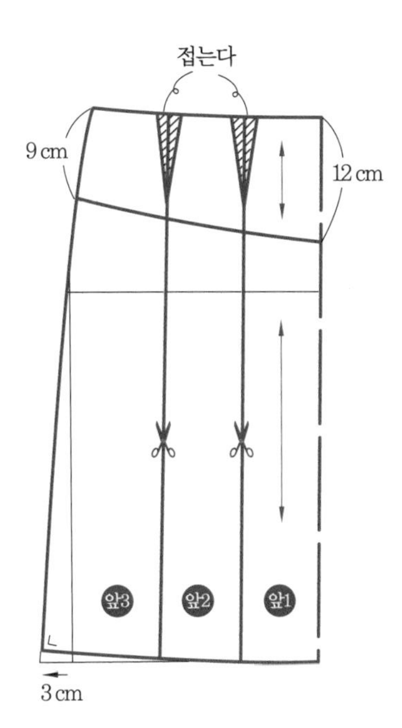

전개

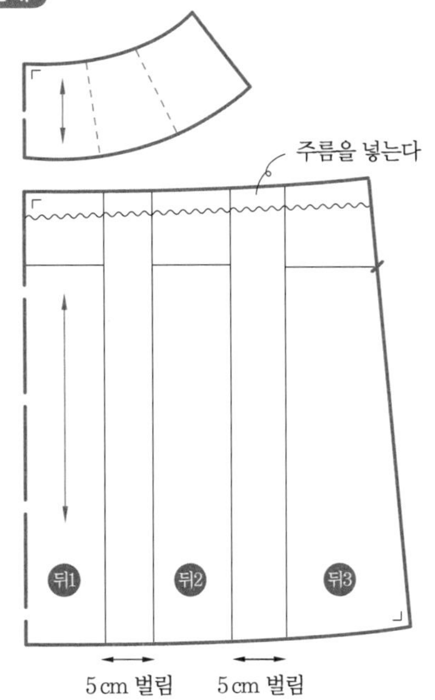

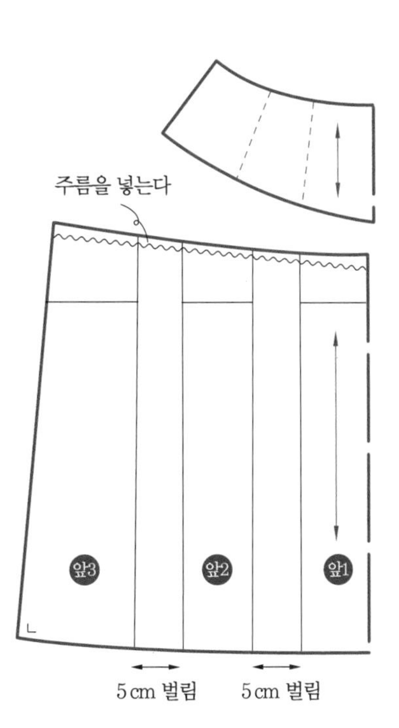

12 인버티드 플리츠 스커트

주름선을 서로 맞포개어 만든 수플 스커트

1 앞·뒤판 1줄 디자인

패턴

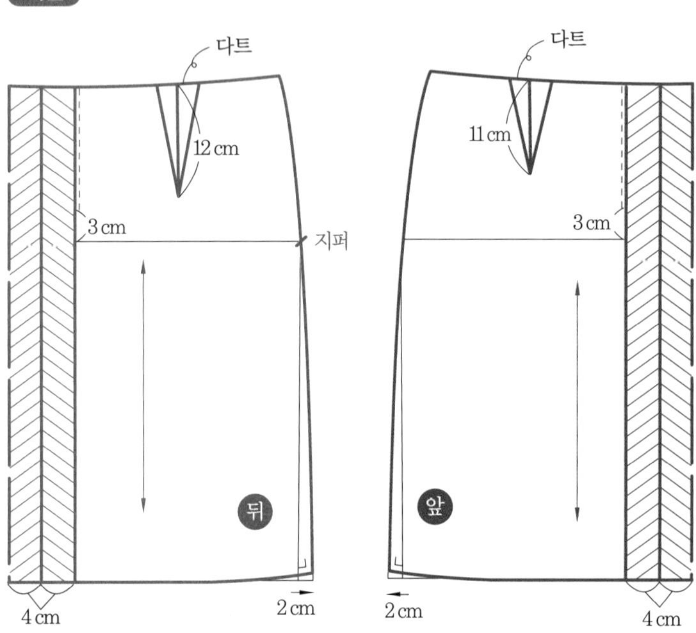

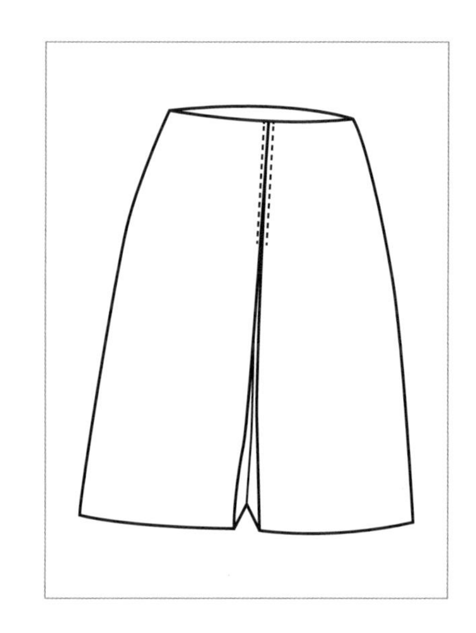

전개

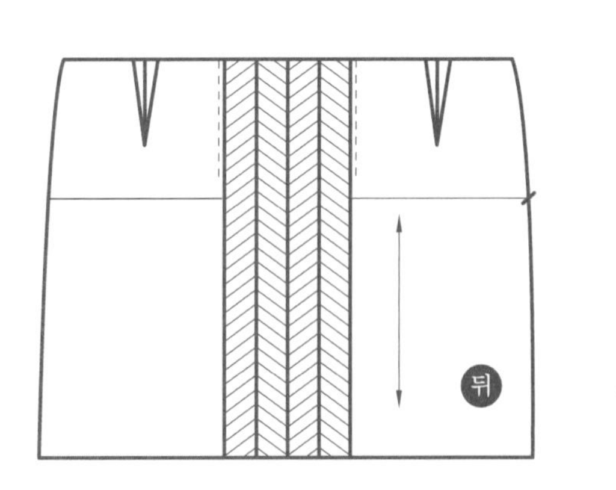

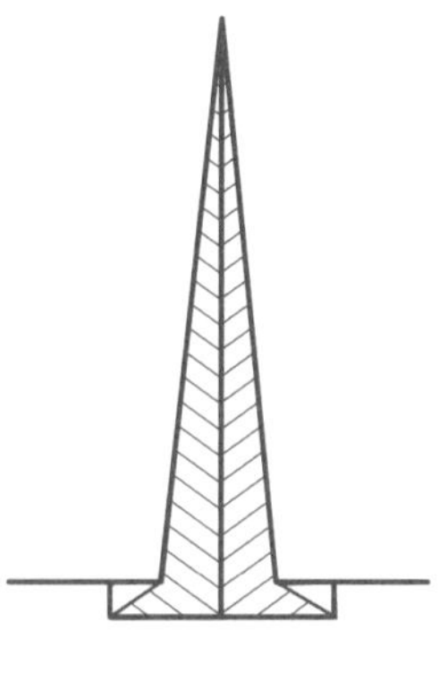

※ 앞판도 뒤판과 동일한 방법이다.

2 앞·뒤판 2줄 디자인

패턴

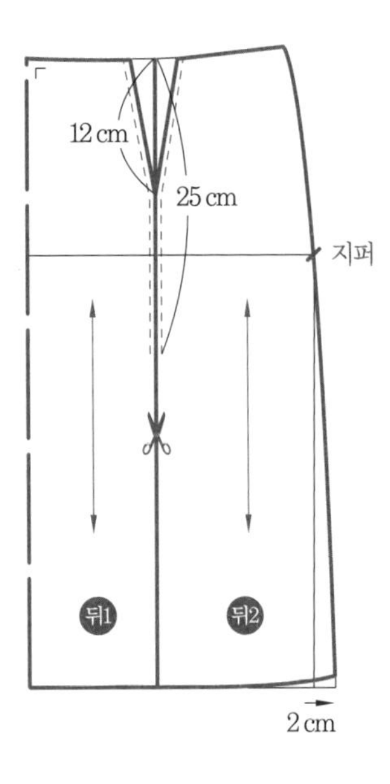

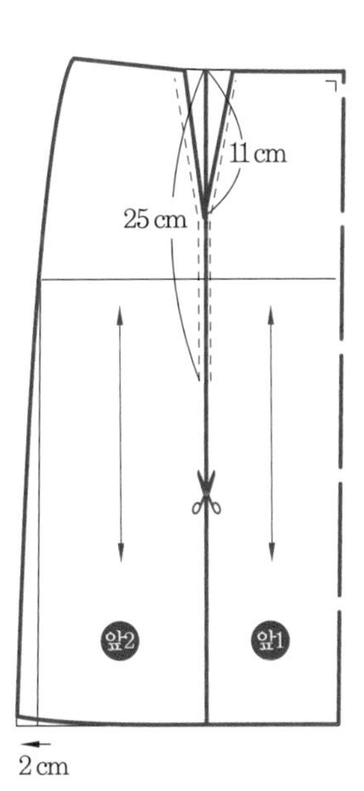

전개

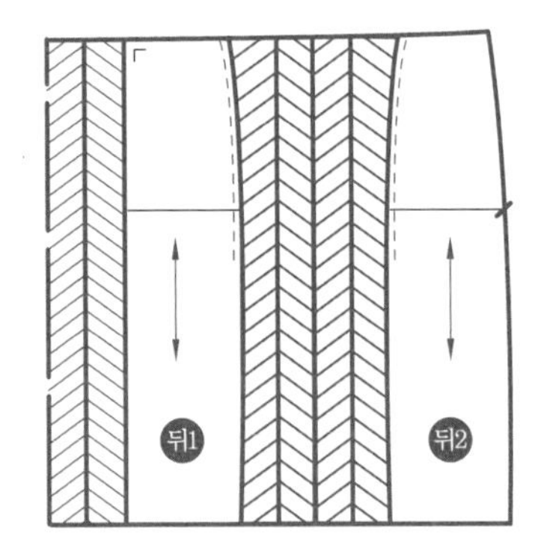

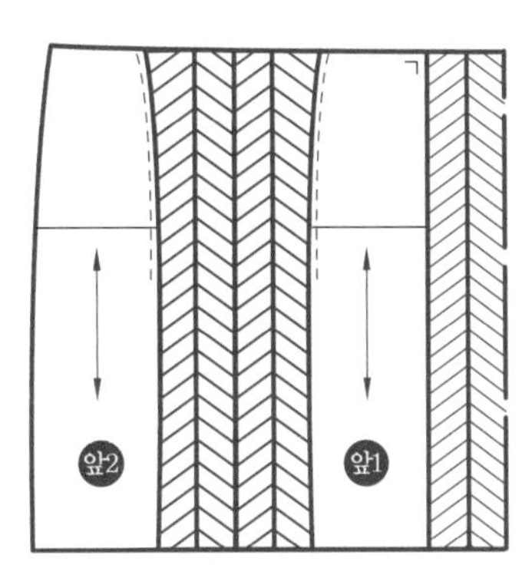

tip 박스 플리츠 스커트

인버티드 플리츠 스커트를 안에서 본 것이 박스 플리츠 스커트이다. 이것을 반대로 한 것, 즉 마주 향하도록 되어 있는 플리츠이다.

13 고어 스커트

여러 조각을 이어서 만든 스커트

1 8쪽 고어 스커트

패턴

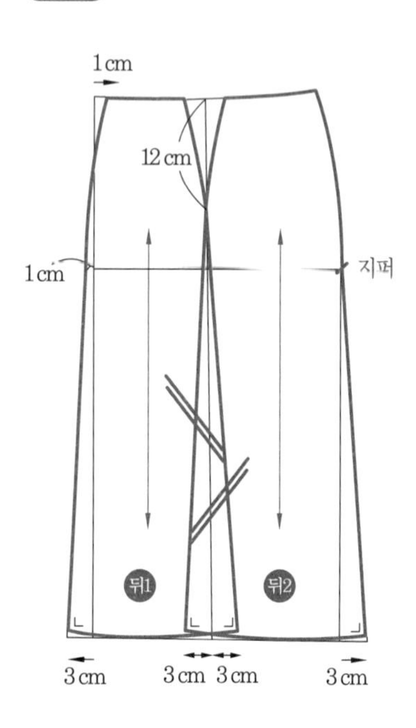

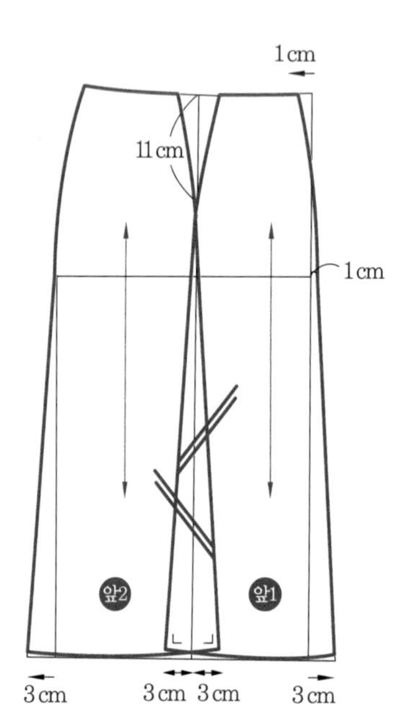

전개

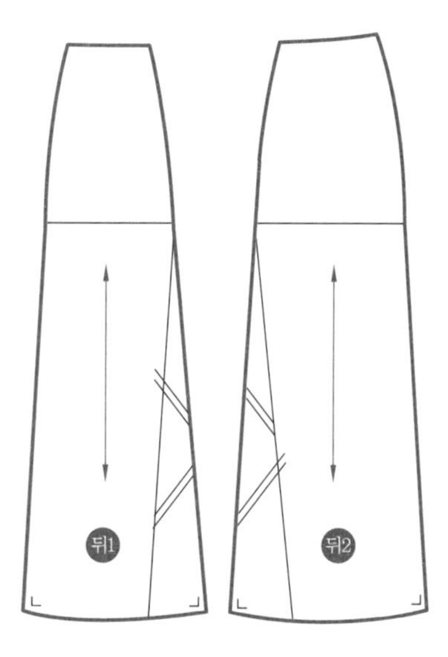

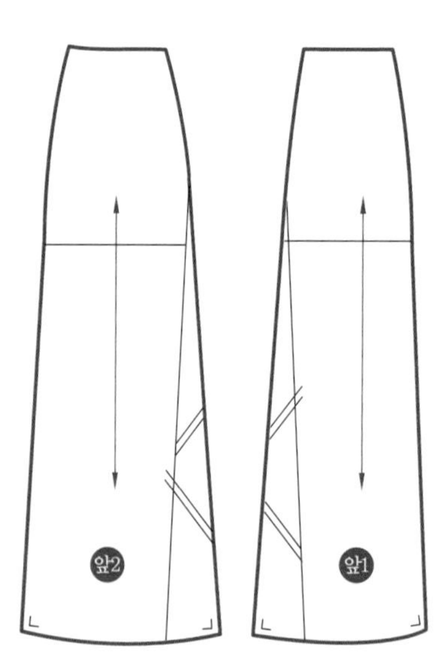

2 12쪽 고어 스커트

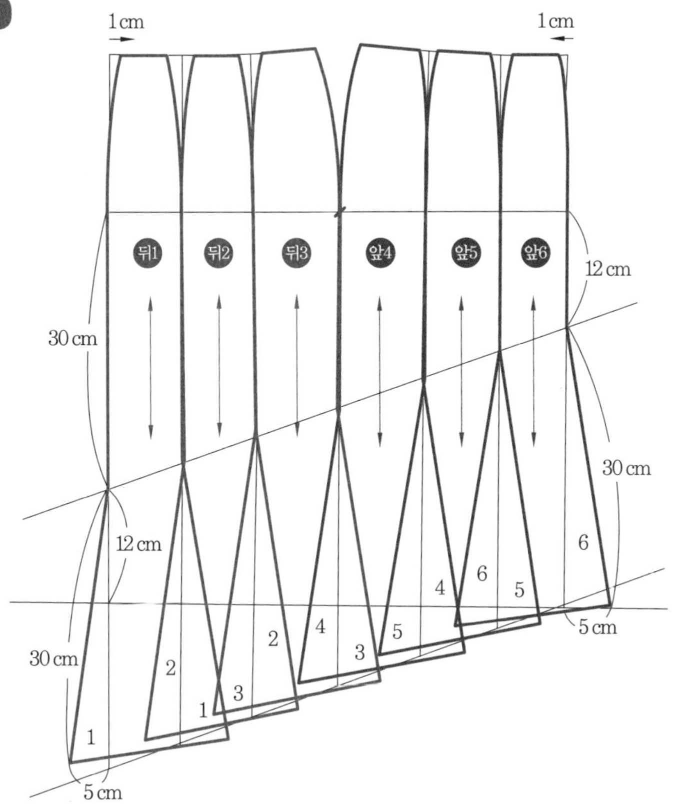

전개

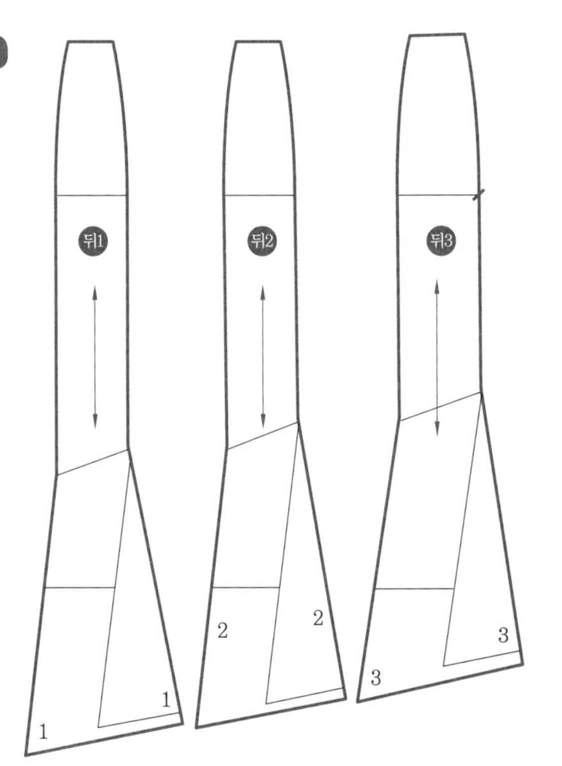

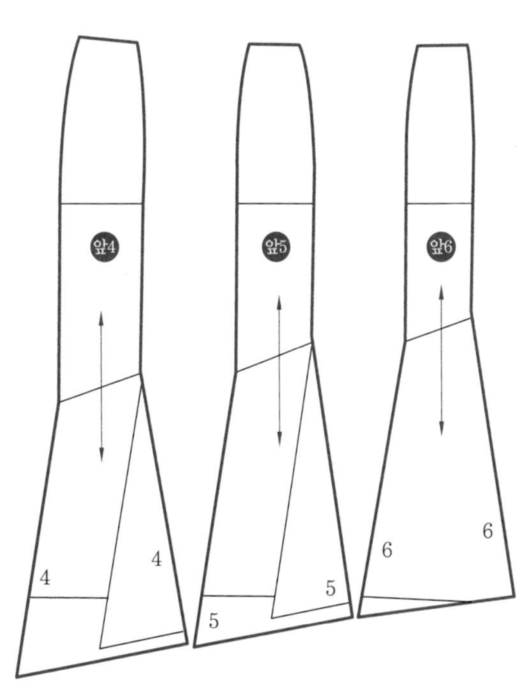

14 벌룬 스커트

허리와 끝단에 주름을 잡아 가운데를 풍선처럼 부풀린 스커트 ★ 안감 스커트의 길이는 10cm 짧게 그린다.

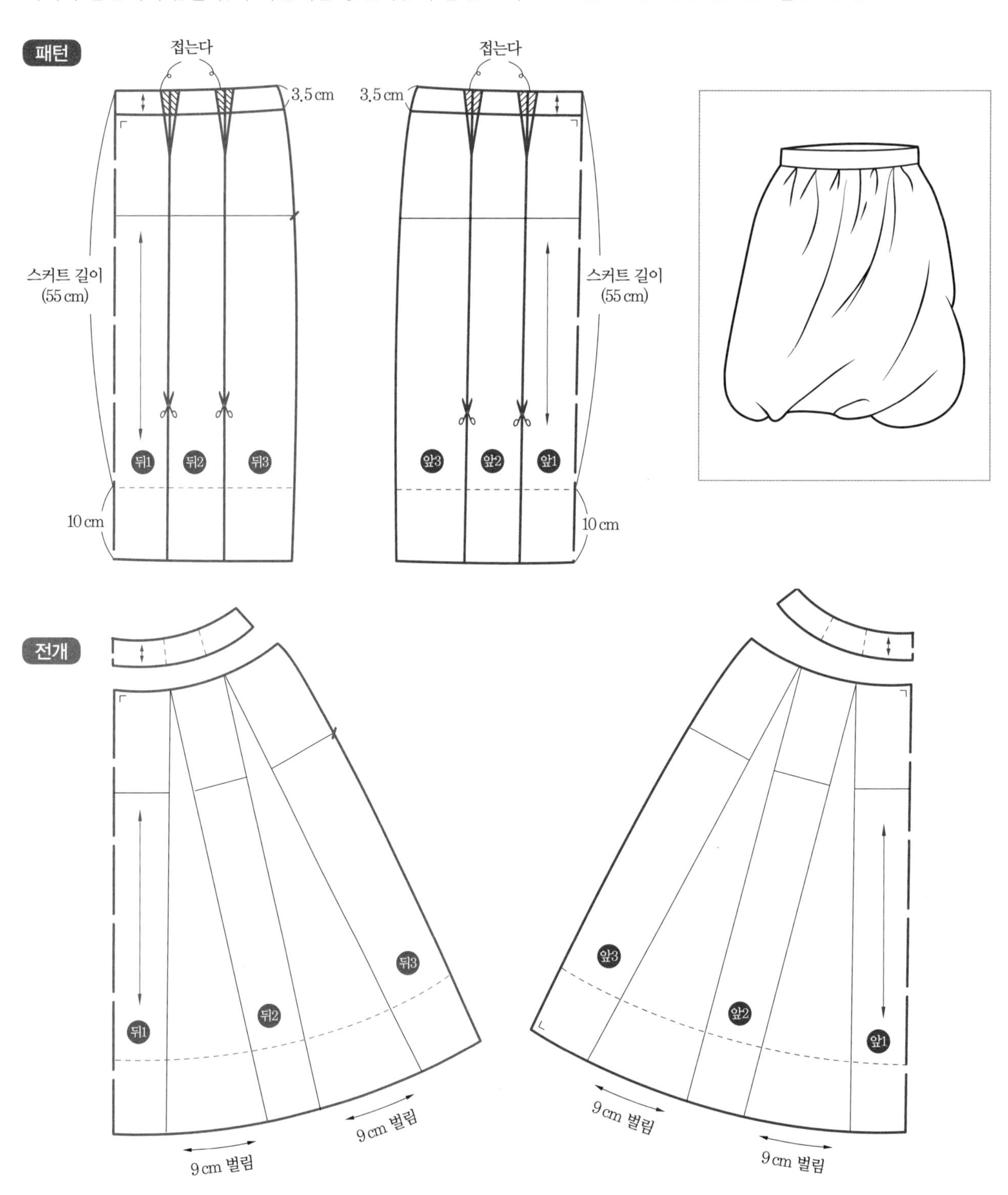

15 티어드 스커트

'층층의', '층이 진' 이라는 뜻으로, 층의 개수와 상관없이 셔링, 플레어, 턱 등으로 장식된 스커트

1 부착형

패턴

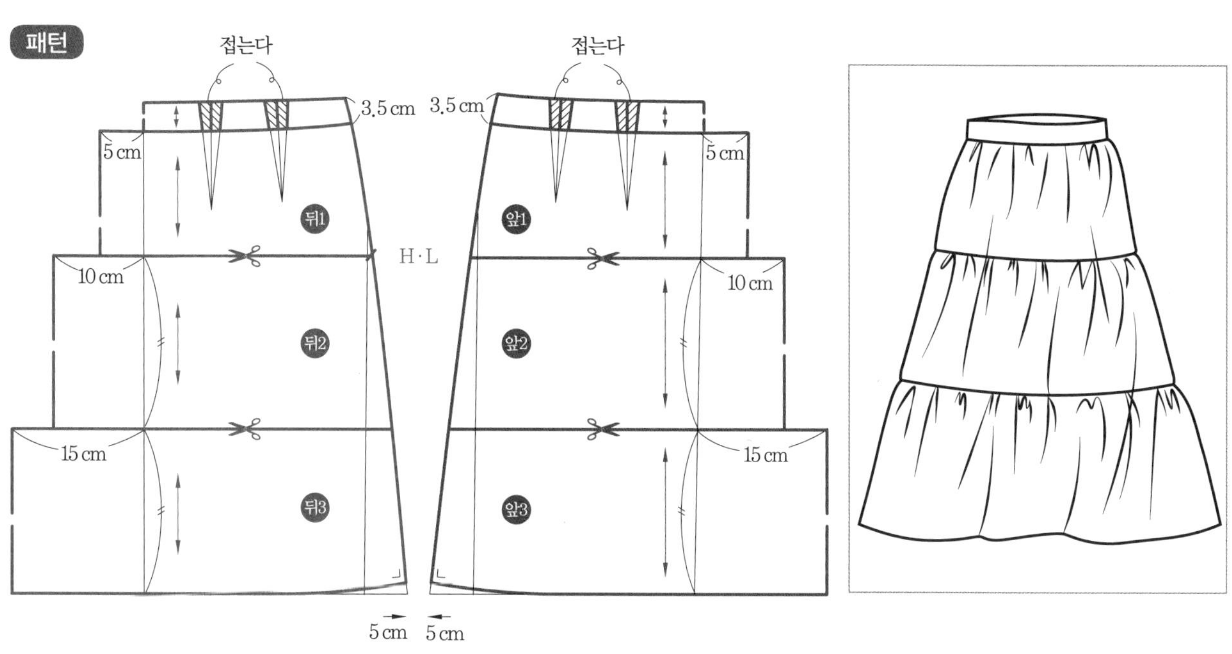

전개

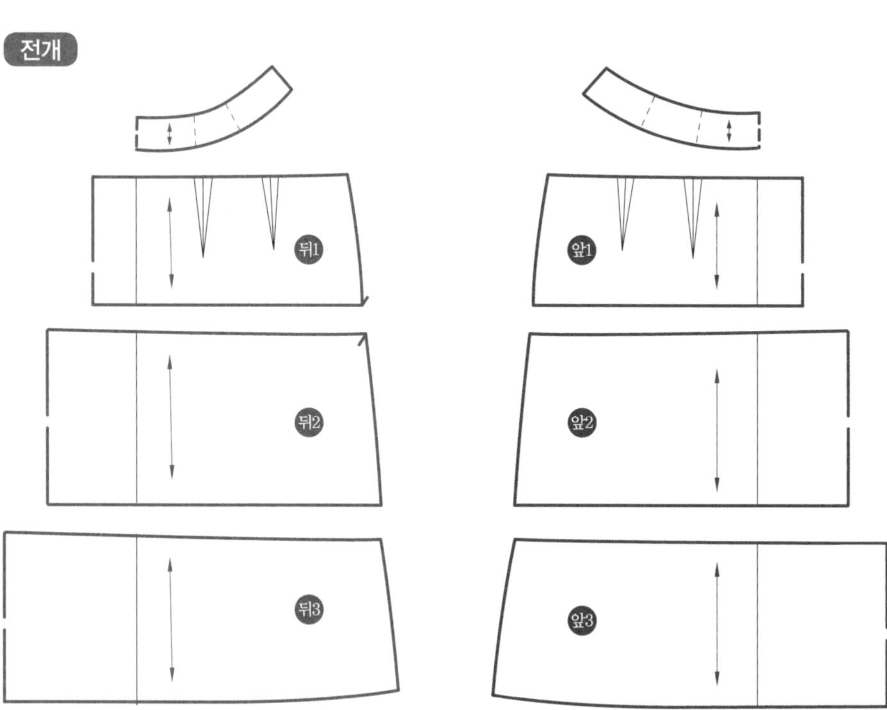

 분리형

패턴

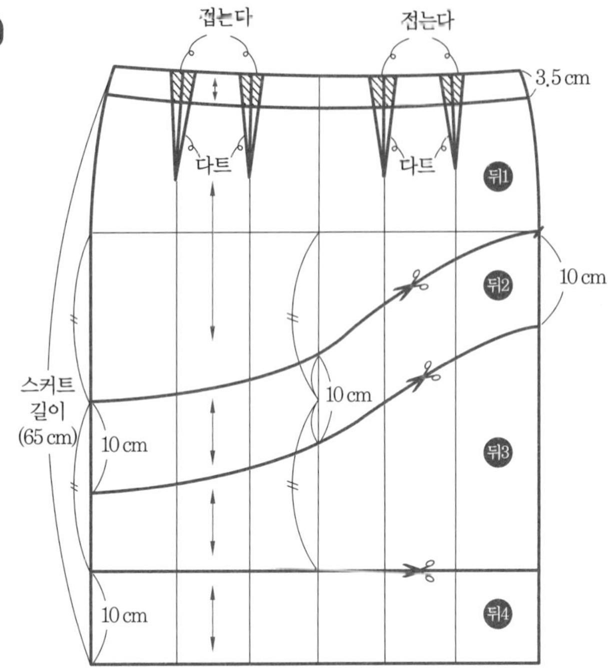
접는다
접는다
3.5 cm
다트
다트
뒤1
10 cm
뒤2
스커트
길이
(65 cm)
10 cm
10 cm
뒤3
10 cm
뒤4

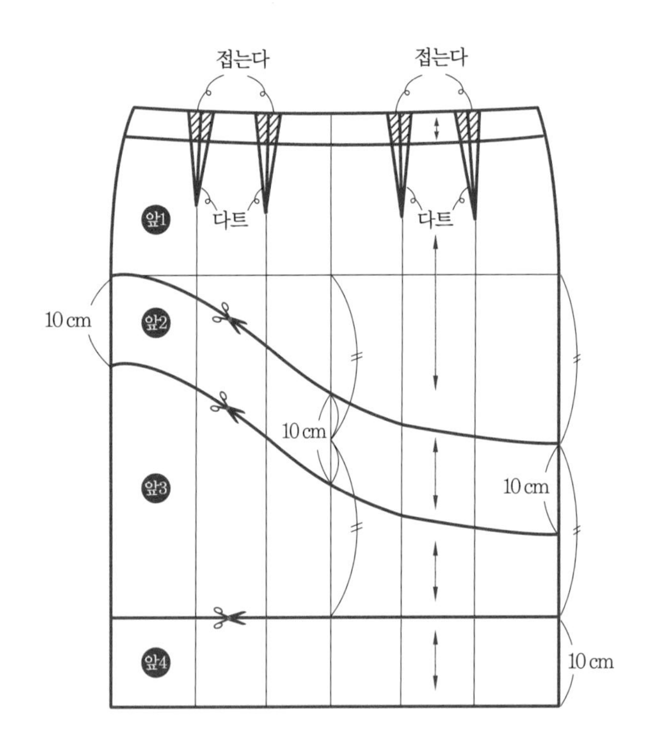
접는다
접는다
앞1
다트
다트
10 cm
앞2
10 cm
앞3
10 cm
앞4
10 cm

전개

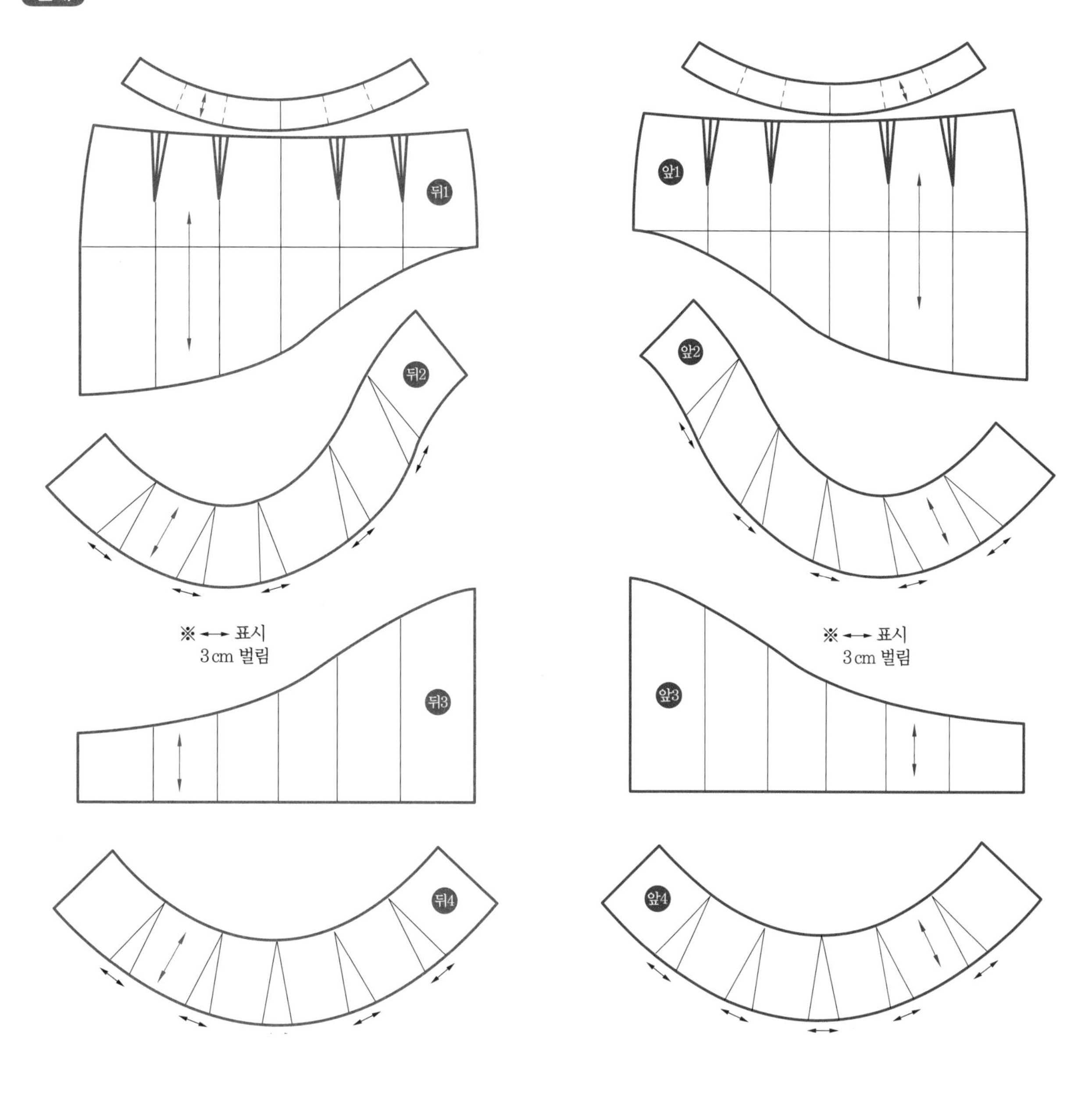

tip 티어드 스커트

- 티어드 스커트는 디자인에 따라 화려하고 우아한 느낌을 주며, 밝고 상큼한 이미지를 연출하는 데 도움을 준다.
- 흔히 캉캉 스커트라고 부른다.

<table>
<tr><td rowspan="2">작업지시서</td><td rowspan="2">결재</td><td>디자이너</td><td>팀장</td><td>실장</td><td>대표</td></tr>
<tr><td></td><td></td><td></td><td></td></tr>
<tr><td colspan="2">ITEM : 스커트</td><td colspan="4">작성일자 : 20 년 월 일</td></tr>
</table>

195쪽 타이트 스커트 참고
203쪽 요크 개더 스커트 참고
172쪽 주름 참고

봉재 시 유의사항

- 겉감 식서 방향에 주의하시오.
- 심지는 밀리지 않도록 다림질에 유의하시오.
- 지퍼는 밀리지 않게 다시오.
- 밑단 옆선 양쪽으로 실고리하시오.
- 주름 방향은 옆선으로 향하게 하시오.
- size 절대 준수

원·부자재 소요량

자재명	규격	단위	소요량
겉감	110cm	cm	150
안감	110cm	cm	150
심지	110cm	cm	90
재봉실	60s/3합	com	1
다대 테이프	10mm	cm	200
콘솔 지퍼	25cm	EA	1

1 패턴 배치도 및 시접(겉감)

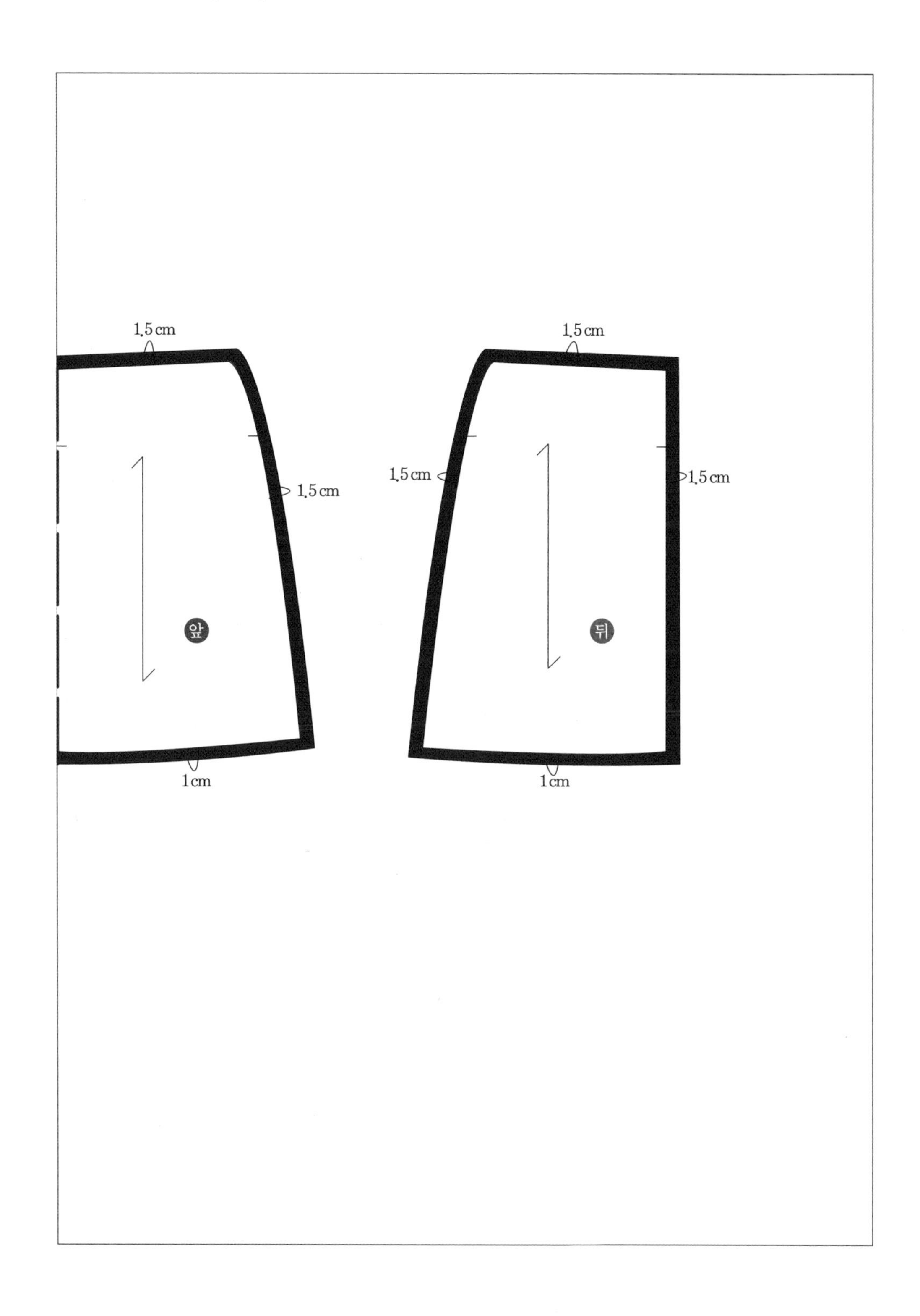

2 패턴 배치도 및 시접(안감)

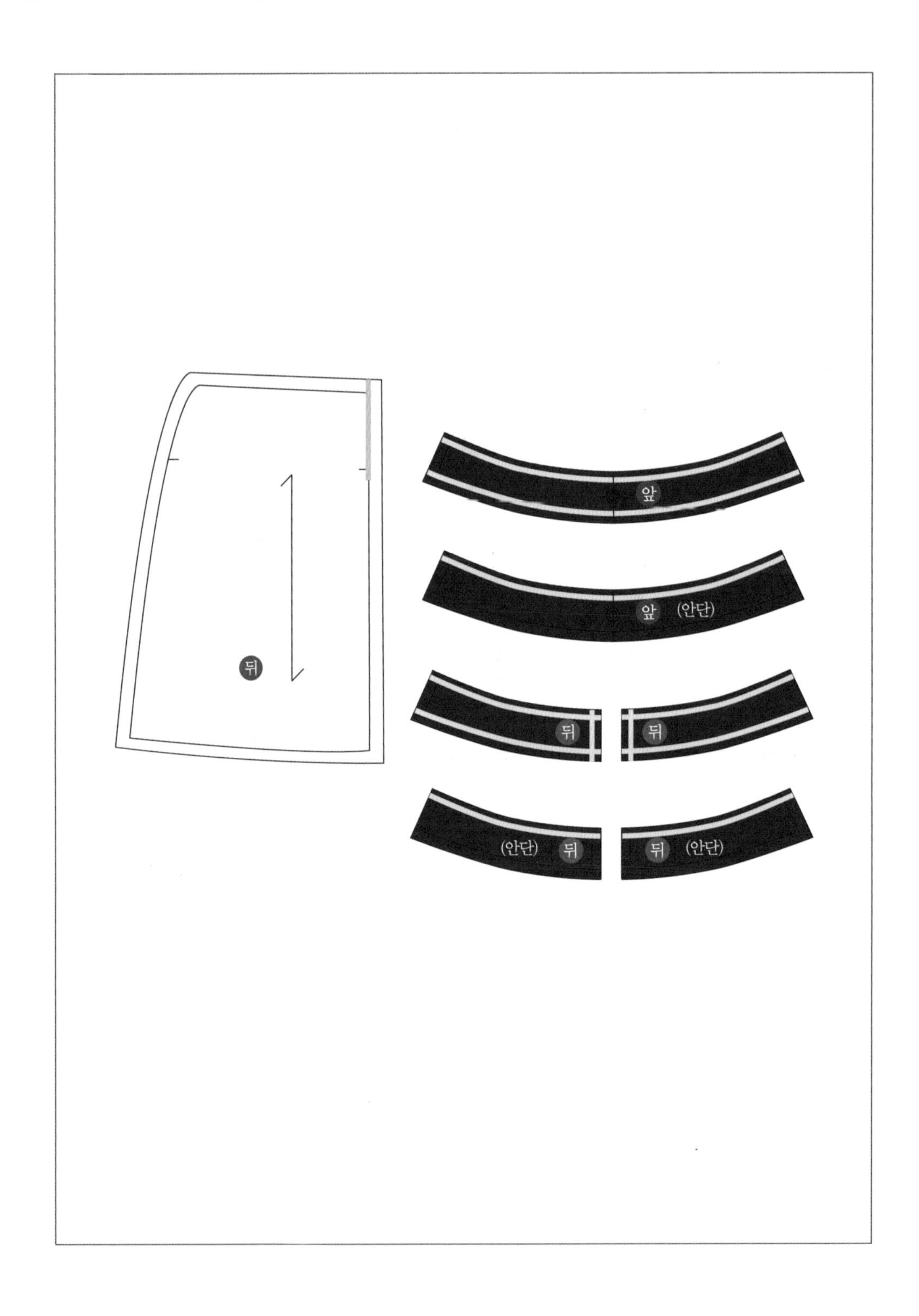

3 심지 및 테이핑 작업

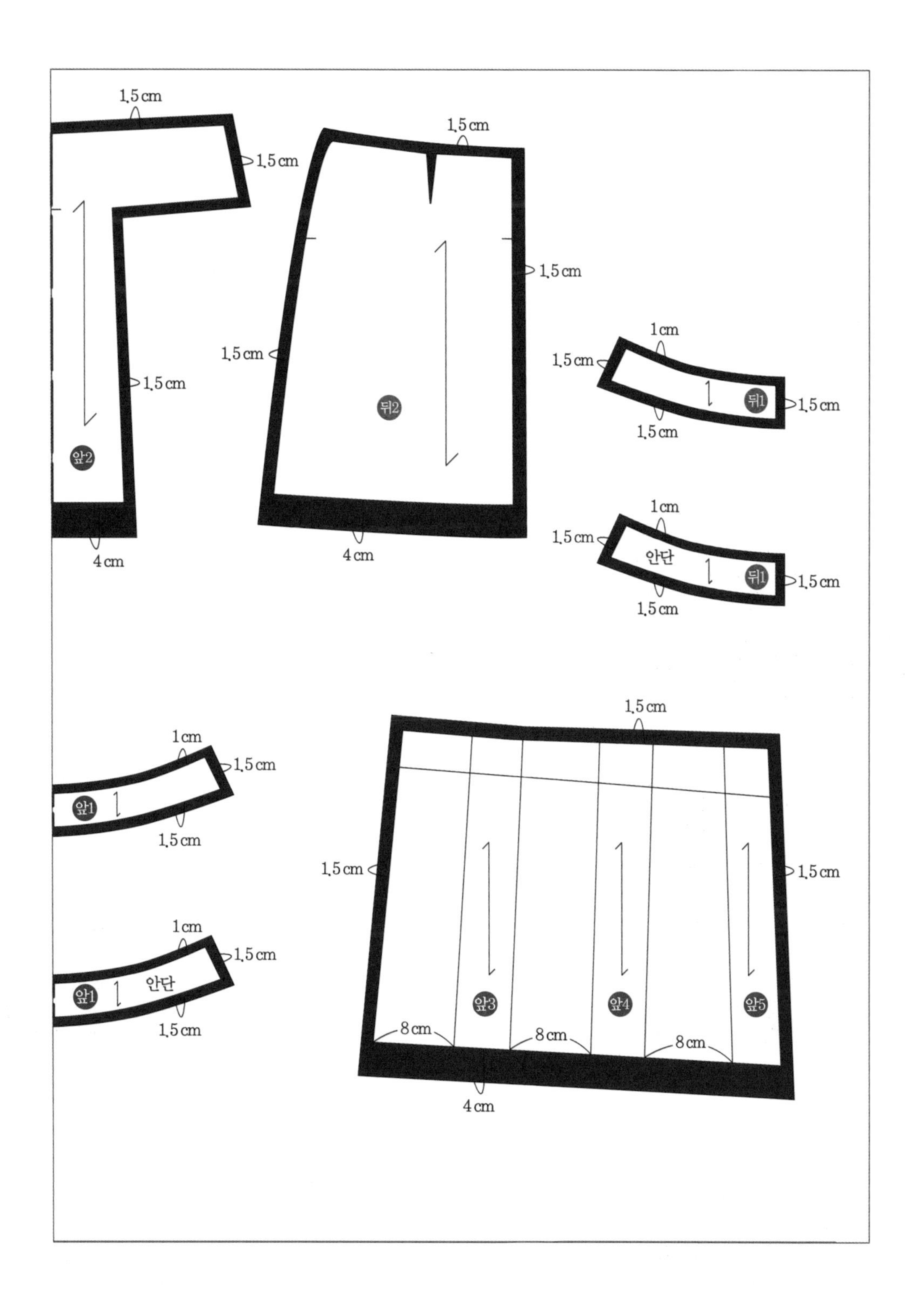
1.5cm
1.5cm
1.5cm
앞2
4cm
1.5cm
1.5cm
1.5cm
뒤2
4cm
1cm
1.5cm
뒤1
1.5cm
1.5cm
1cm
1.5cm
안단
뒤1
1.5cm
1.5cm
1cm
1.5cm
앞1
1.5cm
1cm
1.5cm
앞1
안단
1.5cm
1.5cm
1.5cm
1.5cm
앞3
앞4
앞5
8cm
8cm
8cm
4cm

4 봉제 작업

(1) 앞판 만들기

1 주름을 잡아 다림질한다.

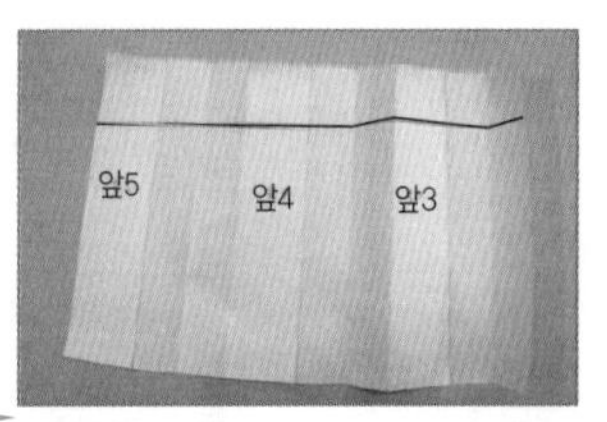

패턴을 펼쳐 주름을 잡은 모습

2 주름을 잡아 다림질한 후 박음질 또는 시침질로 고정한다.
★ 주름 방향은 옆선으로 향하게 한다

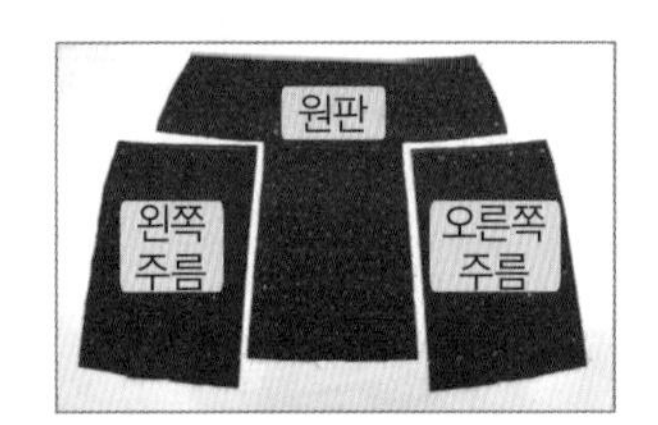

원판과 양쪽 주름

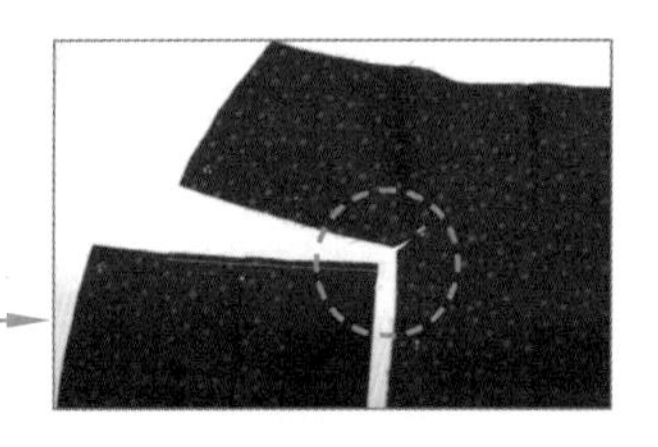

3 원판 스커트에 양쪽 주름을 끼워 박음질한다. ★ 모서리에 가윗집을 준다.

4 앞판 요크 밴드와 몸판 스커트의 겉과 겉끼리 마주 보도록 놓고 박음질한 후, 시접을 위로 올려 장식 스티치 0.5cm로 박음질한다.

(2) 뒤판 만들기

1 뒤판 다트를 박음질한 후, 우마에 올려놓고 시접을 중심 쪽으로 다림질한다.

다림질하는 모습

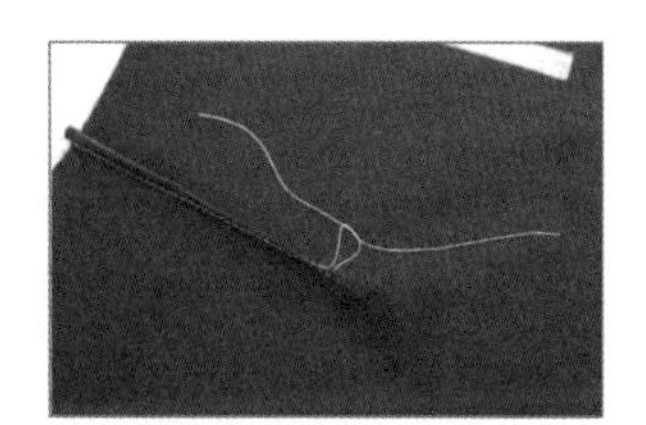

다트 끝부분은 실로 매듭을 지어 세 번 묶어준다.

2 뒤판 요크 밴드와 뒤판을 겉과 겉끼리 마주 놓고 박음질한다.

3 시접을 위로 올려놓은 상태에서 겉면에 장식 스티치 0.5cm로 박음질한다.

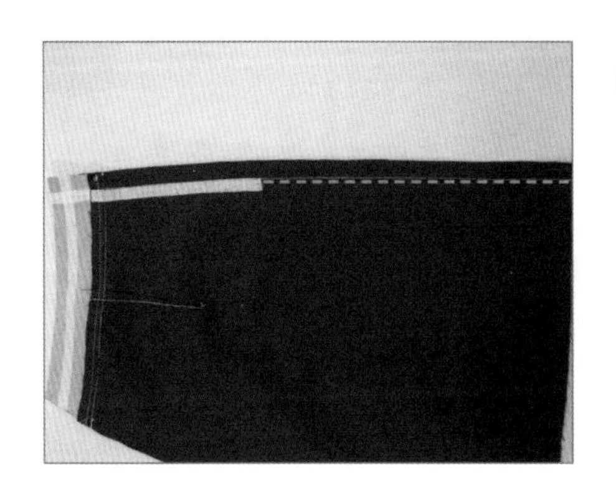

4 뒤판을 겉과 겉끼리 마주 보도록 놓고 뒷중심선을 박음질한 후, 우마에 올려놓고 가름솔로 다림질한다.

★ 지퍼를 달 부분은 남기고 박음질한다. 165쪽 지퍼를 다는 방법(콘솔 지퍼) 참고

다림질한 뒤판

(3) 콘솔 지퍼 달기

1 콘솔 지퍼를 벌린 후 톱니를 펴서 납작하게 다림질한다.

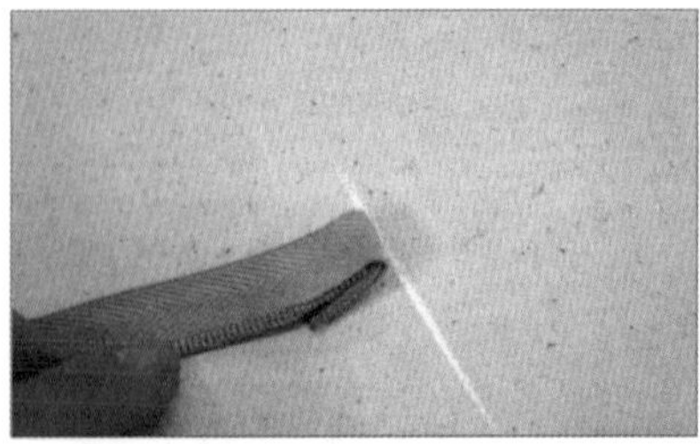

2 지퍼 상단을 꺾은 상태에서 초크로 표시한다.

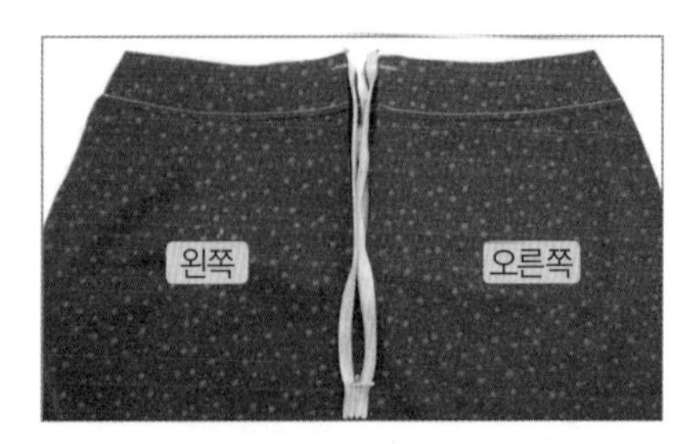

3 콘솔 지퍼를 달 위치에 올려놓는다.

4 납작하게 다림질한 지퍼 끝선을 완성선에 맞춰 박음질한다.
★ 왼쪽부터 박음질한다.

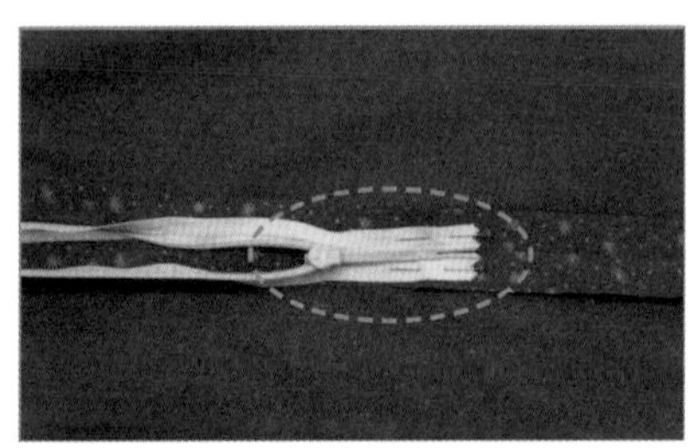

5 지퍼의 갈라진 부분과 뒷선 봉제선 부분이 같도록 핀으로 고정한다.

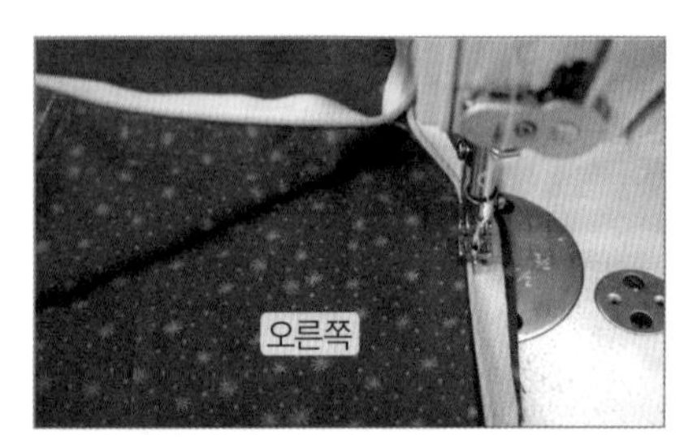

6 오른쪽 지퍼는 아래에서 위로 박음질한다.
★ 왼쪽 지퍼는 위에서 아래로, 오른쪽 지퍼는 아래에서 위로 박음질한다.

(4) 앞판, 뒤판 연결하기

1 앞판, 뒤판의 겉과 겉끼리 놓고 옆선을 박음질한 후, 우마에 올려놓고 가름솔로 다림질한다.

2 다림질하는 모습

(5) 안감 만들기

1 앞판 요크 밴드 안단과 앞판 안감을 겉과 겉끼리 놓고 박음질한다.

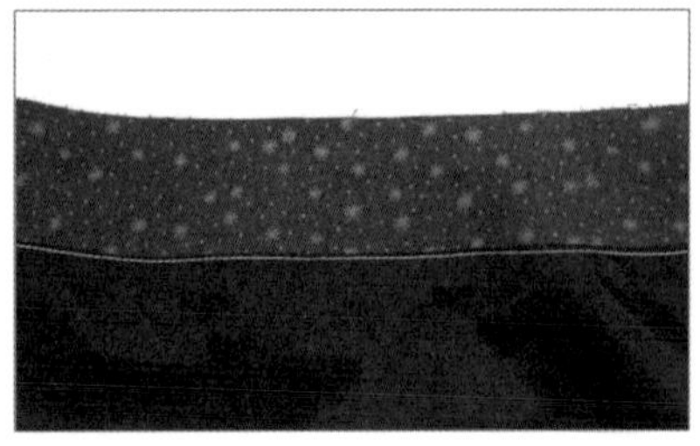

2 안감 시접을 아래쪽으로 놓고 0.2~0.3cm 누름 상침한다.

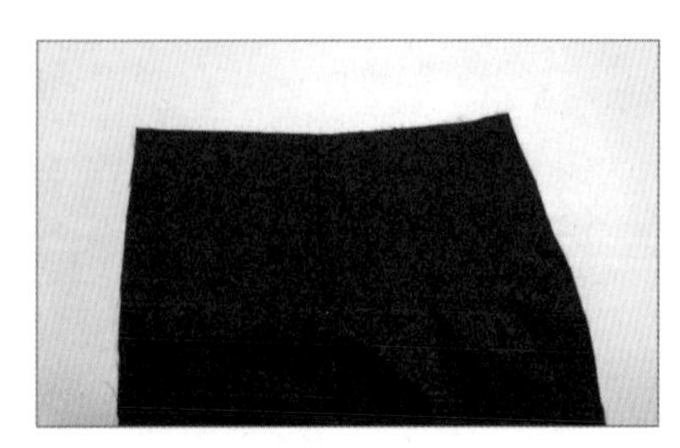

3 뒤판 안감 다트를 박음질한다.

4 뒤판 요크 밴드 안단과 뒤판 안감을 겉과 겉끼리 놓고 박음질한다.

5 0.2~0.3cm 누름 상침한 후 뒷중심을 박음질한다.
★ 지퍼를 달 부분은 남기고 박음질한다.

6 앞판, 뒤판 안감을 겉과 겉끼리 놓고 박음질한다.

(6) 겉감, 안감 연결하기

1 겉감, 안감을 겉과 겉끼리 놓고 지퍼가 벌어진 상태에서 핀으로 고정한다.

2 핀으로 고정한 모습

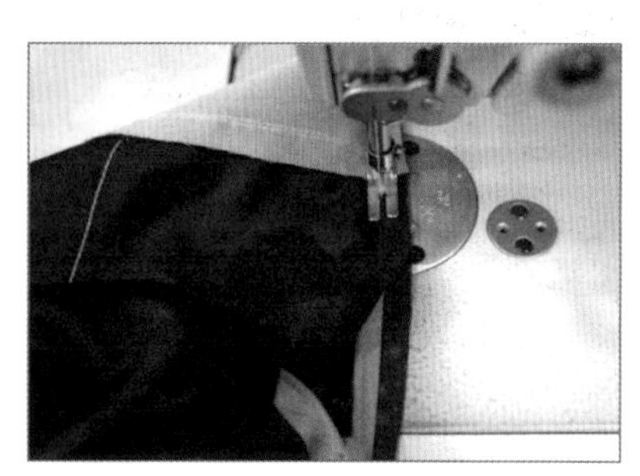

3 안감을 위로 올려놓고 박음질한다.
★ 지퍼가 벌어져 있는 상태이다.

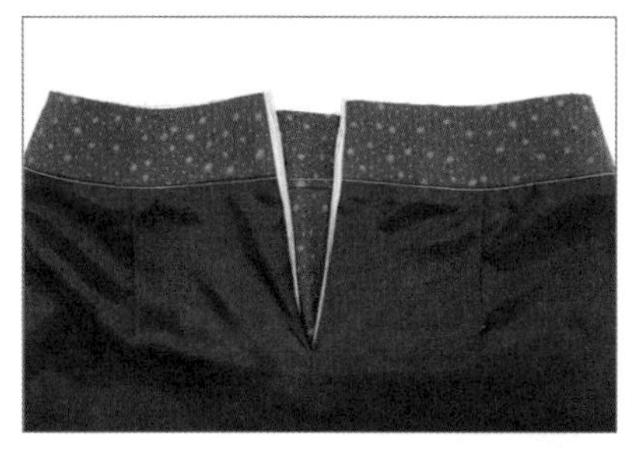

4 박음질한 모습

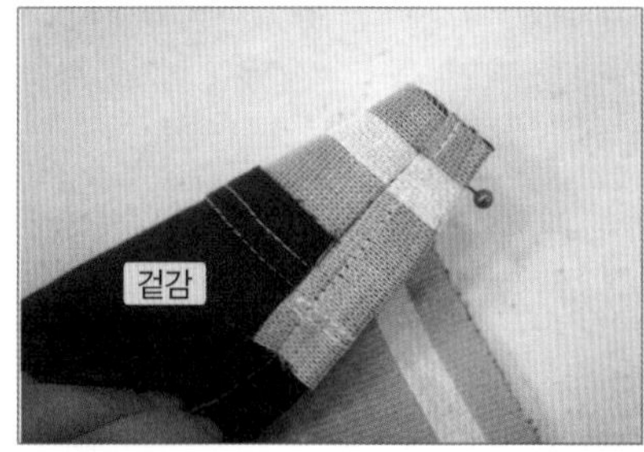

5 지퍼를 겉감 쪽으로 감싸 핀으로 고정한다.
★ 지퍼가 벌어져 있는 상태이다.

6 핀은 빼고 접은 상태에서 박음질한다.

7 6에서 박음질한 허리 시접을 안감 쪽으로 내려놓고, 0.2~03cm 폭으로 누름 상침한다.

8 우마에 올려놓고 다림질한다.

9 겉면에서 장식 스티치 0.5cm로 박음질한다.

(7) 몸판과 안감 밑단 정리하기

1 밑단을 완성선에 맞추어 다림질한다.
★ 시접은 오버로크 또는 바이어스테이프 한다.

2 시접은 공그르기한다.
★ 32쪽 공그르기 참고

3 안감은 겉감 완성선 위치에서 2.5cm 위를 다림질한 후 두 번 접어박기한다.
★ 46쪽 두 번 접어박기 참고

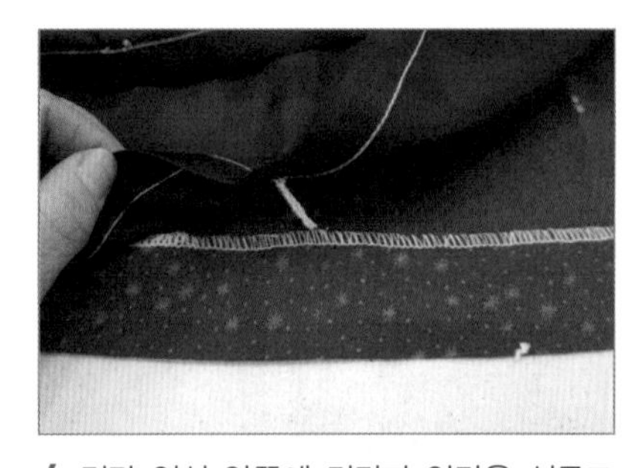

4 밑단 옆선 양쪽에 겉감과 안감을 실루프로 연결하여 고정한다.
★ 실루프의 길이는 약 3~4cm이다.
33쪽 실루프 참고

5 완성 작품

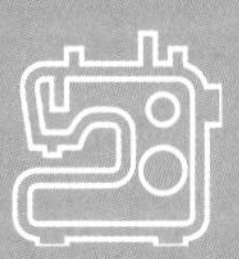

원피스

웟옷과 아래옷이 붙어서 한 벌로 된 옷

- 시스 원피스
- 프린세스 원피스
- 텐트 원피스
- 카프탄 원피스
- 원피스 만들기

1 시스 원피스

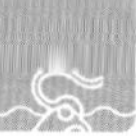

몸에 꼭 맞는 직선형의 심플한 디자인으로, 허리선에 솔기가 없고 다트로 피트시켜 가늘고 길게 보이는 원피스

패턴

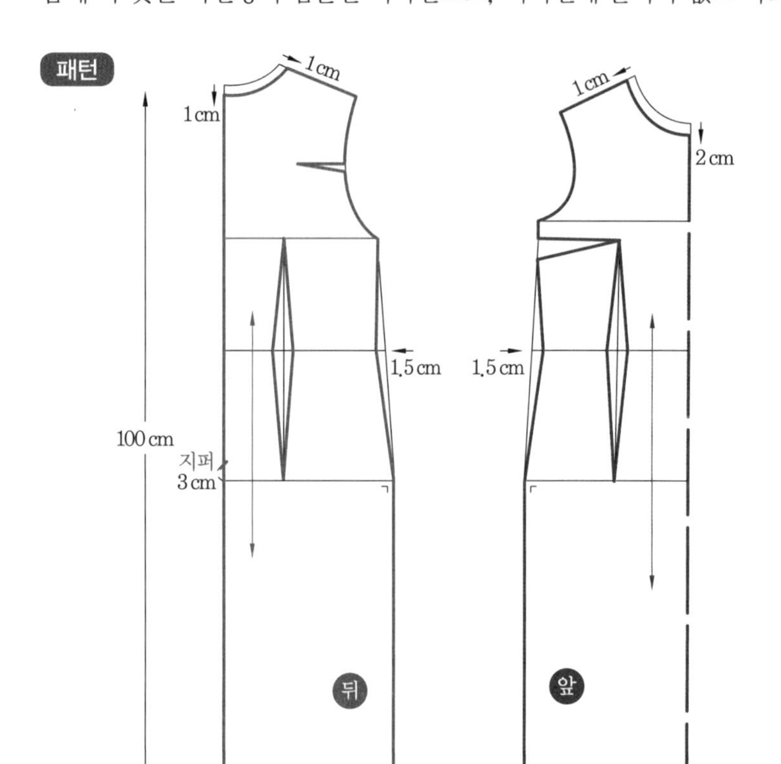

tip 시스 원피스

- 시스 원피스는 '절개'라는 뜻의 시스와 원피스가 합쳐진 말이다.
- 몸매 라인이 그대로 드러나는 밀착 원피스로, 섹시하고 세련된 스타일의 드레스이다.

2 프린세스 원피스

상반신을 타이트하게 하여 허리선은 가늘고, 아래쪽으로 내려갈수록 플레어를 넣어 라인이 강조되는 원피스

패턴

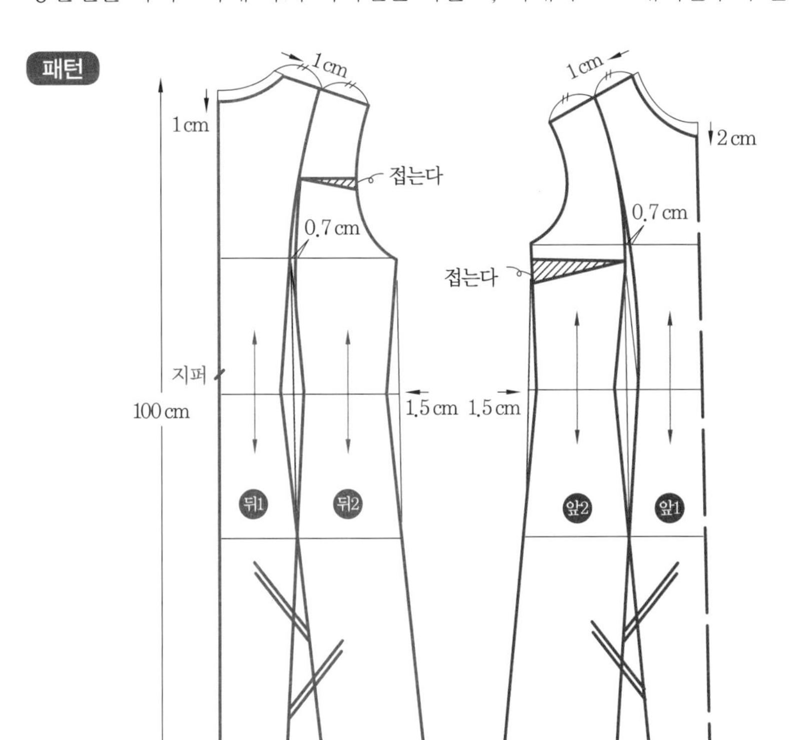

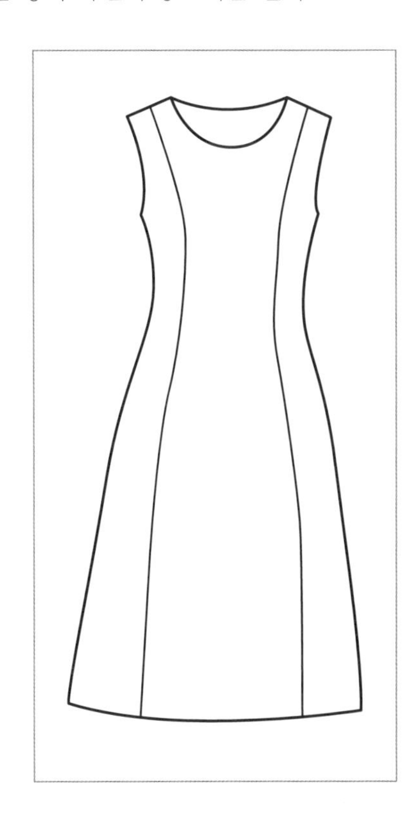

전개

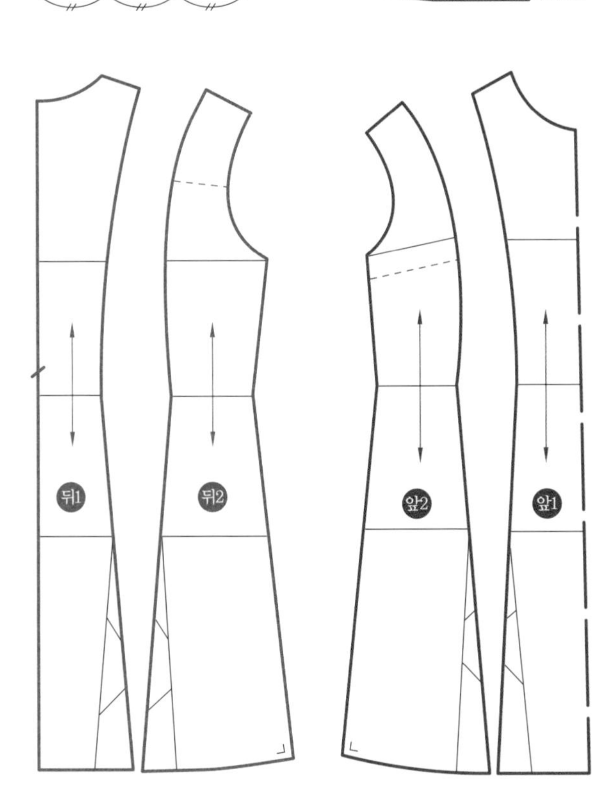

3 텐트 원피스

삼각형의 텐트와 같은 형태로, 어깨 폭은 좁고 밑단 쪽으로 갈수록 점점 넓게 퍼지는 원피스

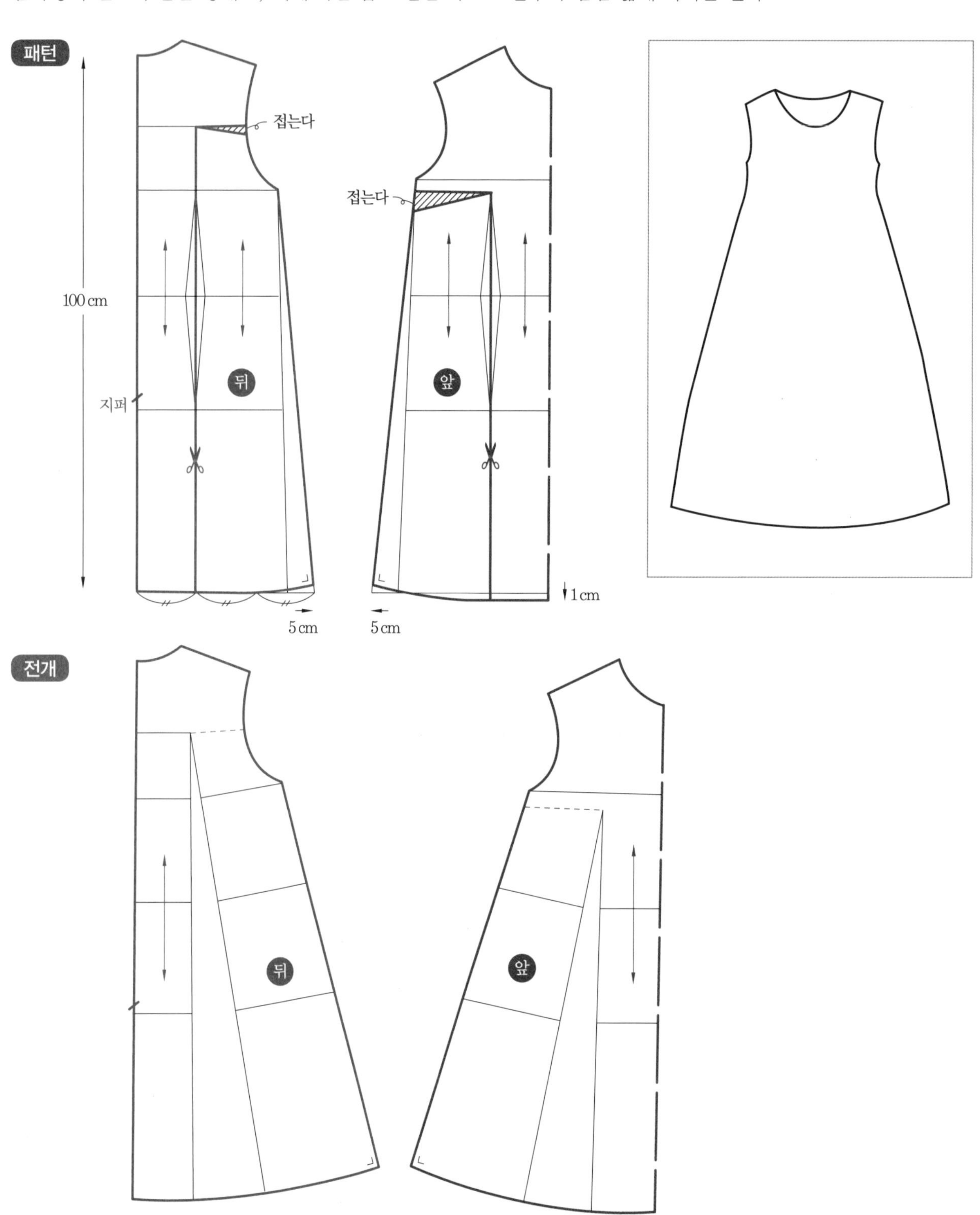

4 카프탄 원피스

소매가 길고 허리통이 헐렁한 원피스 ★ 한 장으로 앞판, 뒤판을 함께 제도한다.

패턴

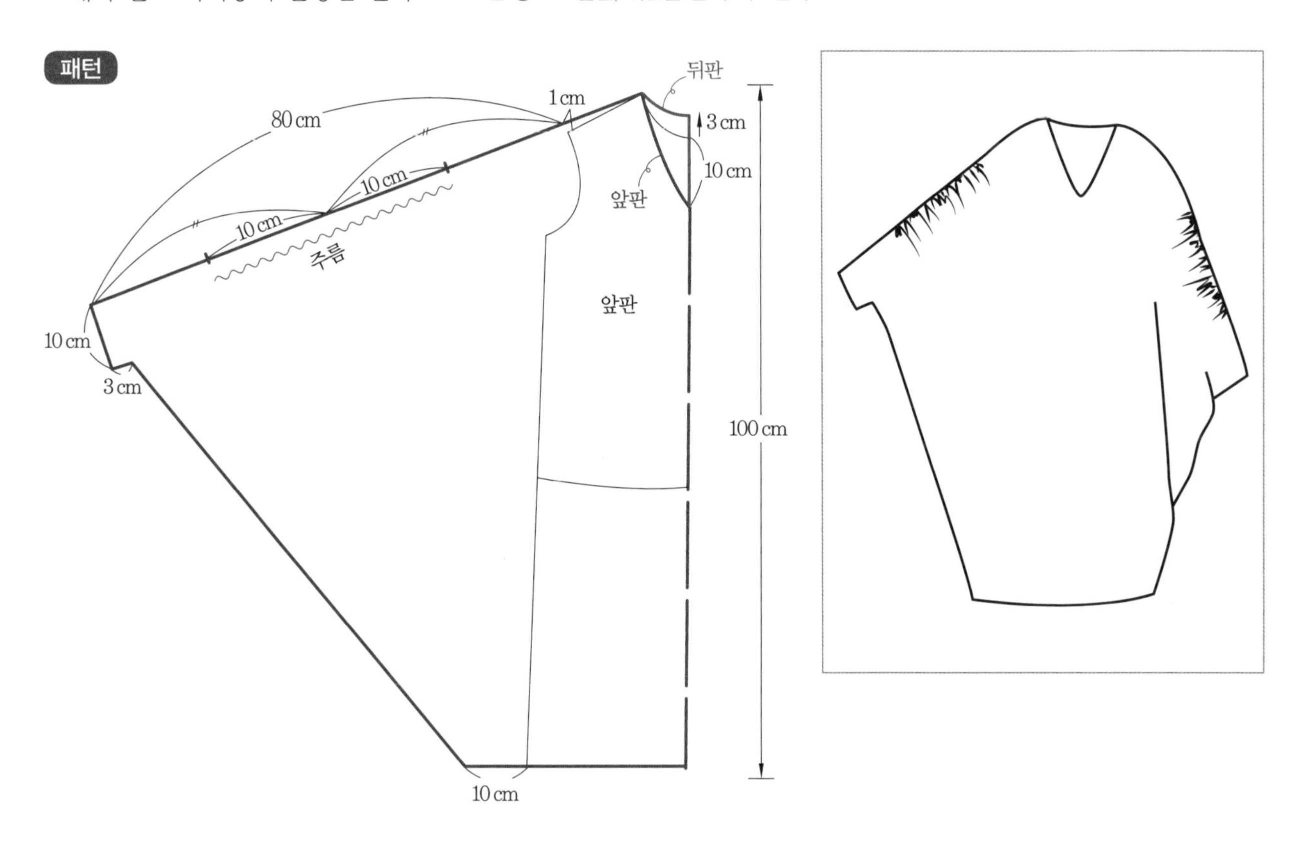

tip 카프탄 원피스

카프탄은 터키나 아랍 지역의 사람들이 입는 허리통이 헐렁하고 소매가 긴 옷을 말하는데, 카프탄 원피스는 이를 본떠 만든 원피스이다.

5 원피스 만들기

작 업 지 시 서	결재	디자이너	팀 장	실 장	대 표
ITEM : 원피스	작성일자 : 20 년 월 일				

82쪽 유 네크라인 참고
223쪽 프린세스 원피스 참고

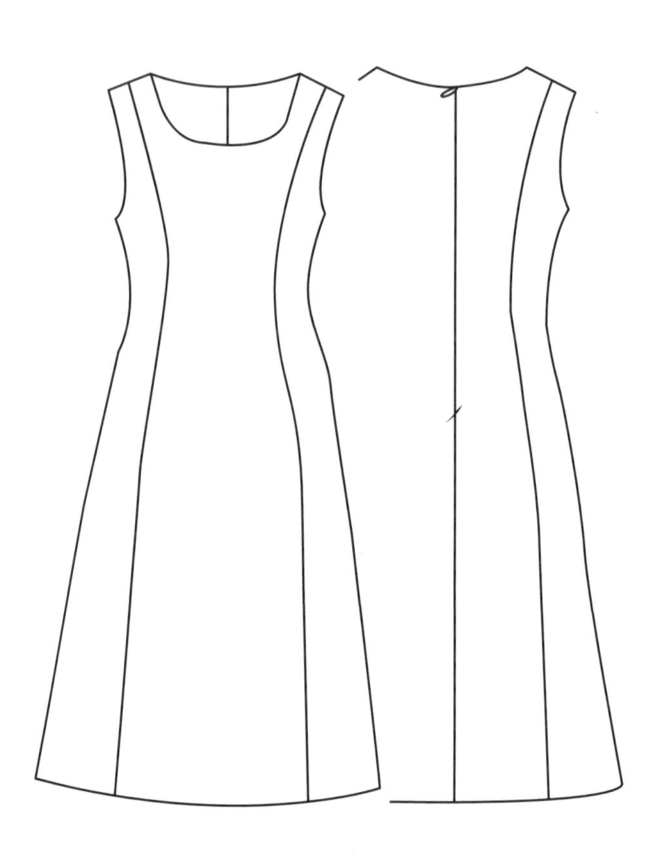

봉재 시 유의사항

- 겉감 식서 방향에 주의하시오.
- 심지는 밀리지 않도록 다림질에 유의하시오.
- 지퍼는 밀리지 않게 다시오.
- size 절대 준수

원·부자재 소요량

자재명	규격	단위	소요량
겉감	110cm	cm	180
재봉실	60s/3합	com	1
다대 테이프	10mm	cm	110
암홀전용테이프	10mm	cm	100
콘솔 지퍼	60cm	EA	1
걸고리		쌍	1

1 패턴 배치도 및 시접(겉감)

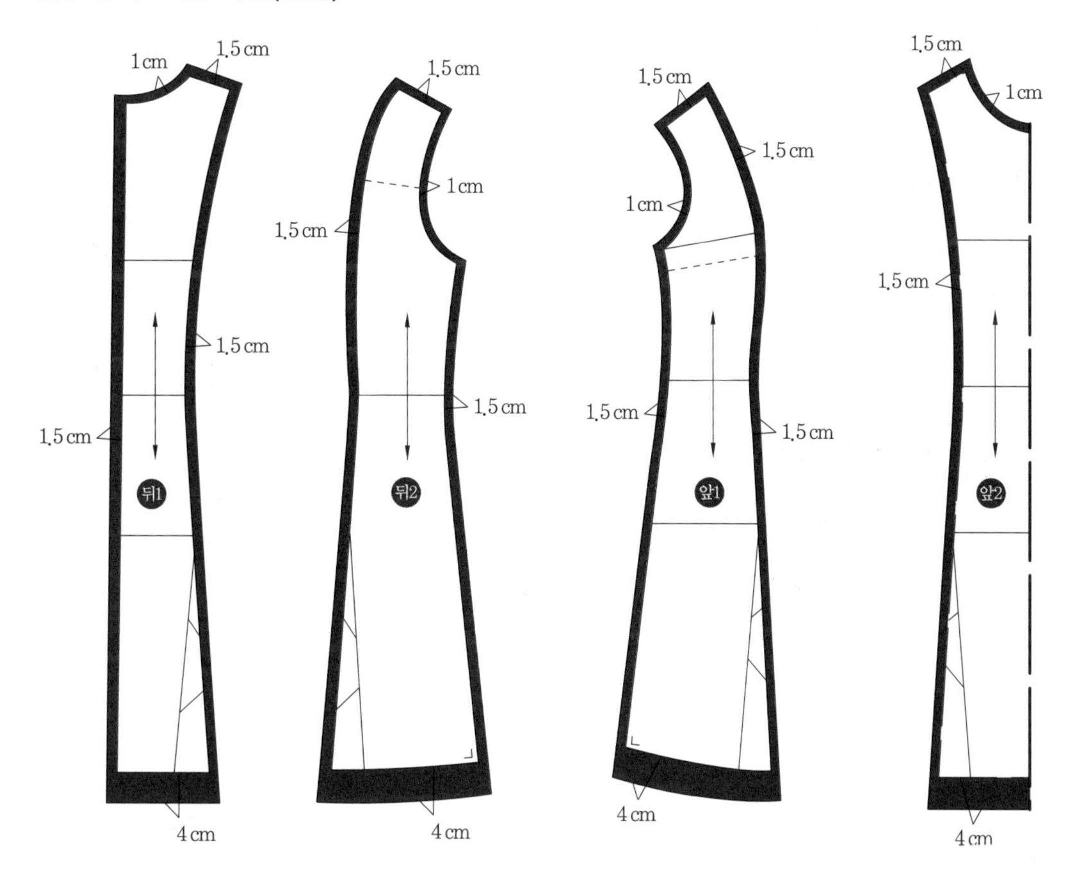

2 심지 및 테이핑 작업

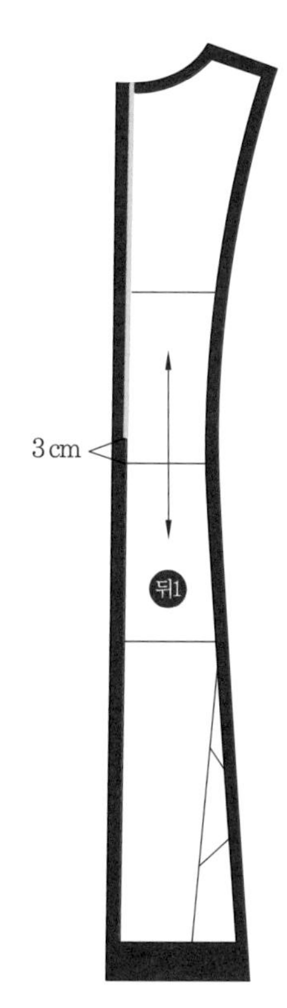

3 봉제 작업

(1) 앞판 만들기

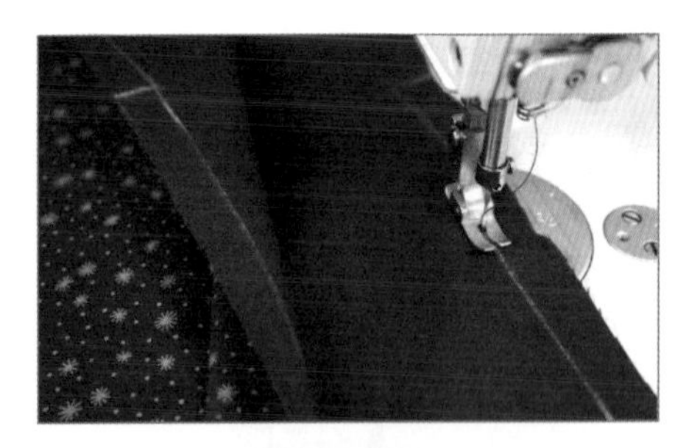

1 앞판과 암홀 프린세스를 겉과 겉끼리 마주 보도록 놓고 박음질한다.

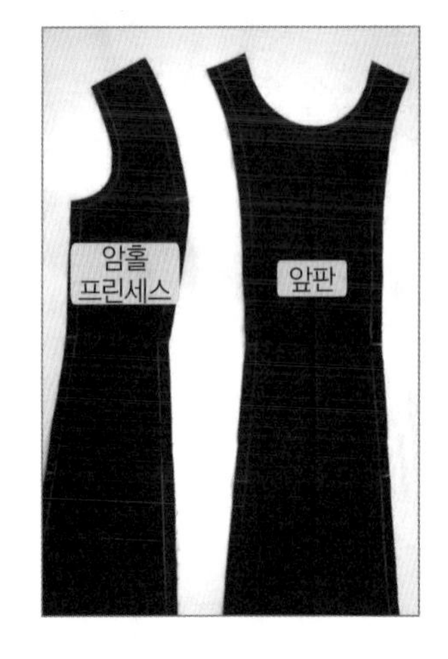

2 시접은 오버로크를 한다.

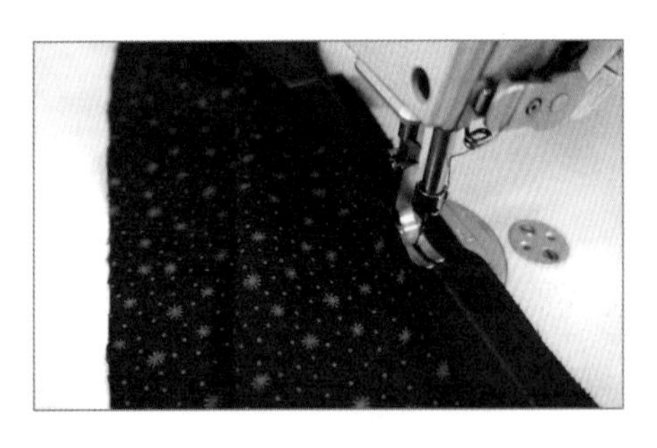

3 우마에 올려놓고 가름솔로 다림질한다.

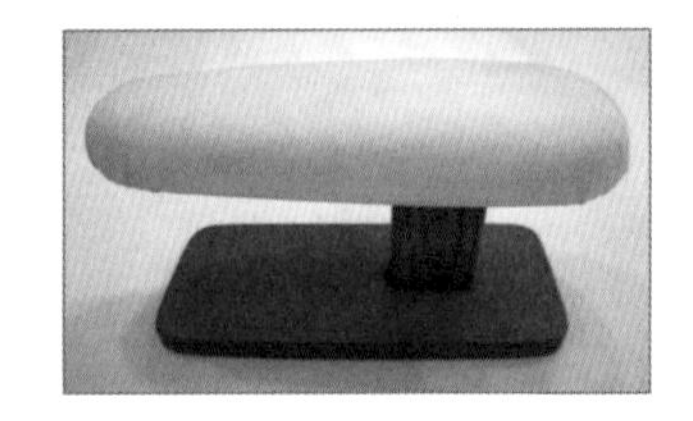

우마

다림질한 앞판

(2) 뒤판 만들기

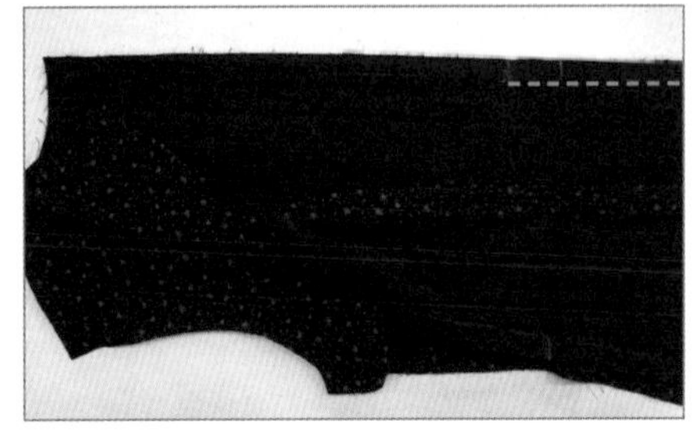

1 뒤판과 암홀 프린세스를 겉과 겉끼리 마주 보도록 놓고 박음질한다.

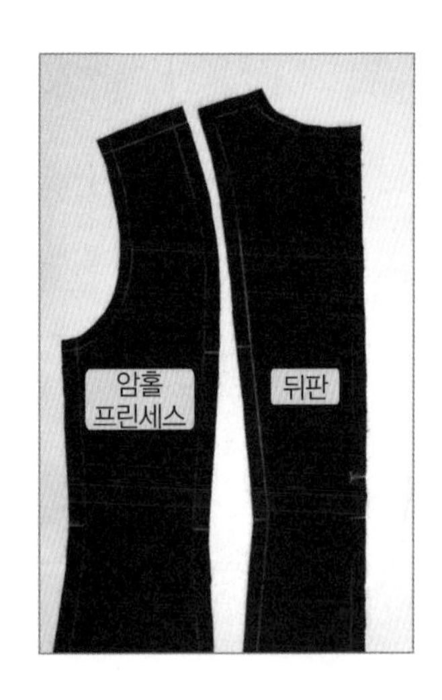

2 뒷중심선은 지퍼를 달 위치를 제외하고 박음질한다.

3 시접은 오버로크를 한 후 우마에 올려놓고 가름솔로 다림질한다.

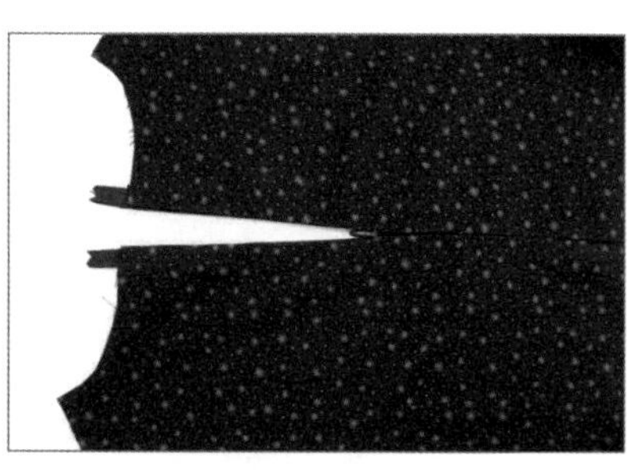

4 뒤판에 지퍼를 단다.
★ 165쪽 지퍼를 다는 방법 참고

콘솔 지퍼
콘솔 지퍼의 길이는 약 60cm(24인치)를 사용하면 된다.

(3) 앞판, 뒤판 연결하기

1 앞판과 뒤판을 겉과 겉끼리 마주 보도록 놓고 어깨선과 옆선을 박음질한다.

2 지퍼를 옆선 쪽으로 접어 박음질한다.

3 남은 지퍼는 가위로 자른다.

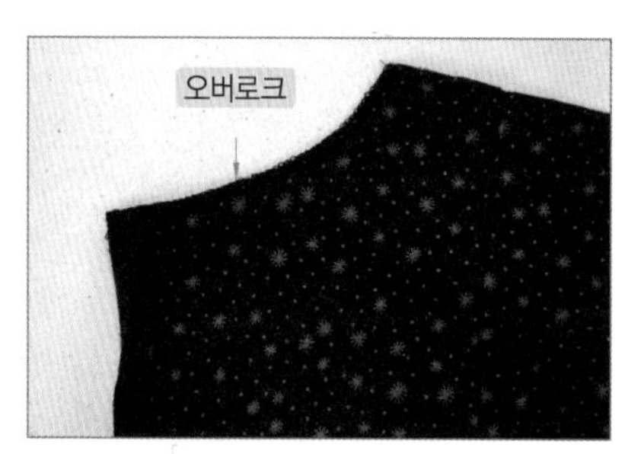

4 오버로크를 한다.

5 모서리 부분이 깔끔하게 나올 수 있도록 송곳을 사용해도 좋다.

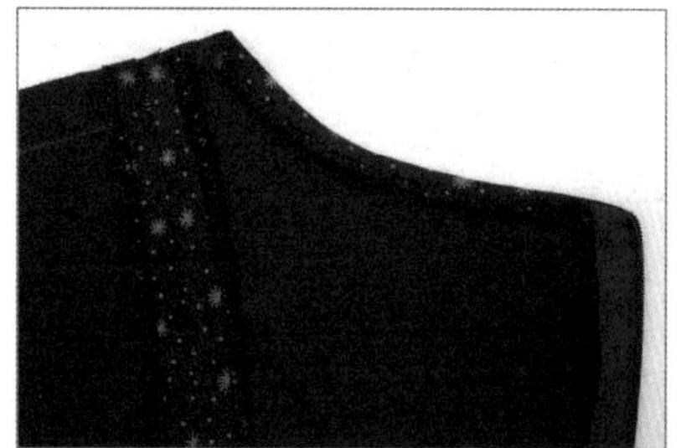

6 다림질한다.

7 0.3~0.5cm 폭으로 박음질한다. 암홀 라인도 같은 방법으로 하며, 끝 말아박기 방법을 사용해도 좋다.
★ 47쪽 끝 말아박기 참고

(4) 밑단 정리하기

1 오버로크를 한다.
★ 시접은 오버로크 또는 바이어스테이프 한다.

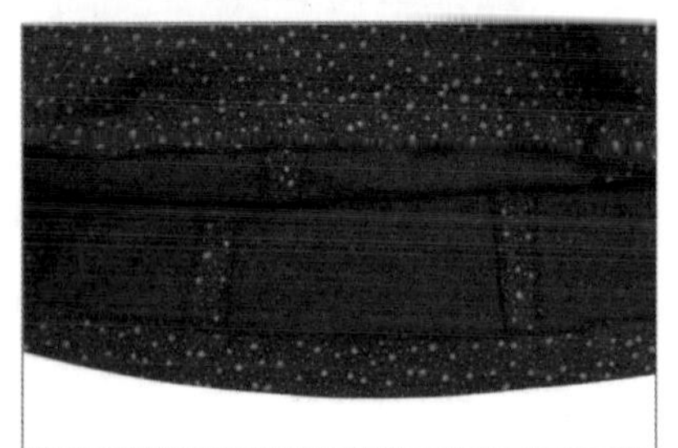

2 완성선에 맞추어 다림질한다.

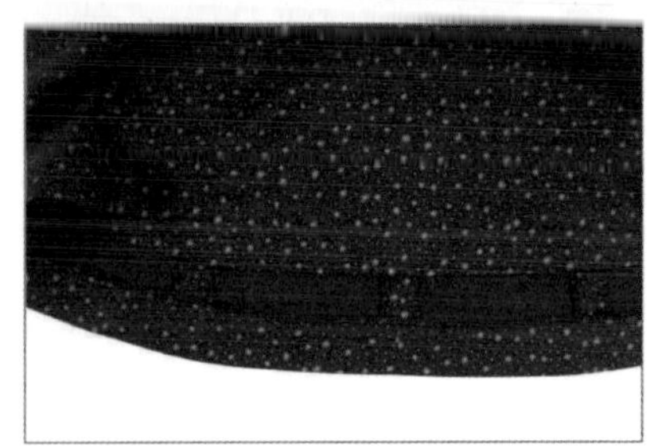

3 공그르기한다. ★ 32쪽 공그르기 참고

4 완성 작품

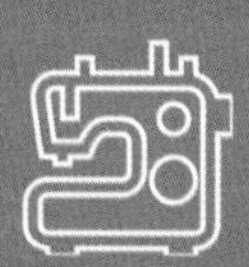

팬츠

위는 통으로 되어 있고 아래는 두 다리를 꿰는 가랑이가 있어
아랫도리에 입는 옷

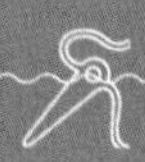

- 팬츠 제도에 필요한 용어
- 팬츠 그리기
- 진 팬츠
- 와이드 팬츠
- 벨 보텀 팬츠
- 하이 웨이스트 팬츠
- 퀼로트
- 배기팬츠
- 카울 팬츠
- 팬츠 만들기

1 팬츠 제도에 필요한 용어

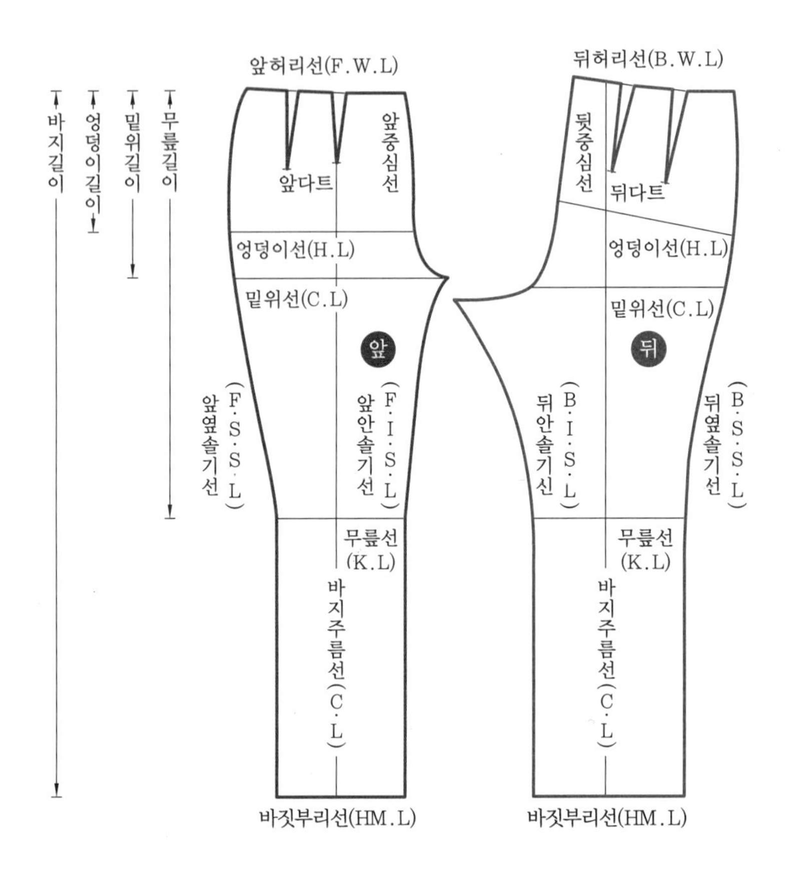

팬츠 제도에 필요한 용어

용어	약어	영어	용어	약어	영어
허리선	W.L	Waist Line	뒤안솔기선	B.I.S.L	Back In Seam Line
엉덩이선	H.L	Hip Line	앞옆솔기선	F.S.S.L	Front Side Seam Line
밑위선	C.L	Crotch Line	뒤옆솔기선	B.S.S.L	Back Side Seam Line
무릎선	K.L	Knee Line	바지주름선	C.L	Crease Line
다트	Dart	Dart	바짓부리선	HM.L	Hem Line
앞안솔기선	F.I.S.L	Front In Seam Line			

2 팬츠 그리기

적용 치수 허리둘레: 68cm, 엉덩이둘레: 92cm, 엉덩이길이: 18cm, 바지밑단둘레: 40cm, 바지길이: 100cm, 무릎길이: 53cm

앞판

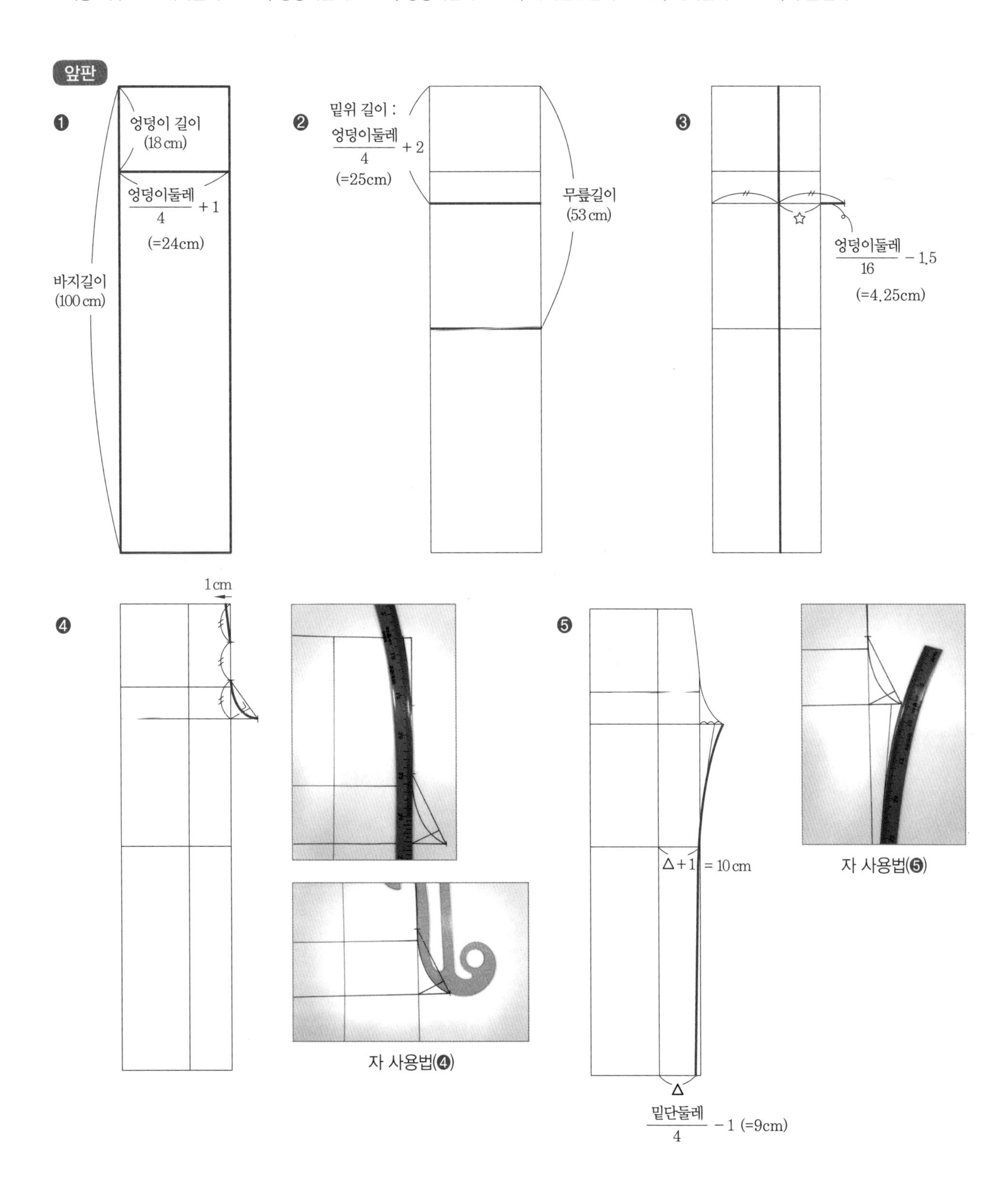

자 사용법(❹)

자 사용법(❺)

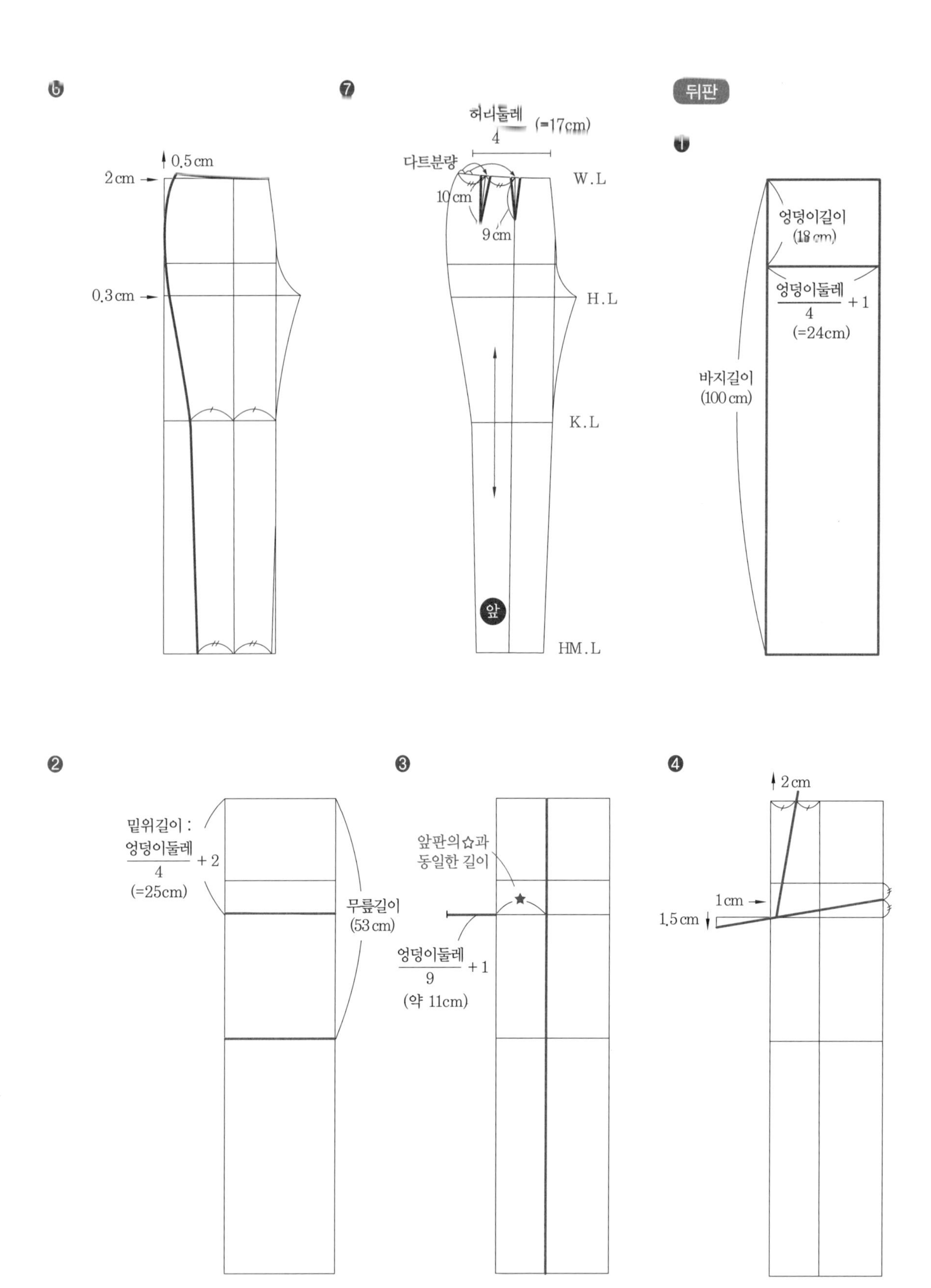

❻
0.5cm
2cm
0.3cm
❼
허리둘레
4
(=17cm)
다트분량
10cm
9cm
W.L
H.L
K.L
HM.L
앞
뒤판
❶
엉덩이길이
(18cm)
엉덩이둘레
4
+1
(=24cm)
바지길이
(100cm)
❷
밑위길이 :
엉덩이둘레
4
+2
(=25cm)
무릎길이
(53cm)
❸
앞판의☆과
동일한 길이
엉덩이둘레
9
+1
(약 11cm)
❹
2cm
1cm
1.5cm

❺

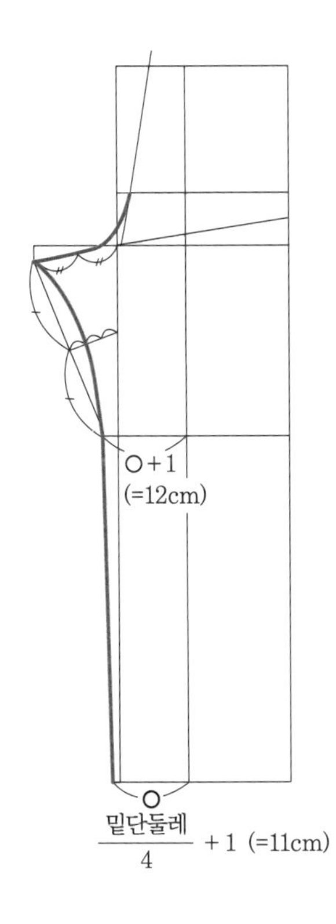

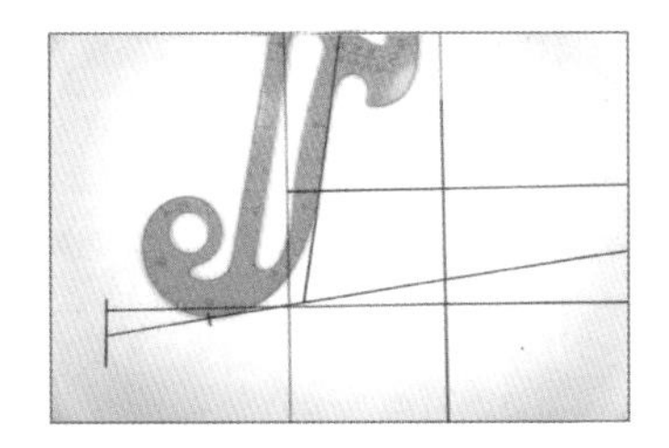

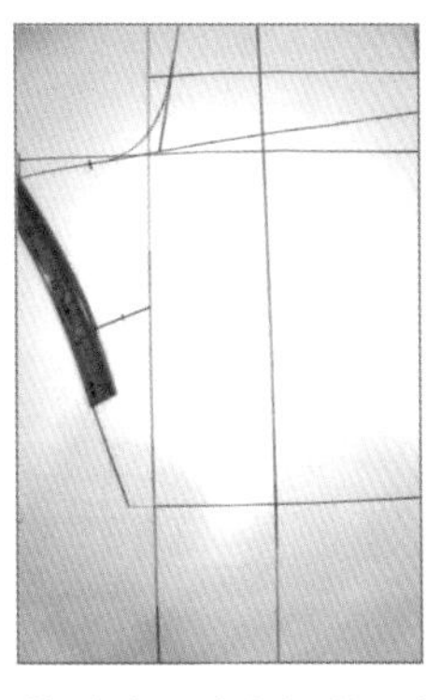

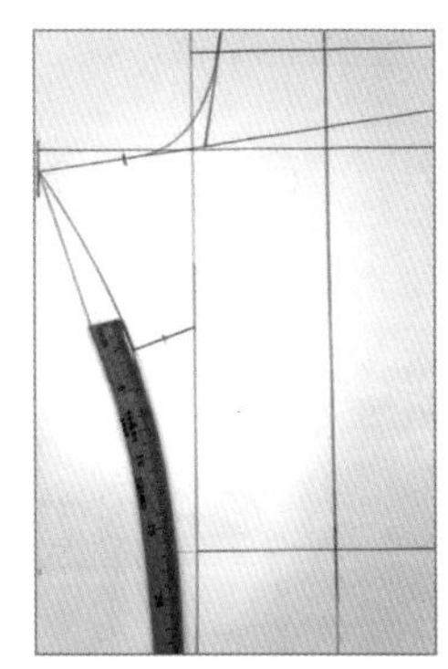

한 번에 그려지지 않는 라인은 자의 방향을 바꾸어 두 번에 걸쳐 그린다(❺).

❻ ❼

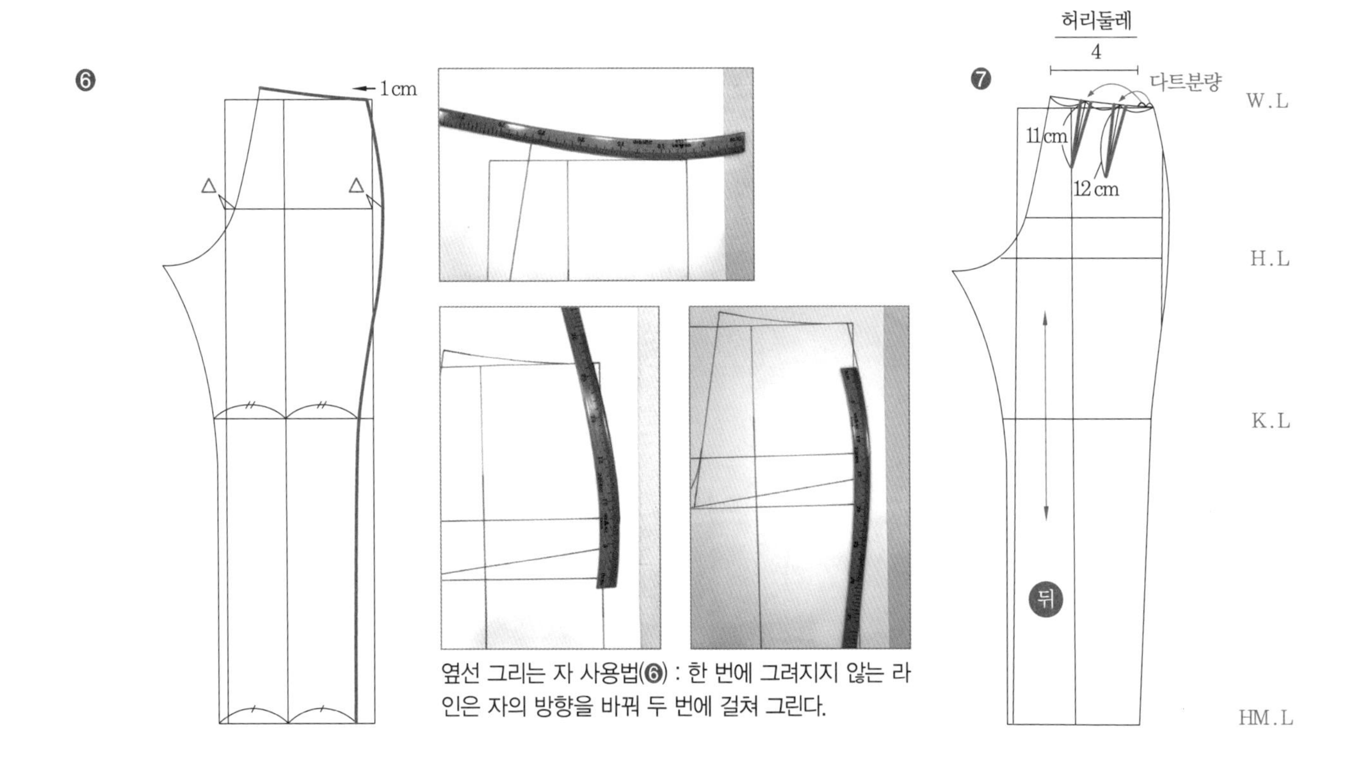

옆선 그리는 자 사용법(❻) : 한 번에 그려지지 않는 라인은 자의 방향을 바꿔 두 번에 걸쳐 그린다.

3 진 팬츠

청바지 옷감으로 만든 팬츠

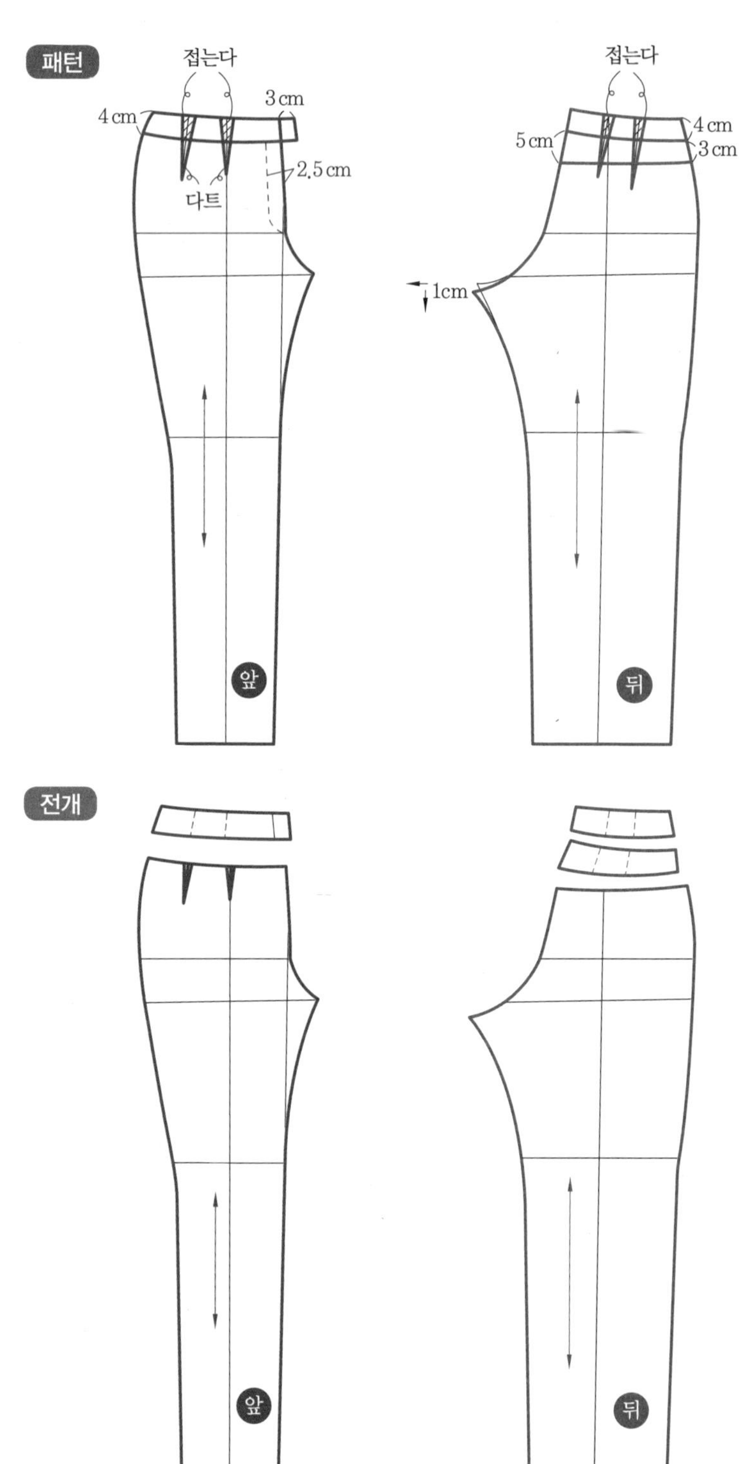

4 와이드 팬츠

다리의 폭 전체가 넓은 스트레이트형의 팬츠

패턴

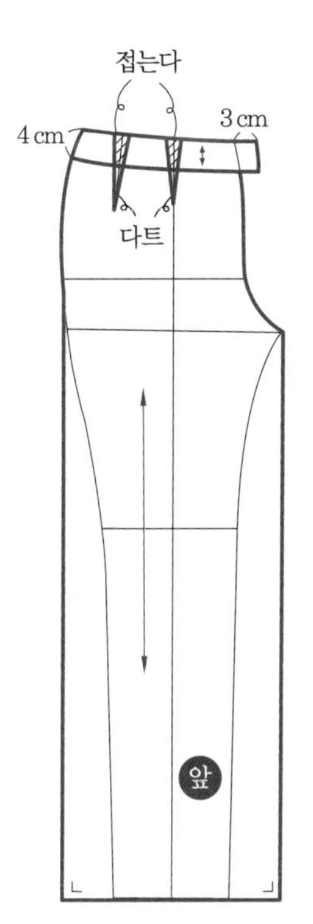

접는다
4 cm
다트
뒤

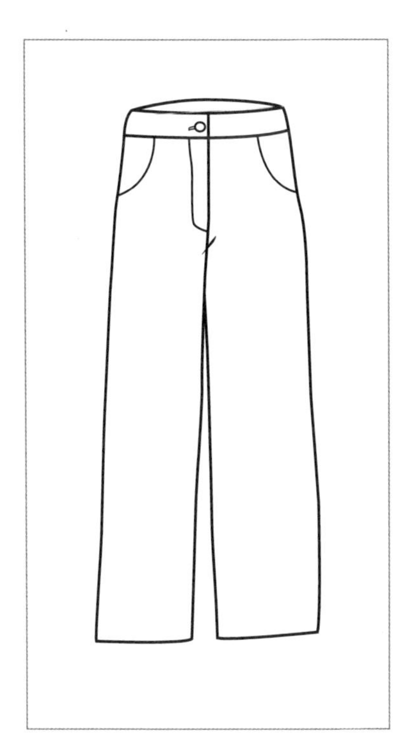

전개

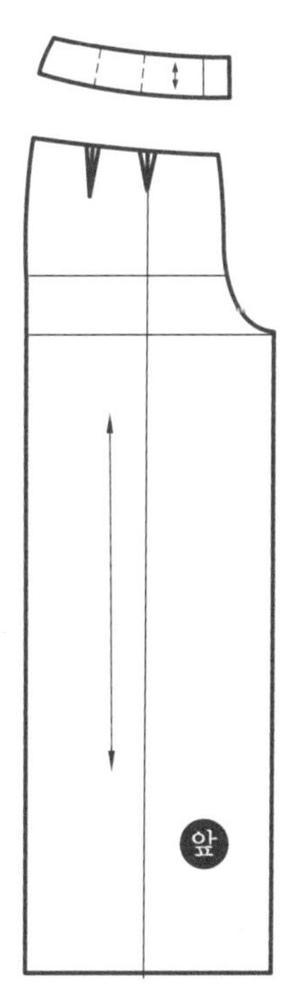

뒤

5 벨 보텀 팬츠

허리선에서 무릎선까지는 딱 맞고 무릎선에서 바짓단 쪽으로 갈수록 퍼지는 팬츠 (예 나팔바지)

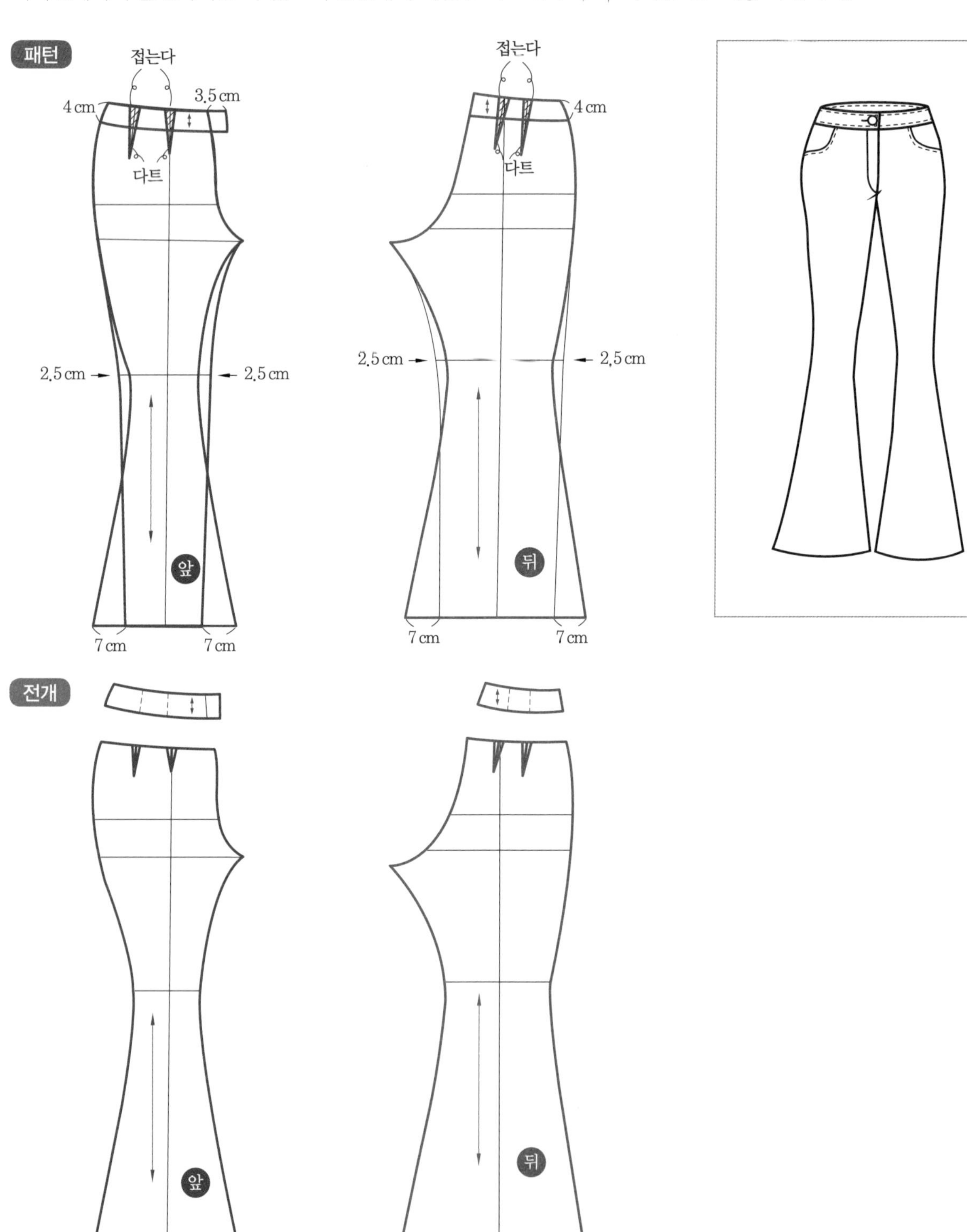

6 하이 웨이스트 팬츠

허리선을 위로 올려 허리를 강조한 팬츠

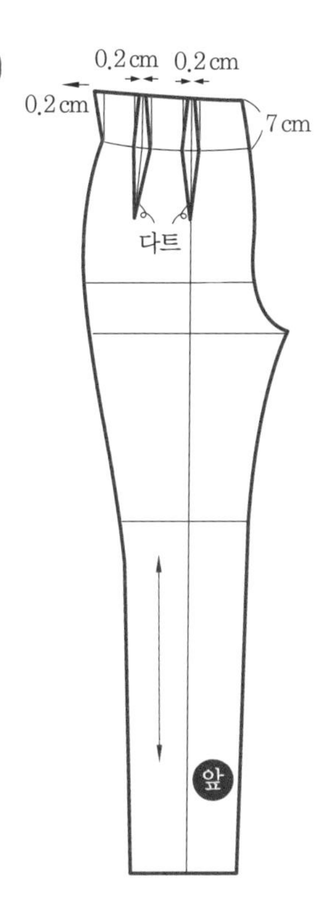

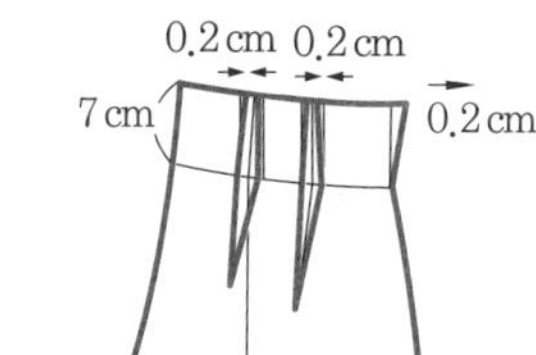

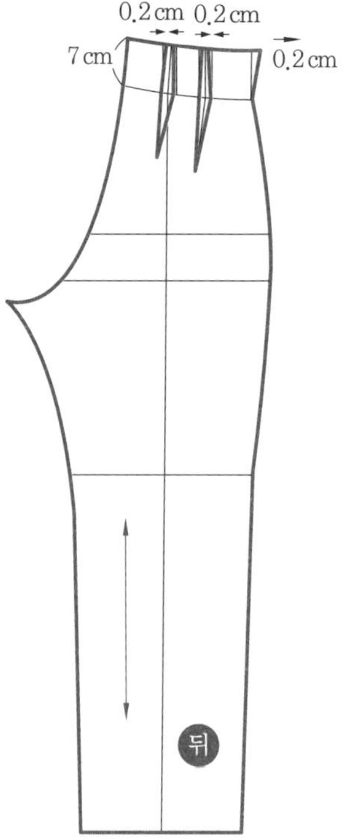

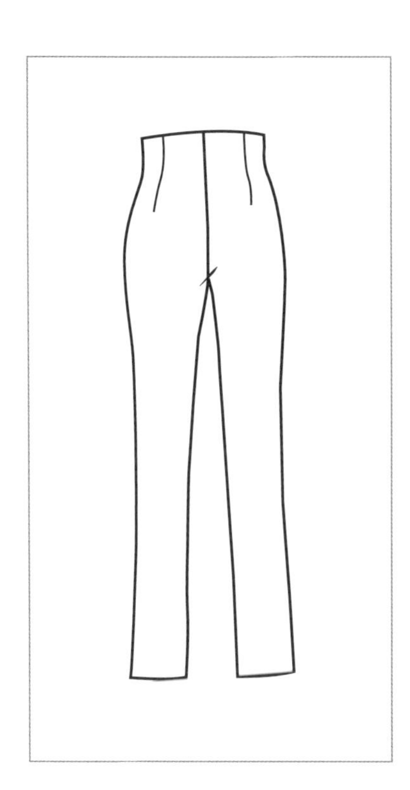

전개

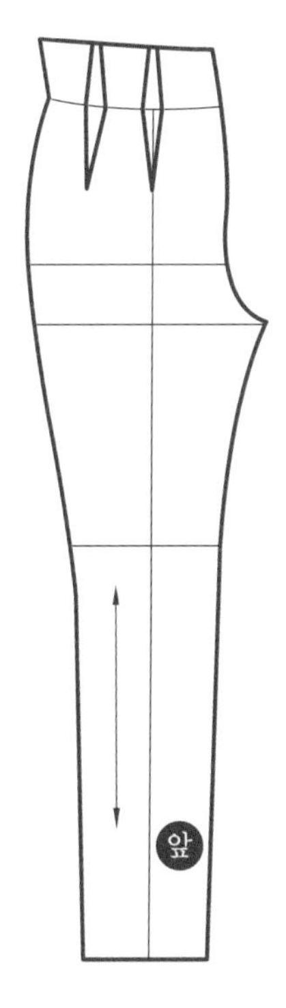

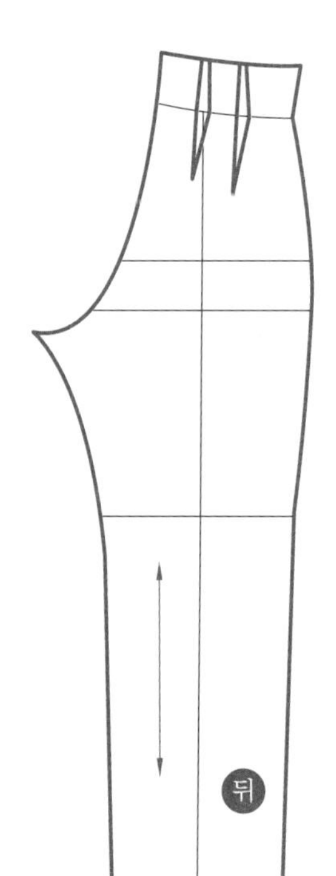

7 퀼로트

짧은 바지처럼 두 갈래로 갈라져 있지만 폭이 넓어 스커트처럼 보이는 스커트형 팬츠 (치마바지)

패턴

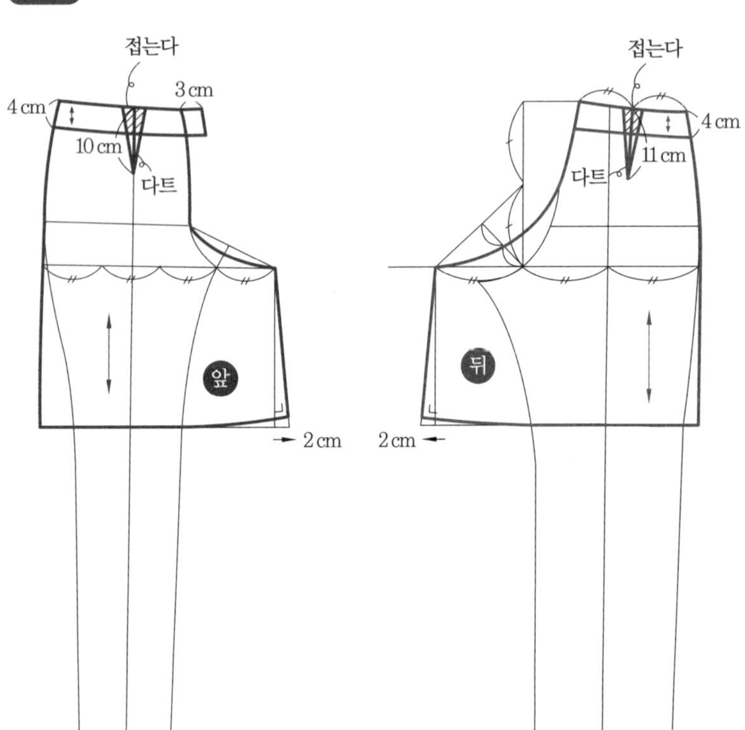

전개

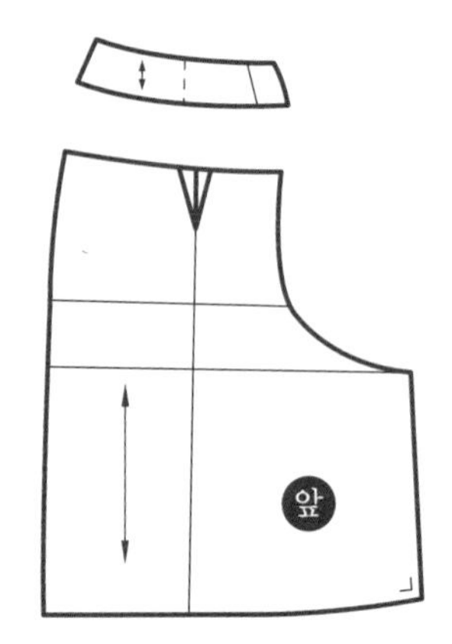

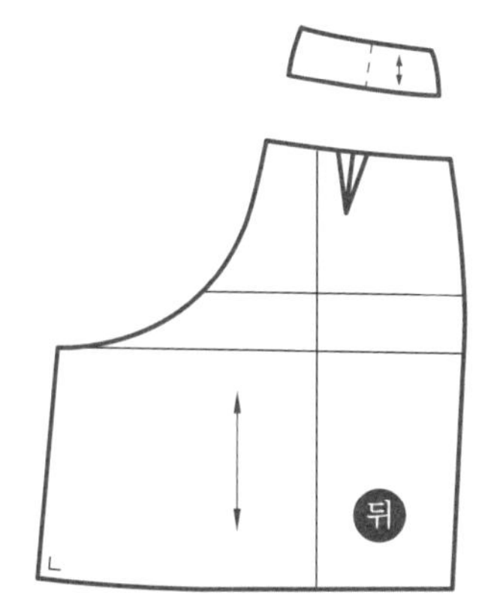

8 배기팬츠

자루와 같이 헐렁하게 만든 팬츠

패턴

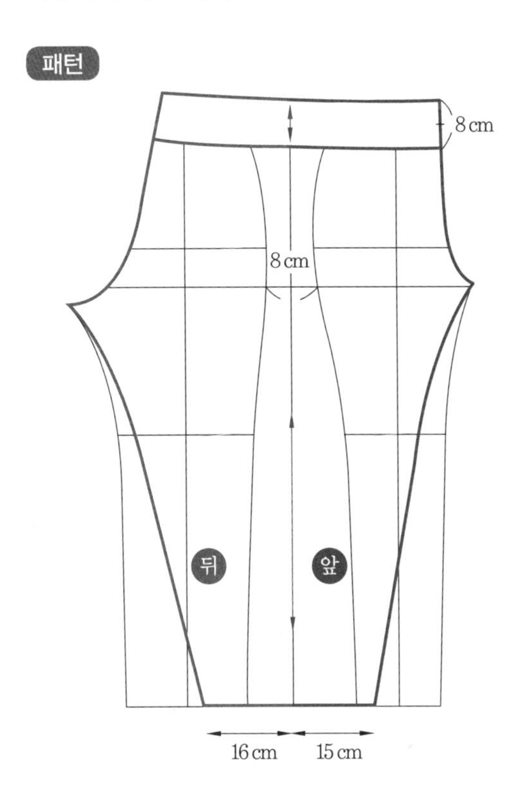

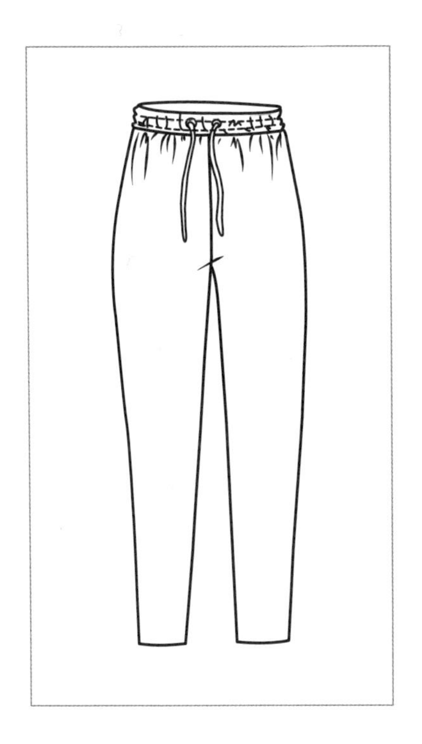

전개

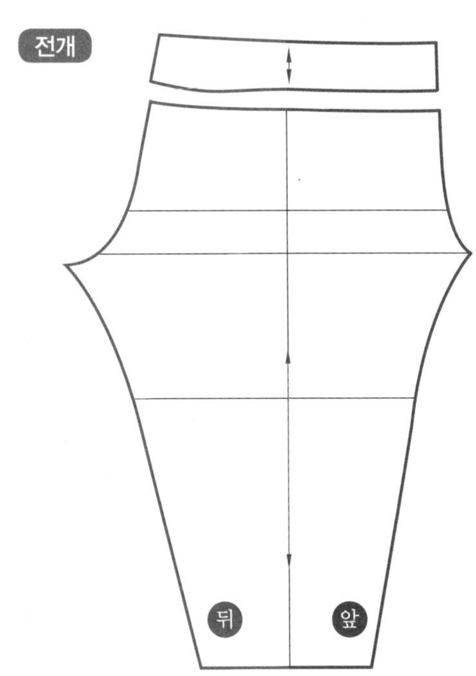

9 카울 팬츠

옆선에 물결 무늬로 주름을 만든 팬츠

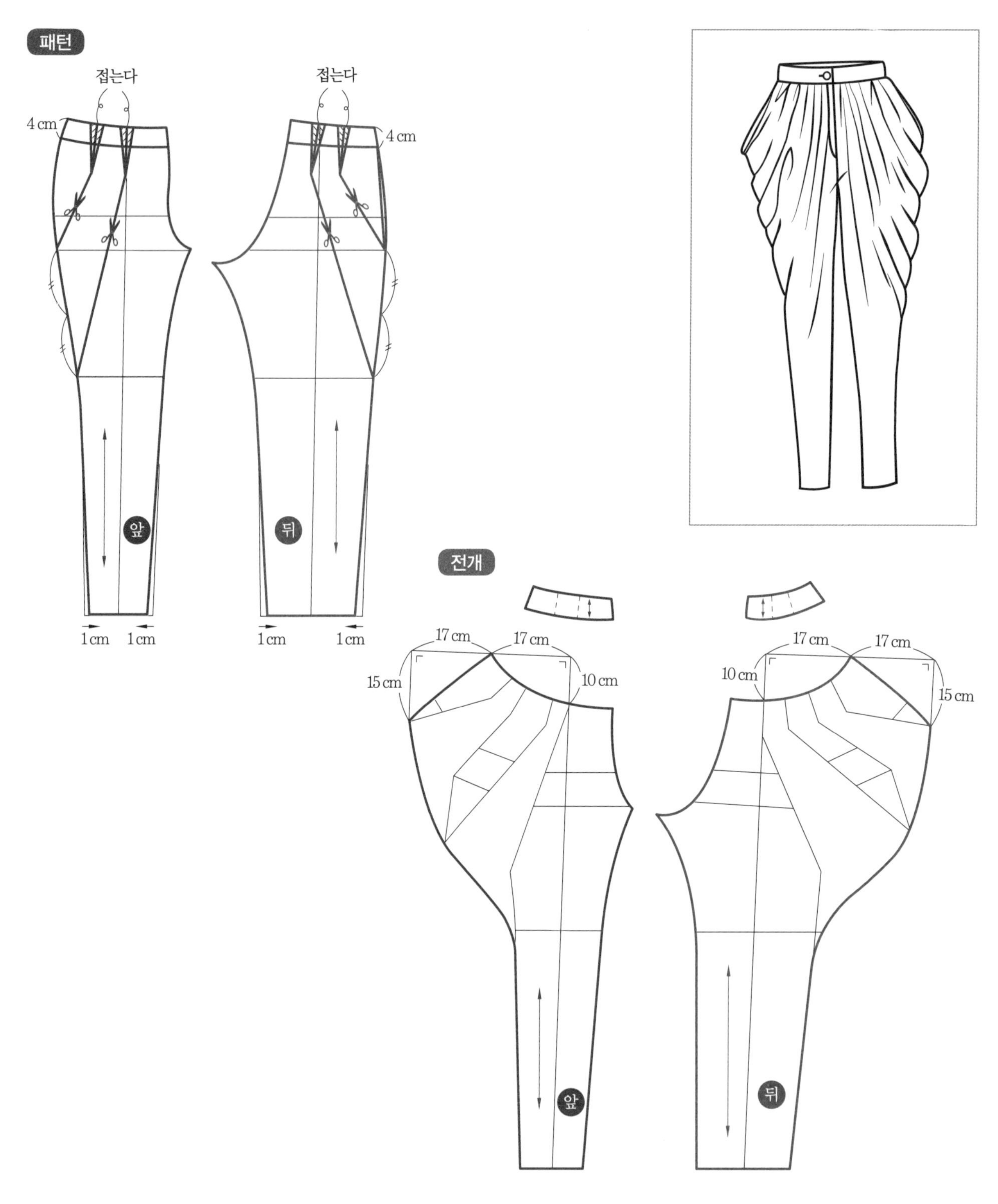

작 업 지 시 서	결재	디자이너	팀 장	실 장	대 표
ITEM : 팬츠	작성일자 : 20 년 월 일				

236쪽 진 팬츠 참고
153쪽 홀 입술주머니 참고

봉재 시 유의사항

- 겉감 식서 방향에 주의하시오.
- 심지는 밀리지 않도록 다림질에 유의하시오.
- 지퍼는 밀리지 않게 다시오.
- 장식 스티치는 전체 0.5cm로 하시오.
- size 절대 준수

원·부자재 소요량

자재명	규격	단위	소요량
겉감	110cm	cm	220
심지	110cm	cm	90
다대 테이프	10mm	cm	200
재봉실	60s/3합	com	1
바지 지퍼	23cm	EA	1
단추	20mm	EA	1

1 패턴 배치도 및 시접(겉감)

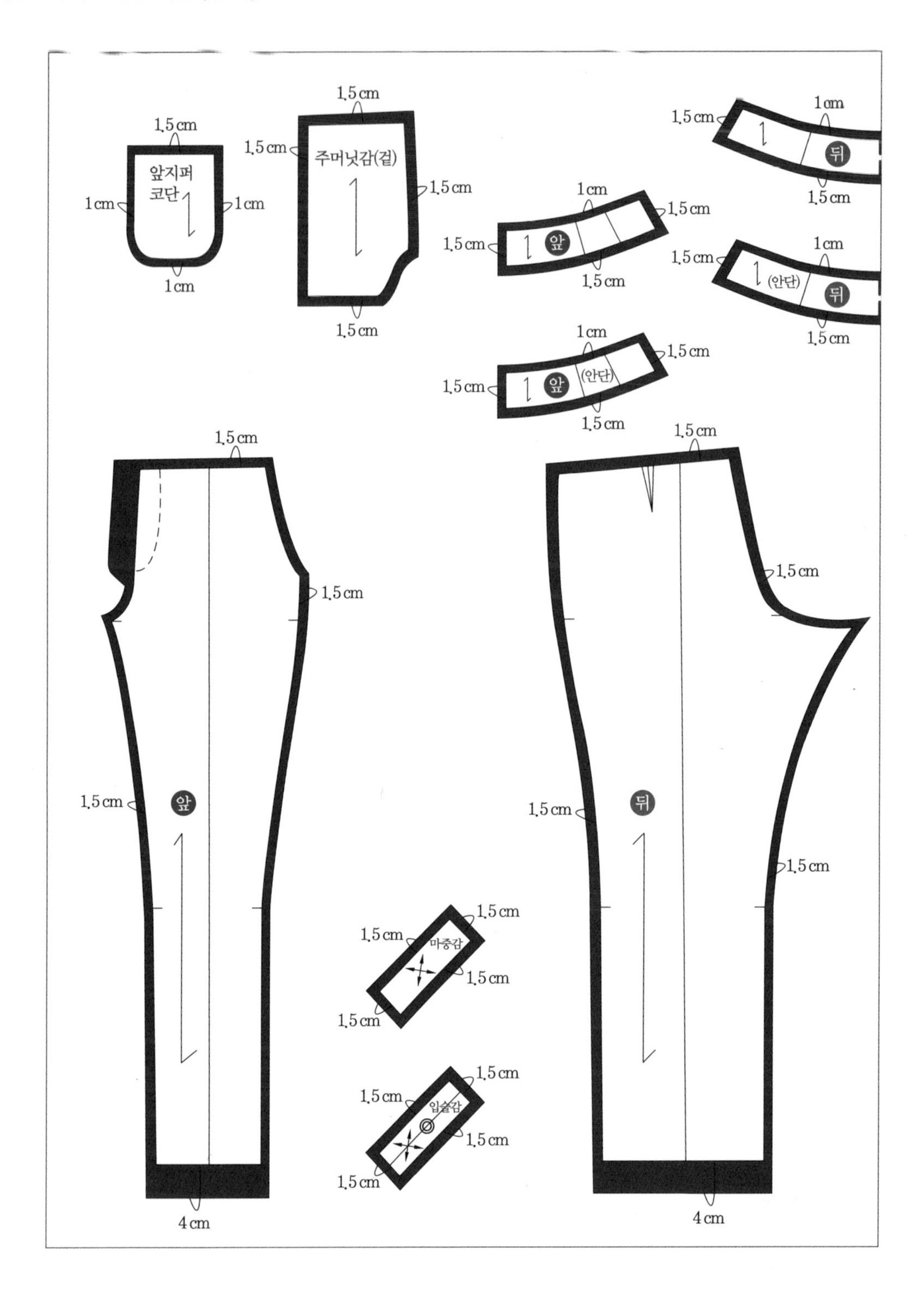

2 패턴 배치도 및 시접(안감)

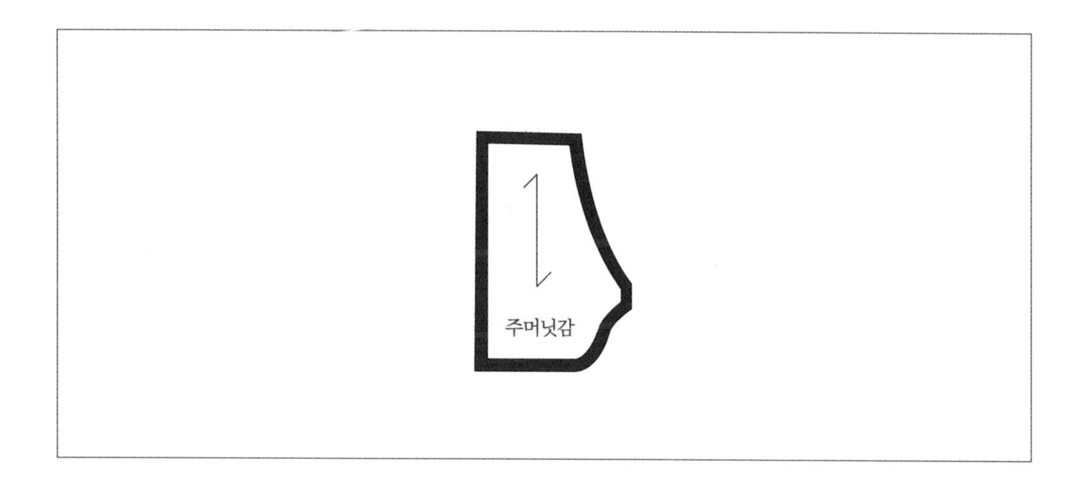

3 심지 및 테이핑 작업

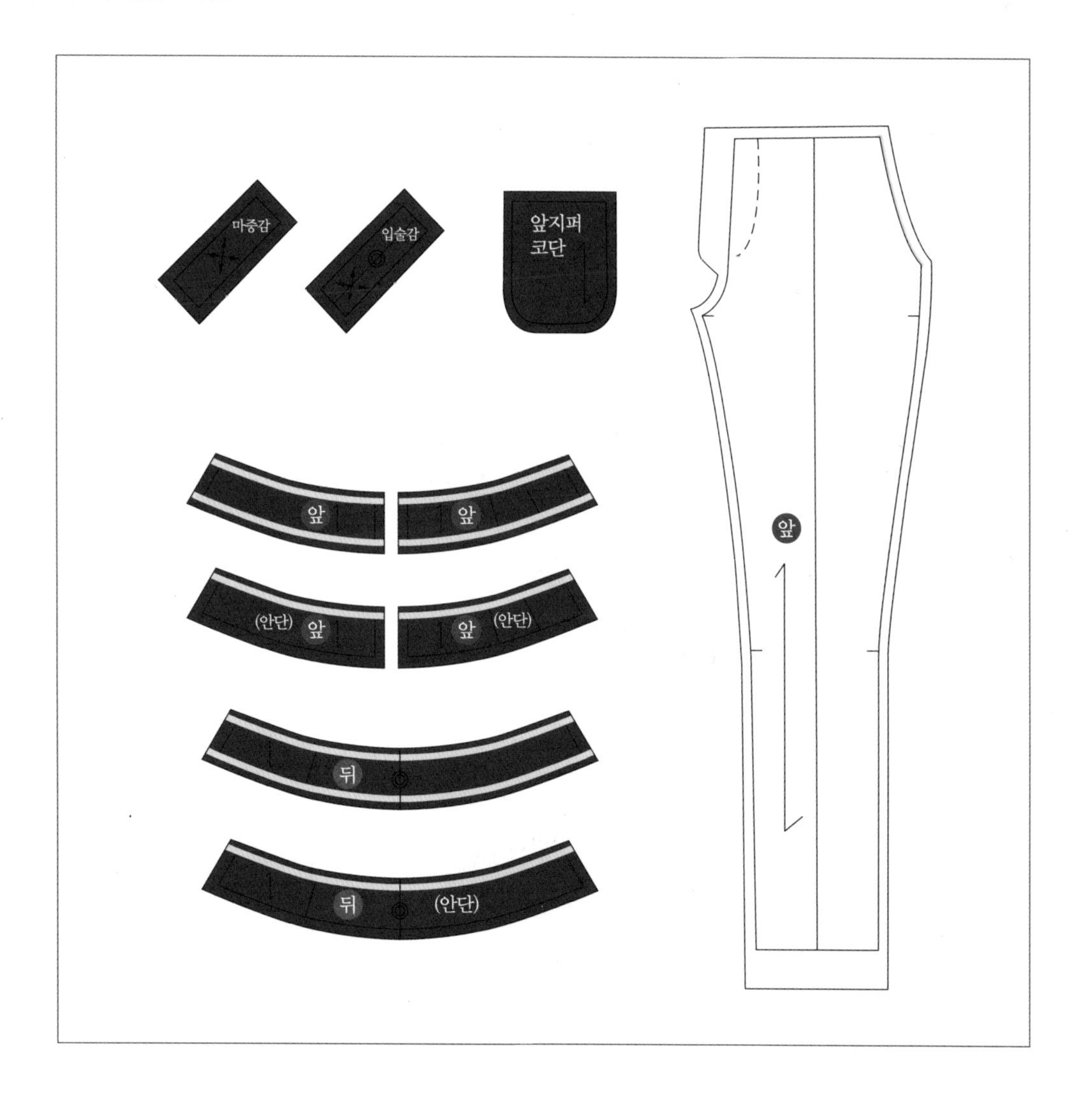

4 봉제 작업

(1) 앞판 주머니 만들기

1 주머니 입구에 심지를 붙인다.

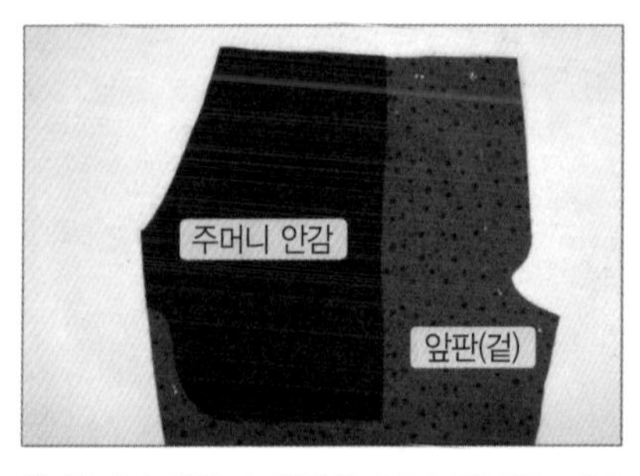

2 주머니 안감과 앞판을 겉과 겉끼리 마주 보도록 놓는다.

3 박음질한 후 시접을 0.5cm 남기고 자른다.

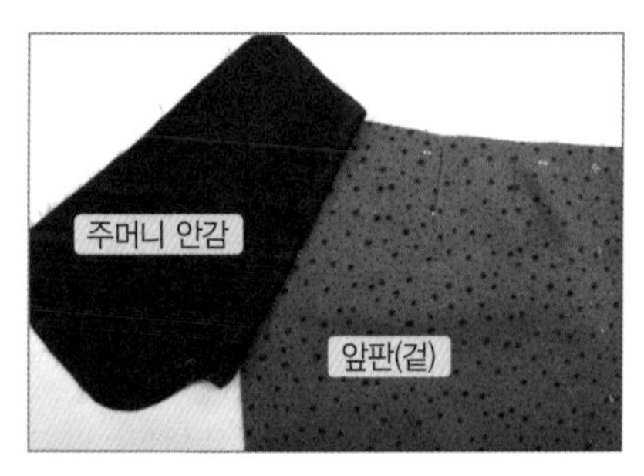

4 주머니 안감을 넘긴다.

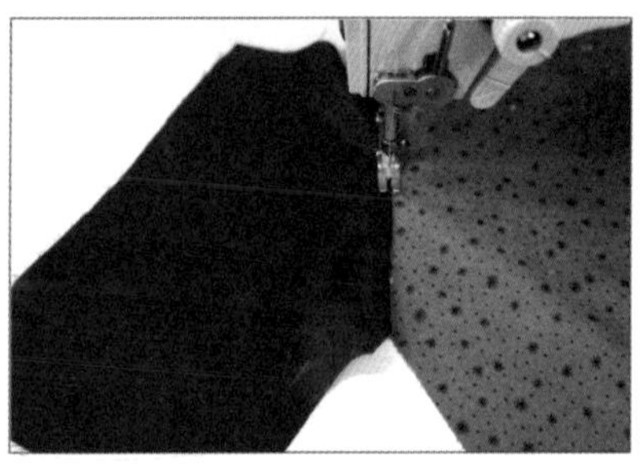

5 시접은 주머니 안감 쪽으로 놓고 0.2~0.3cm 누름 상침한다.

6 주머니 안감을 정리하여 다림질한다.

7 주머니 입구에서 장식 스티치 0.5cm로 박음질한다.

8 주머니 겉감을 준비한다.

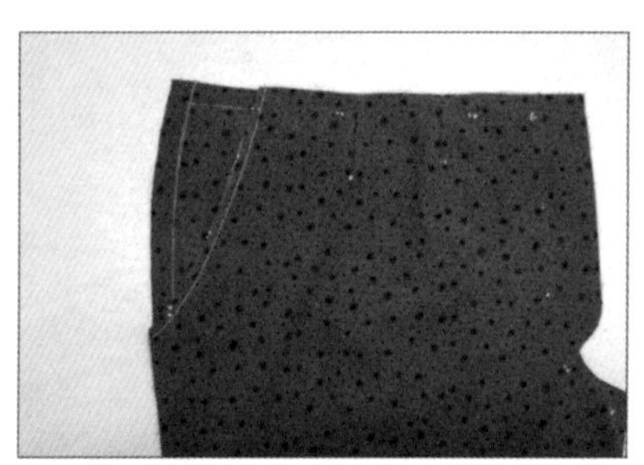

9 앞판에 주머니 겉감을 패턴에 맞게 고정한다.

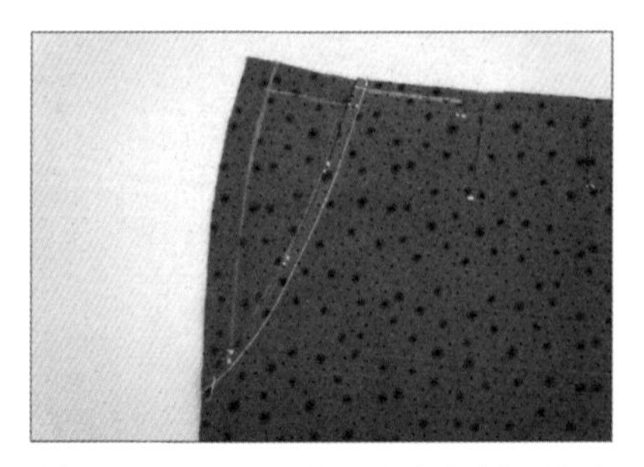

10 앞판과 주머닛감을 고정하여 박음질한다.

11 주머니 겉감과 안감을 박음질한다.

12 완성

(2) 지퍼 달기

1 앞판을 겉과 겉끼리 놓고 박음질한다.

2 박음질한 두 겹의 시접 중 오른쪽 시접 하나만 가윗집을 준다.

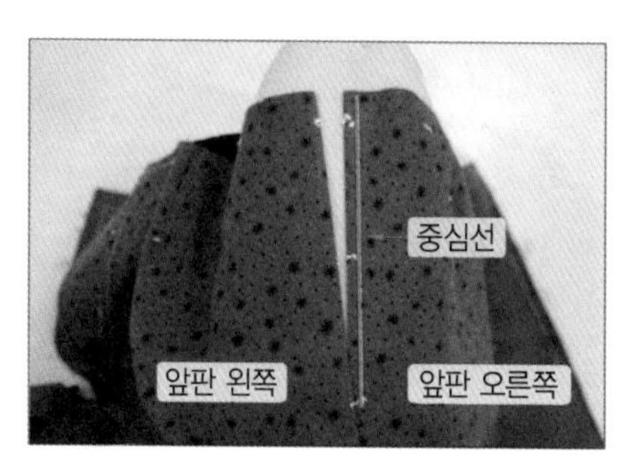

3 앞판 오른쪽 중심선에서 0.3cm 시접 안쪽으로 다림질한다.

4 앞지퍼 코단을 준비한다.

5 코단에 심지를 붙인다.

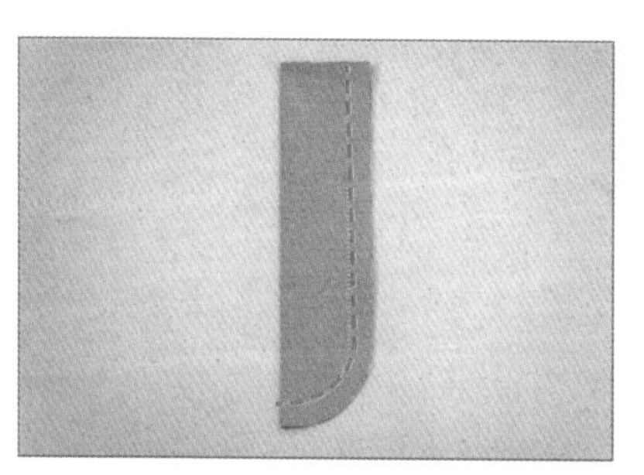

6 코단을 반으로 접어 박음질한다.

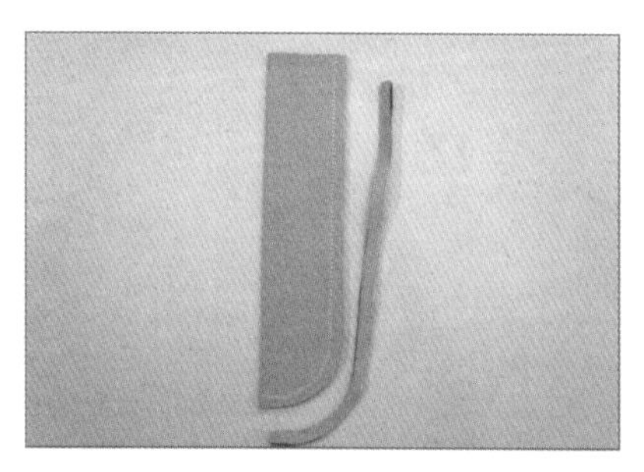

7 시접을 0.5cm 남기고 자른다.

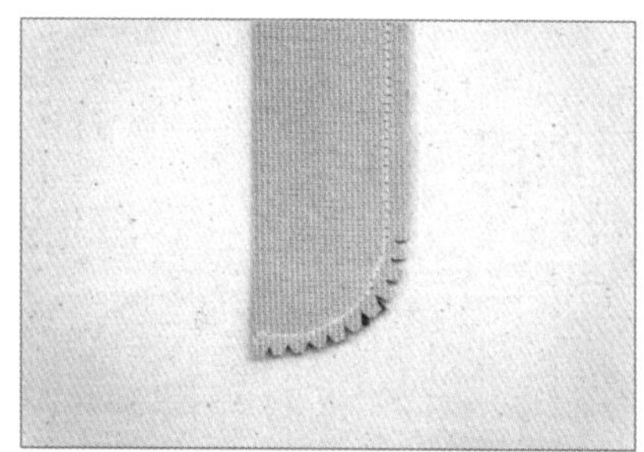

8 모서리는 톱니 모양으로 가윗집을 준다.
★ 톱니 모양으로 가윗집을 주면 뒤집었을 때 모양이 예쁘게 된다.

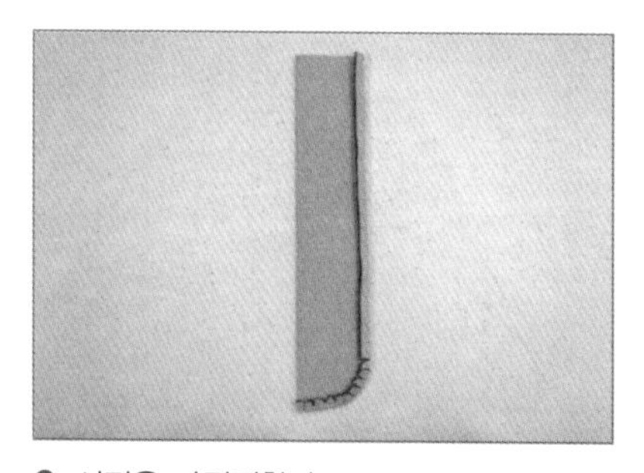

9 시접을 다림질한다.

10 뒤집은 후 다림질한다.

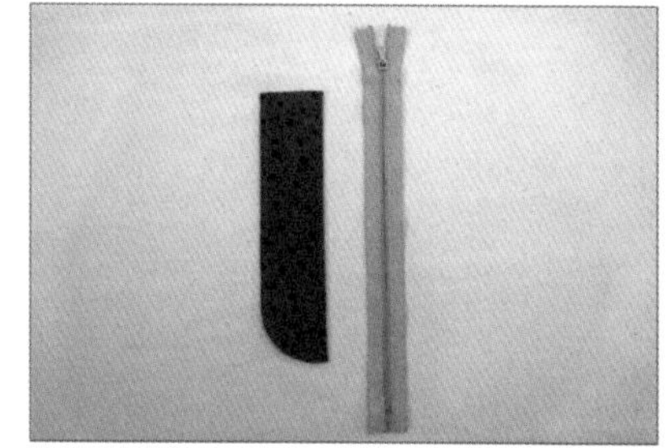

11 코단과 지퍼를 준비한다.

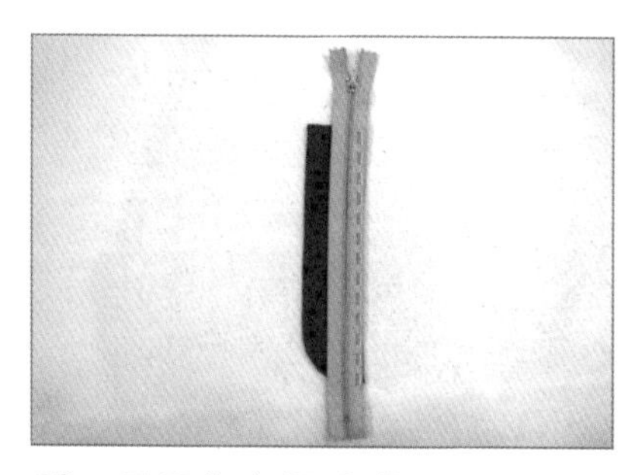

12 코단 끝에 지퍼를 올려놓고 박음질한다.

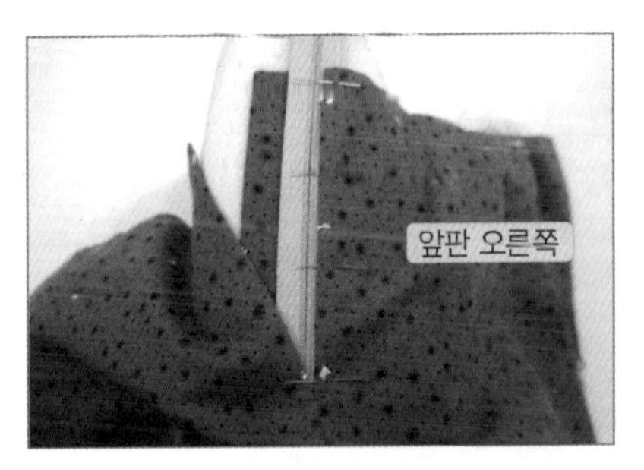

13 앞판 오른쪽에 12의 지퍼+코단을 시침핀이나 시침실로 고정한다.

14 0.2~0.3cm 누름 상침한다.

15 앞판 왼쪽에 심지를 부착한 모습

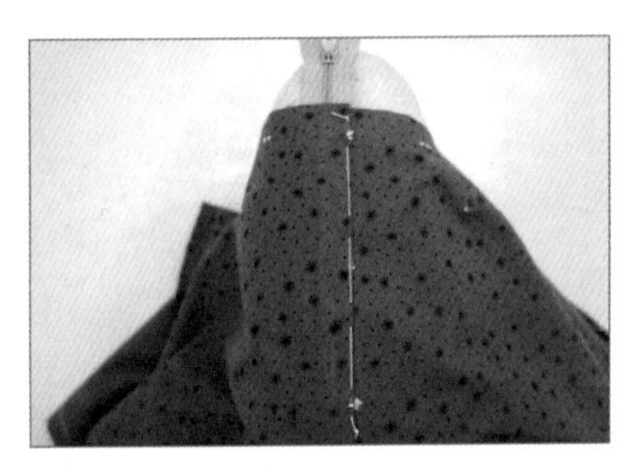

16 앞판 오른쪽 위에 앞판 왼쪽을 올려놓고 시침실로 고정한다.

17 안쪽에서 앞판 왼쪽과 지퍼를 시침핀으로 고정한다.

18 박음질한다.

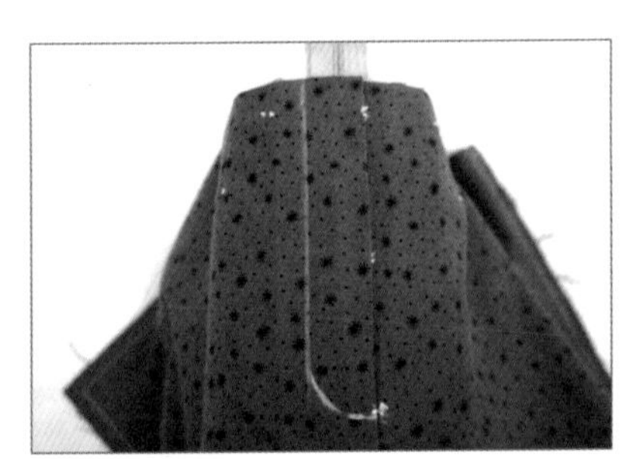

19 지퍼 장식선을 초크로 그린 후 시침실을 제거한다.

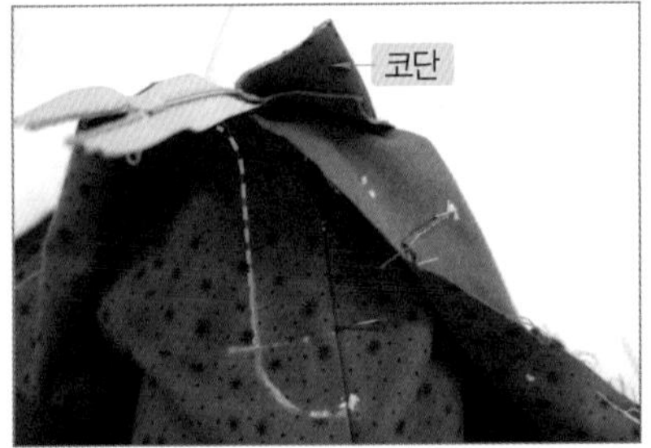

20 코단은 박히지 않게 젖혀 놓고 장식선을 박음질한다.

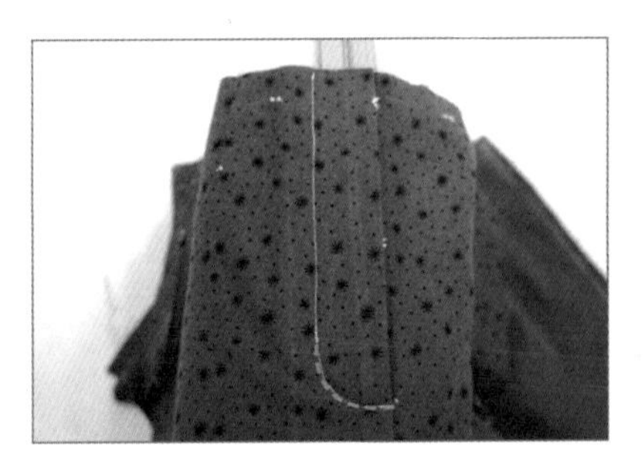

21 코단도 함께 박음질한다.

tip 지퍼 달기

- 13과 같이 지퍼에 시침을 정확히 해야 깔끔하고 간단히 작업할 수 있다.
- 양면 지퍼를 자를 때는 상단 부분을 잘라야 한다.

(3) 뒤판 만들기

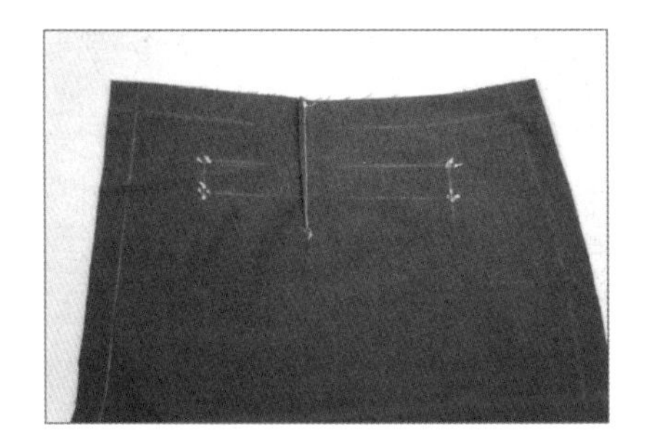

1 뒤판 다트를 박음질한다. ★ 34쪽 실 끝 묶어주기 참고

(4) 홀 입술주머니 만들기

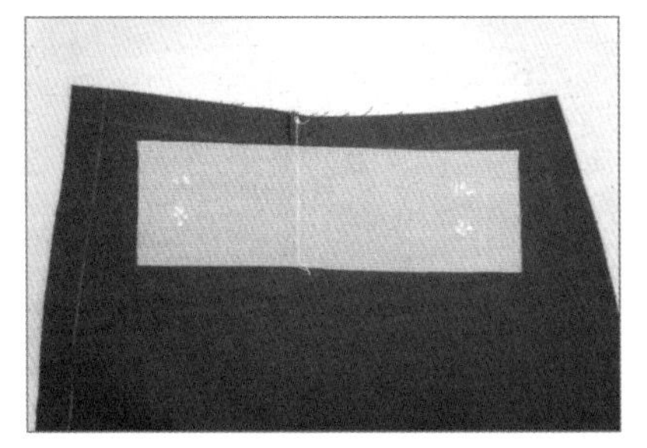

1 주머니 크기보다 심지를 크게 붙인다.

2 입술감에 심지를 붙인다.

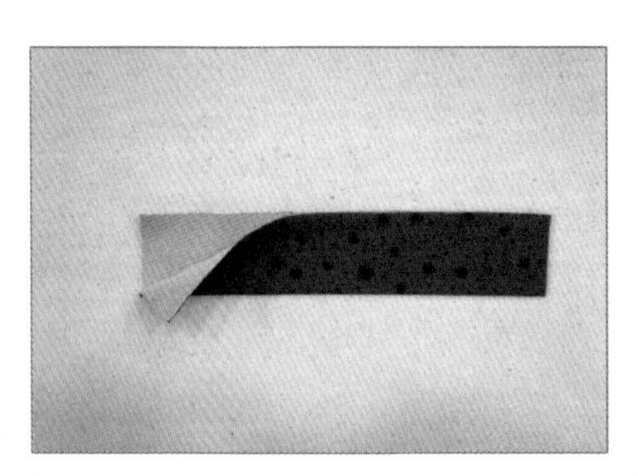

3 입술감을 반으로 접어 다림질한다.

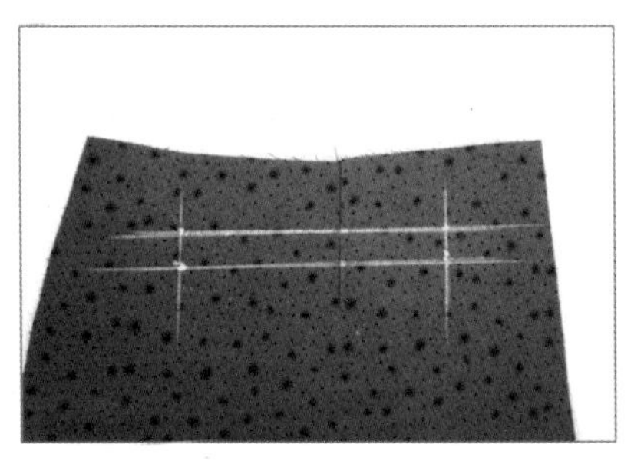

4 주머니를 만들 위치에 표시한다.

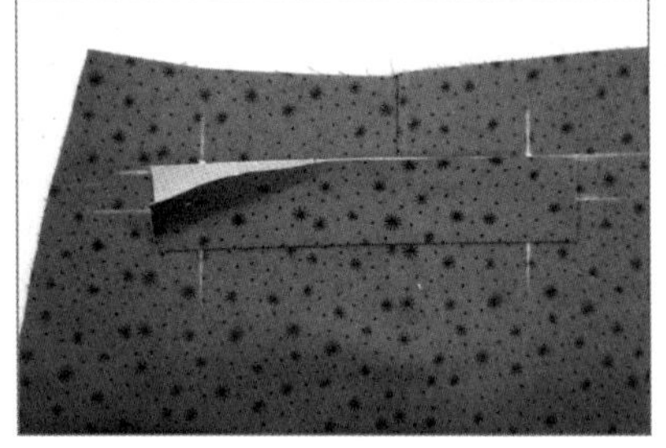

5 주머니 아랫선에 입술감을 올려놓는다.

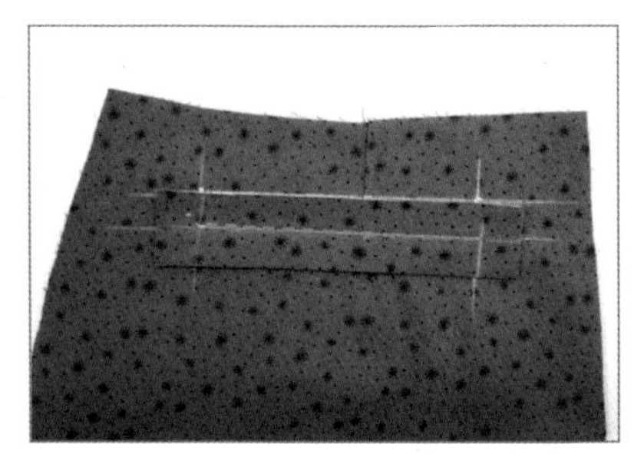

6 박음질한다.

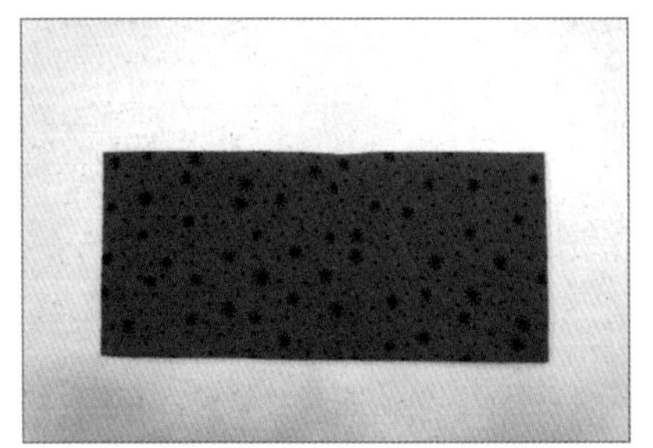

7 마중감을 준비한다.

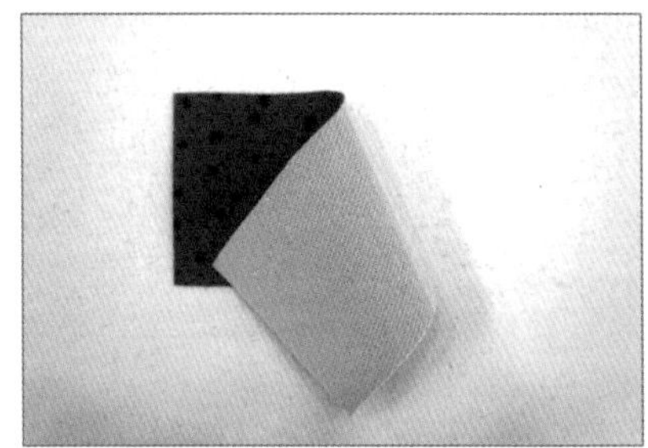

8 심지를 붙인다.

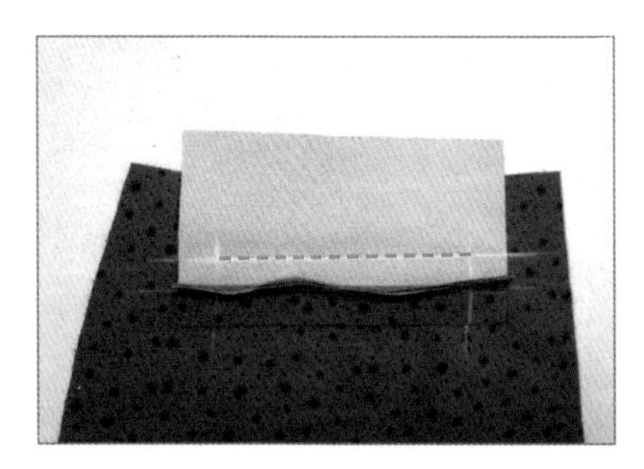

9 주머니 윗선에 마중감을 박음질한다.

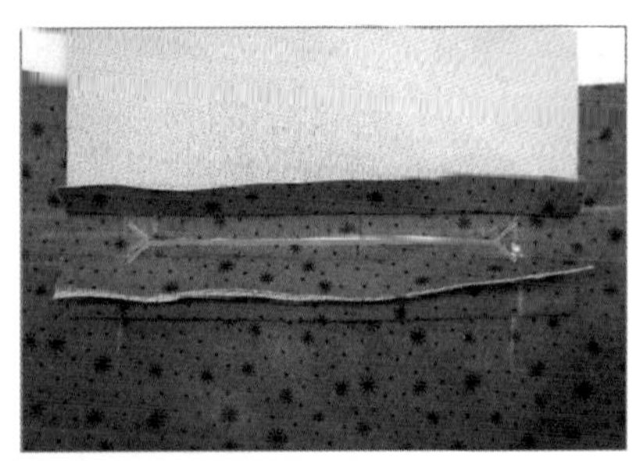

10 입술감과 마중감 사이 중앙선을 >—< 모양으로 자른다.

11 마중감 안쪽 잘라놓은 >—<모양과 시접을 갈라서 다림질한다.

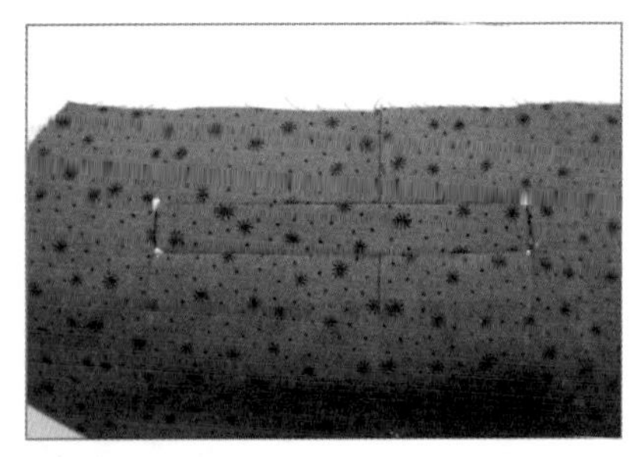

12 뒤판 겉에서 입술감을 잘 정리하여 다림질한다.

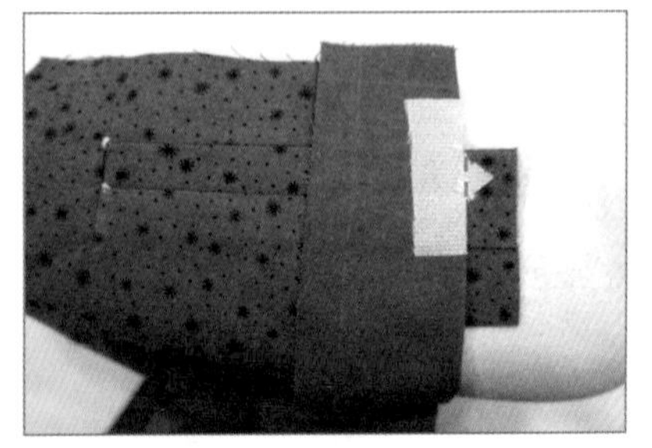

13 주머니 끝 양쪽 삼각부분을 입술감과 마중감을 함께 고정 박음질한다.

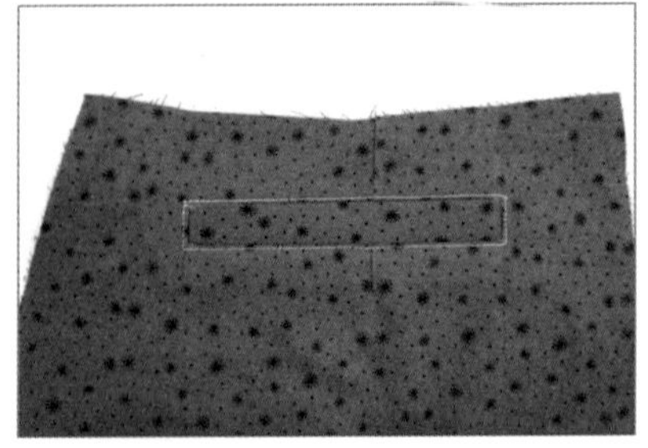

14 끝박음 스티치한다.

(5) 앞판, 뒤판 연결하기

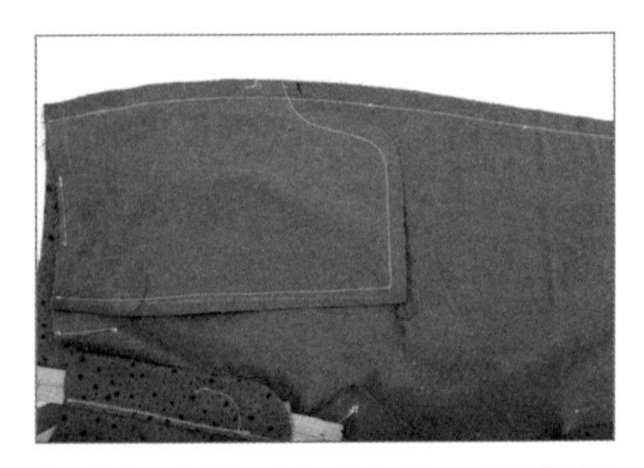

1 앞판, 뒤판을 겉과 겉끼리 놓고 옆선을 박음질한다.

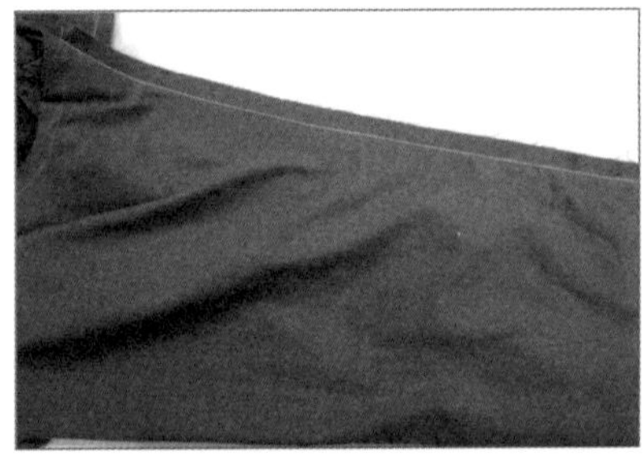

2 안솔기 선을 박음질한다.

3 엉덩이 중심선을 박음질한다.

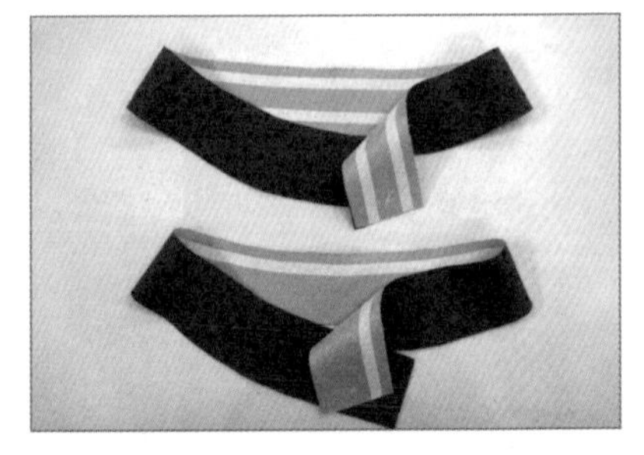

4 요크 밴드의 앞판과 뒤판을 연결한다.

5 겉감과 안단의 겉과 겉끼리 놓고 허리선을 박음질한다.

6 안단 시접을 1cm 접어 박음질한다.

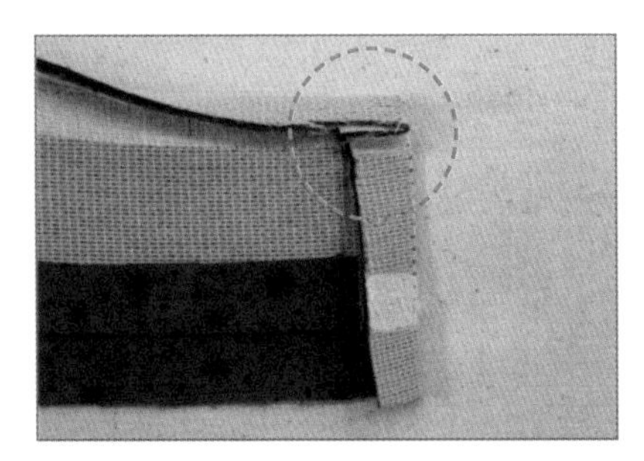

7 시접을 접어 뒤집는다.

8 다림질한다.

9 시접을 안감 안단 쪽으로 놓고 사이박음 0.2~0.3cm 누름 상침한다.

10 우마에 올려놓고 다림질한다.

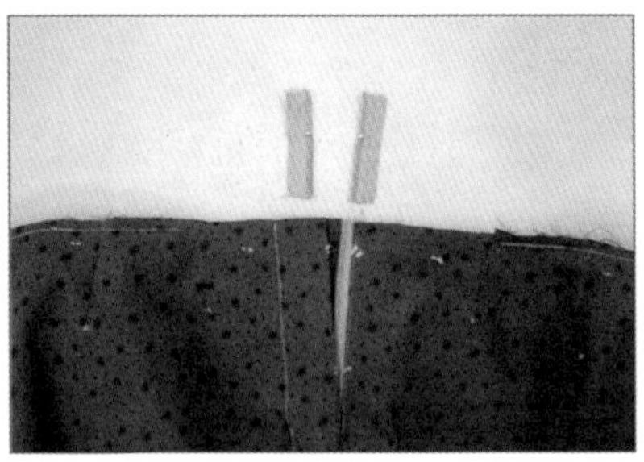

11 밖으로 나온 지퍼는 가위로 자른다.

12 앞판, 뒤판과 요크 밴드를 겉과 겉끼리 놓고 시침핀이나 시침실로 고정한 후 박음질한다.

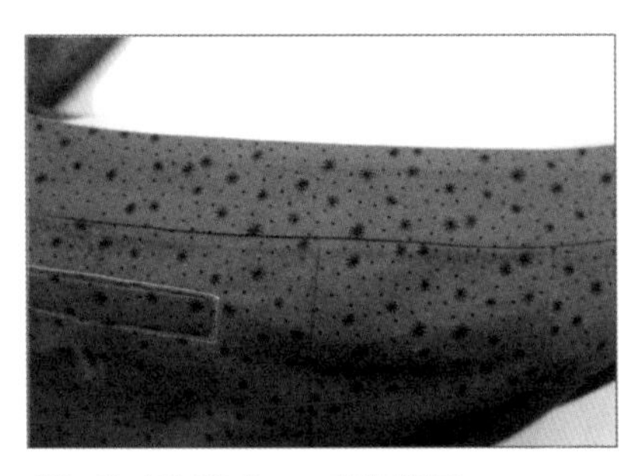

13 우마에 올려놓고 다림질한다.

14 사이박음질한다.

15 박음질한 모습

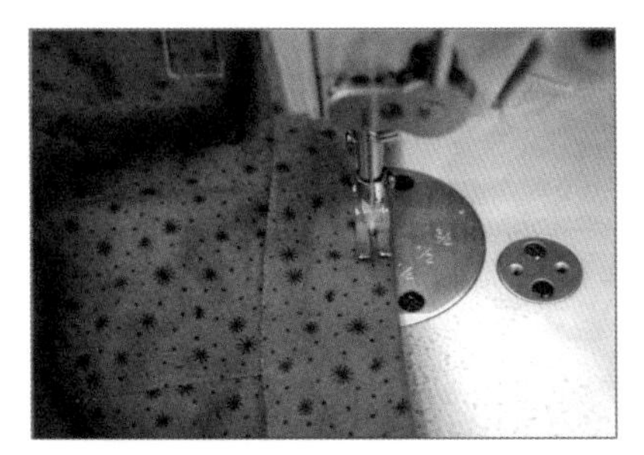

16 장식 스티치 0.5cm 박음질한다.

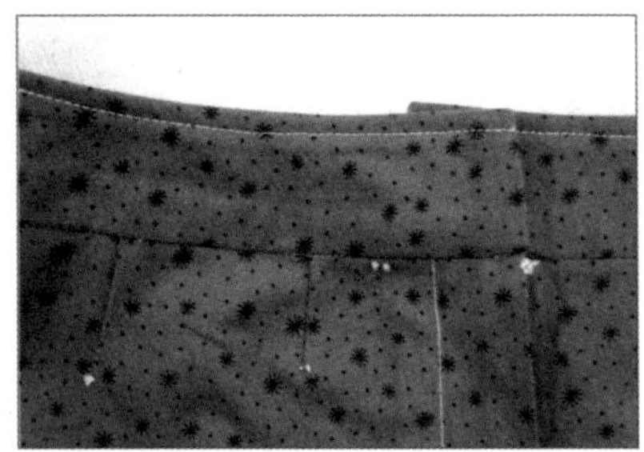

17 박음질한 모습

18 완성선에 맞추어 밑단을 다림질한 후 공그르기한다.

5 완성 작품

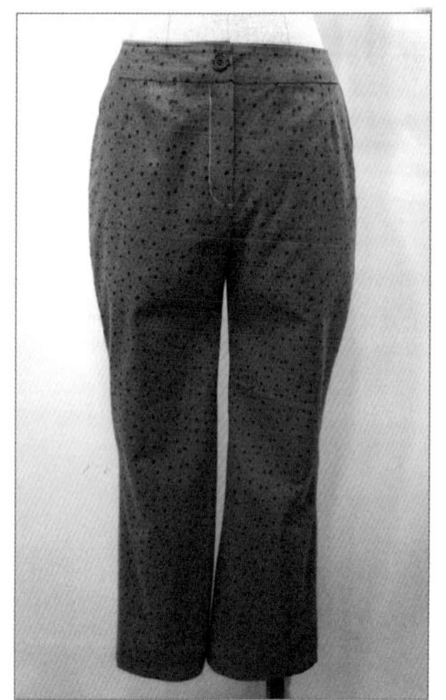

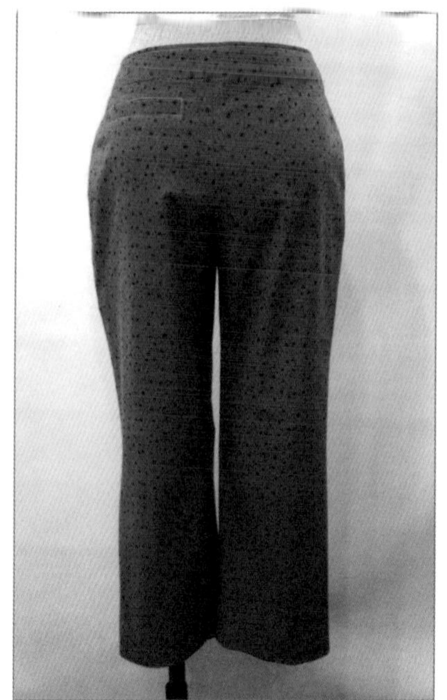

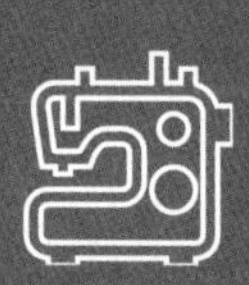

재킷

앞이 터지고 소매가 달린 상의

1 샤넬 재킷

파리의 디자이너 가브리엘 샤넬에 의해 만들어진 칼라가 없는 심플한 카디건 재킷 ★ 105쪽 타이트 소매 참고

패턴

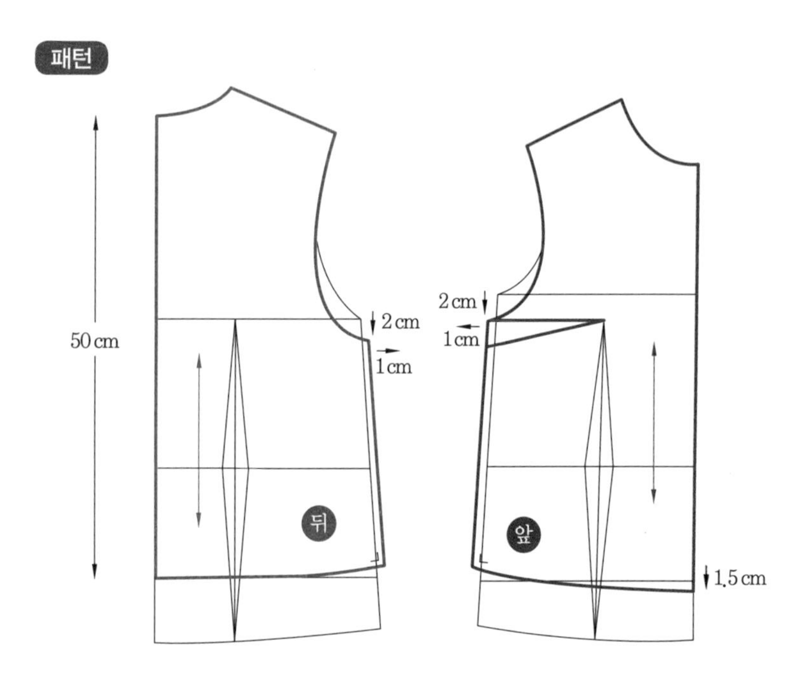

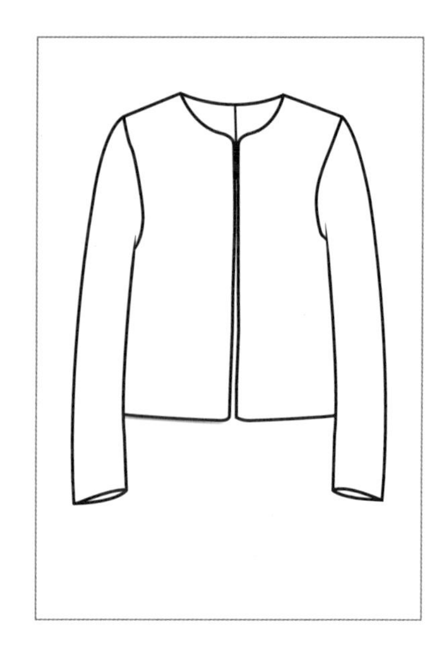

전개

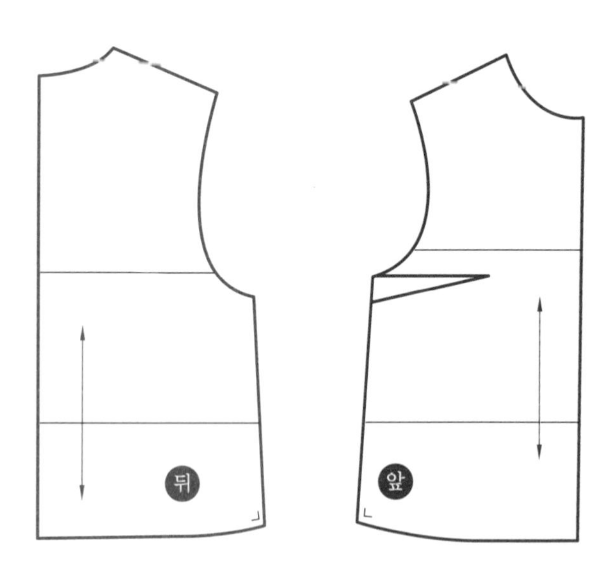

2 페플럼 재킷

허리선 아래로 러플을 넣은 재킷으로, 허리를 강조한 디자인에 많이 사용한다. ★ 105쪽 타이트 소매 참고

패턴

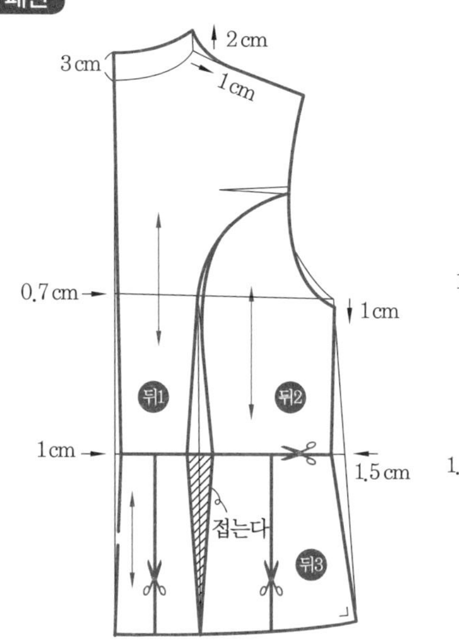

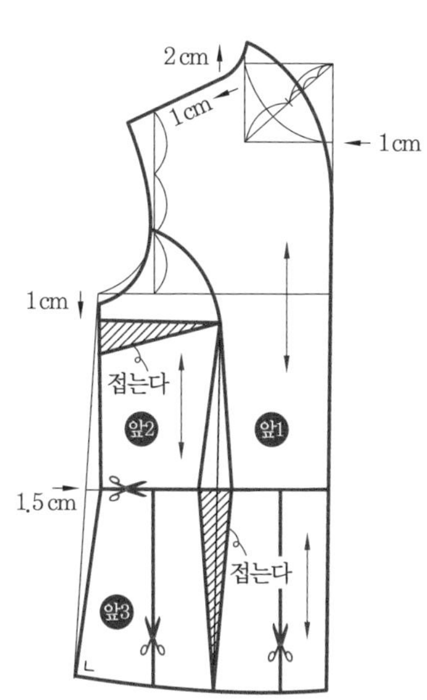

전개

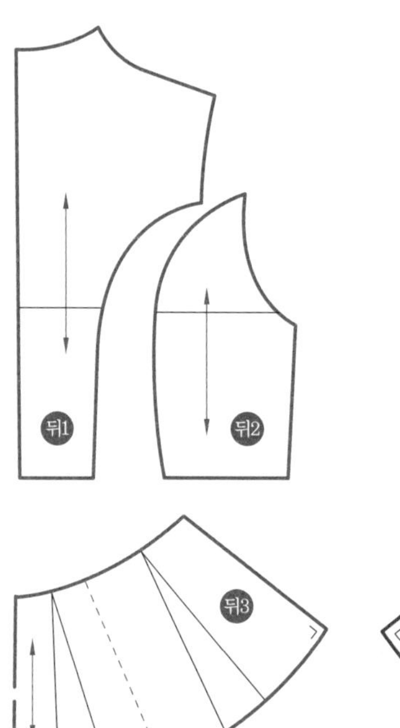

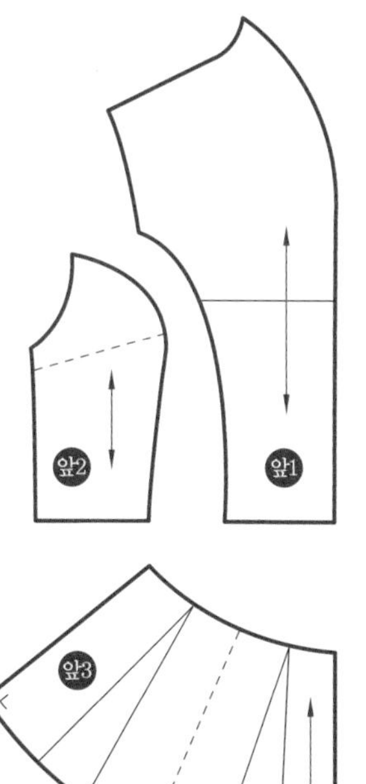

3 겹여밈 재킷

앞면이 서로 겹쳐서 단추가 가로로 2개 달려 있는 재킷 ★ 104쪽 두 장 소매, 132쪽 테일러드 칼라 참고

패턴

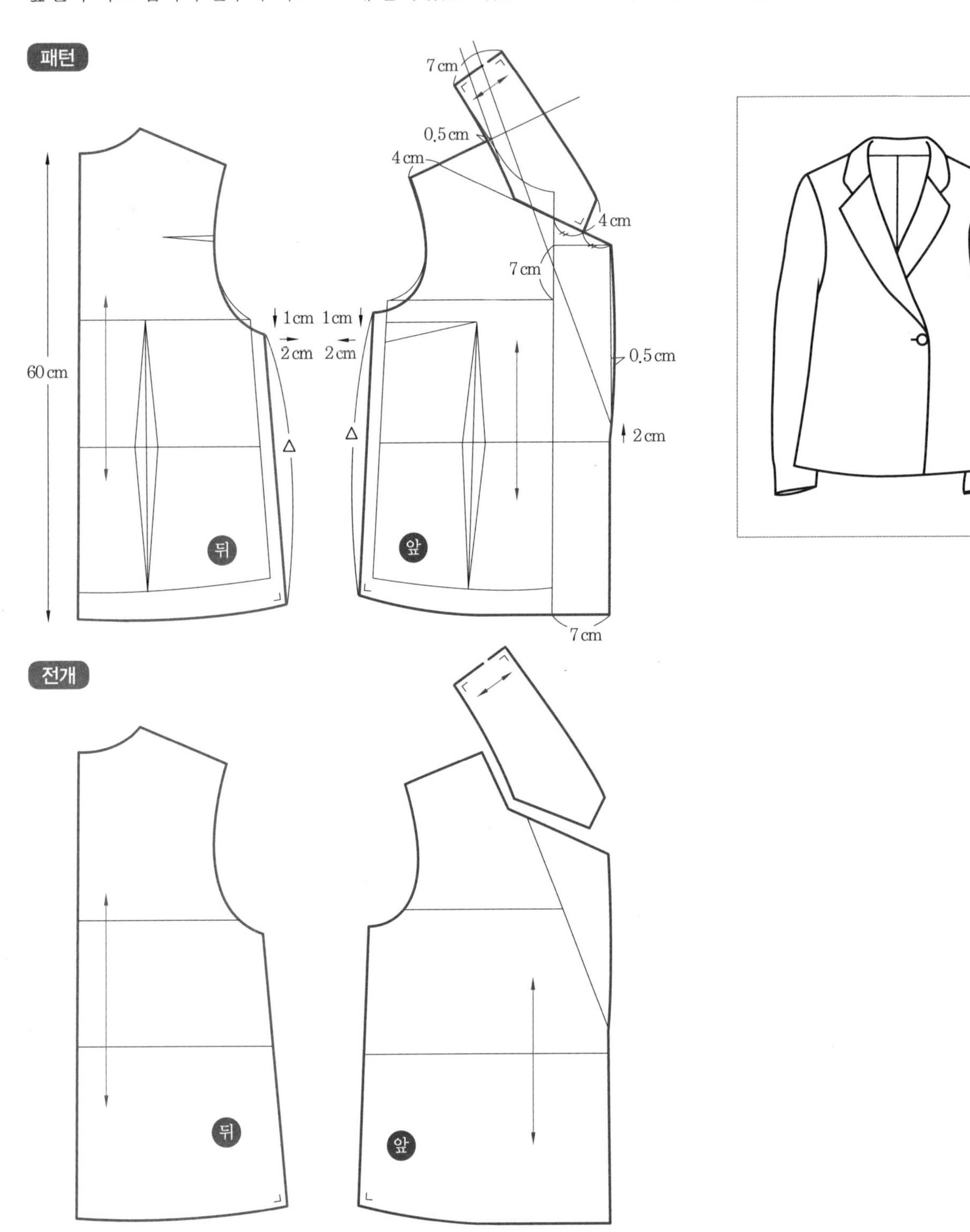

4 테일러드 재킷

테일러 칼라가 달린 재킷 ★ 104쪽 두 장 소매, 132쪽 테일러드 칼라 참고

패턴

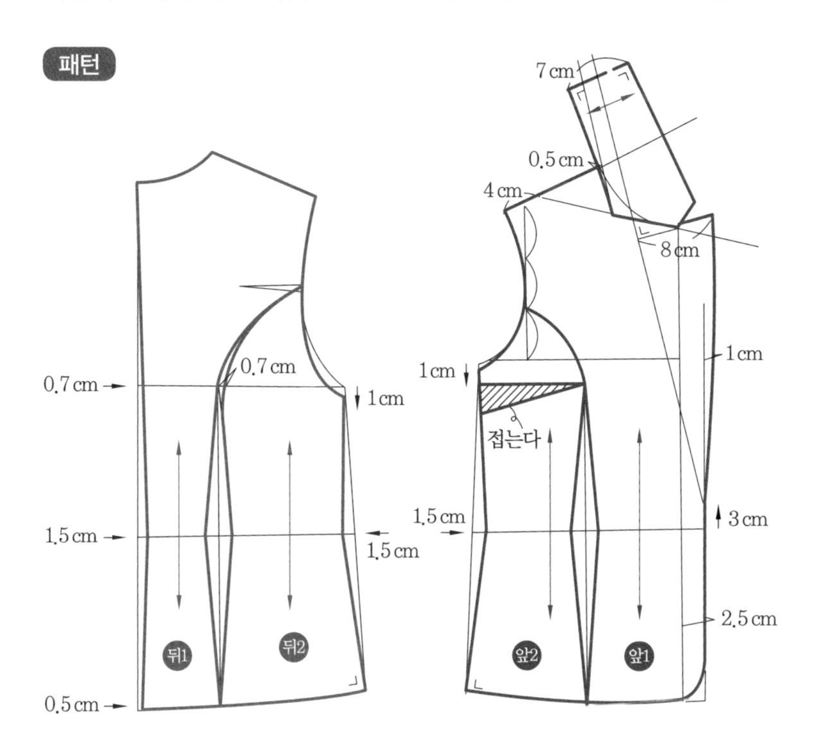

전개

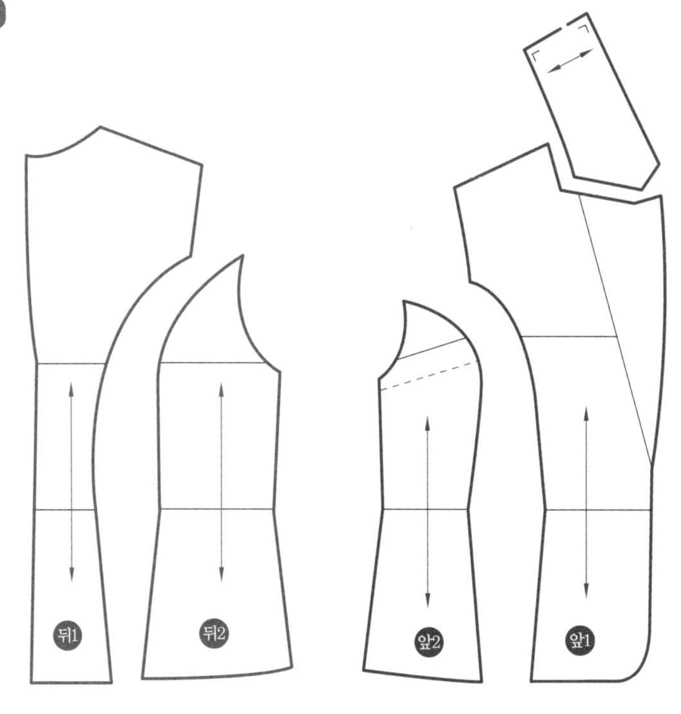

5 재킷 만들기

작 업 지 시 서	결재	디자이너	팀 장	실 장	대 표

ITEM : 재킷	작성일자 : 20 년 월 일

256쪽 겹여밈 재킷 참고
104쪽 두 장 소매 참고
132쪽 테일러드 칼라 참고

봉재 시 유의사항

- 겉감, 안감 식서 방향에 주의하시오.
- 심지는 밀리지 않도록 다림질에 유의하시오.
- 소매는 두 장 소매로 트임 없이 하시오.
- 안감 밑단은 접어박기하시오.
- size 절대 준수

원·부자재 소요량

자재명	규격	단위	소요량
겉감	110cm	cm	210
안감	110cm	cm	210
심지	110cm	cm	100
재봉실	60s/3합	com	1
다대 테이프	10mm	cm	150
암홀전용테이프	10mm	cm	100
단추	20mm	EA	1

1 패턴 배치도 및 시접(겉감)

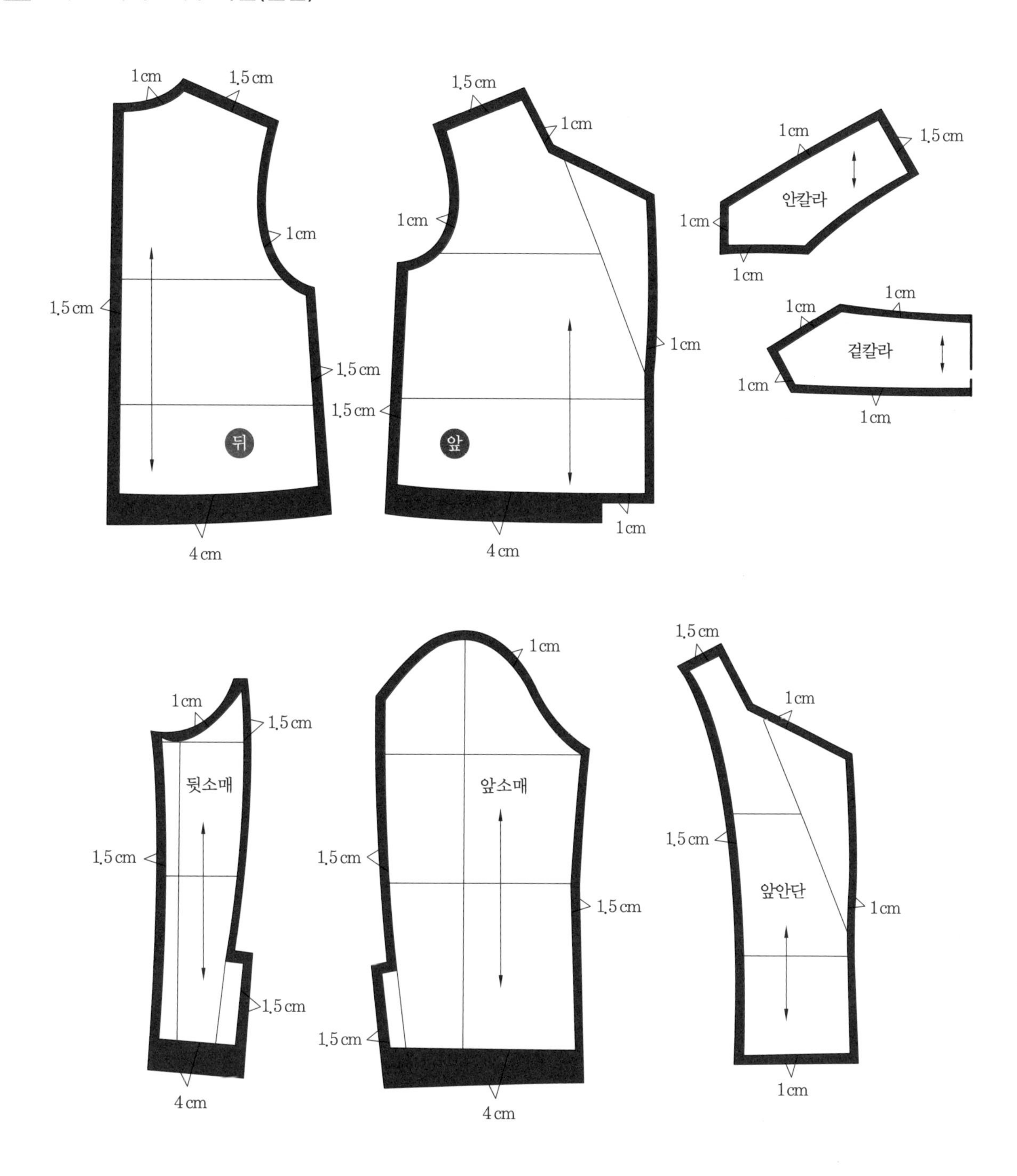

2 패턴 배치도 및 시접(안감)

4 봉제 작업

(1) 뒤판, 앞판 만들기

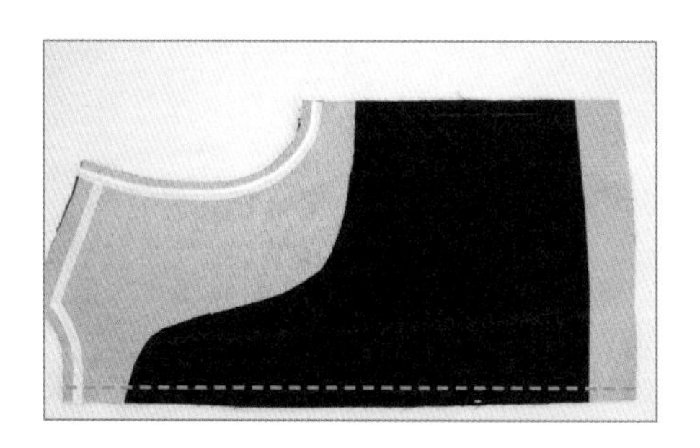

1 뒤판을 겉과 겉끼리 마주 보도록 놓고 뒷중심선을 박음질한다.

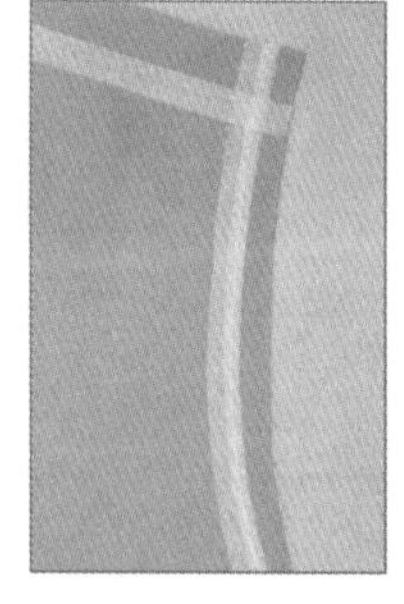

암홀 테이프 붙이기

다리미를 밀지 않고 스팀을 주면서 붙인다.

★ 암홀 부위에 암홀 전용 심지 테이프를 붙이면 소매가 이쁘게 달린다. 28쪽 심지 참고

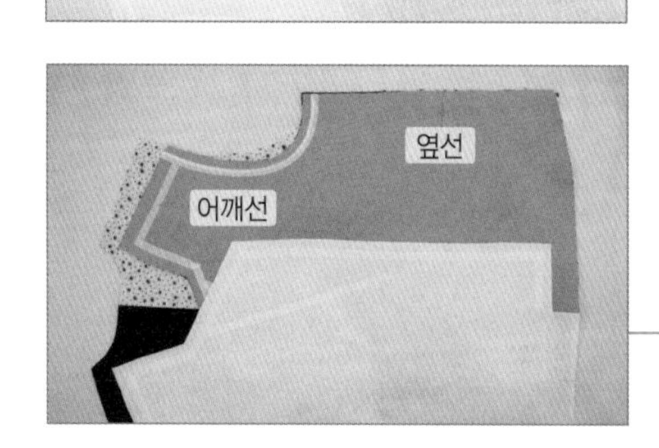

2 박음질한 후 가름솔로 다림질한다.

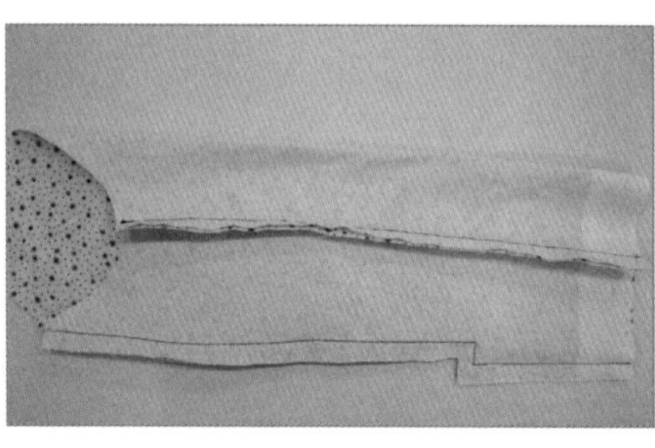

3 앞판, 뒤판의 겉과 겉끼리 마주 보도록 놓고 옆선, 어깨선을 박음질한 후 가름솔로 다림질한다.

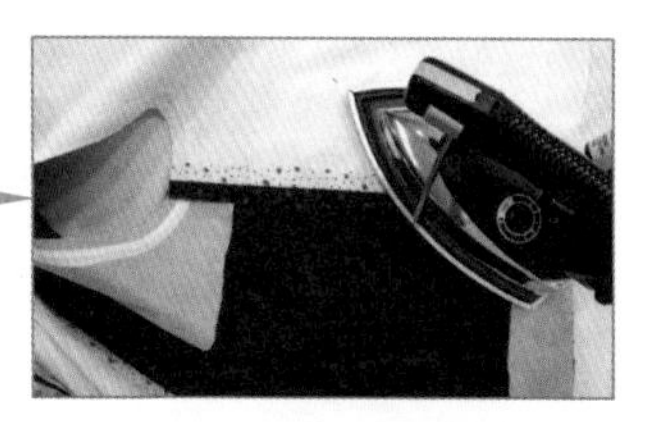

옆선 가름솔 다림질

이깨선 가름솔 다림질

(2) 소매 만들기

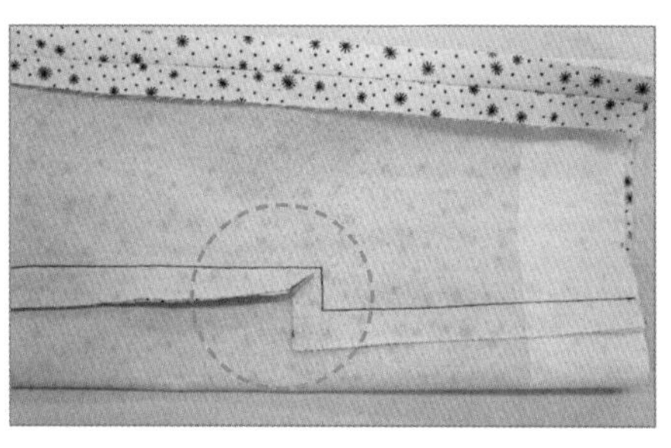

1 큰 소매와 작은 소매의 안솔기선을 박음질한다.

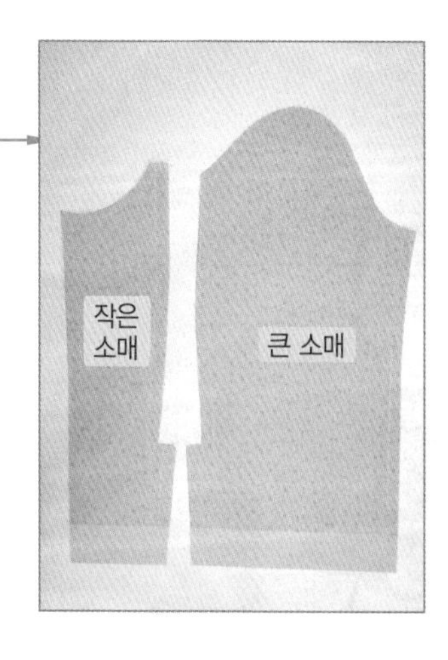

2 트임 시작점 시접 모서리에 가윗집을 낸다.

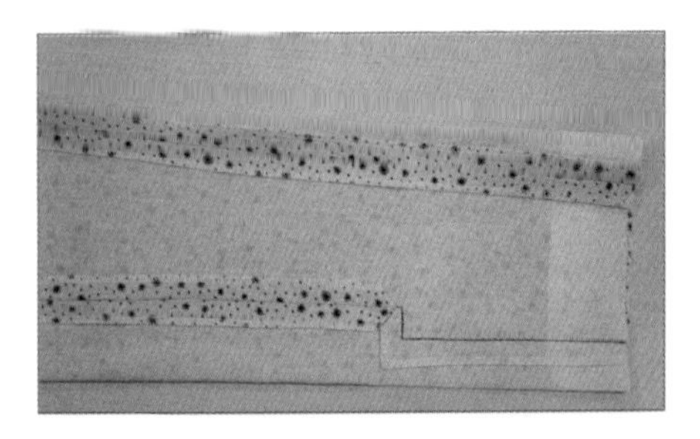

3 박음질한 후 시접을 오버로크하고, 트임을 큰 소매 쪽으로 다림질한다.

★ 시접을 끝 말아박기 또는 바이어스 가름솔을 해도 깔끔하게 처리할 수 있다. 47쪽 끝 말아박기, 42쪽 바이어스 가름솔 참고

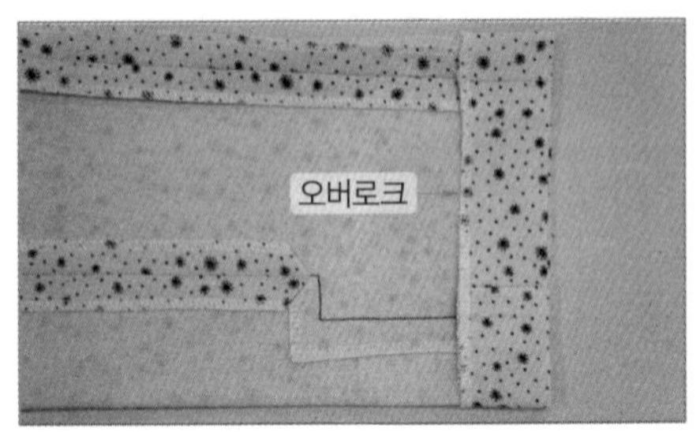

4 소맷단을 오버로크한 후 다림질한다.

5 소맷단은 공그르기하고 다림질로 마무리한다.

★ 32쪽 공그르기 참고

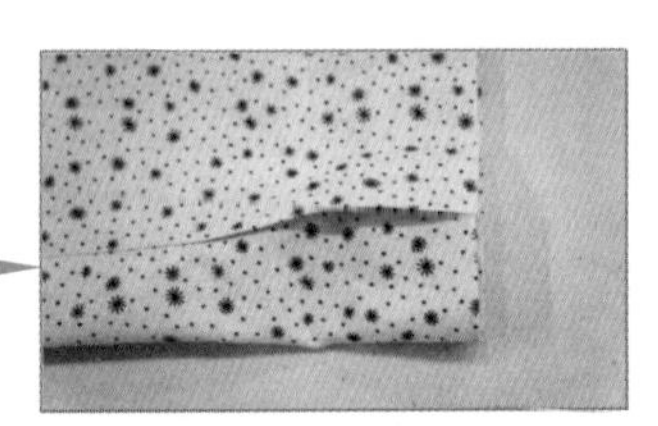

겉면에서 본 트임 부분

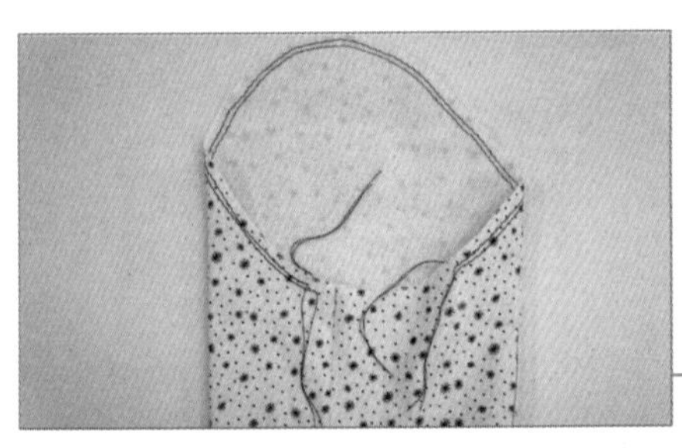

6 소매산의 완성선에서 0.2~0.3cm 폭으로 나란히 박음질한다.

★ 실이 끊기지 않고 잘 당겨지도록 땀수를 큰 땀수로 돌려 놓고 박음질한다.

★ 시작과 끝은 되돌려박기를 하지 않고 실을 길게 남겨둔다.

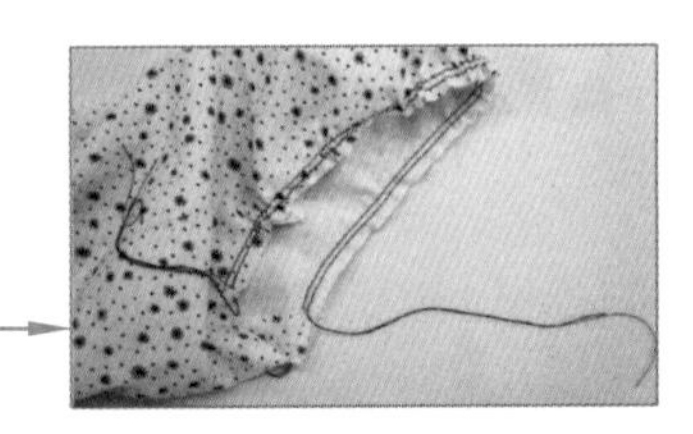

실을 길게 남겨둔 모습

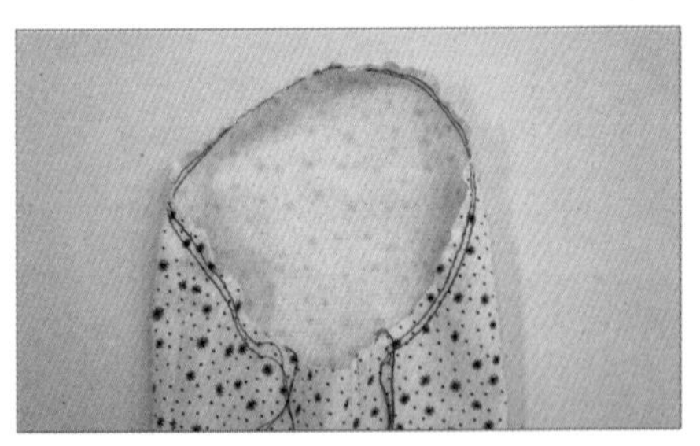

7 소매산 양쪽에서 두 올의 실을 잡아 당겨 암홀 라인 치수에 맞게 오그려준다.

8 완성된 소매와 몸판이 움직이지 않도록 핀이나 시침질로 고정한 후 박음질한다.

★ 소매 중심선을 맞추어야 한다.

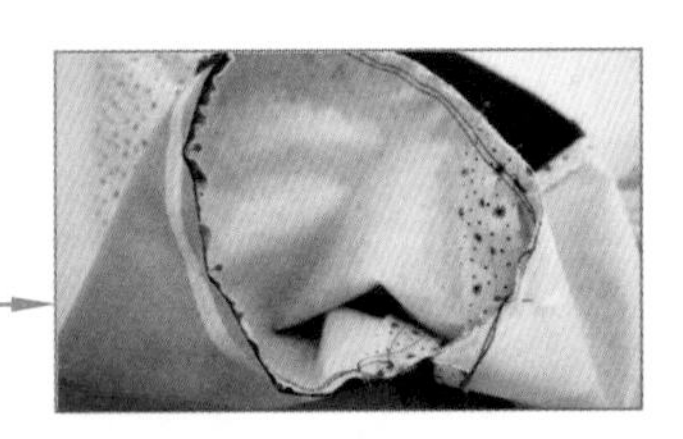

핀으로 고정한 몸판과 소매

9 시접을 오버로크를 한다.
★ 시접을 바이어스 가름솔하면 깔끔하고 고급스럽다. 42쪽 바이어스 가름솔 참고

(3) 안감 만들기

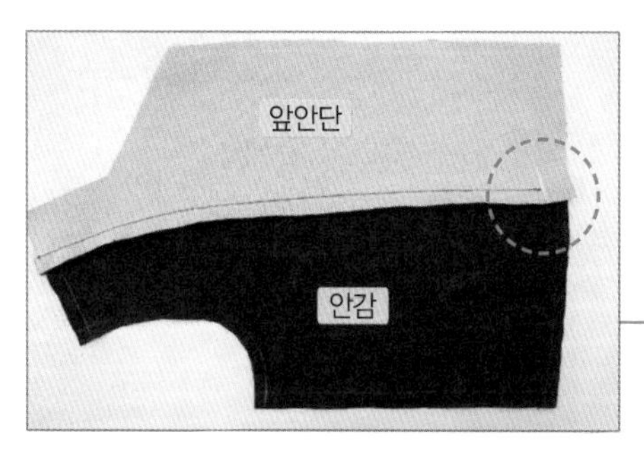

1 앞안단과 안감을 겉과 겉끼리 마주 보도록 놓고 박음질한다.
★ 시접은 옆선 쪽으로 다림질한다. 앞안단은 밑단에서 5cm 남기고 박음질한다.

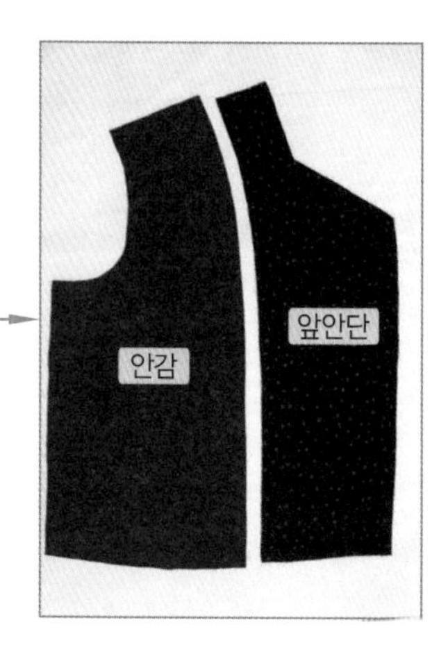

2 뒷목점에서 8cm 내려간 위치까지 직선으로 박음질한다. 허리선에서 5cm 올라간 지점부터 직선으로 뒷중심선을 박음질한다.
★ 등 부위에 활동 여유분을 주기 위해서이다.

3 뒷중심 시접은 왼쪽으로 다림질한다.
★ 뒷중심 시접은 입었을 때 오른쪽으로 가야 한다.

4 앞판과 뒤판을 겉과 겉끼리 마주 보도록 놓고 옆선과 어깨선을 박음질한다.

5 옆선은 뒤판 쪽으로 다림질한다.

6 어깨선은 우마에 올려놓고 시접을 뒤판 쪽으로 다림질한다.

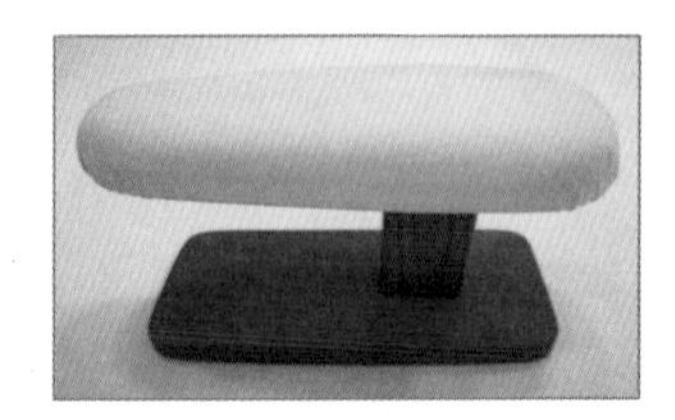

우마

(4) 겉감, 안감 연결하기

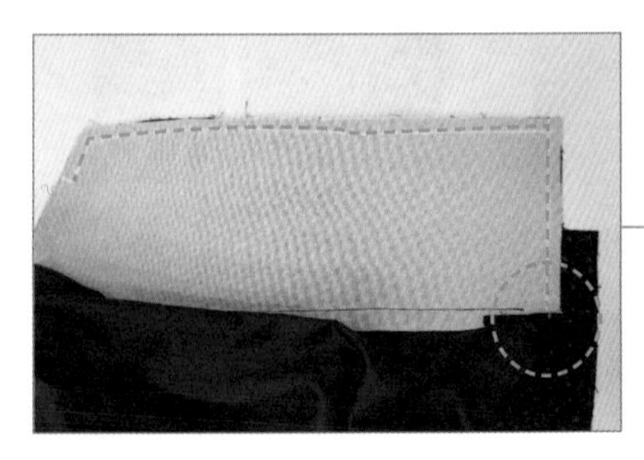

1 칼라가 달리는 끝점부터 안단의 밑단까지 박음질한다.

0.5cm 접어 박음질한다.

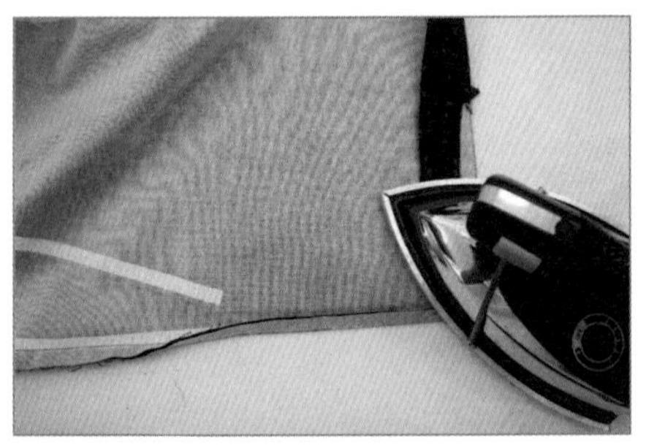

2 시접을 다림질한다.

3 모서리는 접어서 다림질한다.

★ 모서리를 접어서 다림질한 후 뒤집어야 모양이 예쁘게 나온다.

모서리를 뒤집을 때는 엄지손가락을 넣어 뒤집는다.

(5) 칼라 만들기

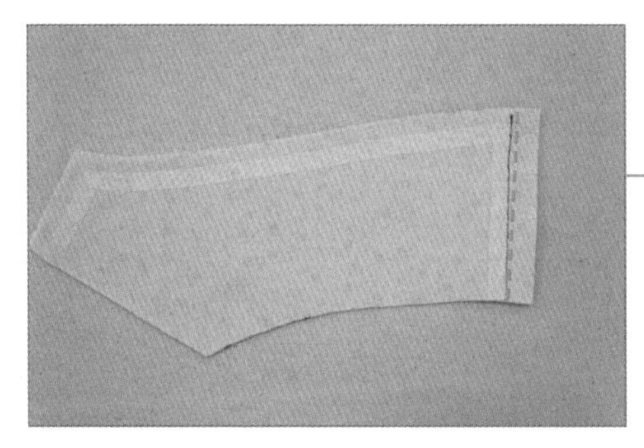

1 안칼라의 겉과 겉끼리 마주 보도록 놓고 박음질한다.

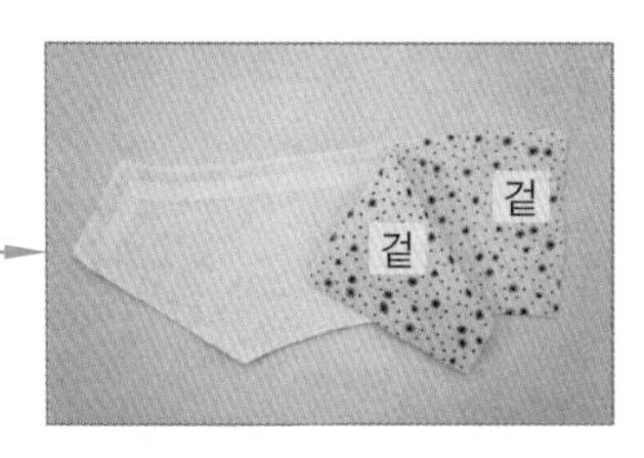

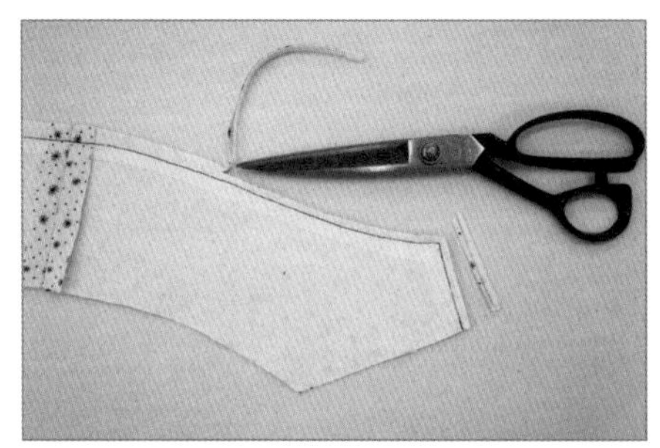

2 겉칼라와 안칼라의 겉과 겉끼리 마주 보도록 놓고 완성선에 맞추어 박음질한다.
★ 안칼라 쪽에서 박음질한다.

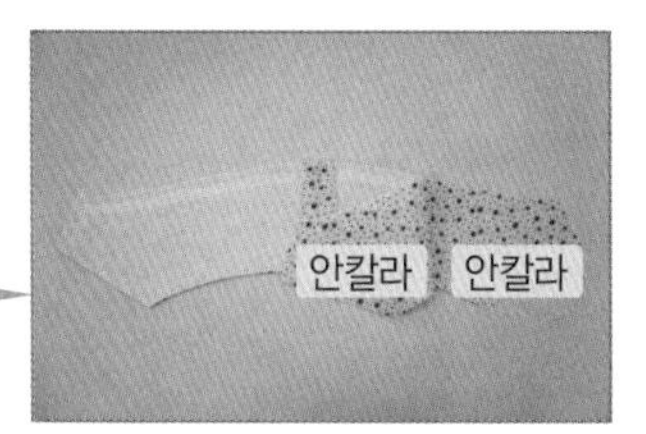

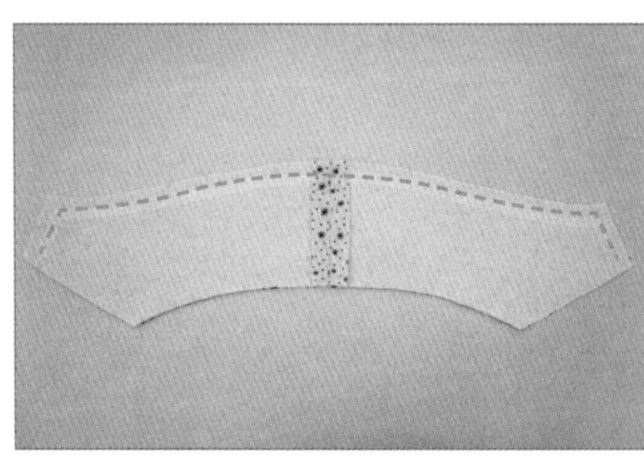

3 시접을 0.5cm 남기고 가위로 자른다.

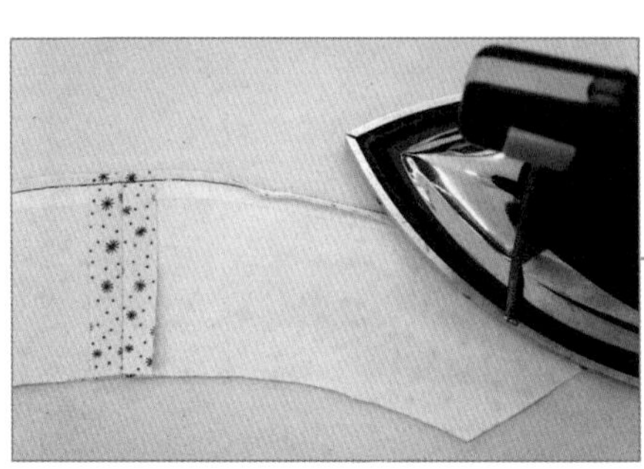

4 깔끔하게 정리된 시접을 안칼라 쪽으로 스팀을 주면서 다림질한다.
★ 다림질한 후 뒤집어야 모양이 예쁘게 나온다.

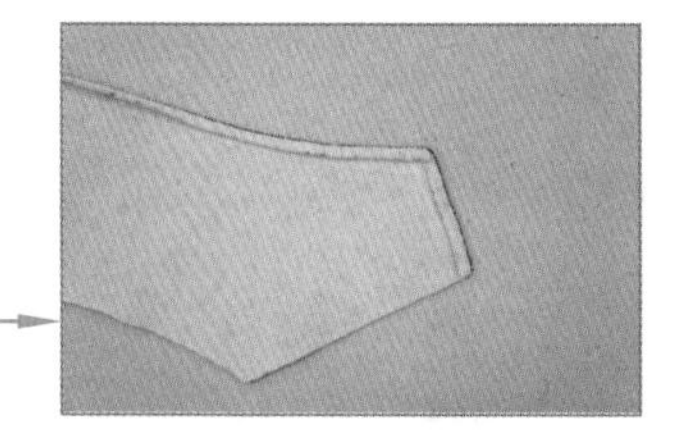

모서리를 다림질한 모습

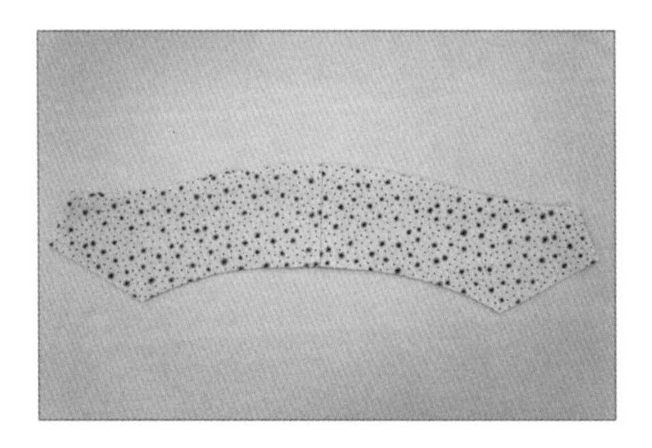

5 다림질한 후 뒤집은 모습

(6) 몸판에 칼라 달기

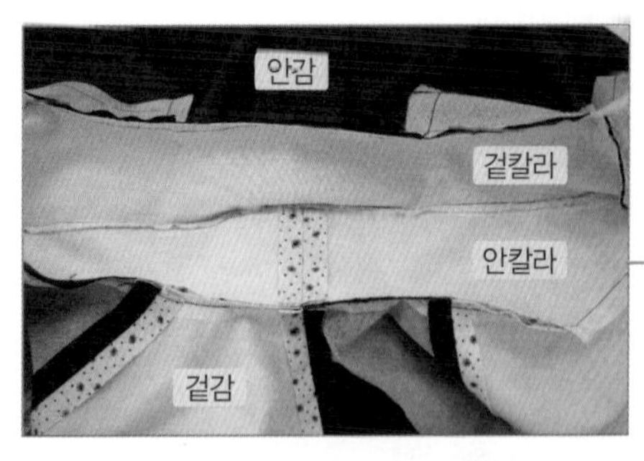

1 겉칼라는 안감에, 안칼라는 겉감에 맞추어 각각 박음질한다.

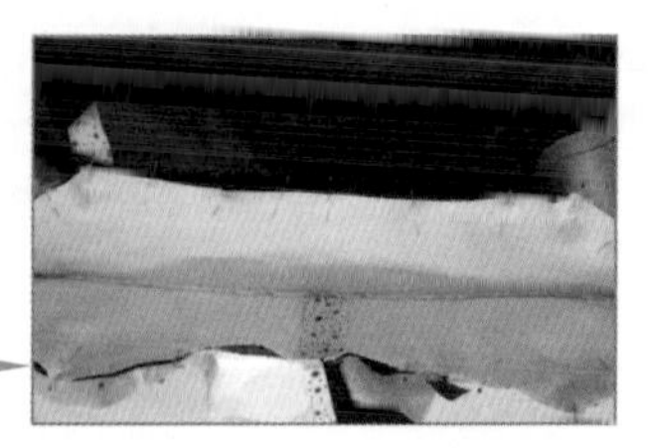

칼라를 달기 어려울 경우 움직이지 않도록 핀이나 시침질로 고정한다.

★ 30쪽 시침질 참고

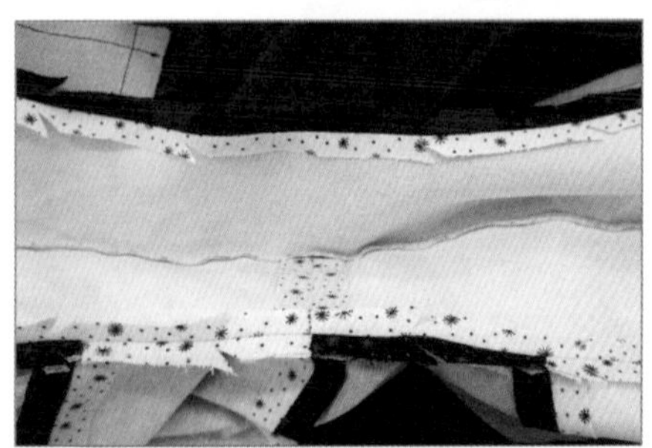

2 칼라 시접이 잘 꺾이도록 하기 위해 시접에 가윗집을 준 후 가름솔로 다림질한다.

3 가름솔로 다림질한 시접을 몸판과 안감을 마주 보도록 놓는다.

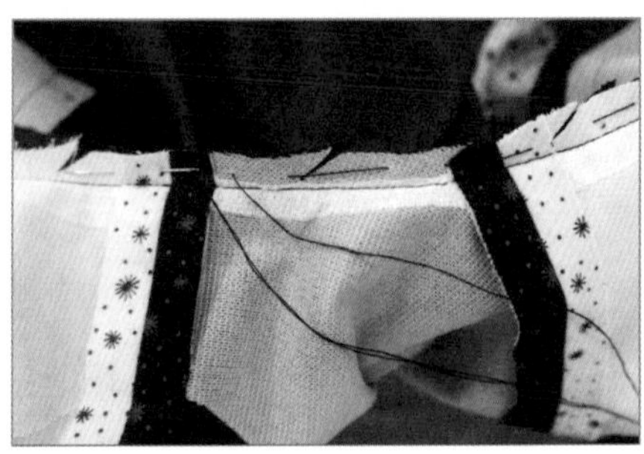

4 재봉실 또는 시침실로 고정한다.

★ 겉칼라와 안칼라가 서로 분리되는 것을 방지하기 위한 것이다.

재봉실

5 칼라를 단 모습

시침실

(7) 몸판과 안감 밑단 정리하기

1 겉감 밑단을 오버로크 한 후 완성선에 맞추어 다림질한다.

2 안감 시접은 겉감 완성선에서 1~1.5cm 올라간 선에 맞추어 다림질한다.

3 시접을 두 번 접어 박음질한다.
★ 46쪽 두 번 접어박기 참고

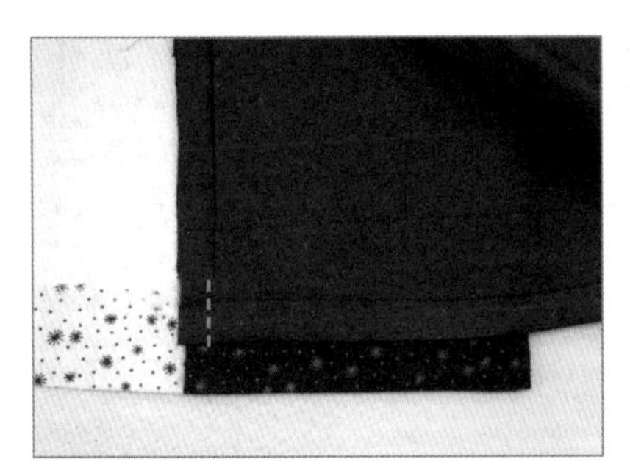

4 박음질한다.

5 잘 정리하여 다림질한다.

6 감침질한다. ★ 31쪽 감침질 참고

7 소매 안감은 끝 말아박기한다.
★ 47쪽 끝 말아박기 참고

8 소매 겉감과 안감을 실루프로 연결하여 고정한다.
★ 33쪽 실루프 참고

9 밑단은 공그르기한 후 겉감과 안감을 실루프로 연결하여 고정한다.
★ 32쪽 공그르기, 33쪽 실루프 참고

5 완성 작품

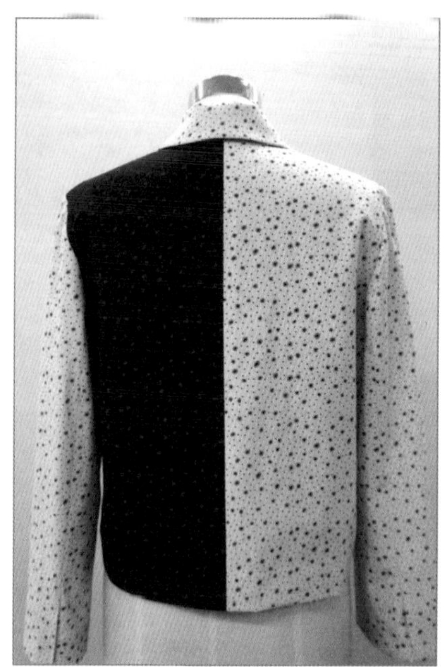

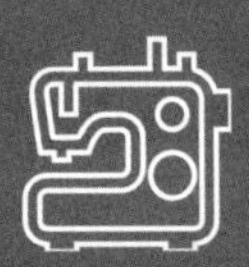

베스트

셔츠 위에 입는 소매가 없는 옷

1 볼레로

허리선보다 짧은 베스트

패턴

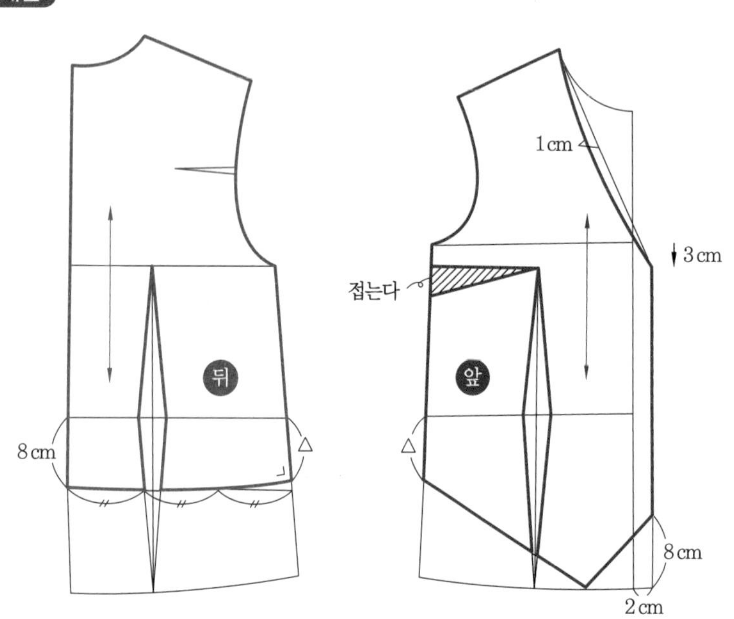

전개

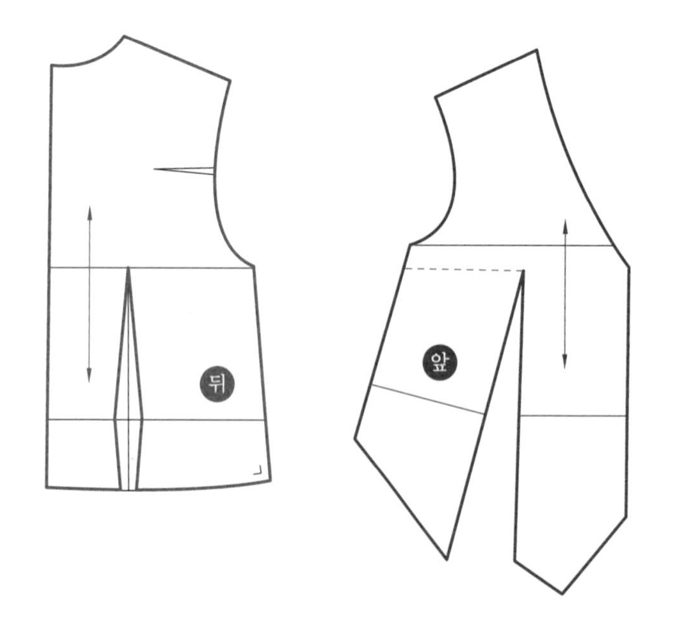

2 프린세스 베스트

허리 라인이 들어간 베스트

패턴

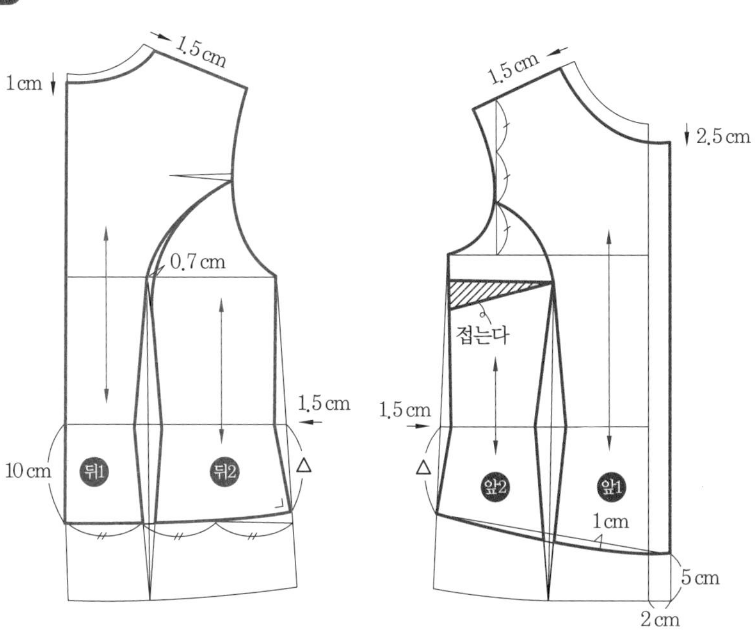

전개

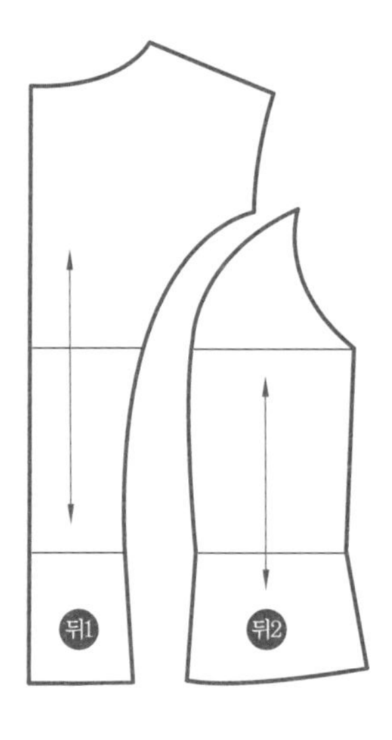

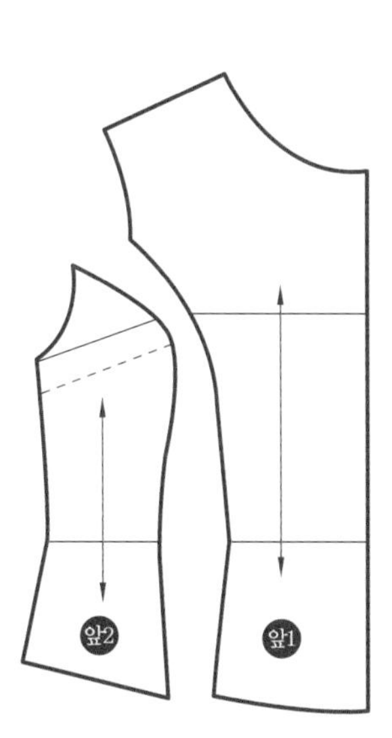

3 베이스볼 베스트

전퍼 스타일의 베스트

패턴

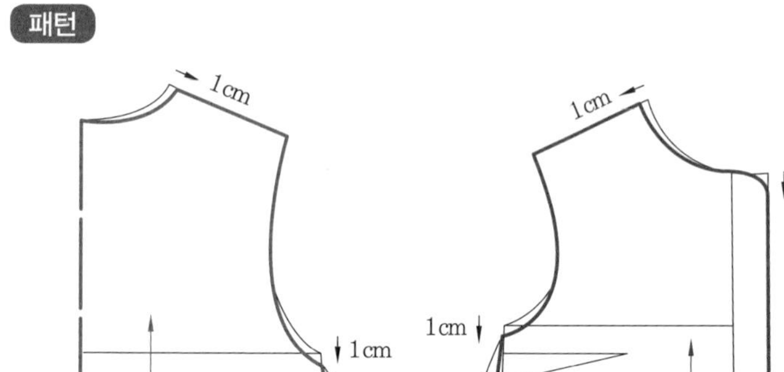

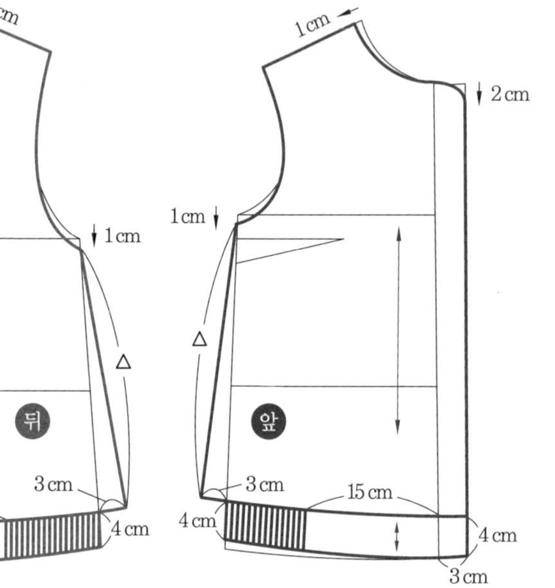

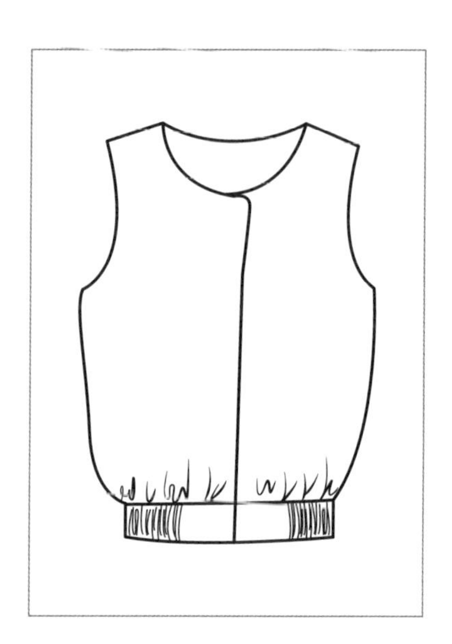

전개

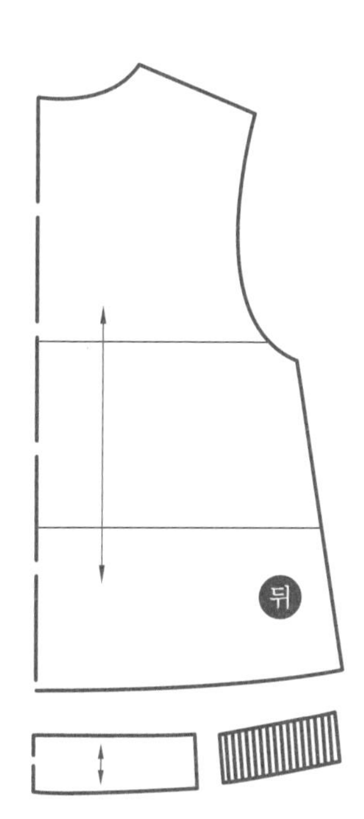

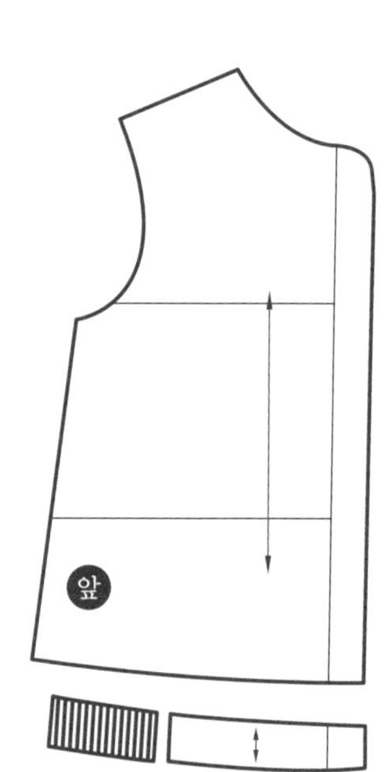

4 롱 베스트

힙을 덮는 긴 베스트

패턴

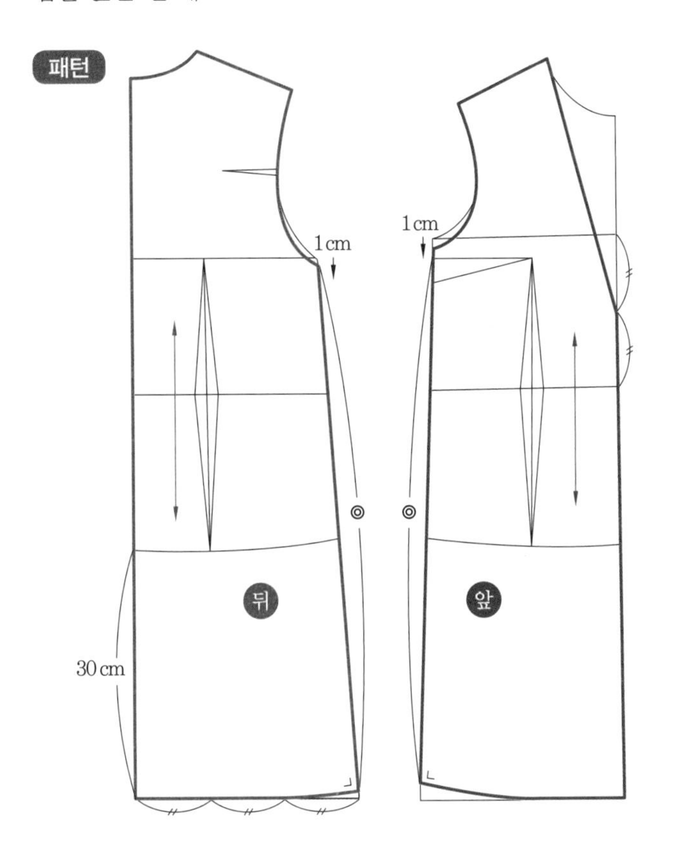

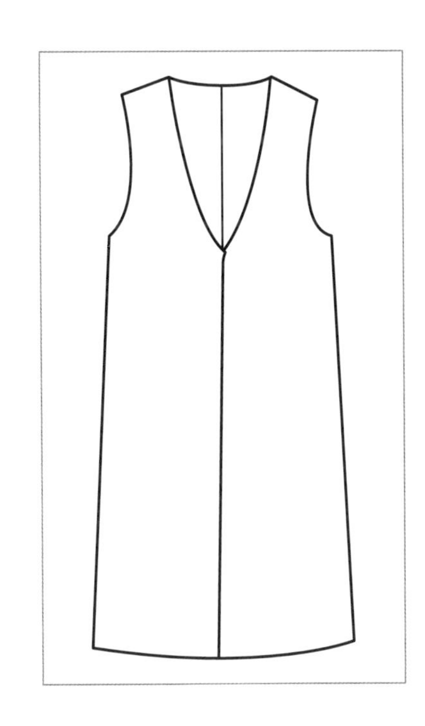

전개

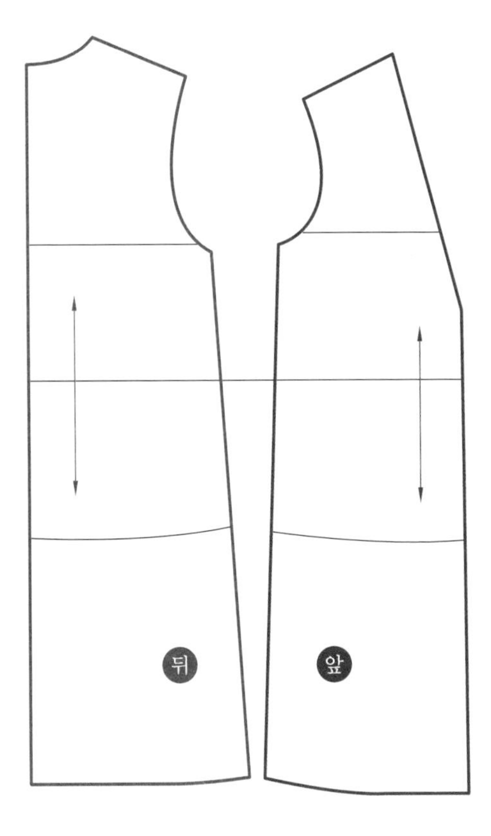

코트

추위를 막기 위해 겉옷 위에 덮입는 상의

- 스트레이트 코트
- 르댕 코트
- 플레어 코트
- 트렌치 코트
- 드롭 숄더 후디드 코트
- 쇼트 케이프
- 케이프

1 스트레이트 코트

가슴 라인에서 밑단까지 일자로 연결된 코트 ★ 104쪽 두 장 소매 참고

패턴

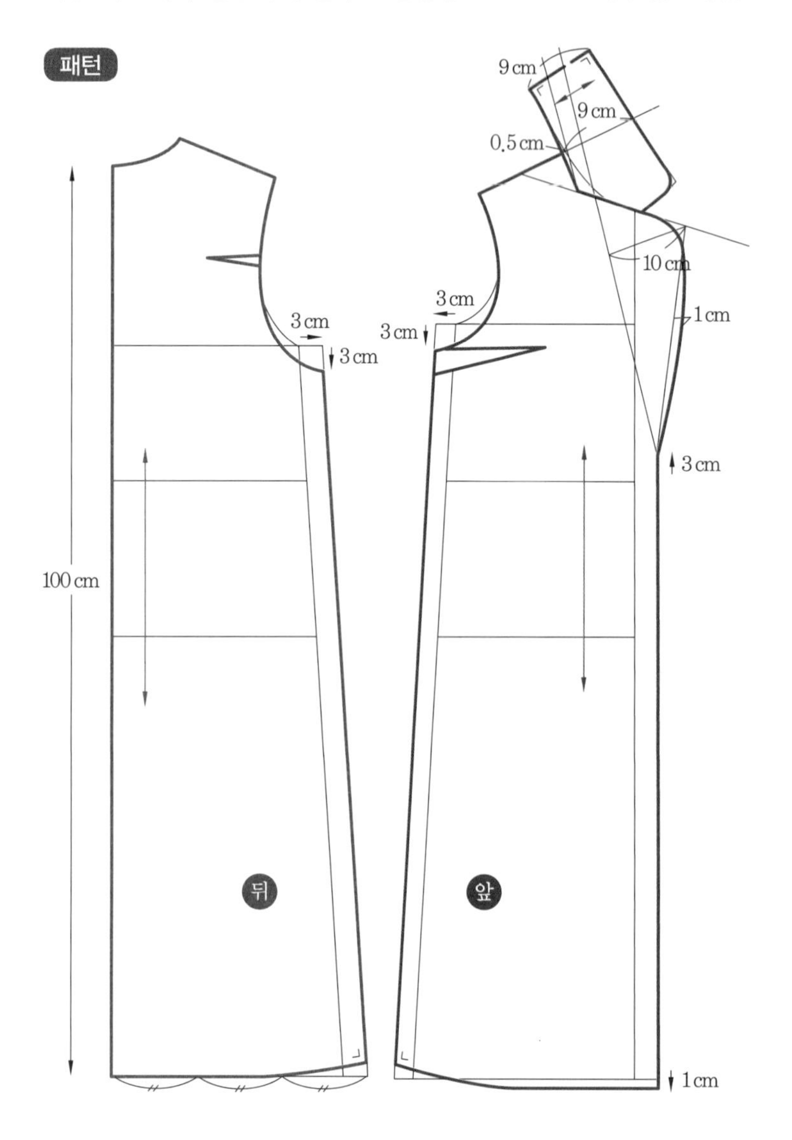

2 르댕 코트

원래는 승마 코트에서 나온 말로, 상반신은 꼭 맞고 아래로 내려갈수록 퍼지는 코트 ★ 104쪽 두 장 소매 참고

패턴

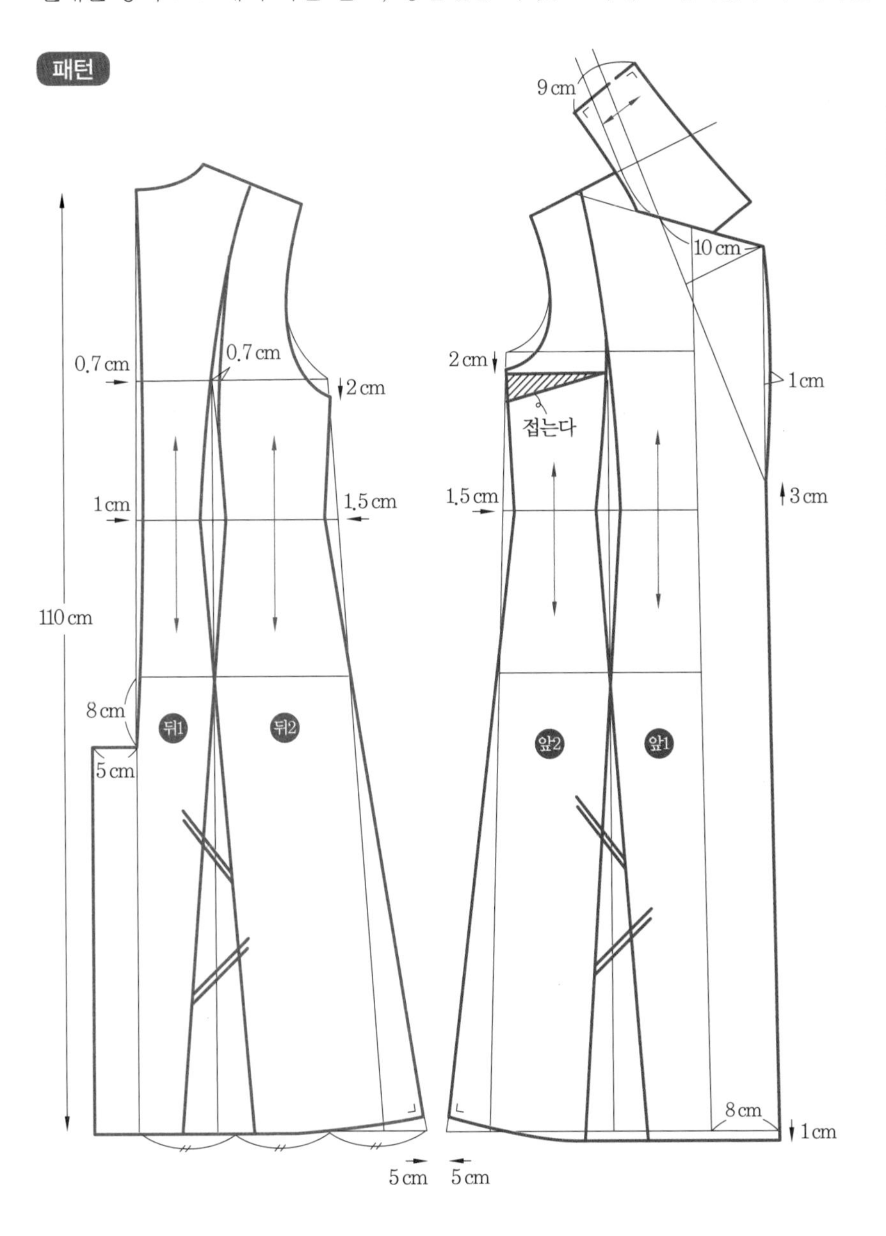

3 플레어 코트(Flare Coat)

밑단이 나팔꽃 모양으로 벌어진 코트 ★ 104쪽 두 장 소매 참고

패턴

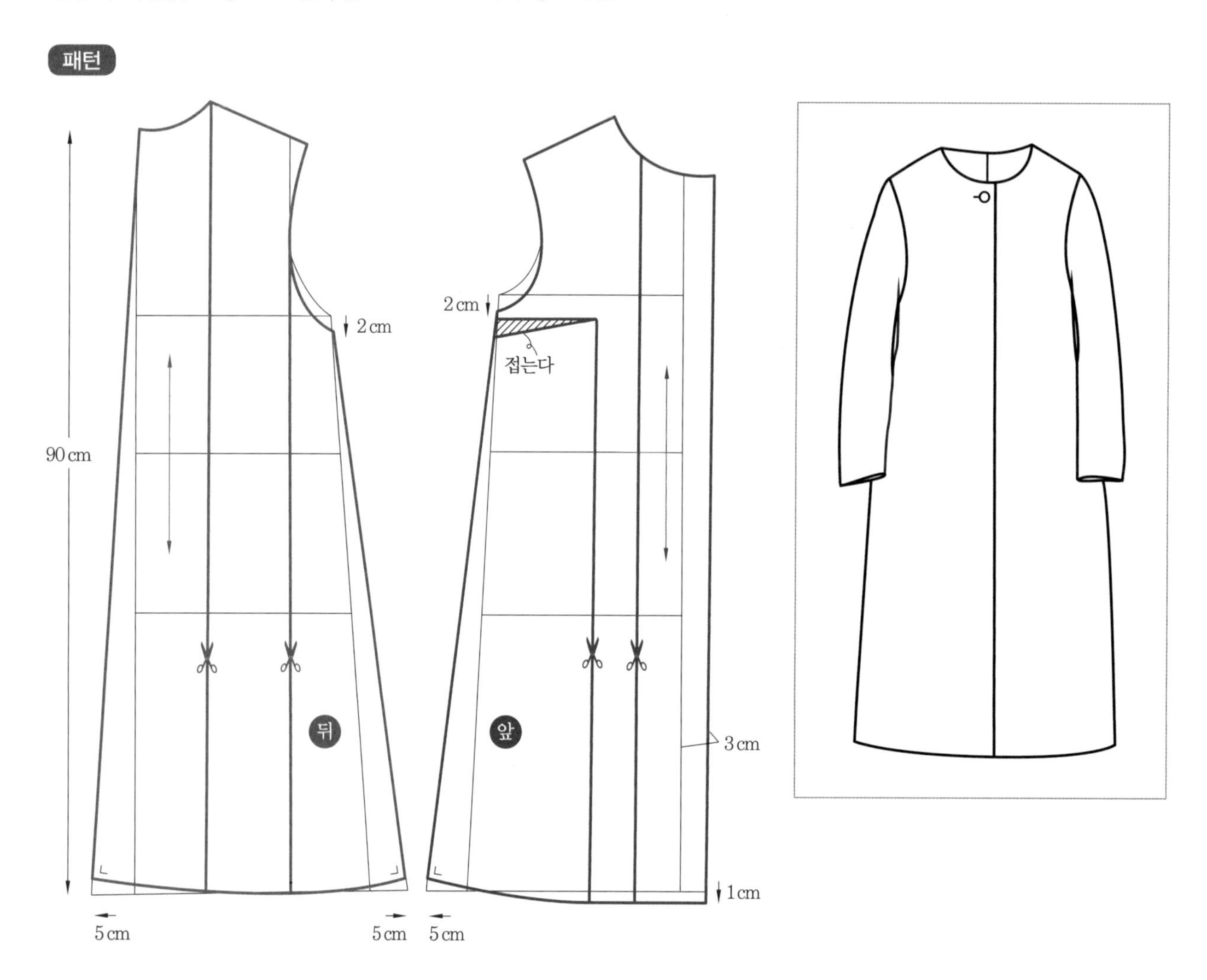

tip 플레어

재단의 형태 및 가로, 세로, 바이어스 방향에 따라 차이가 있다. 유동적인 느낌을 주며 입기 쉬워 일상복에서 정장 드레스까지 다양하게 사용되고 있다.

4 트렌치 코트(Trench Coat)

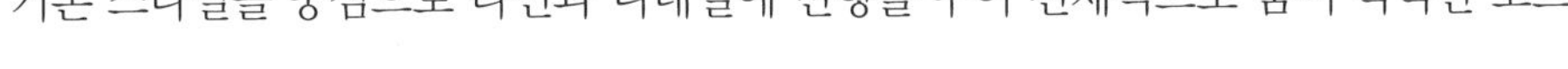

기본 스타일을 중심으로 라인과 디테일에 변형을 주어 전체적으로 품이 넉넉한 코트

패턴

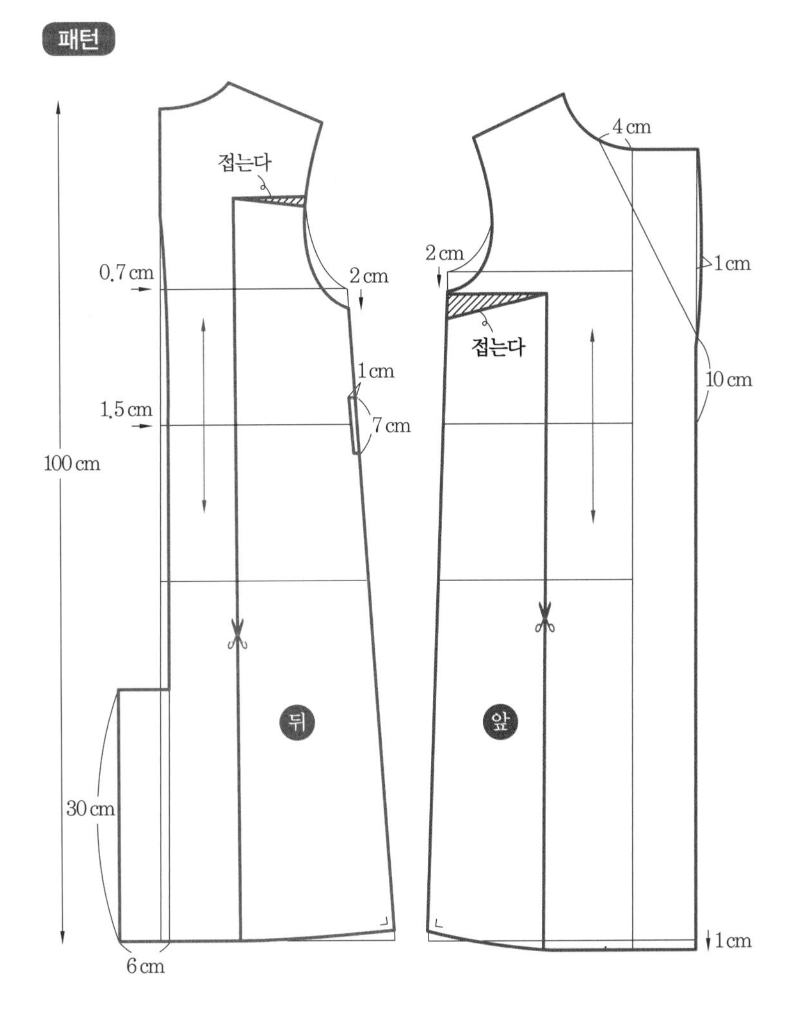

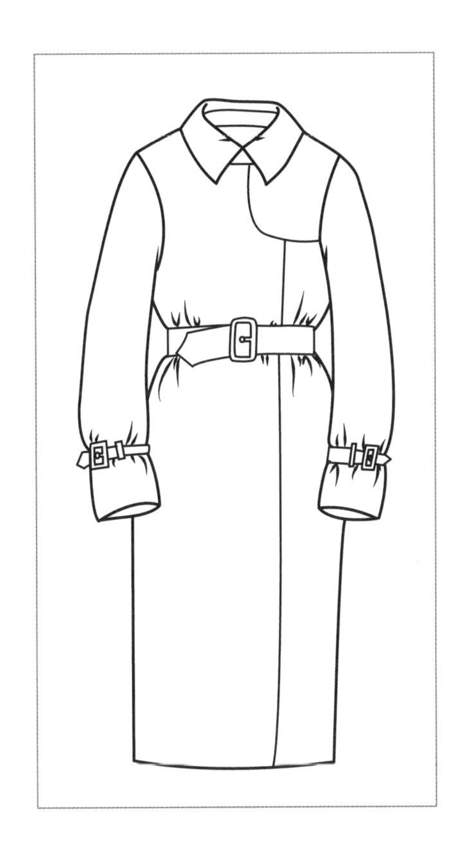

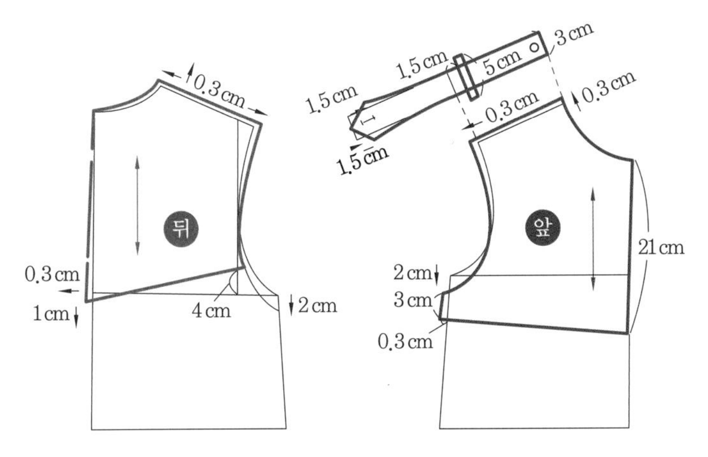

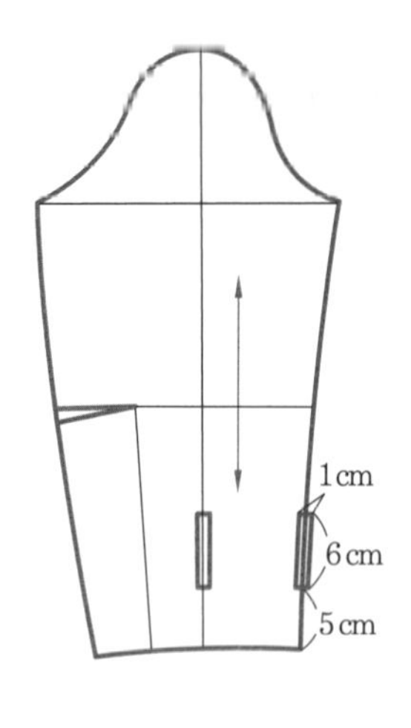

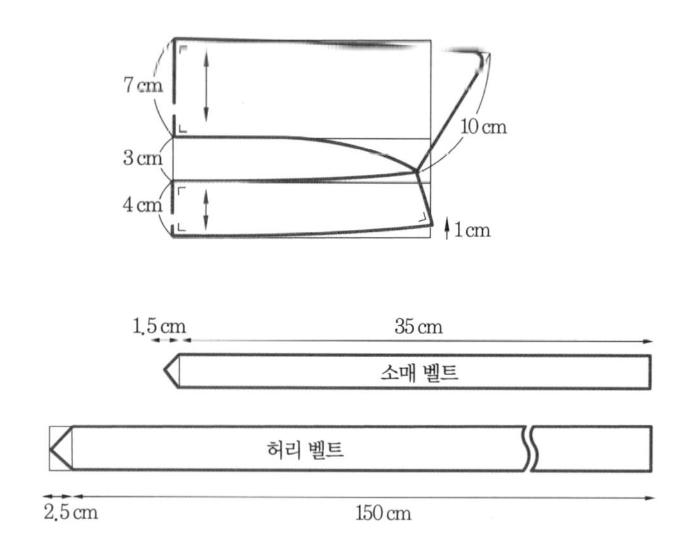

5 드롭 숄더 후디드 코트

어깨 끝점이 둥그스런 것으로 후드를 단 코트

패턴

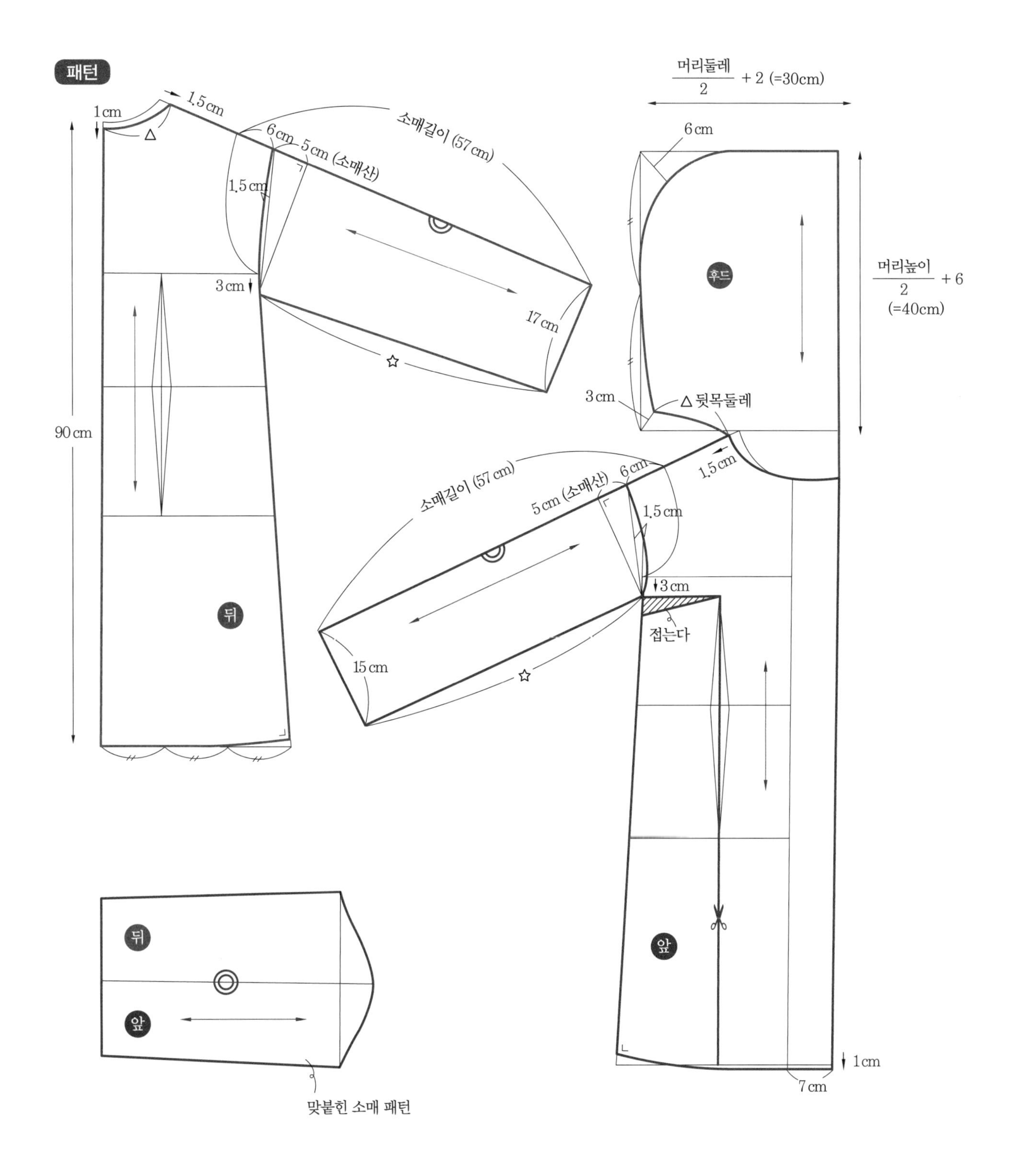

tip 드롭 숄더 후디드 코트

드롭 숄더 후디드 코트는 겨울철 필수 아이템으로, 아동복이나 성인 남녀 모두 격식 없이 캐주얼하게 입는 코트이다.

6 쇼트 케이프

소매 없이 몸과 팔을 덮는 짧은 망토

패턴

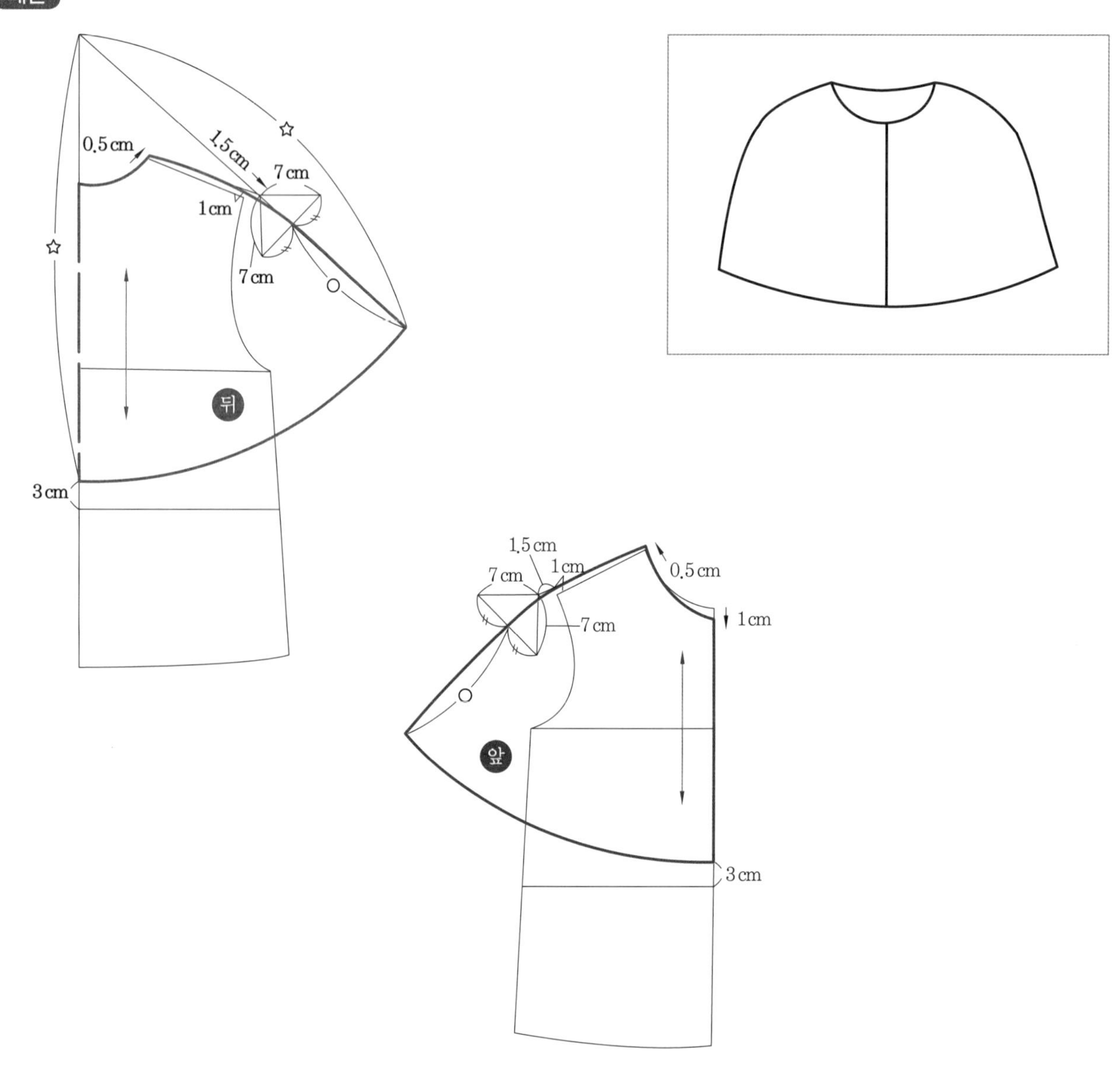

tip 쇼트 케이프

쇼트 케이프는 겨울에 많이 입는 소매 없는 외투로, 앞판에 트임을 만들어 팔을 넣기도 한다.

7 케이프

소매 없이 몸과 팔을 덮는 망토

패턴

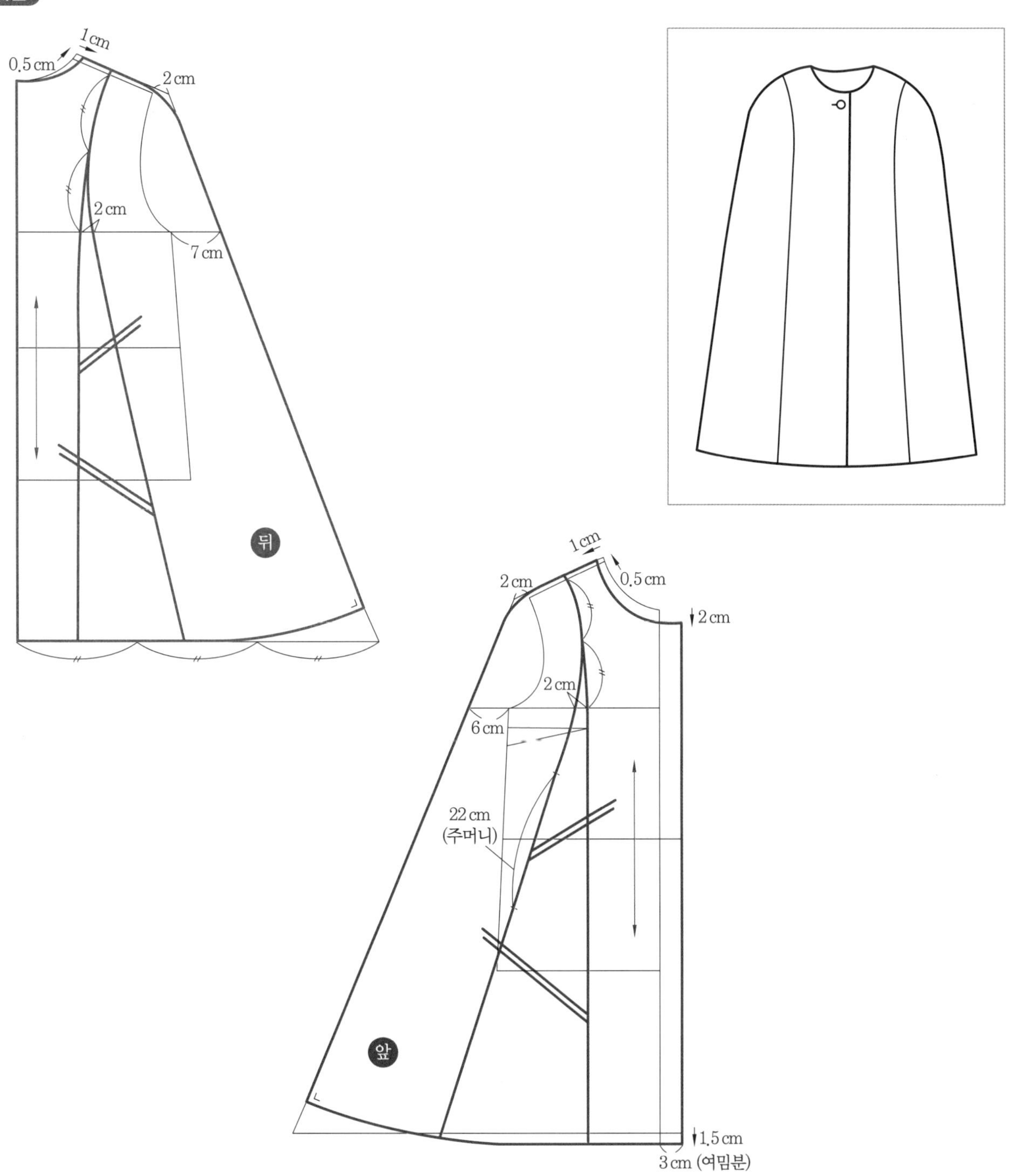

봉제 순화 용어

용어	뜻풀이	순화 용어
가가리(누이)	시접이 풀리지 않도록 일정한 방향으로 감치는 바느질 방법	감치기, 감침질, 사뜨기
가가바리	끝이 갈고리 모양으로 굽은 바늘의 총칭, 뜨개질 바늘의 한 가지	코바늘
가라	패턴(Patten)	무늬
가먼트	'옷', '의류'를 뜻하는 영어	옷, 의류
가라게	천 가장자리가 흐트러지지 않도록 비스듬히 휘감는 바느질	휘감치기
가리누이	'시침질'을 뜻하는 일본어(피팅 포함)	시침질
가마	재봉틀의 밑실 북을 거는 부분	북집
가사네기	옷을 겹쳐 입는 것	겹쳐입기
가부라	소맷부리, 바짓부리의 접어 올린 부분	(밭)접단, 끝접기
가빠(갑바)	긴 케이프의 종류를 지칭하는 포르투갈어 'Capa'의 일본식 발음	케이프
가에리	신사복 상의와 같은 남녀복 테일러 칼라의 라펠(아랫깃)	아랫깃(라펠)
가에리센	라펠이 꺾이는 선	아랫깃선, 라펠선
가에리하시	신사복 상의와 같은 테일러 재킷에 달린 테일러 칼라 라펠의 끝부분	깃끝
가에시바리 (=가시바리)	실의 풀림을 막아 솔기의 끝 따위를 튼튼하게 하기 위해 한 번 박은 선 위로 다시 덧박아 바느질한 것	되돌려박기
가자리반도	'가자리'는 '장식'을, '반도'는 '띠'를 나타내는 일본어	장식대, 장식띠
가자리보당	장식단추를 뜻하는 일본어('가자리'는 '장식'을, '보당'은 '단추'를 나타냄)	장식단추
가타(가다)	모양, 본, 형태를 뜻하는 일본어	형, 모양, 본
가타가미	옷을 만들때 쓰는 종이로 된 옷본	(종이)옷본
가타누이메	앞길과 뒷길의 어깨선을 이어 꿰맨 솔기 또는 바늘땀	어깨솔(기)
가타마에 (가다마이)	재킷 따위에서 앞길의 단추가 한 줄이 되도록 여미는 것	홀여밈(옷) 홀자락, 싱글재킷
가타사키	소매의 어깨가 끝나는 부분	어깨끝
가타센	옆목점에서 어깨 끝점까지 이르는 길이	어깨선
가타와타	어깨선에 받쳐 대는 솜	어깨심
가타이레	옷본을 생천이나 마킹 페이퍼에 낭비하는 일이 없도록 정확하게 놓는 작업(Marking)	옷본놓기
가타타마 부치	테일러 재킷의 가슴 부분에 다는 주머니(Weit Pocket)	홀 입술주머니
가타쿠세	가슴을 돋보이도록 하기 위해 어깨에서 가슴에 걸쳐 넣는 다트	어깨 줄임
가타하바	한쪽 어깨 끝에서 다른 쪽 어깨 끝까지의 치수	어깨너비
가후스	커프스(Cuffs)의 일본식 발음	커프스, 소맷부리단

용어	뜻풀이	순화 용어
가후스쓰게	커프스 달기	커프스 달기
캬쿠마쓰리	옷길 쪽을 잡고 감침질을 하는 것	거꾸로 상침
간도메(바텍)	솔기가 풀리기 쉬운 곳이나 호주머니 따위의 입구 부분을 보강하기 위해 여러 번 되박는 바느질	빗장박음, 빗장박기
게마와시	코트, 스커트, 드레스 따위와 같은 옷의 아랫단 둘레	밑단(둘레)
게징(게싱)	양복의 칼라심 등에 사용되는 심지의 일종	모심
겐보로	소매의 트임 부분에 덧댄 끝이 뾰족한 작은 단	뾰족단
고방시마	체크 무늬(고방가라)	바둑판무늬, 체크무늬
고로시	봉제 작업 시 본봉을 한 후 다림질 등의 끝손질을 하는 것	비벼내기, 끝손질
고무아미	안뜨기와 겉뜨기를 일정하게 번갈아 하는 대바늘뜨기 높은 신축성이 필요한 소맷부리, 목둘레, 앞단, 아랫단 따위를 뜰 때 많이 이용	고무뜨기
고시	허리(옷의 허리 부분), 엉덩이, 빳빳함을 뜻하는 일본어	허리, 엉덩이, 빳빳함
고시마와리	여성의 하반신 중 가장 굵은 곳, 즉 엉덩이 둘레의 치수(남성의 허리둘레)	허리둘레, 엉덩이둘레
고시마와리센	엉덩이 둘레선(고시센)	허리/엉덩이둘레선
구세(쿠세)	몸에 따라 나타나는 옷의 형태로 몸새 또는 군주름 부분	몸새, 군주름
구세토리	몸새에 맞도록 옷의 군주름을 줄이거나 늘리는 것	몸새맞춤, 형태잡기
기레빠시	재단하고 남은 천 조각	(천)조각, 자투리
기리지쓰케	옷감을 두 겹으로 포개 놓고 두 겹의 목면실로 완성선을 따라 뜬 다음, 실의 가운데를 잘라 남은 실표로 옷의 완성선을 표시하는 것	실표뜨기
기즈(기스)	'흠'을 뜻하는 일본어	흠(집)
기지	옷감을 뜻하는 일본어로, 우리나라에서는 특히 양복 옷감을 기지라 함	(양복)옷감
기타게	드레스, 코트 따위의 뒷목중심선에서 옷단 끝까지 이르는 총 길이	옷길이, 기장
깐(깡)	금속의 고리, 장식 고리(Buckle)	고리, 버클
나가소데	긴소매	긴소매
나나이치 (나나인치)	블라우스나 셔츠에 사용되는 단춧구멍으로, 일자형으로 뚫은 단춧구멍 재킷에 쓰이는 단춧구멍을 큐큐라 함	일자형 단춧구멍
나라시	천을 재단하기 위해 여러 겹의 천을 펼쳐 놓는 일	연단, 고루펴기
나마코(자쿠)	재단형 곡선형 자	곱자, 곡자
나오시	옷을 바로 잡거나 고치는 일	고침질
낫찌	'U'자 또는 'V'자 모양으로 테일러 칼라 등에 표시한 가윗집 '노치(Notch)'의 일본식 발음	맞춤(점), 가윗집
네지끼	바지 앞중심에 주름을 잡아 세우는 것	바지주름
노바시	줄임 또는 다트로 하지 않고 다리미나 프레스로 옷감을 늘여서 입체로 변화시키는 것	늘이기
누이시로	옷을 만들 때 박음질에 필요한 시접분	시접
니혼바리	두 줄로 박음질하는 것	두줄 박기

용어	뜻풀이	순화 용어
[illegible]	[illegible]	[illegible]
다이	물건을 떠받치거나 올려놓기 위한 반침이 되는 기구	대(臺), 받침
다이마루	바늘이 원형으로 배열되어 직조되는 원단 또는 그러한 원단으로 만든 옷	환편(環編), 직물
다잉	염색을 의미하는 영어	염색
다치(다찌)	'재단하다', '마르다' 라는 뜻의 일본어	재단, 마름질
다테(다데)	'세로', '길이' 를 뜻하는 일본어로 바지나 치마 등의 옆솔기 직물에서는 '다테이토'의 약자로 옷감의 날실을 의미함	옆솔기, 날실
다테(다데) 테이프	재킷의 칼라나 어깨 등의 옷감이 바이어스 방향으로 늘어나지 않도록 부착하는 테이프	세로 테이프
단자쿠(단작)	옷을 입고 벗기 편하게 하기 위해 만든 트임에 덧붙이는 단	덧단
닷쿠(Tuck)	턱(Tuck)의 일본식 발음	접박기(주름), 턱
대스망	소매를 다림질하는 작은 크기의 다림대	소매 다림대
더블 미카시	안단을 재천으로 두 겹을 대는 것 블라우스 등에서 소재가 매우 얇을 경우 심지를 따로 내지 않고 안난을 두 번 접친다.	두 겹 안단
더블 스커트	길이가 다른 2개의 스커트를 함께 착용한 치마	이중치마
더블 스티치	두 줄로 나란히 박은 스티치(두꺼운 천에 사용)	쌍땀
더블 칼라	떼었다 붙였다 할 수 있는 칼라 또는 여성복의 겹으로 된 칼라	이중칼라
데코레이션	장식(품)	장식(품)
덴구(뎅고)	남성복 바지와 같이 지퍼가 달린 윗부분을 허리에 고정시키기 위해 돌출된 단춧구멍 남성복 바지에서 지퍼 밑에 달린 좁고 긴 부분	코단
덴센(덴싱)	직물의 올이 풀린 상태	풀린 올
도메핀	'고정핀'을 뜻하는 일본어	고정핀
도트	'물방울 무늬'를 뜻하는 영어	물방울 무늬
라벨	상표, 꼬리표 영어로는 '레이블', 프랑스어로는 '라벨'로 발음함	상표, 꼬리표
라펠	코트, 재킷, 셔츠의 젖힌 깃	아랫깃
러플	플레어로 재단한 프릴보다 큰 주름	주름장식
레이온	인조 견사, 인조 견사로 짠 피륙	인조견(사)
레자	인조 가죽을 뜻하는 영어 '아티피셜 레더' (Artificial Leather)의 일본식 발음	인조 가죽
린넨	아마의 섬유로 짠 얇은 직물의 총칭	마(직물)
리사이클링	재활용	재활용
리폼	낡은 옷을 손질하여 새로운 감각의 옷으로 다시 만드는 일	개량, 수선
랍빠	일정한 천이나 원단 등을 재봉질 할 때 잘 말리면서 들어가도록 하는 일종의 보조도구 '나팔'의 일본식 발음으로, 바이어스 싸기를 편하게 할 수 있도록 도와주는 보조도구 나팔처럼 한쪽 끝(바이어스 천을 넣는 곳)은 넓고 다른 한쪽(완성되어 나오는 곳)은 좁은 구조로 되어 있어 나팔이라고 함	싸박이 (북한에서 사용) 가선두르기
렛데루(래떼루)	'상표'를 뜻하는 네덜란드어 'Letter'의 일본식 발음	상표

용어	뜻풀이	순화 용어
레데루쯔께	'상표'를 뜻하는 렛데루와 '달기'를 뜻하는 일본어 '쯔께'의 합성어	상표달기
마도매(마토메)	마무리, 끝손질	마무리, 끝손질
마스터패턴	의류 제조 회사에서 대량 생산을 하는 데 쓰이는 공업용 평면 옷본으로, 치수별로 확대 또는 축소하는 작업. 즉, 그레이딩(Grading) 사용에 기준이 되는 옷본	기본 옷본
마쓰리(누이)	천 끝을 두 번 꿰매어 붙임으로써 옷의 단을 처리하는 방법 소매끝둘레, 안단의 깊은 쪽 따위를 처리하는 데 사용됨	감치기 감침질
마쓰리구케	공그르기, 천 끝을 두 번 꿰매어 붙임으로써 옷의 단 처리를 하는 방법	공그르기
마에	'앞'을 뜻하는 일본어	앞
마에카케	앞치마	앞치마
마에네지키센	바지 앞에 다림질로 낸 주름선	바지 앞줄, 앞주름선
마에미(고로)	윗도리에서 칼라와 소매를 제외한 부분 중에서 앞쪽에 대는 길을 뜻하는 일본어 동체의 앞부분으로 어깨에서 앞 몸판의 도련선까지를 가리킴	앞길
마에스소	앞길의 도련이나 밑단 또는 하의의 앞밑단	앞도련, 앞밑단
마에칸(캉)	바지, 옷의 벌어진 곳을 걸어 잠그는 고리 모양의 단추	걸(고리)단추
마에타테	단추집에 댄 덧단을 뜻하는 일본어 코트, 셔츠, 바지 등의 앞트임에 단춧구멍을 만들기 위해 다른 단을 댄 것	(단추집)덧단
마이	남성과 여성의 재킷류를 가리키는 일본어 료마에와 가타마에의 줄임말인 '마에'가 변화된 용어	재킷
마커(마카)	종이나 옷감에 옷본을 효과적으로 늘어놓고 미름질한 선을 그리는 것 흔히 마킹(Marking)과 같은 뜻으로 쓰이며, 그와 같은 일을 하는 사람을 가리키기도 함	본제작(자)
마쿠라	'어깨심'을 뜻하는 일본어. 윗옷 어깨가 올라오게 하기 위해 덧대는 심	어깨심, 덧심
마쿠라지	윗옷 어깨가 올라오게 하기 위해 덧대는 심지	어깨심지, 덧심지
마키	'맒, 감쌈'을 뜻하는 일본어. 옷감을 말아 놓은 것	두루마리
마타가미	바지의 샅에서 바지 위 끝까지 이르는 길이	샅윗길이
마타시타	바지의 샅에서 바지 아래 끝까지 이르는 길이	샅아랫길이
마토메	실밥 등을 짧게 잘라 옷을 깨끗이 정돈하는 마무리	마무리, 끝손질
메우치	송곳, 재봉, 자수에 사용하는 끝이 뾰족한 용구	송곳
메탈 지퍼	금속 지퍼	금속 지퍼
무나쿠세	가슴이 나온 것에 맞추어 옷감을 입체화시켜 형태를 만들기 위한 여러 가지 조작 실제로 허리 부분을 줄이게 된다.	허리줄임 다트
무네하바	앞의 넓이. 가슴 폭	앞품
미고로	기본 원형의 '길'을 뜻하는 일본어	길
미싱	재봉기, 머신(Machine)의 일본식 발음	재봉틀
미카에시	길의 안단, 목둘레, 소매둘레 따위의 안쪽을 뒤처리 할 때 사용되는 천 보통 겉감과 같은 천이 사용되지만 겉감이 두꺼울 때는 같은 색의 얇은 천을 사용함	안단
미쓰마카	셔츠 밑단, 프릴 끝단 등을 세 겹으로 말아 접어서 박는 바느질	세 겹 말아박기

용어	뜻풀이	순화 용어
미쓰오리	천을 세 겹으로 접어서 박는 바느질	세 겹 접어박기
바운드 심	두 천을 박을 때 솔기에 바이어스 천을 이용하여 감싸면서 박은 시접	감싼 시접
바이어스(천)	비스듬히 재단하는 것 또는 그와 같이 재단된 직물	어슷 끊기, 어슷 끊기 천
바인딩	가장자리에 다른 천으로 가늘게 테두리를 두른 장식 목둘레선, 프릴 따위의 단의 올이 풀리는 것을 막기 위해 바이어스테이프나 리본으로 옷감의 가장자리를 정리하는 것	(감)싼 시접 (시접)감싸기
바택	솔기가 풀리기 쉬운 곳이나 호주머니 따위의 입구 부분을 보강하기 위해 여러 번 되박는 바느질	빗장 박음, 빗장 박기
반즈봉	반바지	반바지
베스트	조끼	조끼
브레이드	장식끈, 매듭끈, 자수, 레이스 등 단 처리나 가장자리 장식에 사용되는 끈	장식끝
비로드	짧고 부드러운 솜털이 있는 천 실크	벨벳
삥바리	핀바리, 핀꽂이	핀꽂이
사가리가타	처진 어깨를 뜻하는 일본어	처진 어깨
세나카	넓은 의미로 사용할 때는 상의의 깃과 소매를 제외한 부분 중 뒷길을 가리킴	등
세우리	뒷길에 대는 안감	뒷길 안감
세타케	옷의 등길이	등길이, 등기장
세하바	옷의 뒷길의 너비	뒤품
소데	윗옷의 좌우에 있는 두 팔을 빼는 부분	소매
소데구리	소매를 달기 위해 앞길과 뒷길에 도려낸 부분 몸판에 소매가 달릴 자리	진동둘레, 소맷마루둘레
소데구치	소매에서 손목 부분의 부리	소매부리
소데나시	소매가 없는 옷	민 소매(옷)
소데아키	소매단추가 달리는 곳을 터서 만든 것	소매트기, 소매트임
소데우라	소매 안쪽에 넣는 안감	소매안감
소데타케	소매자리 윗점에서 소매 끝까지를 가리키기도 하고, 목둘레 중심점에서 소매 끝까지를 가리키기도 함(Sleeve length)	소매길이
소타케	목둘레의 중심선(뒷목점)에서 바닥까지의 길이	총길이
스쿠이	시접을 접어 맞대고 바늘을 양쪽 시접에서 번갈아 넣은 실땀이 겉으로 나오지 않도록 꿰매는 바느질	공그르기
스소	저고리, 두루마기의 도련이나 블라우스, 코트, 스커트, 바지의 단	도련, 밑단
스소구치센	바지 밑단선	바짓부리선 바지밑단선
스소누이	도련이나 치마의 밑단을 박는 작업	도련박기, 밑단박기
소테미싱	박은 솔기를 갈아 박은 부분의 끝에서 약간 들어간 곳에 박음질하는 것 비교적 두꺼운 원단의 올풀림과 늘어남을 막기 위해 사용됨	시침박기

용어	뜻풀이	순화 용어
시루시	의복 재단 시 효율적인 봉제를 위해 초크 등을 사용하여 중요 부분을 표시하는 것 대량 생산 작업의 경우 특히 중요함	표시, 기호
시리센	바지의 엉덩이선을 따라 박은 바느질 선	엉덩이선
시마(히마)	원단에 나타난 줄 또는 줄무늬	줄무늬
시마이	일의 끝을 마치고 뒤처리하는 것	뒤처리
시보리	소매나 깃 또는 밑단에 사용되는 신축성 있는 편성물	조리개, 고무뜨기
시쓰케	본 바느질에 들어가기에 앞서 하는 바느질	시침질
시아게	옷을 지은 다음 마무리하는 일 봉제현장에서 끝손질 중에서도 주로 다리미질 공정을 이르는 말로 사용됨	끝손질, 마무리, 마무리 다림질
시와	직물의 표면에 나타나는 주름	구김
시타(시다)	일을 도와주는 사람	보조원
시타마에	앞에 여밈이 있는 윗옷에서 안쪽으로 들어가는 옷자락(시타마이)	안자락
시타소데타케	소매 밑쪽에 있는 시접을 따라서 잰 밑소매의 길이	밑소매 길이
시타소데	두 장 소매의 밑소매	밑소매
싱	'심'의 일본식 발음	심(지)
생지	일본어의 '기지'를 우리 한자음으로 읽은 말 직기에서 직조한 후 정련, 표백, 염색 등 가공을 전혀 하지 않은 직물	생천, 옷감
샵마스터	백화점 등에서 매장의 담당자로 있는 사람	매장 담당(자)
세무	사슴, 산양, 송아지 등의 가죽에 짧은 보풀이 생기도록 하여 만든 가죽 부드럽고 탄력이 있어 장갑, 구두, 코트 등에 사용됨	스웨이드
쌍 스티치	장식 스티치를 두 줄로 하는 것	두 줄 땀
아가리가타	어깨 모양이 올라간 것	솟은 어깨
아야	옷감의 결이 능직으로 된 것	능(직)
아와세누이	두장의 천을 합쳐서 박는 것	맞춰박기, 합봉
아리롱	'다리미'를 뜻하는 영어 'Iron'의 일본식 발음	다림질
아마부타	주머니 입구를 덮은 덮개 신사복, 여성복에 많이 사용됨	주머니 덮개
아이지루시	두 겹이나 그 이상의 천에 바느질 선을 확실히 하기 위해 깊게 홈질하여 실을 자르고 표시를 해 두는 일	실표뜨기
아키	옷을 입고 벗기 편리하도록 트는 것	트기, 트임
암홀	의복의 소매와 길 부분이 연결되는 부분 또는 둘레 일반적으로 암홀의 곡선인데 비하여 진동은 직선임을 나타내기도 함	진동, 소맷마루, 둘레
어깨 싱	재킷이나 코트의 소매산을 높이기 위해 어깨 부분의 안쪽에 부착하는 심지	어깨 심(지)
에리	옷의 목 주위에 여미는 부분이나 목 주위에 붙어 있는 부분(Collar)	(옷)깃
에리가자리	재킷 등의 끝부분에 바탕천과 동일한 색이나 또는 대조되는 색으로 장식 상침을 하는 것	깃상침

용어	뜻풀이	순화 용어
에리구리	앞길과 뒷길에 깃을 붙이는 부분 깃을 붙이지 않는 경우는 네크라인을 의미함	목둘레선
에리나시	칼라가 없는 옷	민깃
에리마쓰리	신사복 상의의 깃 뒤쪽을 감치는 일	깃감침
에리센	목둘레선	목둘레선
에리쓰케	깃을 윗옷에 달아서 붙이는 일	깃달기
에리아시	셔츠 칼라의 몸판과 깃 사이에 있는 부분으로, 입었을 때 겉으로는 보이지 않는 부분	깃띠
에리오사에	옷 깃단을 이어서 박는 것 또는 박은 깃의 단	깃단 눌러박기
에리즈(쯔)리	옷을 걸 때 쓰는 옷깃 한가운데에 붙인 고리	걸고리
에리코시	목둘레를 따라 옷깃이 서도록 한 부분	깃 운두
에리코시센	목둘레를 따라 옷깃이 서도록 한 부분의 선	깃 운두선
오리메	옷을 접는 선	접음선
오리에리	신사복의 테일러 칼라처럼 앞길 깃에서부터 끝으로 접어 넘긴 깃의 총칭	접깃
오리카에시	바지 밑단이나 소맷부리 따위를 올리는 것	단접기
오모테(오무데)	옷감의 겉쪽이나 겉감	겉(감)
오모테아미	대바늘 뜨기의 기초로, 평면 뜨기의 경우 겉뜨기와 안뜨기를 1단마다 번갈아 뜬것	겉뜨기
오마루	옷본 제작에서 곡선의 정도가 큰 것	큰굴림
오비	허리에 대는 단. 바지 따위가 흘러내리지 않도록 매는 띠	허리띠
오사에	재봉틀에서 옷감을 눌러 주어 바느질이 가능하게 하는 기구	노루발
오쿠리	재봉틀에서 옷감을 밀어내는 톱니	톱니
오쿠마쓰리	천 끝을 직접 감치지 않고 안쪽의 약간 아랫부분을 감치는 바느질 앞도련, 깃둘레 주머니단과 같이 바늘땀이 보이지 않게 하거나 안감의 여유를 줄 때 사용함	속감침
오픈 심	가름솔, 바느질한 시접을 좌우로 가른 솔기	가름솔
와키	'옆', '옆구리'를 뜻하는 일본어	옆솔기
와키누이	옆솔기의 바느질	옆솔기 박기(음)
와키지퍼	치마나 바지에서 옆솔기에 다는 지퍼	옆솔기지퍼
와키 사이바	재킷 등의 앞길에서 겨드랑이 아래의 작은 조각	옆길, 옆판
왓펜	작은 방패형의 기장, 독일어 바펀(Wappen)의 일본식 용어 운동복이나 블레이저, 코트 소매, 가슴 포켓, 유치원복의 상의 소매 에이프런에 붙이는 것	바펀
요코시마	가로로 된 줄무늬	가로 줄무늬
요척	옷을 만드는 데 사용되는 옷감의 소요량	옷감 소요량
요코	옷감의 가로 방향	가로, 씨실
우라	옷의 안쪽에 대는 옷감	안감
우라가에시	옷을 겉과 안을 뒤집어서 다시 마름질하는 것	뒤집기

용어	뜻풀이	순화 용어
우마	어깨 다림질대	어깨(소매) 다림질대
우마노리	신사복이나 코트 뒷길의 중앙 또는 양쪽 옆구리의 도련을 튼 것	뒤트임, 뒤트기
우시로미고로	뒷길의 어깨에서 도련선까지 이르는 길	뒷길
우와마에 (우와마이)	신사복 재킷과 같이 앞에 여밈이 있는 옷에서 겉에 붙는 단으로 단춧구멍이 있는 옷자락	겉자락
우와에리	신사복 등에 달린 테일러 칼라의 라펠을 제외한 부분	윗깃, 겉깃
우치아이센	재킷 등의 앞길에 여미는 선	여밈선
우치에리	앞이 터진 상의에서 안쪽으로 들어간 칼라 밖으로 나온 칼라는 '소토에리'라고 함	안칼라
유비누키	손바느질을 할 때 쓰는 쇠나 가죽 등으로 만든 골무	골무
유키	기모노의 등솔기부터 소매 끝까지의 길이	소매 바깥길이
유토리(유도리)	장식 또는 기능의 목적으로 신체 치수보다 더하는 옷의 양	늘림, 여유분
이미테이션	모조, 흉내, 모방	모조, 흉내, 모방
이세	소매산, 스커트의 배 부분의 여유분을 곱게 홈질하거나 박은 다음 실을 잡아당기면서 증기와 뜨거운 다리미로 수축시켜 옷감을 입체화시키는 방법 일본어 '이세코미', 즉 '여유분 줄임'을 줄여서 '이세'라고 함	여유분(줄임) 홈 줄임
이치마이소데	한 장으로 이루어진 소매로 셔츠, 블라우스, 원피스 따위에 달린 일반 소매	한 장 소매
이토키리	실을 끊는 기구(Thread Cutting)	실끊개
잣쿠	영어 'Chuck'의 일본식 용어	지퍼
자바라	견, 마, 목면, 화학섬유 등의 소재로 엮어 짠 장식끈	장식끈
자갸드	자카드 직물을 줄여서 사용한 용어 원래는 프랑스의 조셉 마리 자카드(Joseph Marie Jacquard)가 발명한 문직기와 그 기계로 직조한 문양이 있는 직물을 의미하였으나, 최근에는 큰 무늬를 직조한 직물을 지칭하기도 함	문(양) 직물
조시	실이 박힌 상태를 나타내는 일본어	(바음)상태
즈봉(쓰봉)	남성복 바지	바지
지나오시	재단하기 전에 비뚤어진 올이나 구겨진 천을 증기 다리미로 펴는 일	축임질, 축융가공
지노메(센)	올 방향을 뜻하는 일본어로, 식서 방향이라고도 함	세로방향, 올방향
지누시	수증기 또는 물로 모직물을 줄이는 것	(천)축임질
지누이	두 장의 천을 완성선으로 맞추어 꿰매는 기본적인 바느질	초벌박기
지도리(가케)	바이어스 단이나 단을 튼튼하게 바느질할 때 사용하는 연속 지그재그 형태의 바느질	새발뜨기
지에리	안단에 연속된 라펠의 겉부분이 아닌 라펠의 뒷(밑) 부분	아랫길, 안깃, 밑깃
진다이	인체를 그대로 형을 떠서 제작한 것으로, 입체 재단 시 주로 사용함	매무새인형
진파(찐빠)	바느질 등에서 한 쌍이 되어야 할 물건이 갖추어지지 않는 것	짝짝이
채촌	치수를 재는 것	치수재기

용어	뜻풀이	순화 용어
자고(차코)	천에 원형을 표시하는 도구, 영어 'Chalk'의 일본식 용어	초크/분필
콘솔 지퍼	맞물리는 금속 부분이 보이지 않는 지퍼	숨은 지퍼
코튼	아라비아에서 유래된 식물이라는 의미(면(직물), 목화, 솜)	면(직물), 목화, 솜
쿠사리	실로 루프를 만들어 고정시키는 것. '쿠사리도메'의 줄임말	실루프 고정
클리핑	곡선의 솔기나 각진 곳의 시접을 꺾을 때 평평하고 모양을 좋게 하기 위해 시접을 박는 선 직전까지 가위로 베어 놓는 일	가윗집내기
퍼커링	재봉 상태가 좋지 못하며 솔기가 평평하지 못하고 쭈글쭈글한 것	울다, 주름이 잡힘
큐큐	한쪽 끝은 둥근 모양이고 나머지 한쪽 끝은 일자형으로 막혀 있는 단춧구멍	한쪽막이, 단춧구멍
트리밍	'Trim'은 '갖추다, 장식하다'의 의미로, 의복의 마무리 손질을 할 때 쓰이는 장식물의 총칭 일반적으로는 구슬을 타이핑하거나 브레이드로 테두리를 두르는 것 또는 모피나 다른 천으로 부분 장식을 하는 것	장식
하리	바늘(Needle)	바늘
하리핀	바늘을 뜻하는 일본어 '하리'와 영어 '핀'이 합쳐져 만들어진 용어 판, 쇠붙이 등으로 못이나 바늘처럼 가늘게 만든 것	핀
하미다시	봉제 후 밖으로 빠져나오는 것 또는 그와 같이 빠져나온 부분 주로 여성복 재킷 등의 가장자리에 장식하는 것으로 파이핑과 같은 봉제법으로 처리함	내밀기
하자시 (하치사시)	겉으로 바늘 자국만 나도록 팔(八)자 모양으로 뜨는 것 신사복의 깃 따위에 심지를 대고 형태를 고정시킬 때 사용함	팔자뜨기
하코가구시	신사복의 윗옷이나 조끼 따위에 다는 상자형의 호주머니	홀 입술주머니
하토메	새눈과 같이 동그랗게 한쪽에 구멍이 나 있는 단춧구멍	새눈구멍
한소데	소매길이가 짧은 것으로 보통 팔꿈치 위에 있는 소매	반소매
헤라	직물에 표시를 할 때 사용하는 도구 면, 마, 견직물등에 사용하는 것으로 상아나 동물의 뼈, 플라스틱 등이 주로 재료로 사용됨	주걱
헤라시	편물에서 소매나 진동둘레 부분의 코 수를 줄여가는 것	코줄임
헤리	가장자리	바이어스
헤치마(에리)	절개선이 없는 칼라	숄칼라
호시	'말림'을 뜻하는 일본어	건조, 말림
호시누이	되돌려박기를 하여 고정하는 바느질 재봉틀로 박는 대신 단이나 포켓, 칼라 등에 바늘땀이 보이지 않도록 고정하며, 겉에서 속까지 바느질하고 겉은 아주 작은 바늘땀만 보이도록 떠 줌	숨은 상침
후야시	편물에서 코의 수를 늘려가는 것	(코)늘임
후쿠로	주머니	주머니
후쿠로누이	옷감의 겉을 맞대어 얕은 시접으로 바탕 꿰매기를 하고, 이를 안으로 뒤집어 안시접을 속으로 집어넣어 꿰맨 솔기	통솔
히다	옷의 주름	주름
힛가리	다림질로 인해 직물이 번들거리는 것	번들거림

참고문헌

- 김경순. 「패턴메이킹」. 교학연구사, 1998.
- 민옥인. 「양장기능사 실기」. 일진사, 2014.
- 서모래. 「패션디자인 패턴 & 봉제 실무」. 이종, 2014.
- 이나게 미요코. 김순자 옮김. 「포켓」. 예학사, 1998.
- 콜레트 울프. 양경희 옮김. 「패션 섬유 조형 예술」. 에코리브르, 2011.
- 한국의류산업협회. 「봉제용어 순화집」. 2009.

패션의 시작
옷 만드는 법

2019년 4월 10일 1판 1쇄
2023년 3월 10일 1판 2쇄

저자 : 민다현
펴낸이 : 남상호

펴낸곳 : 도서출판 **예신**
www.yesin.co.kr

(우) 04317 서울시 용산구 효창원로 64길 6
대표전화 : 704-4233, 팩스 : 335-1986
이메일 : webmaster@iljinsa.com

등록번호 : 제3-01365호(2002.4.18)

값 28,000원

ISBN : 978-89-5649-166-0